高等职业教育机电类专业系列教材
安徽省高等学校省级规划教材
安徽省高职院校省级精品资源共享课程配套教材

电气控制与PLC应用技术项目式教程（三菱FX_{3U}系列）

第2版

主　编　王烈准
副主编　徐巧玲　金　何
参　编　黄　敏　孙吴松　江玉才　刘自清
主　审　蒋永明

机械工业出版社

本书以职业岗位能力需求为依据，从工业生产实际出发，系统地介绍了工厂电气控制设备的电气控制原理、典型机床控制电路分析及故障排除；同时以目前工业生产中广泛使用的三菱 FX_{3U} 系列 PLC 为例，介绍了 PLC 的结构、工作原理、指令系统、程序设计及应用。内容包括：三相异步电动机基本控制电路的安装与调试、典型机床电气控制电路分析与故障排除、FX_{3U} 系列 PLC 基本指令的应用、FX_{3U} 系列 PLC 步进指令的应用、FX_{3U} 系列 PLC 常用功能指令的应用及 PLC 控制系统的实现共六个项目。

本书在内容编排上，既注重反映电气控制领域的最新技术，又注重高等职业教育对学生知识、技能及职业素质的培养要求，强调理论联系实际，着重培养学生的动手能力、分析和解决实际问题的能力、工程设计能力和创新意识。

本书是编者在多年从事电气控制与 PLC 及相关领域的教学、教学改革及科研的基础上编写的，内容结构较新颖，采用“项目导向、任务驱动”理论实践一体化结构体系安排内容，每一项目包括若干个任务，并附有梳理与总结、复习与提高，便于学习者复习和归纳。

本书既可作为高职高专机电类、自动化类及电子信息类等专业教学用书，也可作为应用型本科院校、成人教育、技师学院等相关专业的教材，还可作为电气技术人员的参考工具书及电气行业培训用教材。

为方便教学，本书配有免费电子课件、复习与提高解答、模拟试卷及解答，凡使用本书作为授课教材的教师，可向出版社免费索取，联系电话：010-88379375，或登录机工教育服务网下载。

图书在版编目（CIP）数据

电气控制与 PLC 应用技术项目式教程：三菱 FX_{3U} 系列/王烈准主编．—2 版．—北京：机械工业出版社，2019.7（2024.2 重印）
高等职业教育机电类专业系列教材
ISBN 978-7-111-63032-6

Ⅰ．①电…　Ⅱ．①王…　Ⅲ．①电气控制-高等职业教育-教材 ②PLC 技术-高等职业教育-教材　Ⅳ．①TM571.2 ②TM571.6

中国版本图书馆 CIP 数据核字（2019）第 124605 号

机械工业出版社（北京市百万庄大街 22 号　邮政编码 100037）
策划编辑：于　宁　责任编辑：于　宁
责任校对：肖　琳　封面设计：鞠　扬
责任印制：常天培
北京机工印刷厂有限公司印刷
2024 年 2 月第 2 版第 6 次印刷
184mm×260mm · 21 印张 · 548 千字
标准书号：ISBN 978-7-111-63032-6
定价：55.00 元

电话服务　　网络服务
客服电话：010-88361066　机　工　官　网：www.cmpbook.com
010-88379833　机　工　官　博：weibo.com/cmp1952
010-68326294　金　书　网：www.golden-book.com
封底无防伪标均为盗版　机工教育服务网：www.cmpedu.com

前　言

PREFACE

本教材自2010年出版以来，在全国高等职业院校中得到了较好的使用，各兄弟院校对教材的内容体系和深浅度给予了很高的评价，同时，也对教材内容体系设计和编排提出了很好的建议。本次修订是在高等职业教育教学改革不断深化的背景下，在广泛征求教材使用院校师生意见和建议的基础上进行的。本教材第2版获2017年度安徽省高等学校质量工程项目规划教材（2017ghjc284）立项建设，是安徽省高等职业院校省级精品资源共享课程配套教材，同时也是安徽省2014年高等教育振兴计划人才项目——高职高专院校专业带头人资助项目的建设成果。

本次修订对原教材内容体系进行了较大范围的整合，修订后共6个项目，分别为三相异步电动机基本控制电路的安装与调试、典型机床电气控制电路分析与故障排除、FX_{3U}系列PLC基本指令的应用、FX_{3U}系列PLC步进指令的应用、FX_{3U}系列PLC常用功能指令的应用及PLC控制系统的实现。

修订后教材的突出特点是采用“项目导向、任务驱动”理论实践一体化内容体系，按照各任务实施的需要组织理论知识点。教材突出实践操作，以培养学生专业能力和职业素养为目标，以各个任务为载体，使学生对相关知识的学习更具针对性、目标性和主动性。每一项目前配有“教学目标（技能目标、知识目标）、教学重点、教学难点、教学方法和手段建议、参考学时”，为各项目的教与学提供了指导；每一项目后的梳理与总结、复习与提高，方便学习者复习、归纳与总结。

本书以电气控制相关领域职业岗位能力为依据，以技能训练为主线构建教材内容体系，突出技术应用性和针对性。全书选取了20个典型工作任务，每一任务以培养学生技能为主线，按“任务导入→知识链接→任务实施→任务考核→知识拓展→任务总结”6段式的任务驱动型的教材编写体例贯穿于每一学习任务，将理论知识按技能训练的需要融入相关任务中，彻底打破了传统教材以知识体系为主的编排方式，更好地满足当前职业教育教学改革的需要。

本书第2版修订由六安职业技术学院王烈准主编，安徽水利水电职业技术学院蒋永明主审。其中，六安职业技术学院徐巧玲编写了项目一，金何编写了项目二，孙吴松编写了项目三，黄敏编写了项目四，江玉才编写了项目五，王烈准编写了绪论、项目六，并对全部书稿进行统稿和定稿；江淮电机有限公司刘自清编写了附录。本书在修订过程中，得到了六安职业技术学院教务处领导、机电技术系各位老师的大力支持，在此一并表示衷心的感谢！

由于编者水平有限，书中难免有错误和不妥之处，敬请读者批评指正。编者联系方式：E-mail：1759722391@ qq. com。

编　者

目　录
CONTENTS

绪　论

1. 电气控制与 PLC 技术发展概况

电气控制技术是以各类电动机为动力的传动装置与系统为对象，以实现生产过程自动化的控制技术。电气控制系统是其中的主干部分，在国民经济各行业中的许多领域得到广泛应用，是实现工业生产自动化的重要技术手段。

随着科学技术的不断发展、生产工艺的不断改进，特别是计算机技术的应用，新型控制设备的出现，不断改变着电气控制技术的面貌。在控制方法上，从手动控制发展到自动控制；在控制功能上，从简单控制发展到智能化控制；在操作上，从笨重发展到信息化处理；在控制原理上，从单一的有触头硬接线继电器逻辑控制系统发展到以微处理器或微型计算机为中心的网络化自动控制系统。现代电气控制技术综合应用了计算机技术、微电子技术、检测技术、自动控制技术、智能技术、通信技术及网络技术等先进的科学技术成果。

继电器-接触器控制系统至今仍是许多生产机械设备广泛采用的基本电气控制形式，也是学习更先进电气控制系统的基础。它主要由继电器、接触器、按钮、行程开关等组成，由于其控制方式是断续的，故称为断续控制系统。它具有控制简单、方便实用、价格低廉、易于维护、抗干扰能力强等优点。但由于其接线方式固定、灵活性差，难以适应复杂和程序可变的控制对象的需要，且工作频率低、触头易损坏、可靠性差。

以软件手段实现各种控制功能、以微处理器为核心的可编程序控制器（PLC），是20世纪60年代诞生并开始发展起来的一种新型工业控制装置。它具有通用性强、可靠性高、能适应恶劣的工业环境，指令系统简单、编程简便易学、易于掌握，体积小、维修工作少、现场连接安装方便等一系列优点，正逐步取代传统的继电器控制系统，广泛应用于冶金、采矿、建材、机械制造、石油、化工、汽车、电力、造纸、纺织、装卸、环保等各个行业的控制中。在自动化领域，可编程序控制器与CAD/CAM、工业机器人并称为加工业自动化的三大支柱，其应用日益广泛。可编程序控制器技术是以硬接线的继电器-接触器控制为基础，逐步发展为既有逻辑控制、计时、计数，又有运算、数据处理、模拟量调节、联网通信等功能的控制装置。它可通过数字量或者模拟量的输入、输出满足各种类型机械控制的需要。可编程序控制器及有关外部设备，均按既易于与工业控制系统联成一个整体，又易于扩充其功能的原则设计。可编程序控制器已成为生产机械设备中开关量控制的主要电气控制装置。

2. “电气控制与 PLC 应用技术”课程的性质与教学目标

“电气控制与PLC应用技术”是机电类专业实践性较强的专业核心课程之一。通常是在学习“电工与电子技术”课程之后进行讲授的。

本课程的主要内容是以电动机及其他执行电器为控制对象，介绍常用低压电器的结构、工作原理、型号技术参数及选用、电动机基本控制电路的安装与调试、典型机床电气控制电路的分析方法与故障排除，着重介绍三菱 FX_{3U}系列 PLC 的硬件组成、工作原理、指令系统、程序设计方法和在工业生产中的应用。

通过本课程的学习，应达到以下教学目标：

1）熟悉常用低压电器的结构、工作原理、用途、型号和技术参数，并能正确选用。

2）熟练掌握电动机基本控制电路的工作原理，具有对电动机基本控制电路安装、调试和常见故障排除的能力。

3）掌握典型机床电气控制电路的工作原理和分析方法，初步具有一般故障分析处理的能力。

4）熟悉 FX_{3U}系列 PLC 的基本组成和工作原理。

5）熟练掌握 FX_{3U}系列 PLC 的基本指令、步进指令及常用功能指令的编程方法。

6）能正确选择和使用 PLC，具有一般程序设计和调试的能力。

7）初步具有继电器-接触器控制系统的 PLC 技术改造的能力。

8）能根据生产工艺过程和控制要求，初步具有 PLC 控制系统的设计、调试和维护的能力。

项目一 1

三相异步电动机基本控制电路的安装与调试

教学目标		
教学目标	技能目标	1. 能根据控制要求，选配合适型号的低压电器。 2. 初步具有电动机控制电路分析、安装接线与调试的能力。 3. 能根据控制要求，熟练画出典型控制电路原理图，并进行安装。 4. 能熟练运用所学知识识读电气原理图和安装接线图。
	知识目标	1. 熟悉常用低压电器的结构、工作原理、型号规格、符号使用方法及在电气控制电路中的作用。 2. 熟练掌握电气控制电路的基本环节。 3. 掌握常用控制电路的安装、调试及维护方法。 4. 掌握电动机基本控制电路的工作原理、安装接线与调试的方法。
教学重点		电动机基本控制电路的分析、安装接线与调试。
教学难点		电动机基本控制电路工作原理分析。
教学方法、手段建议		采用项目教学法、任务驱动法、理实一体化教学法等开展教学，在教学过程中，教师讲授与学生讨论相结合，传统教学与信息化技术相结合，充分利用翻转课堂、微课等教学手段，把课堂转移到实训室，引导学生做中学、学中做，教、学、做合一。
参考学时		20学时

现代工业技术的发展对工业电气控制设备控制提出了越来越高的要求，为了满足生产机械的要求，许多新的控制方式被采用。但继电器-接触器仍是电气控制系统中最基本的控制方法，是其他控制方式的基础。

继电器-接触器系统是由各种开关电器用导线连接来实现各种逻辑控制的系统。其优点是电路图直观形象、控制装置结构简单、价格便宜、抗干扰能力强，广泛应用于各类生产设备的控制中。其缺点是接线方式固定，导致通用性、灵活性较差，难以实现系统化生产；且由于采用的是有触头的开关电器，触头易发生故障、维修量大等。尽管如此，目前继电器-接触器控制仍是各类机械设备最基本的电气控制形式。

任务一　三相异步电动机单向连续运行控制电路的安装与调试

一、任务导入

点动控制是用按钮、接触器控制电动机运行的最简单控制电路。常用于电葫芦控制和车床拖板箱快速移动的电动机控制。点动按钮松开后电动机将逐渐停车，这在实际中往往不能满足工业生产的要求。如果要求按钮按下后，电动机能一直运行，即连续运行。

本任务主要讨论低压开关、低压断路器、交流接触器、热继电器、按钮、电气控制系统图的基本知识、电气控制电路安装步骤和方法以及三相异步电动机单向连续运行控制电路安装与调试的方法。

二、知识链接

低压电器是指工作在交流额定电压1200V及以下、直流额定电压1500V及以下的电路中，起通断、保护、控制或调节作用的电气设备。低压电器作为基本元器件，广泛应用于变电所、工矿企业、交通运输等的电力输配电系统和电力拖动控制系统中。

低压电器是构成控制系统最常用的器件，了解它的分类、作用和用途，对设计、分析和维护控制系统都是十分必要的。

控制系统和输配电系统中用的低压电器种类繁多，功能、结构各异，用途广泛，工作原理也各不相同，按用途可分为以下5类：

（1）低压配电电器　用于低压供、配电系统中进行电能输送和分配的电器。如刀开关、熔断器及低压断路器等。

（2）低压控制电器　用于各种控制电路和控制系统中的电器。如继电器、接触器、热继电器及熔断器等。

（3）低压主令电器　用于发送控制指令以控制其他自动电器动作的电器。如按钮、行程开关及转换开关等。

（4）低压保护电器　用于对电路和电气设备进行安全保护的电器。如熔断器、热继电器、电压继电器及电流继电器等。

（5）低压执行电器　用来执行某种动作或传动功能的电器。如电磁铁、电磁离合器及电磁阀等。

（一）电磁式低压电器的基本结构

电磁式低压电器是电气控制系统中最常见的低压电器，从其基本结构上看，大部分由电磁机构、触头系统和灭弧装置3个部分组成，如图1-1所示。

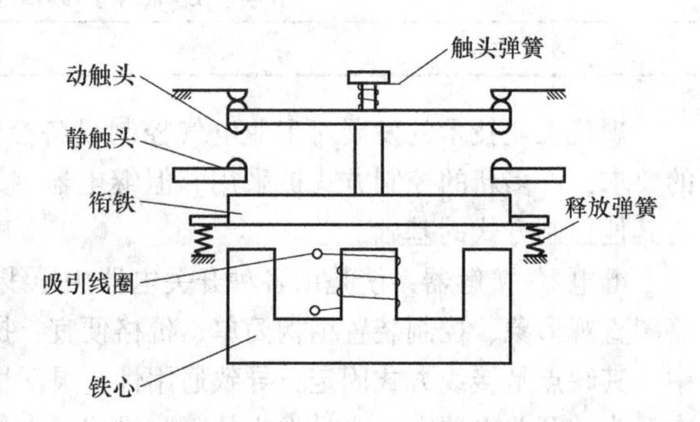

图1-1　电磁式低压电器的基本结构

1. 电磁机构

（1）电磁机构的结构形式　电磁机构是电磁式低压电器的感测部分，其作用是将电磁能转换为机械能，从而带动触头动作，达到接通或分断电路的目的。电磁机构由吸引线圈和磁路两部分组成。其中磁路包括铁心、衔铁和空气隙（简称气隙）。其工作原理是：当吸引线圈通入一定的电压或电流后，产生磁场，磁通经铁心、衔铁和工作气隙形成闭合回路，产生电磁吸力，衔铁即被吸向铁心，从而带动衔铁上的触头动作，以完成触头的断开和闭合。电磁机构的结构形式按铁心形式分有单E形、单U形、螺管形、双E形等；按衔铁动作方式分有直动式、转动式，如图1-2所示。根据吸引线圈通电电流的性质不同，可分为直流电磁线圈和交流电磁线圈。对于直流电磁线圈，铁心和衔铁可以用整块电工软钢制成。对于交流电磁线圈，为了减少因涡流等造成的能量损失和温升，铁心和衔铁用硅钢片叠成。当线圈并联于电路工作时，称为电压线圈，其特点是线圈的匝数多，线径细；当线圈串联于电路工作时，称为电流线圈，其特点是线圈的匝数少，线径粗。

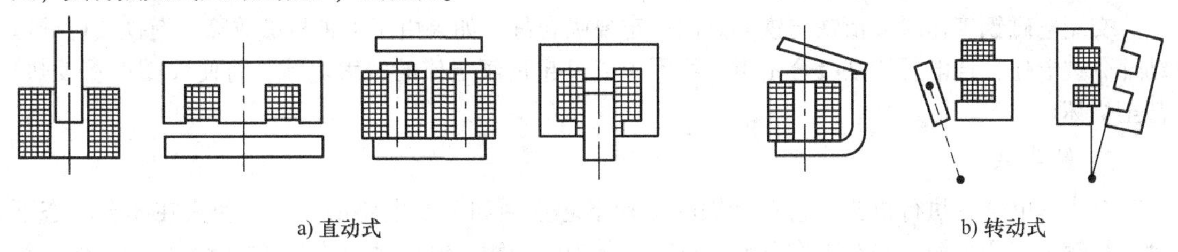

图 1-2　电磁机构的结构形式

（2）电磁机构的工作原理　电磁机构的工作原理常用吸力特性和反力特性来描述，如图 1-3 所示。

吸力特性：是指电磁吸力 F 随衔铁与铁心间气隙 δ 变化的关系曲线。

反力特性：是指反作用力 Fr（使衔铁释放的力）与气隙 δ 的关系曲线。

在衔铁吸合过程中，其吸力特性必须始终处于反力特性上方，即吸力要大于反力；反之衔铁释放时，吸力特性必须位于反力特性下方，即反力要大于吸力（此时的吸力是由剩磁产生的）。在吸合过程中还须注意吸力特性位于反力特性上方不能太高，否则会影响到电磁机构寿命。

直流电磁线圈通入的是恒定的直流电流，即在外加电压 U 和线圈电阻 R 一定的条件下其电流值 I 也一定，与气隙的大小无关。但作用在衔铁上的吸力 F 却与气隙 δ 的大小有关。当电磁铁刚起动时，气隙最大，此时磁路中磁阻最大，磁感应强度较小，故吸力最小；当衔铁完全吸合后，气隙最小，此时磁路中磁阻最小，磁感应强度较大，吸力最大。

交流电磁线圈通入的是交变电流，磁感应强度为交变量，其产生的吸力为脉动值。由于吸力是脉动的，使得衔铁以两倍电源频率在振动，既会引起噪声，又会使电器结构松散，触头接触不良，容易被电弧火花熔焊与蚀损。因此，必须采取有效措施，使得线圈在交流电变小和过零时仍有一定的电磁吸力以消除衔铁的振动。为此，在磁极的部分端面上嵌入一个铜环——称为短路环（或分磁环），如图 1-4 所示。

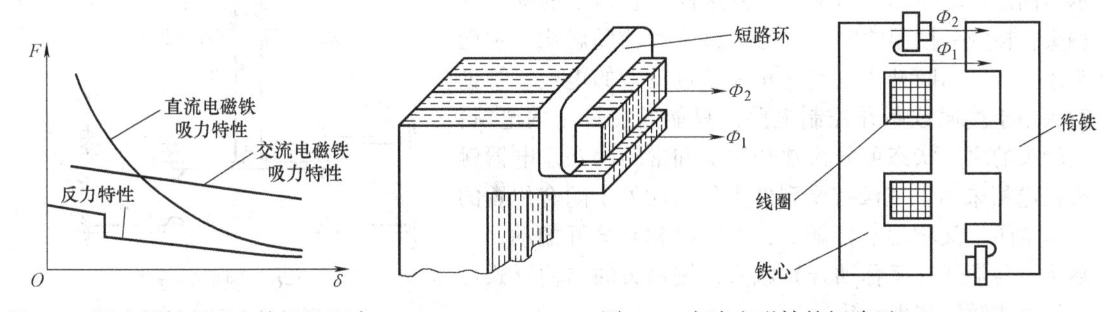

图 1-3　吸力特性与反力特性的配合　　图 1-4　交流电磁铁的短路环

当磁极的主磁通发生变化时，由于在短路环中产生感应电流和磁通，将阻碍主磁通的变化，使得磁极两部分中的磁通之间产生相位差，因而磁极各部分的磁通不会同时降为零，磁极一直具有一定的电磁吸力，这就大幅度地降低了衔铁的振动和噪声。

交流电磁铁刚起动时，气隙最大，磁阻最大，电感和感抗为最小，因而这时的电流为最大；在吸合过程中，随着气隙的减小，磁阻减小，线圈电感和感抗增大，电流逐渐减小。当衔铁完全吸合后，电流为最小。在电磁铁起动时，线圈的电流虽为最大，但这时的磁阻要增大到几百倍，而线圈的电流受到漏阻抗的限制，不能增加相应的倍数。因此起动时磁通势的增加小于磁阻的增加，于是磁通、磁感应强度减小，吸力较小，当衔铁吸合后，磁阻减小较多，磁通势减小较小，于是磁通、磁感应强度增大，吸力增大。

交流电磁铁工作时，衔铁与铁心之间一定要吸合好。如果由于某种机械故障，衔铁或机械可动部分被卡住，通电后衔铁吸合不上，线圈中流过超过额定值的较大电流，将使线圈严重发热，甚至烧坏。

2. 触头系统

触头是电器的执行机构，它在衔铁的带动下起接通和分断电路的作用。触头在闭合状态下动、静触头完全接触，并有工作电流通过时，称为电接触。电接触的情况将影响触头的工作可靠性和使用寿命。影响电接触工作状况的主要因素是触头的接触电阻，因为接触电阻大时，易使触头发热而温度升高，从而使触头易产生熔焊现象，这样既影响工作可靠性又降低了触头的寿命。触头的接触电阻不仅与触头的接触形式有关，而且还与接触压力、触头材料及表面状况有关。减小接触电阻的方法有：① 触头材料选用电阻率小的材料；② 增加触头的接触压力；③ 改善触头表面状况。

触头接触形式有点接触、面接触和线接触3种，如图1-5所示。点接触式适用于小电流；面接触式适用于大电流；线接触式（又称指形接触）适用于通断次数多、电流大的场合。

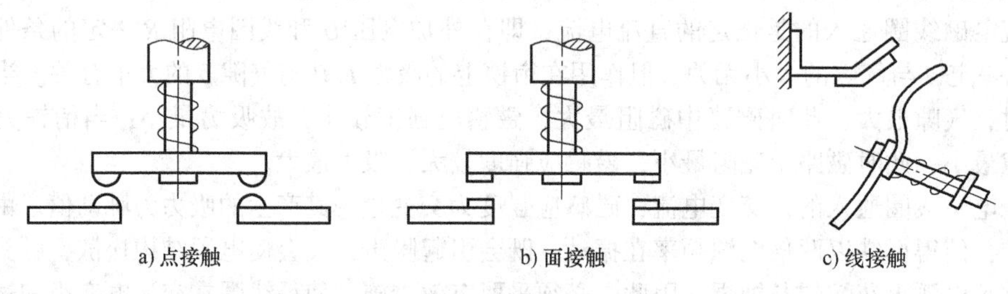

图1-5 触头的接触形式

触头按其运动情况分为动触头和静触头，如图1-6所示。固定不动的称为静触头，由连杆带着移动的称为动触头；按触头控制的电路分为主触头和辅助触头。主触头用于接通和断开主电路，允许通过较大的电流，辅助触头用于接通或断开控制电路，只能通过较小的电流；按触头的原始状态可分为常开触头和常闭触头。电器触头在电器未通电或没有受到外力作用时处于闭合位置的称为常闭（又称动断）触头，常态时相互分开的动、静触头称为常开（又称动合）触头；按触头的结构形式可分为桥式触头和指形触头。

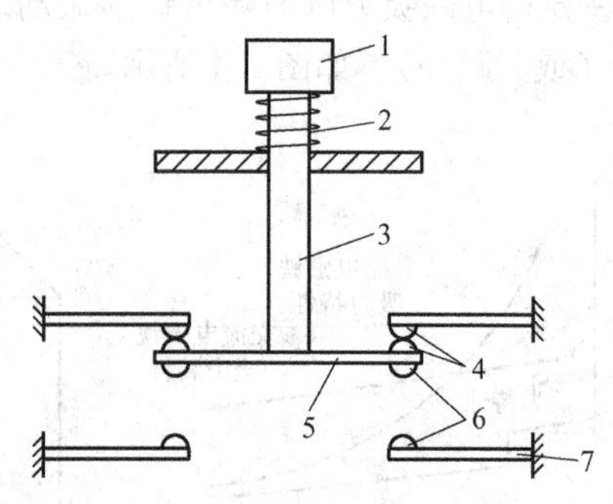

图1-6 触头的分类

1—推动机构 2—复位弹簧 3—连杆
4—常闭触头 5—动触头 6—常开触头 7—静触头

3. 电弧的产生和灭弧方法

电弧是在触头由闭合状态过渡到断开状态的过程中产生的，是触头间气体在强电场作用下产生的放电现象，是一种带电粒子的急流。电弧的特点是外部有白炽弧光，内部有很高的温度和密度很大的电子流。电弧产生的原因主要有强电场放射、撞击电离、热电子发射和高温游离等。

灭弧的基本方法有：① 拉长电弧，从而降低电场强度；② 用电磁力使电弧在冷却介质中运动，降低弧柱周围的温度；③ 将电弧挤入绝缘壁组成的窄缝中以冷却电弧；④ 将电弧分成许多串联的短弧，增加维持电弧所需的临界电压降。常用的灭弧装置有电动力吹弧、磁吹灭弧、栅片灭弧和窄缝灭弧等，分别如图1-7～图1-10所示。

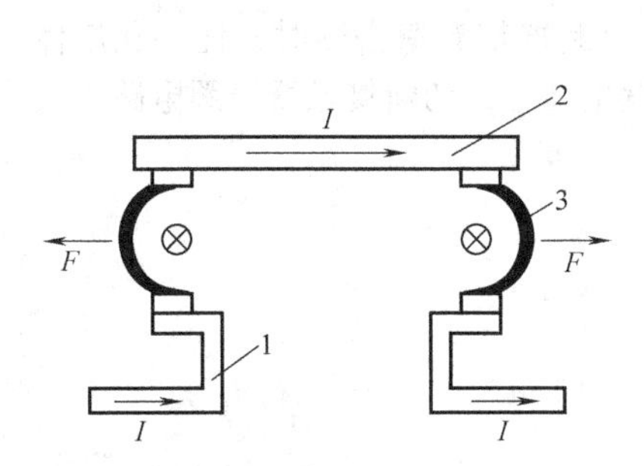

图 1-7　双断口电动力吹弧示意图

1—静触头　2—动触头　3—电弧

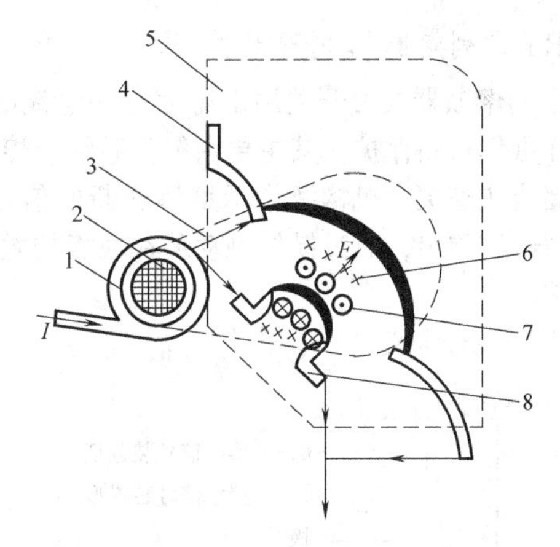

图 1-8　磁吹灭弧原理示意图

1—磁吹线圈　2—铁心　3—导磁夹板　4—引弧角　5—灭弧罩

6—磁吹线圈磁场　7—电弧电流磁场　8—动触头

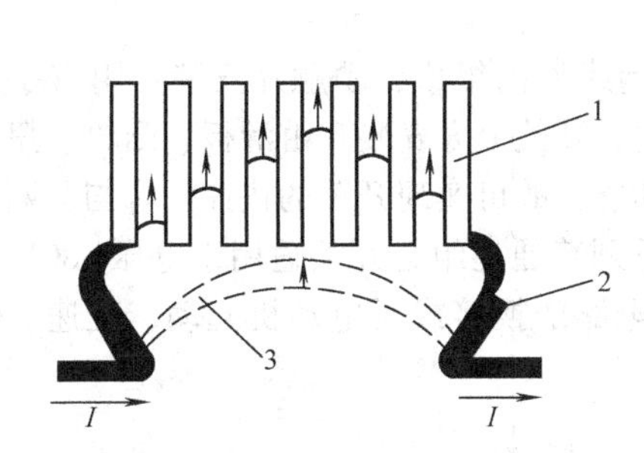

图 1-9　栅片灭弧示意图

1—灭弧栅片　2—触头　3—电弧

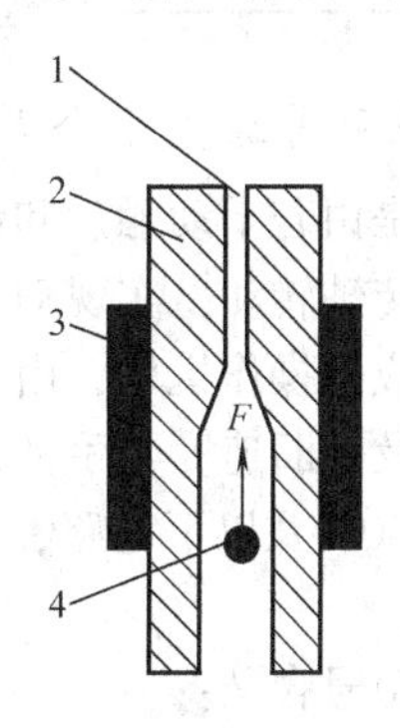

图 1-10　窄缝灭弧示意图

1—纵缝　2—介质　3—磁性夹板　4—电弧

（二）低压开关

低压开关又称低压隔离器，是低压电器中结构比较简单、应用广泛的一类手动电器。主要有刀开关、组合开关以及用刀开关与熔断器组合成的胶盖瓷底刀开关和熔断器式刀开关，还有转换开关等。以下仅介绍 HK2 系列胶盖瓷底刀开关、HR5 系列熔断器式刀开关与 HZ5 系列普通型组合开关。

1. HK2 系列胶盖瓷底刀开关

HK2 系列胶盖瓷底刀开关用作电路的隔离开关、小容量电路的电源开关和小容量电动机非频繁起动的操作开关。由熔丝、触刀、触头座、操作手柄、底座及上、下胶盖等组成。使用时进线座接电源端的进线，出线座接负载端导线，靠触刀与触头座的分合来接通和断开电路。

HK 系列型号含义：

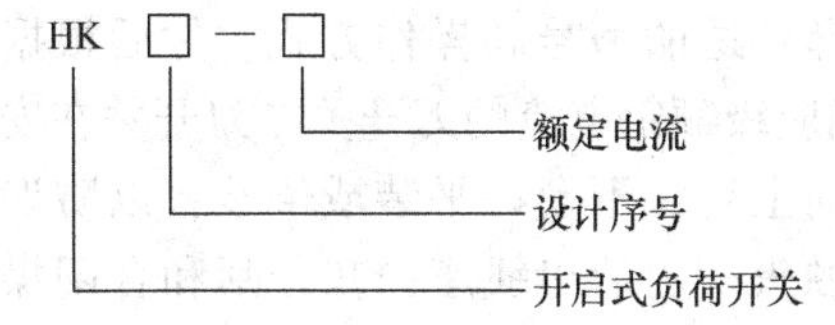

2. HR5 系列熔断器式刀开关

HR5 系列熔断器式刀开关用于有大短路电流的配电网络和电动机电路，用作电源开关、隔离开关，并可作短路保护。其主要由触头系统、熔体、灭弧室、底座及塑料防护盖等组成。开关还有弹簧储能快速关合机构及指示熔体通断的信号装置。其熔断器带有撞击器时，任一相熔体熔断后，撞击器弹出，通过横杆触动装在底板的微动开关，发出信号或切断接触器线圈电路，实现断相保护。

HR5 系列型号含义：

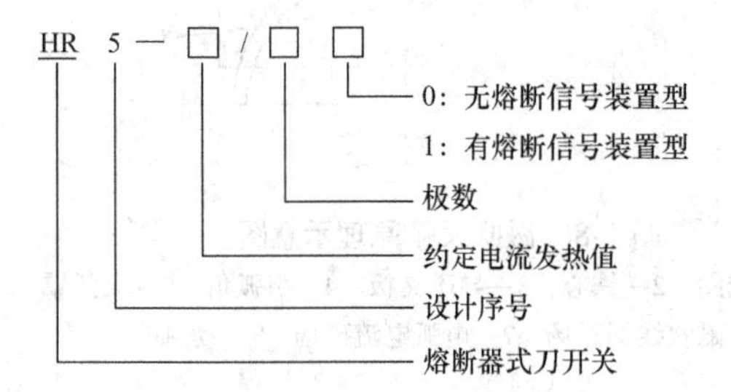

3. HZ5 系列普通型组合开关

组合开关是由若干动触片和静触片分别装于数层绝缘件内组成，动触片安装在附有手柄的转轴上，可随转轴转动，实现动、静触片的分合。在组合开关上方安装有由滑板、凸轮、扭簧及手柄等部件构成的操作机构，由于该机构采用了扭簧储能，故可实现开关的快速闭合与分断，从而使触头闭合及分断速度与手柄操作速度无关。HZ5 系列普通型组合开关适用于电压 380V 及以下，额定电流 60A 及以下电路，用作电源开关、控制电路的换接或对电动机起动、变速、停止及换向等。

HZ5 系列型号含义：

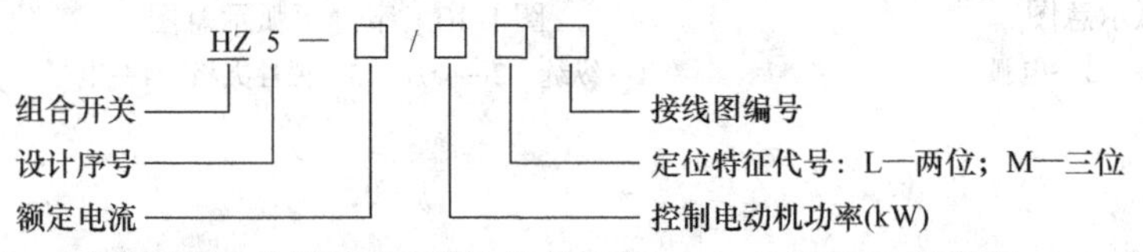

刀开关和带熔断器刀开关的符号如图 1-11、图 1-12 所示。

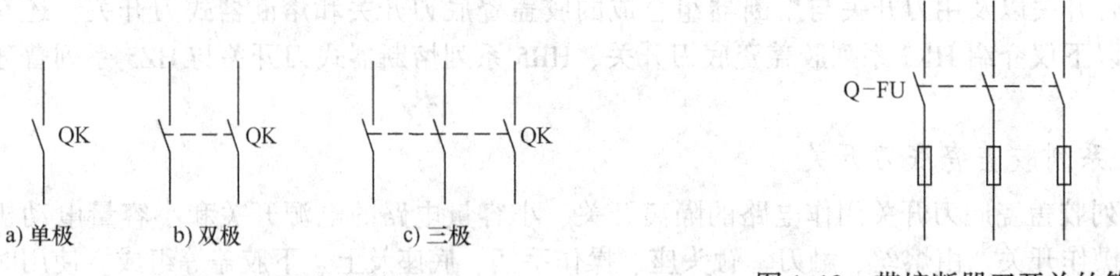

图 1-11 刀开关的符号

图 1-12 带熔断器刀开关的符号

4. 刀开关的选用和安装

选用刀开关时首先根据刀开关的用途和安装位置选择合适的型号和操作方式，然后根据控制对象的类型和大小，计算出相应负载电流大小，选择相应级额定电流的刀开关。刀开关在安装时必须垂直安装，使闭合操作时的手柄操作方向应从下向上合，不允许平装或倒装，以防误合闸；电源进线应接在静触头一边的进线座，负载接在动触头一边的出线座；在分闸和合闸操作时，应动作迅速，使电弧尽快熄灭。

5. 刀开关的故障及排除

刀开关的常见故障诊断及排除方法见表1-1。

表1-1　刀开关的常见故障诊断及排除方法

故障现象	故障诊断	排除方法
触刀过热甚至烧毁	电路电流过大	改用较大容量的开关
	触刀和静触座歪扭	调整触刀和静触座的位置
	触刀表面被电弧烧毛	磨掉毛刺和凸起点
开关手柄转动不灵	定位机械部分损坏	修理或更换
	触刀固定螺钉松脱	拧紧固定螺钉
合闸后一相或两相无电压	静触头弹性消失，开口过大，使动静触头不能接触	更换静触头
	熔丝熔断或虚连	更换熔丝或重新连接熔丝
	静触头或动触头氧化或有污垢	清洁触头
	电源进线或出线线头接触不良	检查进出线，重新连接
动触头或静触头烧坏	刀开关容量太小	更换大容量刀开关
	拉、合闸时动作太慢造成电弧过大，烧坏触头	改善操作方法

（三）低压断路器

低压断路器俗称自动空气开关，它是一种既有手动开关作用又能自动进行欠电压、失电压、过载和短路保护的开关电器。它相当于刀开关、熔断器、热继电器、过电流继电器和欠电压继电器的组合。它可用来分配电能，不频繁地启动异步电动机，对电源线路及电动机等实行保护，当它们发生严重的过载或者短路及欠电压等故障时能自动切断电路。

1. 低压断路器的结构和工作原理

低压断路器由触头系统、灭弧装置、各种脱扣器、自由脱扣机构和操作机构等部分组成。

1）触头系统。分主触头和辅助触头，主触头由耐弧合金制成，是断路器的执行元件，用来接通和分断主电路，为提高其分断能力，主触头上装有灭弧装置。另有常开、常闭辅助触头各一对，用于发出低压断路器接通或分断的指令。

2）灭弧装置。由相互绝缘的镀铜钢片组成的灭弧栅片，便于在切断短路电流时，快速灭弧和提高断流能力。

3）脱扣器。脱扣器是断路器的感测元件，当电路出现故障时，脱扣器感测到故障信号后，经自由脱扣器使断路器主触头分断，从而起到保护作用。按接受故障不同，有以下几种脱扣器：

① 分励脱扣器。用于远距离使断路器断开电路的脱扣器，其实质是一个电磁铁，当需要断开电路时，操作人员按下跳闸按钮，分励电磁铁线圈通电，衔铁动作，使断路器跳闸切断电路。它只适用于远距离控制跳闸，对电路不起保护作用。当在工作场所发生人身触电事故时，可供远距离切断电源，进行保护。

② 欠电压、失电压脱扣器。这是一个具有电压线圈的电磁机构，其线圈并接在主电路中。当主电路电压消失或降至一定值以下时，电磁吸力不足以继续吸持衔铁，在反力作用下，衔铁释放，衔铁顶板推动自由脱扣机构，将断路器主触头断开，实现欠电压与失电压保护。

③ 过电流脱扣器。其实质是一个电流线圈的电磁机构，电磁线圈串接在主电路中，流过负载电流。当正常电流通过时，产生的电磁吸力不足以克服反力，衔铁不被吸合；当电路出现瞬时

过电流或短路电流时，吸力大于反力，使衔铁吸合并带动自由脱扣机构使断路器主触头断开，实现过电流与短路电流保护。

④ 热脱扣器。该脱扣器由热元件、双金属片组成，将双金属片热元件串接在主电路中，其工作原理与双金属片式热继电器相同。当过载到一定值时，由于温度升高，双金属片受热弯曲并带动自由脱扣机构，使断路器主触头断开，实现长期过载保护。

4）自由脱扣机构和操作机构。自由脱扣机构是用来联系操作机构和主触头的机构，操作机构处于闭合位置时，也可操作分励脱扣机构进行脱扣，将主触头断开。操作机构是实现断路器闭合、断开的机构。通常电力拖动控制系统中的断路器采用手动操作机构，低压配电系统中的断路器有电磁铁操作机构和电动机操作机构两种。

低压断路器的工作原理如图1-13所示。图中是一个三极低压断路器，3个主触头串接于三相电路中。经操作机构将其闭合，此时传动杆3由锁扣4钩住，保持主触头的闭合状态，同时分闸弹簧1已被拉伸。当主电路出现过电流故障且达到过电流脱扣器的动作电流时，过电流脱扣器6的衔铁吸合，顶杆上移将锁扣4顶开，在分闸弹簧1的作用下使主触头断开。当主电路出现欠电压、失电压或过载时，则欠电压、失电压脱扣器和热脱扣器分别将锁扣顶开，使主触头断开。分励脱扣器可由主电路或其他控制电源供电，由操作人员发出指令使分励线圈通电，其衔铁吸合，将锁扣顶开，在分闸弹簧作用下使主触头断开，同时也使分励线圈断电，从而实现远距离控制。

2. 低压断路器的主要技术数据和保护特性

（1）低压断路器的主要技术数据

1）额定电压。断路器在电路中长期工作时的允许电压值。

2）断路器额定电流。指脱扣器允许长期通过的电流，即脱扣器额定电流。

3）断路器壳架等级额定电流。指每一件框架或塑壳中能安装的最大脱扣器额定电流。

4）断路器的通断能力。指在规定操作条件下，断路器能接通和分断短路电流的能力。

5）保护特性。指断路器的动作时间与动作电流的关系曲线。

（2）保护特性　断路器的保护特性主要是指断路器长期过载和过电流保护特性，即断路器动作时间与热脱扣器和过电流脱扣器动作电流的关系曲线，如图1-14所示。图中*ab*段为过载保护特性，具有反时限。*df*段为瞬时动作曲线，当故障电流超过*d*点对应电流时，过电流脱扣器便瞬时动作。*ce*段为定时限延时动作曲线，当故障电流大于*c*点对应电流时，过电流脱扣器经短时延时后动作，延时长短由*c*点与*d*点对应的时间差决定。根据需要，断路器的保护特性可以是两段式，如*abdf*，既有过载延时又有短路瞬动保护；而*abce*则为过载长延时和短路延时保护。另外，还可有三段式的保护特性，如*abcghf*曲线，既有过载长延时，短路短延时，又有特大短路的瞬动保护。为达到良好的保护作用，断路器的保护特性应与被保护对象的发热特性有合理的配合，即断路器的保护特性2应位于被保护对象发热特性1的下方，并以此来合理选择断路器的保护特性。

3. 塑壳式低压断路器典型产品

塑壳式低压断路器根据用途分为配电用断路器、电动机保护用和其他负载用断路器，用作配电线路、电动机、照明电路及电热器等设备的电源控制开关及保护。常用的有DZ15、DZ20、H、T、3VE及S等系列，后4种是引进国外技术生产的产品。

DZ20系列断路器是全国统一设计的系列产品，适用于交流额定电压500V及以下、直流额定电压220V及以下，额定电流100～125A的电路中作为配电、线路及电源设备的过载、短路和欠电压保护；额定电流200A及以下和400Y型的断路器也可作为电动机的过载、短路和欠电压保护。DZ20系列低压断路器主要技术数据见表1-2。

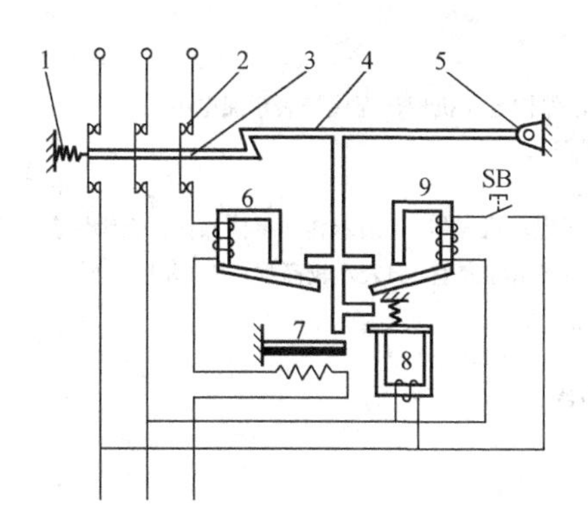

图 1-13　低压断路器工作原理图

1—分闸弹簧　2—主触头　3—传动杆　4—锁扣　5—轴
6—过电流脱扣器　7—热脱扣器　8—欠电压失电压脱扣器　9—分励脱扣器

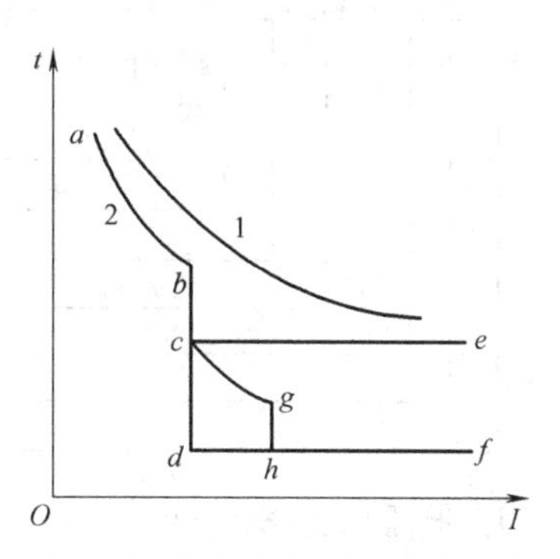

图 1-14　低压断路器的保护特性

1—被保护对象的发热特性
2—低压断路器保护特性

表 1-2　DZ20 系列低压断路器主要技术数据

型号	脱扣器额定电流 I_N/A	壳架等级额定电流/A	瞬时脱扣整定值/A		交流短路极限通断能力/kA	电器寿命/次	机械寿命/次
			配电用	电动机用			
DZ20C－160	16，20，32，50，63，80，100（C：125，160）	160	$10I_N$	$12I_N$	12	4000	4000
DZ20Y－100		100			18		
DZ20J－100					35		
DZ20G－100					100		
DZ20C－250	100，125，160，180，200，225，（C：250）	250	$5I_N$，$10I_N$	$8I_N$，$12I_N$	15	2000	6000
DZ20Y－200		200			25		
DZ20J－200					42		
DZ20G－200					100		
DZ20C－400	200，250，315，350，400（C：100，125，160，180）	400	$10I_N$	$12I_N$	20	1000	4000
DZ20Y－400					30		
DZ20J－400			$5I_N$，$10I_N$	—	42		
DZ20G－400					100		

低压断路器的符号如图 1-15 所示。

DZ20、NM1 系列塑壳式低压断路器型号含义如下：

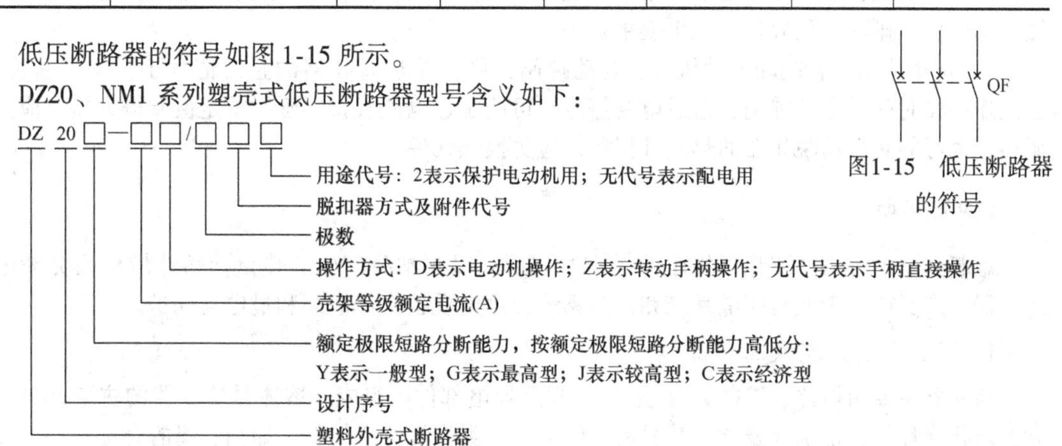

图1-15　低压断路器的符号

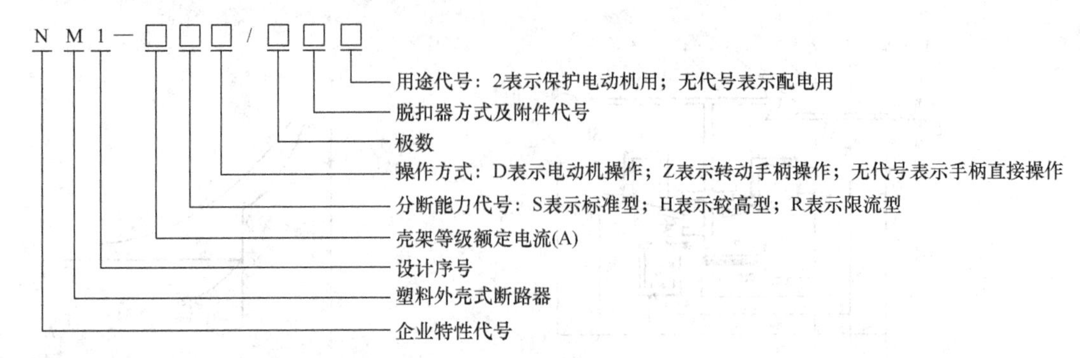

4. 低压断路器的选用

1）断路器额定电压等于或高于电路额定电压。

2）断路器额定电流等于或大于电路或设备额定电流。

3）断路器通断能力等于或大于电路中可能出现的最大短路电流。

4）欠电压脱扣器额定电压等于电路额定电压。

5）分励脱扣器额定电压等于控制电源电压。

6）长延时电流整定值等于电动机额定电流。

7）瞬时整定电流：对保护笼型感应电动机的断路器，瞬时整定电流为8～15倍电动机额定电流；对于保护绕线型感应电动机的断路器，瞬时整定电流为3～6倍电动机额定电流。

8）6倍长延时电流整定值的可返回时间等于或大于电动机实际起动时间。使用低压断路器来实现短路保护要比熔断器性能更加优越，因为当三相电路发生短路时，很可能只有一相的熔断器熔断，造成断相运行。对于低压断路器，只要造成短路都会使开关跳闸，将三相电源全部切断。何况低压断路器还有其他自动保护作用。但它结构复杂、操作频率低、价格较高，适用于要求较高的场合。

5. 低压断路器的故障及排除

1）不能合闸。若电源电压太低，失压脱扣器线圈开路，热脱扣器的双金属片未冷却复位及机械原因，均会导致合闸时操作手柄不能稳定在接通位置上，此时应将电源电压值调至规定值，或更换失压脱扣器线圈，或待双金属片冷却复位后再合闸，或更换机械传动机构部件，或排除卡阻。

2）不能分闸。若电源电压过低或消失，或者按下分励脱扣器的分闸按钮，低压断路器不分闸，仍保持接通，这可能是由于机械传动机构卡死，不能动作，或者主触头熔焊，此时应检修机械传动机构，排除卡死故障，或更换主触头。

3）自动掉闸。若起动电动机时，自动掉闸，可能是热脱扣器的整定值太小，应重新整定。若工作一段时间后自动掉闸，造成电路停电，可能是过电流脱扣器延时整定值调得太短，应重新调整；也可能是自动脱扣器的热元件损坏，应更换热元件。

（四）熔断器

熔断器是一种当电流超过规定值一定时间后，以它本身产生的热量使熔体熔化而分断电路的电器，广泛应用于低压配电系统和控制系统及用电设备中作短路和过电流保护。

1. 熔断器的结构及工作原理

熔断器主要由熔体、熔断管（座）、填料及导电部件等组成。熔体是熔断器的主要部分，常做成丝状、片状、带状或笼状。其材料有两类：一类为低熔点材料，如铅、锡的合金，锑、铝合金，锌等；另一类为高熔点材料，如银、铜、铝等。熔断器接入电路时，熔体串接在电路中，负载电流流经熔体，当电路发生短路或过电流时，通过熔体的电流使其发热，当达到熔体金属熔化温度时就会自行熔断，期间伴随着燃弧和熄弧过程，随之切断故障电路，起到保护作用。当电路正常工作时，熔体在额定电流下不应熔断，所以其最小熔化电流必须大于额定电流。填料目前广泛应用的是石英砂，它既是灭弧介质又能起到帮助熔体散热的作用。

2. 熔断器的保护特性

熔断器的保护特性是指流过熔体的电流与熔体熔断时间的关系曲线，称“时间-电流特性”曲线或称“安-秒特性”曲线，如图 1-16 所示。图中 I_{min} 为最小熔化电流或称临界电流，当熔体电流小于临界电流时，熔体不会熔断。最小熔化电流 I_{min} 与熔体额定电流 I_N 之比称为熔断器的熔化系数，即 $K=I_{min}/I_N$，当 K 小时对小倍数过载保护有利，但 K 也不宜接近于 1，当 K 为 1 时，不仅熔体在 I_N 下工作温度会过高，而且还有可能因保护特性本身的误差而发生熔体在 I_N 下也熔断的现象，影响熔断器工作的可靠性。

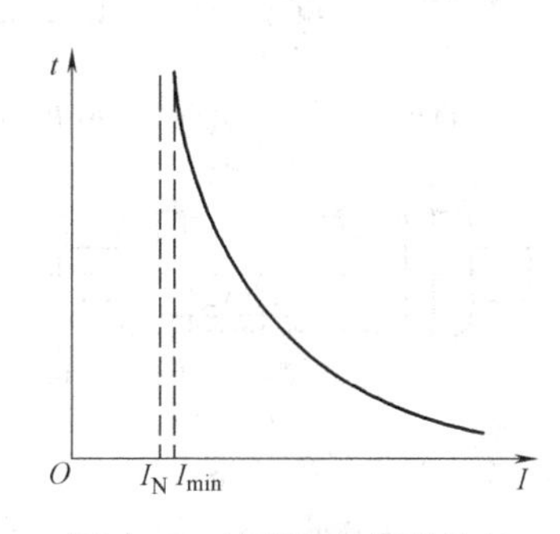

图 1-16 熔断器的保护特性

当熔体采用低熔点的金属材料时，熔化时所需热量少，故熔化系数小，有利于过载保护；但材料电阻系数较大，熔体截面积大，熔断时产生的金属蒸气较多，不利于熄弧，故分断能力较低。当熔体采用高熔点的金属材料时，熔化时所需热量大，故熔化系数大，不利于过载保护，而且可能使熔断器过热；但这些材料的电阻系数低，熔体截面小，有利于熄弧，故分断能力高。因此，不同熔体材料的熔断器在电路中保护作用的侧重点是不同的。

3. 熔断器的主要技术参数及典型产品

（1）熔断器的主要技术参数

1）额定电压：这是从灭弧的角度出发，熔断器长期工作时和分断后能承受的电压。其值一般大于或等于所接电路的额定电压。

2）额定电流：熔断器长期工作，各部件温升不超过允许温升的最大工作电流。熔断器的额定电流有两种，一种是熔管额定电流，也称为熔断器额定电流，另一种是熔体的额定电流。厂家为减少熔管额定电流的规格，熔管额定电流等级较少，而熔体额定电流等级较多，在一种电流规格的熔管内可安装几种电流规格的熔体，但熔体的额定电流最大不能超过熔管的额定电流。

3）极限分断能力：熔断器在规定的额定电压和功率因数（或时间常数）条件下，能可靠分断的最大短路电流。

4）熔断电流：通过熔体并使其熔化的最小电流。

（2）熔断器的典型产品 熔断器的种类很多，按结构来分有半封闭瓷插式（RC1A）、螺旋式（RL）、无填料密封管式（RM）和有填料密封管式（RT），如图 1-17 所示。按用途分有一般工业用熔断器、半导体保护用快速熔断器和特殊熔断器。典型产品有 RL6、RL7、RL96、RLS2 系列螺旋式熔断器，RL1B 系列带断相保护螺旋式熔断器，RT18、RT18 -□X 系列熔断器以及 RT14 系列有填料密封管式熔断器。此外，还有引进国外技术生产的 NT 系列有填料封闭式刀型触头熔断器与 NGT 系列半导体器件保护用熔断器等。图 1-18 为 RL6、RL7 螺旋式熔断器结构示意图。

RL6、RL7、RL96、RLS2 系列螺旋式熔断器技术数据见表 1-3。

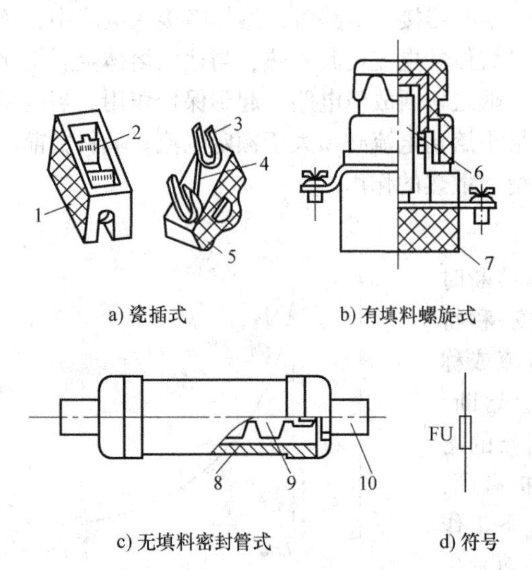

图1-17 常用熔断器结构图及符号

1—瓷底座 2—石棉垫 3—动触头 4—熔丝 5—瓷插件 6、9—熔体 7—底座 8—熔管 10—触刀

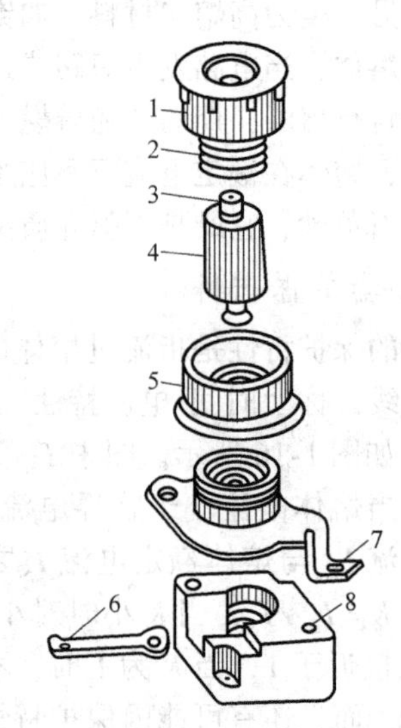

图1-18 RL6、RL7螺旋式熔断器结构示意图

1—瓷帽 2—金属螺管 3—指示器 4—熔管 5—瓷管 6—下接线端 7—上接线端 8—瓷座

表1-3 RL6、RL7、RL96、RLS2系列螺旋式熔断器技术数据

型 号	额定电压/V	额定电流/A		额定分断电流/kA	cosφ
		熔断器	熔 体		
RL6-25，RL96-25Ⅱ	500	25	2，4，6，10，16，20，25	50	0.1~0.2
RL6-63，RL96-63Ⅱ		63	35，50，63		
RL6-100		100	80，100		
RL6-200		200	125，160，200		
RL7-25	660	25	2，4，6，10，16，20，25	25	
RL7-63		63	35，50，63		
RL7-100		100	80，100		
RLS2-30	500	(30)	16，20，25，(30)	50	
RLS2-63		63	35，(45)，50，63		
RLS2-100		100	(75)，80，(90)，100		

RL系列型号含义：

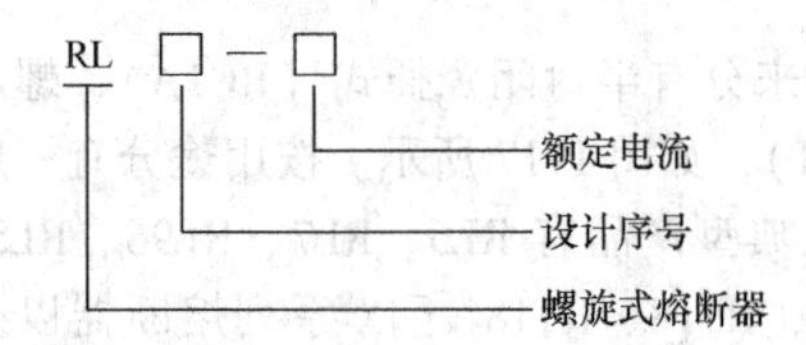

4. 熔断器的选用

熔断器的选择主要是选择熔断器的类型、熔断器额定电压、额定电流和熔体额定电流。

（1）熔断器类型的选择 主要根据负载的保护特性和短路电流大小。用于保护照明电路和电动机的熔断器，一般考虑它们的过载保护，要求熔断器的熔化系数适当小些。对于大容量的照明电路和电动机，除过载保护外，还应考虑短路时的分断短路电流能力。

（2）熔断器额定电压的选择　熔断器的额定电压应高于或等于所接电路的额定电压。

（3）熔体、熔断器额定电流的选择　熔体额定电流大小与负载大小、负载性质有关。对于负载平稳无冲击电流的照明电路、电热电路等可按负载电流大小来确定熔体的额定电流；对于有冲击电流的电动机负载，为起到短路保护作用，又保证电动机的正常起动，三相笼型电动机其熔断器熔体的额定电流为：

对一台不经常起动且起动时间不长的电动机的短路保护，熔体的额定电流 I_{RN} 应等于1.5～2.5倍电动机额定电流 I_{MN}，即 $I_{RN}=(1.5\sim2.5)I_{MN}$。

对于频繁起动或起动时间较长的电动机，其系数应增加到3～3.5。

对多台电动机的短路保护，熔体的额定电流应等于其中最大容量电动机的额定电流 I_{MNmax} 的（1.5～2.5）倍，再加上其余电动机额定电流的总和 $\sum I_{MN}$，即

$$I_{RN}=(1.5\sim2.5)I_{MNmax}+\sum I_{MN}$$

对轻载起动或起动时间较短时，式中系数取1.5；重载起动或起动时间较长时，系数取2.5。

当熔体额定电流确定后。根据熔断器额定电流大于或等于熔体额定电流来确定熔断器额定电流。

5. 熔断器的故障及排除

熔断器的常见故障主要包括熔体过早熔断和熔体不能熔断两种情况。

（1）熔体过早熔断的主要原因

1）熔体容量选得太小，特别是在电动机起动过程中发生过早熔断，导致电动机不能正常起动。

2）熔体变色或变形。说明熔体已经过热，熔体的形状直接影响熔体的特性，形状变化会导致熔体过早熔断。

（2）熔体不能熔断的原因　熔体容量选得过大，特别是在更换熔体时，增加熔体的电流等级或用其他金属丝代替，当电路发生短路时，熔体不能熔断，即不能对电路或电动机起保护作用，严重时甚至烧毁电路或电动机。

低压熔断器故障诊断及处理方法见表1-4。

表1-4　低压熔断器故障诊断及处理方法

常见故障	故障诊断	处理方法
户外低压熔断器瓷件断裂	1）制造质量问题 2）外力破坏 3）过热	如果是因为制造质量不良或外力破坏引起，应停电处理；如果是由于过热引起，应查明并消除过热原因后，再更换瓷件
接线端子发热	1）螺钉未拧紧，接触不良 2）导线未处理好，表面氧化，接触不良 3）铜铝接触	连接端子时应注意导线要处理干净，螺钉必须拧紧，并避免铜铝接触
熔丝（片）在正常情况下熔断	1）熔丝（片）选择不当，容量过小 2）熔丝（片）在安装时受损	应停电检查熔丝（片），并调换合适的熔丝（片），在安装时应注意不使熔丝（片）受损

（五）交流接触器

1. 交流接触器的结构与工作原理

交流接触器主要有电磁机构、触头系统、灭弧装置等组成。交流接触器的结构示意图如图1-19b所示。

电磁机构由线圈、静铁心和动铁心（衔铁）组成，其作用是将电磁能转换为机械能，产生电磁吸力带动触头动作。触头系统包括主触头和辅助触头。主触头用于通断主电路，通常为三对常开触头；辅助触头用于控制电路，起电气联锁作用，故又称为联锁触头，一般常开、常闭各两对。容量在10A以上的接触器都有灭弧装置，对于小容量的接触器，常采用双断口触头灭弧、电动力灭弧、相间弧板隔弧及陶土灭弧罩灭弧。对于大容量的接触器，采用纵缝灭弧罩及栅片灭弧。除了电磁机构、触头系统、灭弧装置，交流接触器还有其他部件，主要包括反作用弹簧、缓冲弹簧、触头压力弹簧、传动机构及外壳等。电磁式接触器的工作原理：当电磁线圈通电后，线圈电流产生磁场使静铁心产生电磁吸力吸引衔铁，并带动触头动作，使常闭触头断开，常开触头闭合，两者是联动的。当电磁线圈断电时，电磁力消失，衔铁在释放弹簧的作用下释放，使触头复原，即常开触头断开，常闭触头闭合。

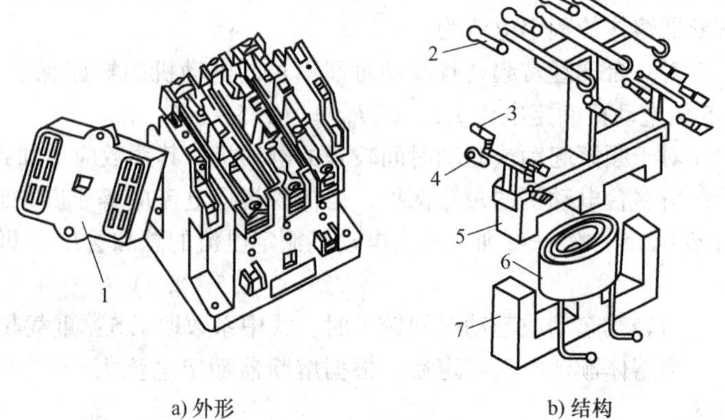

图1-19 交流接触器的外形与结构示意图

1—灭弧罩 2—常开主触头 3—常闭辅助触头 4—常开辅助触头 5—衔铁 6—吸引线圈 7—铁心

2. 交流接触器的分类

交流接触器的种类很多，其分类方法也不尽相同。大致有以下几种。

（1）按主触头极数 可分为单极、双极、三极、四极和五极接触器。单极接触器主要用于单相负载，如照明负荷、电焊机等；双极接触器用于绕线转子异步电动机的转子回路中，起动时用于短接起动绕组；三极接触器用于三相负荷，例如在电动机的控制和其他场合，使用最为广泛；四极接触器主要用于三相四线制的照明线路，也可用来控制双回路电动机负载；五极交流接触器用来组成自耦补偿起动器或控制笼型电动机，以变换绕组接法。

（2）按灭弧介质 可分为空气式接触器和真空式接触器等。依靠空气绝缘的接触器用于一般负载，而采用真空绝缘的接触器常用在煤矿、石油、化工企业及电压为660V和1140V等一些特殊场合。

（3）按有无触头 可分为有触头接触器和无触头接触器。常见的接触器多为有触头接触器，而无触头接触器属于电子技术应用的产物，一般采用晶闸管作为回路的通断元件。由于晶闸管导通时所需的触发电压很低，而且回路通断时无火花产生，因而可用于高操作频率的设备和易燃、易爆、无噪声的场合。

3. 交流接触器的主要技术参数

（1）额定电压 指接触器主触头额定工作电压，应不低于负载的额定电压。一只接触器常规定几个额定电压，同时列出相应的额定电流或控制功率。通常，最高工作电压即为额定电压。常用的额定电压值为220V、380V、660V等。

（2）额定电流　指接触器触头在额定工作条件下的电流值。常用额定电流等级为5A、10A、20A、40A、60A、100A、150A、250A、400A及600A。对于CJX系列交流接触器，则有9A、12A、16A、22A、32A、38A、45A、63A、75A、85A、110A、140A和170A等。

（3）接通与分断能力　指接触器主触头在规定的条件下，能可靠地接通和分断的电流值。在此电流值下，接通时，主触头不应发生熔焊；分断时，主触头不应发生长时间燃弧。

（4）动作值　可分为吸合电压和释放电压。吸合电压是指接触器吸合前，缓慢增加吸合线圈两端的电压，接触器可以吸合时的最低电压。释放电压是指接触器吸合后，缓慢降低吸合线圈的电压，接触器释放时的最高电压。一般规定，吸合电压不低于线圈额定电压的85%，释放电压不高于线圈额定电压的70%。

（5）吸引线圈额定电压　接触器正常工作时，吸引线圈上所加的电压值。一般该电压数值以及线圈的匝数、线径等数据均标于线包上，而不是标于接触器外壳铭牌上，使用时应加以注意。

（6）约定发热电流　指在使用类别条件下，允许温升对应的电流值。

（7）额定绝缘电压　指接触器绝缘等级对应的最高电压。低压电器的绝缘电压一般为500V，但根据需要，AC可提高到1140V，DC可达1000V。

（8）操作频率　接触器在吸合瞬间，吸引线圈需要比额定电流大5~7倍的电流，如果操作频率过高，则会使线圈严重发热，直接影响接触器的正常使用。为此，规定了接触器的允许操作频率，一般为每小时允许操作次数的最大值。

（9）寿命　包括机械寿命和电气寿命，接触器是频繁操作电器，应有较长的机械寿命和电气寿命。目前接触器的机械寿命已达到1000万次以上，电气寿命达100万次以上。

接触器使用类别不同，即用于不同负载时，对主触头的接通和分断能力要求也不同。常见的接触器使用类别及典型用途见表1-5。

表1-5　常见的接触器使用类别及典型用途

电流种类	使用类别	典型用途
AC（交流）	AC-1	无感或微感负载、电阻炉
	AC-2	绕线型异步电动机的起动和分断
	AC-3	笼型异步电动机的起动和运转中断开
	AC-4	笼型异步电动机的起动、反接制动或反向运行和点动
	AC-5a	其他不同的照明灯的通断
	AC-5b	白炽灯的通断
	AC-6a	变压器的通断
	AC-6b	电容器组的通断
	AC-7a	家用电器和类似用途的低电感负载
	AC-7b	家用的电动机负载
	AC-8a	具有手动复位过载脱扣器的密封制冷压缩机中的电动机控制
	AC-8b	具有自动复位过载脱扣器的密封制冷压缩机中的电动机控制
DC（直流）	DC-1	无感或微感负载、电阻炉
	DC-3	并励直流电动机的起动、反接制动或反向运行点动、电动机在动态中分断
	DC-5	串励直流电动机的起动、反接制动或反向运行点动、电动机在动态中分断
	DC-6	白炽灯的通断

接触器的使用类别代号通常标注在产品的铭牌上或产品的手册中。每种类别的接触器都具有一定的接通和分断能力，例如，AC-1和DC-1类允许接通和分断1倍额定电流；AC-2、DC-3

和 DC-5 类允许接通和分断 4 倍的额定电流；AC-3 类允许接通 8～10 倍的额定电流和分断 6～8 倍的额定电流；AC-4 类允许接通 10～12 倍的额定电流和分断 8～10 倍的额定电流等。

4. 常用典型交流接触器简介

(1) 空气电磁式交流接触器　典型产品有 CJ20、CJ21、CJ26、CJ35、CJ40、NC、B、LC1-D、3TB、3TF 系列交流接触器等。

CJ20 系列型号含义：

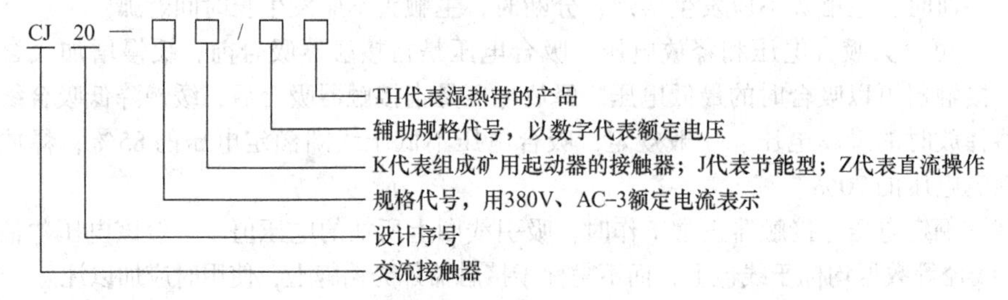

B 系列型号含义：

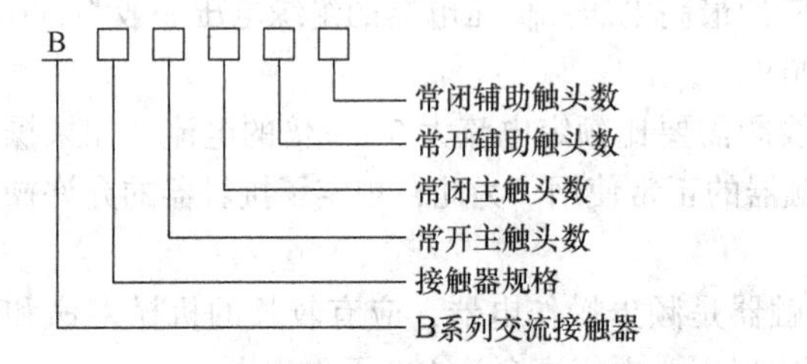

部分 CJ20 系列、B 系列交流接触器主要技术数据见表 1-6 和表 1-7。

表 1-6　部分 CJ20 系列交流接触器主要技术数据

型号	额定绝缘电压/V	约定发热电流 I/A	额定工作电压 U_N/V	额定工作电流 I_N/A (AC-3)	额定操作频率/(次/h) (AC-3)	寿命/万次		380V、AC-3 类工作制下控制电动机功率 P/kW	辅助触头组合
						机械	电气		
			220	10	1200			2.2	1 开 3 闭
CJ20-10		10	380	10	1200			4	2 开 2 闭
			660	5.2	600			7	3 开 1 闭
			220	16	1200			4.5	
CJ20-16		16	380	16	1200			7.5	
			660	13	600			11	
	660		220	25	1200	1000	100	5.5	
CJ20-25		32	380	25	1200			11	2 开 2 闭
			660	14.5	600			13	
			220	40	1200			11	
CJ20-40		55	380	40	1200			22	
			660	25	600			22	

表 1-7　B 系列交流接触器主要技术数据

型号	额定绝缘电压/V	额定电压/V	约定发热电流/A	断续周期工作制下的额定工作电流/A			AC-3 使用类别下的额定工作功率/kW			不间断工作制的额定电流/A	外形尺寸（长×宽×高）/mm×mm×mm
				AC-1	AC-3，AC-4						
					220V，380V	660V	220V	380V	660V		
B9			16	16	8.5	3.5	2.2	4	3	16	
B12			20	20	11.5	4.9	3	5.5	4	20	44×67×103
B16			25	25	15.5	6.7	4	7.5	5.5	25	
B25			40	40	22	13	6.5	11	11	40	54×81×108
B30			45	45	30	17.5	9	15	15	45	
B37			45	45	37	21	11	18.5	18.5	45	112×81×178.5
B45			60	60	44	25	13	22	22	60	
B65	690	220 380 660	80	80	65	45	18.5	33	40	80	92×132×193.5
B85			100	100	85	55	25	45	50	100	
B105			140	140	105	82	30	55	75	140	116×152×218
B170			230	230	170	118	55	90	110	230	133×163×218
B250			300	300	245	170	75	132	160	300	200×250×150
B370			410	410	370	268	110	200	250	410	200×250×135

（2）切换电容器接触器　专用于低压无功补偿设备中投入或切除并联电容器组，以调整用电系统的功率因数。常用产品有 CJ16、CJ19、CJ39、CJ41、CJX4、CJX2A、LC1-D 及 6C 系列等。

（3）真空交流接触器　以真空为灭弧介质，其主触头密封在真空开关管内。适用于条件恶劣的危险环境中。常用的真空交流接触器有 3RT12、CKJ 和 EVS 系列等。

接触器的符号如图 1-20 所示。

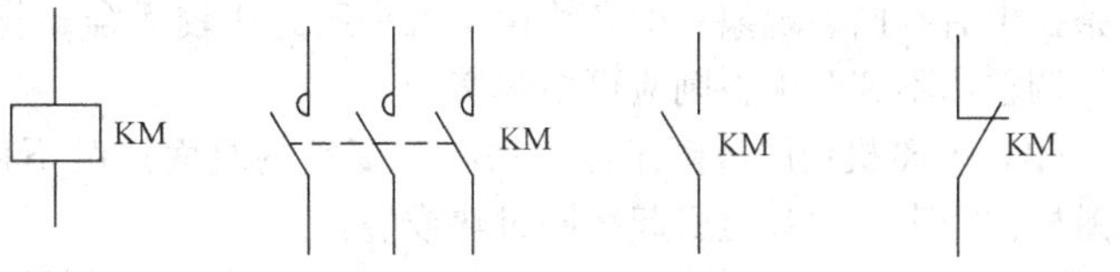

a) 线圈　b) 常开主触头　c) 常开辅助触头　d) 常闭辅助触头

图 1-20　接触器的符号

5. 接触器的选用

1）接触器极数和电流种类的确定。接触器的极数根据用途确定，接触器的种类应根据电路中负载电流的种类来选择。

2）根据接触器所控制负载的工作任务来选择相应使用类别的接触器。

3）根据负载功率和操作情况来确定接触器主触头的电流等级。应根据控制对象类型和使用场合，合理选择接触器主触头的额定电流。控制电阻性负载时，主触头的额定电流应等于负载的额定电流。控制电动机时，主触头的额定电流应大于或稍大于电动机的额定电流。当接触器使用在频繁起动、制动及正反转的场合时，应将主触头的额定电流降低一个等级使用。

4）根据接触器主触头接通与分断主电路电压等级来决定接触器的额定电压。所选接触器主触头的额定电压高于或等于控制电路的电压。

5）接触器吸引线圈的额定电压应由所接控制电路电压确定。当控制电路简单，使用电器较少时，应根据电源等级选用380V或220V的电压。当电路复杂，从人身和设备安全角度考虑，可选择36V或110V电压的线圈，此时增加相应变压器设备容量。

6）接触器触头数和种类应满足主电路和控制电路的要求。

6. 接触器的安装与使用

接触器一般应安装在垂直面上，倾斜度不得超过5°，若有散热孔，则应将有孔的一面放在垂直方向上，以利散热。安装和接线时，注意不要将零件失落或掉入接触器内部，安装孔的螺钉应装有弹簧垫圈和平垫圈，并拧紧螺钉以防振动松脱。

接触器还可作为欠电压、失电压保护用，它的吸引线圈在电压为额定电压的85%～105%范围内保证电磁铁的吸合，但当电压降到额定电压的50%以下时，衔铁吸力不足，自动释放而断开电源，以防止电动机过电流。

有的接触器触头嵌有银片，银氧化后不影响导电能力，这类触头表面发黑一般不需清理。带灭弧罩的接触器不允许不带灭弧罩使用，以防短路事故。陶土灭弧罩质脆易碎，应避免碰撞；若有碎裂，应及时更换。

7. 接触器的故障及排除

（1）触头的故障维修及调整　触头的一般故障有触头过热、磨损和熔焊等，其检修程序如下：

1）检查触头表面的氧化情况和有无污垢。银触头氧化层的电导率和纯银的差不多，故银触头氧化时可不做处理。铜触头氧化时，要用小刀轻轻刮去其表面的氧化层。如果触头有污垢，可用汽油将其清洗干净。

2）观察触头表面有无灼伤，如果有，要用小刀或整形锉修整触头表面，但不要过于光滑，否则会使触头表面接触面减小，不允许用纱布或砂纸打磨触头。

3）触头如果有熔焊，应更换触头，如果因触头容量不够而产生熔焊，则选容量大一级的电器。

4）检查触头的磨损情况，若磨损到只有1/3～1/2厚度时，应更换触头。检查触头有无机械损伤使弹簧变形，造成压力不够的情况。此时应调整弹簧压力，使触头接触良好。可用纸条测试触头压力，方法是将一条比触头宽些的纸条放在动、静触头之间，若纸条很容易拉出，则说明触头压力不够。一般对于小容量电器的触头，稍用力纸条便可拉出；对于较大容量的电器的触头，纸条拉出后有撕裂现象；两者均说明触头压力比较适合。若纸条被拉断，则说明触头压力太大。如果调整达不到要求，则应更换弹簧。

（2）电磁机构的故障维修　铁心和衔铁的端面接触不良或衔铁歪斜、短路损坏等都会造成电磁机构噪声过大甚至引起线圈过热或烧毁。

1）衔铁噪声大。修理时先拆下线圈，检查铁心和衔铁间的接触面是否平整，否则予以锉平或磨平。接触面如果有油污，要清洗干净，若铁心歪斜或松动，应加以校正或紧固。检查短路环是否断裂，如果断裂，可用铜条或粗铜丝按原尺寸制好，在接口处气焊修平即可。

2）线圈故障。由于线圈绝缘损坏、机械损伤造成的匝间短路或接地，电源电压过高，铁心和衔铁接触不紧密，均可导致线圈电流过大，引起线圈过热甚至烧毁。烧毁的线圈应予以更换。但是如果线圈短路的匝数不多，且短路点又在接近线圈的端头处，其余部分完好，可将损坏的几圈去掉，线圈仍可使用。

3）衔铁吸不上。线圈通电后衔铁不能被铁心吸合，应立即切断电源，以免烧毁线圈。若线圈通电后无振动和噪声，应检查线圈引出线连接处有无脱落，并用万用表检查是否断线或烧毁；若线圈通电后有较大的振动和噪声，应检查活动部分是否被卡住，铁心和衔铁之间是否有异物。

接触器除了触头和电磁机构的故障，还常见下列故障。

① 触头断相。由于某相主触头接触不好或连接螺钉松脱，使电动机断相运行，此时电动机发出“嗡嗡”声，应立即停车检修。

② 触头熔焊。接触器主触头因长期通过过载电流引起两相或三相主触头熔焊，此时虽然按停止按钮，但主触头不能分断，电动机不会停转，并发出“嗡嗡”声，此时应立即切断控制电机的前一级开关，停车检查并修理。

③ 灭弧罩碎裂。接触器不允许无灭弧罩使用，应及时更换。

（六）热继电器

热继电器是利用电流流过发热元件产生热量来使检测元件受热弯曲，进而推动机构动作的一种保护电器。由于发热元件具有热惯性，在电路中不能用于瞬时过载保护，更不能做短路保护，主要用作电动机的长期过载保护。在电力拖动控制系统中应用最广的是双金属片式热继电器。

1. 电气控制对热继电器性能的要求

（1）应具有合理可靠的保护特性　热继电器主要用作电动机的长期过载保护。电动机的过载特性是一条图 1-21 所示的反时限特性，为适应电动机的过载特性，又能起到过载保护作用，则要求热继电器具有形同电动机过载特性的反时限特性。这条特性是流过热继电器发热元件的电流与热继电器触头动作时间的关系曲线，称为热继电器的保护特性，如图1-21中曲线 2 所示。考虑各种误差的影响，电动机的过载特性与热继电器的保护特性是一条曲带，误差越大，带越宽。从安全角度出发，热继电器的保护特性应处于电动机过载特性下方并相邻近。这样，当发生过载时，热继电器就在电动机未达到其允许过载之前动作，切断电动机电源，实现过载保护。

（2）具有一定的温度补偿　当环境温度变化时，热继电器检测元件受热弯曲存在误差，为补偿由于温度引起的误差，应具有温度补偿装置。

（3）热继电器动作电流可以方便地调节　为减少热继电器热元件的规格，热继电器动作电流可在热元件额定电流 66% ~100% 范围内调节。

（4）具有手动复位与自动复位功能　热继电器动作后，可在 2min 内按下手动复位按钮进行复位，也可在 5min 内可靠地自动复位。

2. 双金属片热继电器的结构及工作原理

双金属片热继电器主要由热元件、主双金属片、触头系统、动作机构、复位按钮、电流整定装置和温度补偿元件等部分组成，如图 1-22 所示。

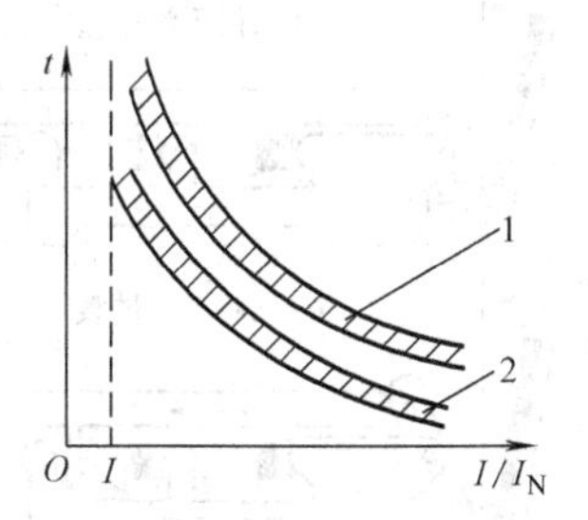

图 1-21　热继电器保护特性与电动机过载特性的配合

1—电动机的过载特性　2—热继电器的保护特性

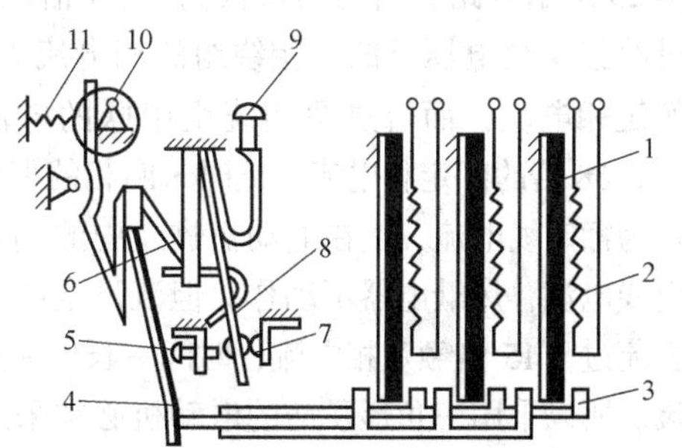

图 1-22　双金属片式热继电器结构原理图

1—主双金属片　2—电阻丝　3—导板　4—补偿双金属片　5—复位螺钉　6—推杆　7—静触头　8—动触头　9—复位按钮　10—调节凸轮　11—弹簧

双金属片是热继电器的感测元件，它是将两种线胀系数不同的金属片以机械辗压的方式使其形成一体，线胀系数大的称为主动片，线胀系数小的称为被动片。而环绕其上的电阻丝串接于电动机定子电路中，流过电动机定子线电流，反映电动机过载情况。由于电流的热效应，使双金属片变热产生线膨胀，于是双金属片向被动片一侧弯曲，当电动机正常运行时，热元件产生的热量虽能使双金属片弯曲，但还不足以使热继电器的触头动作；只有当电动机长期过载时，过载电流流过热元件，使双金属片弯曲位移增大，经一定时间后，双金属片弯曲到推动导板3，并通过补偿双金属片4与推杆6将触头7与8分开，此常闭触头串接于接触器线圈电路中，触头分开后，接触器线圈断电，接触器主触头断开，切断电动机定子绕组电源，实现电动机的过载保护。调节凸轮10用来改变补偿双金属片与导板间的距离，达到调节整定动作电流的目的。此外，调节复位螺钉5来改变常开触头的位置，使继电器工作在手动复位或自动复位两种工作状态。调试手动复位时，在故障排除后需按下复位按钮9才能使常闭触头闭合。补偿双金属片可在规定范围内补偿环境温度对热继电器的影响。当环境温度变化时，主双金属片与补偿双金属片同时向同一方向弯曲，使导板与补偿双金属片之间的推动距离保持不变。这样，继电器的动作特性将不受环境温度变化的影响。

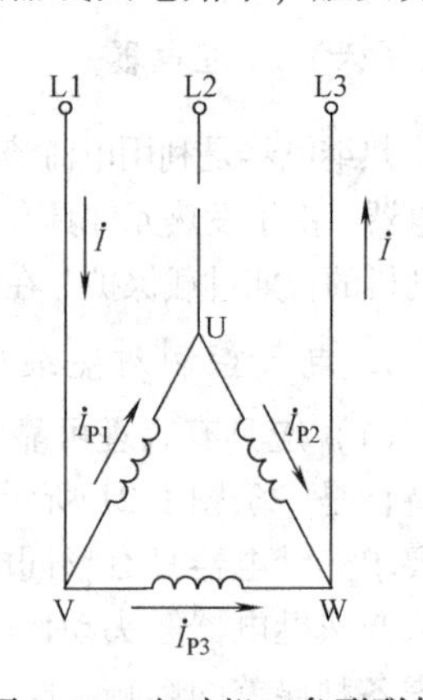

图1-23 电动机三角形联结时U相断线时的电流分析

3. 具有断相保护的热继电器

三相感应电动机运行时，若发生一相断路，流过电动机各相绕组的电流将发生变化，其变化情况将与电动机三相绕组的接法有关。如果热继电器保护的三相电动机是星形联结，当发生一相断路时，另外两相线电流增加很多，此时线电流等于相电流，由于流过电动机绕组的电流就是流过热继电器热元件的电流，因此，采用普通的两相或三相热继电器就可实现过载保护。如果电动机是三角形联结，在正常情况下，线电流是相电流的$\sqrt{3}$倍，串接在电动机电源进线中的热元件按电动机额定电流即线电流来整定。当发生一相断路时，见图1-23所示电路，当电动机仅为0.58倍额定负载时，流过跨接于全电压下的一相绕组的相电流I_{P3}等于1.15倍额定相电流，而流过两相绕组串联的电流$I_{P1}=I_{P2}$，仅为0.58倍的额定相电流。此时未断相的那两相线电流正好为额定线电流，接在电动机进线中的热元件因流过额定线电流，热继电器不动作，但流过全压下的一相绕组已流过1.15倍额定相电流，时间一长便有过热烧毁的危险。所以采用三角形联结的电动机必须采用带断相保护的热继电器来对电动机进行长期过载保护。

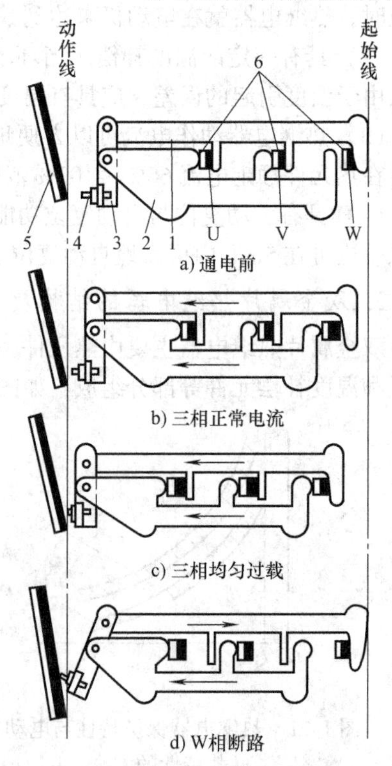

图1-24 差动式断相保护机构及工作原理
1—上导板 2—下导板 3—杠杆
4—顶头 5—补偿双金属片 6—主双金属片

带有断相保护的热继电器是将热继电器的导板改成差动机构，如图1-24所示。差动机构由上导板1、下导板2及装有顶头4的杠杆3组成，它们之间均用转轴连接。其中，图1-24a为未通电时导板的位置；

图 1-24b 为热元件流过正常工作电流时的位置，此时三相双金属片都受热向左弯曲，但弯曲的挠度不够，所以下导板向左移动一小段距离，顶头 4 尚未碰到补偿双金属片 5，继电器不动作；图 1-24c 为电动机三相同时过载的情况，三相双金属片同时向左弯曲。推动下导板向左移动，通过杠杆 3 使顶头 4 碰到补偿双金属片端部，使继电器动作；图 1-24d 为 W 相断路时的情况，这时 W 相双金属片将冷却，端部向右弯曲，推动上导板向右移，而另外两相双金属片仍受热，端部向左弯曲推动下导板继续向左移动，这样上、下导板的一右一左移动，产生了差动作用，通过杠杆的放大作用，迅速推动补偿双金属片，使继电器动作。由于差动作用，使继电器在断相故障时加速动作，保护电动机。

4. 热继电器典型产品及主要技术参数

常用的热继电器有 JR20、JRS1、JR36、JR21、3UA5、3UA6、LR1－D 和 T 系列，后 4 种是引入国外技术生产的。JR20 系列具有断相保护、温度补偿、整定电流值可调、手动脱扣、自动复位和动作后的信号指示等功能。根据它与交流接触器的安装方式不同有分立结构和组合式结构，可通过导电杆与挂钩直接插接，并电气连接在 CJ20 接触器上。引进的 T 系列热继电器常与 B 系列接触器组合成电磁起动器。JR20 系列热继电器部分产品的技术数据见表 1-8。

表 1-8　JR20 系列热继电器部分产品的主要技术数据

型号	热元件号	整定电流范围/A	型号	热元件号	整定电流范围/A
JR20－10 配 CJ20－10	1R	0.1～0.13～0.15	JR20－10 配 CJ20－10	9R	2.6～3.2～3.8
	2R	0.15～0.19～0.23		10R	3.2～4～4.8
	3R	0.23～0.29～0.35		11R	4～5～6
	4R	0.35～0.44～0.53		12R	5～6～7
	5R	0.53～0.67～0.8		13R	6～7.2～8.4
	6R	0.8～1～1.2		14R	7.2～8.6～10
	7R	1.2～1.5～1.8		15R	8.6～10～11.6
	8R	1.8～2.2～2.6			
JR20－16 配 CJ20－16	1S	3.6～4.5～5.4	JR20－25 配 CJ20－25	3T	17～21～25
	2S	5.4～6.7～8		4T	21～25～29
	3S	8～10～12	JR20－63 配 CJ20－63	1U	16～20～24
	4S	10～12～14		2U	24～30～36
	5S	12～14～16		3U	32～40～47
	6S	14～16～18		4U	40～47～55
JR20－25 配 CJ20－25	1T	7.8～9.7～11.6		5U	47～55～62
	2T	11.6～14.3～17		6U	55～62～71

热继电器的主要技术参数有：额定电压、额定电流、相数、发热元件规格、整定电流和刻度电流调节范围等。

JR20 系列型号含义：

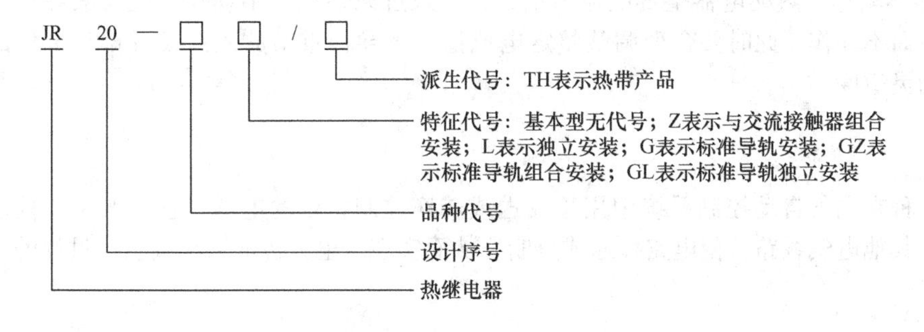

热继电器的符号如图 1-25 所示。

5. 热继电器的选用

热继电器主要用于电动机的过载保护，热继电器选用时应根据使用条件、工作环境、电动机形式及其运行条件及要求，和电动机起动情况及负荷情况综合考虑。

图 1-25 热继电器的符号

1）热继电器有三种安装方式，即独立安装式（通过螺钉固定）、导轨安装式（在标准安装轨上安装）和插接安装式（直接挂接在与其配套的接触器上）。应按实际安装情况选择其安装形式。

2）原则上热继电器的额定电流应按电动机的额定电流选择。但对于过载能力较差的电动机，其配用的热继电器的额定电流应适当小些，通常选取热继电器的额定电流（实际上是选取热元件的额定电流）为电动机额定电流的 60% ~80%。

3）在不频繁起动的场合，要保证热继电器在电动机起动过程中不产生误动作。当电动机起动电流为其额定电流 6 倍及以下并且起动时间不超过 5s 时，若很少连续起动，可按电动机额定电流选用热继电器。当电动机起动时间较长，就不宜采用热继电器，而应采用过电流继电器作保护。

4）一般情况下，可选用两相结构的热继电器，对于电网电压均衡性较差、无人看管的电动机或其与大容量电动机共用一组熔断器的情况，应选用三相结构的热继电器。对于三角形联结的电动机，应选用带断相保护装置的热继电器。

5）双金属片式热继电器一般用于轻载、不频繁起动电动机的过载保护。对于重载、频繁起动的电动机，则可用过电流继电器作为过载和短路保护。

6）当电动机工作于重复短时工作制时，要注意确定热继电器的允许操作频率。因为热继电器的操作频率是很有限的，操作频率较高时，热继电器的动作特性会变差，甚至不能正常工作。对于频繁正反转和频繁通断的电动机，不宜采用热继电器作保护，可选用埋入电动机绕组的温度继电器或热敏电阻来保护。

6. 热继电器的故障及排除

（1）热元件烧毁　若热元件中的电阻丝烧毁，电动机不能起动或起动时有“嗡嗡”声。其原因是：热继电器动作频率太高或负载侧发生短路。应立即切断电源，检查电路，排除短路故障，更换合适的热继电器。

（2）热继电器误动作　热继电器误动作的主要原因有：额定电流过小，以致未过载就动作；电动机起动时间过长，使热继电器在电动机起动过程中动作；操作频率过高，使热继电器经常受到起动电流的冲击；使用场合有强烈的冲击和振动，使热继电器动作机构松动而脱扣；连接导线太细，电阻增大等。应合理选用热继电器并调整其整定电流值；在起动时将热继电器短接；限定操作方法或改用过电流继电器；按要求使用连接导线。

（3）热继电器不动作　热继电器整定电流值偏大，以致过载很久仍不动作；或者其导板脱出，动作机构卡住而不动作。此时要合理调整整定电流值，将导板重新放入；或者排除卡住故障，并试验动作的灵敏度。

（七）按钮

主令电器是一种在电气自动控制系统中用于发送或转换控制指令的电器。它一般用于控制接触器、继电器或其他电气线路，使电路接通或分断，从而实现对电力传输系统或生产过程的自动控制。

主令电器应用广泛，种类繁多，常用的有按钮、行程开关、接近开关和万能转换开关等。

按钮是一种结构简单应用广泛的主令电器。主要用于远距离操作具有电磁线圈的电器，如接触器、继电器等，也用在控制电路中发布指令和执行电气联锁。

按钮一般由按钮帽、复位弹簧、触头和外壳等部分组成，其结构示意图如图 1-26 所示。每个按钮中的触头形式和数量可根据需要装配成一常开一常闭到六常开六常闭等形式。按下按钮时，先断开、常闭触头，后接通常开触头。当松开按钮时，在复位弹簧作用下，常开触头先断开、常闭触头后闭合。按钮按保护形式分为开启式、保护式、防水式和防腐式等。按结构形式分为嵌压式、紧急式、钥匙式、带信号灯、带灯揿钮式以及带灯紧急式等。按钮颜色有红、黑、绿、黄、白和蓝等。一般以红色表示停止按钮，绿色表示起动按钮。

按钮的主要技术参数有额定电压、额定电流、结构形式、触头数及按钮颜色等。常用的按钮的额定电压为交流 380V，额定工作电流为 5A。

常用的按钮有 LA18、LA19、LA20 及 LA25 等系列。LA20 系列按钮主要技术数据见表 1-9。

表 1-9　LA20 系列按钮主要技术数据

型号	触头数量		结构形式	按钮		指示灯	
	常开	常闭		钮数	颜色	电压/V	功率/W
LA20-11	1	1	揿钮式	1	红、绿、黄、蓝或白	—	—
LA20-11J	1	1	紧急式	1	红	—	—
LA20-11D	1	1	带灯揿钮式	1	红、绿、黄、蓝或白	6	<1
LA20-11DJ	1	1	带灯紧急式	1	红	6	<1
LA20-22	2	2	揿钮式	1	红、绿、黄、蓝或白	—	—
LA20-22J	2	2	紧急式	1	红	—	—
LA20-22D	2	2	带灯揿钮式	1	红、绿、黄、蓝或白	6	<1
LA20-22DJ	2	2	带灯紧急式	1	红	6	<1
LA20-2K	2	2	开启式	2	白红或绿红	—	—
LA20-3K	3	3	开启式	3	白、绿、红	—	—
LA20-2H	2	2	保护式	2	白红或绿红	—	—
LA20-3H	3	3	保护式	3	白、绿、红	—	—

按钮的符号如图 1-27 所示。

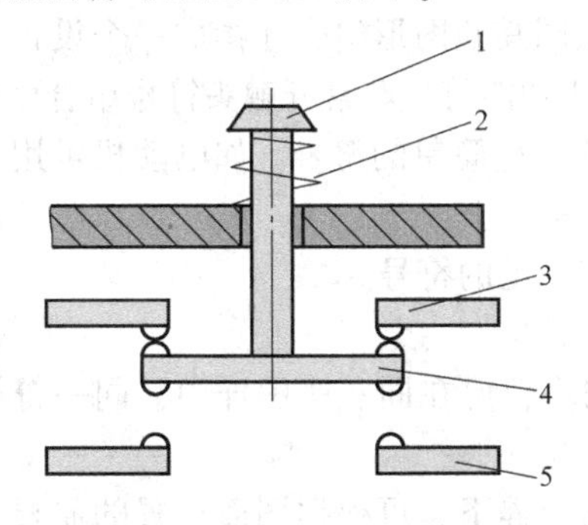

图 1-26　按钮结构示意图

1—按钮帽　2—复位弹簧　3—常闭静触头　4—动触头　5—常开静触头

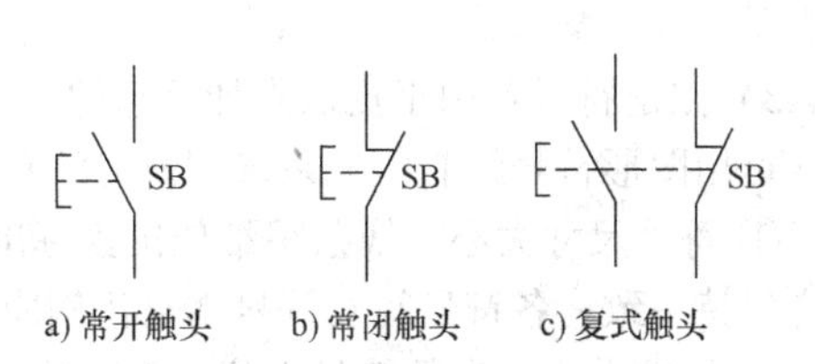

图 1-27　按钮的符号

LA20系列按钮型号含义：

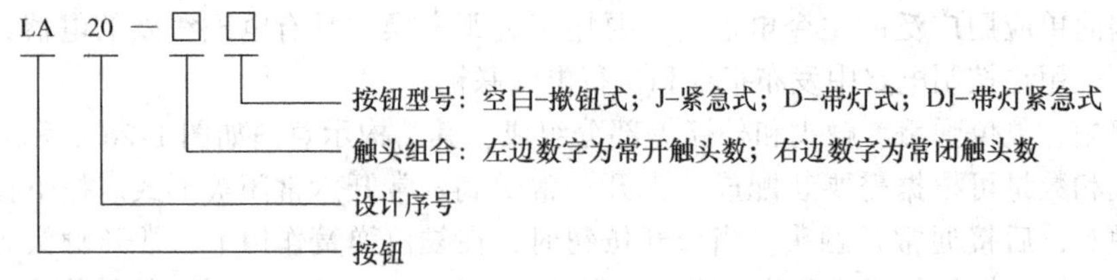

按钮选用原则：

1）根据使用场合，选择按钮的种类，如开启式、防水式、防腐式等。

2）根据用途，选择按钮的结构形式，如钥匙式、紧急式、带灯式等。

3）根据控制回路的需求，确定按钮数，如单钮、双钮、三钮或多钮等。

4）根据工作状态指示和工作情况的要求，选择按钮及指示灯的颜色。

（八）电气控制系统图的基本知识

电气控制系统是由许多电气元器件按一定要求连接而成的。为了便于电气控制系统的设计、分析、安装、使用和维修，需要将电气控制系统中各电气元器件及其连接，用一定的图形表达出来，这种图形就是电气控制系统图。

电气控制系统图有三类：电气原理图、电气元器件布置图和电气安装接线图。

1. 电气图的图形符号、文字符号及接线端子标记

电气控制系统图中，电气元器件必须使用国家统一规定的图形符号和文字符号。采用国家最新标准，即GB/T 4728.1～5—2005、GB/T 4728.6～13—2008《电气简图用图形符号》、GB/T 5465.1—2009《电气设备用图形符号　第1部分：概述与分类》、GB/T 5465.2—2008《电气设备用图形符号　第2部分：图形符号》和GB/T 7159—1987《电气技术中的文字符号制订通则》。接线端子标记采用GB/T 4026—2010《人机界面标志标识的基本方法和安全规则 设备端子和导体终端标识及字母数字系统的应用通则》，并按照GB/T 6988—1997～2008《电气制图》系列标准的要求来绘制电气控制系统图。

（1）图形符号　图形符号通常用于图样或其他文件，用以表示一个设备或概念的图形、标记或字符。电气控制系统图中的图形符号必须按国家标准绘制。附录A给出了电气控制系统的部分图形符号。图形符号含有符号要素、一般符号和限定符号。

1）符号要素：一种具有确定意义的简单图形，必须同其他图形组合才构成一个设备或概念的完整符号。如接触器常开主触头的符号就由接触器触头功能符号和常开触头符号组合而成。

2）一般符号：用以表示一类产品和此类产品特征的一种简单的符号。如电动机可用一个圆圈表示。

3）限定符号：用于提供附加信息的一种加在其他符号上的符号。

运用图形符号绘制电气系统图时应注意以下几点：

① 符号尺寸大小、线条粗细依国家标准可放大与缩小，但在同一张图样中，同一符号的尺寸应保持一致，各符号间及符号本身比例应保持不变。

② 标准中表示出的符号方位，在不改变符号含义的前提下，可根据图面布置的需要旋转或成镜像位置，但文字和指示方向不得倒置。

③ 大多数符号都可以加上补充说明标记。

④ 有些具体器件的符号由设计者根据国家标准的符号要素、一般符号和限定符号组合而成。

⑤ 国家标准未规定的图形符号，可根据实际需要，按突出特征、结构简单、便于识别的原

则进行设计，但需要报国家标准局备案。当采用其他来源的符号或代号时必须在图解和文字上说明其含义。

（2）文字符号　文字符号适用于电气技术领域中技术文件的编制，也可表示在电气设备、装置和元器件上或其近旁以标明它们的名称、功能、状态和特征。

文字符号分为基本文字符号和辅助文字符号。常用文字符号见附录 A。

1）基本文字符号：基本文字符号有单字母符号和双字母符号两种。单字母按拉丁字母顺序将各种电气设备、装置和元器件划分为 23 大类，每一类用一个专用单字母符号表示，如“C”表示电容，“M”表示电动机等。双字母符号由一个表示种类的单字母符号与另一个字母组成，且以单字母符号在前，另一个字母在后的次序表示，如“F”表示保护器件类，“FU”则表示熔断器，“FR”表示为具有延时动作的限流保护器件。

2）辅助文字符号：辅助文字符号是用来表示电气设备、装置和元器件以及电路的功能、状态和特征的。如“RD”表示红色，“SP”表示压力传感器，“YB”表示电磁制动器等。辅助文字符号还可以单独使用，如“ON”表示接通，“N”表示中性线等。

3）补充文字符号的原则：当规定的基本文字符号和辅助文字符号不够使用时，可按国家标准中文字符号组成的规律和下述原则予以补充。

① 在不违背国家标准文字符号编制原则的条件下，可采用国家标准中规定的电气技术文字符号。

② 在优先采用基本文字和辅助文字符号的前提下，可补充国家标准中未列出的双字母文字符号和辅助文字符号。

③ 使用文字符号时，应按电气名词术语国家标准或专业技术标准中规定的英文术语缩写而成。

④ 基本文字符号不得超过两位字母，辅助文字符号一般不得超过三位字母。文字符号采用拉丁字母大写正体字，且拉丁字母中“I”和“O”不允许单独作为文字符号使用。

（3）电路和三相电气设备各端子的标记　电路采用字母、数字、符号及其组合标记。

三相交流电源相线采用 L_1、L_2、L_3标记，中性线采用 N 标记。

电源开关之后的三相交流电源主电路分别按 U、V、W 顺序标记。分级三相交流电源主电路采用三相文字代号 U、V、W 的后加上阿拉伯数字 1、2、3 等来标记，如 U_1、V_1、W_1，U_2、V_2、W_2等。

各电动机分支电路各接点标记，采用三相文字代号后面加数字来表示，数字中的个位数表示电动机代号，十位数表示该支路各接点的代号，从上到下按数字大小顺序标记。如 U_{11}表示 M_1 电动机第一相的第一个接点代号，U_{21}为第一相的第二个接点代号，依此类推。电动机绕组首端分别用 U、V、W 标记，末端分别用 U′、V′、W′标记，双绕组的中点用 U″、V″、W″标记。

控制电路采用阿拉伯数字编号，一般由 3 位或 3 位以下的数字组成。标记方法按“等电位”原则进行。在垂直绘制的电路中，标号顺序一般由上而下编号，凡是被线圈、绕组、触头或电阻、电容元件所间隔的电路，都应标以不同的电路标记。

2. 电气控制系统图的绘制

（1）电气原理图　电气原理图是为了便于阅读和分析控制电路，根据简单清晰的原则，采用电气元器件展开的形式绘制成的表示电气控制电路工作原理图的图形。在电气原理图中只包括所有电气元器件的导电部件和接线端点之间的相互关系，但并不按照各电气元器件的实际布置位置和实际接线情况来绘制，也不反映电气元器件的大小。下面结合图 1-28 所示 CW6132 型普通车床的电气原理图说明绘制电气原理图的基本规则和应注意的事项。

1）绘制电气原理图的基本规则：

① 原理图一般分主电路和辅助电路两部分画出。主电路就是从电源到电动机绕组的大电流通过的路径。辅助电路包括控制电路、信号电路及保护电路等，由继电器的线圈和触头、接触器

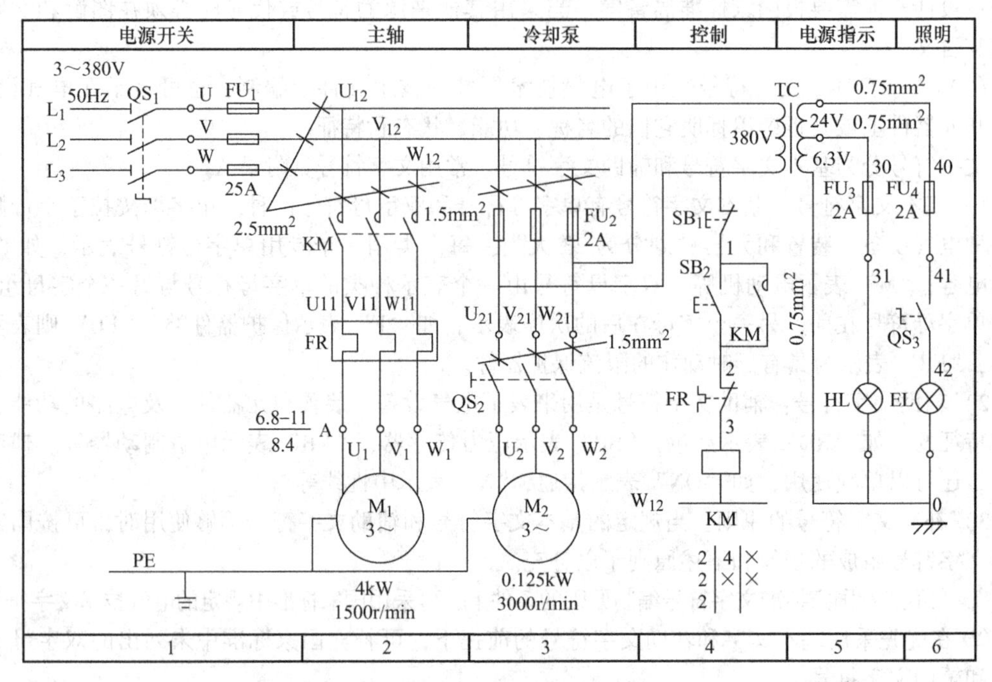

图 1-28　CW6132 型普通车床电气原理图

的线圈和辅助触头、按钮、照明灯及控制变压器等元器件组成。一般主电路用粗实线表示，画在左边（或上部）；辅助电路用细实线表示，画在右边（或下部）。

② 原理图中，各电气元器件不画实际的外形图，而采用国家规定的统一标准来画，文字符号也要符合国家标准。属于同一电器的线圈和触头，都要用同一文字符号表示。当使用相同类型元器件时，可在文字符号后面加注阿拉伯数字序号来区分。

③ 原理图中直流电源用水平线画出，一般正极线画在上方，负极线画在下方。三相交流电源线集中画在上方，相序自上而下按 L_1、L_2、L_3 排列，中性线（N 线）和保护接地线（PE 线）排在相线之下。主电路垂直于电源线画出，控制电路与信号电路垂直在两条水平电源线之间。耗能元件（如接触器、继电器的线圈、电磁铁线圈、照明灯及信号灯等）直接与下方水平电源线相接，控制触头接在上方电源水平线与耗能元器件之间。

④ 原理图中，各电器元件的导电部件如线圈和触头的位置，应根据便于阅读和发现的原则来安排，绘在它们完成作用的地方。同电器元件的各个部件可以不画在一起。

⑤ 原理图中所有电器的触头，都按没有通电或没有外力作用时的开闭状态画出。如：继电器、接触器的触头，按线圈未通电时的状态画；按钮、行程开关的触头按不受外力作用时的状态画出；对于断路器和开关电器的触头，是按断开状态画；控制器按手柄处于零位时的状态画等。当电气触头的图形符号垂直放置时，以“左开右闭”原则绘制，即垂线左侧的触头为常开触头，垂线右侧的触头为常闭触头；当符号为水平放置时，以“上闭下开”原则绘制，即在水平线上方的触头为常闭触头，水平线下方的触头为常开触头。

⑥ 原理图中，无论是主电路还是辅助电路，各电气元器件一般应按动作顺序从上到下，从左到右依次排列，可水平布置或垂直布置。

⑦ 原理图中，对于需要调试和拆接的外部引线端子，采用“空心圆”表示；有直接电连接的导线连接点，用“实心圆”表示；无直接电连接的导线交叉点不画圆点。

2）图面区域的划分。在原理图上方将图分成若干图区，并标明该区电路的用途与作用。原理图下方的1、2、3、…数字是图区编号，它是为便于检索电气电路、方便阅读分析设置的。

3）继电器、接触器的线圈与触头对应位置的索引。电气原理图中，在继电器、接触器线圈下方注有该继电器、接触器相应触头所在图中位置的索引代号，索引代号用图面区域号表示。对于接触器，其中左栏为常开主触头所在的图区号，中间栏为常开辅助触头的图区号，右栏为常闭辅助触头的图区号；对于继电器，左栏为常开触头的图区号，右栏为常闭触头的图区号。无论接触器还是继电器，对未使用的触头均用“×”表示，有时也可省略。

4）技术数据的标注。在电气原理图中还应标注各电气元器件的技术数据，如熔断器熔体的额定电流、热继电器的动作电流范围及其整定值、导线的截面积等。

（2）电气元器件布置图　电气元器件布置图主要用来表示各种电气设备在机械设备上和电气控制柜中的实际安装位置，为机械电气控制设备的制造、安装及维修提供必要的资料。各电气元器件的安装位置是由机床的结构和工作要求来决定的，如电动机要和被拖动的机械部件在一起，行程开关应放在要取得信号的地方，操作元件要放在操作台及悬挂操纵箱等操作方便的地方，一般电气元器件应放在控制柜内。

机床电气元器件布置图主要由机床电气设备布置图、控制柜及控制板电气设备布置图、操作台及悬挂操纵箱电气设备布置图等组成。在绘制电气设备布置图时，所有能见到的以及需表示清楚的电气设备均用粗实线绘制出简单的外形轮廓，其他设备（如机床）的轮廓用双点划线表示。图1-29为CW6132型普通车床电气元器件布置图。

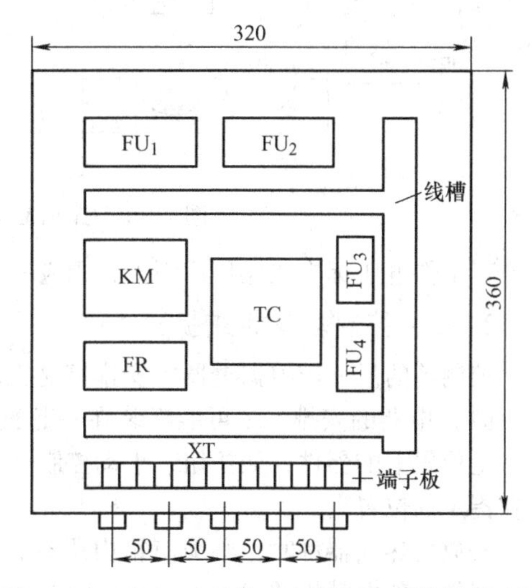

图1-29　CW6132型普通车床电气元器件布置图

（3）电气安装接线图　电气安装接线图是为了安装电气设备和电气元器件时进行配线或检查维修电气控制电路故障服务的。在图中要表示各电气设备之间的实际接线情况，并标注出外部接线所需的数据。在接线图中各电气元器件的文字符号、元器件连接顺序及电路号码编制都必须与电气原理图一致。

图1-30是根据图1-28电气原理图绘制的安装接线图。图中表明了该电气设备中电源进线、按钮板、照明灯及电动机与电气安装板接线端之间的关系，并标注了连接导线的根数、截面积。

（九）电气控制电路安装步骤和方法

安装电动机控制电路时，必须按照有关技术文件执行，并适应安装环境的需要。

电动机的控制电路包含电动机的起动、制动、反转和调速等，大部分的控制电路是采用各种有触头的电器，如接触器、继电器、按钮等。一个控制电路可以比较简单，也可以相当复杂。

但是，任何复杂的电气控制电路总是由一些比较简单的环节有机地组合起来的。因此，对不同复杂程度的控制电路在安装时，所需要技术文件的内容也不同。对于简单的低压电器，一般可以把有关资料归在一个技术文件里（如原理图），但该文件应能表示低压电器的全部部件，并能实施低压电器和电网的连接。

电动机控制电路安装步骤和方法如下。

1. 按元器件明细表配齐电气元器件，并进行检验

所有电气控制元器件应具有制造厂的名称、商标、型号、索引号、工作电压性质和数值等标

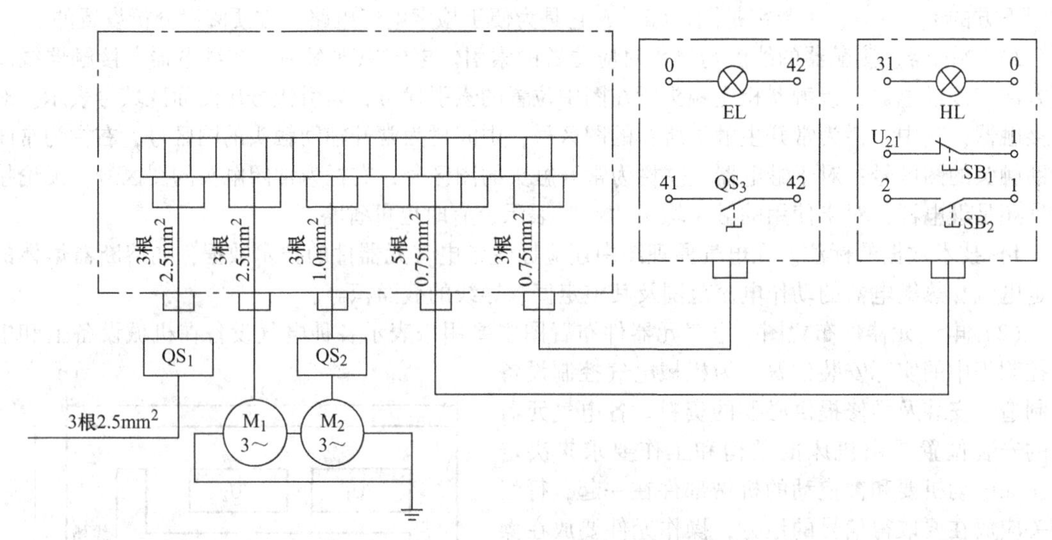

图 1-30 CW6132 型普通车床电气安装接线图

志。若工作电压标志在操作线圈上，则应使装在电气元器件线圈上的标志易于观察。

2. 安装控制箱（柜或板）

控制箱的尺寸应根据电器的安排情况决定。

（1）电器的安排 尽可能组装在一起，使其成为一台或几台控制装置。只有那些必须安装在特定位置上的器件，如按钮、手动控制开关、位置传感器、离合器及电动机等，才允许分散安装在指定的位置上。

安放发热元器件时，必须使箱内所有元器件的温升保持在它们允许的极限内。对发热严重的元器件，如电动机的起动、制动电阻等，必须隔开安装，必要时可采用风冷。

（2）可接近性 所有的电气元器件必须安装在便于更换、检测方便的地方。

为了便于维修和调整，箱内电气元器件的部位，必须位于离地 0.4 ~ 2m 之间。所有接线端子，必须位于离地 0.2m 处，以便于装拆导线。

（3）间隔和爬电距离 安排电气元器件必须符合规定的间隔和爬电距离，并应考虑有关的维修条件。

控制箱中的裸露无电弧的带电零部件与控制箱导体壁板间的间隙为：对于 250V 以下的电压，间隙应不小于 15mm；对于 250 ~ 500V 的电压间隙应不小于 25mm。

（4）控制箱内的电器安排 除必须符合上述有关要求外，还应做到：

1）除了手动控制开关信号灯和测量仪器外，门上不要装任何电气元器件。

2）电源电压直接供电的电器最好装在一起，使其与只由控制电压供电的电器分开。

3）电源开关最好装在箱内右上方，其操作手柄应装在控制箱前面和侧面。电源开关上方最好不安装其他电器，否则，应把电源开关用绝缘材料盖住，以防电击。

4）控制箱内电器（如接触器、继电器）应按原理图上的编号顺序，牢固安装在控制箱（板）上，并在醒目处贴上各元器件相应的文字符号。

5）控制箱内电器安装板的大小必须能自由通过控制箱的门，以便装卸。

3. 布线

（1）选用导线 导线的选用要求如下：

1）导线的类型。硬线只能用在固定安装于不动元器件之间，且导线的截面积应小于

0.5mm^2，若在有可能出现振动的场合或导线的截面积在大于等于0.5mm^2时，必须采用软线。

电源开关的负载侧可采用裸导线，但必须是直径大于3mm的圆导线或者厚度大于2mm的扁导线，并应有预防直接接触的防护措施（如绝缘、间距、屏护等）。

2）导线的绝缘。导线必须绝缘良好并应具有抗化学腐蚀的能力。在特殊条件下工作的导线，必须同时满足使用条件的要求。

3）导线的截面积。在必须承受正常条件下流过的最大稳定电流的同时，还应考虑到线路允许的电压降、导线的机械强度和熔断器相配合。

（2）敷设方法　所有导线从一个端子到另一个端子的走线必须是连续的，中间不得有接头。有接头的地方应加接线盒。接线盒的位置应便于安装与检修，而且必须加盖，盒内导线必须留有足够长度，以便于拆线和接线。

敷线时，对明露导线必须做到平直、整齐及走线合理等要求。

（3）接线方法　所有导线的连接必须牢固，不得松动。在任何情况下，连接元器件必须与连接的导线截面积和材料性质相适应。

导线与端子的接线，一般一个端子只连接一根导线。有些端子不适合连接软导线时，可在导线端头上采用针型、叉型等冷压接线头。如果采用专门设计的端子，可以连接两根或多根导线，但导线的连接方式，必须是工艺上成熟的各种方式。如夹紧、压接、焊接及绕接等。这些连接工艺应严格按照工序要求进行。

导线的接头除必须采用焊接方法外，所有导线应采用冷压接线头。如果低压电器在正常运行期间承受很大振动，则不允许采用焊接的接头。

（4）导线的标志

1）导线的颜色标志。保护导线（PE）必须采用黄绿双色；动力电路的中性线（N）和中间线（M）必须是浅蓝色的；交流或直流动力电路应采用黑色；交流控制电路应采用红色；直流控制电路采用蓝色；用作控制电路联锁的导线，如果是与外边控制电路连接，而且当电源开关断开仍带电时，应采用橘黄色或黄色；与保护导线连接的电路采用白色。

2）导线的线号标志。导线线号标志应与原理图和接线图相符合。在每一根连接导线的线头上必须套上标有线号的套管，位置应接近端子处。线号的编制方法如下：

主电路中各支路的，应从上至下，从左至右，每经过一个电气元器件的线桩后，编号要递增，单台三相交流电动机（或设备）的3根引出线按相序依次编号为U、V、W（或用U_1、V_1、W_1表示），多台电动机的引出线编号，为了不致引起误解和混淆，可在字母前冠以数字来区别，如1U、1V、1W，2U、2V、2W。在不产生矛盾的情况下，字母后应尽可能避免采用双数字，如单台电动机的引出线采用U、V、W的线号标志时，三相电源开关后的出线编号可为U_1、V_1、W_1。当电路编号与电动机线端标志相同时，应三相同时跳过一个编号来避免重复。

控制电路与照明、指示电路应从上至下、从左至右，逐行用数字来依次编号，每经过一个电气元器件的接线端子，编号要依次递增。编号的起始数字，除控制电路必须从阿拉伯数字1开始外，其他辅助电路依次递增100作为起始数字，如照明电路编号从101开始；信号电路编号从201开始等。

控制箱（板）内部配线方法：一般采用能从正面修改配线的方法，如板前线槽或板前明线配线，较少采用板后配线的方法。

采用线槽配线时，线槽装线不要超过容积的70%，以便安装和维修。线槽外部的配线，对装在可拆卸门上的电器接线必须牢固固定在框架、控制箱或门上。从外部控制、信号电路进入控制箱内的导线超过10根，必须接到端子板或连接器件进行过渡，但动力电路和测量电路的导线可以直接接到电器的端子上。

控制箱（板）外部配线方法：除有适当保护的电缆外，全部配线必须一律装在导线通道内，使导线有适当的机械保护，防止液体、铁屑和灰尘的侵入。

对导线通道的要求：导线通道应留有余量，允许以后增加导线。导线通道必须固定可靠，内部不得有锐边和远离设备的运动部件。

导线通道采用钢管，壁厚应不小于1mm，如用其他材料，壁厚必须有等效壁厚为1mm钢管的强度，若用金属软管时，必须有适当的保护。当利用设备底座作导线通道时，无须再加预防措施，但必须能防止液体、铁屑和灰尘的侵入。

通道内导线的要求：移动部件和可调整部件上的导线必须用软线。运动的导线必须支承牢固，使得在接线点上不致产生机械拉力，又不出现急剧的弯曲。

不同电路的导线可以穿在同一线管内，或处于同一电缆之中。如果它们的工作电压不同，则所用导线的绝缘等级必须满足其中最高一级电压的要求。

为了便于修改和维护，凡安装在统一机械防护通道内的导线束，需要提供备用导线的根数为：当同一管中相同截面积导线的根数在3～10根时，应有一根备用导线，以后每递增1～10根增加1根。

4. 连接保护电路的要求

低压电器的所有裸露导体零件（包括电动机、机座等）必须接到保护接地专用端子上。

（1）连续性　保护电路的连续性必须用保护导线或机床结构上的导体可靠结合来保证。为了确保保护电路的连续性，保护导线的连接不得作任何别的机械紧固用，不得由于任何原因将保护电路拆断，不得利用金属导管作保护线。

（2）可靠性　保护电路中严禁用开关和熔断器，除采用特低安全电压电路外，在接上电源电路前必须先接通保护电路；在断开电源电路后才断开保护电路。

（3）明显性　保护电路连接处应采用焊接或压接等可靠方法，连接处要便于检查。

5. 检查电气元器件

安装接线前对所有的电气元器件逐个进行检查，避免电气元器件故障与线路错接、漏接造成的故障混在一起。对电气元器件的检查主要包括以下几个方面。

1）电气元器件外观是否清洁、完整，外壳有无碎裂；零部件是否齐全、有效；各接线端子及紧固件有无缺失、生锈等现象。

2）电气元器件的触头有无熔焊黏结、变形、严重氧化锈蚀等现象；触头的闭合、分断动作是否灵活；触头的开距、超程是否符合标准，接触压力弹簧是否有效。

3）低压电器的电磁阀机构和传动部件的动作是否灵活；有无衔铁卡阻、吸合位置不正等现象；新产品使用前应拆开清除铁心端面的防锈油，检查衔铁复位弹簧是否正常。

4）用万用表或电桥检查所有元器件的电磁线圈（包括继电器、接触器及电动机）的通断情况，测量它们的直流电阻并做好记录，以备在检查线路和排除故障时作为参考。

5）检查有延时作用的电气元器件的功能，检查热继电器的热元件和触头的动作情况。

6）核对各电气元器件的规格与图样要求是否一致。

电气元器件先检查、后使用，避免安装、接线后发现问题再拆换，提高电路安装的工作效率。

6. 固定电气元器件

按照接线图规定的位置固定在安装底板上。元器件之间的距离要适当，既要节省面板又要方便走线和投入运行以后的检修。固定电气元器件应按以下步骤进行。

1）定位：将电气元器件摆放在确定好的位置，元器件应排列整齐，以保证连接导线时做到横平竖直、整齐美观，同时尽量减少弯折。

2）打孔：用手钻在做好的记号处打孔，孔径应略大于固定螺钉的直径。

3）固定：安装底板上所有的安装孔均打好后，用螺钉将电气元器件固定在安装底板上。

固定元器件时，应注意在螺钉上加装平垫圈和弹簧垫圈，紧固螺钉时将弹簧垫圈压平即可，不要过分用力，防止用力过大将元器件的安装底板压裂，造成损坏。

7. 连接导线

连接导线时，必须按照电气元器件安装接线图规定的走线方向进行。一般从电源端起按线号顺序进行，先连接主电路，然后连接辅助电路。

接线前应做好准备工作，如按照主电路、辅助电路的电流容量选好规定截面积的导线，准备适当的线号管，使用多股线时应准备焊锡工具或压接钳等。

连接导线应按照以下的步骤进行：

1）选择适当截面积的导线，按电气安装接线图规定的方位，在固定好的电气元器件之间测量所需要的长度，截取适当长短的导线，剥去两端绝缘外皮。为保证导线与端子接触良好，要用电工刀将芯线表面的氧化物刮掉，使用多股芯线时要将线头绞紧，必要时应焊锡处理。

2）走线时应尽量避免导线交叉。先将导线校直，把同一走向的导线汇成一束，依次弯曲成所需要的方向，走线应做到横平竖直、直角拐弯。走线时要用手将拐角弯成90°的“慢弯”，导线的弯曲半径为导线直径的3～4倍，不要用钳子将导线弯成“死弯”，以免损坏绝缘层和损伤线芯，走好的导线束用铝线卡（钢筋轧头）垫上绝缘物卡好。

3）将成型好的导线套上写好线号的线号管，根据接线端子的情况，将芯线弯成圆环或直线压进接线端子。

4）接线端子应紧固好，必要时加装弹簧垫圈紧固，防止电气元器件动作时因振动而松脱。接线过程中注意对照图样核对，防止错接，必要时用万用表校线。同一接线端子内压接两根以上导线时，可以只套一只线号管。导线截面积不同时，应将截面积大的放在下层，截面积小的放在上层。线号要用不易褪色的墨水（可用环乙酮与龙胆紫调和）用印刷体工整地书写，防止检查电路时误读。

8. 检查电路和调试

连接好的控制电路必须经过认真检查后才能通电调试，以防止错接、漏接及电器故障引起的动作不正常，甚至造成短路事故。检查电路应按以下步骤进行。

（1）核对接线　对照电气原理图、电气安装接线图，从电源开始逐段核对端子接线的线号，排除漏接、错接现象，重点检查辅助电路中容易错接处的线号，还应核对同一根导线的两端是否错号。

（2）检查端子接线是否牢固　检查端子所有接线的情况，用手一一摇动，拉拔端子的接线，不允许有松动与脱落现象，避免通电调试时因虚接造成麻烦，将故障排除在通电之前。

（3）万用表导通法检查　在控制电路不通电时，用手动来模拟电器的操作动作，用万用表检查与测量电路的通断情况。根据电路控制动作来确定检查步骤和内容，根据电气原理图和电气安装接线图选择测量点。先断开辅助电路，以便检查主电路的情况。然后再断开主电路，以便检查辅助电路的情况。主要检查以下内容：

1）主电路不带负载（电动机）时相间绝缘情况，接触器主触头接触的可靠性，正反转控制电路的电源换相电路及热继电器热元件是否良好，动作是否正常等。

2）辅助电路的各个控制环节及自锁、联锁装置的动作情况及可靠性，与设备部件联动的元件（如行程开关、速度继电器等）动作的正确性和可靠性，保护电器（如热继电器触头）动作的准确性等情况。

（4）调试与调整　为保证安全，通电调试必须在指导老师的监护下进行。调试前应做好准备工作，包括清点工具，清除安装底板上的线头杂物，装好接触器的灭弧罩，检查各组熔断器的熔体，分断各开关，使按钮、行程开关处于未操作前的状态，检查三相电源是否对称等。然后按下述步骤通电调试。

1）空操作试验。先切除主电路（一般可断开主电路熔断器），装好辅助电路熔断器，接通三相电源，使电路不带负载（电动机）通电操作，以检查辅助电路工作是否正常，操作各按钮检查它们对接触器、继电器的控制作用；检查接触器的自锁、联锁等控制作用；用绝缘棒操作行程开关，检查它的行程控制或限位控制作用等。还要观察各电器操作动作的灵活性，注意有无卡住或阻滞等不正常现象；细听电器动作时有无过大的振动噪声；检查有无线圈过热等现象。

2）带负载调试。控制电路经过数次空操作试验动作无误后即可切断电源，接通主电路，带负载调试。电动机起动前应先做好停机准备，起动后要注意它的运行情况。如果发现电动机起动困难、发出噪声及线圈过热等异常现象，应立即停机，切断电源后进行检查。

3）有些电路的控制动作需要调整。如定时运转电路的运行和间隔时间，星形-三角形起动电路的转换时间，反接制动电路的终止速度等。应按照各电路的具体情况确定调整步骤。调试运转正常后，可投入正常运行。

（十）三相异步电动机单向连续运行控制

1. 单向点动控制电路

单向点动控制电路是用按钮、接触器来控制电动机运转的最简单的控制电路，如图1-31所示。

起动：合上电源开关 QS，按下起动按钮 SB→接触器 KM 线圈得电→KM 主触头闭合→电动机 M 起动运行。

停止：松开按钮 SB→接触器 KM 线圈失电→KM 主触头断开→电动机 M 失电停转。

停止使用时：断开电源开关 QS。

2. 单向连续控制电路

在要求电动机起动后能连续运行时，采用上述点动控制电路就不行了。因为要使电动机 M 连续运行，起动按钮 SB 就不能断开，这是不符合生产实际要求的。为实现电动机的连续运行，可采用图 1-32 所示的接触器自锁正转控制电路。

电路的工作原理如下：

KM自锁触头闭合
起动：先合上电源开关QS，按下起动按钮SB_2 → KM线圈得电
KM主触头闭合 → 电动机M起动运行。

当松开 SB_2，常开触头恢复分断后，因为接触器 KM 的常开辅助触头闭合时已将 SB_2 短接，控制电路仍保持接通，所以接触器 KM 继续通电，电动机 M 实现连续运转。像这种当松开起动按钮 SB_2后，接触器 KM 通过自身常开触头而使线圈保持通电的作用叫做自锁（或自保持）。与起动按钮 SB_2 并联起自锁作用的常开触头叫自锁触头（也称自保持触头）。

停止：按下停止按钮SB_1 → KM线圈失电 → KM自锁触头断开；KM主触头断开 → 电动机M断电停转。

该电路的保护环节有短路保护、过载保护、失电压和欠电压保护。

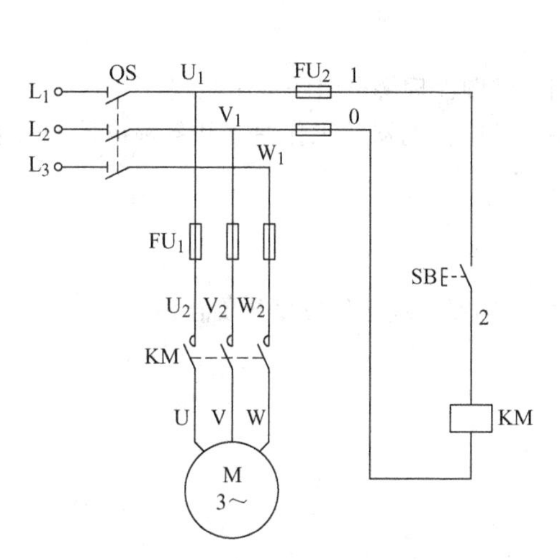

图 1-31　单向点动控制电路图

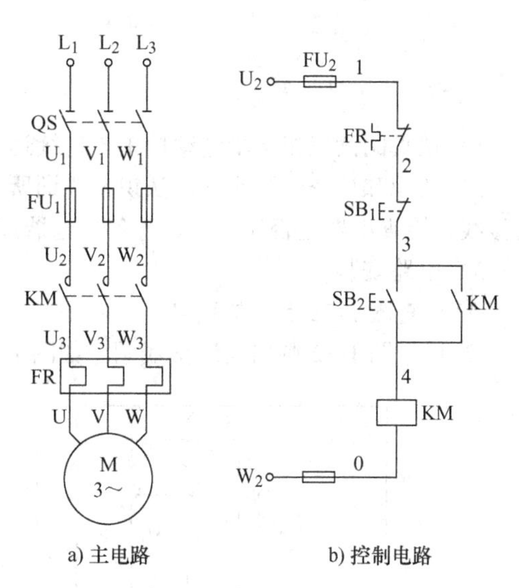

图 1-32　单向连续控制电路图

三、任务实施

（一）训练目标

1）熟悉常用低压电器的结构、型号规格、工作原理、安装方法及其在电路中所起的作用。
2）练习电动机控制电路的接线步骤和安装方法。
3）加深对三相笼型异步电动机单向点动与连续运行控制电路工作原理的理解。

（二）设备与器材

本任务所需设备与器材见表 1-10。

表 1-10　所需设备与器材

序号	名称	符号	型号规格	数量	备注
1	三相笼型异步电动机	M	YS6324－180W/4	1台	表中所列设备与器材的型号规格仅供参考
2	三相隔离开关	QS	HZ10－25/3	1只	
3	交流接触器	KM	CJ20－10	1只	
4	按钮盒	SB	LA4－3H（3个复合按钮）	1个	
5	熔断器	FU	RL1－15，配2A熔体	5只	
6	热继电器	FR	JR36	1只	
7	接线端子		JF5－10A	若干	
8	塑料线槽		35mm×30mm	若干	
9	电器安装板		500mm×600mm×20mm	1块	
10	导线		BVR1.5mm^2、BVR1mm^2	若干	
11	线号管		与导线线径相符	若干	
12	常用电工工具			1套	
13	螺钉			若干	
14	万用表			1块	
15	绝缘电阻表			1块	
16	钳形电流表			1块	

（三）内容与步骤

1）认真阅读三相异步电动机单向连续运行控制电路图，理解电路的工作原理。

2）认识和检查电器元件。认识本实训所需电器，了解各电器的工作原理和各种电器的安装与接线，检查电器是否完好，熟悉各种电器型号、规格。

3）电路安装。

① 检查图1-32上标的线号。

② 根据图1-32画出安装接线图，如图1-33所示，电器、线槽位置摆放要合理。

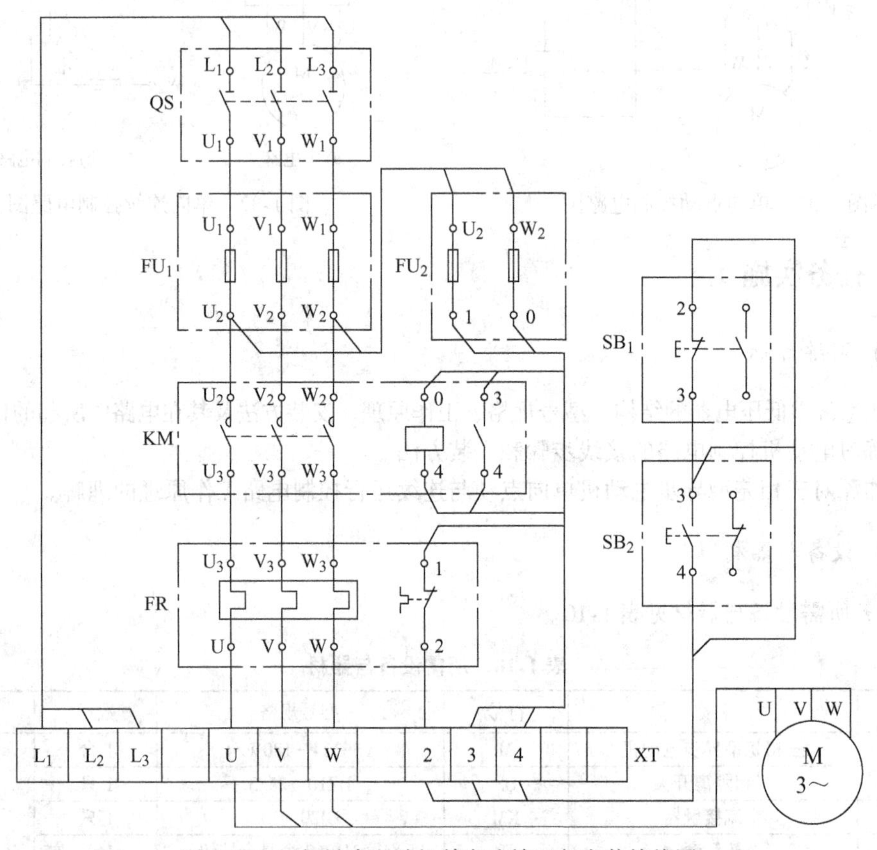

图1-33 三相异步电动机单向连续运行安装接线图

③ 安装电器与线槽。

④ 根据安装接线图正确接线，先接主电路，后接控制电路。主电路导线截面积视电动机容量而定，控制电路导线通常采用截面积为$1mm^2$的铜线，主电路与控制电路导线需采用不同颜色进行区分。导线要走线槽，接线端需套线号管，线号要与控制电路图一致。

4）检查电路。电路接线完毕，首先清理板面杂物，进行自查，确认无误后请老师检查，得到允许方可通电试车。

5）通电试车。

① 合上电源开关QS，接通电源，按下起动按钮SB_2，观察接触器KM的动作情况和电动机起动情况。

② 按下停止按钮SB_1，观察电动机的停止情况，重复按SB_2与SB_1，观察电动机运行情况。

③ 观察电路过载保护的作用，可以采用手动的方式断开热继电器 FR 的常闭触头，进行试验。

④ 通电过程中若出现异常现象，应切断电源，分析故障现象，并报告老师。检查故障并排除后，经老师允许继续进行通电试车。

⑤ 结束任务。任务完毕后，首先切断电源，确保在断电情况下进行拆除连接导线和电气元器件，清点设备与器材，交老师检查。

(四) 分析与思考

1）在图 1-32 中按下起动按钮 SB_2 电动机起动后，松开 SB_2 电动机仍能继续运行，而在图 1-31 中，按下点动按钮 SB，电动机起动后若松开 SB 电动机将停止，试说明其原因。

2）电路中已安装了熔断器，为什么还要用热继电器？是否重复？

四、任务考核

任务考核见表 1-11。

表 1-11　任务实施考核表

序号	考核内容	考核要求	评分标准	配分	得分
1	电气安装	1）正确使用电工工具和仪表，熟练安装电气元器件 2）电气元器件在配电板上布置合理，安装准确、紧固	1）电器布置不整齐、不均称、不合理，每处扣 4 分 2）电器安装不牢固，安装电器时漏装螺钉，每只扣 4 分 3）损坏电气元器件每件扣 10 分	40 分	
2	接线工艺	1）布线美观、紧固 2）走线应做到横平竖直，直角拐弯 3）电源、电动机和低压电器接线要接到端子排上，进出的导线要有端子标号	1）不按电路图接线，扣 20 分 2）布线不美观，主电路、控制电路每根扣 4 分 3）接点松动、接头裸线过长，压绝缘层，每个接点扣 2 分 4）损伤导线绝缘层或线芯，每根扣 5 分 5）线号标记不清楚，漏标或误标，每处扣 5 分 6）布线没有放入线槽，每根扣 1 分	20 分	
3	通电试车	安装、检查后，经老师许可通电试车，一次成功	1）主、控电路熔体装配错误，各扣 5 分 2）第一次试车不成功，扣 10 分 3）第二次试车不成功，扣 15 分 4）第三次试车不成功，扣 20 分	20 分	
4	安全文明操作	确保人身和设备安全	违反安全文明操作规程，扣 10～20 分	20 分	
5	合　计				

五、知识拓展

(一) 点动与连续混合控制

机床设备在正常运行时，一般电动机都处于连续运行状态。但在试车或调整刀具与工件的相对位置时，又需要电动机能点动控制，实现这种控制要求的电路是点动与连续混合控制的控制电路，如图1-34所示。

图1-34b为开关选择的点动与连续运行控制电路，合上电源开关QS，当选择开关SA断开时，按下按钮SB_2→KM线圈得电→KM主触头闭合→电动机M实现单向点动；如果SA闭合，按下按钮SB_2→KM线圈得电并自锁→KM主触头闭合→电动机M实现单向连续运行。

图1-34c为按钮选择的单向点动与连续运行控制电路，在电源开关QS合上的条件下，按下SB_3，电动机M实现点动；按下SB_2，电动机则实现连续运行。

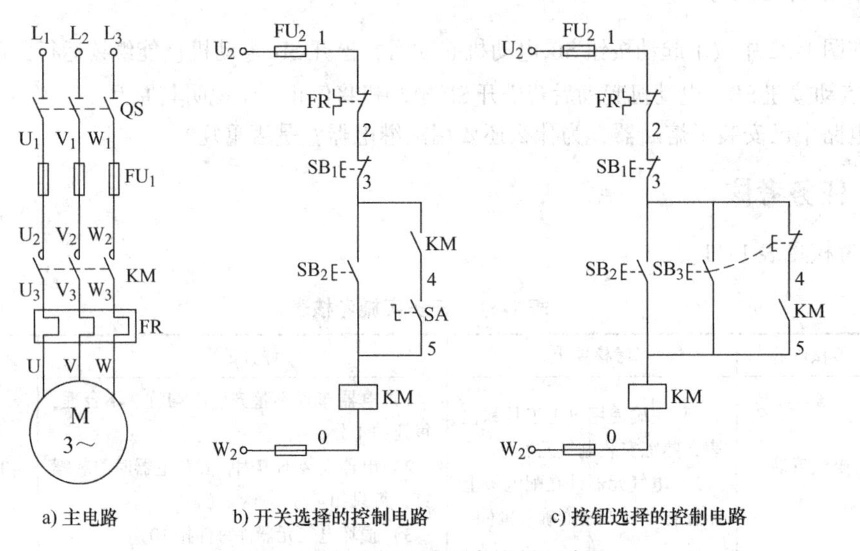

a) 主电路　　b) 开关选择的控制电路　　c) 按钮选择的控制电路

图1-34　点动与连续混合控制电路图

（二）电动机控制电路常用的保护环节

电气控制系统除了要能满足生产机械加工工艺的要求外，还应保证设备长期安全、可靠、无故障地运行，因此保护环节是所有电气控制系统不可缺少的组成部分，用来保护电动机、电网、电气控制设备及人身安全。

电气控制系统中常用的保护环节有短路保护、过电流保护、过载保护及失电压、欠电压保护等。

1. 短路保护

（1）短路及其危害　当电动机、电器或电路绝缘遭到损坏、负载短路、接线错误时将产生短路故障。

短路时产生的瞬时故障电流可达额定电流的十几倍到几十倍，短路电流可能使电气设备损坏，因此要求一旦发生短路故障时，控制电路能迅速切断电源。

（2）短路保护的常用电器　短路保护要求具有瞬动特性。常用的短路保护电器有熔断器和低压断路器。

2. 过电流保护

（1）过电流及其危害　过电流是指电动机或电气元器件超过其额定电流的运行状态，其电流值一般比短路电流小，不超过6倍额定电流。

在过电流情况下，电器元件不会马上损坏，只要在达到最高允许温度之前，电流值能恢复正常，这是允许的。但过大的冲击负载，使电动机流过过大的冲击电流，以致损坏电动机。同时过大的电动机电磁转矩也会使机械的传动部件受到损坏，因此要瞬时切断电源。

（2）过电流保护的常用电器　过电流保护是区别于短路保护的一种电流型保护。过电流保护常用过电流继电器实现，通常过电流继电器与接触器配合使用。

若过电流继电器动作电流为1.2倍电动机起动电流，则过电流继电器亦可实现短路保护作用。

3. 过载保护

（1）过载及其危害　过载是指电动机的运行电流大于其额定电流，但在1.5倍额定电流以内。引起电动机过载的原因很多，如负载的突然增加、断相运行或电源电压降低等。

若电动机长期过载运行，其绕组的温升将超过允许值而使绕组绝缘老化、损坏。

（2）常用的过载保护电器　过载保护是过电流保护的一种。过载保护装置要求具有反时限特性，且不受电动机短时过载冲击电流或短路电流的影响而瞬时动作，过载保护常用热继电器实现。应当指出，在使用热继电器作过载保护时，还必须装有熔断器或低压断路器等短路保护装置。

对于电动机进行断相保护，可选用带断相保护的热继电器来实现过载保护。

4. 失电压、欠电压保护

（1）失电压、欠电压及其危害　电动机在正常运行时，由于保护装置动作、停电或电源电压过分降低等将引起电动机失电压或欠电压。

电动机处于失电压状态下，一旦电源电压恢复时，电动机有可能自行起动，自起动将造成人身事故或机械设备的损坏。电动机处于低电压状态下运行时，由于电源电压过低将引起电磁转矩下降，导致电动机绕组电流增大，从而威胁电动机绝缘的安全。

（2）常用的失电压、欠电压保护电器　为防止电压恢复电动机自起动或电动机处于低电压状态下运行而设置的保护称为失电压、欠电压保护。常用的失电压、欠电压保护电器有接触器与按钮配合、零电压继电器、欠电压继电器及低压断路器。

5. 其他保护

除上述保护外，还有过电压保护、弱磁保护、超速保护、行程保护及压力保护等。这些都是在控制电路中串联一个受这些参数控制的常开或常闭触头来实现对控制电路的电源控制从而实现控制要求的。这些保护元件有过电压继电器、欠电流继电器、离心开关、测速发电机、行程开关及压力继电器等。

六、任务总结

本任务介绍了交流接触器、熔断器、热继电器及按钮等低压电器的结构、工作原理、符号、技术参数及选择方法，电气控制系统图的基本知识，电气控制电路安装的步骤和方法；学生在单向连续运行控制电路工作原理及相关知识学习的基础上，通过对电路的安装和调试的操作，学会三相异步电动机单向连续控制电路安装与调试的基本技能，加深对理论知识的理解。

任务二　工作台自动往返控制电路的安装与调试

一、任务导入

生产机械中，有很多机械设备都需要往返运动的。例如，平面磨床矩形工作台的往返加工运动，万能铣床工作台的左右运动、前后和上下运动，这都需要行程开关控制电动机的正反转来实现。

本任务主要讨论行程开关的结构技术参数、可逆运行控制电路分析及自动往返控制电路的安装与调试的方法。

二、知识链接

（一）行程开关

依据生产机械的行程发出命令，以控制其运动方向和行程长短的主令电器称为行程开关。若将行程开关安装于生产机械行程的终点处，用以限制其行程，则称为限位开关或终端开关。但两者的文字符号表示不同，行程开关的文字符号为ST，而限位开关文字符号为SQ。

行程开关按接触方式分为机械结构的接触式有触头行程开关和电气结构的非接触式接近开关。机械结构的接触式行程开关是依靠移动机械上的撞块碰撞其可动部件，使常开触头闭合，常闭触头断开来实现对电路控制的。当工作机械上的撞块离开可动部件时，行程开关复位，触头恢复其原始状态。

行程开关按其结构可分为直动式、滚动式和微动式三种。

直动式行程开关结构原理如图1-35所示，它的动作原理与按钮相同，但它的缺点是触头分合速度取决于生产机械的移动速度，当移动速度低于0.4m/min时，触头分断太慢，易受电弧烧蚀。为此，应采用盘形弹簧瞬时动作的滚轮式行程开关，如图1-36所示。当滚轮1受到向左的外力作用时，上转臂2向左下方转动，推杆4向右转动，并压缩右边弹簧10，同时下面的小滚轮5也很快沿着擒纵件6向右滚动，小滚轮滚动又压缩弹簧9，当小滚轮5滚过擒纵件6的中点时，盘形弹簧3和弹簧9都使擒纵件迅速转动，从而使动触头迅速地与右边静触头分开，并与左边静触头闭合，减少了电弧对触头的烧蚀，适用于低速运行的机械。微动开关是具有瞬时动作和微小行程的灵敏开关。图1-37为LX31系列微动开关结构示意图，当开关推杆6在机械作用压下时，弹簧片2产生变形，储存能量并产生位移，当达到临界点时，弹簧片连同桥式动触头瞬时动作。当外力失去后，推杆在弹簧片作用下迅速复位，动触头恢复至原来状态。由于采用瞬动结构，动触头换接速度不受推杆压下速度的影响。

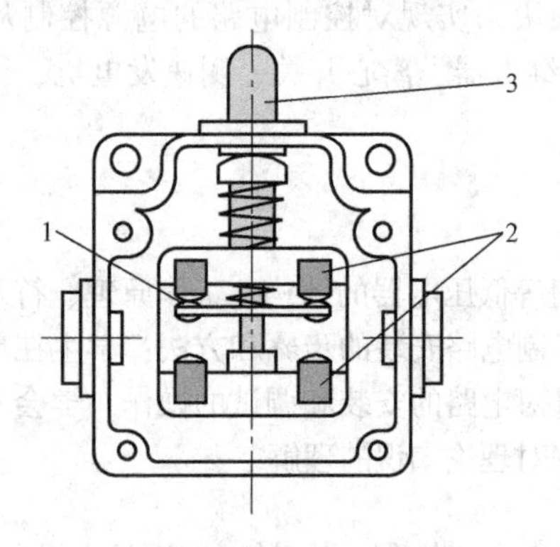

图1-35 直动式行程开关结构示意图

1—动触头 2—静触头 3—推杆

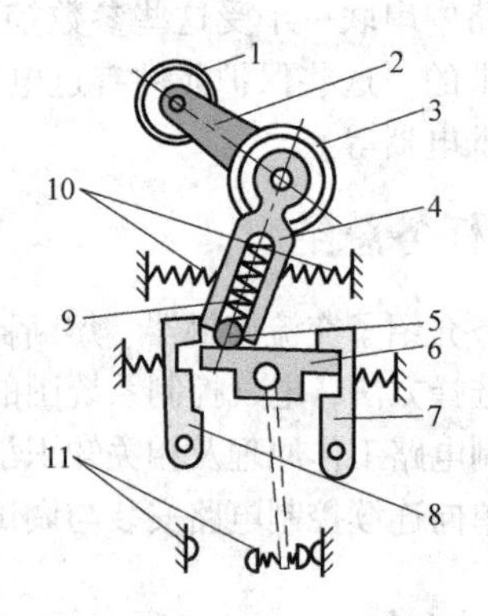

图1-36 滚轮式行程开关结构示意图

1—滚轮 2—上转臂 3—盘形弹簧 4—推杆 5—小滚轮 6—擒纵件 7、8—压板 9、10—弹簧 11—触头

常用的行程开关有JLXK1、X2、LX3、LX5、LX12、LX19A、LX21、LX22、LX29及LX32系列，微动开关有LX31系列和JW型。

JLXK1 系列行程开关的主要技术数据见表 1-12。行程开关的符号如图 1-38 所示。

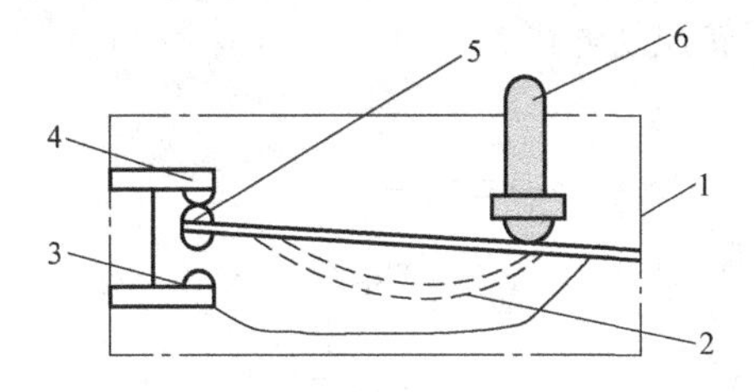

图 1-37　LX31 系列微动开关结构示意图
1—壳体　2—弹簧片　3—常开触头　4—常闭触头
5—动触头　6—推杆

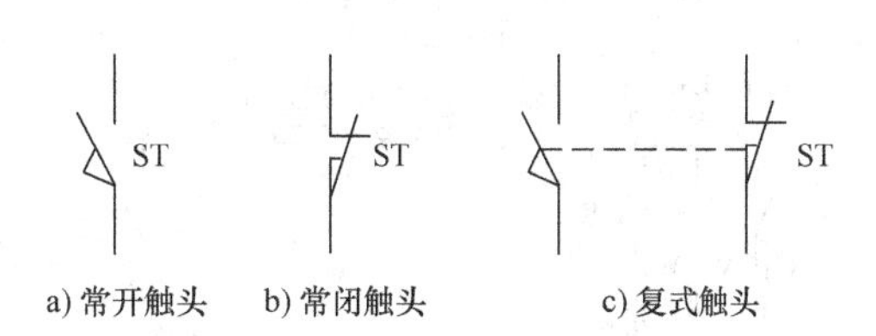

图 1-38　行程开关的符号

表 1-12　JLXK1 系列行程开关的主要技术数据

型号	额定电压/V		额定电流/A	触头数量		结构形式	动作行程距离及角度	超行程
	交流	直流		常开	常闭			
JLXK1-111	500	440	5	1	1	单轮防护式	12°~15°	≤30°
JLXK1-211						双轮防护式	~45°	≤45°
JLXK1-111M						单轮密封式	12°~15°	≤30°
JLXK1-211M						双轮密封式	~45°	≤45°
JLXK1-311						直动防护式	1~3mm	2~4mm
JLXK1-311M						直动密封式	1~3mm	2~4mm
JLXK1-411						直动滚轮防护式	1~3mm	2~4mm
JLXK1-411M						直动滚轮密封式	1~3mm	2~4mm

JLXK 系列行程开关型号含义：

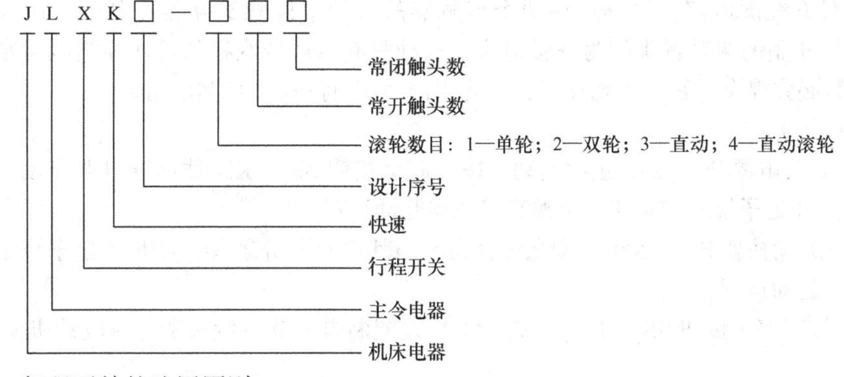

行程开关的选用原则：

1）根据应用场合及控制对象选择。

2）根据安装使用环境选择防护形式。

3）根据控制回路的电压和电流选择行程开关系列。

4）根据运动机械与行程开关的传力和位移关系选择行程开关的头部形式。

电气结构的非接触式行程开关，是当生产机械接近它到一定距离范围内时，它就发出信号，控制生产机械的位置或进行计数，故称接近开关，其内容可参考其他相关书籍。

（二）三相异步电动机正反转控制

各种生产机械常常要求具有上、下、左、右、前和后等相反方向的运动，这就要求电动机能够实现可逆运行。三相交流电动机可借助正、反向接触器改变定子绕组电源相序来实现。为避免正、反向接触器同时通电造成电源相间短路故障，正反向接触器之间需要有一种制约关系——联锁，保证它们不能同时工作。图 1-39 给出了两种正反转控制电路。

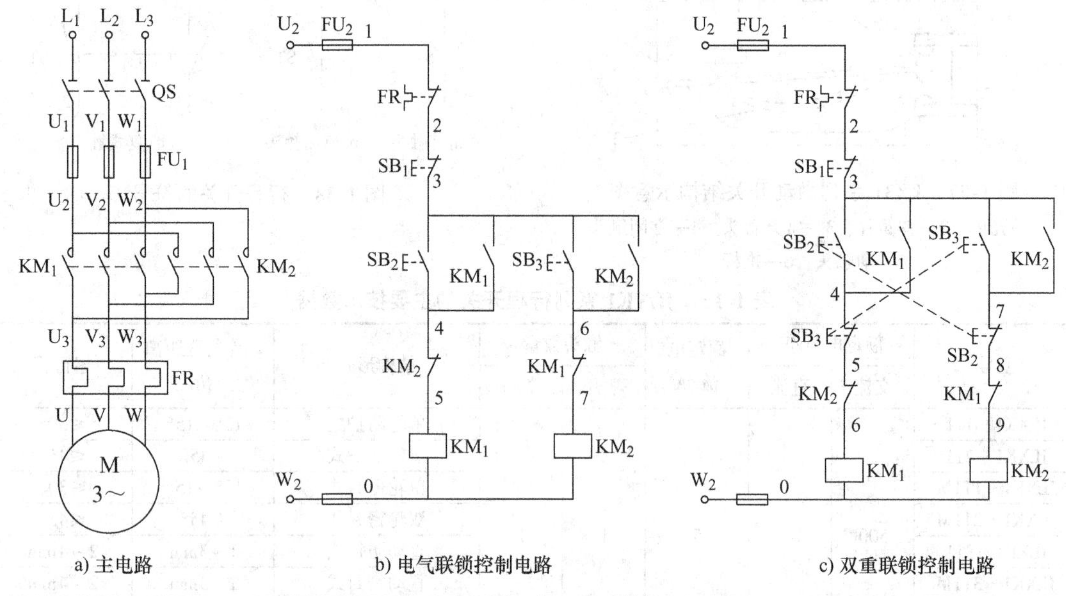

a) 主电路　　b) 电气联锁控制电路　　c) 双重联锁控制电路

图 1-39　三相异步电动机正反转控制电路图

（1）电气联锁　图 1-39b 是电动机“正–停–反”可逆控制电路，利用两个接触器的常闭触头 KM_1 和 KM_2 相互制约，即当一个接触器通电时，利用其串联在对方接触器的线圈电路中的常闭触头的断开来锁住对方线圈电路。这种利用两个接触器的常闭辅助触头互相控制的方法称为“电气联锁”，起联锁作用的两对触头称为联锁触头。这种只有接触器联锁的可逆控制电路在正转运行时，要想反转必先停车，否则不能反转，因此叫做“正–停–反”控制电路。

电路的工作原理如下：

1）起动控制。合上电源开关 QS，正向起动：按下起动按钮 SB_2→KM_1 线圈通电并自锁→其主触头闭合→电动机 M 定子绕组加正相序电源直接正向起动运行。

反向起动：按下起动按钮 SB_3→KM_2 线圈通电并自锁→其主触头闭合→电动机 M 定子绕组加反相序电源直接反向起动运行。

2）停止控制。按下停止按钮 SB_1→KM_1（或 KM_2）线圈断电→其主触头断开→电动机 M 定子绕组断电停转。

（2）双重联锁控制电路　图 1-39c 是电动机“正–反–停”控制电路，采用两只复合按钮实现。在这个电路中，正转起动按钮 SB_2 的常开触头用来使正转接触器 KM_1 的线圈瞬时通电，其常闭触头则串联在反转接触器 KM_2 线圈的电路中，用来锁住 KM_2。反转起动按钮 SB_3 也按 SB_2 的相同方法连接，当按下 SB_2 或 SB_3 时，首先是常闭触头断开，然后才是常开触头闭合。这样在需要改变电动机运动方向时，就不必按 SB_1 停止按钮了，可直接操作正反转按钮即能实现电动机可逆运转。这种将复合按钮的常闭触头串接在对方接触器线圈电路中所起的联锁作用称为按钮联锁，又称机械联锁。

电路的工作原理如下：

1）起动控制。合上电源开关 QS，正向起动：按下起动按钮 SB_2→其常闭触头断开对 KM_2 实现联锁，之后 SB_2 常开触头闭合→KM_1 线圈通电→其常闭触头断开对 KM_2 实现联锁，之后 KM_1 自锁触头闭合，同时主触头闭合→电动机 M 定子绕组加正相序电源直接正向起动运行。

反向起动：按下反向起动按钮 SB_3→其常闭触头断开对 KM_1 实现联锁，之后 SB_3 常开触头闭合→KM_2 线圈通电→其常闭触头断开对 KM_1 实现联锁，之后 KM_2 自锁触头闭合，同时主触头闭合→电动机 M 定子绕组加反相序电源直接反向起动。

2）停止控制。按下停止按钮 SB_1→KM_1（或 KM_2）线圈断电→其主触头断开→电动机 M 定子绕组断电并停转。

这个电路既有接触器联锁，又有按钮联锁，称为双重联锁的可逆控制电路，为机床电气控制系统所常用。

（三）工作台自动往返控制电路分析

工作台自动往返运动示意图如图 1-40 所示。图中 ST_1、ST_2 为行程开关，用于控制工作台的自动往返，SQ_1、SQ_2 为限位开关，用来作为终端保护，即限制工作台的行程。实现自动往返控制的电路如图 1-41 所示。

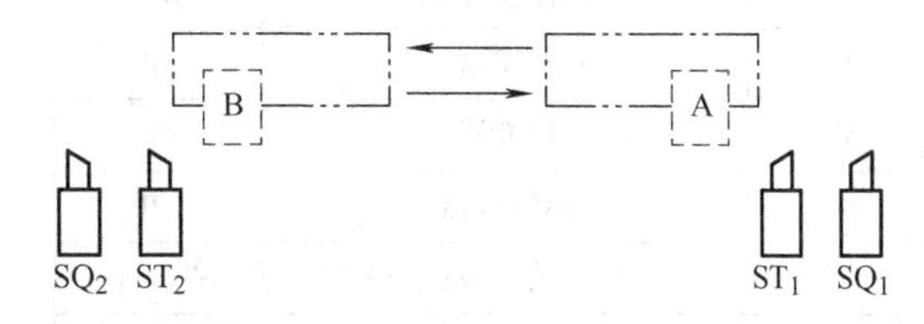

图 1-40　工作台自动往返运动示意图

在图 1-41 所示的电路中，工作台自动往返工作过程如下：

合上电源开关 QS，按下起动按钮 SB_2→KM_1 线圈得电并自锁→电动机正转→工作台向左移动至左移预定位置→挡铁 B 压下 ST_2→ST_2 常闭触头断开→KM_1 线圈失电，随后 ST_2 常开触头闭合→KM_2 线圈得电→电动机由正转变为反转→工作台向右移动至右移预定位置→挡铁 A 压下 ST_1→KM_2 线圈失电，KM_1 线圈得电→电动机由反转变为正转→工作台向左移动。如此周而复始地自动往返工作。当按下停止按钮 SB_1→KM_1（或 KM_2）线圈失电→其主触头断开→电动机停转→工作台停止移动。若因行程开关 ST_1、ST_2 失灵，则由极限保护限位开关 SQ_1、SQ_2 实现保护，避免运动部件因超出极限位置而发生事故。

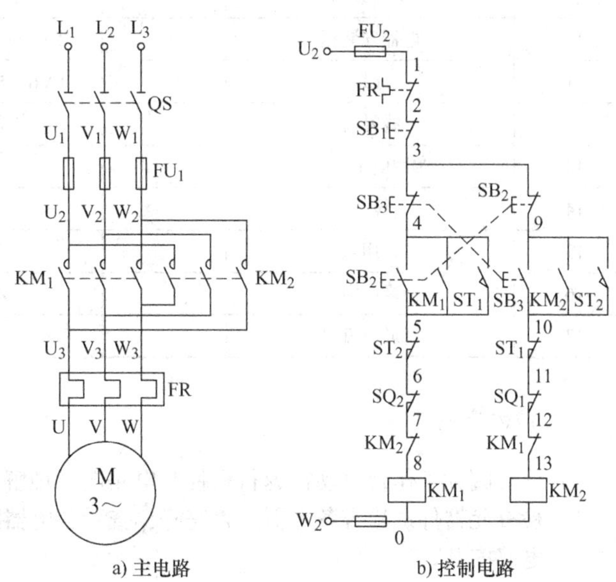

图 1-41　工作台自动往返行程控制电路图

三、任务实施

（一）训练目标

1）学会工作台自动往返控制电路的安装方法。

2）理解三相异步电动机正反转控制电路电气、机械联锁的原理。

3）初步学会工作台自动往返控制电路常见故障的排除方法。

（二）设备与器材

本任务所需设备与器材见表1-13。

表1-13 所需设备与器材

序号	名称	符号	型号规格	数量	备注
1	三相笼型异步电动机	M	YS6324－180W/4	1	表中所列设备与器材的型号规格仅供参考
2	三相隔离开关	QS	HZ10－25/3	1	
3	交流接触器	KM	CJ20－10	2	
4	按钮盒	SB	LA4－3H（三个复合按钮）	1	
5	熔断器	FU	RL1－15，配2A熔体	5	
6	热继电器	FR	JR36	1	
7	行程开关、限位开关	ST、SQ	JLXK1－111	4	
8	接线端子		JF5－10A	若干	
9	塑料线槽		35mm×30mm	若干	
10	电器安装板		500mm×600mm×20mm	1	
11	导线		BVR1.5mm^2、BVR1mm^2	若干	
12	线号管		与导线线径相符	若干	
13	常用电工工具			1套	
14	螺钉			若干	
15	万用表		MF47型	1	
16	绝缘电阻表		ZC25－3型	1	
17	钳形电流表		T301－A	1	

（三）内容与步骤

1）认真阅读工作台自动往返行程控制电路图，理解电路的工作原理。

2）检查元器件。检查各电器是否完好，查看各电器型号、规格，明确使用方法。

3）电路安装。

① 检查图1-41上标的线号。

② 根据图1-41画出安装接线图，如图1-42所示，电器、线槽位置摆放要合理。

③ 安装电器与线槽。

④ 根据安装接线图正确接线，先接主电路，后接控制电路。主电路导线截面积视电动机容量而定，控制电路导线截面积通常采用1mm^2的铜线，主电路与控制电路导线需采用不同颜色进行区分。导线要走线槽，接线端需套线号管，线号要与控制电路图一致。

4）检查电路。电路接线完毕，首先清理板面杂物，进行自查，确认无误后请老师检查，得到允许方可通电试车。

5）通电试车。

① 左、右移动。合上电源开关QS，分别按SB_2、SB_3，观察工作台左、右移动情况，按SB_1停机。

② 电气联锁、机械联锁控制的试验。同时按下SB_2和SB_3，接触器KM_1和KM_2均不能通电，

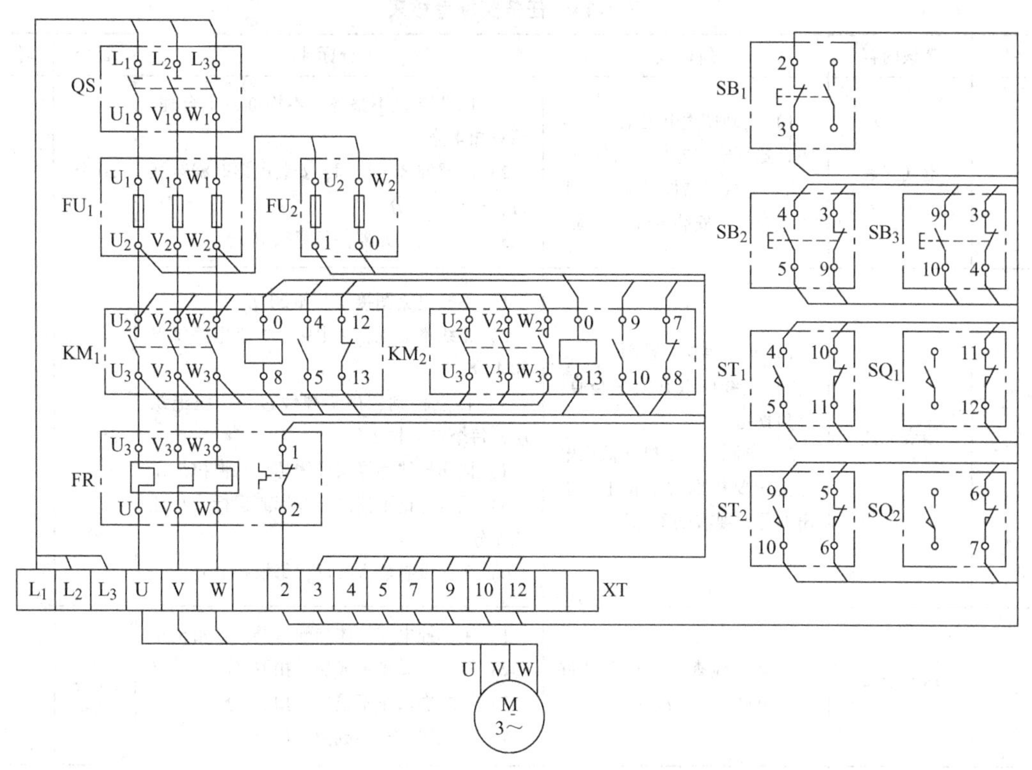

图 1-42　工作台自动往返行程控制安装接线图

电动机不转。按下正转起动按钮 SB_2，电动机正向运行，再按反转起动按钮 SB_3，电动机从正转变为反转。

③ 电动机不宜频繁持续由正转变为反转，反转变为正转，故不宜频繁持续操作 SB_2 和 SB_3。

④ SQ_1、SQ_2 的限位保护。工作台在左、右往返移动过程中，若行程开关 ST_1、ST_2 失灵，则由限位开关 SQ_1、SQ_2 实现极限限位保护，以防工作台运动超出行程而造成事故。

⑤ 通电过程中若出现异常现象，应立即切断电源，分析故障现象，并报告老师。检查故障并排除后，经老师允许方可继续通电试车。

6）结束任务。任务完成后，首先切断电源，确保在断电情况下进行拆除连接导线和电气元器件，清点设备与器材，交老师检查。

（四）分析与思考

1）按下正、反转起动按钮，若电动机旋转方向不改变，原因可能是什么？

2）若频繁持续操作 SB_2 和 SB_3，会产生什么现象？为什么？

3）同时按下 SB_2 和 SB_3，会不会引起电源短路？为什么？

4）当电动机正常正向或反向运行时，轻按一下反向起动按钮 SB_3 或正向起动按钮 SB_2，不将按钮按到底，电动机运行状态如何？为什么？

5）如果行程开关 ST_1、ST_2 失灵会出现什么现象？本任务采取什么措施解决了这一问题？

四、任务考核

任务考核见表 1-14。

表1-14　任务实施考核表

序号	考核内容	考核要求	评分标准	配分	得分
1	电气安装	1）正确使用电工工具和仪表，熟练安装电气元器件 2）电气元器件在配电板上布置合理，安装准确、紧固	1）电器布置不整齐、不均称、不合理，每只扣4分 2）电器安装不牢固，安装电器时漏装螺钉，每只扣4分 3）损坏电气元器件每只扣10分	20分	
2	接线工艺	1）布线美观、紧固 2）走线应做到横平竖直，直角拐弯 3）电源、电动机和低压电器接线要接到端子排上，进出的导线要有端子标号	1）不按电路图接线，扣20分 2）布线不美观，主电路、控制电路每根扣4分 3）接点松动、接头裸线过长，压绝缘层，每个接点扣2分 4）损伤导线绝缘层或线芯，每根扣5分 5）线号标记不清楚，漏标或误标，每处扣5分 6）布线没有放入线槽，每根扣1分	35分	
3	通电试车	安装、检查后，经老师许可通电试车，一次成功	1）主、控电路熔体装配错误，各扣5分 2）第一次试车不成功，扣10分 3）第二次试车不成功，扣15分 4）第三次试车不成功，扣25分	25分	
4	安全文明操作	确保人身和设备安全	违反安全文明操作规程，扣10~20分	20分	
5	合　计				

五、知识拓展——多地控制

在两地或多地控制同一台电动机的控制方式称为电动机的多地控制。在大型生产设备上，为使操作人员在不同方位均能进行起、停操作，常常要求组成多地控制电路。

图1-43为两地控制电路。其中SB_2、SB_1为安装在甲地的起动按钮和停止按钮，SB_4、SB_3为安装在乙地的起动按钮和停止按钮。电路的特点是起动按钮并联接在一起，停止按钮串联接在一起，即分别实现逻辑或和逻辑与的关系。这样就可以分别在甲、乙两地控制同一台电动机，达到操作方便的目的。对于三地或多地控制，只要将各地的起动按钮并联、停止按钮串联即可实现。

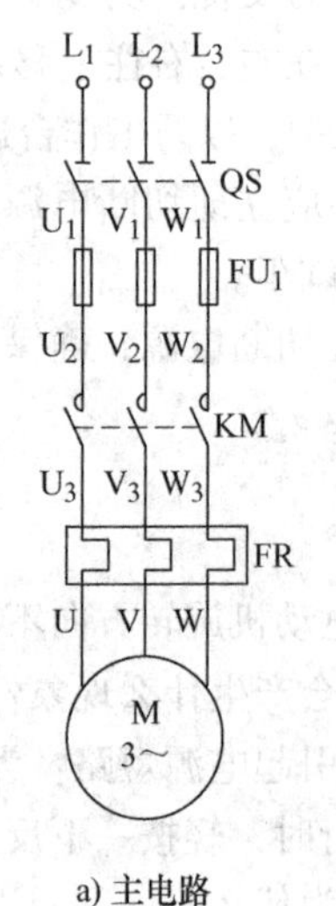

a) 主电路

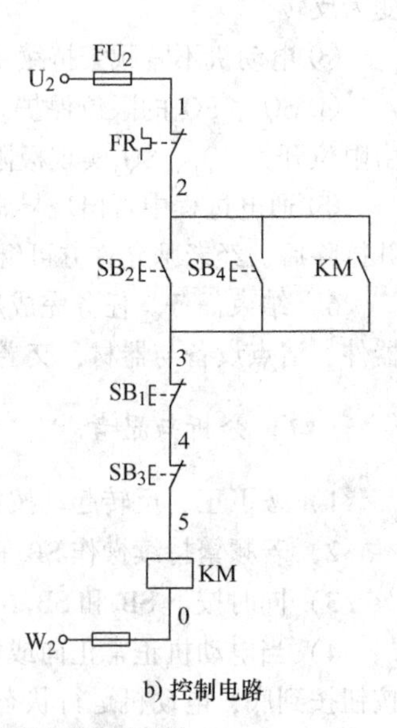

b) 控制电路

图1-43　两地控制电路图

六、任务总结

本任务通过工作台自动往返运动控制电路的安装引出了行程开关的结构、工作原理、常用型号及符号和选择，可逆运行控制电路的分析；学生在工作台自动往返控制电路及相关知识学习的基础上，通过对电路的安装和调试的操作，学会工作台自动往返控制电路安装与调试的基本技能，加深对相关理论知识的理解。

任务三　三相异步电动机Y-△减压起动控制电路的安装与调试

一、任务导入

星形-三角形（Y-△）减压起动是指电动机起动时把定子绕组接成星形，以降低起动电压，减小起动电流，待电动机起动后，转速上升至接近额定转速时，再把定子绕组改接成三角形，使电动机全压运行。Y-△减压起动适合正常运行时为△接法的三相笼型异步电动机轻载起动的场合，其特点是起动转矩小，仅为额定值的1/3，转矩特性差（起动转矩下降为原来的1/3）。

本任务主要讨论相关的继电器结构、技术参数及三相异步电动机Y-△减压起动控制电路的分析、安装与调试方法。

二、知识链接

（一）电磁式继电器

继电器是一种利用各种物理量的变化，将电量或非电量信号转化为电磁力或使输出状态发生阶跃变化，从而通过其触头或突变量促使在同一电路或另一电路中的其他器件或装置动作的一种控制元件。它用于各种控制电路中进行信号传递、放大、转换和联锁等，控制主电路和辅助电路中的器件或设备按预定的动作程序进行工作，实现自动控制和保护的目的。

常用的继电器按动作原理分有电磁式、磁电式、感应式、电动式、光电式、压电式、热继电器与电子式继电器等。按反应的参数（动作信号）分为电压、电流、时间、速度、温度及压力继电器等。按用途可分为控制继电器和保护继电器。其中电磁式继电器应用最为广泛。

1. 电磁式继电器的结构和工作原理

一般来说，继电器主要由测量环节、中间机构和执行机构三部分组成。继电器通过测量环节输入外部信号（比如电压、电流等电量或温度、压力、速度等非电量）并传递给中间机构，将它与设定值（即整定值）进行比较，当达到整定值时（过量或欠量），中间机构就使执行机构产生输出动作，从而闭合或分断电路，达到控制电路的目的。电磁式继电器是应用得最早、最多的一种形式，其结构和工作原理与接触器大体相似，其结构如图1-44所示。由电磁系统、触头系统和释放弹簧等组成，由于继电器用于控制电路，流过触头的电流比较小（一般5A以下），故不需要灭弧装置。

2. 电磁式继电器的特性及主要参数

（1）电磁式继电器的特性　继电器的特性是指继电器的输出量随输入量变化的关系，即输入-输出特性。电磁式继电器的特性就是电磁机构的继电特性，如图1-45所示。图中x_o为继电器的动作值（吸合值），x_r为继电器的复归值（释放值），这两值为继电器的动作参数。

（2）继电器的主要参数

1）额定参数：继电器的线圈和触头在正常工作时允许的电压值或电流值称为继电器额定电压或额定电流。

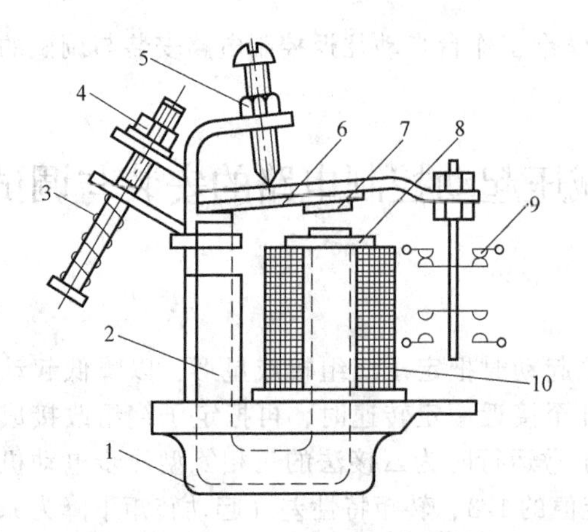

图1-44 电磁式继电器的典型结构

1—底座 2—铁心 3—释放弹簧 4—调节螺母 5—调节螺母 6—衔铁 7—非磁性垫片 8—极靴 9—触头系统 10—线圈

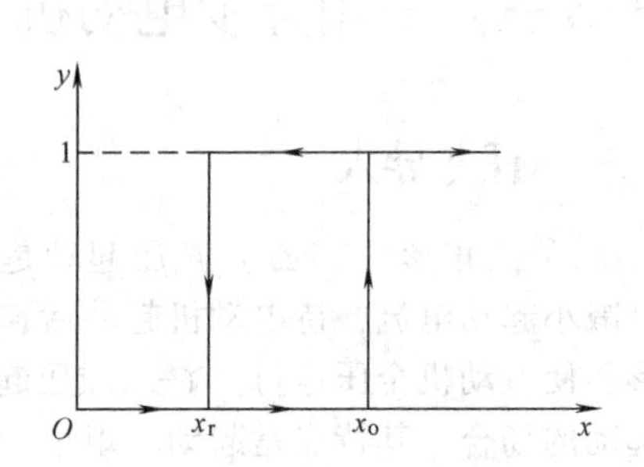

图1-45 电磁机构的继电特性

2）动作参数：即继电器的吸合值与释放值。对于电压继电器有吸合电压 U_o 与释放电压 U_r；对于电流继电器有吸合电流 I_o 与释放电流 I_r。

3）整定值：根据控制要求，对继电器的动作参数进行人为调整的数值。

4）返回参数：是指继电器的释放值与吸合值的比值，用 K 表示。K 值可通过调节释放弹簧或调节铁心与衔铁之间非磁性垫片的厚度来达到所要求的值。不同场合要求不同的 K 值，如对一般继电器要求具有低的返回系数，K 值应在0.1～0.4之间，这样当继电器吸合后，输入量波动较大时不致于引起误动作；欠电压继电器则要求高的返回系数，K 值应在0.6以上。如有一电压继电器 $K=0.66$，吸合电压为额定电压的90%，则释放电压为额定电压60%时，继电器就释放，从而起到欠电压保护作用。返回系数反映了继电器吸力特性与反力特性配合的紧密程度，是电压和电流继电器的主要参数。

5）动作时间：有吸合时间与释放时间两种。吸合时间是指从线圈接受电信号起，到衔铁完全吸合止所需的时间；释放时间是从线圈断电到衔铁完全释放所需的时间。一般电磁式继电器动作时间为0.05～0.2s，动作时间短于0.05s为快速动作继电器，动作时间长于0.2s为延时动作继电器。

3. 电磁式继电器的选用

（1）使用类别的选用　继电器的典型用途是控制接触器的线圈，即控制交、直流电磁铁。按规定，继电器使用类别有：AC-11控制交流电磁铁负载与DC-11控制直流电磁铁负载两种。

（2）额定工作电流与额定工作电压的选用　继电器在对应使用类别下，继电器的最高工作电压为继电器的额定绝缘电压，继电器的最高工作电流应小于继电器的额定发热电流。

选用继电器电压线圈的电压种类与额定电压值时，应与系统电压种类与电压值一致。

（3）工作制的选用　继电器工作制应与其使用场合工作制一致，且实际操作频率应低于继电器额定操作频率。

（4）继电器返回系数的调节　应根据控制要求来调节电压和电流继电器的返回系数。一般采用增加衔铁吸合后的气隙、减小衔铁打开后的气隙或适当放松释放弹簧等措施来达到增大返回系数的目的。

（二）电磁式中间继电器

电磁式中间继电器用途很广。若主继电器触头容量不足，或为了同时接通和断开几个回路需要多对触头时，或一套装置有几套保护需要用共同的出口继电器等，都要采用中间继电器。电磁式中间继电器实质上是一种电磁式电压继电器，其特点是触头数量较多，在电路中起增加触头数量和起中间放大作用。由于中间继电器只要求线圈电压为零时能可靠释放，对动作参数无要求，故中间继电器没有调节装置。

电磁式中间继电器的基本结构和工作原理与接触器基本相同，故称为接触器式继电器，所不同的是中间继电器的触头对数较多，并且没有主、辅之分，各对触头允许通过的电流大小是相同的，其额定电流约为5A。

按电磁式中间继电器线圈电压种类不同，又有直流中间继电器和交流中间继电器两种。有的电磁式直流继电器，更换不同电磁线圈时便可成为直流电压、直流电流及直流中间继电器，若在铁心柱上套有阻尼套筒，又可成为电磁式时间继电器。因此，这类继电器具有“通用”性，又称为通用继电器。

电磁式中间继电器常用的有JZ7、JDZ2、JZ14等系列。

中间继电器的符号如图1-46所示。

图1-46　中间继电器的符号

（三）时间继电器

继电器输入信号后，经一定的延时才有输出信号的继电器称为时间继电器。对于电磁式时间继电器，当电磁线圈通电或断电后，经一段时间，延时触头状态才发生变化，即延时触头才动作。

时间继电器种类很多，常用的有电磁阻尼式、空气阻尼式、电动机式和电子式等。按延时方式可分为通电延时型和断电延时型。通电延时型当接受输入信号后延迟一定时间，输出信号才发生变化；当输入信号消失后，输出瞬时复原。断电延时型当接受输入信号后，瞬时产生相应的输出信号，当输入信号消失后，延迟一定时间，输出信号才复原。这里仅介绍利用电磁原理工作的空气阻尼式时间继电器和晶体管时间继电器。

1. 空气阻尼式时间继电器

空气阻尼式时间继电器由电磁机构、延时机构和触头系统三部分组成，它是利用空气阻尼原理达到延时的目的。其延时方式有通电延时型和断电延时型两种。其外观区别在于：当衔铁位于铁心和延时机构之间时为通电延时型；当铁心位于衔铁和延时机构之间时为断电延时型。图1-47为JS7－A系列空气阻尼式时间继电器结构原理图。

通电延时型时间继电器的工作原理：当线圈1通电后，衔铁3吸合，活塞杆6在塔形弹簧7作用下带动活塞13及橡皮膜9向上移动，橡皮膜下方空气室的空气变得稀薄，形成负压，活塞杆只能缓慢移动，其移动速度由进气孔气隙大小决定。经一段延时后，活塞杆通过杠杆15压动微动开关14，使其触头动作，起到通电延时作用。当线圈断电时，衔铁释放，橡皮膜下方空气室内的空气通过活塞肩部所形成的单向阀迅速排出，使活塞杆、杠杆及微动开关迅速复位。由线圈通电至触头动作的一段时间即为时间继电器的延时时间，延时长短可通过调节螺钉11来调节进气孔气隙大小来改变。微动开关16在线圈通电或断电时，在推板5的作用下都能瞬时动作，其触头为时间继电器的瞬动触头。

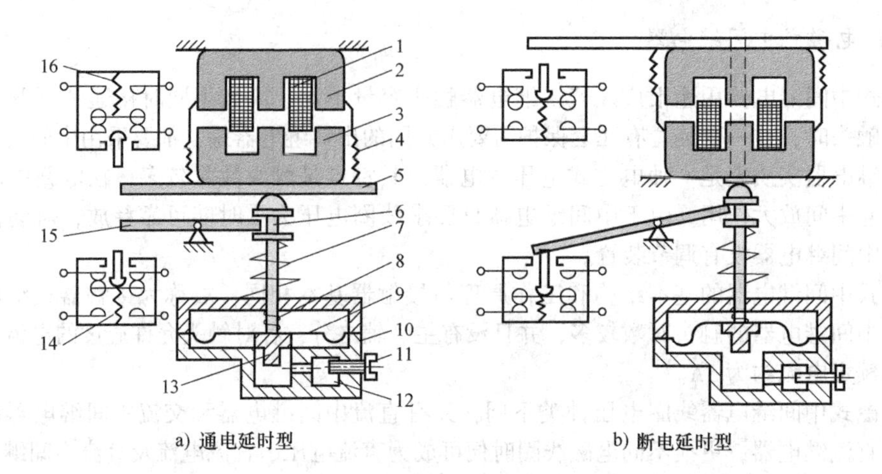

图 1-47 JS7-A 系列空气阻尼式时间继电器结构原理图

1—线圈 2—铁心 3—衔铁 4—反力弹簧 5—推板 6—活塞杆 7—塔形弹簧 8—弱弹簧 9—橡皮膜 10—空气室壁 11—调节螺钉 12—进气孔 13—活塞 14、16—微动开关 15—杠杆

空气阻尼式时间继电器延时时间有0.4～180s和0.4～60s两种规格，具有延时范围较宽、结构简单、价格低廉、工作可靠及寿命长等优点，是机床电气控制线路中常用的时间继电器。但其延时精度较低，没有调节指示，只适用于延时精度要求不高的场合。

JS7-A 系列空气阻尼式时间继电器主要技术数据见表 1-15。

表 1-15 JS7-A 系列空气阻尼式时间继电器主要技术数据

型号	线圈电压/V	触头额定电流/A	触头额定电压/V	延时范围/s	额定操作频率/(次/h)	延时触头数量				瞬动触头数量	
						通电延时		断电延时			
						常开	常闭	常开	常闭	常开	常闭
JS7-1A	24，36，110，127，220，380	5	380	0.4～60及0.4～180	600	1	1	—	—	—	—
JS7-2A						1	1	—	—	1	1
JS7-3A						—	—	1	1	—	—
JS7-4A						—	—	1	1	1	1

注：1. 表中型号 JS7 后面的 1A～4A 是区别通电延时或断电延时的，以及是否带瞬动触头。
2. JS7-A 为改型产品，具有体积小的特点。

空气阻尼式时间继电器的典型产品有 JS7、JS23、JSK□系列时间继电器。JS23 系列时间继电器是以一个具有 4 个常开触头的中间继电器主体，再加上一个延时机构组成。延时组件包括波纹状气囊及排气阀门，刻有细长环形槽的延时片，调节旋钮及动作弹簧等。

2. 晶体管时间继电器

晶体管时间继电器又称为半导体式时间继电器或电子式时间继电器。晶体管时间继电器除执行继电器外，均由电子元件组成，没有机械部件，因而它具有较长的寿命、较高精度、体积小、延时范围大、调节范围宽及控制功率小等优点。

晶体管时间继电器按构成原理分为阻容式和数字式，按延时方式分为通电延时型、断电延时型和带瞬动触头的通电延时型。下面以具有代表性的 JS20 系列为例，介绍晶体管时间继电器的结构和工作原理。

JS20系列时间继电器采用插座式结构，所有元器件均装在印制电路板上，然后用螺钉使之与插座紧固，再装入塑料罩壳，组成本体部分。在罩壳顶面装有铭牌和整定电位器的旋钮，铭牌上有该时间继电器最大延时时间的十等分刻度，使用时旋动旋钮即可调整延时时间。并有指示灯，当继电器吸合后指示灯亮。外接式的整定电位器不装在继电器的本体内，而用导线引接到所需的控制板上。

安装方式有装置式和面板式两种。装置式备有带接线端子的胶木底座，它与继电器本体部分采用插接连接，并用扣襻锁紧，以防松动；面板式可直接把时间继电器安装在控制台的面板上，它与装置式的结构大体相同，只是采用8脚插座代替装置式的胶木底座。

JS20系列晶体管时间继电器所采用的电路有单结晶体管电路和场效应晶体管电路两类。JS20系列晶体管时间继电器有通电延时型、断电延时型和带瞬动触头的通电延时型三种。延时等级对于通电延时型分为1s、5s、10s、30s、60s、120s、180s、300s、600s、1800s和3600s。断电延时型分为1s、5s、10s、30s、60s、120s和180s等。

图1-48为采用场效应晶体管电路构成的JS20系列通电延时型时间继电器的电路图，它由稳压电源、*RC*充放电电路、电压鉴别电路、输出电路和指示电路等部分组成。

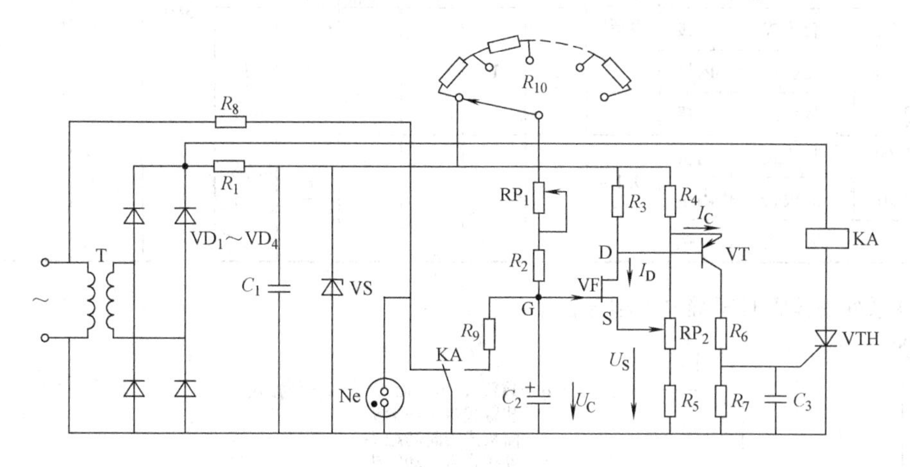

图1-48　JS20系列通电延时型继电器电路图

电路工作原理：接通交流电源，经整流、滤波和稳压后变为直流电源，输出的直流电压经波段开关上的电阻R_{10}、RP_1、R_2向电容C_2充电。开始时VF场效应晶体管截止，晶体管VT、晶闸管VTH也处于截止状态。随着充电的进行，电容器C_2上的电压由零按指数曲线上升，直至U_C上升到$|U_C-U_S|<|U_P|$时，VF导通（U_S为结型场效应晶体管的源极电压，U_P为结型场效应晶体管的夹断电压）。这时由于I_D在R_3上产生电压降，D点电位开始下降，一旦D点电位降低到VT的发射极电位以下时，VT导通。VT的集电极电流I_C在R_4上产生压降，使场效应晶体管U_S降低，即负栅偏压越来越小。所以对VT来说，R_4起正反馈作用，使VT导通，并触发晶闸管VTH使它导通，同时使继电器KA动作，输出延时信号。从时间继电器接通电源，C_2开始被充电到KA动作这段时间即为通电延时动作时间。KA动作后，C_2经KA常开触头对电阻R_9放电，同时氖泡Ne指示灯起辉，并使场效应晶体管VF和晶体管VT都截止，为下次工作做准备。但此时晶闸管VTH仍保持导通，除非切断电源使电路恢复到原来状态，继电器KA才会释放。JS20系列晶体管时间继电器主要技术参数见表1-16。

表 1-16 JS20 系列晶体管时间继电器主要技术参数

型号	结构形式	延时整定元件位置	延时范围/s	延时触头数量				瞬动触头数量		工作电压/V		功率损耗/W	机械寿命/万次
				通电延时		断电延时							
				常开	常闭	常开	常闭	常开	常闭	交流	直流		
JS20 -□/00	装置式	内接	0.1 ~ 300	2	2	—	—	—	—	36、100、127、220、380	24、48、110	≤5	1000
JS20 -□/01	面板式	内接											
JS20 -□/02	装置式	外接											
JS20 -□/03	装置式	内接		1	1	—	—	1	1				
JS20 -□/04	面板式	内接											
JS20 -□/05	装置式	外接											
JS20 -□/10	装置式	内接	0.1 ~ 3600	2	2	—	—	—	—				
JS20 -□/11	面板式	内接											
JS20 -□/12	装置式	外接											
JS20 -□/13	装置式	内接		1	1	—	—	1	1				
JS20 -□/14	面板式	内接											
JS20 -□/15	装置式	外接											
JS20 -□/00	装置式	内接	0.1 ~ 180	—	—	2	2	—	—				
JS20 -□/01	面板式	内接											
JS20 -□/02	装置式	外接											

JS20 系列晶体管时间继电器型号含义：

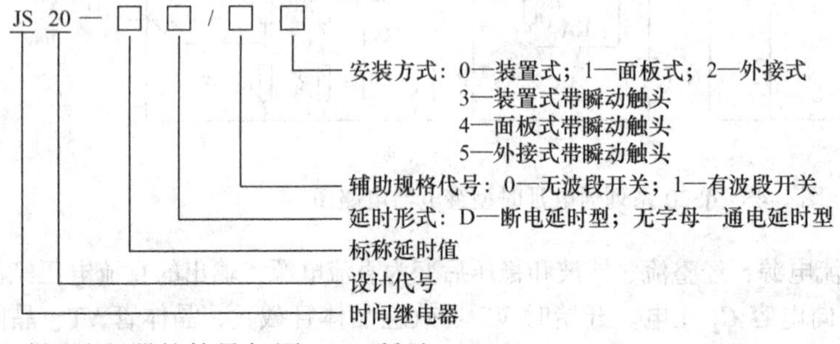

时间继电器的符号如图 1-49 所示。

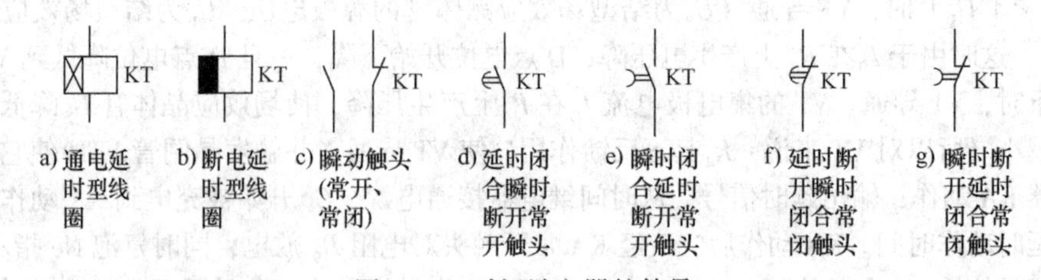

图 1-49 时间继电器的符号

3. 时间继电器的选用

1）根据控制电路的控制要求选择时间继电器的延时类型。

2）根据延时精度要求选择时间继电器的类型。对延时精度要求不高的场合，一般选用电磁式或空气阻尼式时间继电器；对延时精度要求高的场合，应选用晶体管式或电动机式时间继电器。

3）应考虑环境温度变化的影响。在环境温度变化较大的场合，不宜采用晶体管式时间继电器。

4）应考虑电源参数变化的影响。对于电源电压波动大的场合，选用空气阻尼式比采用晶体管式好；而在电源频率波动大的场合，不宜采用电动机式时间继电器。

5）考虑延时触头种类、数量和瞬动触头种类、数量是否满足控制要求。

4. 时间继电器的故障及排除

（1）空气阻尼式时间继电器的故障与处理方法　空气阻尼式时间继电器的常见故障是延时不准确，其主要原因是空气室故障。

1）空气室经过拆开后重新装配时，未按规律操作，造成空气室密封不严、漏气，使延时不准确，严重时甚至不延时。维修时，不要随意拆开空气室，保证空气室密封。

2）空气室内部不清洁，灰尘或微粒进入空气通道，使气道阻塞，延时时间延长。应拆下继电器，在空气清洁的环境中拆开空气室，清洁灰尘、微粒，再按规定的技术要求重新装配即可排除故障。

3）安装或更换时间继电器时，安装方向不对，造成空气室工作状态改变，使延时不准确。因此，时间继电器不能倒装，也不能水平安装。

4）使用时间长，空气湿度变化，使空气室中橡皮膜变质、老化、硬度改变，造成延时不准。应及时更新橡皮膜。

（2）晶体管时间继电器的故障诊断及处理方法

1）调节延时时间的电位器磨损或进入灰尘，使延时时间不准确。用少量汽油顺着电位器悬柄滴入，并转动悬柄，或对磨损严重的电位器及时更换。

2）晶体管损坏、老化，造成参数变化，导致延时不准确，甚至不延时。应拆下继电器进行检修或更换。

3）因受振动使元件焊点松动，脱离插座。应进行仔细检查或重新补焊。

（四）减压起动控制

三相笼型异步电动机，可采用直接起动和减压起动。由于异步电动机的起动电流一般可达其额定电流的4～7倍，过大的起动电流一方面会造成电网电压的显著下降，直接影响在同一电网工作的其他用电设备正常工作；另一方面电动机频繁起动会严重发热，加速绕组绝缘老化，缩短电动机的寿命，因此直接起动只适用于较小容量电动机。当电动机容量较大（10kW以上）时，一般采用减压起动。

所谓减压起动，是指起动时降低加在电动机定子绕组上的电压，待电动机起动后再将电压恢复到额定电压值，使之运行在额定电压下。

减压起动的目的在于减小起动电流，但起动转矩也将降低，因此减压起动只适用于空载或轻载下起动。

减压起动的方法：定子绕组串电阻减压起动Y-△减压起动、自耦变压器减压起动、软起动（固态减压起动器）和延边三角形减压起动等。

（五）Y-△减压起动控制电路分析

三相异步电动机Y-△减压起动控制电气原理图如图1-50所示。

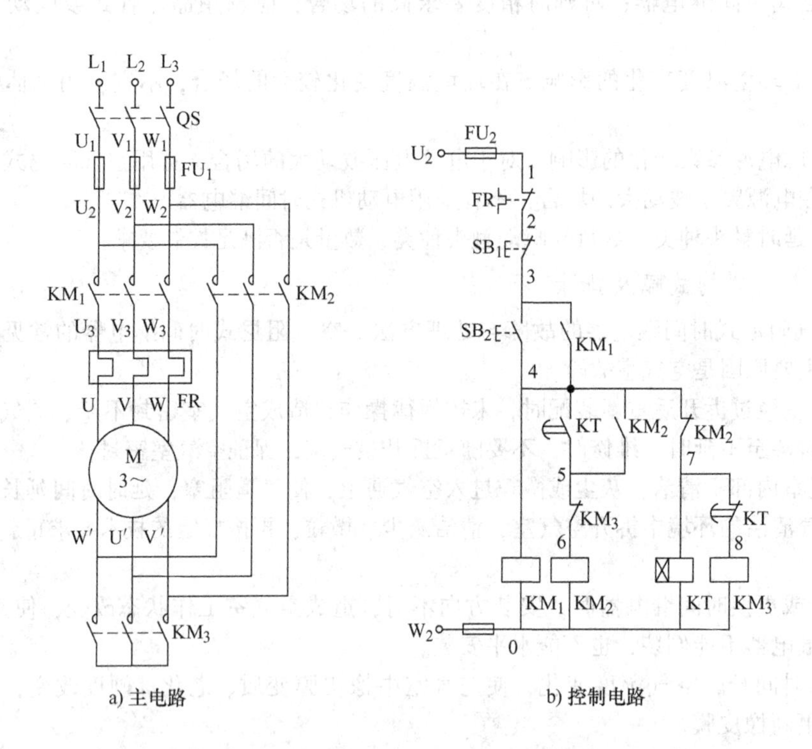

图1-50　三相异步电动机Y-△减压起动控制电路图

电路的工作原理为：合上电源开关QS，按下起动按钮SB_2→KM_1、KM_3、KT线圈同时得电吸合并自锁→KM_1、KM_3的主触头闭合→电动机M按星形联结进行减压起动→当电动机转速上升至接近额定转速时→通电延时型时间继电器KT动作→其延时断开常闭触头断开→KM_3线圈断电释放→其联锁触头复位，主触头断开→电动机M失电解除星形联结。同时，KT延时闭合的常开触头闭合→KM_2线圈通电吸合并自锁→电动机定子绕组接成三角形全压运行。

KM_2、KM_3辅助常闭触头为联锁触头，以防电动机定子绕组同时接成星形和三角形造成主电路电源相间短路。

三、任务实施

（一）训练目标

1）掌握三相笼型异步电动机Y-△减压起动控制电路的连接方法，从而进一步理解电路的工作原理和特点。

2）了解时间继电器的结构、工作原理及使用方法。

3）进一步熟悉电路的安装接线工艺。

4）熟悉三相笼型异步电动机Y-△减压起动控制电路的调试及常见故障的排除方法。

（二）设备与器材

本任务所需设备与器材见表1-17。

表 1-17　所需设备与器材

序号	名称	符号	型号规格	数量	备注
1	三相笼型异步电动机	M	Y112M－4　4kW　380V　8.8A	1	表中所列设备与器材的型号规格仅供参考
2	三相隔离开关	QS	HZ10－25/3	1	
3	交流接触器	KM	CJ20－16（线圈电压 380V）	3	
4	按钮盒	SB	LA4－3H（3 个复合按钮）	1	
5	熔断器	FU_1	RL6－25　配 20A 熔体	3	
6	熔断器	FU_2	RL1－15　配 2A 熔体	2	
7	热继电器	FR	JR16－20/3D	1	
8	时间继电器	KT	JS7－4A（线圈电压 380V）	1	
9	接线端子		JF5－10A	若干	
10	塑料线槽		35mm×30mm	若干	
11	电器安装板		500mm×600mm×20mm	1	
12	导线		BVR1.5mm^2、BVR1mm^2	若干	
13	线号管		与导线线径相符	若干	
14	常用电工工具			1 套	
15	螺钉			若干	
16	万用表			1	
17	绝缘电阻表			1	
18	钳形电流表			1	

（三）内容与步骤

1）认真阅读Y-△减压起动控制电路图，理解电路的工作原理。

2）检查元器件。检查各电器是否完好，查看各电器型号、规格，明确使用方法。

3）电路安装。

① 检查图 1-50 上标的线号。

② 根据图 1-50 画出安装接线图，如图 1-51 所示，电器、线槽位置摆放要合理。

③ 安装电器与线槽。

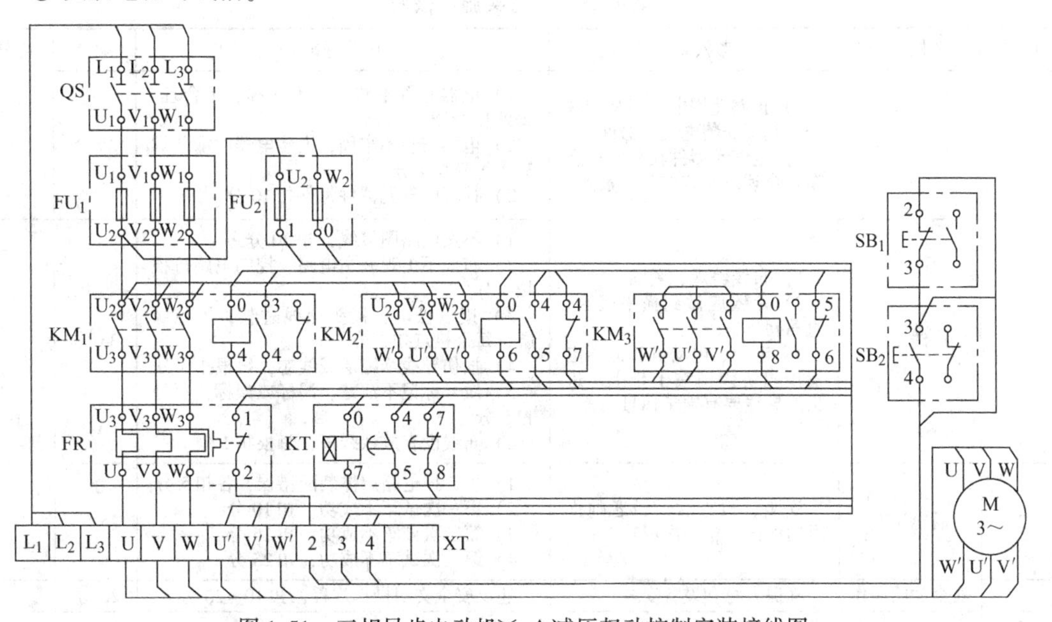

图 1-51　三相异步电动机Y-△减压起动控制安装接线图

④ 根据安装接线图正确接线，先接主电路，后接控制电路。主电路导线截面积视电动机容量而定，控制电路导线通常采用截面积为$1mm^2$的铜线，主电路与控制电路导线需采用不同颜色进行区分。导线要走线槽，接线端需套号码管，线号要与控制电路图一致。

4）检查电路。电路接线完毕，首先清理板面杂物，进行自查，确认无误后请老师检查，得到允许方可通电试车。

5）通电试车。

① 合上电源开关QS，按下起动按钮SB_2，观察接触器动作顺序及电动机减压起动的过程。起动结束后，按下停止按钮SB_1电动机停转。

② 调整时间继电器KT的延时时间，观察电动机起动过程的变化。

③ 通电过程中若出现异常情况，应立即切断电源，分析故障现象，并报告老师。检查故障并排除后，经老师允许方可继续进行通电试车。

6）结束任务。任务完成后，首先切断电源，确保在断电情况下进行拆除连接导线和电器元件，清点实训设备与器材交老师检查。

（四）分析与思考

1）在Y-△减压起动控制过程中，如果接触器KM_2、KM_3同时得电，会产生什么现象？为防止此现象出现，控制电路中采取了何种措施。

2）时间继电器在电路中的作用是什么？请设计一个断电延时继电器控制Y-△减压起动控制的电路。

3）若电路在起动过程中，不能从Y联结切换到△联结，电路始终处在Y联结下运行，试分析故障原因。

四、任务考核

任务考核见表1-18。

表1-18　任务实施考核表

序号	考核内容	考核要求	评分标准	配分	得分
1	电气安装	1）正确使用电工工具和仪表，熟练安装电气元器件 2）电气元器件在配电板上布置合理，安装准确、紧固	1）电器布置不整齐、不均称、不合理，每处扣4分 2）电器安装不牢固，安装电器时漏装螺钉，每只扣4分 3）损坏电气元器件每件扣10分	20分	
2	接线工艺	1）布线美观、紧固 2）走线应做到横平竖直，直角拐弯 3）电源、电动机和低压电器接线要接到端子排上，进出的导线要有端子标号	1）不按电路图接线，扣20分 2）布线不美观，主电路、控制电路每根扣4分 3）接点松动、接头裸线过长，压绝缘层，每个接点扣2分 4）损伤导线绝缘层或线芯，每根扣5分 5）线号标记不清楚，漏标或误标，每处扣5分 6）布线没有放入线槽，每根扣1分	35分	
3	通电试车	安装、检查后，经老师许可通电试车，一次成功	1）主、控电路熔体装配错误，各扣5分 2）第一次试车不成功，扣10分 3）第二次试车不成功，扣15分 4）第三次试车不成功，扣25分	25分	
4	安全文明操作	确保人身和设备安全	违反安全文明操作规程，扣10~20分	20分	
5	合　计				

五、知识拓展——三相异步电动机其他减压起动控制

（一）定子绕组串电阻减压起动控制

定子绕组串电阻减压起动是指起动时在电动机定子绕组中串接电阻，通过电阻的分压作用，使电动机定子绕组上的电压减小；待电动机转速上升至接近额定转速时，将电阻切除，使电动机在额定电压（全压）下正常运行。这种起动方法适用电动机容量不大、起动不频繁且平稳的场合。其特点是起动转矩小，加速平滑，但电阻上的能量损耗大。图 1-52 为三相异步电动机定子绕组串电阻减压起动控制原理图。

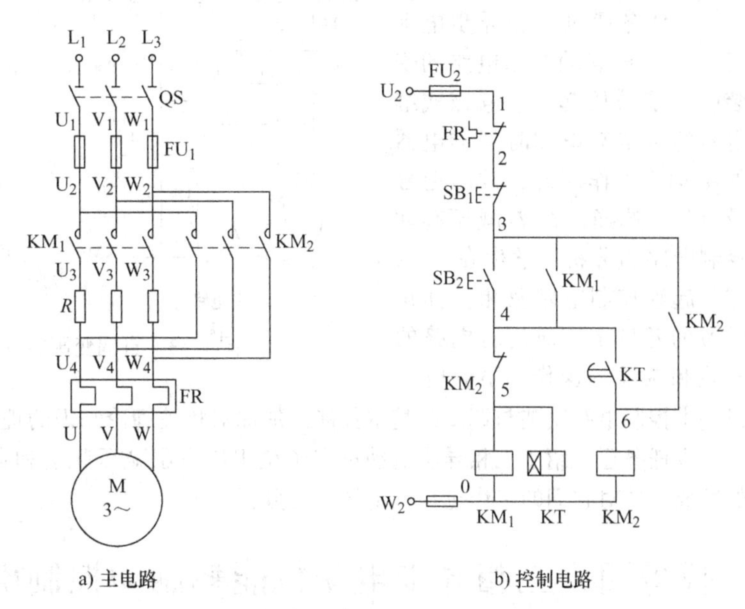

图 1-52 定子绕组串电阻减压起动控制电路图

图中 SB_2 为起动按钮，SB_1 为停止按钮，*R* 为起动电阻，KM_1 为电源接触器，KM_2 为切除起动电阻用接触器，KT 为控制起动过程的时间继电器。

电路的工作原理为：合上电源开关 QS，按下起动按钮 SB_2→KM_1 得电并自锁→电动机定子绕组串入电阻 *R* 减压起动，同时 KT 得电→经延时后 KT 延时闭合常开触头闭合→KM_2 得电并自锁→KM_2 辅助常闭触头断开→KM_1、KT 失电；KM_2 主触头闭合将起动电阻 *R* 短接→电动机进入全压正常运行。

（二）自耦变压器减压起动控制

自耦变压器减压起动是指电动机起动时利用自耦变压器来降低加在电动机定子绕组上的起动电压，电动机起动后，当电动机转速上升至接近额定转速时，将自耦变压器切除，电动机定子绕组直接加电源电压，进入全压运行。这种起动方法适合于电动机容量较大、正常工作时接成Y或△的电动机，起动转矩可以通过改变抽头的连接位置来改变。它的缺点是自耦变压器价格较贵，而且不允许频繁起动。

图 1-53 为自耦变压器减压起动控制电路图。图中 KM_1 为减压起动接触器，KM_2 为全压运行接触器，KA 为中间继电器，KT 为减压起动控制时间继电器。

电路工作原理：合上电源开关 QS，按下起动按钮 SB_2→KM_1、KT 线圈同时得电。KM_1 线圈得电吸合并自锁→将自耦变压器接入→电动机由自耦变压器二次电压供电作减压起动。当电动机转速接近额定转速时→时间继电器 KT 延时时间到动作→其延时闭合的常开触头闭合→使 KA 线圈得电并自锁→其常闭触头断开 KM_1 线圈电路→KM_1 线圈失电后返回→将自耦变压器从电源切

除；KA 的常开触头闭合→使KM_2线圈得电吸合→其主触头闭合→电动机定子绕组加全电压进入正常运行。

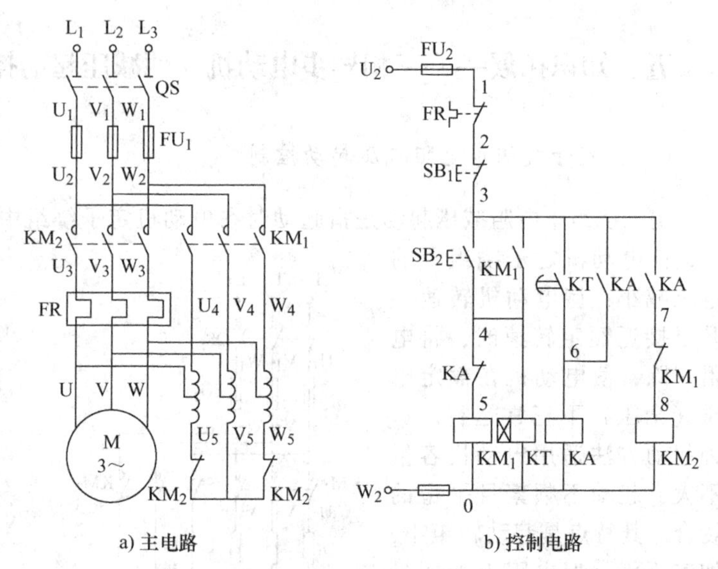

图 1-53 自耦变压器减压起动控制电路图

六、任务总结

本任务通过三相异步电动机Y-△减压起动控制电路的安装引出了减压起动、电磁式继电器的基本知识和时间继电器的结构、工作原理、常用型号及符号、选择，Y-△减压起动控制电路的分析；学生在Y-△减压起动控制电路及相关知识学习的基础上，通过对电路的安装和调试的操作，学会电动机基本控制电路安装与调试的基本技能，加深对相关理论知识的理解。

本任务还介绍了三相异步电动机定子绕组串电阻减压起动和自耦变压器减压起动控制电路的组成，并对它们的工作过程做了详细的分析。

任务四 三相异步电动机能耗制动控制电路的安装与调试

一、任务导入

电动机制动控制方法有机械制动和电气制动。常用的电气制动有反接制动和能耗制动等。能耗制动是指在电动机脱离三相交流电源后，向定子绕组内通入直流电源，建立静止磁场，转子以惯性旋转，转子导体切割定子恒定磁场产生转子感应电动势，利用转子感应电流与静止磁场的作用产生制动的电磁转矩，达到制动的目的。在制动过程中，电流、转速、时间三个参数都在变化，可任取一个作为控制信号，按时间作为控制参数，控制电路简单，实际应用较多。

本任务主要讨论相关的速度继电器结构、技术参数、能耗制动控制电路原理分析及电路安装与调试的方法。

二、知识链接

（一）速度继电器

速度继电器是依据电磁感应原理用电动机的转速信号来控制触头动作的低压电器。它主要用于将转速的快慢转换成电路通断信号，与接触器配合完成对电动机反接制动控制，亦称为反接制动继电器。其结构主要由定子、转子和触头系统三部分组成，定子是一个笼型空心圆环，由硅钢片叠成，并嵌有笼型导条；转子是一个圆柱形永久磁铁；触头系统有正向运转时动作的和反向运转时动作的触头各一组，每组又各有一对常闭与一对常开触头，如图1-54所示。

使用时，继电器转子的轴与电动机轴相连接，定子空套在转子外围。当电动机起动旋转时，

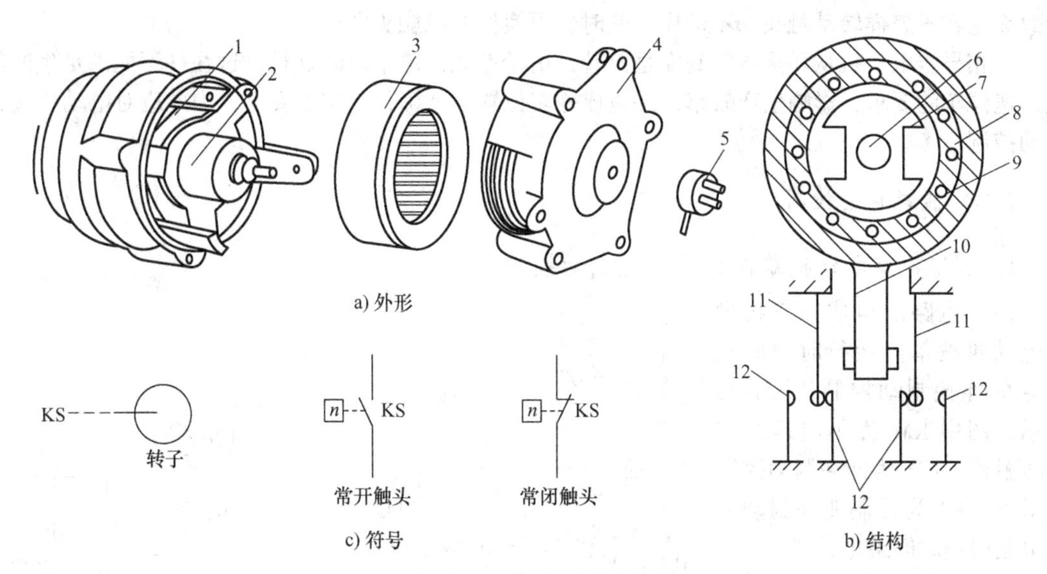

图 1-54　JY1 型速度继电器的外形、结构和符号

1—可动支架　2—转子　3、8—定子　4—端盖　5—连接头　6—电动机轴　7—转子（永久磁铁）
9—定子绕组　10—胶木摆杆　11—簧片（动触头）　12—静触头

继电器的转子 2 随着转动，永久磁铁的静止磁场就成了旋转磁场。定子 8 内的绕组 9 因切割磁场而产生感应电势，形成感应电流，并在磁场作用下产生电磁转矩，使定子随转子旋转方向转动，但因有簧片 11 挡住，故定子只能随转子旋转方向作一偏转。当定子偏转到一定角度时，在簧片 11 的作用下使常闭触头断开而常开触头闭合，推动触头的同时也压缩相应的反力弹簧，其反作用力阻止定子偏转。当电动机转速下降时，继电器转子转速也随之下降，定子导条中的感应电势、感应电流、电磁转矩均减小。当继电器转子转速下降到一定值时，电磁转矩小于反力弹簧的反作用力矩时，定子返回原位，继电器触头恢复到原来状态。调节螺钉的松紧，可调节反力弹簧的反作用力大小，也就调节了触头动作所需的转子转速。一般速度继电器触头的动作转速为 140r/min 左右，触头的复位转速为 100r/min。当电动机正向运转时，定子偏转使正向常闭触头断开、常开触头闭合，同时接通与断开与它们相连的电路；当正向旋转速度接近零时，定子复位，使常开触头断开，常闭触头闭合，同时与其相连的电路也改变状态。当电动机反向运转时，定子向反方向偏转，使反向动作触头动作，情况与正向时相同。

常用的速度继电器有 JY1 和 JFZ0 系列。JY1 系列可在 700～3600r/min 范围内可靠地工作。JFZ0－1 型适用于 300～1000r/min；JFZ0－2 型适用于 1000～3600r/min，它们具有两对常开、常闭触头，触头额定电压为 380V，额定电流为 2A。常用速度继电器的技术数据见表 1-19。

表 1-19　JY1、JFZ0 系列速度继电器技术数据

型号	触头额定电压/V	触头额定电流/A	触头数量		额定工作转速/(r/min)	允许操作频率/(次/h)
			正转时动作	反转时动作		
JY1	380	2	1 组转换触头	1 组转换触头	700～3600	<30
JFZ0					300～3600	

速度继电器主要根据电动机的额定转速、控制要求来选择。

常见速度继电器的故障是电动机停车时不能制动停转，可能是触头接触不良或杠杆断裂，导致无论转子怎样转动触头都不动作。此时，更换杠杆或触头即可。

三相异步电动机从切除电源到完全停转，由于惯性，停车时间延长，这往往不能满足生产机械迅速停车的要求，影响生产效率，并造成停车位置不准确，工作不安全。因此应对电动机进行制动控制。

（二）能耗制动控制

1. 三相异步电动机单向运行能耗制动控制

（1）电路的组成 三相异步电动机按单向运行时间原则控制的能耗制动控制如图1-55所示。图中 KM_1 为单向运行控制接触器，KM_2为能耗制动控制接触器，KT 为控制能耗制动的通电延时型时间继电器。

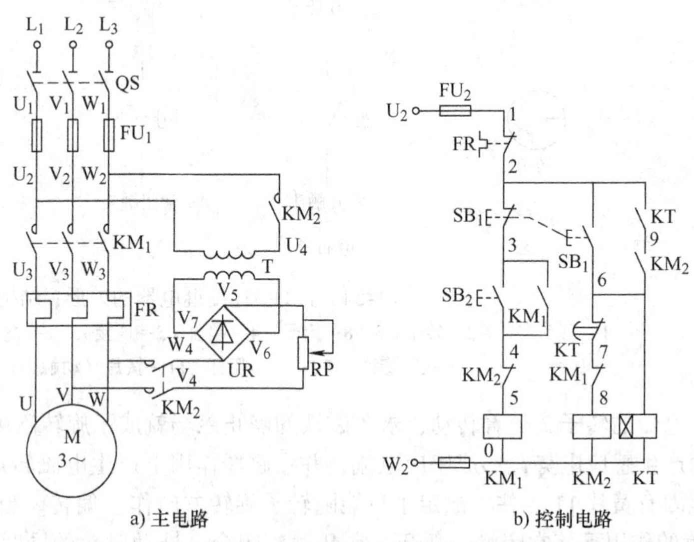

a) 主电路 b) 控制电路

图 1-55 三相异步电动机按单向运行时间原则控制的能耗制动控制电路图

（2）电路的工作原理

1）起动控制。合上电源开关 QS，按下起动按钮 SB_2→KM_1线圈得电并自锁→KM_1主触头闭合→M 实现全压起动并运行，同时 KM_1 辅助常闭触头断开，对反接制动控制 KM_2实现联锁。

2）制动控制。在电动机单向正常运行时，当需要停车时，按下停止按钮 SB_1，SB_1常闭触头断开→KM_1线圈失电→KM_1主触头断开，切断 M 三相交流电源。SB_1常开触头闭合→KM_2线圈、KT 线圈同时得电并自锁，其主触头闭合→M 定子绕组接入直流电源进行能耗制动。M 转速迅速下降，当转速接近零时，KT 延时时间到→KT 延时断开的常闭触头断开→KM_2、KT 相继失电返回，能耗制动结束。

图中 KT 的瞬动常开触头与 KM_2的辅助常开触头串联，其作用是：当发生 KT 线圈断线或机械卡住故障，致使 KT 延时断开的常闭触头断不开，常开触头也合不上时，只有按下停止按钮 SB_1，成为点动能耗制动。若无 KT 的常开瞬动触头串联 KM_2辅助常开触头，在发生上述故障时，按下停止按钮 SB_1后，将使 KM_2线圈长期得电吸合，使电动机两相定子绕组长期接入直流电源。

2. 三相异步电动机电动机可逆运行能耗制动控制

（1）电路的组成 图 1-56 为按速度原则控制的可逆运行能耗制动控制原理图。图中 KM_1、KM_2为电动机正、反转接触器，KM_3为能耗制动接触器，KS 为速度继电器，其中KS－1为速度继电器正向常开触头，KS－2 为速度继电器反向常开触头。

（2）电路的工作原理

1）起动控制。合上电源开关 QS，按下起动按钮 SB_2（或 SB_3）→KM_1（或 KM_2）线圈得电吸合并自锁→其主触头闭合→M 实现正向（或反向）全压起动并运行。当 M 的转速上升至 140r/min 时，KS 的 KS－1（或 KS－2）闭合，为能耗制动做准备。

2）制动控制。停车时，按下停止按钮 SB_1→其常闭触头断开→KM_1（或 KM_2）线圈失电→

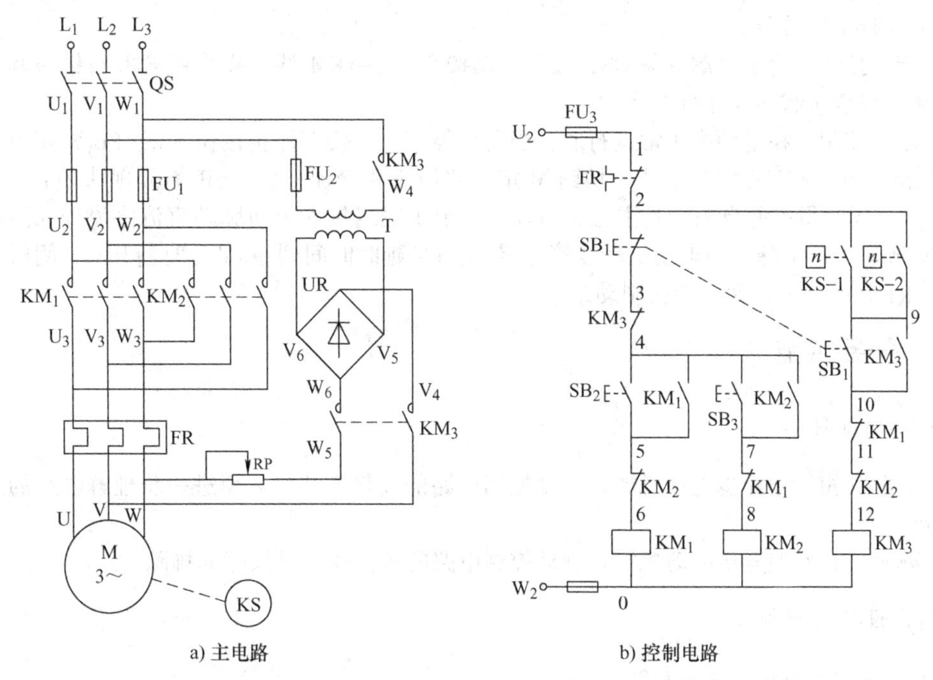

a) 主电路　　b) 控制电路

图 1-56　按速度原则控制的三相异步电动机可逆运行能耗制动控制原理图

其主触头断开→切除 M 定子绕组三相电源。当 SB_1 常开触头闭合时→KM_3 线圈得电并自锁→其主触头闭合→M 定子绕组加直流电源进行能耗制动，M 转速迅速下降，当转速下降至 100r/min 时，KS 返回→KS－1（或 KS－2）复位断开→KM_3 线圈失电返回→其主触头断开，切除 M 的直流电源，能耗制动结束。

电动机可逆运行能耗制动也可采用时间原则，用时间继电器取代速度继电器，同样能达到制动的目的。

对于负载转矩较为稳定的电动机，能耗制动时采用时间原则控制为宜；若传动机构能反映电动机转速，则采用速度原则控制较为合适。

3. 无变压器单管能耗制动控制

（1）电路的组成　上述能耗制动电路均需一套整流装置和整流变压器，为简化能耗制动电路，减少附加设备，在制动要求不高、电动机功率在 10kW 以下时，可采用无变压器的单管能耗制动电路。它是采用无变压器的单管半波整流电路产生能耗直流电源，这种电源体积小、成本低，其原理图如图 1-57 所示。其整流电源电压为 220V，它由制动接触器 KM_2 主触头接至电动机定子两相绕组，并由另一相绕组经整流二极管 VD 和电阻 R 接到零线，构成回路。

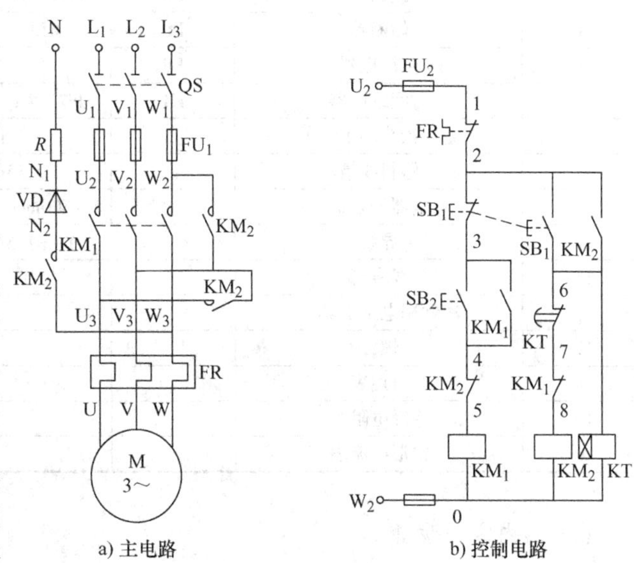

a) 主电路　　b) 控制电路

图 1-57　三相异步电动机无变压器单管能耗制动原理图

（2）电路的工作原理

1）起动控制。合上电源开关QS，按下起动按钮SB_2→KM_1线圈得电吸合并自锁→其主触头闭合→M实现全压起动并运行。

2）制动控制。在电动机正常运行时，当需要停车时，按下停止按钮SB_1，SB_1常闭触头断开→KM_1线圈失电→KM_1主触头断开→切断M定子绕组三相交流电源。SB_1常开触头闭合→KM_2线圈、KT线圈同时得电并自锁，其主触头闭合→M定子绕组接入单向脉动直流电流进入能耗制动状态。M转速迅速下降，当电动机转速接近零时，KT延时时间到→KT延时断开的常闭触头断开→KM_2、KT相继失电返回，能耗制动结束。

三、任务实施

（一）训练目标

1）掌握三相笼型异步电动机能耗制动控制电路的连接方法，从而进一步理解电路的工作原理和特点。

2）熟悉三相笼型异步电动机能耗制动控制电路的调试和常见故障的排除。

（二）设备与器材

任务所需设备与器材见表1-20。

表1-20 所需设备与器材

序号	名称	符号	型号规格	数量	备注
1	三相笼型异步电动机	M	YS6324－180W/4极	1	表中所列设备与器材的型号规格仅供参考
2	变压器	T	BK150－380V/110V	1	
3	电位器	RP	50Ω 2A	1	
4	二极管	VD	2CZ 5A 500V	4	
5	三相隔离开关	QS	HZ10－25/3	1	
6	交流接触器	KM	CJ20－10（线圈电压380V）	2	
7	按钮盒	SB	LA4－3H（两个复合按钮）	1	
8	熔断器	FU	RL1－15 配2A熔体	5	
9	热继电器	FR	JR36	1	
10	时间继电器	KT	JS7－4A（线圈电压380V）	1	
11	接线端子		JF5－10A	若干	
12	塑料线槽		35mm×30mm	若干	
13	电器安装板		500mm×600mm×20mm	1	
14	导线		BVR1.5mm^2、BVR1mm^2	若干	
15	线号管		与导线线径相符	若干	
16	常用电工工具			1套	
17	螺钉			若干	
18	万用表			1	
19	绝缘电阻表			1	
20	钳形电流表			1	

（三）内容与步骤

1）认真阅读三相异步电动机单向运行能耗制动控制电路图，理解电路的工作原理。

2）检查元器件。检查各电器是否完好，查看各电器型号、规格，明确使用方法。

3）电路安装。

① 检查图 1-55 上标的线号。

② 根据图 1-55 画出安装接线图，如图 1-58 所示，电器、线槽位置摆放要合理。

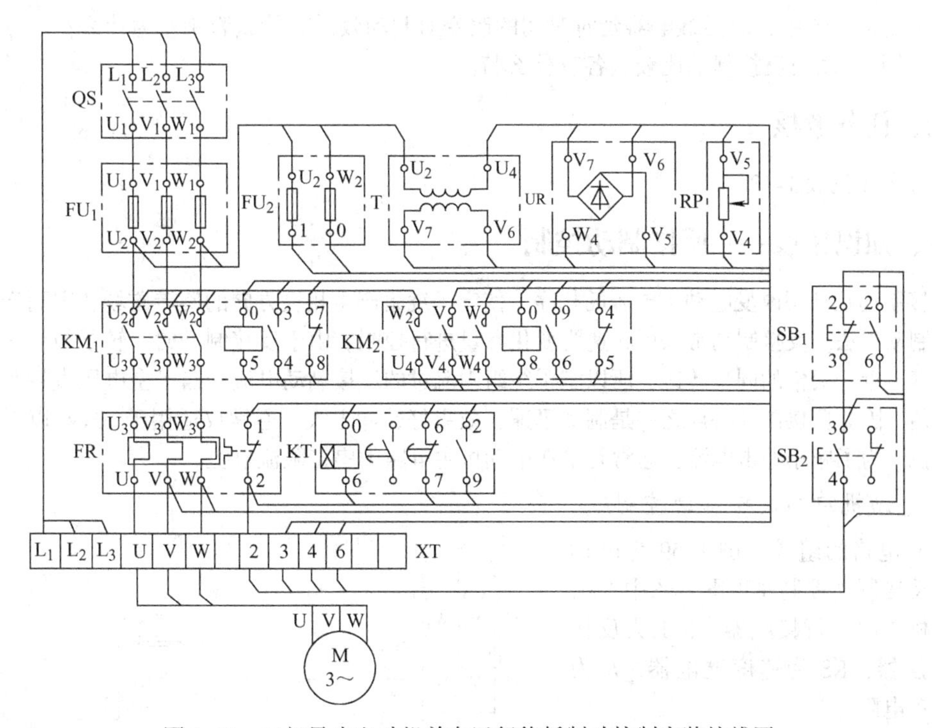

图 1-58　三相异步电动机单向运行能耗制动控制安装接线图

③ 安装电器与线槽。

④ 根据安装接线图正确接线，先接主电路，后接控制电路。主电路导线截面积视电动机容量而定，控制电路导线截面积通常采用 $1mm^2$ 的铜线，主电路与控制电路导线需采用不同颜色进行区分。接线时要分清二极管的正负极和二极管的安装接线方式。导线要走线槽，接线端需套线号管，线号要与控制电路图一致。

4）检查电路。电路接线完毕，首先清理板面杂物，进行自查，确认无误后请老师检查，得到允许方可通电试车。

5）通电试车。

① 合上电源开关 QS，按下 SB_2，使电动机起动并进入正常运行状态。

② 按下停止按钮 SB_1，观察电动机制动效果。调节时间继电器的延时，使电动机在停机后能及时切断制动电源。

③ 减小和增大时间继电器的延时时间值，观察电路在制动时，会出现什么情况；减小和增大变阻器的阻值，同样观察电路在制动时出现的情况。

④ 通电过程中若出现异常情况，应立即切断电源，分析故障现象，并报告老师。检查故障并排除后，经老师允许方可继续进行通电试车。

6）结束任务。任务完成后，首先切断电源，确保在断电情况下进行拆除连接导线和电器元件，清点设备与器材，交老师检查。

（四）分析与思考

1）在图1-55b中，KM_2自锁支路采用KT瞬动常开触头与KM_2辅助常开触头串联，其作用是什么？

2）在图1-55中，时间继电器延时时间的改变对制动效果有什么影响？为什么？

3）能耗制动与反接制动比较，各有什么特点？

四、任务考核

任务考核见表1-18。

五、知识拓展——反接制动控制

反接制动是利用改变电动机电源的相序，使定子绕组产生相反方向的旋转磁场，因而产生制动转矩的制动方法。反接制动常采用转速为变化参量进行控制。由于反接制动时，转子与旋转磁场的相对速度接近于两倍的同步转速，所以定子绕组中流过的反接制动电流相当于全电压直接起动时电流的两倍，因此反接制动特点之一是制动迅速，效果好，冲击大，通常仅适用于10kW以下的小容量电动机。为了减小冲击电流，通常要求在电动机主电路中串接限流电阻。

1. 电动机单向反接制动控制

（1）电路的组成　图1-59为电动机单向反接制动控制原理图。图中KM_1为电动机单向运行接触器，KM_2为反接制动接触器，KS为速度继电器，*R*为反接制动电阻。

（2）电路的工作原理

1）起动控制。合上电源开关QS，按下起动按钮SB_2→KM_1线圈得电并自锁→其主触头闭合，电动机全压起动。当电动机转速达到140r/min时→速度继电器KS动作→其常开触头闭合，为反接制动做准备。

2）制动控制。按下停止按钮SB_1→SB_1常闭触头断开→KM_1线圈失电返回→KM_1主触头断开→切断电动机原相序三相交流电源，但电动机仍以惯性高速旋转。当SB_1按到底时→其常开触头闭合→KM_2线圈得电并自锁→其主触头闭合→电动机定子串入三相对称电阻接入反相序三相交流电源进行反接制动，电动机转速迅速下降。当电动机转速下降到100r/min时→KS返回→其常开触头复位→KM_2线圈失电返回→其主触头断开电动机反相序交流电源，反接制动结束，电动机自然停车。

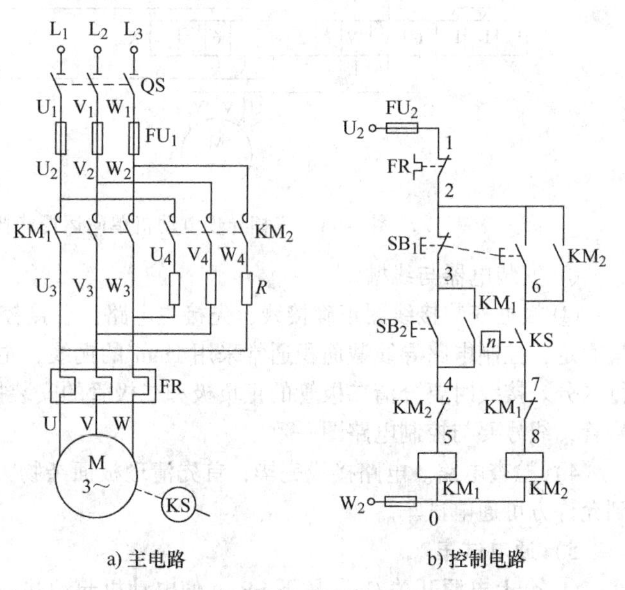

图1-59　电动机单向反接制动控制原理图

2. 电动机可逆运行反接制动控制

（1）电路的组成　图1-60为可逆运行反接制动控制原理图。图中，KM_1、KM_2为电动机正、反转接触器，KM_3为短接制动电阻接触器，KA_1 ~ KA_4为中间接触器，KS为速度继电器，其中

KS－1 为速度继电器正向常开触头，KS－2 为速度继电器反向常开触头。*R* 电阻起动时起定子串电阻减压起动作用，停车时又作为反接制动电阻。

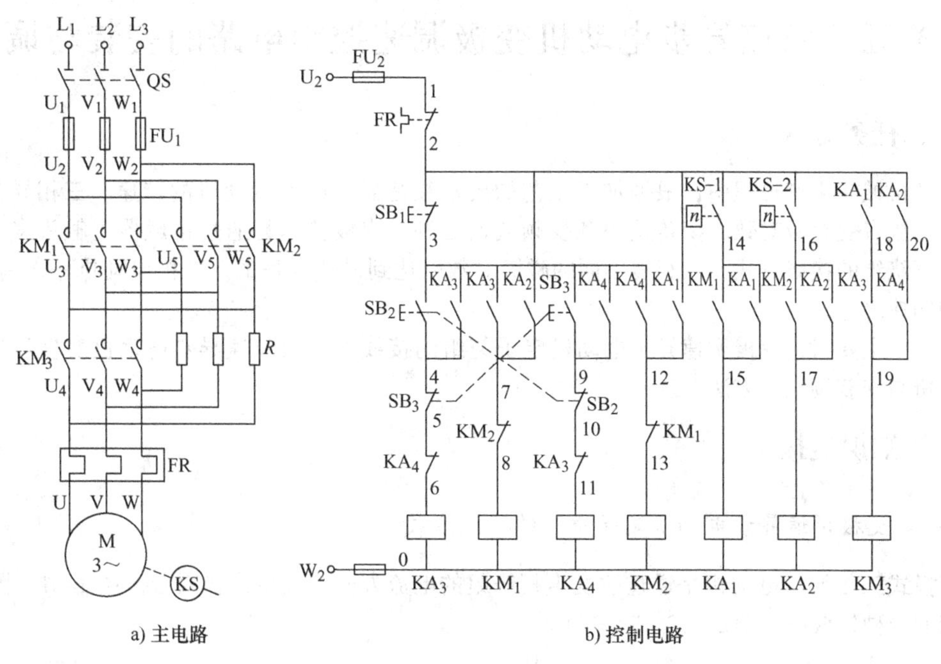

a) 主电路　　　　b) 控制电路

图 1-60　电动机可逆运行反接制动控制原理图

（2）电路的工作原理

1）起动控制。正向起动：合上电源开关 QS，按下正向起动按钮 SB_2→正转中间继电器 KA_3 线圈得电并自锁→其常闭触头断开，联锁了反转中间继电器 KA_4。KA_3 常开触头闭合→KM_1 线圈得电→其主触头闭合→电动机定子绕组经电阻 *R* 接通正序三相交流电源→电动机 M 开始正向减压起动。当电动机转速上升到 140r/min 时→KS 正转常开触头 KS－1 闭合→中间继电器 KA_1 线圈得电并自锁。这时由于 KA_1、KA_3 的常开触头闭合→KM_3 线圈通电→其主触头闭合→短接电阻 *R*→电动机进入全压运行。

反向起动：按下反向起动按钮 SB_3→KA_4、KM_2 线圈相继得电→M 实现定子绕组串电阻反向减压起动。当电动机反向转速上升到 140r/min 时→KS 反转常开触头 KS－2 闭合→KA_2 线圈得电并自锁→KM_3 线圈得电→M 进入反向全压运行。

2）制动控制。如电动机处于正向运行状态要停车时，可按下 SB_1→KA_3、KM_1、KM_3 线圈相继失电返回，此时 KS－1 仍处于闭合状态，KA_1 仍处于吸合状态，当 KM_1 辅助常闭触头复位后→KM_2 线圈得电吸合→M 定子绕组串 *R* 加反相序电源实现反接制动，M 的转速迅速下降，当 M 的转速下降至 100r/min 时，KS－1 复位→KA_1 线圈失电→KM_2 线圈失电返回，反接制动结束。

反向运行的反接制动与上述相似。

六、任务总结

本任务通过三相异步电动机能耗制动控制电路的安装引出了速度继电器的结构、工作原理、常用型号及符号、选择、技术数据以及能耗制动；能耗制动控制电路的分析；学生在能耗制动及相关知识学习的基础上，通过对电路的安装和调试的操作，学会电动机基本控制电路安装与调试的基本技能，加深对相关理论知识的理解。

本任务还介绍了反接制动、反接制动控制电路的组成，并对反接制动控制电路的工作过程进行了分析。

任务五　双速异步电动机变极调速控制电路的安装与调试

一、任务导入

生产机械在生产过程中，根据加工工艺的要求往往需要改变电动机的转速。三相异步电动机调速方法有变磁极对数、变转差率和变频调速三种。变极调速是通过接触器主触头来改变电动机定子绕组的接线方式，以获得不同的磁极对数来达到调速的目的。变极电动机一般有双速、三速和四速之分。

本任务主要讨论变极调速异步电动机定子绕组的接线方式及双速异步电动机变极调速控制电路分析与安装调试的方法。

二、知识链接

（一）变极调速异步电动机定子绕组的接线方式

变极式三相异步电动机是通过改变半相绕组的电流方向来改变磁极对数。图1-61、图1-62为常用的两种接线图，即△-YY和Y-YY。

1. △-YY联结

如图1-61所示，异步电动机三相绕组连接成△时，将U、V、W端接电源，U″、V″、W″端悬空；连接成YY时，将U、V、W端连接在一起，将U″、V″、W″端接电源。

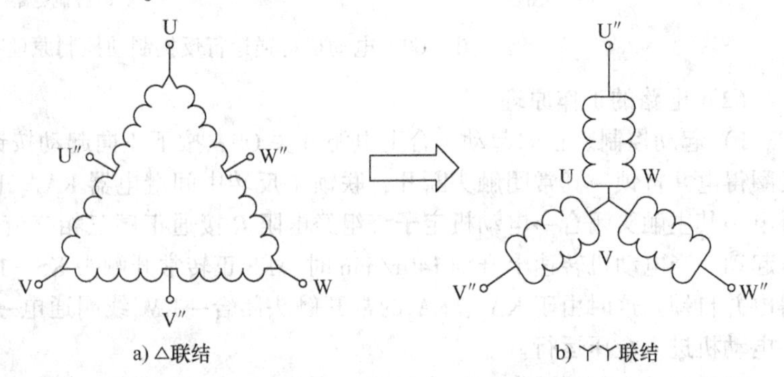

图1-61　△-YY联结双速异步电动机三相绕组连接图

2. Y-YY联结

如图1-62所示，异步电动机三相绕组连接成Y时，将U、V、W端接电源，U″、V″、W″端悬空；连接成YY连接时，将U、V、W端连接在一起，将U″、V″、W″端接电源。

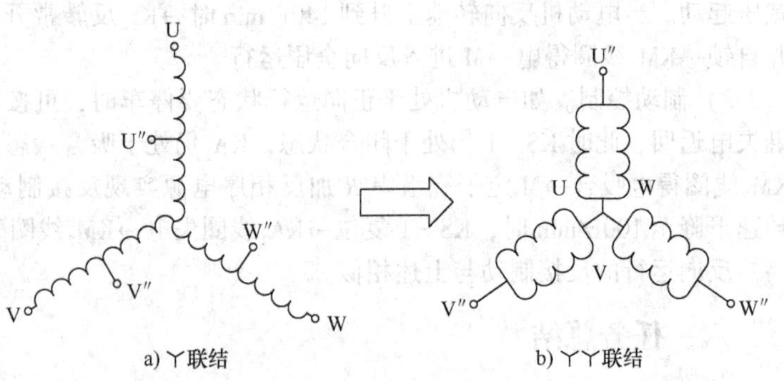

图1-62　Y-YY联结双速异步电动机三相绕组连接图

（二）双速异步电动机变极调速控制电路分析

（1）电路的组成　双速异步电动机变极调速控制电路如图1-63所示。图中SB_2为低速起动按钮，SB_3为高速起动按钮，KM_1为电动机△联结接触器，KM_2、KM_3为电动机YY联结接触器，KT为电动机低速切换高速控制的时间继电器。

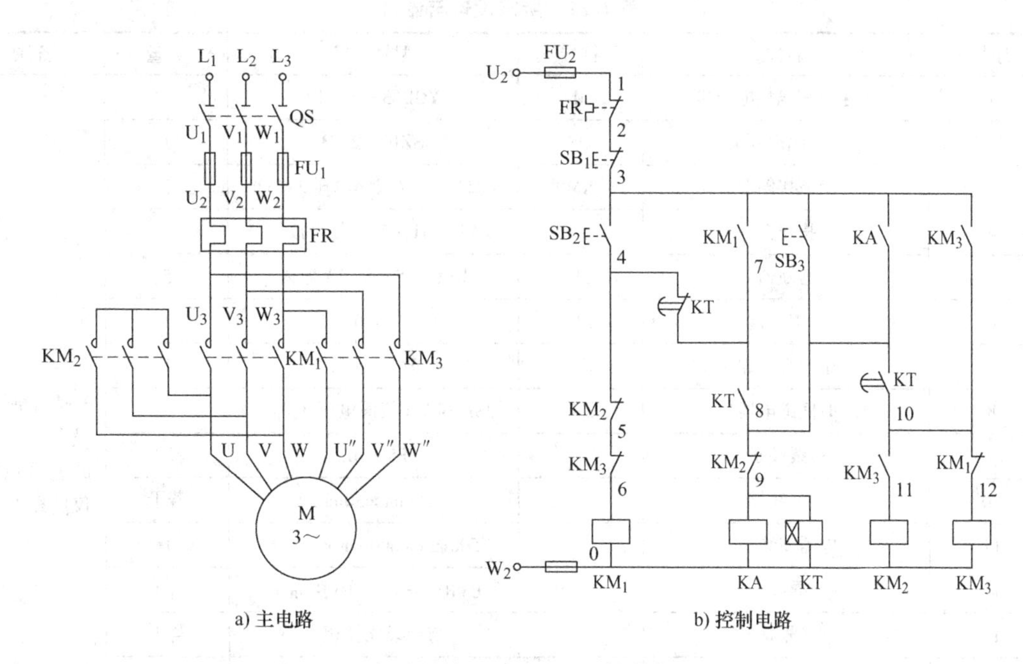

a) 主电路　　b) 控制电路

图 1-63　双速异步电动机变极调速控制电路图

(2) 电路的工作原理　合上电源开关 QS，电动机低速起动时，按下 SB_2→KM_1线圈得电→其主触头闭合→电动机定子绕组接成△作低速起动并运行。如果高速起动，则按下 SB_3→中间继电器 KA 和通电延时型时间继电器 KT 线圈同时得电并自锁，此时 KT 瞬动触头闭合→KM_1线圈得电→其联锁触头断开，主触头闭合→电动机定子绕组接成△作低速起动；当 KT 延时时间到→其延时断开的常闭触头断开，延时闭合的常开触头闭合→KM_1线圈失电→其主触头断开→电动机定子绕组短时断电→KM_1联锁触头闭合→KM_3、KM_2线圈相继得电→其联锁触头断开后，主触头闭合→电动机定子绕组接成丫丫并接入三相电源作高速运行。即电动机实现低速起动高速运行。

注意：△-丫丫联结的双速异步电动机，起动时只能在△联结下低速起动，而不能在丫丫联结下高速起动。另外为保证电动机运行方向不变，转化成丫丫联结时应使电源换相，否则电动机将反转。图 1-60 中电动机引出线时已作调整。

三、任务实施

(一) 训练目标

1) 掌握双速异步电动机自动变速控制电路的连接，从而进一步理解电路的工作原理和特点。
2) 熟悉双速异步电动机的触头位置，学会双速异步电动机的接线方法。
3) 了解双速异步电动机变极调速控制电路的调试方法和常见故障的排除。

(二) 设备与器材

任务所需设备与器材见表 1-21。

表1-21 所需设备与器材

序号	名称	符号	型号规格	数量	备注
1	双速三相笼型电动机	M	YOD63－2/4极	1	表中所列设备与器材的型号规格仅供参考
2	三相隔离开关	QS	HZ10－25/3	1	
3	交流接触器	KM	CJ20－10（线圈电压380V）	3	
4	按钮盒	SB	LA4－3H（二个复合按钮）	1	
5	熔断器	FU	RL1－15 配2A熔体	5	
6	热继电器	FR	JR36	1	
7	中间继电器	KA	JZ14－44J	1	
8	时间继电器	KT	JS7－4A（线圈电压380V）	1	
9	接线端子		JF5－10A	若干	
10	塑料线槽		35mm×30mm	若干	
11	电器安装板		500mm×600mm×20mm	1	
12	导线		BVR1.5mm^2、BVR1mm^2	若干	
13	线号管		与导线线径相符	若干	
14	万用表			1	
15	绝缘电阻表			1	
16	常用电工工具			1套	
17	螺钉			若干	

（三）内容与步骤

1）认真阅读双速异步电动机变极调速控制电路图，理解电路的工作原理。

2）检查元器件。检查各电器是否完好，查看各电器型号、规格，明确使用方法。特别要明确双速异步电动机的△联结与YY联结。

3）电路安装。

① 检查图1-63上标的线号。

② 根据图1-63画出安装接线图，如图1-64所示，电器、线槽位置摆放要合理。

③ 安装电器与线槽。

④ 根据安装接线图正确接线，先接主电路，后接控制电路。主电路导线截面积视电动机容量而定，控制电路导线截面积通常采用1mm^2的铜线，主电路与控制电路导线需采用不同颜色进行区分。接线时要分清二极管的正负极和二极管的安装接线方式。导线要走线槽，接线端需套号码管，线号要与控制电路图一致。

注意： 接线时需注意电动机6个接线端（U、V、W及U″、V″、W″）的正确连接。

4）检查电路。电路接线完毕，首先清理板面杂物，进行自查，确认无误后请老师检查，得到允许方可通电试车。

5）通电试车。合上电源开关QS，

① 如果按下起动按钮SB_2，电动机M作△联结，开始低速起动并运行。

② 如果按下起动按钮SB_3，则电动机M首先作△联结低速起动，当KT延时时间到，则切换

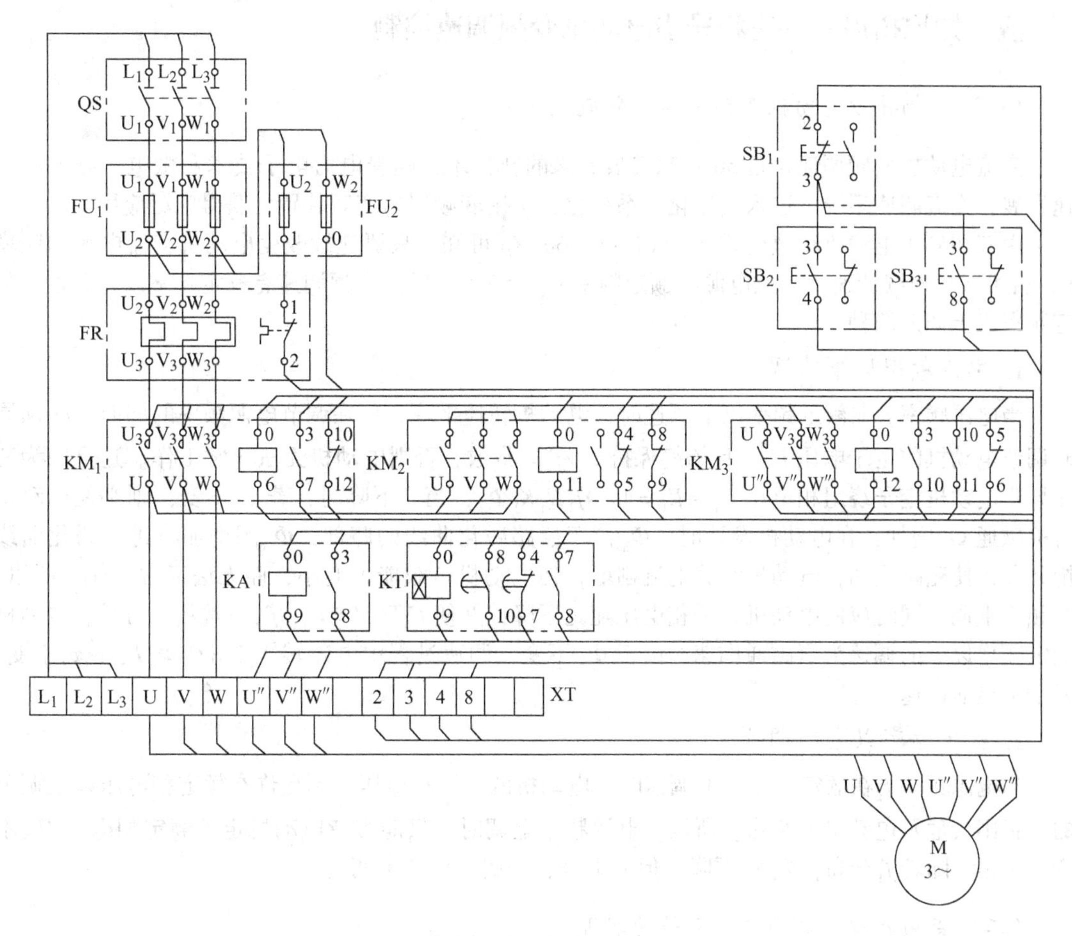

图 1-64　双速异步电动机变极调速控制安装接线图

为丫丫联结高速运行。

③ 按下停止按钮 SB_1，电动机 M 逐渐停车。

④ 通电过程中若出现异常情况，应立即切断电源，分析故障现象，并报告老师。检查故障并排除后，经老师允许方可继续进行通电试车。

6）结束任务。任务完成后，首先切断电源，确保在断电情况下进行拆除连接导线和电器元件，清点设备与器材交老师检查。

（四）分析与思考

1）在图 1-63 中，KA、KT 的作用是什么？

2）在任务实施中，如果将双速异步电动机的接线端 U″和 V″接反，结果会怎么样？为什么？

四、任务考核

任务考核见表 1-18。

五、知识拓展——三相异步电动机变频调速控制

（一）三相异步电动机变频调速控制概述

交流电动机变频调速是近50年来发展起来的新技术，随着电力电子技术和微电子技术的迅速发展，交流调速系统已进入实用化、系统化，采用变频器的变频装置已获得广泛应用。

由三相异步电动机转速公式$n=(1-s)60f_1/p$可知，只要连续改变电动机交流电源的频率f_1，就可实现连续调速。交流电源的额定频率$f_{1N}=50\text{Hz}$，所以变频调速有额定频率以下调速和额定频率以上调速两种。

1. 额定频率以下的调速

当电源频率f_1在额定频率以下调速时，电动机转速下降，但在调节电源频率的同时，必须同时调节电动机的定子电压U_1，且始终保持$U_1/f_1=$常数，否则电动机无法正常工作。这是因为三相异步电动机定子绕组相电压$U_1\approx E_1=4.44f_1N_1K_1\Phi_m$，当$f_1$下降时，若$U_1$不变，则必使电动机每极磁通$\Phi_m$增加，在电动机设计时，$\Phi_m$位于磁路磁化曲线的膝部，$\Phi_m$的增加将进入磁化曲线饱和段，使磁路饱和，电动机空载电流剧增，使电动机负载能力变小，而无法正常工作。所以，在频率下调的同时应使电动机定子相电压随之下降，并使$U_1'/f_1'=U_{1N}/f_{1N}=$常数。可见，电动机额定频率以下的调速为恒磁通调速，由于Φ_m不变，调速过程中电磁转矩$T=C_1\Phi_mI_{2S}\cos\varphi_2$不变，属于恒磁通调速。

2. 额定频率以上的调速

当电源频率f_1在额定频率以上调速时，电动机的定子相电压是不允许在额定相电压以上调节的，否则会危及电动机的绝缘。所以，电源频率上调时，只能维持电动机定子额定相电压U_{1N}不变。于是，随着f_1升高，Φ_m将下降，但n上升，故属于恒功率调速。

（二）变频器控制电动机正反转的实现

1. FR－E740变频器的安装和接线

FR－E740－0.75K－CHT型变频器额定电压等级为3相400V，适用电机容量0.75kW及以下的电动机。FR－E700系列变频器的外观和型号的定义如图1-65所示。

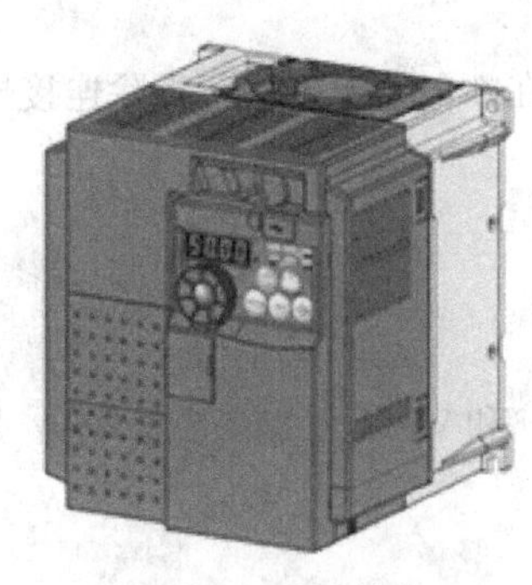

a) FR-E700变频器外观

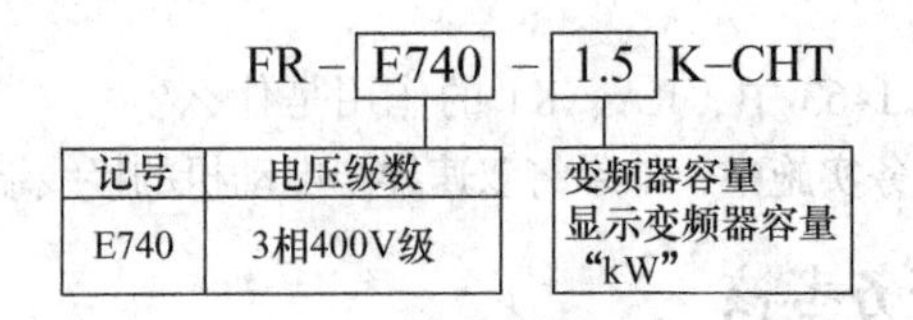

b) 变频器型号

图1-65　FR－E700系列变频器

FR－E740 变频器主电路的通用接线如图 1-66 所示。

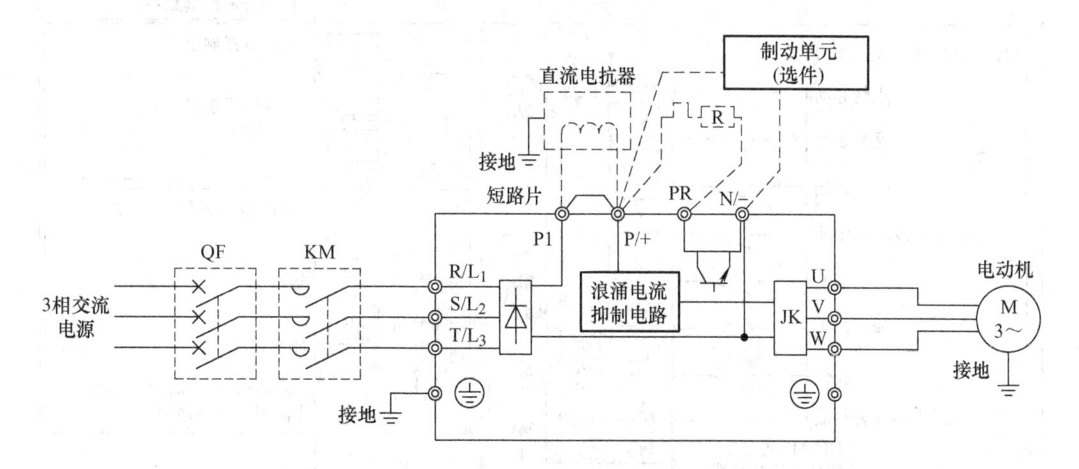

图 1-66　FR－E740 变频器主电路的通用接线图

图中有关说明如下：

1）端子 P1、P/＋之间用以连接直流电抗器，不需连接时，两端子间短路。

2）P/＋与 PR 之间用以连接制动电阻器，P/＋与 N/－之间用以连接制动单元选件。

3）交流接触器 KM 用作变频器安全保护，注意不要通过此交流接触器来起动或停止变频器，否则可能降低变频器寿命。

4）进行主电路接线时，应确保输入、输出端不能接错，即电源线必须连接至 R/L_1、S/L_2、T/L_3，绝对不能接 U、V、W，否则会损坏变频器。

FR－E740 变频器控制电路的接线端子分布如图 1-67 所示。图 1-68 给出了控制电路接线图。

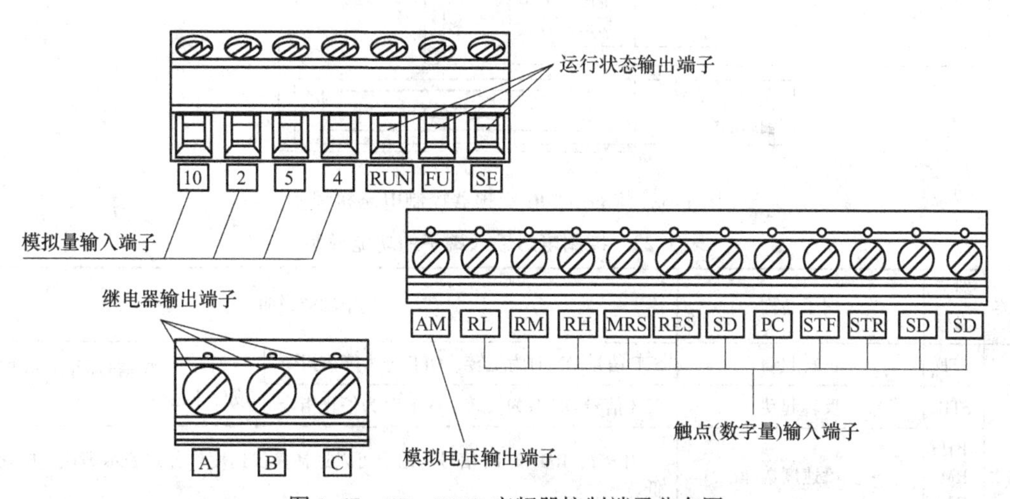

图 1-67　FR－E740 变频器控制端子分布图

图中，控制电路端子分为控制输入、频率设定（模拟量输入）、继电器输出（异常输出）、集电极开路输出（状态检测）和模拟电压输出 5 部分区域，各端子的功能可通过调整相关参数的值进行变更，在出厂初始值的情况下，各控制电路接线端子的功能说明分别见表 1-22～表 1-24。

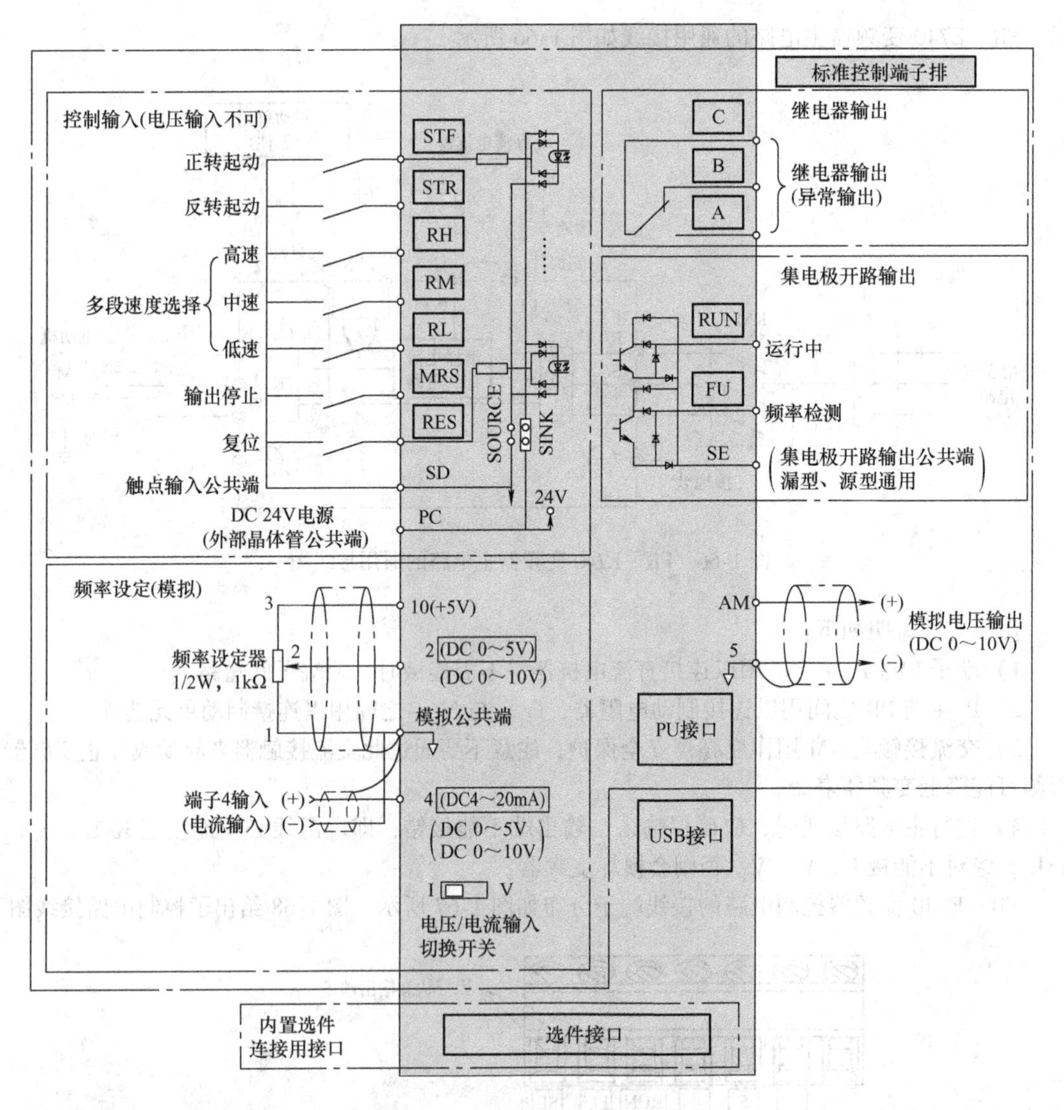

图 1-68 FR－E740 变频器控制电路接线图

表 1-22 控制电路输入端子的功能说明

种类	端子编号	端子名称	端子功能说明	
触点输入	STF	正转起动	STF 信号 ON 时为正转、OFF 时为停止指令	STF、STR 信号同时 ON 时变成停止指令
	STR	反转起动	STR 信号 ON 时为反转、OFF 时为停止指令	
	RH RM RL	多段速度选择	用 RH、RM 和 RL 信号的组合可以选择多段速度，分别表示高速、中速和低速	
	MRS	输出停止	MRS 信号 ON（20ms 或以上）时，变频器输出停止 用电磁制动停止电动机时用于断开变频器的输出	
	RES	复位	用于解除保护电路动作时的报警输出。请使 RES 信号处于 ON 状态 0.1s 或以上，然后断开； 初始设定为始终可进行复位。但进行了 P.75 的设定后，仅在变频器报警发生时可进行复位。复位时间约为 1s	

（续）

种类	端子编号	端子名称	端子功能说明
触点输入	SD	触点输入公共端（漏型）（初始设定）	触点输入端子（漏型逻辑）的公共端子
		外部晶体管公共端（源型）	源型逻辑时当连接晶体管输出（即集电极开路输出）、例如可编程序控制器（PLC）时，将晶体管输出用的外部电源公共端接到该端子时，可以防止因漏电引起的误动作
		DC 24V 电源公共端	DC 24V、0.1A 电源（端子 PC）的公共输出端子，与端子 5 及端子 SE 绝缘
	PC	外部晶体管公共端（漏型）（初始设定）	漏型逻辑时当连接晶体管输出（即集电极开路输出）、例如可编程序控制器（PLC）时，将晶体管输出用的外部电源公共端接到该端子时，可以防止因漏电引起的误动作
		触点输入公共端（源型）	触点输入端子（源型逻辑）的公共端子
		DC 24V 电源	可作为 DC 24V、0.1A 的电源使用
频率设定	10	频率设定用电源	作为外接频率设定（速度设定）用电位器时的电源使用（按照 P.73 模拟量输入选择）
	2	频率设定（电压）	如果输入 DC 0～5V（或 0～10V），在 5V（10V）时为最大输出频率，输入输出成正比。通过 P.73 进行 DC 0～5V（初始设定）和 DC 0～10V 输入的切换操作
	4	频率设定（电流）	若输入 DC 4～20mA（或 0～5V，0～10V），在 20mA 时为最大输出频率，输入输出成正比。只有 AU 信号为 ON 时，端子 4 的输入信号才会有效（端子 2 的输入将无效）。通过 P.267 进行 4～20mA（初始设定）以及 DC 0～5V、DC 0～10V 输入的切换操作。 电压输入（0～5V/0～10V）时，请将电压/电流输入切换开关切换至“V”
	5	频率设定公共端	频率设定信号（端子 2 或 4）及端子 AM 的公共端子。请勿接大地

表 1-23　控制电路输出端子的功能说明

种类	端子记号	端子名称	端子功能说明	
继电器	A、B、C	继电器输出（异常输出）	指示变频器因保护功能动作时输出停止的 1c 触点输出。异常时：B－C 间不导通（A－C 间导通），正常时：B－C 间导通（A－C 间不导通）	
集电极开路输出	RUN	变频器正在运行	变频器输出频率大于或等于启动频率（初始值 0.5Hz）时为低电平，已停止或正在直流制动时为高电平	
	FU	频率检测	输出频率大于或等于任意设定的检测频率时为低电平，未达到时为高电平	
	SE	集电极开路输出公共端	端子 RUN、FU 的公共端子	
模拟电压输出	AM	模拟电压输出	可以从多种监视项目中选一种作为输出。变频器复位时不被输出。输出信号与监视项目的大小成比例	输出项目：输出频率（初始设定）

表 1-24 控制电路网络接口的功能说明

种类	端子记号	端子名称	端子功能说明
RS-485	—	PU 接口	通过 PU 接口，可进行 RS-485 通信 ● 标准规格：EIA-485（RS-485） ● 传输方式：多站点通信 ● 通信速率：4800～38400bit/s ● 总长距离：500m
USB	—	USB 接口	与个人计算机通过 USB 连接后，可以实现 FR Configurator 的操作 ● 接口：USB1.1 标准 ● 传输速度：12Mbit/s ● 连接器：USB 迷你-B 连接器（插座：迷你-B 型）

2. 变频器的操作面板

(1) FR-E700 系列的操作面板 使用变频器之前，首先要熟悉它的面板显示和键盘操作单元（或称控制单元），并且按使用现场的要求合理设置参数。FR-E700系列变频器的参数设置，通常利用固定在其上的操作面板（不能拆下）实现，也可以使用连接到变频器 PU 接口的参数单元（FR-PU07）实现。使用操作面板可以进行运行方式、频率的设定，实现指令监视、参数设定、错误表示等。操作面板如图 1-69 所示，其上半部为面板显示器，下半部为 M 旋钮和各种按键。它们的具体功能分别见表 1-25 和表 1-26。

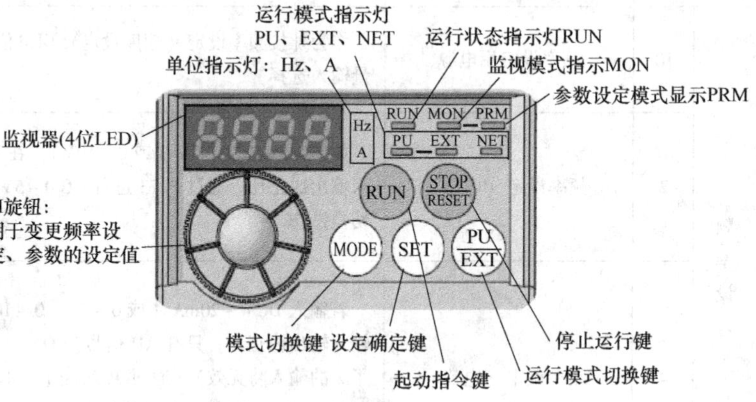

图 1-69 FR-E700 系列的操作面板

表 1-25 旋钮、按键的功能

旋钮和按键	功能
M 旋钮 （三菱变频器旋钮）	旋动该旋钮用于变更频率设定、参数的设定值 按下该旋钮可显示以下内容： ● 监视模式时的设定频率 ● 校正时的当前设定值 ● 报警历史模式时的顺序
模式切换键 MODE	用于切换各设定模式。和运行模式切换键同时按下也可以用来切换运行模式。长按此键（2s）可以锁定操作
设定确定键 SET	用于各设定的确定键。此外，当运行中按此键则监视器出现以下显示： 运行频率 → 输出电流 → 输出电压（循环）

（续）

旋钮和按键	功　能
运行模式切换键(PU/EXT)	用于切换 PU/外部运行模式 使用外部运行模式（通过另接的频率设定电位器和起动信号起动的运行）时请按此键，使表示运行模式的 EXT 处于亮灯状态。切换至组合模式时，可同时按模式切换键 0.5s，或者变更参数 P.79
起动指令键(RUN)	在 PU 模式下，按此键起动运行 通过 P.40 的设定，可以选择旋转方向
停止运行键(STOP/RESET)	在 PU 模式下，按此键停止运转 保护功能（严重故障）生效时，也可以进行报警复位

表 1-26　运行状态显示

显　示	功　能
运行模式显示	PU：PU 运行模式时亮灯； EXT：外部运行模式时亮灯； NET：网络运行模式时亮灯
监视器（4 位 LED）	显示频率、参数编号等
监视数据单位显示	Hz：显示频率时亮灯；A：显示电流时亮灯 （显示电压时熄灯，显示设定频率监视时闪烁）
运行状态显示	当变频器动作中亮灯或者闪烁；其中： • 亮灯：正转运行中； • 缓慢闪烁（1.4s 循环）：表示反转运行中。 下列情况下出现快速闪烁（0.2s 循环）： • 按键或输入起动指令都无法运行时； • 有起动指令，但频率指令在起动频率以下时； • 输入了 MRS 信号时
参数设定模式显示	参数设定模式时亮灯
监视器显示	监视模式时亮灯

(2) 变频器的运行模式　由表 1-25 和表 1-26 可见，在变频器不同的运行模式下，各种按键、M 旋钮的功能各异。所谓运行模式是指对输入到变频器的起动指令和设定频率的命令来源的指定。

一般来说，使用控制电路端子、在外部设置电位器和开关来进行操作的是“外部运行模式”，使用操作面板或参数单元输入起动指令、设定频率的是“PU 运行模式”，通过 PU 接口进行 RS-485 通信或使用通信选件的是“网络运行模式（NET 运行模式）”。在进行变频器操作以前，必须了解其各种运行模式，才能进行各项操作。

FR-E700 系列变频器通过参数 P.79 的值来指定变频器的运行模式，设定值范围为 0、1、2、3、4、6、7；这 7 种运行模式的内容以及相关 LED 指示灯的状态见表 1-27。

表 1-27　运行模式选择（P.79）

设定值	内　容	LED 显示状态（▭：灭灯 ▭：亮灯）
0	外部/PU 切换模式，通过 PU/EXT 键可切换 PU 与外部运行模式 **注意：**接通电源时为外部运行模式	外部运行模式：EXT PU运行模式：PU

（续）

设定值	内容		LED 显示状态（▭：灭灯 ▭：亮灯）
1	固定为 PU 运行模式		PU
2	固定为外部运行模式 可以在外部、网络运行模式间切换运行		外部运行模式：EXT 网络运行模式：NET
3	外部/PU 组合运行模式 1		PU EXT
	频率指令	起动指令	
	用操作面板设定或用参数单元设定，或外部信号输入（多段速设定，端子 4 与 5 间（AU 信号 ON 时有效））	外部信号输入（端子 STF、STR）	
4	外部/PU 组合运行模式 2		
	频率指令	起动指令	
	外部信号输入（端子 2、4、JOG、多段速选择等）	通过操作面板的 RUN 键、或通过参数单元的 FWD、REV 键来输入	
6	切换模式 可以在保持运行状态的同时，进行 PU 运行、外部运行、网络运行的切换		PU运行模式：PU 外部运行模式：EXT 网络运行模式：NET
7	外部运行模式（PU 运行互锁） X12 信号 ON 时，可切换到 PU 运行模式（外部运行中输出停止）； X12 信号 OFF 时，禁止切换到 PU 运行模式		PU运行模式：PU 外部运行模式：EXT

变频器出厂时，参数 P. 79 设定值为 0。当停止运行时，用户可以根据实际需要修改其设定值。

修改 P. 79 设定值的一种方法是，同时按住“MODE”键和“PU/EXT”键 0. 5s，然后旋动 M 旋钮，选择合适的 P. 79 参数值，再用“SET”键确定。其变更方法如图 1-70a 所示。

如果变频器运行固定为外部运行模式，现在欲变更为 PU/外部组合运行模式 1，则修改 P. 79 设定值的另一种方法是，按“MODE”键使变频器进入参数设定模式；旋转 M 旋钮，选择参数 P. 79，用“SET”键确定；然后再旋转 M 旋钮选择合适的设定值，再用“SET”键确定；两次按“MODE”键后，变频器的运行模式将变更为设定模式。其变更方法如图1-70b所示。

（3）设定参数的操作方法　变频器参数的出厂设定值被设置为完成简单的变速运行所需值。如需按照负载和操作要求设定参数，则应进入参数设定模式，先选定参数号，然后设置其参数值。设定参数分两种情况，一种是停机 STOP 方式下重新设定参数，这时可设定所有参数；另一种是在运行时设定，这时只允许设定部分参数，但是可以核对所有参数号及参数。图 1-71 是参数设定过程的一个例子，所完成的操作是把参数 P. 1（上限频率）从出厂设定值 120. 0Hz 变更为 50. 00Hz，假定当前运行模式为外部/PU 切换模式（P. 79 = 0）。

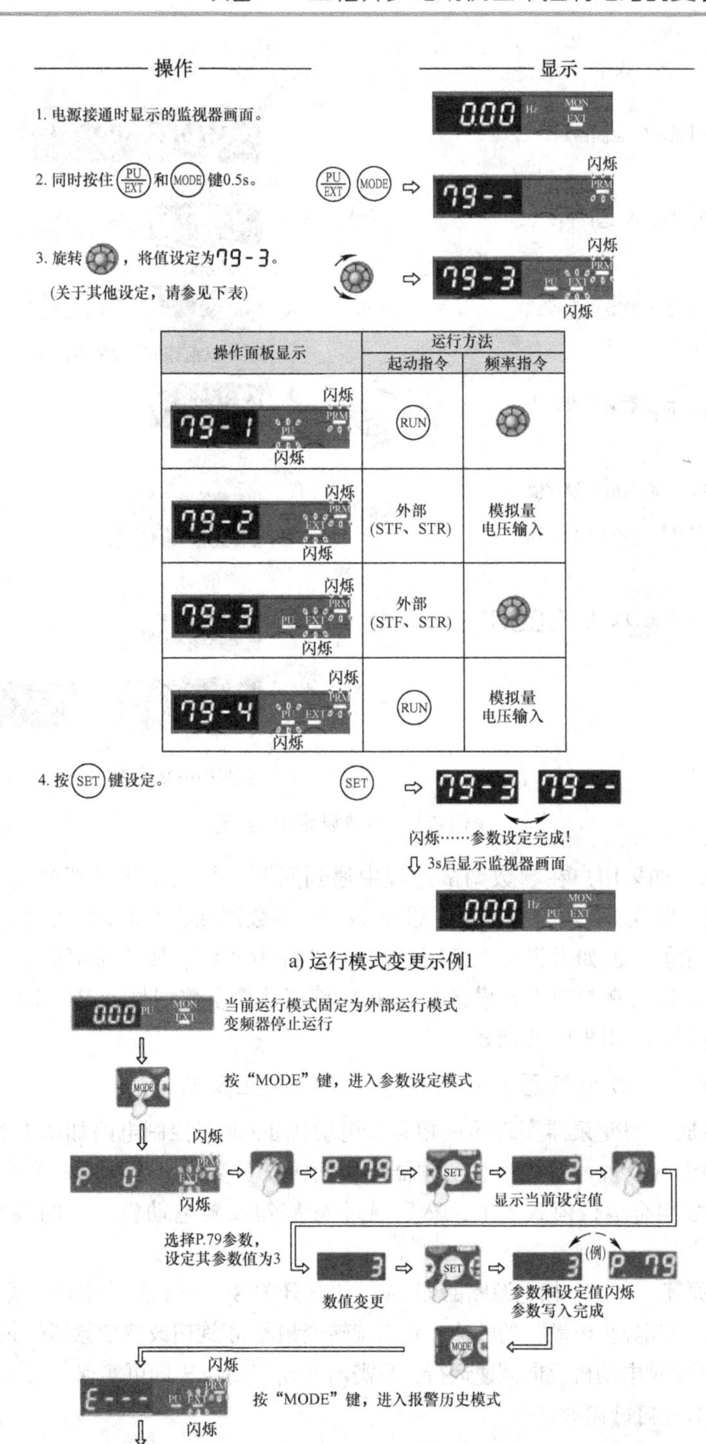

a) 运行模式变更示例1

b) 运行模式变更示例2

图1-70　修改变频器的运行模式参数示例

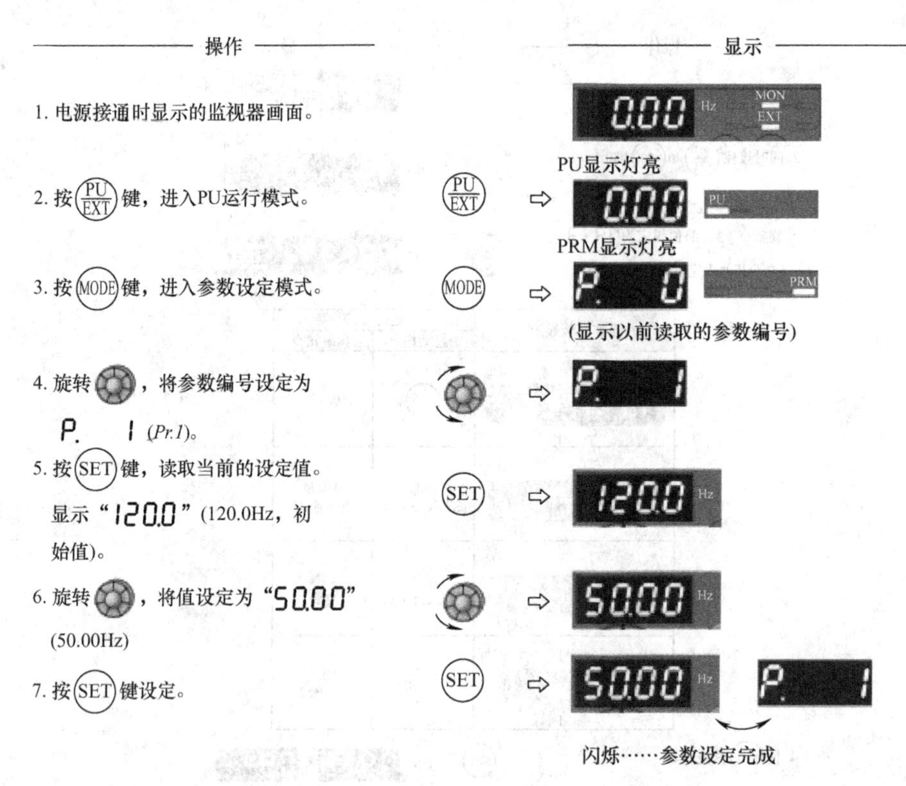

图 1-71 参数设定示例

（4）参数清除 如果用户在参数调试过程中遇到问题，并且希望重新开始调试，可用参数清除操作方法实现。即在 PU 运行模式下，设定 Pr. CL 参数清除、ALLC 参数全部清除均为“1”，可使参数恢复为初始值，但如果设定 P. 77 参数写入选择为“1”，则无法清除。

参数清除操作，需要在参数设定模式下，用 M 旋钮选择参数编号为 Pr. CL 和 ALLC，把它们的值均置为 1，操作步骤如图 1-72 所示。

3. 用三菱 FR－E740 变频器控制三相异步电动机正反转

（1）电路的组成 用变频器实现的三相异步电动机正/反转控制电路如图 1-73 所示。

（2）变频器的参数设置 首先通过变频器操作面板设置变频器运行模式参数 P. 79＝3，将变频器设置在外部/PU 组合运行模式 1 下，然后通过 M 旋钮设置电动机运行的频率，再按设定确认键“SET”确认之。

（3）电路工作原理 合上三相电源断路器 QF，闭合开关 S_1，三相异步电动机即按设定的频率正向运行，如果要改变三相异步电动机的转速，只需旋转变频器 M 旋钮改变变频器的频率，即可实现变频调速的目的。若要实现电动机反向调速运行，只需断开 S_1、闭合 S_2 即可实现。

注意：S_1、S_2 不能同时闭合。

六、任务总结

本任务通过双速异步电动机变极调速控制电路的安装，引出了变极调速异步电动机定子绕组接线方式的知识、双速异步电动机变极调速控制电路的分析；学生在三相异步电动机调速控制及相关知识学习的基础上，通过对电路的安装和调试的操作，学会电动机基本控制电路安装与调试的基本技能，加深对相关理论知识的理解。

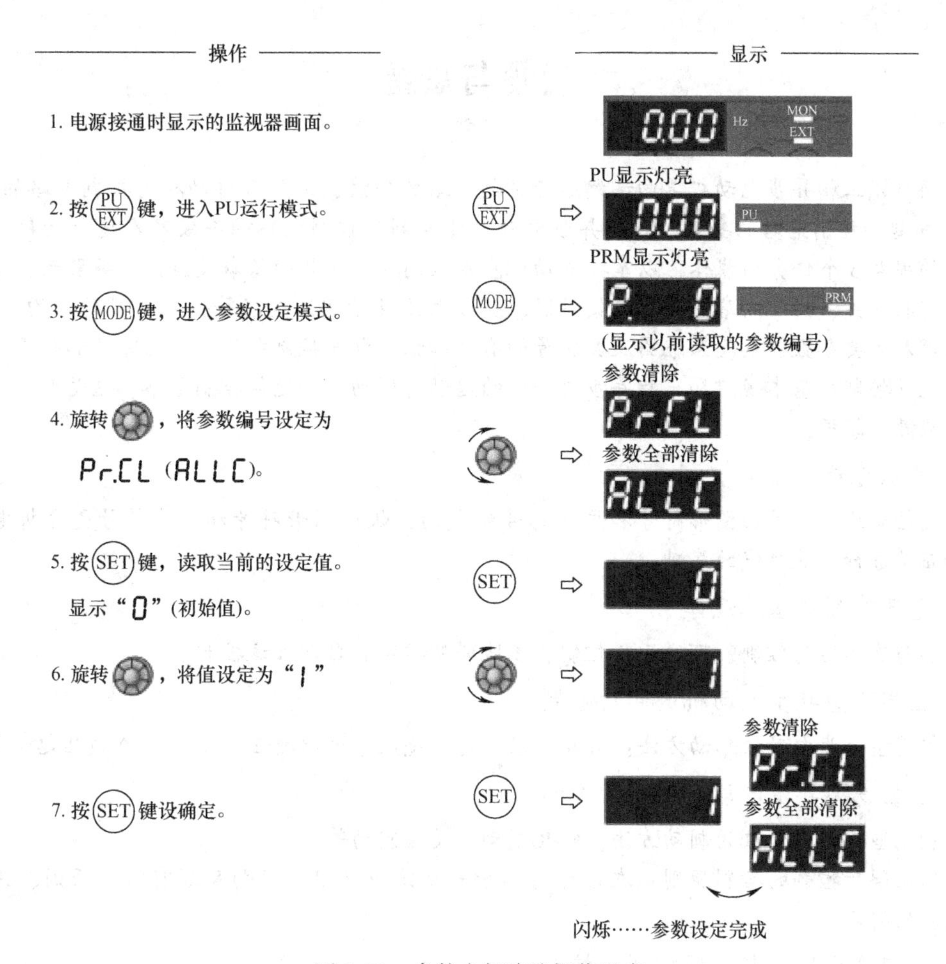

图 1-72　参数全部清除操作示意

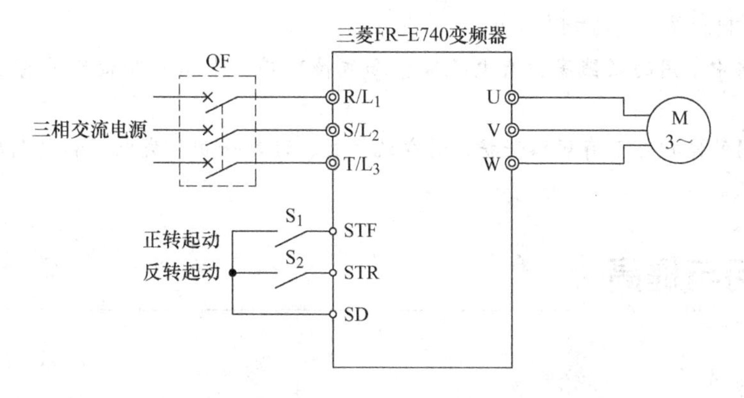

图 1-73　变频器实现的三相异步电动机正/反转控制电路

本任务还简单介绍了变频调速的有关知识及用变频器控制的三相异步电动机正、反转调速。

梳理与总结

本项目以三相异步电动机单向连续运行控制电路的安装、工作台自动往返控制电路的安装、Y-△减压起动控制电路的安装、三相异步电动机能耗制动控制电路的安装及双速电动机变极调速电路的安装5个任务为载体，以掌握电动机基本控制电路安装的基本技能为任务驱动，介绍了按钮、行程开关、低压断路器、交流接触器、热继电器及时间继电器等低压电器的结构、符号、工作原理和主要参数，电气系统图及其符号的有关知识，电气控制电路安装的方法和步骤，重点讲述了电气控制的基本规律和三相异步电动机的起动、制动、调速等控制电路，这是电气控制的基础，应熟练掌握。

1. 认识符号

电气控制原理图是由图形符号和文字符号组成的，认识图形符号和文字符号是分析电气原理图和正确进行安装接线的基础。

2. 电气控制的基本规律

点动与连续运行控制、可逆运行控制、多地联锁控制和自动往返控制。

3. 三相笼型异步电动机的起动控制

三相笼型异步电动机起动方法：直接起动、定子绕组串电阻减压起动、Y-△减压起动等。

4. 三相笼型异步电动机的制动控制

三相笼型异步电动机的制动方法：能耗制动、反接制动等。

电动机制动控制的控制原则：在电力拖动控制系统中常用的控制原则有时间原则、速度原则、电流原则等。

5. 三相笼型异步电动机的调速控制

三相笼型异步电动机调速的方法有：变极调速、变转差率调速和变频调速三种。

6. 电气控制系统中的保护环节

在控制电路中常用的联锁保护有电气联锁和机械联锁，常用的联锁环节有多地联锁、顺序联锁环节等。

电动机常用的保护环节有短路保护、过电流保护、过载保护、失电压和欠电压保护及其他保护等。

复习与提高

一、填空题

1. 刀开关在安装时，手柄要________，不得________，避免由于重力自动下落，引起误动合闸，接线时应将________接在刀开关上端（即静触头），________接在刀开关下端（即动触头）。

2. 螺旋式熔断器在装接使用时，________应当接在下接线端，________接到上接线端。

3. 断路器又称________，其热脱扣器作________保护用，电磁脱扣机构作________保护用，欠电压脱扣器作________保护用。

4. 交流接触器由________、________、________及其他部件 4 部分组成。

5. 交流接触器可用于频繁通断________电路，又具有________保护作用。其触头分为主触头和辅助触头，主触头用于控制大电流的________，辅助触头用于控制小电流的________。

6. 热继电器是利用电流的________效应而动作的，它的发热元件应________于电动机电源回路中。

7. 三相异步电动机的控制电路一般由________、________、________组成。

8. 利用接触器自身的辅助触头保持其线圈通电的电路称为________电路，起到这种作用的常开辅助触头称为________。

9. 多地控制是利用多组________、________来进行控制的，就是把各起动按钮的常开触头________连接，各停止按钮的常闭触头________连接。

10. 三相异步电动机常用的减压起动有________、________、________、________。

11. 三相异步电动机Y-△减压起动是指电动机起动时，将定子绕组接成________，以降低起动电压，限制起动电流，待电动机转速上升至接近________时，再将定子绕组接成________，电动机进入全压下的正常运行状态。

12. 反接制动是靠改变定子绕组中三相电源的相序，产生一个与________方向相反的电磁转矩，使电动机迅速停下来，制动到接近________时，再将反序电源切除。

13. 三相异步电动机调速的方法有________、________、________三种。

14. FR－E700 系列变频器输入控制端子分为________和________端子。

二、判断题

1. 两个接触器的电压线圈可以串联在一起使用。（　）

2. 热继电器可以用来作线路中的短路保护使用。（　）

3. 一台额定电压为 220V 的交流接触器在交流 220V 和直流 220V 的电源上均可使用。（　）

4. 交流接触器铁心端面嵌有短路铜环的目的是保证动、静铁心吸合严密，不发生振动与噪声。（　）

5. 低压断路器俗称为空气开关。（　）

6. 熔断器的保护特性是反时限的。（　）

7. 一定规格的热继电器，其所装的热元件规格可能是不同的。（　）

8. 热继电器的保护特性是反时限的。（　）

9. 行程开关、限位开关、终端开关是同一开关。（　）

10. 万能转换开关本身带有各种保护。（　）

11. 三相异步电动机的电气控制电路，如果使用热继电器作为过载保护，就不必再装熔断器作短路保护。（　）

12. 在反接制动控制电路中，必须采用时间为变化参数进行控制。（　）

13. 失电压保护的目的是防止电压恢复时电动机自起动。（　）

14. 接触器不具有欠电压保护的功能。（　）

15. 现有 4 只按钮，欲使它们都能控制交流接触器 KM 通电，则它们的常闭触头应串联到 KM 的线圈电路中。（　）

16. 点动是指按下起动按钮，三相异步电动机转动运行，松开按钮时，电动机停止运行。（　）

17. 利用交流接触器自身的常开辅助触头，可实现三相异步电动机正、反转控制的联锁

控制。 （ ）

18. 电动机采用制动措施的目的是为了停车平稳。 （ ）

19. 自耦变压器减压起动的方法适用于频繁起动的场合。 （ ）

20. 能耗制动是指三相异步电动机电源改变定子绕组上三相电源的相序，使定子产生反向旋转磁场作用于转子而产生制动转矩。 （ ）

三、选择题

1. 在低压电器中，用于短路保护的电器是（ ）。

A. 过电流继电器　B. 熔断器　C. 热继电器　D. 时间继电器

2. 在电气控制电路中，若对电动机进行过载保护，则选用的低压电器是（ ）。

A. 过电压继电器　B. 熔断器　C. 热继电器　D. 时间继电器

3. 下列不属于主令电器的是（ ）。

A. 按钮　B. 行程开关　C. 主令控制器　D. 刀开关

4. 用于频繁地接通和分断交流主电路和大容量控制电路的低压电器是（ ）。

A. 按钮　B. 交流接触器　C. 主令控制器　D. 断路器

5. 下列不属于机械设备的电气工程图是（ ）。

A. 电气原理图　B. 电器位置图

C. 安装接线图　D. 电器结构图

6. 低压电器是指工作在交流额定电压（ ）V及以下的电气设备。

A. 1500　B. 1200　C. 1000　D. 2000

7. 在控制电路中，熔断器所起到的保护是（ ）。

A. 过电流保护　B. 过电压保护

C. 过载保护　D. 短路保护

8. 下列低压电器中，能起到过电流保护、短路保护、失电压和零压保护的是（ ）。

A. 熔断器　B. 速度继电器

C. 低压断路器　D. 时间继电器

9. 断电延时型时间继电器，它的常开触头是（ ）。

A. 延时闭合的常开触头　B. 瞬动常开触头

C. 瞬时闭合延时断开的常开触头　D. 延时闭合延时断开的常开触头

10. 在控制电路中，速度继电器所起到的作用是（ ）。

A. 过载保护　B. 过电压保护

C. 欠电压保护　D. 速度检测

11. 下列低压电器中不能实现短路保护的是（ ）。

A. 熔断器　B. 热继电器

C. 过电流继电器　D. 空气开关

12. 同一低压电器的各个不同部分在图中可以不画在一起的图是（ ）。

A. 电气原理图　B. 电器布置图

C. 电气安装接线图　D. 电气系统图

13. 4/2极双速异步电动机的出线端分别为U、V、W和U″、V″、W″。它为4极时与电源的接线为U-L_1、V-L_2、W-L_3；它为2极时为了保护电动机的转向不变，则接线应为（ ）。

A. U″-L_1、V″-L_2、W″-L_3　B. U″-L_3、V″-L_2、W″-L_1

C. U″-L_2、V″-L_3、W″-L_1　D. U″-L_1、V″-L_3、W″-L_2

14. 在Y-△减压起动控制电路中起动电流是正常工作电流的（　　）。

A. 1/3　　B. $1/\sqrt{3}$　　C. 2/3　　D. $2/\sqrt{3}$

15. 低压断路器的两段式保护特性是指（　　）。

A. 过载延时和特大短路的瞬时动作

B. 过载延时和短路短延时动作

C. 短路短延时和特大短路的瞬时动作

D. 过载延时、短路短延时和特大短路瞬时动作

16. 用两只交流接触器控制三相异步电动机的正、反转控制电路，为防止电源短路，必须采用（　　）控制。

A. 顺序　　B. 自锁　　C. 联锁　　D. 安装熔断器

17. FR-E700 系列变频器 P. 79 有（　　）种参数可以进行设置。

A. 10　　B. 9　　C. 7　　D. 8

四、简答题

1. 何为低压电器？何为低压控制电器？

2. 低压电器的电磁机构由哪几部分组成？

3. 电弧是如何产生的？常用的灭弧方法有哪些？

4. 触头的形式有哪几种？常用的灭弧装置有哪几种？

5. 熔断器有哪几种类型？试写出各种熔断器的型号。它在电路中的作用是什么？

6. 熔断器有哪些主要参数？熔断器的额定电流与熔体的额定电流是不是同一电流？

7. 熔断器与热继电器用于保护交流三相异步电动机时，能不能互相取代？为什么？

8. 交流接触器主要由哪几部分组成？并简述其工作原理。

9. 交流接触器频繁操作后线圈为什么会发热？其衔铁卡住后会出现什么后果？

10. 交流接触器能否串联使用？为什么？

11. 三角形联结的电动机为什么要选用带断相保护的热继电器？

12. 三相异步电动机主电路中装有熔断器作为短路保护，能否同时起到过载保护作用？可不可以不装热继电器？为什么？

13. 断路器在电路中的作用是什么？它有哪些脱扣器？各起什么作用？

14. 继电器与接触器的主要区别是什么？

15. 画出下列低压电器的图形符号，标出其文字符号，并说明其功能。

1）熔断器；2）热继电器；3）接触器；4）低压断路器。

16. 何为电气原理图？绘制电气原理图的原则是什么？

17. 在电气控制电路中采用低压断路器作电源引入开关，电源电路是否还要用熔断器作短路保护？三相异步控制电路是否还要用熔断器作短路保护？

18. 电动机的点动控制与连续运行控制在控制电路上有何不同？其关键控制环节是什么？其主电路又有何区别？(从电动机保护环节设置上分析)

19. QS、FU、KM、KA、FR、SB、SQ、ST 分别是什么电器元件的文字符号，它们各有何功能？

20. 何为联锁控制？实现电动机正反转联锁的方法有哪两种？它们有何区别？

21. 在接触器正反转控制电路中，若正、反向控制的接触器同时通电，会发生什么现象？

22. 什么叫减压起动？常用的减压起动方法有哪几种？

23. 三相异步电动机在什么情况下应采用减压起动？定子绕组为Y联结的三相异步电动机能

否用Y-△减压起动？为什么？

24. 在图1-50所示的Y-△减压起动控制电路中，时间继电器KT起什么作用？如果KT的延时时间为零，会出现什么问题？

25. 试分析图1-50b所示的电路中，当时间继电器KT延时时间太短或延时闭合与延时断开的触头接反，电路将出现什么现象？

26. 电动机控制常用的保护环节有哪些？它们各采用什么电气元件？

27. 图1-74所示电路可使一个工作机构向前移动到指定位置上停一段时间，再自动返回原位。试分析其工作原理并指出行程开关ST_1、ST_2的作用。

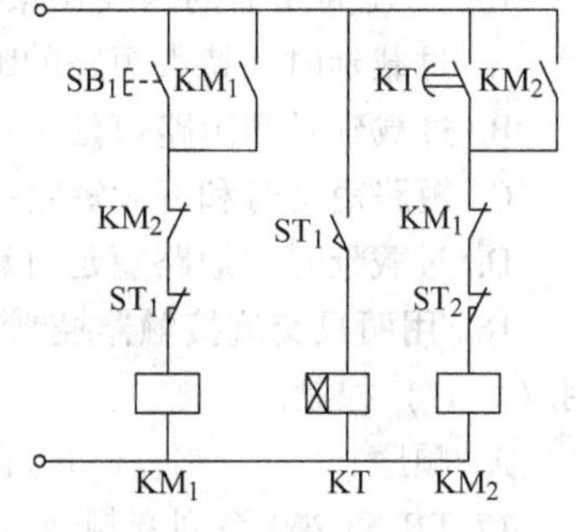

图1-74　题4-27图

五、改错题

1. 分析图1-75中各控制电路按正常操作时会出现什么现象？若不能正常工作，请加以改进。

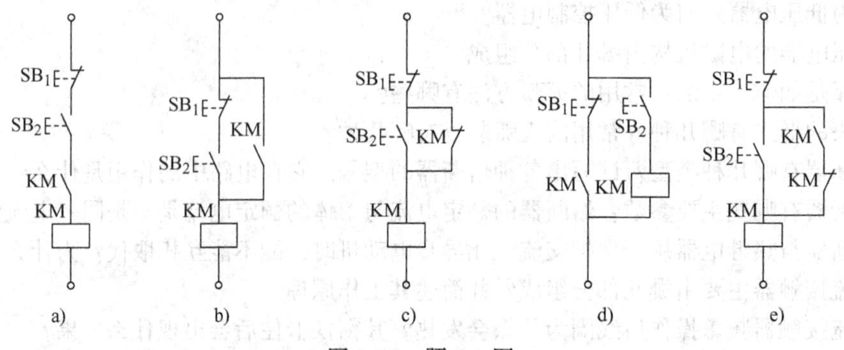

图1-75　题5-1图

2. 指出图1-76所示的Y-△减压起动控制电路中的错误，并画出正确的电路。

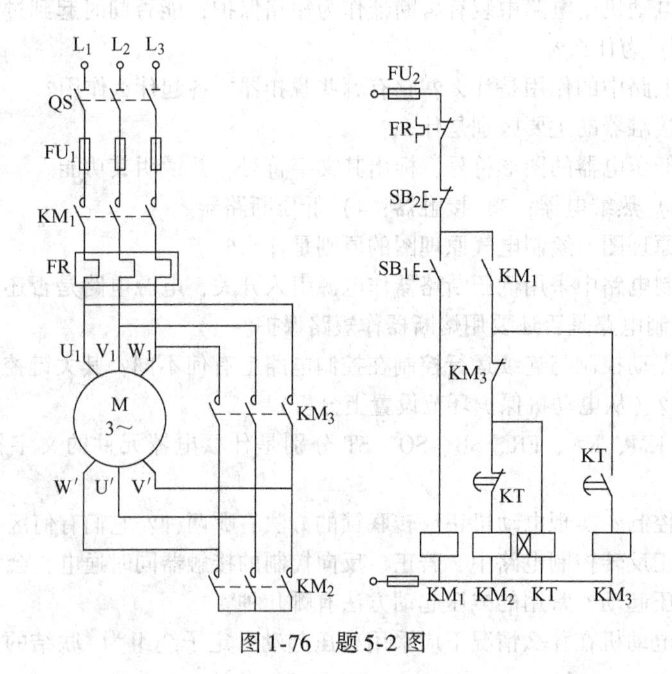

图1-76　题5-2图

六、连线绘图题

1. 试根据图 1-57 三相异步电动机无变压器单管能耗制动控制电路图完成图 1-77 安装接线图的连线。

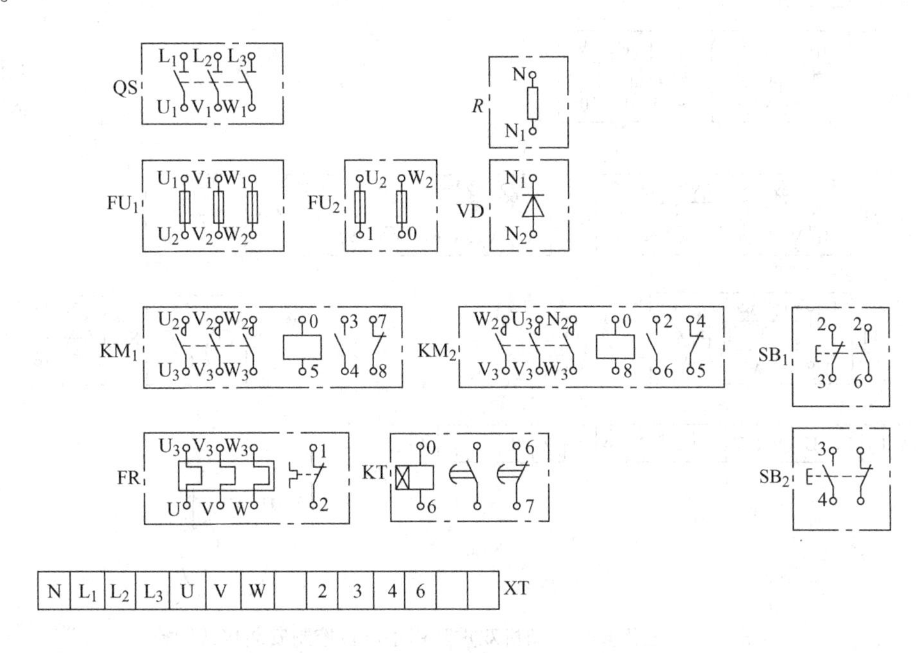

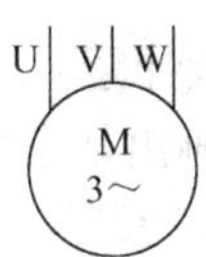

图 1-77　三相异步电动机无变压器单管能耗制动控制安装接线图

2. 试根据图 1-78 所示三相异步电动机双重联锁正反转控制电路图完成图 1-79 安装接线图的连线。

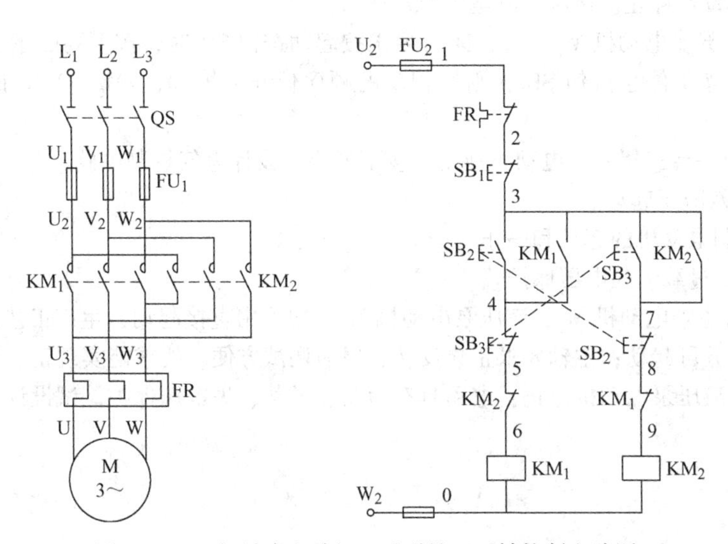

图 1-78　三相异步电动机双重联锁正反转控制电路图

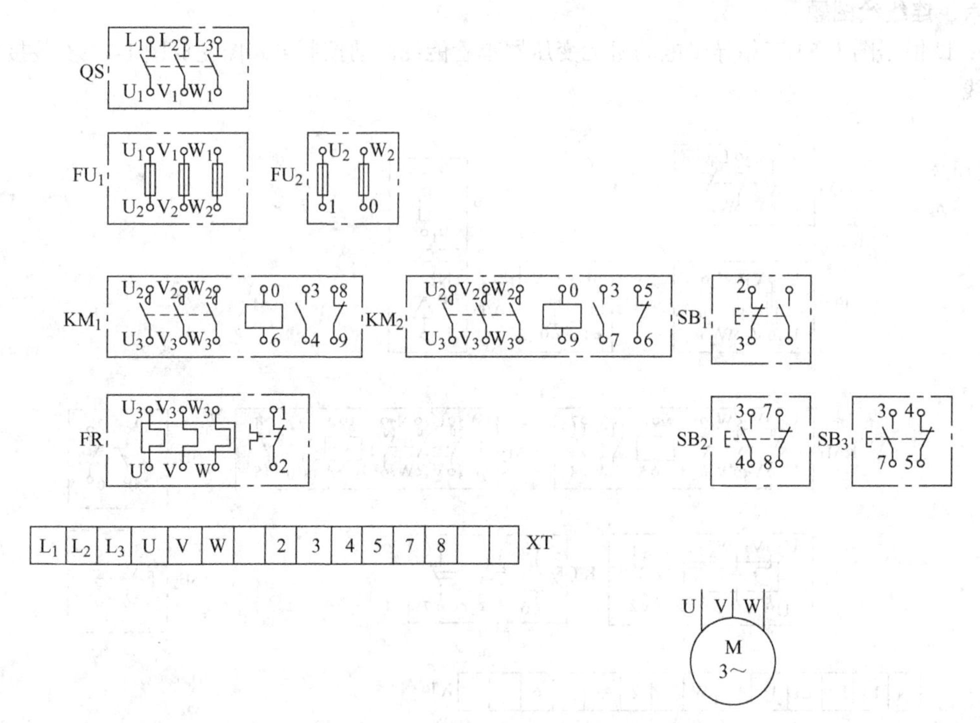

图1-79　三相异步电动机双重联锁正反转控制安装接线图

七、设计题

1. 试画出某三相异步电动机能满足以下控制要求的电气原理图。

1）可正反转；2）可正向点动；3）可两地起停。

2. 两台三相异步电动机M_1、M_2，要求M_1先起动，在M_1起动15s后才可以起动M_2，停止时M_1、M_2同时停止。试画出其电气原理图。

3. 两台三相异步电动机M_1、M_2，要求既可实现M_1、M_2的分别起动和停止，又可实现两台电动机的同时起动和停止。试画出其电气原理图。

4. 三台三相异步电动机M_1、M_2、M_3，要求按起动按钮SB_1时，按下列顺序起动：$M_1 \rightarrow M_2 \rightarrow M_3$。当停止时，按下停止按钮$SB_2$，则按相反的顺序停止，即$M_3 \rightarrow M_2 \rightarrow M_1$。试画出其电气原理图。

5. 某水泵由一台三相异步电动机拖动，按下列要求设计电气控制电路：

1）采用Y-△减压起动。

2）三处控制电动机的起动和停止。

3）有短路、过载、欠电压保护。

6. 某机床有主轴电动机M_1、液压泵电动机M_2，均采用直接起动，生产工艺要求：主轴必须在液压泵起动后方可起动；主轴要求正、反转，但为调试方便，要求能实现正、反向点动；主轴停止后，才允许液压泵电动机停止；电路具有短路、过载、失电压保护。试设计电气控制电路。

项目二 2

典型机床电气控制电路分析与故障排除

教学目标	技能目标	1. 学会阅读、分析机床电气控制原理图和常见故障诊断、排除的方法与步骤。 2. 初步具有从事电气设备安装、调试、运行及维护的能力。 3. 通过对常见电气控制电路的分析，能够具备识读复杂电气控制电路图的能力和常见故障的诊断与排除的能力。
	知识目标	1. 了解电气控制电路分析的一般方法和步骤。 2. 熟悉车床、磨床、钻床及铣床电气控制系统。 3. 了解机床上机械、液压、电气三者之间的配合。 4. 掌握各种典型机床电气控制电路的分析和故障排除方法。
教学重点		CA6140 型车床、XA6132 型卧式万能铣床电气控制原理图分析及故障排除。
教学难点		CA6140 型车床、XA6132 型卧式万能铣床电气控制系统故障排除。
教学方法、手段建议		采用项目教学法、任务驱动法、理实一体化教学法等开展教学，在教学过程中，教师讲授与学生讨论相结合，传统教学与信息化技术相结合，充分利用翻转课堂、微课等教学手段，把课堂转移到实训室，引导学生做中学、学中做，教、学、做合一。
参考学时		8 学时

生产企业的电气设备繁多，控制系统也各异，理解、掌握电气控制系统的原理对电气设备的安装、调试及运行维护是十分重要的，学会分析电气控制原理图是理解、掌握电气控制系统的基础。本项目以机械加工业中常用的机床如车床、万能铣床的电气控制电路分析与故障排除为导向，使读者掌握分析电气控制系统的方法，提高读图能力，学会分析和处理电气故障。

任务一　CA6140 型车床电气控制电路分析与故障排除

一、任务导入

车床是一种应用最为广泛的金属切削机床，主要用来车削外圆、内圆、端面、螺纹和定型表面等。除车刀外，还可用钻头、铰刀和镗刀等刀具进行加工。在各种车床中，用得最多的是卧式车床。

本任务主要讨论 CA6140 型车床的电气控制原理及故障排除。

二、知识链接

（一）CA6140 型车床的主要结构及运动形式

1. 车床的主要结构

CA6140 型车床主要由床身、主轴变速箱、挂轮箱、进给箱、溜板箱、溜板与刀架、尾架、光杠和丝杠等部分组成，如图2-1所示。

2. 车床的运动形式

车床的主运动为工件的旋转运动，它是由主轴通过卡盘或顶尖带动工件旋转，主轴的旋转是由主轴电动机经传动机构拖动的。车削加工时，应根据被加工工件材料、刀具种类、工件尺寸、工艺要求等来选择不同的切削速度。这就要求主轴能在相当大的范围内调速，对于CA6140型车床，其主轴正转速度有24种（10～1400r/min），反转速度有12种（14～1580r/min）。车削加工时，一般不要求反转，但在加工螺纹时，为避免乱扣，要反转退刀，再纵向进刀继续加工，这就要求主轴具有正、反转功能。

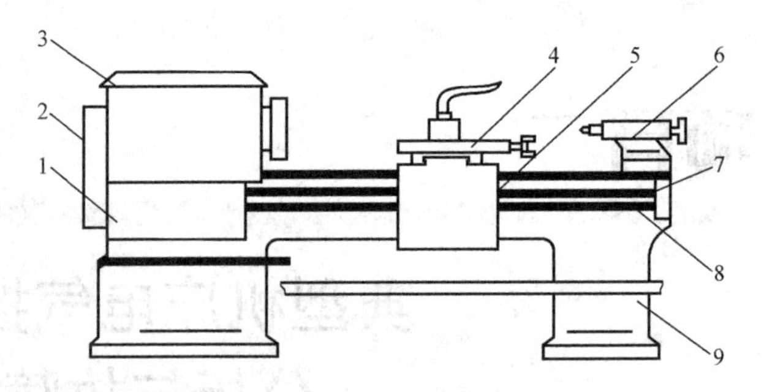

图2-1 CA6140型车床的结构示意图
1—进给箱 2—挂轮箱 3—主轴变速箱 4—溜板与刀架 5—溜板箱 6—尾架 7—丝杠 8—光杠 9—床身

进给运动为刀架的纵向或横向直线运动。刀架的进给运动也是由主轴电动机拖动的，其运动方式有手动和自动两种。在进行螺纹加工时，工件的旋转速度与刀架的进给速度之间应有严格的比例关系，因此，车床刀架的纵向或横向两个方向进给运动是由主轴箱输出轴依次经挂轮箱、进给箱、光杆串入溜板箱而获得的。

辅助运动为刀架的快速移动、尾座的移动以及工件的夹紧与放松等。

（二）CA6140型车床的电力拖动特点及控制要求

1）主拖动电动机一般选用三相笼型异步电动机，为满足调速要求，采用机械变速。

2）为切削螺纹，主轴要求正、反转。一般车床主轴正、反转由拖动电动机正、反转来实现；当主拖动电动机容量较大时，主轴的正、反转则靠摩擦离合器来实现，电动机只作单向旋转。

3）一般中小型车床的主轴电动机均采用直接起动。当电动机容量较大时，常采用Y-△减压起动。停车时为实现快速停车，一般采用机械或电气制动。

4）车削加工时，刀具与工件温度高，需要切削液进行冷却。为此，设有一台冷却泵电动机，拖动冷却泵输出冷却液，且与主轴电动机有联锁关系，即冷却泵电动机应在主轴电动机起动后方可选择起动与否；当主轴电动机停止时，冷却泵电动机便立即停止。

5）为实现溜板箱的快速移动，由单独的快速移动电动机拖动，采用点动控制。

6）电路应具有必要的短路、过载、欠电压和失电压等保护环节，并有安全可靠的局部照明和信号指示。

（三）机床电气控制电路分析的内容

通过对机床各种技术资料的分析，了解机床的结构、组成，掌握机床电气电路的工作原理、操作方法、维护要求等，为今后从事机床的电气部分的维护工作提供必要的基础知识。

1. 设备说明书

设备说明书由机械、液压与电气三部分内容组成，阅读这三部分说明书，重点掌握以下内容：

1）机床的构造，主要技术指标，机械、液压、气动部分的传动方式与工作原理。

2）电气传动方式，电机及执行电器的数目，技术参数、安装位置、用途与控制要求。

3）了解机床的使用方法、操作手柄、开关、按钮、指示信号装置以及它们在控制电路中的作用。

4）熟悉与机械、液压部分直接关联的电器（如行程开关、电磁阀、电磁离合器、传感器等）的位置、工作状态以及与机械、液压部分的关系，在控制电路的作用。特别是机械操作手柄与电器开关元件的关系、液压系统与电气控制的关系。

2. 电气控制原理图

电气控制原理图由主电路、控制电路、辅助电路、保护与联锁环节以及特殊控制电路等部分组成，这是机床电气控制电路分析的中心内容。

在分析电气原理图时，必须结合其他技术资料。例如，电动机和电磁阀等的控制方式、位置及作用，各种与机械有关的开关和主令电器的状态等，这些只有通过阅读说明书才能知晓。

3. 电气设备安装接线图

阅读分析安装接线图，可以了解系统组成分布情况，各部分的连接方式、主要电器元件的位置和安装要求，导线和穿线管的型号规格等。这是设备安装不可缺少的资料。

阅读电气设备安装接线图也应与电气原理图、设备说明书结合起来进行。

4. 电气元件布置图和接线图

这是制造、安装、调试和维护电气设备必需的技术资料。在调试、检修中可通过布置图和接线图迅速方便地找到各电器元件的测试点，进行必要的检测、调试和维修。

（四）机床电气原理图阅读分析的方法和步骤

在仔细阅读了设备说明书，了解了机床电气控制系统的总体结构、电动机和电气元件的分布及控制要求等内容之后，即可阅读分析电气原理图。阅读分析电气原理图的基本原则是“先机后电、先主后辅、化整为零、集零为整、统观全局、总结特点”。

1. 先机后电

首先了解设备的基本结构、运行方式、工艺要求、操作方法等，以期对设备有个总体的把握，进而明确设备电力拖动的控制要求，为阅读分析电路作好前期准备。

2. 先主后辅

先阅读主电路，看机床由几台电动机拖动、各台电动机的作用，结合工艺要求确定各台电动机的起动、转向、调速、制动等的控制要求及保护环节。而主电路各控制要求是由控制电路来实现的，此时要运用化整为零的方法阅读控制电路。最后再分析辅助电路。

3. 化整为零

在分析控制电路时，将控制电路的功能分为若干个局部控制电路，从电源和主令信号开始，经过逻辑判断，写出控制流程，用简明的方式表达出电路的自动工作过程。

然后分析辅助电路，辅助电路包括信号电路、检测电路与照明电路等。这部分电路大多是由控制电路中的元件来控制的，可结合控制电路一并分析。

4. 集零为整、统观全局

经过“化整为零”逐步分析每一局部电路的工作原理之后，用“集零为整”的方法来“统观全局”，明确各局部电路之间的控制关系、联锁关系，机电之间的配合情况，各保护环节的设置等。

5. 总结特点

经过上述对电气原理图阅读分析后，总结出机床电气原理图的特点，从而对机床电气原理图更进一步地理解。

（五）机床电气控制电路故障排除的方法

1. 检修工具和仪器仪表

检修工具一般有验电笔、十字螺钉旋具、一字螺钉旋具、电工刀、尖嘴钳、剥线钳、斜口钳等；检修仪表一般有万用表、钳形电流表、绝缘电阻表；检修器材一般有塑料软铜线、别径压端子、黑色绝缘胶布、透明胶布以及故障排除所有的其他材料。

2. 机床电气控制电路检修步骤

（1）故障调查

1）问。机床发生故障后，首先应向操作者了解故障发生的前后情况，这样有利于根据电气设备的工作原理来分析发生故障的原因。一般询问的内容有：故障发生在运行前后还是发生在运行中；是运行中自行停车，还是发生异常情况后由操作者停车的；发生故障时，机床工作在什么工序，按动了哪个按钮，扳动了哪个开关；故障发生前后，设备有无异常现象（如响声、气味、冒烟或冒火等）；以前是否发生过类似的故障，是怎样处理的等。

2）看。查看熔断器内的熔丝是否熔断，其他电器元件有无烧坏、发热、断线，导线连接螺钉是否松动，电动机的转速是否正常。

3）听。仔细听一下电动机、变压器和有些电器元件在运行时声音是否正常。

4）摸。电动机、变压器和电器元件的线圈发生故障时，温度会显著上升，可在切断电源后用手去触摸。

（2）电路分析　根据调查结果，参考该电气设备的电气原理图进行分析，初步判断出故障发生的部位，然后逐步缩小故障范围，直到找到故障点并加以消除。

分析故障时应有针对性，如接地故障一般先考虑电器柜外的电气装置，后考虑电器柜内的电气元器件。断路和短路故障，应先考虑动作频繁的元器件，后考虑其余元器件。

（3）断电检查　检查前先断开机床总电源，然后根据故障可能产生的部位，逐步找出故障点。检查时应先检查电源进线处有无绝缘层损伤（有损伤时可能引起电源接地、短路等现象），螺旋式熔断器的熔断指示器是否跳出，热继电器是否动作；然后检查电器外部有无损坏，连接导线有无断路、松动，绝缘壳是否过热或烧焦。

（4）通电检查　断电检查仍未找到故障时，可对电气设备做通电检查。

在通电检查时要尽量使电动机和其所传动的机械部分脱开，将控制器和转换开关置于零位，行程开关还原到正常位置。然后用万用表检查电源电压是否正常，是否有断相和严重不平衡的情况。再进行通电检查，检查的顺序为：先检查控制电路，后检查主电路；先检查辅助系统，后检查主传动系统；先检查交流系统，后检查直流系统；先检查开关电路，后检查调整系统。另一种方法是断开所有开关，取下所有熔断器，然后按顺序逐一插入欲要检查部位的熔断器，合上开关，观察各电气元器件是否按要求动作，是否有冒火、冒烟、熔断器熔断的现象，直到查到发生故障的部位。

3. 机床电气控制电路检修的方法

（1）断路故障的检修

1）验电笔检修法。验电笔检修断路故障的方法如图2-2所示。检修时用验电笔依次测试1、2、3、4、5、6各点，按下起动按钮SB_2，测量到哪一点验电笔不亮即为断路处。用验电笔测试断路故障时应**注意**：① 在有一端接地的220V电路中测量时，应从电源侧开始，依次测量，并注意观察验电笔的亮度，防止由于外部电场、泄漏电流造成氖管发光，而误认为电路没有断路。

② 当检查380V且有变压器的控制电路中的熔断器是否熔断时，应防止由于电流通过另一相熔断器和变压器的一次侧绕组回到已熔断的熔断器的出线端，造成熔断器没有熔断的假象。

2）万用表检修法。

① 电压测量法。检查时将万用表旋转开关旋到交流电压500V档位上。

a. 分阶测量法。分阶测量法如图2-3所示，检查时，首先用万用表测量1、7两点之间的电压，若电压正常应为380V，然后按住起动按钮SB_2不放，同时将黑色表笔接到7号点上，红色表笔依次接2、3、4、5、6各点，分别测量7-2、7-3、7-4、7-5、7-6各阶之间的电压，电路正常情况下，各阶的电压值均为380V，如测到7-5电压为380V，7-6无电压，则说明限位开关SQ的常闭触头（5-6）断路。根据各阶电压值来检查故障的方法见表2-1。这种测量方法其过程像台阶一样，所以称为分阶测量法。

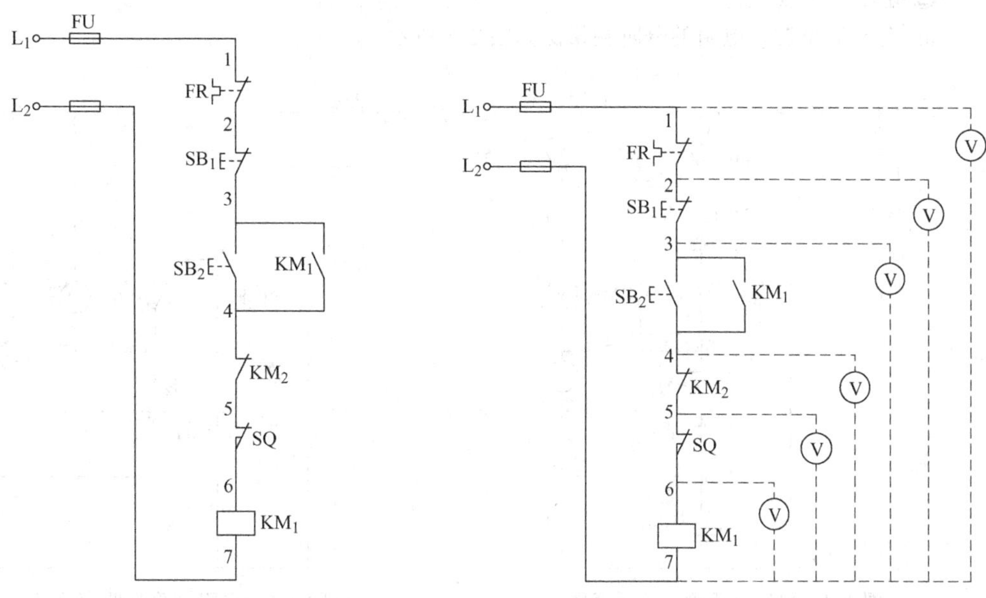

图2-2　验电笔检修断路故障方法示意图　　图2-3　电压分阶测量法示意图

表2-1　分阶测量法判断故障原因

故障现象	测试状态	7-1	7-2	7-3	7-4	7-5	7-6	故障原因
按下SB_2，VKM_1不吸合	按下SB_2不放	380V	380V	380V	380V	380V	0	SQ常闭触头接触不良
		380V	380V	380V	380V	0	0	KM_2常闭触头接触不良
		380V	380V	380V	0	0	0	SB_2常开触头接触不良
		380V	380V	0	0	0	0	SB_1常闭触头接触不良
		380V	0	0	0	0	0	FR常闭触头接触不良

b. 分段测量法。电压的分段测量法如图2-4所示。检查时先用万用表测试1、7两点间的电压，若为380V，则说明电源电压正常。电压的分段测量法是用万用表红、黑两个表笔逐段测量相邻两标号点1-2、2-3、3-4、4-5、5-6、6-7间的电压。若电路正常，按下SB_2后，则除6、7两点间的电压为380V外，其他任何相邻两点间的电压均为零。若按下起动按钮SB_2后，接触器KM_1不吸合，则说明发生断路故障，此时可用万用表的电压档逐段测试各相邻两点间的电压。如测量到某相邻两点间的电压为380V，则说明这两点间有断路故障。根据各段电压值来检

查故障的方法见表2-2。

表2-2　分段测量法判断故障原因

故障现象	测试状态	1-2	2-3	3-4	4-5	5-6	6-7	故障原因
按下SB_2，KM_1不吸合	按下SB_2不放	380V	0	0	0	0	0	FR常闭触头接触不良
		0	380V	0	0	0	0	SB_1常闭触头接触不良
		0	0	380V	0	0	0	SB_2常开触头接触不良
		0	0	0	380V	0	0	KM_2常闭触头接触不良
		0	0	0	0	380V	0	SQ常闭触头接触不良
		0	0	0	0	0	380V	KM_1线圈断路

② 电阻测量法

a. 分阶测量法。电阻的分阶测量法如图2-5所示。

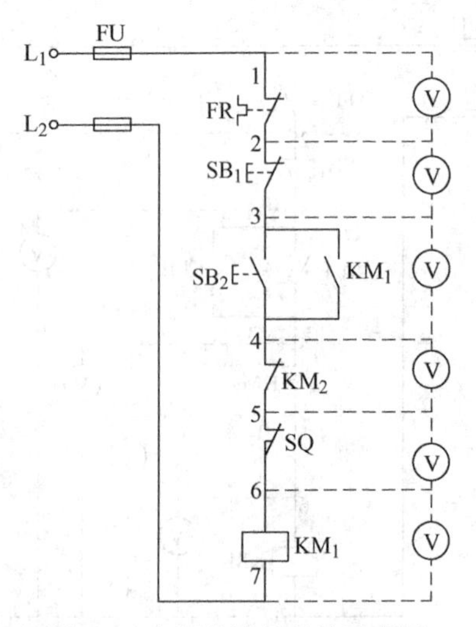

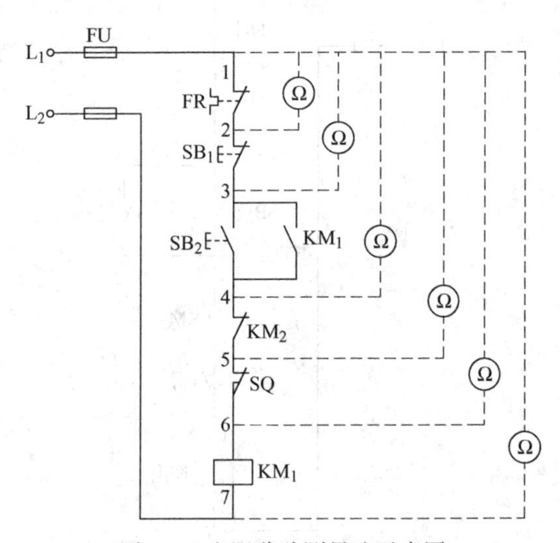

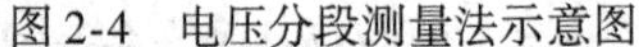
图2-4　电压分段测量法示意图

图2-5　电阻分阶测量法示意图

按下起动按钮SB_2，若接触器KM_1不吸合，则说明该电气回路有断路故障。用万用表的欧姆档检测前应先断开电源，然后按下SB_2不放，先测量1、7两点间的电阻，如电阻值为无穷大，则说明1、7之间的电路断路。接下来分别测量1-2、1-3、1-4、1-5、1-6各点间的电阻值，若电路正常，则该两点间的电阻值为0；若测量某两标号间的电阻为无穷大，则说明表笔刚跨过的触头或连接导线断路。

b. 分段测量法。电阻的分段测量法如图2-6所示。检查时，先切断电源，按下起动按钮SB_2，然后依次逐段测量相邻两标号点1-2、2-3、3-4、4-5、5-6、6-7间的电阻，如测量某两点间的电阻为无穷大，则说明这两点间的触头或连接导线断路。例如当测量2、3两点间电阻为无穷大时，说明停止按钮SB_1或连接SB_1的导线断路。

电阻测量法的优点是安全，缺点是测得的电阻值不准确时容易造成判断错误。为此应注意以下几点：一是用电阻测量法检查故障时一定要断开电源；二是当被测的电阻与其他电路并联时，必须将该电路与其他电路断开，否则所测得的电阻值是不准确的；三是测量高电阻值的电器元件时，应把万用表的选择开关旋转至适合的电阻档。

3）短接法检修　短接法是用一根绝缘良好的导线，把所怀疑的断路部位短接，如短接后，电路被接通，则说明该处断路。

① 局部短接法。局部短接法检修断路故障如图 2-7 所示。

按下起动按钮 SB_2后，若接触器 KM_1不吸合，则说明该电路有断路故障，检查时先用万用表电压档测量 1、7 两点间的电压值，若电压正常，可按下起动按钮 SB_2不放，然后用一根绝缘良好的导线分别短接 1－2、2－3、3－4、4－5、5－6。若短接到某两点时，接触器 KM_1吸合，则说明断路故障就在这两点之间。

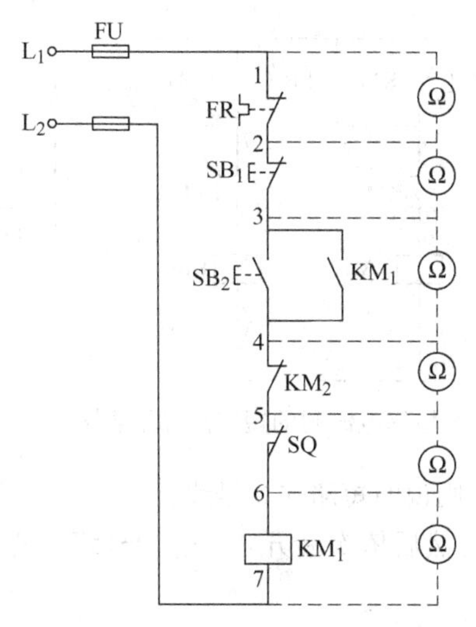

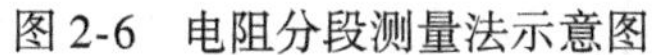
图 2-6　电阻分段测量法示意图

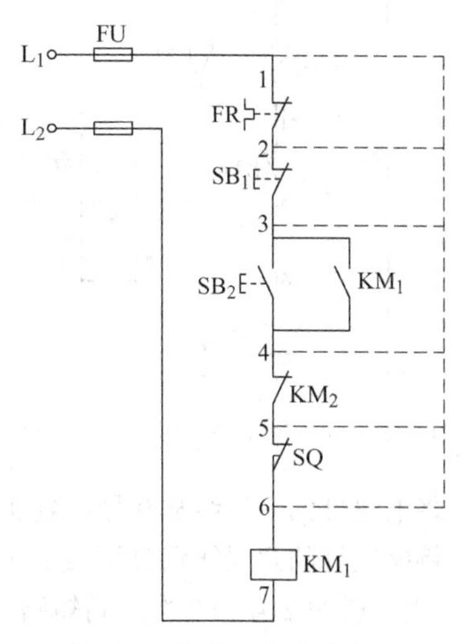

图 2-7　局部短接法示意图

② 长短接法。长短接法检修断路故障如图 2-8 所示。

长短接法是指一次短接两个或多个触头来检查短路故障的方法。

当 FR 的常闭触头和 SB_1的常闭触头同时接触不良，如用上述局部短接法短接 1、2 点，按下起动按钮 SB_2，KM_1仍然不会吸合，故可能会造成判断错误。而采用长短接法将 1－6 短接，如 KM_1吸合，则说明 1－6 段电路中有断路故障，然后再短接 1－3 和 3－6，若短接 1－3 时，按下 SB_2后 KM_1吸合，则说明故障在 1－3 段范围内，再用局部短接法短接 1－2 和 2－3，很快就能将断路故障排除。

短接法检查判断故障时应注意以下几点：

a. 短接法是用手拿绝缘导线带电操作的，所以一定要注意安全，避免触电事故发生。

b. 短接法只适用于检查压降极小的导线和触头之间的断路故障。对于压降较大的电器，如电阻、接触器和继电器的线圈等，检查其断路故障时不能采用短接法，否则会出现短路故障。

c. 对于机床的某些关键部位，必须保证电气设备或机械部分不会出现事故的情况下才能使用短接法。

（2）短路故障的检修　电源间短路故障一般是电器的触头或连接导线将电源短路。其检修方法如图 2-9 所示。

若图 2-9 中行程开关 ST 中的 2 号与 0 号线因某种原因连接将电源短路，合上电源开关，熔断器 FU 就熔断。现采用两节 1 号干电池和一个 2.5V 的小灯泡串联构成的电池灯进行检修，其方法如下：

1）拿去熔断器 FU 的熔芯，将电池灯的两根线分别接到 1 号和 0 号线上，如灯亮，则说明电源间短路。

2）将电池灯的两根线分别接到 1 号和 0 号线上，并将限位开关 SQ 的常开触头上的 0 号线拆下，按下起动按钮 SB_2时，若灯暗，则说明电源短路在这个环节。

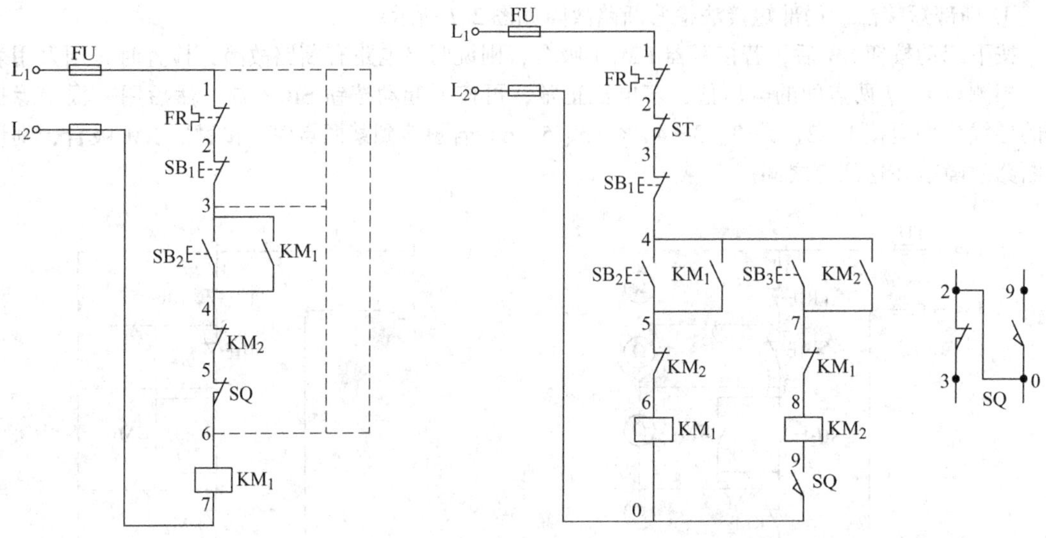

图 2-8 长短接法示意图

图 2-9 检修电源间的短路故障示意图

3）将电池灯的一根线从0号移到9号上，如灯灭，则说明短路在0号线上。

4）将电池灯的两根线仍分别接到1号和0号线上，然后依次断开4、3、2号线，若断开2号线时灯灭，说明2号和0号线间短路。

（六）电磁式电压继电器与电流继电器

电磁式继电器反映的是电信号，当线圈反映电压信号时，为电压继电器。当线圈反映电流信号时，为电流继电器。其在结构上的区别主要在线圈上，电压继电器的线圈匝数多、导线细，而电流继电器的线圈匝数少、导线粗。

电磁式继电器按线圈通过电流的性质不同，可分为电磁式交、直流继电器。

1. 电磁式电压继电器

电磁式电压继电器线圈并接在电路电压上，用于反映电路电压大小。其触头的动作与线圈电压大小直接有关，在电力拖动控制系统中起电压保护和控制作用。按吸合电压相对其额定电压大小可分为过电压继电器和欠电压继电器。

过电压继电器在电路中用于过电压保护。当线圈为额定电压时，衔铁不吸合，当线圈电压高于其额定电压时，衔铁才吸合动作。当线圈所接电路电压降低到继电器释放电压时，衔铁才返回释放状态，相应触头也返回成原来状态。所以，过电压继电器释放值小于动作值，其电压返回系数 $K_v<1$，规定当 $K_v>0.65$ 时，称为高返回系数继电器。

由于直流电路一般不会出现过电压，所以产品中没有直流过电压继电器。交流过电压继电器吸合电压调节范围为 $U_o=(1.05\sim1.2)U_N$。

欠电压继电器在电路中用于欠电压保护。当线圈电压低于其额定电压值时衔铁就吸合，而当线圈电压很低时衔铁才释放。一般直流欠电压继电器吸合电压 $U_o=(0.3\sim0.5)U_N$，释放电压 $U_r=(0.07\sim0.2)U_N$。交流欠电压继电器的吸合电压与释放电压的调节范围分别为 $U_o=(0.6\sim0.85)U_N$，$U_r=(0.1\sim0.35)U_N$。由此可见，欠电压继电器的返回系数 K_v 很小。

常用的过电压继电器为JT4-A型，欠电压继电器为JT4-P型。电压继电器的符号如图2-10所示。

2. 电磁式电流继电器

图 2-10 电压继电器的符号

电磁式电流继电器线圈串接在电路中，用来反映电路电流的大小，触头的动作与否与线圈电流大小直接有关。按线圈电流种类有交流电流继电器与直流电流继电器之分。按吸合电流大小可分为过电流继电器和欠电流继电器。

过电流继电器正常工作时，线圈流过负载电流，即便是流过额定电流，衔铁仍处于释放状态，而不被吸合；当流过线圈的电流超过额定负载电流一定值时，衔铁才被吸合而动作，从而带动触头动作，其常闭触头断开，分断负载电路，起过电流保护作用。通常，交流过电流继电器的吸合电流 $I_o=(1.1\sim3.5)I_N$，直流过电流继电器的吸合电流 $I_o=(0.75\sim3)I_N$。由于过电流继电器在出现过电流时衔铁吸合动作，其触点来切断电路，故过电流继电器无释放电流值。

欠电流继电器正常工作时，继电器线圈流过负载额定电流，衔铁吸合动作；当负载电流降低至继电器释放电流时，衔铁释放，带动触头动作。欠电流继电器在电路中起欠电流保护作用，所以常将欠电流继电器的常开触头接于电路中，当继电器欠电流释放时，常开触头来断开电路起保护作用。在直流电路中，由于某种原因而引起负载电流的降低或消失，往往会导致严重的后果，如直流电动机的励磁回路电流过小会使电动机发生超速，带来危险。因此在电器产品中有直流欠电流继电器，对于交流电路则无欠电流保护，也就没有交流欠电流继电器了。直流欠电流继电器的吸合电流与释放电流调节范围，$I_o=(0.3\sim0.65)I_N$和 $I_r=(0.1\sim0.2)I_N$。

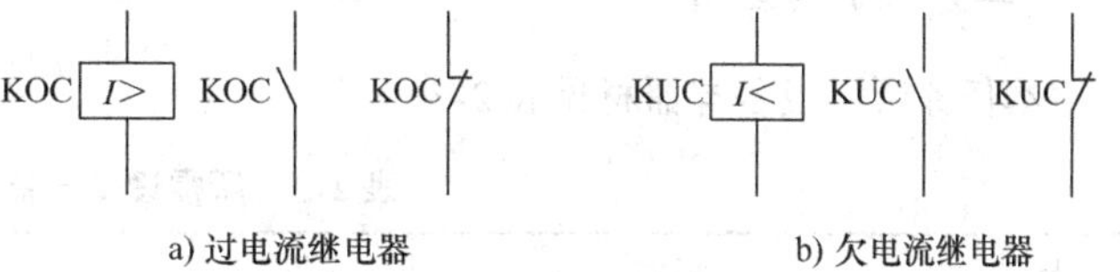

图 2-11 电流继电器的符号

常用的电流继电器有 JL3、JL14、JL15 等系列。

电流继电器的符号如图 2-11 所示。

（七）顺序控制

在机床的控制电路中，常常要求电动机的起停有一定的顺序。例如车床冷却泵电动机要求在主轴电动机起动后才能起动；磨床要求先起动润滑油泵，然后再起动主轴电动机；铣床的主轴旋转后，工作台方可移动等；顺序工作控制电路有顺序起动、同时停止控制电路，有顺序起动、顺序停止控制电路，还有顺序起动、逆序停止控制电路。

图 2-12 为两台电动机的联锁控制电路。图 2-12b 是顺序起动、同时停止或单独停止 M_2 控制电路。在这个控制电路中，只有 KM_1 线圈通电后，其串入 KM_2 线圈电路中的常开触头 KM_1 闭合，才使 KM_2 线圈有通电的可能。图 2-12c 是顺序起动、逆序停止控制电路。停车时，必须按 SB_3，断开 KM_2 线圈电路，使并联在按钮 SB_1 两端的常开触头 KM_2 断开后，再按 SB_1 才能使 KM_1 线圈断电。

思考：怎样通过主电路实现顺序控制？

三、任务实施

（一）训练目标

1）掌握机床电气设备调试、故障分析及故障排除的方法和步骤。

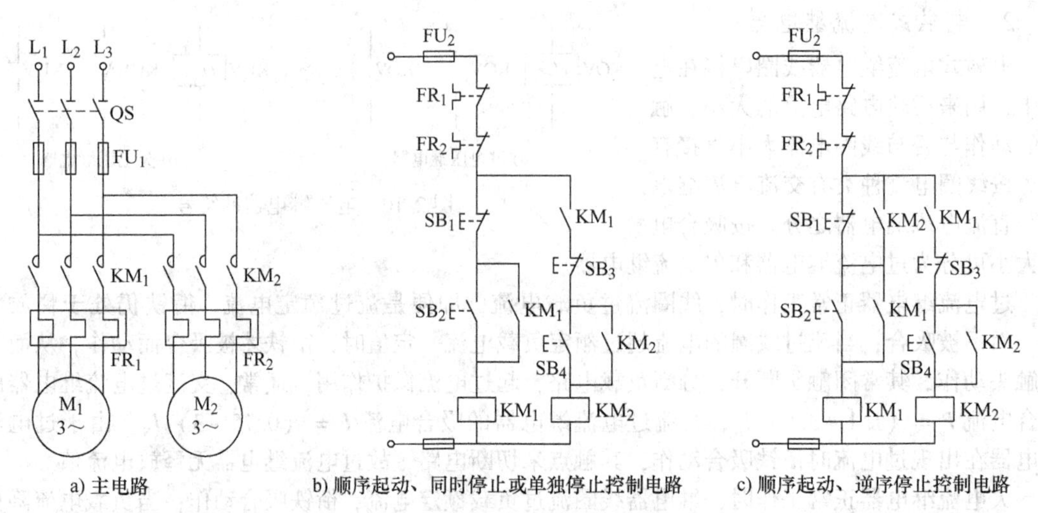

图2-12 两台电动机的顺序控制电路

2）熟悉CA6140型车床电气控制电路的特点，掌握电气控制电路的工作原理。

3）会操作车床电气控制系统，加深对车床电气控制电路工作原理的理解。

4）能正确使用万用表、电工工具等对车床电气控制电路进行检查、测试和维修。

（二）设备与器材

本任务所需设备与器材见表2-3。

表2-3 所需设备与器材

序号	名称	符号	型号规格	数量	备注
1	CA6140型车床电气控制柜		自制	1	
2	常用电工工具			1套	表中所列设备与器材的型号规格仅供参考
3	万用表		MF47型	1	
4	绝缘电阻表		ZC25-3型	1	
5	钳形电流表		T301-A	1	

（三）内容与步骤

1. CA6140型车床的电气控制电路分析

CA6140型车床电气原理图如图2-13所示。

（1）主电路分析 主电路共有三台电动机。M_1为主轴电动机（位于原理图2区），带动主轴旋转和刀架作进给运动；M_2为刀架快速移动电动机（位于原理图3区）；M_3为冷却泵电动机（位于原理图4区）。三台电动机容量都小于10kW，均采用直接起动，皆为接触器控制的单向运行电路。三相交流电源通过开关QS引入，M_1由接触器KM_1控制其起停，FR_1作为过载保护。M_2由接触器KM_3控制其起停，因M_2为短时工作，所以未设过载保护。M_3由接触器KM_2控制器起停，FR_2作为过载保护。熔断器FU_1～FU_5分别对主电路、控制电路和辅助电路实现短路保护。

（2）控制电路分析 控制电路的电源为控制变压器TC次级输出220V电压。

1）主轴电动机M_1的控制。采用了具有过载保护全压起动控制的典型环节。按下起动按钮

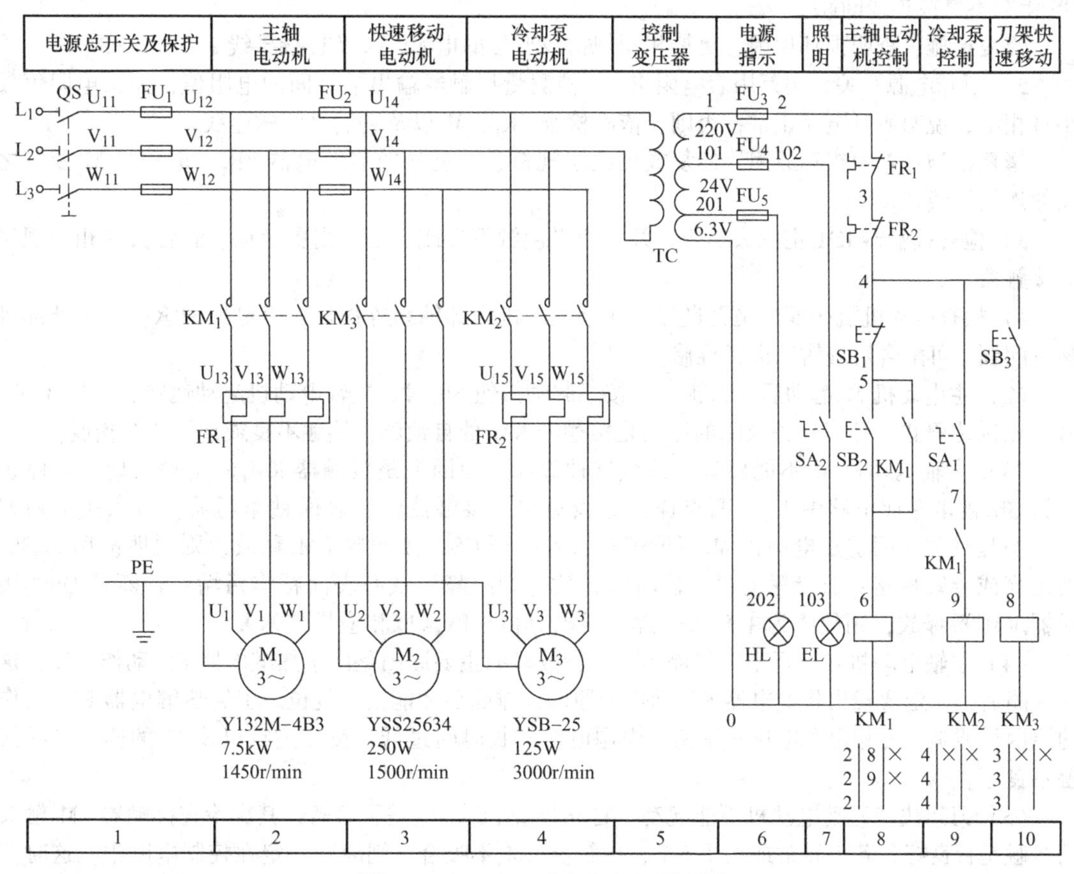

图 2-13 CA6140 型车床电气原理图

SB_2→接触器 KM_1 得电吸合→其辅助常开触头 KM_1（5-6）闭合自锁，KM_1 的主触头闭合→主轴电动机 M_1 起动；同时其辅助常开触头 KM_1（7-9）闭合。作为 KM_2 得电的先决条件。

按下停止按钮 SB_1→接触器 KM_1 断电释放→电动机 M_1 停转。

2）冷却泵电动机 M_3 的控制。采用两台电动机 M_1、M_3 顺序联锁控制的典型环节，以满足生产要求，使主轴电动机起动后，冷却泵电动机才能起动；当主轴电动机停止运行时，冷却泵电动机也自动停止运行。主轴电动机 M_1 起动后，即在接触器 KM_1 得电吸合的情况下，其辅助常开触头 KM_1 闭合，因此合上开关 SA_1，使接触器 KM_2 线圈得电吸合，冷却泵电动机 M_3 才能起动。

3）刀架快速移动电动机 M_2 的控制。采用点动控制。按下按钮 SB_3→KM_3 得电吸合→其主触头闭合→对电动机 M_2 实施点动控制。电动机 M_2 经传动系统，驱动溜板带动刀架快速移动。松开 SB_3→KM_3 断电释放→电动机 M_2 停转。

（3）照明与信号电路分析　控制变压器 TC 的次级分别输出 24V、6.3V 电压，作为机床照明和信号灯的电源。EL 为机床的低压照明灯，由开关 SA_2 控制；HL 为电源的信号灯。

2. CA6140 型车床电气控制电路常见故障分析与检修

（1）主轴电动机 M_1 不能起动　首先应检查接触器 KM_1 是否吸合，如果 KM_1 吸合，则故障一定发生在电源电路和主电路上。此故障可按下列步骤检修。

1）合上电源开关 QS，用万用表测接触器 KM_1 主触头的电源端三相电源相线之间的电压，如果电压是 380V，则电源电路正常。当测量接触器主触头任意两点无电压时，则故障是电源开关

QS 接触不良或连线断路。

修复措施：查明损坏原因，更换相同规格或型号的电源开关及连接导线。

2）断开电源开关，用万用表电阻 R×1 档测量接触器输出端之间的电阻值，如果电阻值较小且相等，说明所测电路正常；否则，依次检查 FR_1、M_1以及它们之间的连线。

修复措施：查明损坏原因，修复或更换同规格、同型号的热继电器 FR_1、电动机 M_1及其之间的连接导线。

3）检查接触器 KM_1主触头是否良好，如果接触不良或烧毛，则更换动、静触头或相同规格的接触器。

4）检查电动机机械部分是否良好，如果电动机内部轴承等损坏，应更换轴承；如果外部机械有问题，可配合机修钳工进行维修。

（2）主电动机 M_1起动后不自锁　当按下起动按钮 SB_2时，主轴电动机起动运转，但松开 SB_2后，M_1随之停止。造成这种故障的原因是接触器 KM_1的自锁触头接触不良或连接导线松脱。

（3）主轴电动机 M_1不能停车　造成这种故障的原因多是接触器 KM_1的主触头熔焊，停止按钮 SB_1被击穿或电路中 4、5 两点连接导线短路，接触器铁心表面粘牢污垢。可采用下列方法判明是哪种原因造成电动机 M_1不能停车：若断开 QS，接触器 KM_1释放，则说明故障为 SB_1被击穿或导线短路；若接触器过一段时间释放，则故障为铁心表面粘牢污垢；若断开 QS，接触器 KM_1不释放，则故障为主触头熔焊。根据具体故障采取相应措施修复。

（4）主轴电动机在运行中突然停车　这种故障的主要原因是由于热继电器 FR_1动作。发生这种故障后，一定要找出热继电器 FR_1动作的原因，排除后才能使其复位。引起热继电器 FR_1 动作的原因可能是：三相电源电压不平衡，电源电压较长时间过低，负载过重以及 M_1的连接导线接触不良等。

（5）刀架快速移动电动机不能起动　首先检查 FU_1熔丝是否熔断，其次检查接触器 KM_3触头的接触是否良好，若无异常或按下 SB_3，接触器 KM_3不吸合，则故障一定在控制电路中。这时依次检查 FR_1、FR_2的常闭触头、点动按钮 SB_3及接触器 KM_3的线圈是否有断路现象。

3. CA6140 型车床电气控制电路故障排除

1）在 CA6140 型车床控制柜上人为设置自然故障点，指导教师示范排除检修。

2）教师设置故障点，指导学生如何从故障现象入手进行分析，掌握正确的故障排除、检修的方法和步骤。

3）设置 2～3 个故障点，让学生排除和检修，并将内容填入表 2-4 中。

表 2-4　故障分析表

故障现象	分析原因	排故过程

（四）分析与思考

1）CA6140 型车床电气原理图中，快速移动电动机 M_2为何没有设置过载保护？

2）CA6140 型车床电气原理图中，哪两台电动机起动采用了顺序控制，为什么？

四、任务考核

任务考核见表 2-5。

表 2-5 任务实施考核表

序号	考核内容	考核要求	评分标准	配分	得分
1	电工工具及仪表地使用	能规范地使用常用电工工具及仪表	1）电工工具不会使用或动作不规范，扣 5 分 2）不会使用万用表等仪表，扣 5 分 3）损坏工具或仪表，扣 10 分	10 分	
2	故障分析	在电气控制电路上，能正确分析故障可能产生的原因	1）错标或少标故障范围，每个故障点扣 6 分 2）不能标出最小的故障范围，每个故障点扣 4 分	30 分	
3	故障排除	正确使用电工工具和仪表，找出故障点并排除故障	1）每少查出一个故障点扣 6 分 2）每少排除一个故障点扣 5 分 3）排除故障的方法不正确，每处扣 4 分	40 分	
4	安全文明操作	确保人身和设备安全	违反安全文明操作规程，扣 10～20 分	20 分	
5	合　计				

五、知识拓展——M7120 型平面磨床的电气控制电路分析与故障排除

磨床是用砂轮的周边或端面对工件的外圆、内孔、端面、平面、螺纹、球面及齿轮进行磨削加工的精密机床。磨床的种类很多，按其工作性质可分为外圆磨床、内圆磨床、平面磨床、工具磨床以及一些专用磨床，如螺纹磨床、球面磨床、齿轮磨床和导轨磨床等。其中以平面磨床应用最为广泛。

（一）M7120 型平面磨床的主要结构及控制要求

1. 平面磨床的主要结构

M7120 型平面磨床结构示意图如图 2-14 所示。在箱形床身 1 中装有液压传动装置，工作台 2 通过活塞杆 10 由油压驱动作往复运动，床身导轨有自动润滑装置进行润滑。工作台表面有 T 形槽，用以固定电磁吸盘，再用电磁吸盘来吸持加工工件。工作台往复运动的行程长度可通过调节装在工作台正面槽中的工作台换向撞块 8 的位置来改变。工作台换向撞块 8 是通过碰撞工作台往复运动换向手柄 9 来改变油路方向，以实现工作台往复运动的。

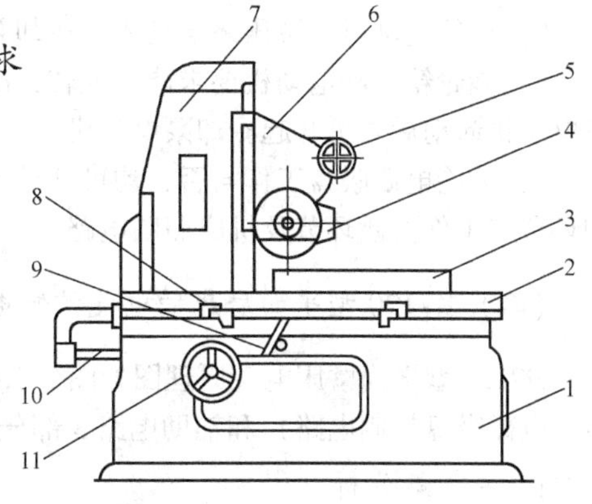

图 2-14 M7120 型平面磨床结构示意图
1—床身 2—工作台 3—电磁吸盘 4—砂轮箱 5—砂轮箱横向移动手轮 6—滑座 7—立柱 8—工作台换向撞块 9—工作台往复运动换向手柄 10—活塞杆 11—砂轮箱垂直进刀手轮

在床身上固定有立柱 7，沿立柱 7 的轨道上装有滑座 6。砂轮轴由装入式砂轮电动机直接拖动。在滑座内部往往也装有液压传动机构。

滑座可在立柱导轨上作上下垂直移动，并可由砂轮箱垂直进刀手轮11操作。砂轮箱能沿滑座水平导轨作横向移动，它可由横向移动手轮5操纵，也可由液压传动作连续或间断移动。连续移动用于调节砂轮位置或修整砂轮，间断移动用于进给。

2. 平面磨床的运动形式

平面磨床运动示意图如图2-15所示。砂轮的旋转运动是主运动。进给运动有垂直进给、横向进给、纵向进给3种方式，垂直进给是滑座在立柱上的上下运动；横向进给是砂轮箱在滑座上的水平运动；纵向进给是工作台沿床身的往复运动。工作台每完成一次往复运动时，砂轮箱便作一次间断性的横向进给；当加工完整个平面后，砂轮箱作一次间断性的垂直进给。

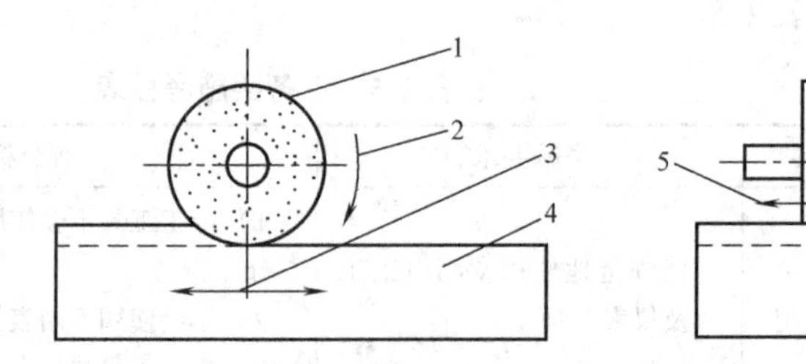

图2-15 矩形工作台平面磨床工作图
1—砂轮 2—主运动 3—纵向进给运动
4—工作台 5—横向进给运动 6—垂直进给运动

辅助运动是指砂轮箱在滑座水平导轨上作快速横向移动，滑块沿立柱上的垂直导轨作快速垂直移动，以及工作台往复运动速度的调整运动等。

3. M7120平面磨床的电力拖动特点及控制要求

1）M7120型平面磨床采用分散拖动，液压泵电动机、砂轮电动机、砂轮箱升降电动机和冷却泵电动机全部采用普通笼型交流异步电动机。

2）磨床的砂轮、砂轮箱升降和冷却泵不要求调速，换向是通过工作台上的撞块碰撞床身上的液压换向开关来实现的。

3）为减少工件在磨削加工中的热变形并冲走磨屑，以保证加工精度，需要冷却泵。

4）为适应磨削小工件的需要，也为工件在磨削过程受热能自由伸缩，采用电磁吸盘来吸持工件。

5）砂轮电动机、液压泵电动机、冷却泵电动机只进行单方向旋转，并采用直接起动。

6）砂轮箱升降电动机要求能正反转，冷却泵电动机与砂轮电动机具有顺序联锁关系，在砂轮电动机起动后才可开起冷却泵电动机。

7）无论电磁吸盘工作与否，均可开动各电动机，以便进行磨床的调整运动，具有完善的保护环节和工件去磁环节及机床照明电路。

（二）M7120型平面磨床的电气控制电路分析

M7120型平面磨床电气原理图如图2-16所示。原理图由主电路、控制电路（电动机控制电路、电磁吸盘控制电路）和辅助电路3部分组成。

1. 主电路分析

液压泵电动机M_1，由接触器KM_1控制；砂轮电动机M_2与冷却泵电动机M_3，同由接触器KM_2控制；砂轮升降电动机M_4分别由KM_3、KM_4控制其升降。

4台电动机共用FU_1作短路保护，M_1、M_2、M_3分别由热继电器FR_1、FR_2、FR_3作长期过载保护。由于砂轮升降电动机M_4作短时运行，故不设置过载保护。

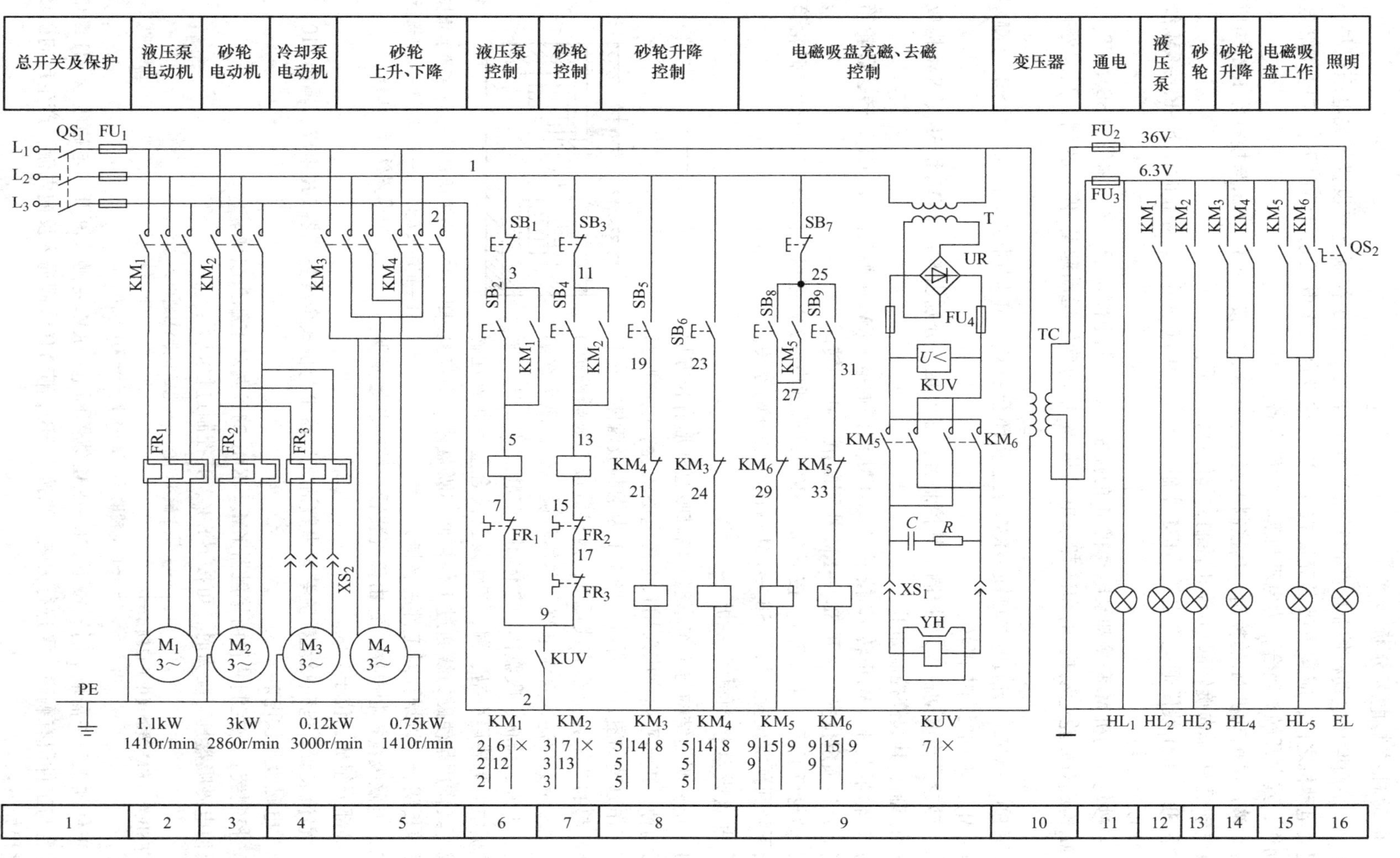

图 2-16　M7120型平面磨床电气原理图

2. 电动机控制电路分析

M7120 平面磨床电动机控制电路位于原理图 6~8 区。由于控制电路设置了欠电压保护，因此在起动电动机之前，应按下吸盘充磁按钮 SB_8，在吸盘工作电压正常情况下，欠电压继电器 KUV 动作，其常开触头闭合，为电动机起动做好准备。

（1）液压泵电动机 M_1 的控制　其控制电路位于 6 区，由按钮 SB_1、SB_2 与接触器 KM_1 构成对液压泵电动机 M_1 单向旋转起动-停止控制，起停过程如下：

按下 SB_2→KM_1 线圈通电并自锁→KM_1 主触头闭合→M_1 起动运行。停止时按下 SB_1→KM_1 线圈断电→M_1 断电停转。

（2）砂轮电动机 M_2 和冷却泵电动机 M_3 的控制　其控制电路位于 7 区，由按钮 SB_3、SB_4 与接触器 KM_2 构成对砂轮电动机 M_2 和冷却泵电动机 M_3 单向旋转运动起动-停止控制，其起停控制如下：

按下 SB_4→KM_2 线圈通电并自锁→KM_2 主触头闭合→M_2、M_3 同时起动。若按下 SB_3→KM_2 线圈断电→M_2、M_3 同时断电停转。

（3）砂轮升降电动机 M_4 的控制　其控制区位于 8 区，分别由 SB_5、KM_3 和 SB_6、KM_4 构成的单向点动控制，其起停控制如下：

1）砂轮箱上升（M_4 正转）。按下 SB_5→KM_3 线圈通电→KM_3 主触头闭合→M_4 正转，砂轮箱上升。当上升到预定位置，松开 SB_5→KM_3 线圈断电→M_4 停转。

2）砂轮箱下降（M_4 反转）。按下 SB_6→KM_4 线圈通电→KM_4 主触头闭合→M_4 反转，砂轮箱下降。当下降到预定位置，松开 SB_6→KM_4 线圈断电→M_4 停转。

3. 电磁吸盘控制电路分析

（1）电磁吸盘结构与工作原理　电磁吸盘外形有长方形和圆形两种。矩形平面磨床采用长方形电磁吸盘。电磁吸盘结构与工作原理如图 2-17 所示。图中 1 为钢制吸盘体，在它的中部凸起的芯体 A 上绕有线圈 2，钢制盖板 3 被隔磁板 4 隔开。在线圈 2 中通入直流电流，芯体将被磁化，磁力线经由盖板、工件、盖板、吸盘体、芯体闭合，将工件 5 牢牢吸住。盖板中的隔磁层由铅、铜、黄铜及巴氏合金等非磁性材料制成，其作用是使磁力线通过工件再回到吸盘体，不致直接通过盖板闭合，以增强对工件的吸持力。

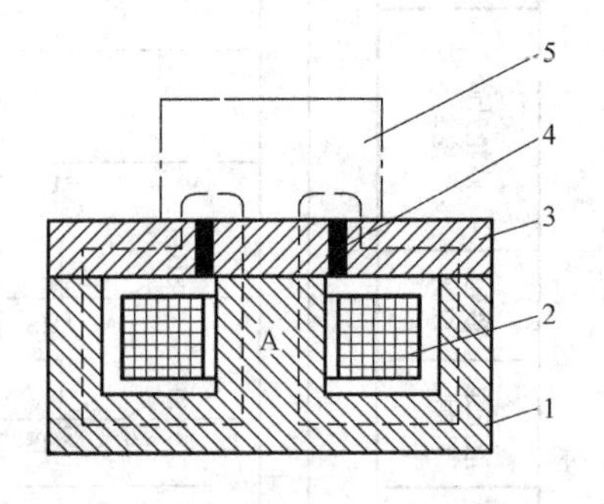

图 2-17　电磁吸盘结构与原理示意图
1—钢制吸盘体　2—线圈　3—钢制盖板　4—隔磁板　5—工件

（2）电磁吸盘控制电路　它由整流装置、控制装置及保护环节等部分组成，位于 9 区。

1）整流装置。电磁吸盘整流装置由整流变压器 T 与桥式全波整流器 UR 组成，输出 110V 直流电压对电磁吸盘供电。

2）控制装置。控制装置由接触器 KM_5、KM_6 的各两对主触头组成。

要使电磁吸盘具有吸力时，可按下 SB_8，其控制过程如下：

按下 SB_8 → KM_5 线圈通电并自锁 ┬→ KM_5 主触头闭合 → 电磁吸盘 YH 通电。
　　　　　　　　　　　　　　　　　　└→ KM_5 辅助常闭触头分断 → 对 KM_6 互锁。

当工件加工完毕需取下时，按下 SB_7→KM_5 线圈断电→KM_5 主触头断开→电磁吸盘 YH 断电。但工作台与工件留有剩磁，需进行去磁。当按下 SB_9，使 YH 线圈通入反向电流，产生反向磁场。去磁过程如下：

按下SB_9 → KM_6线圈通电 → KM_6主触头闭合 → 电磁吸盘YH通电。
　　　　　　　　　　　　　　→ KM_6辅助常闭触头分断 → 对KM_5互锁。

应当指出，去磁时间不能太长，否则工作台和工件会反向磁化，故SB_9为点动控制。

3）电磁吸盘保护环节。电磁吸盘具有欠电压保护、过电压保护及短路保护等。

① 欠电压保护：当电源电压不足或整流变压器发生故障时，吸盘的吸力不足，在加工过程中，会使工件高速飞离而造成事故。为防止这种情况发生，在电路中设置了欠电压继电器KUV，其线圈并联在电磁吸盘电路中，常开触头串联在KM_1、KM_2线圈回路中，当电源电压不足或为零时，KUV常开触头断开，使KM_1、KM_2线圈断电，液压泵电动机M_1和砂轮电动机M_2停转，实现欠电压和失电压的保护，以保证安全。

② 过电压保护：电磁吸盘线圈匝数多，电感大，通电工作时储有大量磁场能量。当电磁吸盘断电时，其线圈两端将产生过电压，若无放电回路，将损坏线圈绝缘及其他电器设备。为此，在线圈两端接有RC放电回路以吸收断开电源后放出的磁场能量。

③ 短路保护：在整流变压器二次侧或整流装置输出端装有熔断器作为电磁吸盘控制电路的短路保护。

4. 辅助电路分析

M7120型平面磨床辅助电路由信号指示和局部照明电路构成，位于11～16区。EL为局部照明灯，由变压器TC供电，工作电压36V，由QS_2控制。各信号灯工作电压为6.3V。HL_1为电源指示灯，HL_2为M_1运行指示灯，HL_3为M_2运行指示灯，HL_4为M_4运行指示灯，HL_5为电磁吸盘工作指示灯。

（三）M7120型平面磨床电气控制电路常见故障分析与排除

（1）M_1、M_2、M_3三台电动机都不能起动　造成三台电动机都不能起动的原因是欠电压继电器KUV的常开触头接触不良、接线松脱或有油垢，使电动机控制电路处于断电状态。检修故障时，检查欠电压继电器KUV的常开触头KUV（9-2）的接通情况，若不通则修理或更换元件，即可排除故障。

（2）砂轮电动机的热继电器FR_2经常脱扣　砂轮电动机M_2为装入式电动机，它的前轴承是铜瓦，易磨损。磨损后易发生堵转现象，使电流增大，导致热继电器脱扣。若是这种情况，应修理或更换轴瓦。另外，砂轮进刀量太大，电动机超负荷运行，造成电动机堵转，使电流急剧上升，热继电器脱扣。因此，工作中应选择合适的进刀量，防止电动机超负荷运行。除上述原因之外，更换后的热继电器规格选得太小或整定电流没有调整，使电动机还未达到额定负载时，热继电器就已脱扣。因此，应注意热继电器必须按其被保护电动机的额定电流进行选择和调整。

（3）电磁吸盘没有吸力　首先用万用表检查三相电源电压是否正常。若电源电压正常，再检查熔断器FU_1、FU_4有无熔断现象。常见的故障是熔断器FU_4熔断，造成电磁吸盘电路断开，使吸盘无吸力。FU_4熔断可能是由于直流回路短路，或者是直流回路中元器件损坏造成的。如果检查整流器输出空载电压正常，而接上电磁吸盘后，输出电压下降不大，欠电压继电器KUV不动作，吸盘无吸力，这时，可依次检查电磁吸盘YH的线圈、接插器XS_1有无断路或接触不良的现象。检修故障时，可使用万用表测量各点的电压，查出故障元件，进行检修或更换，即可排除故障。

（4）电磁吸盘吸力不足　引起这种故障的原因是电磁吸盘损坏或整流器输出电压不正常。M7120型平面磨床电磁吸盘的电源电压由整流器UR供给。空载时，整流器直流输出电压应为

130～140V，负载时不应低于110V。若整流器空载时输出电压正常，带负载时电压远低于110V，则表明电磁吸盘已短路，短路点多发生在各绕组间的引线接头处。这是由于吸盘密封不好，冷却液流入，引起绝缘损坏，造成线圈短路。若短路严重，过大的电流会使整流元件和整流变压器烧坏。出现这种故障，必须更换电磁吸盘线圈，并且要处理好线圈绝缘，安装时要完全密封好。

若电磁吸盘电源电压不正常，多是因为整流元件短路或断路造成的。应检查整流器UR的交流侧电压及直流侧电压。若交流侧电压正常，直流输出电压不正常，则表明整流器发生元件短路或断路故障。如某一桥臂的整流二极管发生断路，将使整流输出电压降低到额定电压的一半；若两个相邻的二极管都断路，则输出电压为零。整流元件损坏的原因可能是元件过热或过电压造成的。如果由于整流二极管热容量很小，在整流器过载时，元件温度急剧上升，烧坏二极管；当放电电阻R损坏或接线断路时，由于电磁吸盘线圈电感很大，在断开瞬间产生过电压将整流元件击穿。排除此类故障时，可用万用表测量整流器的输出及输入电压，判断出故障部位，查出故障元件，进行修理或更换即可。

（5）电磁吸盘去磁不好使工件取下困难　电磁吸盘去磁不好的故障原因：一是去磁电路断路，根本没有去磁，应检查接触器KM_6的两对主触头是否良好，熔断器FU_4是否损坏；二是去磁时间太长或太短，对于不同材质的工件，所需的去磁时间不同，应注意掌握好去磁时间。

六、任务总结

本任务以CA6140型车床电气控制电路分析与故障排除为导向，引出了机床电气控制电路分析的内容、步骤和方法，顺序控制电路的分析，机床电气控制系统故障排除的方法；学生在CA6140型车床电气控制电路分析及故障排除及相关知识学习的基础上，通过对CA6140型车床电气控制电路故障排除的操作训练，学会车床电气控制系统的分析及故障排除的基本技能，加深对相关理论知识的理解。

本任务还介绍了M7120型平面磨床电气控制系统分析及故障排除。

任务二　XA6132型万能铣床电气控制电路分析与故障排除

一、任务导入

XA6132型卧式万能铣床可用各种圆柱铣刀、圆片铣刀、角度铣刀、成型铣刀和端面铣刀，如果使用万能铣头、圆工作台、分度头等铣床附件，还可以扩大机床加工范围，因此XA6132型卧式万能铣床是一种通用机床。在金属切削机床中使用数量仅次于车床。

本任务主要讨论XA6132型卧式万能铣床的电气控制原理及故障排除。

二、知识链接

（一）XA6132型卧式万能铣床的主要结构及运动形式

1. XA6132型卧式万能铣床的主要结构

XA6132型万能铣床主要由底座、床身、主轴、悬梁、刀杆支架、工作台、溜板和升降台等几部分组成，如图2-18所示。箱形的床身13固定在底座1上，在床身内装有主轴传动机构和主轴变速机构。在床身的顶部有水平导轨，其上装着带有一个或两个刀杆支架8的悬梁9。刀杆支架用来支承安装铣刀心轴的一端，而心轴的另一端固定在主轴上。在床身的前方有垂直导轨，一端悬持的升降台 3 可沿垂直导轨作上下移动，升降台上装有进给传动机构和进给变速机构。在升降台上面的水平导轨上，装有溜板 5，溜板在其上作平行主轴轴线方向的运动（横向移动），从图 2-18 所示的工作台主视图角度看是前后运动。溜板上方装有转动部分 6，卧式铣床与卧式万能铣床的唯一区别在于后者设有转动部分，而前者没有转动部分。转动部分对溜板可绕垂直轴线转动一个角度（通常为 ±45°）。在转动部分上又有导轨，导轨上安放有工作台 7，工作台在转动部分的导轨上作垂直于主轴轴线方向的运动（纵向移动，又称左右运动）。这样工作台在上下、前后、左右 3 个互相垂直方向上均可运动，再加上转动部分可对溜板垂直轴线方向移动一个角度，这样工作台还能在主轴轴线倾斜方向运动，从而完成铣螺旋槽的加工。为扩大铣削能力还可以在工作台上安装圆工作台。

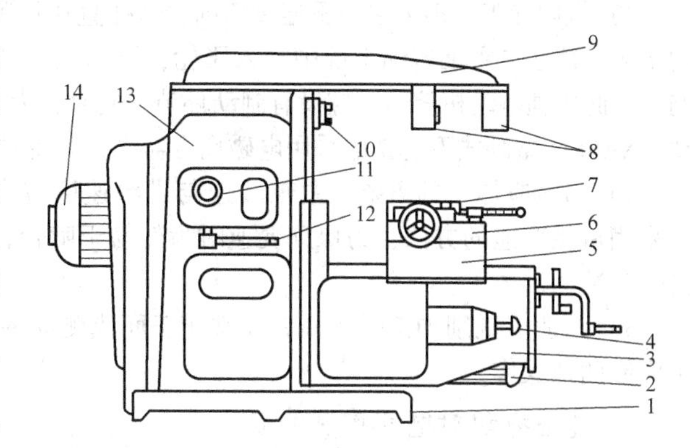

图 2-18　XA6132 型卧式万能铣床结构示意图
1—底座　2—进给电动机　3—升降台　4—进给变速手柄及变速盘　5—溜板　6—转动部分　7—工作台　8—刀杆支架　9—悬梁　10—主轴　11—主轴变速盘　12—主轴变速手柄　13—床身　14—主轴电动机

2. XA6132 型卧式万能铣床的运动形式

XA6132 型卧式万轮铣床的运动形式有主运动、进给运动及辅助运动。

1）主运动。主轴带动铣刀的旋转运动为主运动，由主轴电动机拖动。

2）进给运动。工件夹持在工作台上，做平行或垂直于铣刀轴线方向的直线运动为进给运动，包括工作台带动工件在上、下、前、后、左、右 6 个方向上的直线运动或圆形工作台的旋转运动，进给运动由进给电动机拖动。

3）辅助运动。调整工件与铣刀相对位置的运动为辅助运动。指工作台带动工件在上、下、前、后、左、右 6 个方向上的快速移动，由进给电动机拖动。

（二）XA6132 型卧式万能铣床的电力拖动特点及控制要求

1. XA6132 型卧式万能铣床电力拖动特点

XA6132 型卧式万能铣床主轴传动机构在床身内，进给传动机构在升降台内，由于主轴旋转运动与工作台进给运动之间不存在速度比例关系，为此采用单独拖动方式。主轴由一台功率为 7.5kW 的法兰盘式三相异步电动机拖动；进给传动由一台功率为 1.5kW 的法兰盘式三相异步电动机拖动；铣削加工时所需的冷却剂由一台 0.125kW 的冷却泵电动机拖动柱塞式油泵供给。

2. 主轴拖动对电气控制的要求

1）为适应铣削加工需要，主轴要求调速。为此该铣床采用机械变速，它是由主变速机构中的拨叉来移动主轴传动系统中的三联齿轮和一个双联齿轮，使主轴获得 30～1500r/min 的 18 种转速。

2）铣床加工方式有顺铣和逆铣两种，分别使用顺铣刀和逆铣刀，要求主轴能正、反转，但旋转方向不需经常变换，仅在加工前预选主轴旋转方向。为此，主轴电动机应能正、反转，并由转向选择开关来选择电动机的方向。

3）铣削加工为多刀多刃不连续切削，这样直接切削时会产生负载波动，为减轻负载波动带来的影响，往往在主轴传动系统中加入飞轮，以加大转动惯量，这样一来，又对主轴制动带来了影响，为此主轴电动机停转时应设有制动环节。同时，为了保证安全，主轴在上刀时，也应使主轴制动。XA6132型卧式万能铣床采用电磁离合器来控制主轴停转制动和主轴上刀制动。

4）为适应加工的需要，主轴转速与进给速度应有较宽的调节范围。XA6132型卧式万能铣床采用机械变速的方法，为保证变速时齿轮易于啮合，减小齿轮端面的冲击，要求变速时有电动机瞬时冲动。

5）为适应铣削加工时操作者在铣床正面或侧面的操作要求，主轴电动机的起动、停止等控制应能两地操作。

3. 进给拖动对电气控制的要求

1）XA6132型卧式万能铣床工作台运行方式有手动、进给运动和快速移动3种。其中手动为操作者通过摇动手柄使工作台移动；进给运动与快速移动则是由进给电动机拖动，是在工作进给电磁离合器与快速移动电磁离合器的控制下完成的运动。

2）为减少按钮数量，避免误操作，对进给电动机的控制采用电气开关、机构挂档相互联动的手柄操作，即扳动操作手柄的同时压合相应的电气开关，挂上相应传动机构的档，而且要求操作手柄扳动方向与运动方向一致，增强直观性。

3）工作台的进给有左右的纵向运动，前后的横向运动和上下的垂直运动，其中任何一运动都是由进给电动机拖动的，故进给电动机要求正反转。采用的操作手柄有两个，一个是纵向操作手柄，另一个是垂直与横向操作手柄。前者有左、右、中间3个位置，后者有上、下、前、后、中间5个位置。

4）进给运动的控制也为两地操作方式。所以，纵向操作手柄与垂直、横向操作手柄各有两套，可在工作台正面与侧面实现两地操作，且这两套操作手柄是联动的，快速移动也为两地操作。

5）工作台具备左右、上下、前后6个方向的运动，为保证安全，同一时间只允许一个方向的运动。因此，应具有6个方向的联锁控制环节。

6）进给运动由进给电动机拖动，经进给变速机构可获得18种进给速度。为使变速后齿轮能顺利啮合，减小齿轮端面的撞击，进给电动机应在变速后作瞬时冲动。

7）为使铣床安全可靠地工作，铣床工作时，要求先起动主轴电动机（若换向开关扳在中间位置，主轴电动机不旋转），才能起动进给电动机。停转时，主轴电动机与进给电动机同时停止，或先停进给电动机，后停主轴电动机。

8）工作台上、下、左、右、前、后6个方向的移动应设有限位保护。

4. 其他控制要求

1）冷却泵电动机用来拖动冷却泵，要求冷却泵电动机单方向转动，视铣削加工需要选择。

2）整个铣床电气控制具有完善的保护，如短路保护、过载保护、开门断电保护和紧急保护等。

（三）电磁离合器

XA6132型卧式万能铣床主轴电动机停车制动、主轴上刀制动以及进给系统的工作台进给和快速移动皆由电磁离合器来实现。

电磁离合器是利用表面摩擦和电磁感应原理，在两个作旋转运动的物体间传递转矩的执行电器。由于它便于远距离控制，控制能量小，动作迅速、可靠，结构简单，广泛应用于机床的电气控制。铣床上采用的是摩擦片式电磁离合器。

摩擦片式电磁离合器按摩擦片的数量可分为单片式和多片式两种，机床上普遍采用多片式电磁离合器，其结构如图 2-19 所示。

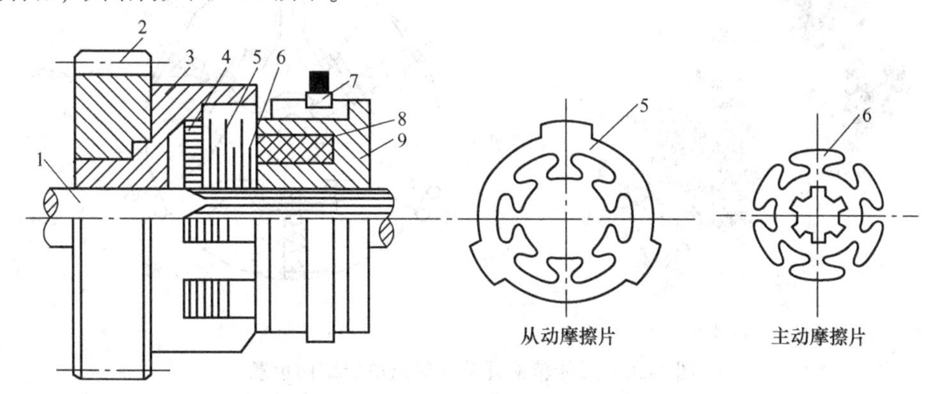

图 2-19　摩擦片式电磁离合器示意图

1—主动轴　2—从动轴　3—套筒　4—衔铁　5—从动摩擦片　6—主动摩擦片　7—电刷与滑环　8—线圈　9—铁心

工作原理：在主动轴 1 的花键轴端，装有主动摩擦片 6，它可以轴向自由移动，但因系花键联接，故将随同主动轴一起转动。从动摩擦片 5 与主动摩擦片 6 交替叠装，其外缘凸起部分卡在与从动轴 2 固定在一起的套筒 3 内，因而可以随从动齿轮转动，并在主动轴转动时它可以不转。当线圈 8 通电后产生磁场，将摩擦片吸向铁心 9，衔铁 4 也被吸住，紧紧压住各摩擦片。于是，依靠主动摩擦片与从动摩擦片之间的摩擦力，使从动齿轮随主动轴转动，实现转矩的传递。当电磁离合器线圈电压达到额定值的 85% ~105% 时，离合器就能可靠地工作。当线圈断电时，装在内外摩擦片之间的圈状弹簧使衔铁和摩擦片复原，离合器便失去传递转矩的作用。

动作电压：当电磁离合器线圈电压达到额定值的 85% ~105% 时，离合器可靠地工作。

（四）万能转换开关

万能转换开关是由多组相同结构的触头组件叠装而成的多回路控制电器。

1. 万能转换开关的用途和分类

万能转换开关主要适用于交流 50Hz、额定工作电压 380V 及以下，直流电压 220V 及以下、额定电流 160A 以下的电气电路中，用于各种控制电路的转换，电气测量仪表的转换，也可用于控制小容量电动机的起动、制动、正反转换向以及双速电动机的调速控制。

万能转换开关按手柄形式分，有旋钮的、普通手柄的、带定位可取出钥匙的和带信号灯指示灯的；按定位形式分，有复位式和定位式。定位角度又分为 30°、45°、60°、90°等数种；按接触系统档数分，对于 LW5 有 1、2、3、4、5、6、7、8、9、10、11、12、13、14、15、16 这 16 种单列转换开关。

2. 万能转换开关的结构和工作原理

万能转换开关主要由操作机构、定位装置和触头系统三部分组成。LW5 -16/3 型万能转换开关的外形及单层结构示意图如图 2-20 所示。

触头在绝缘基座内，为双断点触头桥式结构，动触头设计成自动调整式以保证通断时的同步性，静触头装在触头座内。在每层触头底座上均可装三对触头，并由触头底座中的凸轮经转轴来控制这三对触头的通断。由于各层凸轮可做成不同的形状，这样用手柄将开关转至不同位置时，经凸轮的作用，可实现各层中的各对触头按规定的规律闭合或断开。

LW5 -16/3 型万能转换开关的符号及通断表如图 2-21 所示，图2-21a 中每一横线代表一路触

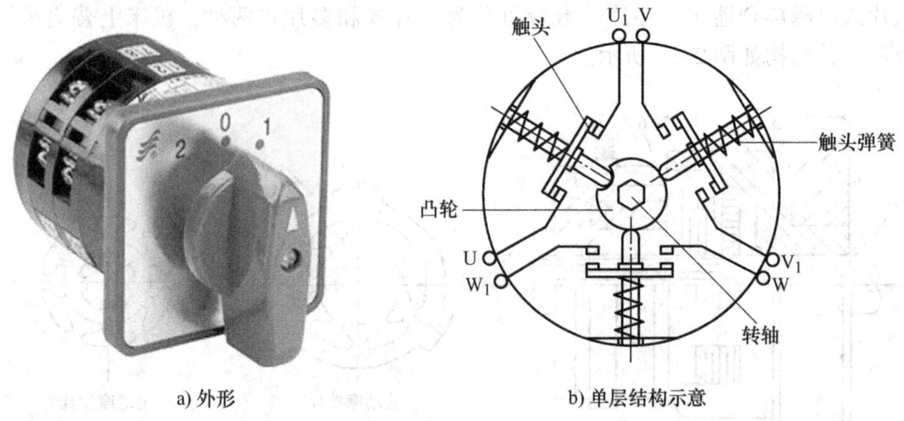

a) 外形　　　　b) 单层结构示意

图 2-20　万能转换开关外形与单层结构示意

头，三条竖的虚线代表手柄位置。哪一路触头接通就在代表该位置虚线上的触头下面用黑点“.”表示。触头通/断状态也可用通断表来表示，表中的“×”表示触头接通，空白表示触头分断。

常用的万能转换开关有LW5、LW6、LW8、LW12、LW15、LW16、LW26、LW30、LW39 等系列。LW5、LW6 系列万能转换开关的主要技术数据见表 2-6。

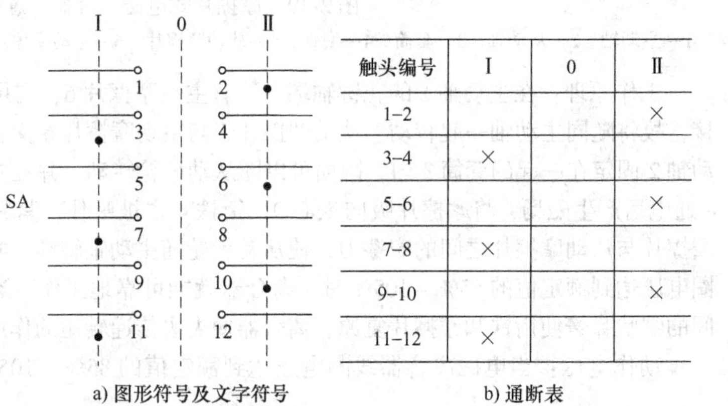

触头编号	I	0	II
1–2			×
3–4	×		
5–6			×
7–8	×		
9–10			×
11–12	×		

a) 图形符号及文字符号　　　　b) 通断表

图 2-21　LW5－16/3 型万能转换开关符号及通断表

表 2-6　LW5、LW6 系列万能转换开关的主要技术数据

型号	额定电压/V	额定电流/A	双断点触头技术数据												操作频率/(次/h)	触头档数
			AC						DC							
			接通			分断			接通			分断				
			电压/V	电流/A	cosφ	电压/V	电流/A	cosφ	电压/V	电流/A	t/ms	电压/V	电流/A	t/ms		
LW5	AC、DC：500V	15	24 48 110 220 380 440 500	30 20 15 10	0.3～0.4	24 48 110 220 380 440 500	30 20 15 10	0.3～0.4	24 48 110 220 380 440 500	20 15 2.5 1.25 0.5 0.35	60～66	24 48 110 220 380 440 500	20 15 2.5 1.25 0.5 0.35	60～66	120	每一触头座内有两对触头，档数有1～16、18、21、24、27、30 可取代 LW1、LW4
LW6	AC：380V DC：220V	5	380	5		380	0.5		220	0.2	50～100	220	0.2	50～100		每一触头座内有三对触头，档数有1～6、8、10、12、16、20

3. 万能转换开关选用原则

1）按额定电压和工作电流选用相应的万能转换开关系列。

2）按操作需要选定手柄形式和定位特征。

3）按控制要求参照转换开关产品样本，确定触头数量和接线图编号。

4）按用途选择面板形式及标志。

三、任务实施

（一）训练目标

1）熟悉 XA6132 型铣床电气控制电路的特点，掌握电气控制电路的工作原理。

2）学会电气控制原理分析，通过操作观察各电器和电动机的动作过程，加深对电路工作原理的理解。

3）能正确使用万用表、电工工具等对铣床电气控制电路进行检查、测试和维修。

（二）设备与器材

任务所需设备与器材见表 2-7。

表 2-7　所需设备与器材

序号	名称	符号	型号规格	数量	备注
1	XA6132 型铣床电气控制柜		自制	1	表中所列设备与器材的型号规格仅供参考
2	常用电工工具			1 套	
3	万用表		MF47 型	1	
4	绝缘电阻表		ZC25－3 型	1	
5	钳形电流表		T301－A	1	

（三）内容与步骤

1. XA6132 型卧式万能铣床的电气控制电路分析

XA6132 型卧式万能铣床电气原理图如图 2-22 所示。该电路的突出特点是电气控制与机械操作精密配合，是典型的机械-电气联合动作的控制机床；此外采用了电磁离合器实现主轴停车制动与主轴上刀制动、工作台工作进给与快速移动的控制。因此，分析电气原理图时，应弄清机械操作手柄扳动时相应的机械动作和电气开关的动作情况，弄清各电气开关的作用和相应触头的通断状态。表 2-8 为 XA6132 型卧式万能铣床电器元件一览表。

（1）主电路分析　三相交流电源由低压断路器 QF 控制。主轴电动机 M_1 由接触器 KM_1、KM_2 控制实现正反转，过载保护由 FR_1 实现。进给电动机 M_2 由接触器 KM_3、KM_4 控制实现正反转，FR_2 作过载保护，FU_1 作短路保护。冷却泵电动机 M_3 容量只有 0.125kW，由中间继电器 KA_3 控制，单向旋转，由 FR_3 作过载保护。整个电气控制电路由 QF 作过电流保护、过载保护以及欠电压、失电压保护。

（2）控制电路分析　控制变压器 T_1 将交流 380V 变换为交流 110V，供给控制电路电源，由 FU_2 作短路保护。整流变压器 T_2 将交流 380V 变换为交流 28V，再经桥式全波整流成 24V 直流电，作为电磁离合器电路电源，由 FU_3、FU_4 作整流桥交流侧、直流侧短路保护。照明变压器 T_3 将交流 380V 变换成 24V 交流电压，作为局部照明电源。

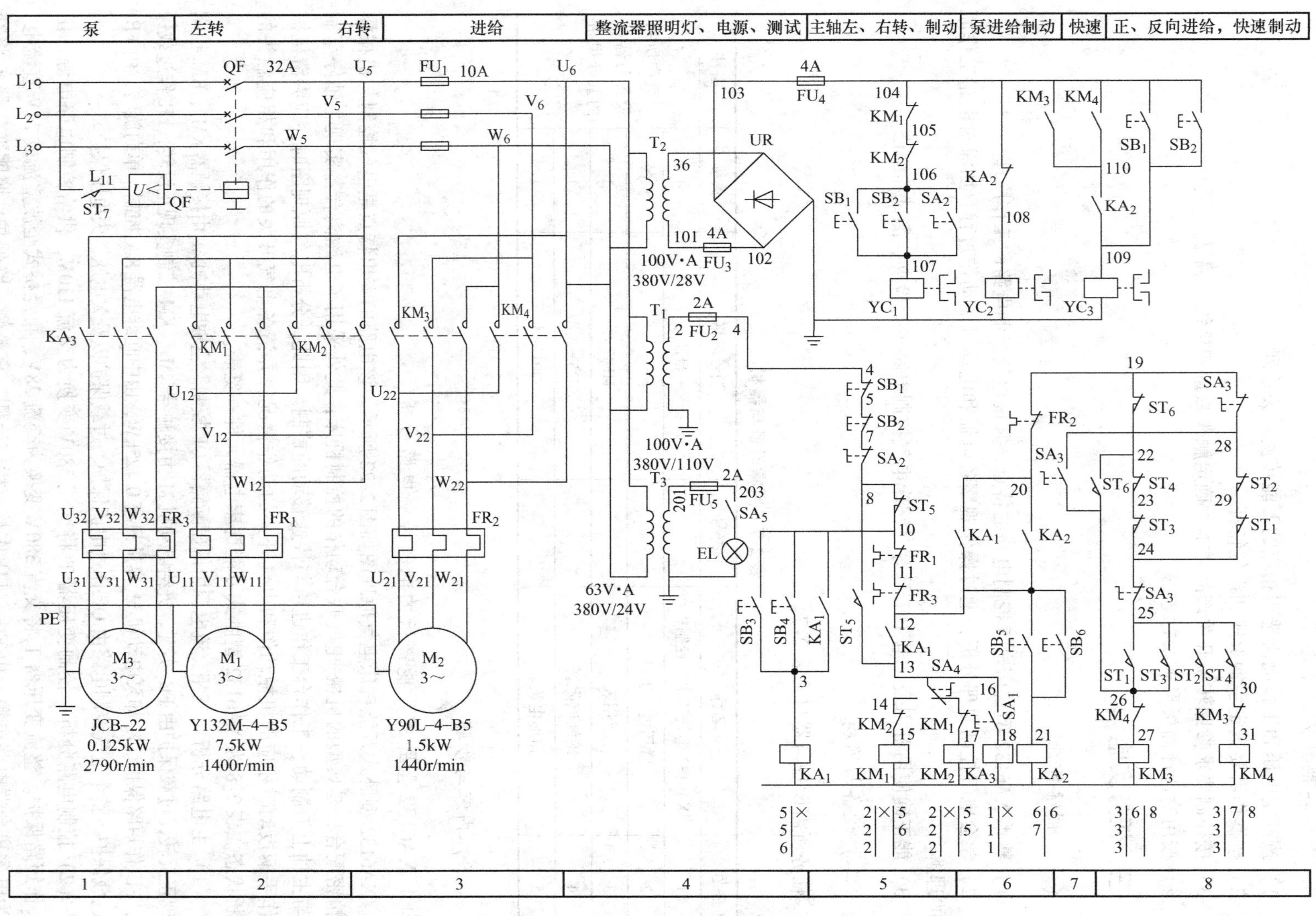

图2-22 XA6132型卧式万能铣床电气原理图

表 2-8　XA6132 型卧式万能铣床电器元件一览表

符号	名称	安装位置	符号	名称	安装位置
QF	总电源低压断路器	左壁盘	SA_4	主轴换向开关	右壁盘
M_1	主轴电动机	床身	SA_5	照明灯开关	右壁盘
M_2	工作台进给电动机	升降台	SB_1	主轴停止按钮	工作台
M_3	冷却泵电动机	床身	SB_2		床身
KM_1、KM_2	主轴电动机正、反转接触器	左壁盘	SB_3	主轴起动按钮	工作台
KM_3、KM_4	进给电动机正、反转接触器	右壁盘	SB_4		床身
KA_1	主轴电动机起动控制继电器	左壁盘	SB_5	工作台快速移动按钮	工作台
KA_2	工作台快速移动控制继电器	右壁盘	SB_6		床身
KA_3	冷却泵电动机控制继电器	左壁盘	ST_1	工作台向右行程开关	工作台
YC_1	主轴制动电磁离合器	床身	ST_2	工作台向左行程开关	工作台
YC_2	进给电磁离合器	升降台	ST_3	工作台向前及向下行程开关	升降台
YC_3	快速移动电磁离合器	升降台	ST_4	工作台向后及向上行程开关	升降台
SA_1	冷却泵转换开关	左壁盘	ST_5	主轴变速冲动行程开关	床身
SA_2	主轴上刀制动开关	左壁盘	ST_6	进给变速冲动行程开关	升降台
SA_3	长、圆工作台选择开关	床身	ST_7	左门防护联锁行程开关	左壁龛

1）主拖动控制电路分析

① 主轴电动机的起动控制：主轴电动机 M_1 由接触器 KM_1、KM_2 来实现正、反转全压起动，由主轴换向开关 SA_4 来预选电动机的正反转。由停止按钮 SB_1 或 SB_2，起动按钮 SB_3 或 SB_4 与 KM_1、KM_2 构成主轴电动机正反转两地操作控制电路。起动时，应将电源引入低压断路器 QF 闭合，再把换向开关 SA_4 拨到主轴所需的旋转方向，然后按下起动按钮 SB_3 或 SB_4→中间继电器 KA_1 线圈通电并自锁→触头 KA_1（12－13）闭合→KM_1 或 KM_2 线圈通电吸合→其主触头闭合→主轴电动机 M_1 定子绕组接通三相交流电源实现全压起动。而 KM_1 或 KM_2 的一对辅助常闭触头 KM_1（104－105）或 KM_2（105－106）断开→主轴电动机制动电磁离合器 YC_1 电路断开。继电器的另一触头 KA_1（20－12）闭合，为工作台的进给与快速移动做好准备。

② 主轴电动机的停车制动控制：由主轴停止按钮 SB_1 或 SB_2，正转接触器 KM_1 或反转接触器 KM_2 以及主轴制动电磁离合器 YC_1 构成主轴制动停车控制环节。电磁离合器 YC_1 安装在主轴传动链中与主轴电动机相联的第一根传动轴上，主轴停车时，按下 SB_1 或 SB_2→KM_1 或 KM_2 线圈断电释放→其主触头断开→主轴电动机 M_1 断电；同时 KM_1（104－105）或 KM_2（105－106）复位闭合→YC_1 线圈通电，产生磁场，在电磁吸力作用下将摩擦片压紧产生制动→主轴迅速制动。当松开 SB_1 或 SB_2→YC_1 线圈断电→摩擦片松开，制动结束。这种制动方式迅速、平稳，制动时间不超过 0.5s。

③ 主轴上刀换刀时的停车制动控制：在主轴上刀或更换铣刀时，主轴电动机不得旋转，否则将发生严重的人身事故。为此，电路设有主轴上刀制动环节，它是由主轴上刀制动开关 SA_2 控制。在主轴上刀换刀前，将 SA_2 扳到“接通”位置→其常闭触头 SA_2（7－8）先断开→主轴起动控制电路断电→主轴电动机不能起动旋转；而常开触头 SA_2（106－107）后闭合→主轴制动电磁离合器 YC_1 线圈通电→主轴处于制动状态。上刀换刀结束后，再将 SA_2 扳至“断开”位置→触头 SA_2（106－107）先断开→解除主轴制动状态。而触头 SA_2（7－8）复位闭合，为主电动机起动做准备。

④ 主轴变速冲动控制：主轴变速采用的是机械变速，变速后改变主轴变速箱中齿轮的啮合情况。所谓主轴变速冲动是变速时，主轴电动机作瞬时点动，以调整齿轮，使变速后齿轮顺利进入正常啮合状态。该铣床主轴变速操纵机构装在床身左侧，采用孔盘式结构集中操纵。主轴变速操纵机构简图如图 2-23 所示。

主轴变速操纵过程：

a. 将主轴变速手柄8压下，将手柄的榫块自槽中滑出，然后拉动手柄，使榫块落到第二道槽内为止。在拉出变速手柄时，由扇形齿轮带动齿条3和拨叉7，使变速孔盘5向右移出，并由与扇形齿轮同轴的凸轮9瞬时压合主轴变速行程开关ST_5。

b. 转动变速刻度盘1，把所需转速对准指针，即选好主轴转速。

c. 迅速将变速手柄推回原位，使手柄的榫块落回内槽中。在手柄快接近终位时，应降低推回速度，以利齿轮的啮合，使孔盘顺利插入。此时，凸轮9又瞬时压合ST_5，当孔盘完全推入时，ST_5不再受压，当手柄推不回原位，即孔盘推不上时，可将手柄扳回，重复上述动作，直至变速手柄推回原位，变速完成。

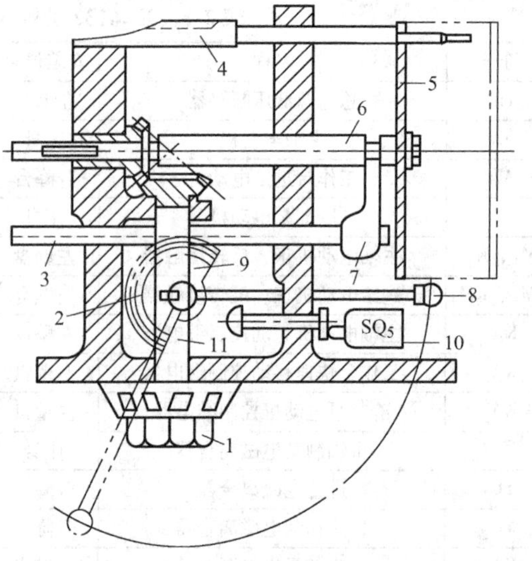

图2-23 主轴变速操纵机构简图

1—变速刻度盘 2—扇形齿轮 3、4—齿条 5—变速孔盘 6、11—轴 7—拨叉 8—变速手柄 9—凸轮 10—限位开关

由上述操作过程可知，在变速手柄拉出、推回过程中，都将瞬时压下ST_5，使触头ST_5（8－10）短时断开、ST_5（8－13）短时闭合。所以XA6132型卧式万能铣床能在主轴运转中直接进行变速操纵。其控制过程是：扳动变速手柄，ST_5短时受压→触头ST_5（8－10）断开、触头ST_5（8－13）闭合→KM_1或KM_2线圈瞬时通电吸合→其主触头瞬间接通→主轴电动机作瞬时点动，利于齿轮啮合。当变速手柄榫块落入槽内时ST_5不再受压→触头ST_5（8－13）断开→切断主轴电动机瞬时点动电路→主轴变速冲动结束。

主轴变速行程开关ST_5的常闭触头ST_5（8－10）是为主轴旋转时进行变速而设的，此时无需按下主轴停止按钮，只需将主轴变速手柄拉出→压下ST_5→其常闭触头ST_5（8－10）断开→断开主轴电动机接触器的KM_1或KM_2线圈电路→电动机自然停车；然后再进行主轴变速操作，电动机进行变速冲动，完成变速。变速完成后尚需再次起动电动机，主轴将在新选择的转速下起动旋转。

2）进给拖动控制电路分析。工作台进给方向的左右纵向运动，前后的横向运动和上下的垂直运动，都是由进给电动机M_2的正反转实现的。而正、反转接触器KM_3、KM_4是由行程开关ST_1、ST_3与ST_2、ST_4来控制的，行程开关又是由两个机械操作手柄控制的。这两个机械操作手柄，一个是纵向机械操作手柄，另一个是垂直与横向操作手柄。扳动机械操作手柄，在完成相应的机械挂档同时，压合相应的行程开关，从而接通接触器，起动进给电动机，拖动工作台按预定方向运动。在工作进给时，由于快速移动继电器KA_2线圈处于断电状态，而进给移动电磁离合器YC_2线圈通电，工作台的运动是工作进给。

纵向机械操作手柄有左、中、右三个位置，垂直与横向机械操作手柄有上、下、前、后、中五个位置。ST_1、ST_2为与纵向机械操作手柄有机械联系的行程开关；ST_3、ST_4为与垂直、横向操作手柄有机械联系的行程开关。当这两个机械操作手柄处于中间位置时，ST_1～ST_4都处于未被压下的原始状态，当扳动机械操作手柄时，将压下相应的行程开关。

SA_3为圆工作台转换开关，其有“接通”与“断开”两个位置，三对触头。当不需要圆工作台时，SA_3置于“断开”位置，此时触头SA_3（24－25）、SA_3（19－28）闭合，SA_3（28－26）断开。当使用圆工作台时，SA_3置于“接通”位置，此时SA_3（24－25）、SA_3（19－28）断开，SA_3（28－26）闭合。

在起动进给电动机之前，应先起动主轴电动机，即合上电源开关 QF，按下主轴起动按钮 SB_3 或 SB_4→中间继电器 KA_1 线圈通电并自锁→其常开触头 KA_1（20－12）闭合→为起动进给电动机作准备。

① 工作台纵向进给运动的控制：若需工作台向右工作进给，将纵向进给操作手柄扳向右侧，在机械上通过联动机构接通纵向进给离合器，在电气上压下行程开关 ST_1→常闭触头 ST_1（29－24）先断开→切断通往 KM_3、KM_4 的另一条通路；常开触头 ST_1（25－26）后闭合→进给电动机 M_2 的接触器 KM_3 线圈通电吸合→M_2 正向起动旋转→拖动工作台向右工作进给。

向右进给工作结束，将纵向进给操作手柄由右位扳到中间位置，行程开关 ST_1 不再受压→常开触头 ST_1（25－26）断开→KM_3 线圈断电释放→M_2 停转→工作台向右进给停止。

工作台向左进给的电路与向右进给时相仿。此时是将纵向进给操作手柄扳向左侧，在机械挂档的同时，电气上压下的是行程开关 ST_2→反转接触器 KM_4 线圈通电→进给电动机反转→拖动工作台向左进给。当将纵向操作手柄由左侧扳回中间位置时，向左进给结束。

② 工作台向前与向下进给运动的控制：将垂直与横向进给操作手柄扳到“向前”位置，在机械上接通了横向进给离合器，在电气上压下行程开关 ST_3→ST_3（23－24）断开、ST_3（25－26）闭合→正转接触器 KM_3 线圈通电吸合→其主触头闭合→进给电动机 M_2 正向起动运行→拖动工作台向前进给。向前进给结束，将垂直与横向进给操作手柄扳回中间位置，ST_3 不再受压→ST_3（25－26）断开、ST_3（23－24）复位闭合→KM_3 线圈断电释放→M_2 停止转动→工作台向前进给停止。

工作台向下进给电路工作情况与“向前”时完全相同，只是将垂直与横向操作手柄扳到“向下”位置，在机械上接通垂直进给离合器，电气上仍压下行程开关 ST_3→KM_3 线圈通电吸合→其主触头闭合→M_2 正转→拖动工作台向下进给。

③ 工作台向后与向上进给的控制：电路情况与向前和向下进给运动的控制相仿，只是将垂直与横向操作手柄扳到“向后”或“向上”位置，在机械上接通垂直或横向进给离合器，电气上都是压下行程开关 ST_4→ST_4（22－23）断开、ST_4（25－30）闭合→反向接触器 KM4 线圈通电吸合→其主触头闭合→M_2 反向起动运行→拖动工作台实现向后或向上的进给运动。当操作手柄扳回中间位置时，进给结束。

④ 进给变速冲动控制：进给变速冲动只有在主轴起动后，纵向进给操作手柄、垂直与横向操作手柄均置于中间位置时才可进行。

进给变速箱是一个独立部件，装在升降台的左边，进给速度的变换是由进给操纵箱来控制，进给操纵箱位于进给变速箱前方。进给变速的操作顺序是：

a. 将蘑菇形手柄拉出。

b. 转动手柄，把刻度盘上所需的进给速度值对准指针。

c. 把蘑菇形手柄向前拉到极限位置，此时借变速孔盘推压行程开关 ST_6。

d. 将蘑菇形手柄推回原位，此时 ST_6 不再受压。

就在蘑菇形手柄已向前拉到极限位置，且没有被反向推回之时，ST_6 压下→ST_6（19－22）断开、ST_6（22－26）闭合→正向接触器 KM_3 线圈瞬时通电吸合→进给电动机 M_2 瞬时正向旋转，获得变速冲动。如果一次瞬间点动时齿轮仍未进入啮合状态，此时变速手柄不能复原，可再次拉出手柄并再次推回，实现再次瞬间点动，直到齿轮啮合为止。

⑤ 进给方向快速移动的控制：进给方向的快速移动是由电磁离合器改变传动链来获得的。先起动主轴电动机，将进给操作手柄扳到所需移动方向对应位置，则工作台按操作手柄选择的方向以选定的进给速度做工作进给。此时如按下快速移动按钮 SB_5 或 SB_6→快速移动中间继电器 KA_2 线圈通电吸合→其常闭触头 KA_2（104－108）先断开→切断工作进给离合器 YC_2 线圈支路；

常开触头 KA_2（110-109）后闭合→快速移动电磁离合器 YC_3线圈通电→工作台按原运动方向作快速移动。松开 SB_5或 SB_6，快速移动立即停止，仍以原进给速度继续进给，所以，快速移动为点动控制。

3）圆工作台的控制。圆工作台的回转运动是由进给电动机经传动机构驱动的，使用圆工作台时，首先把圆工作台转换开关 SA_3扳到“接通”位置。按下主轴起动按钮 SB_3或 SB_4→KA_1、KM_1或 KM_2线圈通电吸合→主轴电动机 M_1起动旋转。接触器 KM_3线圈经 ST_1 ~ ST_4行程开关的常闭触头和 SA_3的常开触头 SA_3（28-26）通电吸合→进给电动机 M_2起动旋转→拖动圆工作台单向回转。此时工作台进给，两个机械操作手柄均处于中间位置。工作台不动，只拖动圆工作台回转。

4）冷却泵和机床照明的控制。冷却泵电动机 M_3通常在铣削加工时由冷却泵转换开关 SA_1控制，当 SA_1扳到“接通”位置→冷却泵起动继电器 KA_3线圈通电吸合→其常开触头闭合→M_3起动旋转。FR_3作为冷却泵电动机 M_3的长期过载保护。

机床照明由照明变压器 T_3供给 24V 安全电压，并由控制开关 SA_5控制照明灯 EL_1。

5）控制电路的联锁与保护。

① 主运动与进给运动的顺序联锁：进给电气控制电路接在中间继电器 KA_1的常开触头 KA_1（20-12）之后，这就保证了只有在起动主轴电动机 M_1之后才可起动进给电动机 M_2，而当主轴电动机停止时，进给电动机也立即停止。

② 工作台 6 个方向的联锁：铣刀工作时，只允许工作台一个方向的运动。为此，工作台上下、左右、前后 6 个方向之间都有联锁。其中工作台纵向操作手柄实现工作台左右运动方向的联锁；垂直与横向操作手柄实现上下、前后 4 个方向的联锁，但关键在于如何实现这两个操作手柄之间的联锁，为此电路设计成：接线点 22-24 之间由 ST_3、ST_4常闭触头串联组成，28-24 之间由 ST_1、ST_2常闭触头串联组成，然后在 24 号点并接后串于 KM_3、KM_4线圈电路中，以控制进给电动机正反转。这样，当扳动纵向操作手柄时，ST_1或 ST_2被压下→其常闭触头断开→断开 28-24 支路，但 KM_3或 KM_4仍可经 22-24 支路通电。若此时再扳动垂直与横向操作手柄，又将 ST_3或 ST_4压下→其常闭触头断开→断开 22-24 支路→KM_3或 KM_4线圈支路断开→进给电动机无法起动→实现了工作台 6 个方向之间的联锁。

③ 长工作台与圆工作台的联锁：圆形工作台的运动必须与长工作台 6 个方向的运动有可靠的联锁，否则将造成刀具与机床的损坏。这里由选择开关 SA_3来实现其相互间的联锁，当使用圆工作台时，选择开关 SA_3置于“接通”位置→其常闭触头 SA_3（24-25）、SA_3（19-28）先断开，常开触头 SA_3（28-26）后闭合→M_2起动控制接触器 KM_3经由 ST_1 ~ ST_4常闭触头串联电路接通→M_2起动旋转→圆工作台运动。若此时又操作纵向或垂直与横向进给操作手柄→压下 ST_1 ~ ST_4中的某一个→断开 KM_3线圈电路→M_2立即停止→圆工作台也停止运动。

若长工作台正在运动，扳动圆工作台选择开关 SA_3于“接通”位置→其常闭触头 SA_3（24-25）断开→KM_3或 KM_4线圈支路断开→进给电动机 M_2也立即停止→长工作台也停止了运动。

④ 工作台进给运动与快速运动的联锁：工作台工作进给与快速移动分别由电磁离合器 YC_2与 YC_3传动，而 YC_2与 YC_3是由快速进给继电器 KA_2控制，利用 KA_2的常开触头与常闭触头实现工作台工作进给与快速运动的联锁。

⑤ 具有完善的保护。

a. 熔断器 FU_1 ~ FU_5实现相应电路的短路保护。

b. 热继电器 FR_1 ~ FR_3实现相应电动机的长期过载保护。

c. 低压断路器 QF 实现整个电路的过电流、欠电压、失电压等保护。

d. 工作台 6 个运动方向的限位保护采用机械与电气相配合的方法来实现，当工作台左、右运动到预定位置时，安装在工作台前方的挡铁将撞动纵向操作手柄，使其从左位或右位返回到中间位置，使工作台停止，实现工作台左右运动的限位保护。

在铣床床身导轨旁设置了上、下两块挡铁，当升降台上下运动到一定位置时，挡铁撞动垂直与横向操作手柄，使其回到中间位置，实现工作台垂直运动的限位保护。

工作台横向运动的限位保护由安装在工作台左侧底部挡铁来撞动垂直与横向操作手柄，使其回到中间位置实现的。

e. 打开电气控制箱门断电的保护。在机床左壁龛上安装了行程开关 ST_7，ST_7常开触头与低压断路器 QF 失电压线圈串联，当打开控制箱门时，ST_7不再受压，ST_7常开触头断开，使低压断路器 QF 失电压线圈断电，QF 跳闸，切断三相交流电源，实现开门断电保护的目的。

2. XA6132 型卧式万能铣床电气控制电路常见故障分析与检修

（1）主轴停车制动效果不明显或无制动　从工作原理分析，当主轴电动机 M_1起动时，因 KM_1或 KM_2接触器通电吸合，使电磁离合器 YC_1的线圈处于断电状态，当主轴停车时，KM_1或 KM_2接触器断电释放，断开主轴电动机电源，同时 YC_1线圈经停止按钮 SB_1或 SB_2常开触头接通而接通直流电源，产生磁场，在电磁吸力作用下将摩擦片压紧产生制动效果。若主轴制动效果不明显通常是按下停止按钮时间太短，松开过早导致的。若主轴无制动，有可能没将制动按钮按到底，致使 YC_1线圈无法通电，而无法制动。若并非此原因，则可能是整流后输出电压偏低、磁场弱、制动力小导致制动效果差，若主轴无制动也可能是由 YC_1线圈断电造成的。

（2）主轴变速与进给变速时无变速冲动　出现此种故障，多因操作变速手柄压合不上主轴变速行程开关 ST_5或压合不上进给变速行程开关 ST_6，主要是由于开关松动或开关移位所致，做相应的处理即可。

（3）工作台控制电路的故障　这部分电路故障较多，如工作台能向左、向右运动，但无垂直与横向运动。这表明进给电动机 M_2与 KM_3、KM_4接触器运行正常。但操作垂直与横向手柄却无运动，这可能是手柄扳动后压合不上行程开关 ST_3或 ST_4；也可能是 ST_1或 ST_2在纵向操作手柄扳回中间位置时不能复原。有时，进给变速行程开关 ST_6损坏，其常闭触头 ST_6（19-22）闭合不上，也会出现上述故障。

3. XA6132 型卧式万能铣床电气控制电路故障排除

1）在 XA6132 型铣床控制柜上人为设置自然故障点，指导教师示范排除检修。

2）教师设置故障点，指导学生如何从故障现象入手进行分析，掌握正确的故障排除、检修的方法和步骤。

3）设置 2～3 个故障点，让学生排除和检修，并将内容填入表 2-9 中。

表 2-9　故障分析表

故障现象	分析原因	检测查找过程

（四）分析与思考

1）XA6132 型卧式万能铣床电气原理图中，哪几台电动机采用的正、反转控制？是如何实现的？

2）XA6132 型卧式万能铣床电气控制箱门断电的保护是如何实现的？

四、任务考核

任务考核见表2-10。

表2-10 任务实施考核表

序号	考核内容	考核要求	评分标准	配分	得分
1	电工工具及仪表的使用	能规范地使用常用电工工具及仪表	1）电工工具不会使用或动作不规范，扣5分 2）不会使用万用表等仪表，扣5分 3）损坏工具或仪表，扣10分	10分	
2	故障分析	在电气控制电路上，能正确分析故障可能产生的原因	1）错标或少标故障范围，每个故障点扣6分 2）不能标出最小的故障范围，每个故障点扣4分	30分	
3	故障排除	正确使用电工工具和仪表，找出故障点并排除故障	1）每少查出一个故障点扣6分 2）每少排除一个故障点扣5分 3）排除故障的方法不正确，每处扣4分	40分	
4	安全文明操作	确保人身和设备安全	违反安全文明操作规程，扣10~20分	20分	
5	合计				

五、知识拓展——Z3040型摇臂钻床的电气控制电路分析与故障排除

钻床是一种用途较广的万能机床，可以进行钻孔、扩孔、铰孔、攻螺纹及修刮端面等多种形式的加工。

钻床按用途和结构可分为立式钻床、台式钻床、多轴钻床、深孔钻床、卧式钻床及其他专用钻床等。在各类钻床中，摇臂钻床操作方便、灵活，适用范围广，具有典型性。下面以Z3040型摇臂钻床为例，分析其电气控制。

（一）Z3040型摇臂钻床的主要结构及控制要求

1. 摇臂钻床的主要结构

图2-24是Z3040型摇臂钻床结构示意图。它主要由底座、内立柱、外立柱、摇臂、主轴箱及工作台等组成。内立柱固定在底座上，在它外面套着空心的外立柱，外立柱可绕着内立柱回转一周，摇臂一端的套筒部分与外立柱滑动配合，借助于丝杆，摇臂可沿着外立柱上下移动，但两者不能作相对移动，所以摇臂将与外立柱一起相对内立柱回转。主轴箱是一个复合的部件，它具有主轴及主轴旋转部件和主轴进给的全部变速和操纵机构。主轴箱可沿着摇臂上的水平导轨作径向移动。当进行加工时，可利用特殊的夹紧机构将外立柱紧固在内立柱上，摇臂紧固在外立柱上，主轴箱紧固在摇臂导轨上，然后进行钻削加工。

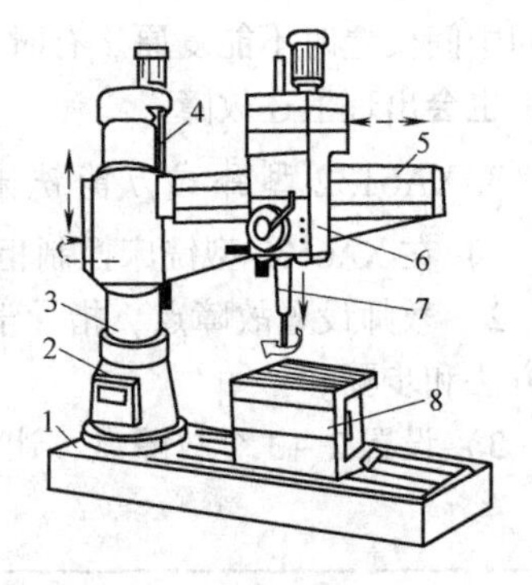

图2-24 Z3040型摇臂钻床结构示意图
1—底座 2—内立柱 3—外立柱 4—摇臂升降丝杆 5—摇臂 6—主轴箱 7—主轴 8—工作台

2. 摇臂钻床的运动形式

主运动：主轴的旋转。进给运动：主轴的轴向进给。即钻头一边旋转一边作轴向进给。此时主轴箱夹紧在摇臂的水平导轨上，摇臂与外立柱夹紧在内立柱上。辅助运动：摇臂沿外立柱的上

下垂直移动；主轴箱沿摇臂水平导轨的径向移动；摇臂与外立柱一起绕内立柱的回转运动。

3. 摇臂钻床的电力拖动特点及控制要求

1）由于摇臂钻床的运动部件较多，为简化传动装置，使用多台电动机拖动，主电动机承担主钻削及进给任务，摇臂升降及其夹紧放松、立柱夹紧放松和冷却泵各用一台电动机拖动。

2）为了适应多种加工方式的要求，主轴及进给应在较大范围内调速。但这些调速都是机械调速，用手柄操作变速箱调速，对电动机无任何调速要求。从结构上看，主轴变速机构与进给变速机构应该放在一个变速箱内，而且两种运动由一台电动机拖动是合理的。

3）加工螺纹时要求主轴能正反转。摇臂钻床的正反转一般用机械方法实现，电动机只需单方向旋转。

4）为了实现主轴箱、内外立柱和摇臂的夹紧与放松，要求液压泵电动机正反转。

5）要求有必要的联锁与保护环节，并有安全可靠的局部照明和信号指示。

4. 液压系统简介

Z3040 型摇臂钻床具有两套液压控制系统，一个是操纵机构液压系统，另一个是夹紧机构液压系统。前者安装在主轴箱内，用以实现主轴正反转、停车制动、空档、预选及变速等；后者安装在摇臂背后的电器盒下部，用以实现主轴箱、外立柱及摇臂的夹紧与放松功能。

（1）操纵机构液压系统　该系统压力油由主轴电动机拖动齿轮泵供给。主轴电动机转动后，由操作手柄控制，使压力油作不同的分配，获得不同的动作。操作手柄有五个位置：“空档”“变速”“正转”“反转”和“停车”。

1）空档：将操作手柄扳向“空档”位置，这时压力油使主轴传动系统中滑移齿轮脱开，用手可轻便地转动主轴。

2）变速：主轴变速与进给变速时，将操作手柄扳向“变速”位置，改变两个变速旋钮，进行变速，主轴转速与进给量大小由变速装置实现。当变速完成，松开 2 操作手柄，此时操作手柄在机械装置的作用下自动由“变速”位置回到主轴“停车”位置。

3）正转和反转：操作手柄扳向“正转”或“反转”位置，主轴在机械装置的作用下实现主轴的正转或反转。

4）停车：主轴停转时，将操作手柄扳向“停车”位置，这时主轴电动机拖动齿轮泵旋转，使制动摩擦离合器作用，主轴不能转动实现停车。所以主轴停车时主轴电动机仍在旋转，只是使动力不能传动主轴。

（2）夹紧机构液压系统　主轴箱、内外立柱和摇臂的夹紧与松开，是由液压泵电动机拖到液压泵送出压力油，推动活塞、菱形块来实现的。其中主轴箱和立柱的夹紧或放松由一条油路控制，而摇臂的夹紧或放松因要与摇臂的升降运动构成自动循环，因此由另一油路来控制。这两条油路均由电磁阀操纵。

系统由液压泵电动机 M_3 拖动液压泵 YB 供给压力油，由电磁铁 YA 和二位六通液压阀 HF 组成的电磁阀分配油压供给内外立柱之间、主轴箱与摇臂之间、摇臂与外立柱之间的夹紧机构。

夹紧机构液压系统工作简图如图 2-25 所示。夹紧机构液压泵系统工作情况如下：

1）YA 不通电时，HF 的（1-4）、（2-3）相通，压力油供给主轴箱、立柱夹紧机构。如这时 M_3 正转，则液压使两个夹紧机构都夹紧（压下行程开关 ST_3）；否则，夹紧机构放松（ST_3 释放）（有的 Z3040 型摇臂钻床已作改进，这两个夹紧机构可分别单独动作，也可同时动作）。

2）如 YA 通电时，HF 的（1-6）、（2-5）相通，压力油供给摇臂夹紧机构。如这时 M_3 正转，使夹紧机构夹紧，弹簧片压下行程开关 ST_2，而 ST_1 释放，如 M_3 反转，则夹紧机构放松，弹簧片压下行程开关 ST_1，而释放 ST_2，可见，操纵哪一个夹紧机构松开或夹紧，既决定于 YA 是否通电，又取决于M_3转向。

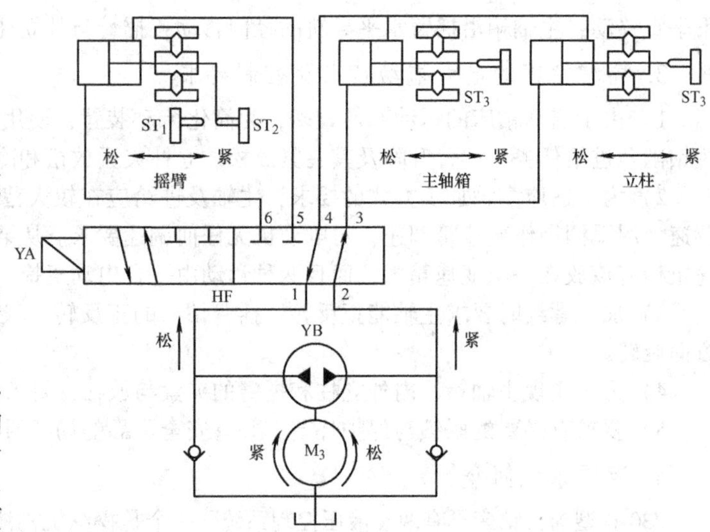

图2-25 夹紧机构液压系统工作简图

（二）Z3040型摇臂钻床的电气控制电路分析

Z3040型摇臂钻床的电气原理图如图2-26所示。M_1为主轴电动机，M_2为摇臂升降电动机，M_3为液压泵电动机，M_4为冷却泵电动机，QS为电源总开关。

主轴箱上装有4个按钮SB_2、SB_1、SB_3、SB_4，分别是主轴电动机M_1起、停按钮，摇臂上升、下降按钮。主轴箱转盘上的2个按钮SB_5、SB_6分别为主轴箱及立柱松开按钮和夹紧按钮。转盘为主轴箱左右移动手柄，操纵杆则操纵主轴的垂直移动，两者均可手动。主轴也可机动进给。

1. 主电路分析

M_1为单向旋转，由接触器KM_1控制，主轴的正、反转则由机床液压系统操作机构配合正、反转摩擦离合器实现。由热继电器FR_1作电动机长期过载保护。

M_2由正、反转接触器KM_2、KM_3控制实现正反转。控制电路保证在操纵摇臂升降时，首先使液压泵电动机起动旋转，供出压力油，经液压系统将摇臂松开，然后才使电动机M_2起动，拖动摇臂上升或下降。当移动到位后，保证M_2先停止运转，再自动通过液压系统将摇臂夹紧，最后液压泵电动机才停止运转。M_2为短时工作，不设长期过载保护。

M_3由接触器KM_4、KM_5实现正、反转控制，并由热继电器FR_2作长期过载保护。

M_4电动机容量小，仅0.125kW，由开关SA_1控制其起停。

2. 控制电路分析

控制电路的电源由变压器TC将交流电压380V降为110V。指示灯电源电压为6.3V。

（1）主轴电动机的控制

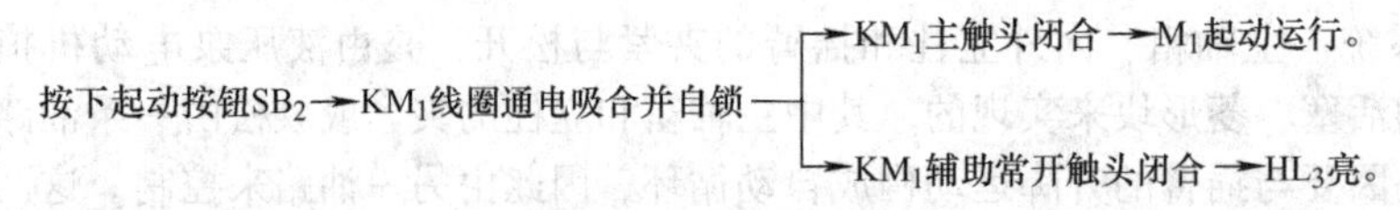

按下停止按钮SB_1→KM_1线圈断电释放→KM_1主触头断开→M_1断电停转，同时HL_3熄灭。

（2）摇臂升降控制　摇臂通常处于夹紧状态，使丝杆免受负载。在控制摇臂升降时，除升降电动机M_2需转动外，还需要摇臂夹紧机构、液压系统协调配合，完成夹紧→松开→夹紧动作。

工作过程如下：

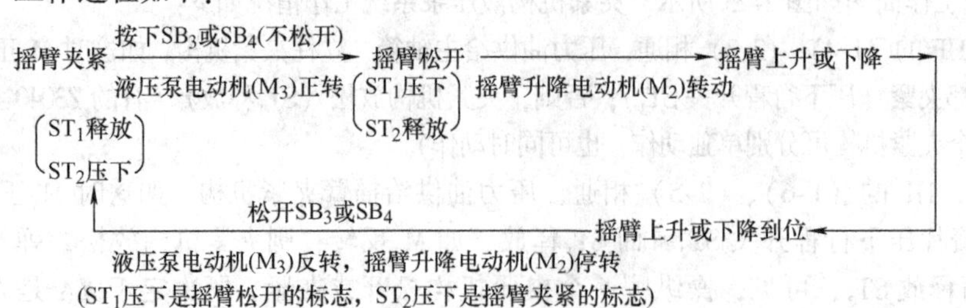

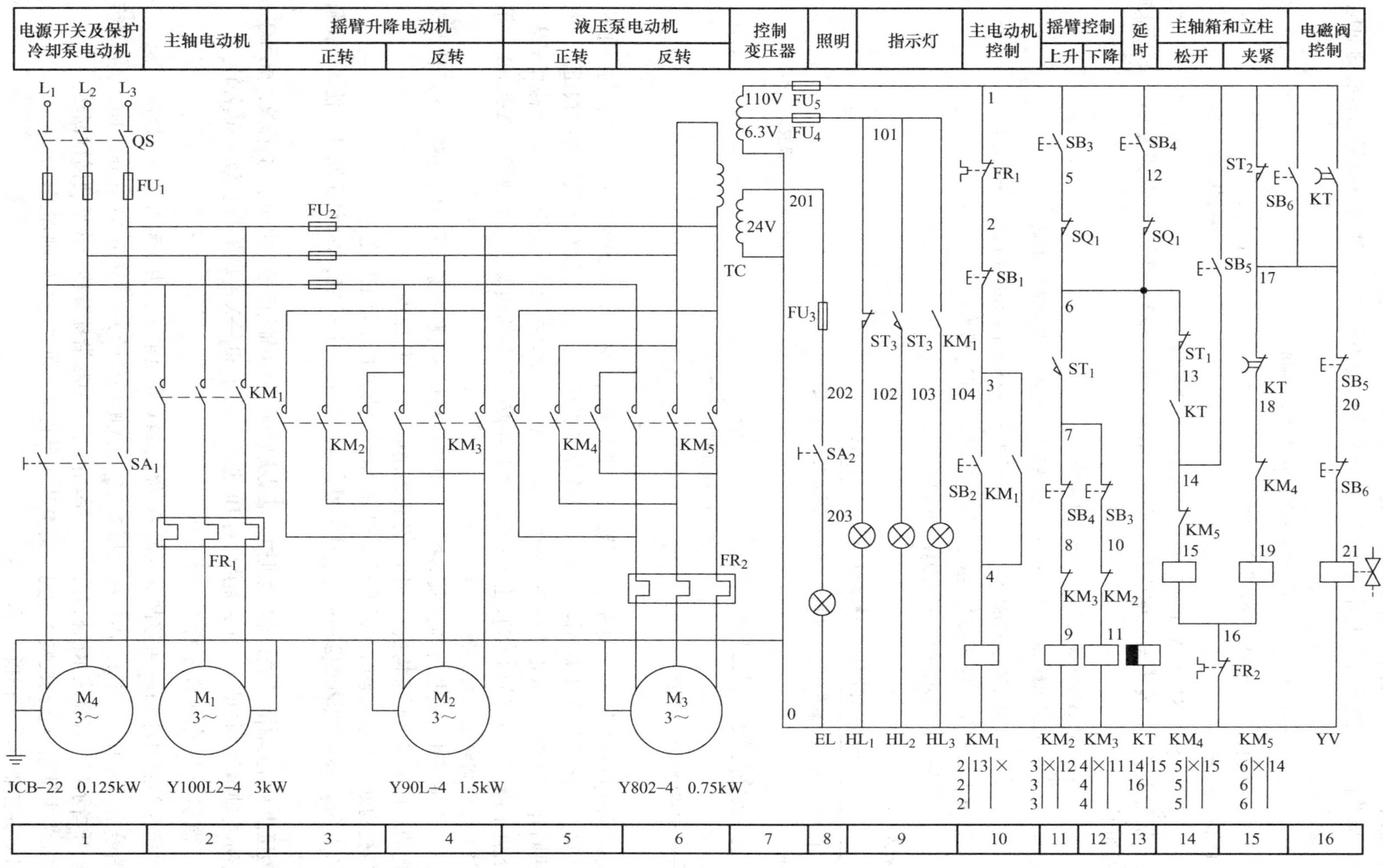

图2-26　Z3040型摇臂钻床电气原理图

下面以摇臂上升为例来分析摇臂升降机夹紧、松开的工作过程。

1）摇臂松开：按下摇臂上升按钮即点动按钮SB_3（不松开），时间继电器KT线圈通电动作。其过程为：

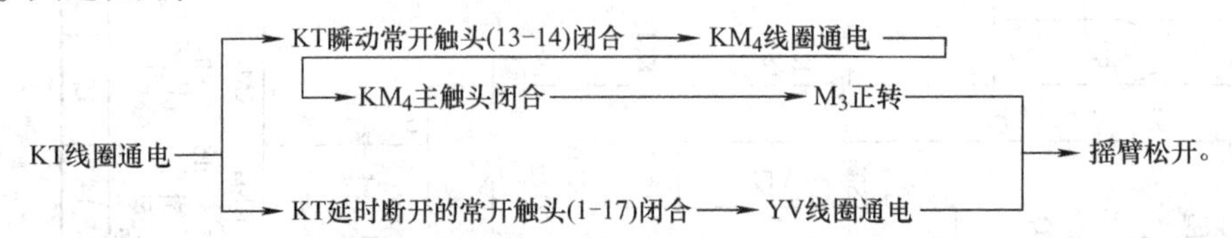

2）摇臂上升：摇臂夹紧机构松开到位时，活塞杆通过弹簧片压下行程开关ST_1，ST_2释放。其过程如下：

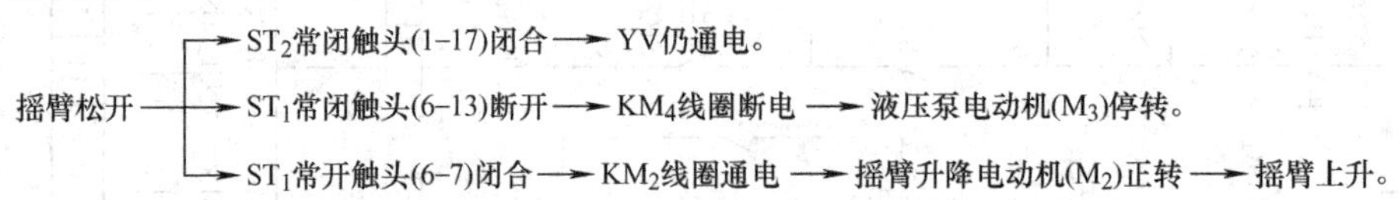

3）摇臂上升到位：松开按钮SB_3，摇臂又夹紧。其过程为：

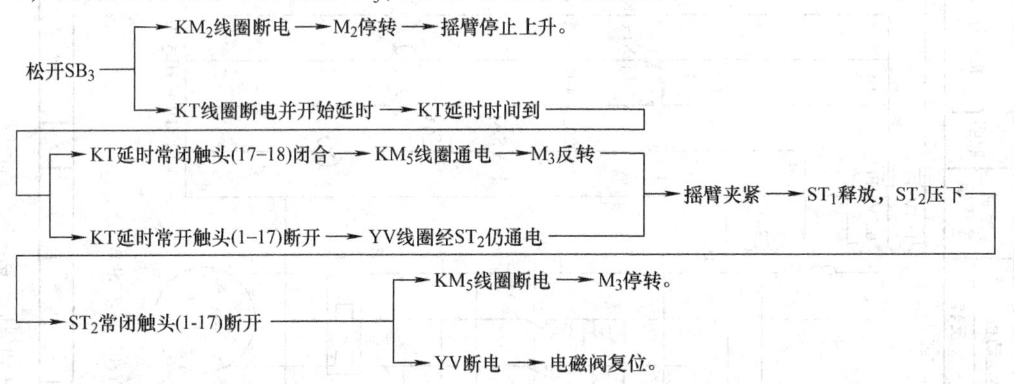

原理图中的组合限位开关SQ_1是摇臂上升或下降至极限位置时的保护开关。SQ_1与一般限位开关不同，其两对常闭触头不同时动作。其作用是当摇臂上升或下降到极限位置时被压下，其常闭触头断开，使KM_2或KM_3线圈断电释放，M_2停转不再带动摇臂上升或下降，防止碰坏机床。

摇臂下降控制电路的工作原理分析与摇臂上升控制电路的相似，只是要按下按钮SB_4，请读者仿照上升控制电路自行分析。

（3）主轴箱和立柱松开与夹紧的控制　由松开按钮SB_5和夹紧按钮SB_6控制的正反转点动控制实现的。这里以夹紧机构松开为例，分析控制电路的工作原理。

当机构处于夹紧状态时，行程开关ST_3被压下，夹紧指示灯HL_2亮。

按下SB_5→KM_4线圈通电→KM_4主触头闭合→M_3正转。由于SB_5常闭触头断开，使YV线圈不能通电。

液压油供给主轴箱、立柱两夹紧机构，推动夹紧机构使主轴箱和立柱松开；ST_3释放，指示灯HL_1亮，表示主轴箱和立柱松开。而夹紧指示灯HL_2熄灭。松开SB_5→KM_4线圈断电释放→M_3停转。

3. 照明及信号电路分析

机床局部照明灯EL，由控制变压器TC提供24V安全电压，由手动开关SA_2控制。

信号指示灯HL_1 ~ HL_3，由控制变压器TC二次侧提供的另一AC 6.3V电压，HL_1为主轴箱与立柱松开指示灯，灯亮表示已松开，可以手动操作主轴箱沿摇臂移动或推动摇臂回转。

HL_2为主轴箱与立柱夹紧指示灯，灯亮表示已夹紧，可以进行钻削加工。

HL_3为主轴旋转工作指示灯。

（三）Z3040 型摇臂钻床电气控制电路常见故障分析与排除

摇臂钻床电气控制的核心是摇臂升降、立柱和主轴箱的夹紧与松开。Z3040 型摇臂钻床的工作过程是由电气、机械以及液压系统紧密配合实现的。因此，在维修中不仅要注意电气部分是否正常工作，而且也要注意它与机械和液压部分的协调关系。

1）摇臂不能升降。由摇臂升降过程可知，升降电动机 M_2运行，带动摇臂升降，其条件是使摇臂从立柱上完全松开后，活塞杆压合位置开关 ST_1。所以发生故障时，应首先检查位置开关 ST_1是否动作，如果 ST_1不动作，常见故障是 ST_1的安装位置移动或已损坏。这样，摇臂虽已放松，但活塞杆压不上 ST_1，摇臂就不能升降。有时，液压系统发生故障，使摇臂放松不够，也会压不上 ST_1，使摇臂不能运动。由此可见，ST_1的位置非常重要，排除故障时，应配合机械、液压调整好后紧固。

另外，电动机 M_3电源相序接反时，按下上升按钮 SB_4（或下降按钮 SB_5），M_3反转，使摇臂夹紧，压不上 ST_1，摇臂也就不能升降。所以，在钻床大修或安装后，一定要检查电源相序。

2）摇臂升降后，摇臂夹不紧。由摇臂夹紧的动作过程可知，夹紧动作的结束是由位置开关 ST_2来完成的。如果 ST_2动作过早，将使 M_3尚未充分夹紧就停转。常见的故障原因是 ST_2位置安装不合适，或固定螺钉松动造成 ST_2移位，使 ST_2在摇臂夹紧动作未完成时就被压上，断开 KM_5线圈回路，M_3停转。

排除故障时，首先判断是液压系统的故障，还是电气系统的故障，对电气部分的故障，应重新调整 ST_2的动作距离，固定好螺钉即可。

3）立柱、主轴箱不能夹紧或松开。立柱、主轴箱不能夹紧或松开的可能原因是液压系统油路堵塞、接触器 KM_4或 KM_5不能吸合所致。出现故障时，应检查按钮 SB_5、SB_6接线情况是否良好。若 KM_4或 KM_5能吸合，M_3能运转，可排除电气部分的故障，则应检查液压系统的油路，以确定是否是油路故障。

4）摇臂上升或下降，限位保护开关失灵。组合限位开关 SQ_1的失灵分两种情况：一是组合限位开关 SQ_1损坏，SQ_1触头不能因开关动作而闭合或接触不良使电路断开，由此使摇臂不能上升或下降；二是组合限位开关 SQ_1不能动作，触头熔焊，使电路始终处于接通状态，当摇臂上升或下降到极限位置后，摇臂升降电动机 M_2发生堵转，这时应立即松开 SB_3或 SB_4。根据上述情况进行分析，找出故障原因，更换或修理失灵的组合限位开关 SQ_1即可。

5）按下 SB_6，立柱、主轴箱能夹紧，但释放后就松开。由于立柱、主轴箱的夹紧和松开机构都采用机械菱形块结构，所以这种故障多为机械原因造成，应进行机械部分的维修。

六、任务总结

本任务以 XA6132 型卧式万能铣床电气控制电路分析与故障排除为导向，引出电磁离合器、万能转换开关和 XA6132 型卧式万能铣床电气控制电路分析及故障排除的知识，学生在这些相关知识学习的基础上，通过对 XA6132 型卧式万能铣床电气控制电路故障排除的操作训练，掌握卧式铣床电气控制系统的分析及故障排除的基本技能，加深对理论知识的理解。

本任务还介绍了 Z3040 型摇臂钻床电气控制系统分析及故障排除。

梳理与总结

本项目以 CA6140 型车床和 XA6132 型卧式万能铣床电气控制电路分析及故障排除两个任务为导向，以掌握典型机床电气控制电路故障排除技能的任务为目标，对几种常用机床的电气控制电路进行了分析和讨论，其目的是不仅要求学生掌握某一机床的电气控制，更为重要的是由此举一反三，掌握一般生产机械电气控制电路分析的方法，培养分析与排除电气设备故障的能力，进而为设计一般电气设备的控制电路打下基础。

1. 机床电气控制电路的一般分析方法

1）了解机床基本结构、运动情况、工艺要求和操作方法，以期对机床有个总体了解，进而明确机床对电力拖动的要求，为阅读和分析电路作准备。

2）阅读主电路，掌握电动机的台数和作用，结合该机床加工工艺要求，分析电动机起动方法，有无正反转控制，采用何种制动，电动机的保护种类等。

3）从机床加工工艺要求出发，一个环节一个环节地去阅读各台电动机的控制电路。

4）根据机床对电气控制的要求和机电液配合情况，进一步分析其控制方法，各部分电路之间的联锁关系。

5）统观全电路看有哪些保护环节。

6）进一步总结出该机床的电气控制特点。

2. 机床电气控制的故障分析与排除

熟知检查电气控制电路的工作原理，了解各电器元件与机械操作手柄的关系是分析电气故障的基础；了解故障发生的情况及经过是关键；用万用表检查电路或用导线短路法查找故障点是方法。通过不断参加生产实践，不断提高阅读与分析电路图的能力，提高分析与排除故障的能力，培养设计电路图的能力。

3. 各机床电气控制的特点

本项目对CA6140型普通车床、M7120型平面磨床、XA6132型卧式万能铣床及Z3040型摇臂钻床的电气控制系统及故障排除进行了分析和讨论。在这些电路中，有许多环节是相似的，都是由一些基本控制环节有机地组合，然而各台机床的电气控制又各具特色，只有抓住了各台机床的特点，抓住了个性，抓住了本质，才能将各台机床的电气控制区别开。上述几种机床电气控制的特点是：

CA6140型车床控制电路简单，被控电动机的电气要求不高，只有一般的顺序控制。

M7120型平面磨床砂轮电动机和液压泵控制电路都不复杂，相对而言电磁吸盘对电气控制要求略高一些，使用了欠电压继电器KUV，保证了电磁吸盘只有在足够的吸力时，才能进行磨削加工，以防止工件损坏或人身事故。电磁吸盘由桥式整流装置供给直流电源工作，“充磁”和“去磁”是改变通过电磁吸盘线圈电流方向实现的。

XA6132型卧式万能铣床主轴电动机的停车制动和主轴上刀时的制动、工作台工作进给和快速进给均采用电磁离合器的传动装置控制；主轴与进给变速时均设有变速冲动环节；进给电动机的控制采用机械挂挡—电气开关联动的手柄操作，而且操作手柄扳动方向与工作台运动一致；工作台上下左右前后6个方向的运动具有联锁保护。

Z3040型摇臂钻床的摇臂升降运动控制较复杂。由液压泵配合机械装置，完成“松开摇臂→摇臂上升（或下降）→夹紧摇臂”这一过程，在此过程中要注意行程开关和时间继电器的动作情况。主轴和立柱的夹紧和放松是以点动控制为主，配合手动完成的。

复习与提高

一、填空题

1. CA6140型车床的主运动为________，它是由主轴通过卡盘或顶尖带动工件旋转，其承受车削加工时的主要切削功率。

2. CA6140 型车床的进给运动是溜板带动刀架的纵向或________直线运动。其运动方式有________或自动两种。

3. CA6140 型车床主电路共有________台电动机，分别为________电动机、________电动机和________电动机。

4. CA6140 型车床电气原理图中控制变压器 TC 二次侧输出______V 电压作为控制回路的电源。

5. XA6132 型卧式万能铣床主要由车身、________、导杆支架、________、主轴和________等部分组成。

6. XA6132 型卧式万能铣床的工作台上还可以安装________以扩大铣削能力。

7. XA6132 型卧式万能铣床为了能进行顺铣和逆铣加工，要求主轴能够实现________运行。

8. XA6132 型卧式万能铣床的主电路中共有 3 台电动机。其中 M_1 是________电动机，M_2 是________电动机，M_3 是________电动机。

9. Z3040 型摇臂钻床主要由底座、_______、外立柱、_______、主轴箱、_______等组成。

10. Z3040 型摇臂钻床电气原理图中有 4 台电动机，其中 M_1 为________电动机，M_2 为________电动机，M_3 为液压泵电动机，M_4 为________电动机。

11. Z3040 型摇臂钻床电气原理图中时间继电器的作用是________。

12. Z3040 型摇臂钻床在加工过程中，当钻头与工件的相对高低位置不适合时，可通过摇臂的________或________来调整。

13. M7120 型平面磨床的主运动是______。进给运动有垂直进给、横向进给和纵向进给 3 种方式。垂直进给是______；横向进给是_______；纵向进给是_______。辅助运动是指_______。

14. M7120 型平面磨床电磁吸盘的保护环节有________、________及________。

二、判断题（请在正确的括号内画√，错误的括号内 ×）

1. CA6140 型车床电气原理图中 KM_3 为控制刀架快速移动电动机 M_3 起动用，因快速移动电动机 M_3 是短期工作，故可不设过载保护。（　）

2. CA6140 型车床为车削螺纹，主轴只要求电动机向一个方向旋转即可。（　）

3. CA6140 型车床为实现溜板箱的快速移动，由单独的快速移动电动机拖动，采用点动控制。（　）

4. CA6140 型车床电气原理图应具有必要的保护环节和安全可靠的照明和信号指示。（　）

5. XA6132 型卧式万能铣床圆工作台运动需两个转向，且与工作台进给运动要有联锁，不能同时进行。（　）

6. XA6132 型卧式万能铣床工作台有上、下、左、右、前五个方向的运动。（　）

7. XA6132 型卧式万能铣床，为提高主轴旋转的均匀性并消除铣削加工时的振动，主轴上装有飞轮，其转动惯量较大，因此，要求主轴电动机有停转制动控制。（　）

8. XA6132 型卧式万能铣床为操作方便，应能在两处控制各部件的起动或停止。（　）

9. 在 Z3040 型摇臂钻床中摇臂与外立柱的夹紧和松开程度是通过行程开关检测的。（　）

10. Z3040 型摇臂钻床主电动机采用热继电器作短路保护。（　）

11. Z3040 型摇臂钻床摇臂的夹紧必须在摇臂停止时进行。（　）

12. M7120 型平面磨床的工件夹紧是通过电磁吸盘来实现的。（　）

三、选择题：(请将正确选项的题号填在各题的括号内)

1. Z3040 型摇臂钻床在电气原理图中使用了一个断电延时型时间继电器，它的作用是（　）。

A. 升降机构上升定时　　B. 升降机构下降定时

C. 夹紧时间控制　　D. 保证升降电动机完全停止的延时

2. Z3040型摇臂钻床在电气原理图中，如果行程开关ST_2调整不当，夹紧后仍然不动作，则会造成（　　）。

A. 升降电动机过载　　B. 液压泵电动机过载

C. 主动电动机过载　　D. 冷却泵电动机过载

3. XA6132型卧式万能铣床主轴电动机的正、反转控制是由（　　）实现的。

A. 接触器KM_1、KM_2的主触头　　B. 接触器KM_3、KM_4的主触头

C. 换向开关SA_4　　D. 换向开关SA_5

4. 在M7120型平面磨床电气控制系统中，电磁吸盘的作用是（　　）。

A. 用来吸牢加工工件　　B. 只能用来吸住铁磁性材料的工件

C. 用来夹紧工件　　D. 用来释放工件

5. 在M7120型平面磨床电气控制系统中，电磁吸盘保护电路中吸盘吸力不足保护是由（　　）实现的。

A. RC放电电路　　B. 熔断器

C. 直流欠压继电器KUV　　D. 桥式整流装置

四、简答题

1. CA6140型车床电气控制具有哪些特点？

2. CA6140型车床电气控制具有哪些保护？它们是通过哪些电器元件实现的？

3. M7120型平面磨床采用电磁吸盘来夹持工件有什么好处？

4. M7120型平面磨床控制电路中欠电压继电器KUV起什么作用？

5. M7120型平面磨床具有哪些保护环节，各由什么电器元件来实现的？

6. M7120型平面磨床的电磁吸盘没有吸力或吸力不足，试分析可能的原因。

7. 分析Z3040型摇臂钻床电路中，时间继电器KT与电磁阀YV在什么时候动作？时间继电器各触头作用是什么？

8. Z3040型摇臂钻床电路中，行程开关ST_1～ST_3的作用是什么？

9. 试述Z3040型摇臂钻床操作摇臂下降时电路的工作情况。

10. Z3040型摇臂钻床电路中有哪些联锁与保护？

11. Z3040型摇臂钻床发生故障，其摇臂的上升、下降动作相反，试由电气控制电路分析其故障的原因。

12. XA6132型卧式万能铣床电气控制电路中，电磁离合器YC_1～YC_3的作用是什么？

13. XA6132型卧式万能铣床电气控制电路中，行程开关ST_1～ST_6的作用各是什么？

14. XA6132型卧式万能铣床电气控制具有哪些联锁与保护？为何设有这些联锁与保护？它们是如何实现的？

15. XA6132型卧式万能铣床主轴变速能否在主轴停止或主轴旋转时进行？为什么？

项目三　3

FX3U系列PLC基本指令的应用

<table>
<tr><td rowspan="2">教学目标</td><td>技能目标</td><td>1. 能分析简单控制系统的工作过程。
2. 能正确安装PLC，并完成输入/输出的接线。
3. 能合理分配I/O地址，运用基本指令编制控制程序。
4. 会使用GX Developer编程软件编制梯形图。
5. 能进行程序的离线和在线调试。</td></tr>
<tr><td>知识目标</td><td>1. 熟悉PLC的结构及工作过程。
2. 掌握梯形图和指令表之间的相互转换。
3. 掌握编程元件X、Y、M、T、C的功能及使用方法。
4. 掌握基本指令中触点类指令、线圈驱动类指令的编程。</td></tr>
<tr><td colspan="2">教学重点</td><td>GX Developer编程软件的使用；触点类指令、线圈驱动类指令的编程。</td></tr>
<tr><td colspan="2">教学难点</td><td>微分输出指令、栈指令和主控指令的编程。</td></tr>
<tr><td colspan="2">教学方法、手段建议</td><td>采用项目教学法、任务驱动法、理实一体化教学法等开展教学，在教学过程中，教师讲授与学生讨论相结合，传统教学与信息化技术相结合，充分利用翻转课堂、微课等教学手段，把课堂转移到实训室，引导学生做中学、学中做，教、学、做合一。</td></tr>
<tr><td colspan="2">参考学时</td><td>16学时</td></tr>
</table>

FX_{3U}系列PLC基本指令有29条。基本指令一般由助记符和操作元件组成，助记符是每一条基本指令的符号，表明操作功能；操作元件是被操作的对象。有些基本指令只有助记符，没有操作元件。下面将通过三相异步电动机起停的PLC控制、水塔水位的PLC控制、三相异步电动机正反转循环运行的PLC控制、三相异步电动机Y-△减压起停单按钮实现的PLC控制4个任务介绍FX_{3U}系列PLC基本指令的应用。

任务一　三相异步电动机起停的PLC控制

一、任务导入

在“电机与电气控制应用技术”课程中我们已经学习了电动机起停控制电路，本任务我们将学习利用PLC实现电动机起停控制的方法，学习时注意两者的异同之处。

当采用PLC控制电动机起停时，必须将按钮的控制信号送到PLC的输入端，经过程序运算，再将PLC的输出去驱动接触器KM线圈得电，电动机才能运行。那么，如何将输入、输出器件与PLC连接，如何编写PLC控制程序？这需要用到PLC内部的编程元件输入继电器X、输出继电器Y以及相关的基本指令。

二、知识链接

（一）认识PLC

1. PLC的产生与发展

（1）PLC的产生　在可编程序控制器出现之前，在工业电气控制领域中，继电器控制占主导地位，应用广泛。但是传统的继电器控制存在体积大、可靠性低、查找和排除故障困难等缺点，特别是其接线复杂、不易更改，对生产工艺变化的适应性差。

1968年美国通用汽车公司（GM）为了适应汽车型号的不断更新，生产工艺不断变化的需要，实现小批量、多品种生产，希望能有一种新型工业控制器，它能做到尽可能减少重新设计和更新电气控制系统及接线，以降低成本、缩短周期。于是就设想将计算机功能强大、灵活、通用性好等优点与继电器控制系统简单易懂、价格便宜等优点结合起来，制成一种通用控制装置，而且这种装置采用面向控制过程、面向问题的“自然语言”进行编程，使不熟悉计算机的电气控制人员也能很快掌握使用。

当时，GM公司提出以下十项设计标准：

1）编程简单，可在现场修改程序。

2）维护方便，采用模块式结构。

3）可靠性高于继电器控制柜。

4）体积小于继电器控制柜。

5）成本可与继电器控制柜竞争。

6）可将数据直接送入计算机。

7）可直接使用市电交流输入电压。

8）输出采用市电交流电压，能直接驱动电磁阀、交流接触器等。

9）通用性强，扩展方便。

10）能存储程序，存储器容量可以扩展到4KB。

1969年，美国数字设备公司（DEC）研制出第一台PLC PDP－14，并在美国通用汽车自动装配线上试用，获得成功。这种新型的电控装置由于优点多、缺点少，很快就在美国得到了推广应用。1971年日本从美国引进这项技术并研制出日本第一台PLC，1973年德国西门子公司研制出欧洲第一台PLC，我国1974年开始研制，1977年开始工业应用。

（2）PLC的发展　早期的可编程序控制器仅有逻辑运算、定时、计数等顺序控制功能，只是用来取代传统的继电器控制，通常称为可编程序逻辑控制器（Programmable Logic Controller，简称PLC）。随着微电子技术和计算机技术的发展，20世纪70年代中期微处理技术应用到PLC中，使PLC不仅具有逻辑控制功能，还增加了算术运算、数据传送和数据处理等功能。

20世纪70年代中末期，可编程控制器进入实用化发展阶段，计算机技术已全面引入可编程序控制器中，使其功能发生了飞跃。更高的运算速度、超小型体积、更可靠的工业抗干扰设计、模拟量运算、PID（比例、积分、微分，Proportion Integral Differential）控制功能及极高的性价比奠定了它在现代工业中的地位。20世纪80年代初，可编程序控制器在先进工业国家中已获得广泛应用。这个时期可编程序控制器发展的特点是大规模、高速度、高性能和产品系列化。这个阶段的另一个特点是世界上生产可编程序控制器的国家日益增多，产量日益上升。这标志着可编程序控制器已步入成熟阶段。

20世纪末期，可编程序控制器的发展特点是更加适应于现代工业的需要。从控制规模上来说，这个时期发展了大型机和超小型机；从控制能力上来说，诞生了各种各样的特殊功能模块/特殊功能单元，用于压力、温度、转速和位移等各式各样的控制场合；从产品的配套能力来说，生产了各种人机界面单元、通信单元，使应用可编程序控制器的工业控制设备的配套更加容易。目前，可编程序控制器在机械制造、石油化工、冶金钢铁、汽车和轻工业等领域的应用都得到了长足的发展。

我国可编程序控制器的引进、应用、研制和生产是伴随着改革开放开始的。最初是在引进设备中大量使用了可编程序控制器。接下来在各种企业的生产设备及产品中不断扩大了PLC的应用。目前，我国自己已可以生产中小型可编程序控制器。无锡信捷电气有限公司生产的XC、XD、XG及XL系列、深圳市矩形科技有限公司生产的V80、PPC及CMPAC系列、苏州电子计算机厂生产的YZ系列、深圳市汇川技术股份有限公司生产的HU系列等多种产品已具备了一定的规模并在工业产品中获得了应用。

国内PLC应用市场仍然以国外产品为主，如：西门子的S7-200系列、300系列、400系列、S7-200SMART系列、S7-1200系列、S7-1500系列，三菱的FX_{2N}、FX_{3U}、FX_{5U}系列、Q系列，欧姆龙的CP1、CJ1、CJ2、CS1、C200H系列等。

2. PLC的定义

PLC是一种工业控制装置。是在电气控制技术和计算机技术的基础上开发出来的，并逐渐发展成为以微处理器为核心，将自动化技术、计算机技术、通信技术融为一体的新型工业控制装置。

1987年，国际电工委员会（IEC）定义：

可编程序控制器是一种数字运算操作的电子系统，专为在工业环境下应用而设计。它采用可编程序的存储器，用来在其内部存储执行逻辑运算、顺序控制、定时、计数和算术运算等操作的指令，并通过数字式和模拟式的输入和输出，控制各种类型的机械或生产过程。可编程序控制器及其有关外围设备，都应按易于与工业系统联成一个整体，易于扩充其功能的原则设计。

3. PLC的特点

PLC技术之所以高速发展，除了工业自动化的客观需要外，主要是因为它具有许多独特的优点。它较好地解决了工业领域中普遍关心的可靠性、安全、灵活、方便、经济等问题。主要有以下特点：

（1）可靠性高、抗干扰能力强　可靠性高、抗干扰能力强是PLC最重要的特点之一。PLC的平均无故障时间可达几十万个小时，之所以有这么高的可靠性，是由于它采用了一系列的硬件和软件的抗干扰措施：

1）硬件方面。I/O通道采用光电隔离，有效地抑制了外部干扰源对PLC的影响；对供电电源及线路采用多种形式的滤波，从而消除或抑制了高频干扰；对CPU等重要部件采用良好的导电、导磁材料进行屏蔽，以减少空间电磁干扰；对有些模块设置了联锁保护、自诊断电路等。

2）软件方面。PLC采用扫描工作方式，减少了由于外界环境干扰引起的故障；在PLC系统程序中设有故障检测和自诊断程序，能对系统硬件电路等故障实现检测和判断；当外界干扰引起故障时，能立即将当前重要信息加以封锁，禁止任何不稳定的读写操作，一旦外界环境正常后，便可恢复到故障发生前的状态，继续原来的工作。

（2）编程简单、使用方便　目前，大多数PLC采用的编程语言是梯形图语言，它是一种面向生产、面向用户的编程语言。梯形图与继电器控制线路相似，形象、直观，不需要掌握计算机知识，很容易让广大工程技术人员掌握。当生产流程需要改变时，可以现场改变程序，使用方便、灵活。同时，PLC的编程器操作和使用也很简单。这也是PLC获得普及和推广的主要原因之一。

许多PLC还针对具体问题，设计了各种专用编程指令及编程方法，进一步简化了编程。

（3）功能完善、通用性强　现代PLC不仅具有逻辑运算、定时、计数和顺序控制等功能，而且还具有A/D和D/A转换、数值运算、数据处理、PID控制和通信联网等许多功能。同时，由于PLC产品的系列化、模块化，有品种齐全的各种硬件装置供用户选用，可以组成满足各种要求的控制系统。

（4）设计安装简单、维护方便　由于PLC用软件代替了传统电气控制系统的硬件，控制柜的设计、安装接线工作量大为减少。PLC的用户程序大部分可在实验室模拟调试，缩短了应用设计和调试周期。在维修方面，由于PLC故障率极低，维修工作量很小，而且PLC具有很强的自诊断功能，如果出现故障，可根据PLC上的指示或编程器上提供的故障信息，迅速查明原因，维修极为方便。

（5）体积小、重量轻、能耗低，易于实现机电一体化　由于PLC采用了集成电路，其结构紧凑、体积小、能耗低，是实现机电一体化的理想控制设备。

4. PLC的应用领域

目前，在国内外PLC已广泛应用冶金、石油、化工、建材、机械制造、电子、汽车、轻工、环保及文化娱乐等各种行业，随着PLC性价比的不断提高，其应用领域不断扩大。从应用类型看，PLC的应用大致可归纳为以下几个方面：

（1）开关量逻辑控制　利用PLC最基本的逻辑运算、定时、计数等功能实现逻辑控制，可以取代传统的继电器控制，应用于单机控制、多机群控制、生产自动线控制等，例如：机床、注塑机、印刷机械、装配生产线、电镀流水线及电梯的控制等。这是PLC最基本的应用，也是PLC最广泛的应用领域。

（2）运动控制　大多数PLC都有拖动步进电动机或伺服电动机的单轴或多轴位置控制模块，这一功能广泛应用于各种机械设备，如对各种机床、装配机械、机器人等进行运动控制。

（3）模拟量过程控制　过程控制是指对温度、压力、流量等连续变化的模拟量的闭环控制。大、中型PLC都具有多路模拟量I/O模块和PID控制功能，有的小型的PLC也有模拟量输入输出。所以PLC可实现模拟量控制，而且具有PID控制功能的PLC可构成闭环控制，用于过程控制。这一功能已广泛应用于锅炉、反应堆、酿酒以及闭环位置控制和速度控制等方面。

（4）现场数据处理　现代的PLC都具有数学运算、数据传输、转换、排序和查表等功能，可进行数据的采集、分析和处理，同时可通过通信接口将这些数据传输给其他智能装置，如计算机数值控制（Computerized Numerical Control，简称CNC）设备，进行处理。

（5）通信联网多级控制　PLC的通信包括PLC与PLC、PLC与上位计算机、PLC与其他智能设备（如变频器、触摸屏等）之间的通信，PLC系统与通用计算机可直接或通过通信处理单元、通信转换单元相连构成网络，以实现信息的交换，并可构成“集中管理、分散控制”的多级分散式控制系统，满足工厂自动化（Factory Automation，简称FA）系统发展的需要。

5. PLC的分类

（1）按结构形式分　可分为整体式PLC，模块式PLC，叠装式PLC。

1）整体式PLC。整体式PLC是将电源、CPU、I/O接口等部件都集中装在一个机箱内，具有结构紧凑、体积小、价格低的特点。小型PLC一般采用这种整体式结构。整体式PLC由不同I/O点数的基本单元（又称主机）和扩展单元组成。基本单元内有CPU、I/O接口、与I/O扩展单元相连的扩展口、以及与编程器或EPROM写入器相连的接口等。扩展单元内只有I/O和电源等，没有CPU。基本单元和扩展单元之间一般用扁平电缆连接。整体式PLC一般还可配备特殊功能模块，如模拟量输入/输出模块、位置控制模块等，使其功能得以扩展。

整体式 PLC 基本单元如图 3-1 所示。

2）模块式（组合式）PLC。模块式 PLC 是将 PLC 各组成部分，分别做成若干个单独的模块，如 CPU 模块、I/O 模块、电源模块（有的含在 CPU 模块中）以及各种功能模块。模块式 PLC 由框架或基板和各种模块组成。模块装在框架或基板的插座上。这种模块式 PLC 的特点是配置灵活，可根据需要选配不同规模的系统，而且装配方便，便于扩展和维修。大、中型 PLC 一般采用模块式（组合式）结构。

模块式 PLC 如图 3-2 所示。

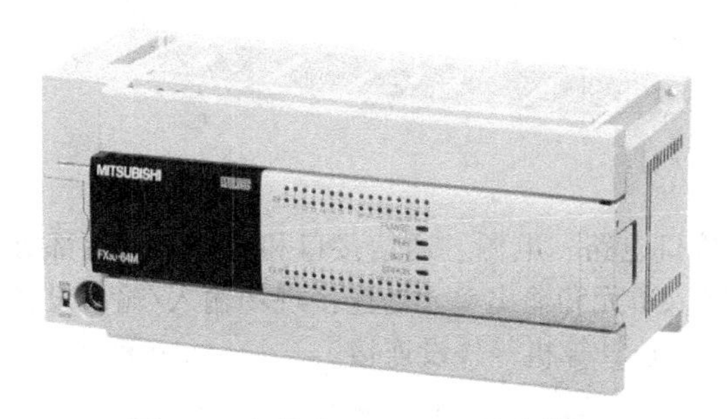

图 3-1 整体式 FX_{3U}PLC 基本单元

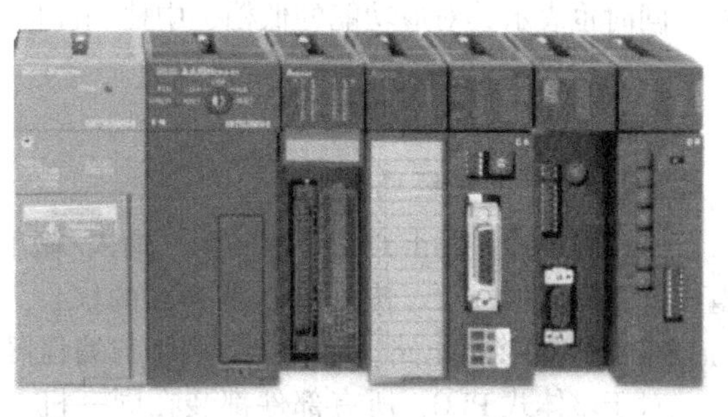

图 3-2 模块式 PLC

3）叠装式 PLC。还有一些 PLC 将整体式和模块式的特点结合起来，构成所谓叠装式 PLC。叠装式 PLC 其 CPU、电源、I/O 接口等也是各自独立的模块，但它们之间是靠电缆进行联接，并且各模块可以一层层的叠装。这样，不但系统灵活配置，还可做得体积小巧。

叠装式 PLC 如图 3-3 所示。

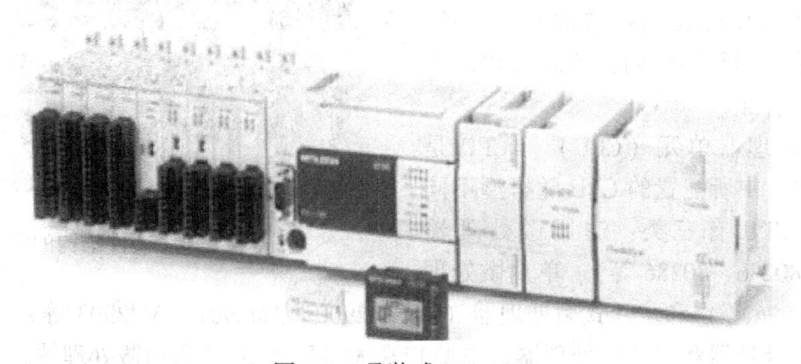

图 3-3 叠装式 FX_{3U}PLC

（2）按功能分 可分为低档 PLC，中档 PLC，高档 PLC。

1）低档 PLC：具有逻辑运算、定时、计数、移位以及自诊断、监控等基本功能，还可有少量模拟量输入/输出、算术运算、数据传送和比较、通信等功能；主要用于逻辑控制、顺序控制或少量模拟量控制的单机控制系统。

2）中档 PLC：除具有低档 PLC 的功能外，还具有较强的模拟量输入/输出、算术运算、数据传送和比较、数制转换、远程 I/O、子程序调用、通信联网等功能；有些还可增设中断控制、PID 控制等功能，适用于复杂的控制系统。

3）高档 PLC：除具有中档 PLC 的功能外，还增加了带符号算术运算、矩阵运算、位逻辑运算、平方根运算及其他特殊功能函数的运算、制表及表格传送功能等。高档 PLC 具有更强的通信联网功能。可用于大规模过程控制或构成分布式网络控制系统，实现工厂自动化。

（3）按I/O点数分　可分为微型PLC、小型PLC、中型PLC和大型PLC。

1）微型PLC。I/O点数小于64点的为超小型或微型PLC。

2）小型PLC。I/O点数为256点以下，存储器容量小于4KB的为小型PLC。

3）中型PLC。I/O点数为256~2048点之间，存储器容量2~8KB的为中型PLC。

4）大型PLC。I/O点数为2048点以上，存储器容量8~16KB的为大型PLC。其中I/O点数超过8192点的为超大型PLC。

在实际中，一般PLC功能的强弱与其I/O点数的多少是相互关联的，即PLC的功能越强，其可配置的I/O点数越多。因此，通常我们所说的小型、中型、大型PLC，除指其I/O点数不同外，同时也表示其对应功能的低档、中档和高档。

（二）PLC的基本组成与工作原理

1. PLC的硬件组成

PLC的硬件主要由CPU、存储器、输入/输出接口电路、电源、通信接口和扩展接口等部分组成，如图3-4所示。其中CPU是PLC的核心，输入单元和输出单元是连接现场输入/输出设备与CPU之间的接口电路，通信接口用于与编程器、上位计算机等外设连接。

对于整体式PLC，所有部件都装在同一机壳内，其组成框图如图3-5所示；对于模块式PLC，各部件独立封装成模块，各模块通过总线连接，安装在机架或导轨上，其组成框图如图3-6所示，无论哪种结构类型的PLC，都可根据用户需要进行配置和组合。

图3-4　PLC硬件结构的实物图

尽管整体式与模块式PLC结构不太一样，但各部分的功能作用是相同的，下面对PLC主要部分进行简单介绍。

（1）中央处理器单元（CPU）　CPU是PLC的核心，PLC中所配置的CPU随机型不同而不同。常用CPU有三类：通用微处理器（8080、8086、80286、80386等）、单片微处理器（如8031、8096等）和位片式微处理器（如AM2900、AM2901、AM2903等）。小型PLC大多采用8位通用微处理器和单片微处理器；中型PLC大多采用16位通用微处理器或单片微处理器；大型PLC大多采用高速位片式微处理器。

目前，小型PLC为单CPU系统，而中、大型PLC则大多为双CPU系统，其中一片为字处理器，一般采用8位或16位处理器，另一片为位处理器，采用由各厂家设计制造的专用芯片，字处理器为主处理器，用于执行编程器接口功能，监视内部定时器，监视扫描时间，处理字节指令以及对系统总线和位处理器进行控制等。位处理器为从处理器，主要用于处理位操作指令和实现PLC编程语言向机器语言的转换。位处理器的采用，提高了PLC的速度，使PLC更好地满足实时控制要求。

在PLC中CPU按系统程序赋予的功能，指挥PLC有条不紊地进行工作，归纳起来主要有以下几个方面：

1）接收并存储从编程器输入的用户程序和数据。

2）诊断电源、PLC内部电路的工作故障和编程中的语法错误等。

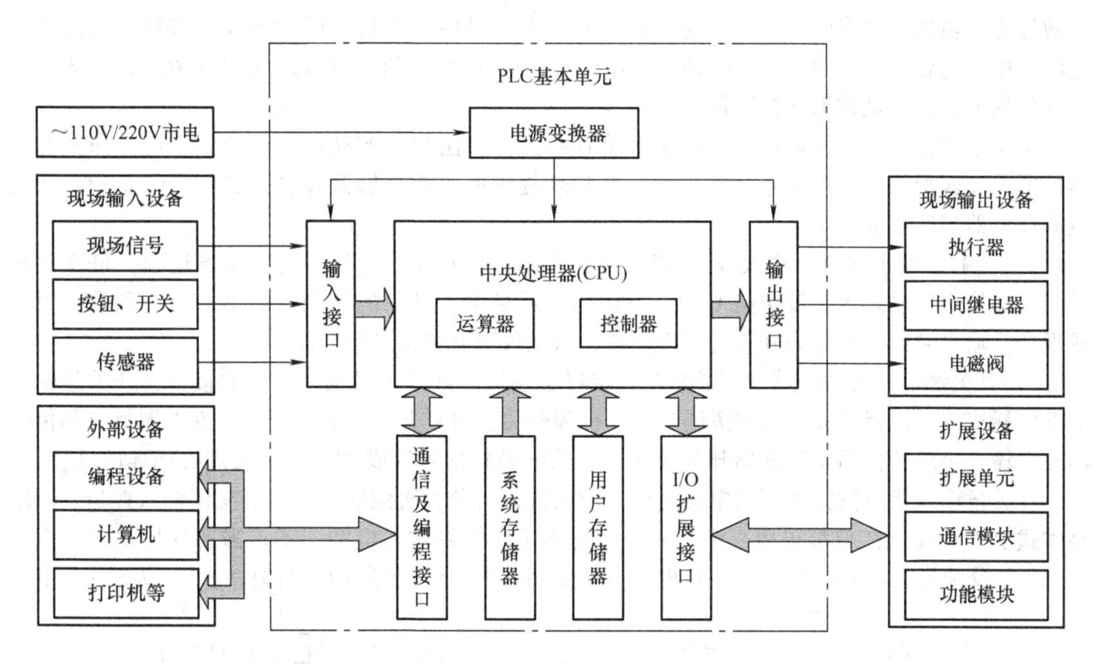

图 3-5　整体式 PLC 组成示意图

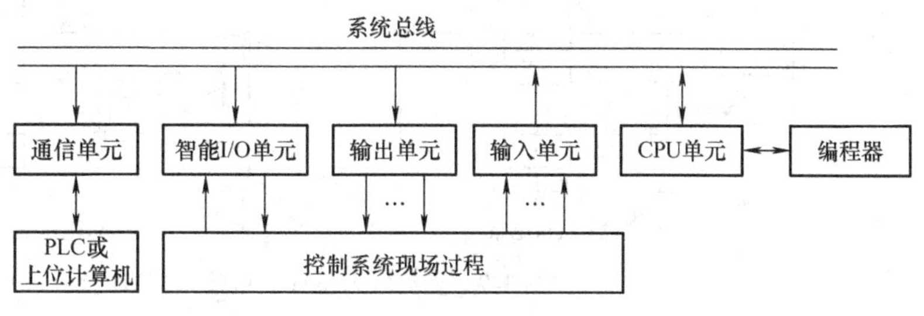

图 3-6　模块式 PLC 组成示意图

3）通过输入接口接收现场的状态和数据，并存入输入映像寄存器或数据寄存器中。

4）从存储器逐条读取用户程序，经过解释后执行。

5）根据执行的结果，更新有关标志位的状态和输出映像寄存器的内容，通过输出单元实现输出控制。有些 PLC 还具有制表打印或数据通信等功能。

（2）存储器　存储器主要有两种：一种是可读/可写操作的随机存储器 RAM，另一种是只读存储器 ROM、PROM、EPROM 和 EEPROM。在 PLC 中，存储器主要用于存放系统程序、用户程序及工作数据。系统程序是由 PLC 的制造厂家编写的，和 PLC 的硬件组成有关，完成系统诊断、命令解释、功能子程序调用管理、逻辑运算、通信及各种参数设定等功能，提供 PLC 运行的平台。系统程序关系到 PLC 的性能，而且在 PLC 的使用过程中不会变动，所以是由制造厂家直接固化在只读存储器 ROM、PROM 或 EPROM 中，用户不能访问和修改。

用户程序是随 PLC 的控制对象而定的，由用户根据被控对象生产工艺的要求而编写的应用程序。为了便于读出、检查和修改，用户程序一般存于 CMOS 静态 RAM 中，用锂电池作为后备电源，以保证系统掉电时不会丢失信息，为了防止干扰对 RAM 中程序的破坏，当用户程序经过运行调试，确认正确后，不需要改变时，可将其固化在只读存储 EPROM 中，现在也有许多 PLC 直接采用 EEPROM 作为用户存储器。

工作数据是 PLC 运行过程中经常变化、经常存取的一些数据。存放在 RAM 中，以适应随机存取的要求。在 PLC 的工作数据存储器中，设有存放输入输出继电器、辅助继电器、定时器、计数器等逻辑器件状态的存储区，这些器件的状态都是由用户程序的初始设置和运行情况而确定的。根据需要，部分数据在系统掉电时用后备电池维持其现有的状态，这部分在系统掉电时可保存数据的存储区域称为保持数据区。

由于系统程序及工作数据与用户无直接联系，所以在PLC产品样本或使用手册中所列存储器的形式及容量是指用户程序存储器的。当PLC提供的用户存储器容量不够用，许多PLC还提供有存储器扩展功能。

(3) 输入/输出接口　输入/输出接口是PLC与被控对象（机械设备或生产过程）联系的桥梁。现场信号经输入接口传送给CPU，CPU的运算结果、发出的命令经输出接口送到有关设备或现场。输入输出信号分为开关量、模拟量，这里仅对开关量进行介绍。

1）开关量输入接口电路。开关量输入接口是连接外部开关量输入器件的接口，开关量输入器件包括按钮、选择开关、数字拨码开关、行程开关、接近开关、光电开关、继电器触点和传感器等。输入接口的作用是把现场开关量（高、低电平）信号变成PLC内部处理的标准信号。

开关量输入接口按其使用的电源不同，输入接口可分为直流输入接口、交流输入接口，一般整体式PLC中输入接口都采用直流输入，由基本单元提供输入电源，不再需要外接电源。直流输入型、交流输入型开关量输入接口电路分别如图3-7、图3-8所示，图中“＊1”为输入阻抗。

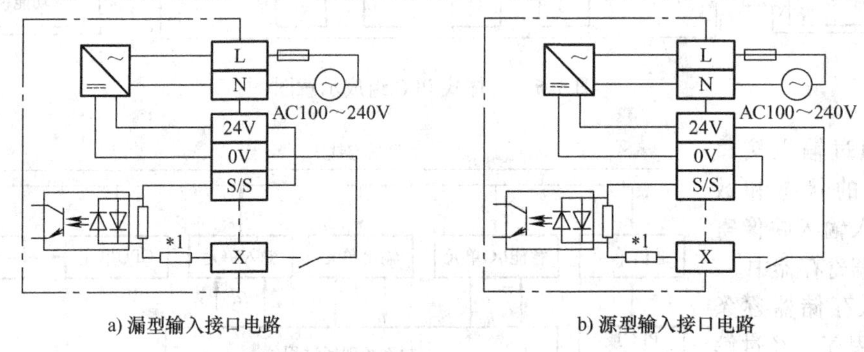

a) 漏型输入接口电路　　b) 源型输入接口电路

图3-7　直流输入型开关量输入接口电路

2）开关量输出接口电路。开关量输出接口是PLC控制执行机构动作的接口，开关量输出执行机构包括接触器线圈、气动控制阀、电磁铁、指示灯和智能装置等设备。开关量输出接口的作用是将PLC内部的标准状态信号转换为现场执行机构所需的开关量信号。

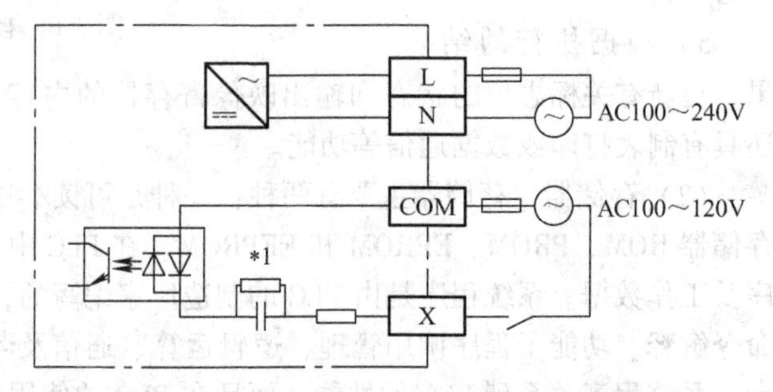

图3-8　交流输入型开关量输入接口电路

开关量输出接口按输出开关器件不同有三种类型：继电器输出、晶体管输出和双向晶闸管输出，其基本原理电路如图3-9所示。继电器输出接口可驱动交流或直流负载，但其响应时间长，动作频率低；而晶体管输出和双向晶闸管输出接口的响应速度快，动作频率高；但前者只能用于驱动直流负载，后者只能用于交流负载。

对于FX_{3U}PLC，晶体管输出又分为漏型输出和源型输出，漏型COM端接直流电源负极，源型+V端接直流电源正极，如图3-10所示，图中“COM□”和“+V□”的□中为公共端编号。

PLC的I/O接口所能接受输入信号的个数和输出信号的个数称为PLC输入/输出（I/O）点数。I/O点数是选择PLC的重要依据之一。当I/O点数不够时，可通过PLC的I/O扩展接口对系

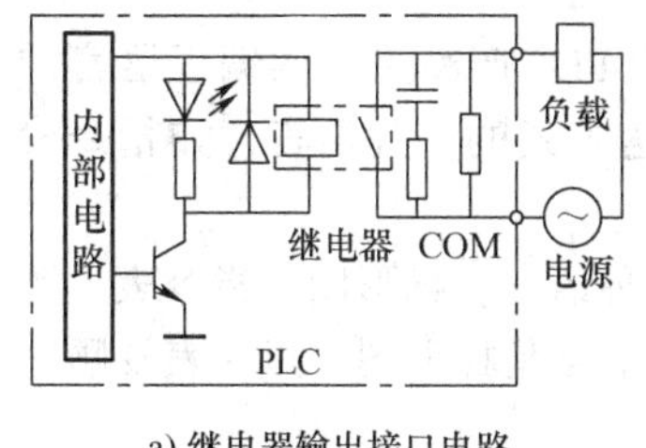

a) 继电器输出接口电路

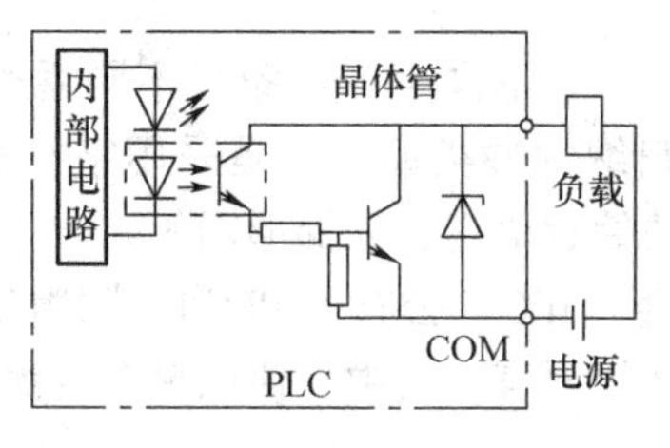

b) 晶体管输出接口电路(源型)

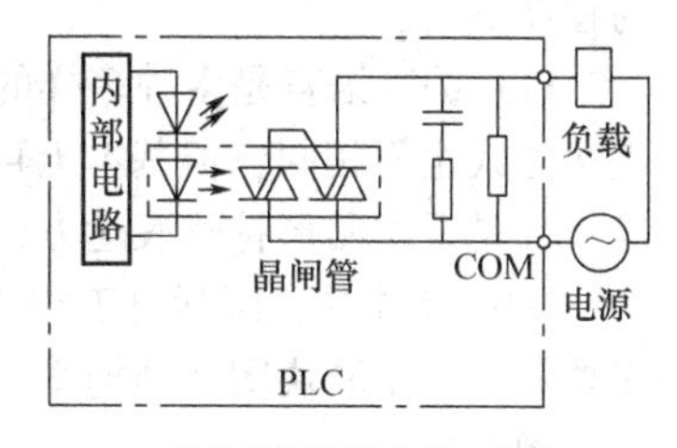

c) 双向晶闸管输出接口电路

图 3-9 开关量输出接口电路

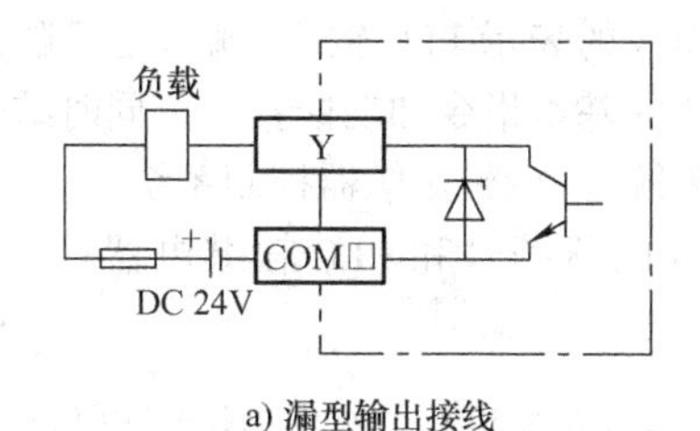

a) 漏型输出接线

b) 源型输出接线

图 3-10 FX_{3U}PLC 晶体管输出接线

统进行扩展。

（4）扩展接口 扩展接口用于系统扩展输入、输出点数，这种扩展接口实际为总线形式，可配接开关量的 I/O 单元，也可配置如模拟量、高速脉冲等单元，以及通信适配器等。如 I/O 点离主机较远，可配置一个 I/O 子系统将这些 I/O 点归纳到一起，通过远程 I/O 接口与主机相连。

（5）通信接口 PLC 配有各种通信接口，这些通信接口一般都带有通信处理器。PLC 通过这些通信接口可与编程器、监视器、打印机、其他 PLC 及计算机等设备实现通信。PLC 与编程器连接实现编制程序的下载；与监视器连接，可将控制过程图像显示出来；与打印机连接，可将过程信息、系统参数等输出打印；与其他 PLC 连接，可组成多机系统或连成网络，实现更大规模的控制；与计算机连接，可组成多级分布式控制系统，实现控制与管理相结合。

远程 I/O 系统也必须配置相应的通信接口模块。

（6）智能接口模块 智能接口模块是一独立的计算机系统，它有自己的 CPU、系统程序、存储器以及与 PLC 系统总线相连的接口。它作为 PLC 系统的一个模块，通过总线与 PLC 相连，进行数据交换，并在 PLC 的协调管理下独立地进行工作。

PLC 的智能接口模块种类很多，如：高速计数模块、闭环控制模块、运动控制模块及中断控制模块等。

（7）电源 PLC 一般使用 220V 单相交流电源，对于小型整体式可编程序控制器内部有一个开关稳压电源，此电源一方面可为 CPU、I/O 单元及扩展单元提供直流 5V 工作电源，另一方面可为外部输入元件提供直流 24V 电源。模块式 PLC 通常采用单独的电源模块供电。

2. PLC 的软件组成

PLC 的软件由系统程序和用户程序组成。

系统程序由 PLC 制造厂商设计编写的，并存入 PLC 的系统存储器中，用户不能直接读写与更改。系统程序相当于 PLC 的操作系统，主要功能是时序管理、存储空间分配、系统自检和用户程序编译等。

用户程序是用户根据控制要求，按系统程序允许的编程规则，用厂家提供的编程语言编写的程序。

PLC 编程语言是多种多样的，对于不同生产厂家、不同系列的 PLC 产品采用的编程语言的表达方式也不相同，但基本上可归纳两种类型：一是采用字符表达方式的编程语言，如指令表等；二是采用图形符号表达方式的编程语言，如梯形图等。

1994 年 5 月，国际电工委员会（IEC）公布了 PLC 的常用的 5 种语言：梯形图、指令表、顺序功能图、功能块图及结构文本高级语言。其中，使用最多的编程语言是梯形图、指令表及顺序功能图三种。

（1）梯形图（LD） 梯形图编程语言是目前使用最多的 PLC 编程语言。梯形图是在继电器-接触器控制系统原理图的基础上发展而来的，它是借助类似于继电器的常开触点、常闭触点、线圈及串联、并联等术语和符号，根据控制要求连接而成的表示 PLC 输入/输出之间逻辑关系的图形，在简化的同时还增加了许多功能强大、使用灵活的基本指令和功能指令，同时结合计算机的特点，使编程更加容易，但实现的功能却大大超过传统继电器-接触器控制系统。

表 3-1 给出了继电器-接触器控制系统中低压继电器符号和 PLC 软继电器符号对照关系。图 3-11 所示为简单的梯形图示意。

表 3-1 继电器-接触器控制系统中低压继电器符号和 PLC 软继电器符号对照表

序 号	名 称	低压继电器符号	PLC 软继电器符号
1	常开触点		
2	常闭触点		
3	线圈		

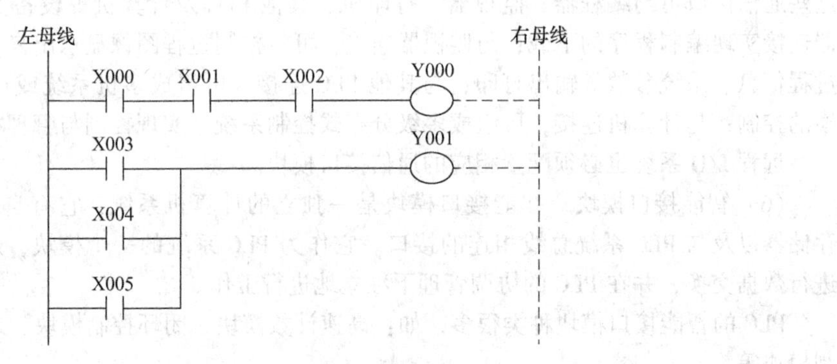

图 3-11 梯形图示意

（2）指令表（IL） 指令表也称为语句表，是 PLC 的一种编程语言。它和计算机中的汇编语言有些类似，由语句表指令根据一定的顺序排列而成。一般一条指令可以分为助记符和目标元件（或称为操作数）两部分，也有只有助记符而没有目标元件的指令，称为无操作数指令。指令表程序和梯形图程序有严格的对应关系。对指令表不熟的可以先画出梯形图，再转换成指令表。有些简单的手持式编程设备只支持指令表编程，所以把梯形图转换为指令表是 PLC 使用人员应掌握的技能。指令表与对应的梯形图如图 3-12 所示。

（3）顺序功能图（SFC） 顺序功能图编程语言是一种比较通用的流程图语言，主要用于编制复杂的顺序控制。顺序功能图提供了一种组织程序的图形方法，在顺序功能图中可以用 C 语言等编程语言嵌套编程。其最主要的部分是步、转移条件和动作，如图 3-13 所示。顺序功能图用来描述开关量控制系统的功能，根据功能图可以很容易地画出顺序控制梯形图程序。

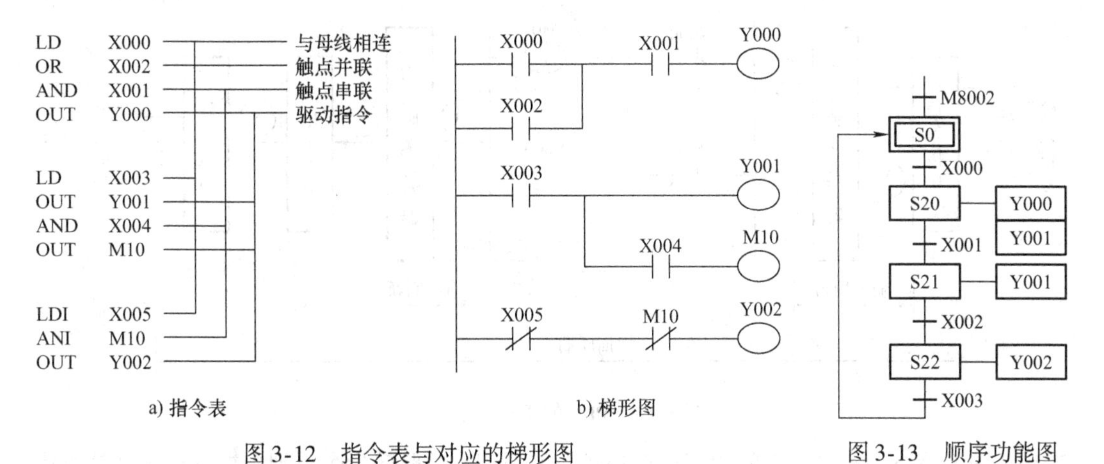

图 3-12 指令表与对应的梯形图

图 3-13 顺序功能图

3. PLC 的工作原理

（1）PLC 的工作方式 PLC 有两种工作模式，即运行（RUN）模式与停止（STOP）模式，如图 3-14 所示。

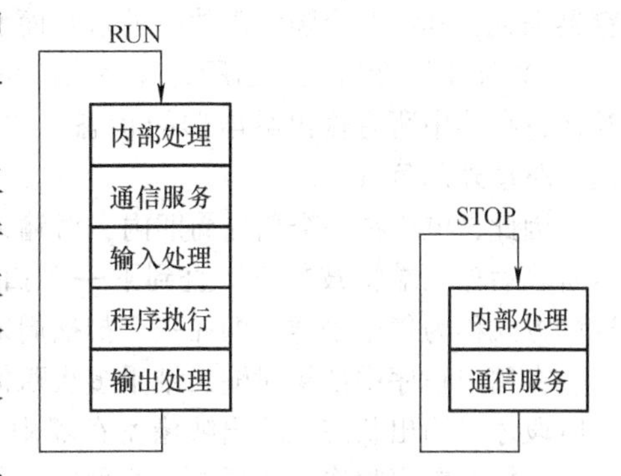

图 3-14 PLC 的基本工作模式

在停止模式，PLC 只运行内部处理和通信服务工作。在内部处理阶段，PLC 检查 CPU 模块内部的硬件是否正常，还对用户程序的语法进行检查，定期复位监视定时器等，以确保系统可靠运行。在通信服务阶段，PLC 可与外部智能装置进行通信，如 PLC 之间及 PLC 与计算机之间的信息交换。

在运行模式，PLC 是通过执行反映控制要求的用户程序来完成控制任务的，当需要执行众多的操作时，但 CPU 不能同时去执行多个操作，它只能按分时操作（串行工作）方式，每一次执行一个操作，按顺序逐个执行。由于 CPU 执行的速度很快，所以从宏观上看，PLC 外部出现的结果似乎同时（并行）完成的。这种串行工作过程称为 PLC 的扫描工作方式。

PLC 的工作方式是一个不断循环的顺序扫描工作方式，每一次扫描所用的时间称为扫描周期。CPU 从第一条指令开始，按顺序逐条地执行用户程序直到用户程序结束，然后返回第一条指令开始新的一轮扫描。PLC 就是这样周而复始地重复上述循环扫描工作的。

继电器-接触器控制系统采用的是并行工作方式。

（2）PLC 的工作过程 PLC 执行程序的过程分为三个阶段，即输入采样阶段、程序执行阶段和输出刷新阶段，如图 3-15 所示。

1）输入采样阶段。PLC 在输入采样阶段，以扫描工作方式按顺序对所有输入端的输入状态进行采样，并将各输入状态存入内存中各对应的输入映像寄存器中，此时输入映像寄存器被刷新。接着进入程序处理阶段，在程序执行阶段或其他阶段，即使输入状态发生变化，输入映像寄存器的内容也不会改变，输入状态的变化只有在下一个扫描周期的输入处理阶段才能被采样到。

2）程序执行阶段。在程序执行阶段，PLC 对程序按顺序进行扫描执行。若程序用梯形图表

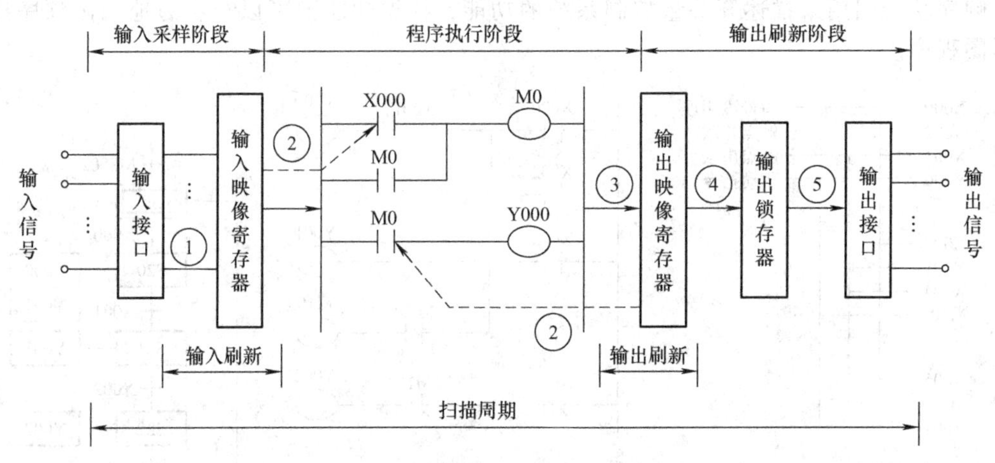

图3-15 PLC的工作过程

示，PLC按先上后下、先左后右的顺序逐点扫描。但遇到程序跳转指令，则根据跳转条件是否满足来决定程序是否跳转。当指令中涉及到输入、输出状态时，PLC从输入映像寄存器和元件映像寄存器中读出，根据用户程序进行运算，运算的结果再存入元件映像寄存器中。对于元件映像寄存器来说，其内容会随程序执行的过程而变化。

3）输出刷新阶段。当所有程序执行完毕后，进入输出处理阶段。在这一阶段，PLC将输出映像寄存器中所有输出继电器的状态（接通/断开）转存到输出锁存器中，并通过一定方式输出，驱动外部负载。

因此，PLC在一个扫描周期内，对输入状态的采样只在输入采样阶段。当PLC进入程序执行阶段后输入端将被封锁，直到下一个扫描周期的输出采样阶段才对输入状态进行重新采样。这种方式称为集中采样，即在一个扫描周期内，集中一段时间对输入状态进行采样。

在用户程序中如果对输出结果多次赋值，则最后一次有效。在一个扫描周期内，只在输出刷新阶段才对输出状态从输出映像寄存器中输出，对输出接口进行刷新。在其他阶段里输出状态一直保持在输出映像寄存器中。这种方式称为集中输出。对于小型PLC，其I/O点数较少，用户程序较短，一般采用集中采样、集中输出的工作方式，虽然在一定程度上降低了系统的响应速度，但使PLC工作时大多数时间与外部输入/输出设备隔离，从根本上提高了系统的抗干扰能力，增强了系统的可靠性。

而大中型PLC，其I/O点数较多，控制功能强，用户程序较长，为提高系统响应速度，可以采用定期采样、定期输出方式，或中断输入、输出方式以及采用智能I/O接口等多种方式。从上述分析可知，当PLC的输入端输入信号发生变化到PLC输出端对该输入变化做出反应，需要一段时间，这种现象称为PLC输入/输出相应滞后。对一般的工业控制，这种滞后是完全允许的。应该注意的是，这种响应滞后不仅是由于PLC扫描工作方式造成，更主要是PLC输入接口的滤波环节带来的输入延迟，以及输出接口中驱动期间的动作时间带来输出延迟，同时还与程序设计有关。滞后时间是设计PLC应用系统时应注意把握的一个参数。

（三）三菱FX_{3U}系列PLC基础

1. FX_{3U}PLC的型号

对于FX_{3U}系列PLC的基本单元包括10多种型号，其型号表现形式为：

$$FX_{3U}-\bigcirc\bigcirc M\square/\square$$

其中 FX_{3U}为系列名称；○○为输入/输出点数；M 为基本单元；□/□为输入/输出方式：R/ES 为 AC 电源，DC24V（漏型/源型）输入，继电器输出；T/ES 为 AC 电源，DC24V（漏型/源型）输入，晶体管（漏型）输出；T/ESS 为 AC 电源，DC24V（漏型/源型）输入，晶体管（源型）输出；S/ES 为 AC 电源，DC24V（漏型/源型）输入，晶闸管（SSR）输出；R/DS 为 DC 电源，DC24V（漏型/源型）输入，继电器输出；T/DS 为 DC 电源，DC24V（漏型/源型）输入，晶体管（漏型）输出；T/DSS 为 DC 电源，DC24V（漏型/源型）输入，晶体管（源型）输出；R/UA1 为 AC 电源，AC110V 输入，继电器输出。

FX_{3U}系列 PLC 作为 FX_{2N}的升级产品，沿用了 FX_{2N}系列 PLC 的扩展单元和扩展模块。

2. FX_{3U} PLC 的系统基本构成

FX_{3U} PLC 硬件系统一般由基本单元、扩展单元或扩展模块、扩展电源单元、特殊单元或特殊模块、特殊适配器及功能扩展板等构成，如图 3-16 所示。扩展单元，内置电源的输入输出扩展，附带连接电缆。扩展模块，从基本、扩展单元获得电源供给的输入输出扩展，内置连接电缆。扩展电源单元，AC 电源型基本单元内置电源不足时，扩展电源。特殊单元，内置电源的特殊控制用扩展，附带连接电缆。特殊模块，从基本、扩展单元获得电源供给的特殊控制用扩展，内置连接电缆。功能扩展板，可内置可编程序控制器中的用于功能扩展的设备，不占用输入输出点数。特殊适配器，从基本单元获得电源供给的特殊控制用扩展，内置连接用接头。存储器盒，内存：最大 16000 步或最大 64000 步（带程序传送功能/不带程序传送功能），显示模块：可安装于可编程序控制器中进行数据的显示和设定。

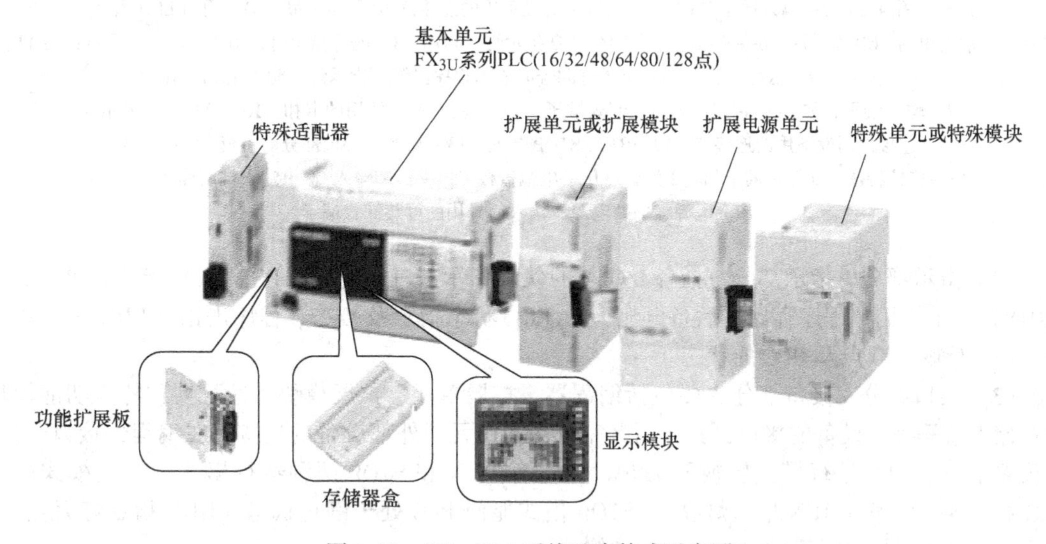

图 3-16　FX_{3U} PLC 系统基本构成示意图

3. FX_{3U} PLC 的外观及其特征

FX_{3U} PLC 的外观分别如图 3-17 所示。

（1）外部端子部分　外部端子包括 PLC 电源端子（L、N）、直流 24V 电源端子（S/S、24V、0V）、输入端子（X）、输出端子（Y）等。其主要完成电源、输入信号和输出信号的连接。其中 S/S、24V、0V 是 PLC 为输入回路提供的直流 24V 电源，用户可以根据接线要求将 S/S 与 24V 连接，0V 端作为输入信号的公共端，接成漏型，也可以将 S/S 与 0V 端连接，24V 端作为输入信号的公共端，接成源型。

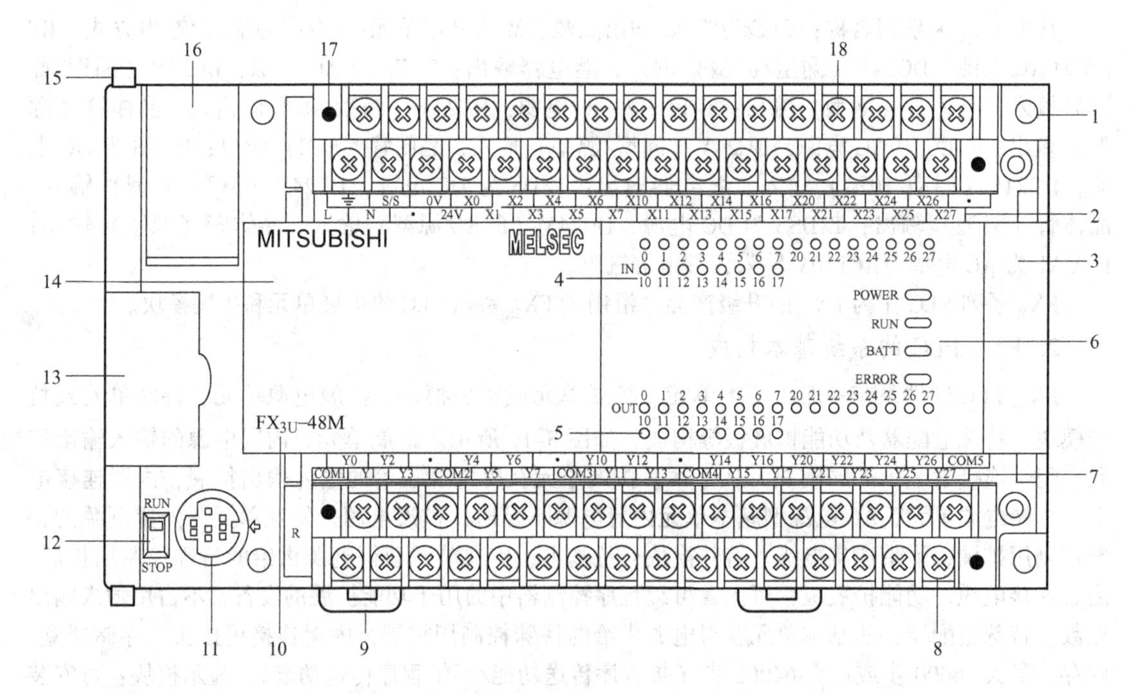

图3-17 FX_{3U}PLC外观图

1—安装孔4个 2—输入端子名称 3—连接扩展设备用的连接器盖板 4—显示输入用的LED指示灯
5—显示输出用的LED指示灯 6—显示运行状态的LED指示灯（POWER：电源指示灯；RUN：运行指示灯；BATT：电池电压下降指示灯；ERROR：指示灯闪烁时表示程序出错；指示灯亮时表示CPU出错）
7—输出端子名称 8—输出用的可装卸式端子 9—安装DIN导轨用的卡扣 10—PLC型号显示
11—连接外围设备用的连接口 12—RUN/STOP开关 13—功能扩展板部分的盖板 14—上盖板
15—连接特殊适配器用的卡扣（2处） 16—电池盖板 17—拆卸输入/输出端子排用螺丝（4个）
18—电源、辅助电源、输入信号用的可装卸式端子

（2）指示部分 指示部分包括各I/O点的状态指示、PLC电源（POWER）指示、PLC运行（RUN）指示、用户程序存储器后备电池（BATT）状态指示及CPU、程序出错（ERROR）指示等，用于反映I/O点及PLC的状态。

（3）接口部分 接口部分主要包括编程器、扩展单元、扩展模块、适配器、特殊功能模块及存储卡盒等外部设备的接口，其作用是完成基本单元同外部设备的连接。在编程器接口旁边，还设置了一个PLC运行模式转换开关SW1，它有RUN和STOP两种运行模式，RUN模式能使PLC处于运行状态（RUN指示灯亮），STOP模式能使PLC处于停止状态（RUN指示灯灭），此时，PLC可运行用户程序的录入、编辑和修改。

4. FX_{3U} PLC的安装与接线

PLC的安装方式常用两种，一是直接安装，利用PLC机箱上的安装孔，用M_4螺钉将机箱固定在控制柜的背板或面板上；二是利用DIN导轨安装，这需先将DIN导轨固定好，再将PLC基本单元、扩展单元、特殊模块及特殊单元等安装在DIN导轨上。安装时还要注意在PLC周围留足散热及接线的空间。

（1）电源的接线 FX_{3U} PLC基本单元上有两组电源端子，分别用于PLC的输入电源和接口电路所需的直流电源输出。其中L、N是PLC的电源输入端子，采用工频单相交流电源供电（220V±10%），接线时要分清端子上的“N”端（中性线）和“⏚”端（接地）。PLC的供电线路要与其他大功率用电设备分开。采用隔离变压器为 PLC 供电，可以减少外界设备对 PLC 的影响。PLC 的供电电源线应单独从机顶进入控制柜中，不能与其他直流信号线、模拟信号线捆在一起走线，以减少其他控制线路对 PLC 的干扰；24V、0V 是 PLC 为输入接口电路提供的直流 24V 电源。FX_{3U} PLC 大多为 AC 电源，DC 输入形式。

（2）输入接口器件的接线　PLC 的输入接口连接输入信号，器件主要有开关、按钮及各种传感器。这些都是触点类型的器件。在接入 PLC 时，对于直流输入型 FX_{3U} PLC，其输入端需按图 3-7a、b 所示接成漏型或源型，再将每个触点的两个端子分别连接一个输入端（X）及输入公共端（0V 或 24V）。由图 3-17 可知 PLC 的开关量输入接线端都是螺钉接入方式，每一信号占用一个螺钉。图 3-17 所示上部为输入端子，（0V 或 24V）端为公共端，输入公共端在某些 PLC 中是分组隔离的，在 FX_{3U} 机型是连通的。

这里需注意漏型、源型输入电路的差别：漏型输入“－公共端”，是 DC 输入信号电流流出输入（X）端子，而源型输入“＋公共端”，是 DC 输入信号电流流入输入（X）端子。

FX_{3U} PLC 与三线传感器之间的接线如图 3-18a 所示，三线传感器由 PLC 的 24V 端子供电，也可由外部电源供电；FX_{3U}PLC 与两线传感器之间的连接如图 3-18b 所示，两线传感器由 PLC 的内部供电。

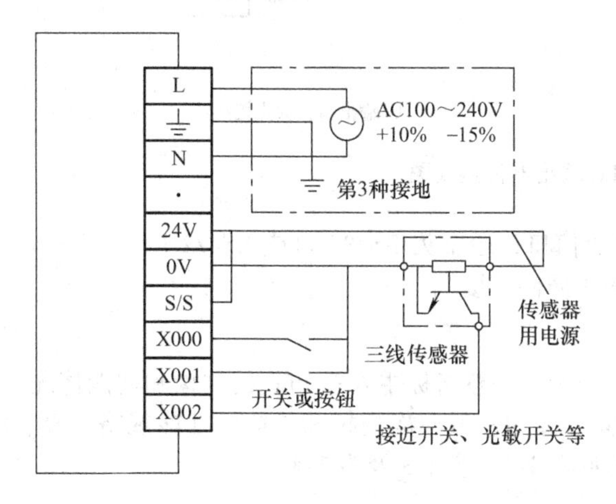

a) FX_{3U} PLC与三线传感器的连接

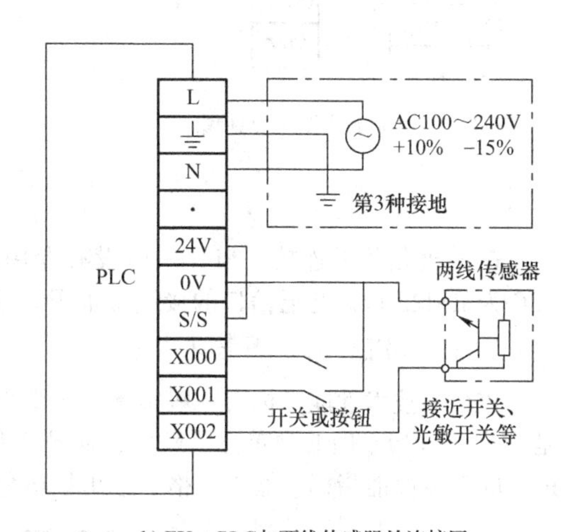

b) FX_{3U} PLC与两线传感器的连接图

图 3-18　FX_{3U} PLC 输入器件接线图（漏型）

这里还应注意：对于漏型输入 PLC，连接晶体管输出型传感器时，可以使用 NPN 集电极开路型晶体管；对于源型输入 PLC，连接晶体管输出型传感器时，可以使用 PNP 集电极开路型晶体管。

（3）输出接口器件的接线　PLC 的输出接口上连接的器件主要是继电器、接触器、电磁阀的线圈及指示灯等，其接线如图 3-19 所示。这些器件均采用 PLC 外的专用电源供电，PLC 内部不过是提供一组开关接点。接入时线圈的一端接输出点螺钉，另一端经电源接输出公共端，输出电路的负载电流一般不超过 2A，大电流的执行器件需配装中间继电器，使用中输出电流额定值与负载性质有关。输出端子有两种接线方式，一种是输出各自独立（无公共点），另一种是每 4、8 点输出为一组，公用一个公共点（COM 点）。输出公用一个公共点时，同 COM 点输出必须使用同一电压类型和等级，即电压相同、电流类型（同为直流或交流）和频率相同。不同组之间可以用不同类型和等级的电压。

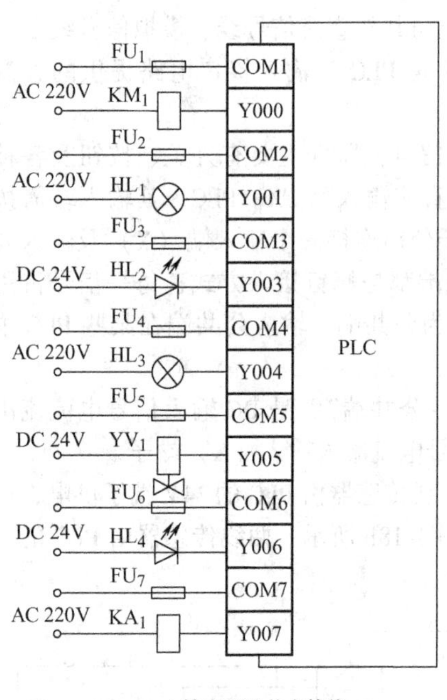

a) 输出无公共点接线　　b) 输出有公共点接线

图 3-19　FX_{3U} PLC 输出器件接线图

（4）通信线的连接　PLC 一般设有专用的通信口，通常为 RS485 口或 RS422 口，FX 系列 PLC 为 RS422 口。与通信口的接线常采用专用的接插件连接。

5. FX_{3U} PLC 的一般技术指标

PLC 的技术性能指标有一般指标和技术指标两种。一般指标主要指 PLC 的结构和功能情况，是用户选用 PLC 时必须首先了解的，而技术指标可分为一般性能规格和具体的性能规格。FX_{3U} PLC 的基本性能指标、输入规格和输出规格分别见表 3-2、表 3-3 及表 3-4。

表 3-2　FX_{3U} PLC 基本性能指标

项　目		FX_{2N} 和 FX_{2NC}	FX_{3U} 和 FX_{3UC}
运算控制方式		存储程序，反复运算	重复执行保存的程序方式（专用 LSI），有中断功能
I/O 控制方式		批次处理方式（在执行 END 指令时），可以使用 I/O 刷新指令	批次处理方式（执行 END 指令时），有输入输出刷新指令，脉冲捕捉功能
运算处理速度	基本指令	0.08μs/指令	0.065μs/指令
	功能指令	1.52 ~ 数百 μs/指令	0.642 ~ 数百 μs/指令
程序语言		逻辑梯形图和指令表，可以用步进梯形指令来生成顺序控制指令	
程序容量（EEPROM）		内置 8KB 步，用存储盒可达 16KB	内置 64KB 步
指令数量	基本/步进	基本指令 27 条/步进指令 2 条	基本指令 29 条/步进指令 2 条
	功能指令	129 种	209 种
I/O 设置		最多 256 点	最多 384 点

表 3-3 FX_{3U} PLC 输入规格

项　目		规　格	
		DC 24V 输入型	AC 100V 输入型
输入连接方式		拆装式端子排（M3 螺丝）	拆装式端子排（M3 螺丝）
输入形式		漏型/源型	AC 输入
输入信号电压		AC 电源型：DC 24V ±10% DC 电源型：DC 16.8～28.8V	AC 100～120V 10%、－15% 50/60Hz
输入阻抗	X000～X005	3.9kΩ	约 21kΩ/50Hz 约 18kΩ/60Hz
	X006～X007	3.9kΩ	
	X010 以上	4.3kΩ	
输入信号电流	X000～X005	6mA/DC 24V	4.7mA/AC 100V 50Hz（同时 ON 率 70%以下） 6.2mA/AC 110V 60Hz（同时 ON 率 70%以下）
	X006～X007	7mA/DC 24V	
	X010 以上	5mA/DC 24V	
ON 输入感应电流	X000～X005	3.5mA 以上	3.8mA 以上
	X006～X007	4.5mA 以上	
	X010 以上	3.5mA 以上	
OFF 输入感应电流		1.5mA 以下	1.7mA 以下
输入响应时间		约 10ms	约 25～30ms（不能高速读取）
输入信号形式		无电压触点输入 漏型输入：NPN 型集电极开路晶体管 源型输入：PNP 型集电极开路晶体管	触点输入
输入回路隔离		光耦隔离	光耦隔离
输入信号动作		光耦驱动时面板上的 LED 灯亮	输入接通时面板上的 LED 灯亮

表 3-4 FX_{3U} PLC 输出规格

项　目		规　格		
		继电器输出	晶闸管输出	晶体管输出
输出的连接方式		拆装式端子排（M3 螺丝）	拆装式端子排（M3 螺丝）	拆装式端子排（M3 螺丝）
输出形式		继电器	晶闸管（SSR）	漏型/源型
外部电源		DC 30V 以下，AC 250V 以下	AC 85～242V	DC 5～30V
最大负载	电阻负载	2A/1 点 每个公共端的合计电流如下： 输出 1 点/1 个公共端，2A 以下 输出 4 点/1 个公共端，8A 以下 输出 8 点/1 个公共端，8A 以下	0.3A/1 点 每个公共端的合计电流如下： 输出 1 点/1 个公共端，0.3A 以下 输出 4 点/1 个公共端，0.8A 以下 输出 8 点/1 个公共端，0.8A 以下	0.5A/1 点 每个公共端的合计电流如下： 输出 1 点/1 个公共端，0.5A 以下 输出 4 点/1 个公共端，0.8A 以下 输出 8 点/1 个公共端，1.6A 以下
	电感性负载	80VA	15VA/AC 100V，30VA/AC 200V	12W/DC 24V 每个公共端的合计负载如下： 输出 1 点/1 个公共端：12W 以下/DC 24V 输出 4 点/1 个公共端：19.2W 以下/DC 24V 输出 8 点/1 个公共端：38.4W 以下/DC 24V

（续）

项　目		规　格		
		继电器输出	晶闸管输出	晶体管输出
最小负载		DC 5V　2mA（参考值）	0.4VA/AC 100V，1.6VA/AC 200V	—
ON 电压		—	—	1.5V 以下
开路漏电流		—	1mA/ AC 100V，2mA/AC 200V	0.1mA 以下/DC 30V
响应时间	OFF→ON	约 10ms	1ms 以下	Y000 ~ Y002：5μs 以下/10mA 以上（DC 5 ~24V） Y003 ~：0.2ms 以下/200mA 以上（DC 24V）
	ON→OFF	约 10ms	10ms 以下	Y000 ~ Y002：5μs 以下/10mA 以上（DC 5 ~24V） Y003 ~：0.2ms 以下/200mA 以上（DC 24V）
回路隔离		机械隔离	光电晶闸管隔离	光耦隔离
输出动作指示		继电器线圈通电时面板上的 LED 灯亮	光电晶闸管驱动时面板上的 LED 灯亮	光耦驱动时面板上的 LED 灯亮

（四）PLC 的输入、输出继电器（X、Y 元件）

PLC 内部有许多具有不同功能的器件，这些器件通常都是由电子电路和存储器组成的，它们都可以作为指令中目标元件（或称为操作数），在 PLC 中把这些器件统称为 PLC 的编程软元件。三菱 FX 系列 PLC 的编程软元件可以分为位元件、字元件和其他三大类。位元件是只有两种状态的开关量元件，而字元件是以字为单位进行数据处理的软元件，其他是指立即数（十进制数、十六进制数和实数）、字符串和指针（P/I）等。

这里只介绍位元件中输入继电器和输出继电器，其他的位元件及另外两类编程软元件将在其他各任务中分别介绍。

1. 输入继电器（X 元件）

输入继电器是 PLC 用来接收外部开关信号的元件。输入继电器与 PLC 的输入端相连，PLC 通过输入接口将外部输入信号状态（接通时为“1”，断开时为“0”）读入并存储在输入映像寄存器中。FX_{3U}PLC 输入继电器 X000 的等效电路如图 3-20 所示。

FX 系列 PLC 输入继电器是以八进制进行编号，对于 FX_{3U}PLC 可用输入继电器的编号范围为 X000 ~ X367（248 点）。注意基本单元输入继电器的编号是固定的，扩展单元和扩展模块是按与基本单元最靠近开始，顺序进行编号。例如，基本单元 FX_{3U}-48MR/ES - A 的输入继电器编号为 X000 - X027（24 点），如果接有扩展单元或扩展模块，则扩展的输入继电器从 X030 开始编号。FX 系列 PLC 输入继电器分配一览表见表 3-5。

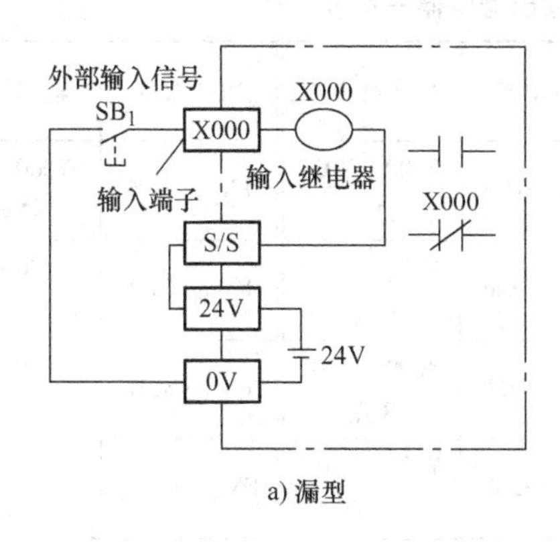

a) 漏型

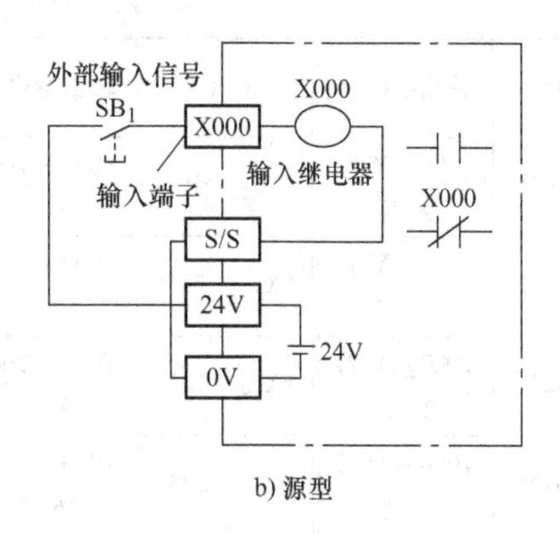

b) 源型

图 3-20　输入继电器等效电路

表 3-5　FX 系列 PLC 主机输入继电器一览表

PLC 型号	输入继电器	PLC 型号	输入继电器	PLC 型号	输入继电器	PLC 型号	输入继电器
FX_{2N}-16M	X000 ~ X007 8 点	FX_{2N}-80M	X000 ~ X047 40 点	FX_{2NC}-64M	X000 ~ X037 32 点	FX_{3U}-48M	X000 ~ X027 24 点
FX_{2N}-32M	X000 ~ X017 16 点	FX_{2N}-128M	X000 ~ X077 64 点	FX_{2NC}-96M	X000 ~ X057 48 点	FX_{3U}-64M	X000 ~ X037 32 点
FX_{2N}-48M	X000 ~ X027 24 点	FX_{2NC}-16M	X000 ~ X007 8 点	FX_{3U}-16M	X000 ~ X007 8 点	FX_{3U}-80M	X000 ~ X047 40 点
FX_{2N}-64M	X000 ~ X037 32 点	FX_{2NC}-32M	X000 ~ X017 16 点	FX_{3U}-32M	X000 ~ X017 16 点	FX_{3U}-128M	X000 ~ X077 64 点

2. 输出继电器（Y 元件）

输出继电器是将 PLC 内部信号输出传给外部负载（用户输出设备）的元件。输出继电器的外部输出触点接到 PLC 的输出端子上。输出继电器线圈是由 PLC 内部程序的指令驱动，其线圈状态传送给输出接口，再由输出接口对应的硬触点来驱动外部负载。FX_{3U}PLC 输出继电器 Y000 的等效电路如图 3-21 所示。

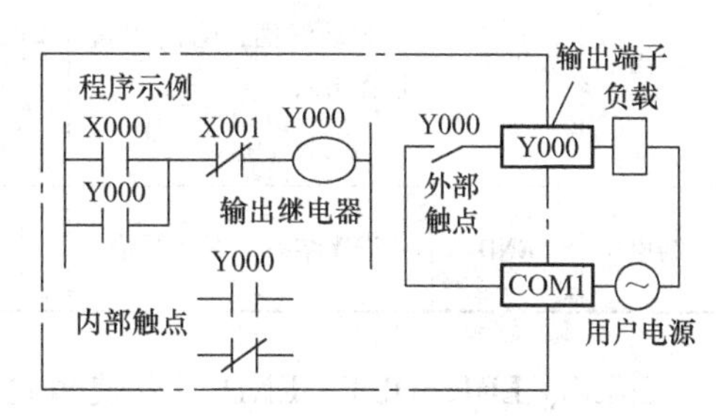

图 3-21　输出继电器等效电路

每个输出继电器在输出接口中都对应唯一一个常开硬触点，但在程序中供编程的输出继电器，不管是常开还是常闭触点，都可以无数次使用。

FX 系列 PLC 的输出继电器也是采用八进制编号，其中 FX_{3U}PLC 可用输出继电器编号范围为 Y000 ~ Y367（248 点）。与输入继电器一样，基本单元的输出继电器编号是固定的，扩展单元和扩展模块的变化也是按与基本单元最靠近开始，顺序进行编号。FX 系列 PLC 输出继电器分配一览表见表 3-6。在实际使用中，输入、输出继电器的数量，要看具体系统的配置情况。

表 3-6 FX 系列 PLC 主机输出继电器一览表

PLC 型号	输出继电器	PLC 型号	输出继电器	PLC 型号	输出继电器	PLC 型号	输出继电器
FX_{2N}-16M	Y000 ~ Y007 8 点	FX_{2N}-80M	Y000 ~ Y047 40 点	FX_{2NC}-64M	Y000 ~ Y037 32 点	FX_{3U}-48M	Y000 ~ Y027 24 点
FX_{2N}-32M	Y000 ~ Y017 16 点	FX_{2N}-128M	Y000 ~ Y077 64 点	FX_{2NC}-96M	Y000 ~ Y057 48 点	FX_{3U}-64M	Y000 ~ Y037 32 点
FX_{2N}-48M	Y000 ~ Y027 24 点	FX_{2NC}-16M	Y000 ~ Y007 8 点	FX_{3U}-16M	Y000 ~ Y007 8 点	FX_{3U}-80M	Y000 ~ Y047 40 点
FX_{2N}-64M	Y000 ~ Y037 32 点	FX_{2NC}-32M	Y000 ~ Y017 16 点	FX_{3U}-32M	Y000 ~ Y017 16 点	FX_{3U}-128M	Y000 ~ Y077 64 点

（五）取、取反、输出及结束指令（LD、LDI、OUT、END）

1. LD、LDI、OUT、END 指令使用要素

LD、LDI、OUT、END 指令的名称、助记符、功能和梯形图表示等使用要素见表 3-7。

表 3-7 LD、LDI、OUT、END 指令的使用要素

名 称	助记符	功 能	梯形图表示	目标元件	程序步
取	LD	常开触点逻辑运算开始		X，Y，M，S，D□. b，T，C	X，Y，M，S，T，C：1 步；D□. b：3 步
取反	LDI	常闭触点逻辑运算开始			
输出	OUT	驱动线圈，输出逻辑运算结果		Y，M，D□. b，T，C，S	Y，M：1 步；S，特殊 M 元件：2 步；T，D□. b：3 步；C：3 步、5 步
结束	END	程序结束，返回开始	END	无	1 步

2. LD、LDI、OUT、END 指令使用说明

1）LD 指令用于将常开触点与左母线相连；LDI 指令用于将常闭触点与左母线相连。另外与后面的 ANB、ORB 指令组合，在电路块或分支起点处也要使用 LD、LDI 指令。

2）OUT 指令不能驱动 X 元件。

3）OUT 指令可连续使用，且使用不受次数限制。

4）OUT 指令驱动 T 元件、C 元件时，必须在 OUT 指令后设定常数。

5）在调试程序时，插入 END 指令，使得程序分段，提高调试速度。

3. 应用举例

LD、LDI、OUT、END 指令的应用如图 3-22 所示。

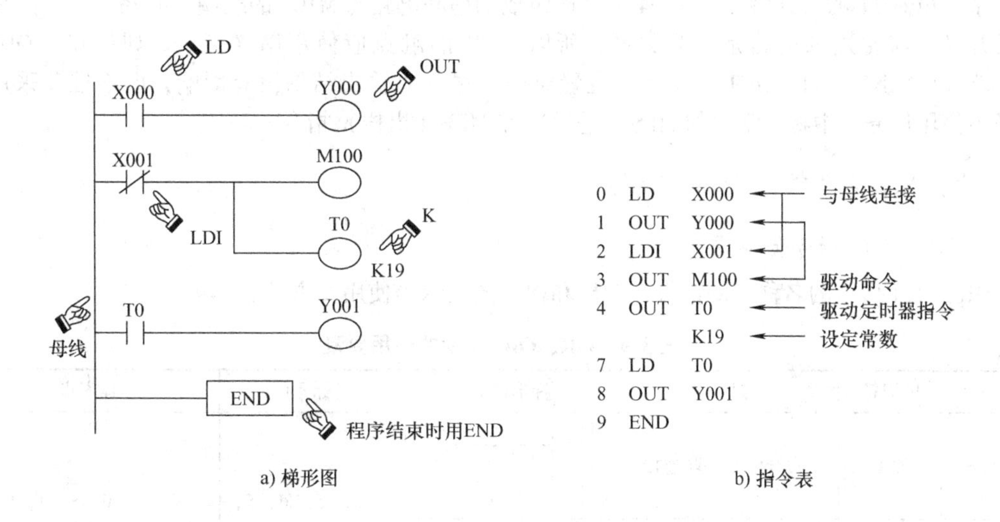

a) 梯形图　　　　b) 指令表

图 3-22　LD、LDI、OUT、END 指令应用

（六）与、与非指令（AND、ANI）

1. AND、ANI 指令使用要素

AND、ANI 指令的名称、助记符、功能及梯形图表示等使用要素见表 3-8。

表 3-8　AND、ANI 指令的使用要素

名　称	助记符	功　能	梯形图表示	目标元件	程序步
与	AND	常开触点串联连接		X，Y，M，S，D□. b，T，C	X，Y，M，S，T，C：1 步；D□. b：3 步
与非	ANI	常闭触点串联连接			

2. AND、ANI 指令使用说明

（1）AND、ANI 指令用于单个常开、常闭触点的串联，串联触点的数量不受限制，即该指令可以重复使用。

（2）当串联两个或以上的并联触点，则需用后续的 ANB 指令。

3. 应用举例

AND、ANI 指令应用如图 3-23 所示。对于 OUT 指令连续使用（中间没有增加驱动条件）的称为连续输出，图中“OUT　M101”指令之后通过 T1 常开触点去驱动 Y004，称为纵接输出。串联和并联指令是用来描述单个触点与别的触点或触点（而不是线圈）组成的电路的连

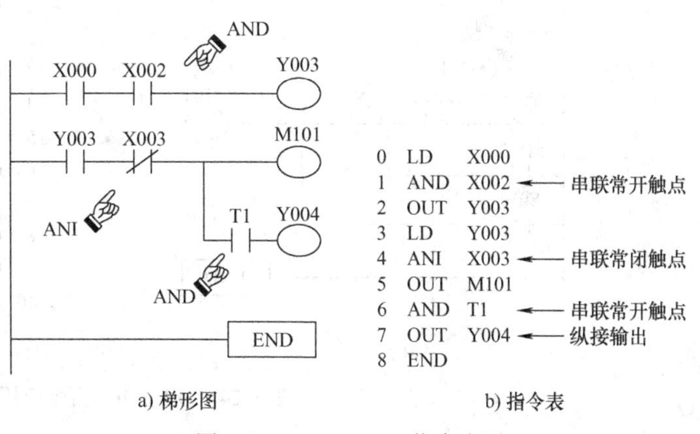

a) 梯形图　　　　b) 指令表

图 3-23　AND、ANI 指令应用

接关系。虽然T1的常开触点与Y004的线圈组成的串联电路与M101的线圈是并联关系。但是T1的常开触点与左边的电路是串联关系，所以对T1的触点应使用串联指令。如果将“OUT M101”和“AND T1，OUT Y004”位置对调（尽管对输出结果没有影响，但不推荐采用），就必须使用任务三中将要学习的MPS（进栈）和MPP（出栈）指令。

（七）或、或非指令（OR、ORI）

1. OR、ORI指令使用要素

OR、ORI指令的名称、助记符、功能和梯形图表示等使用要素见表3-9。

表3-9 OR、ORI指令的使用要素

名　称	助记符	功　能	梯形图表示	目标元件	程序步
或	OR	常开触点并联连接		X，Y，M，S，D□.b，T，C	X，Y，M，S，T，C：1步；D□.b：3步
或非	ORI	常闭触点并联连接			

2. OR、ORI指令使用说明

1）OR、ORI指令是从该指令的当前步开始，对前面的LD或LDI指令并联连接的指令，并联连接的次数没有限制，即OR、ORI指令可以重复使用。

2）OR、ORI指令用于单个触点与前面的电路并联，并联触点的左端接到该指令所在电路块的起始点（LD或LDI点）上，右端与前一条指令对应触点的右端相连，即单个触点并联到它前面已经连接好的电路的两端（两个及以上触点串联连接的电路块并联连接时，要用后续的ORB指令）。

3. 应用举例

OR、ORI指令的应用如图3-24所示。

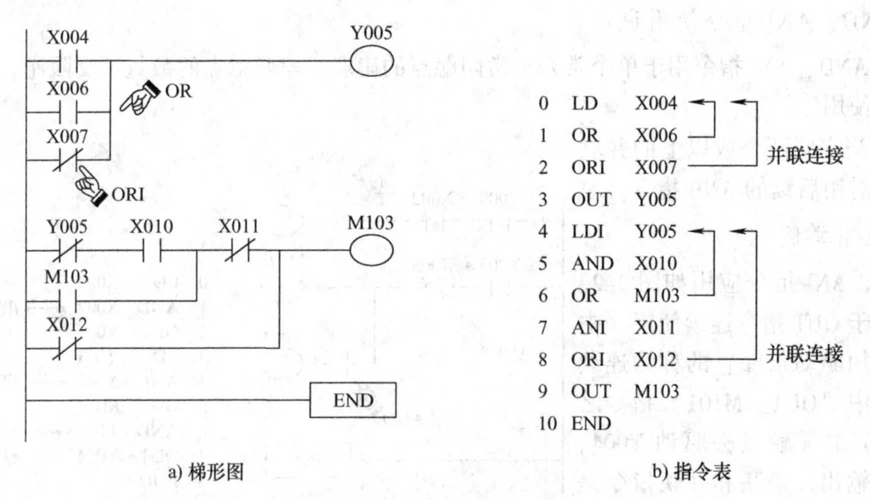

a) 梯形图　　b) 指令表

图3-24 OR、ORI指令应用

（八）梯形图结构

梯形图是形象化编程语言，它用各种符号组合表示条件，用线圈表示输出结果。梯形图中的符号是对继电器-接触器控制电路图中元件图形符号的简化和抽象，学习梯形图语言编程，必须对梯形图结构有一个了解。

图 3-25 为用三菱 GX Developer 编程软件所编制梯形图。现对梯形图的各部分组成进行如下说明。

1. 母线

图 3-25 中，左右两侧的垂直公共线分别称为左母线、右母线。在分析梯形图的逻辑关系时，为了借用继电器-接触器控制电路的分析方法，可以假设左右两侧母线之间有一个左正右负的直流电源电压，母线之间有“能流”从左向右流动（一般右母线不画）。

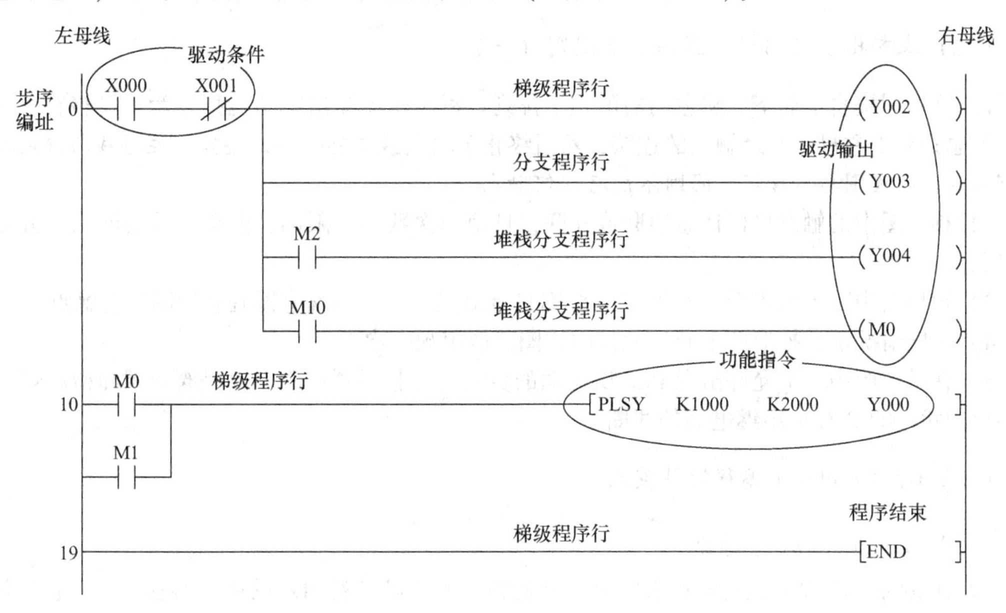

图 3-25 梯形图结构

2. 梯级和分支

梯级又称为逻辑行，它是梯形图的基本组成部分，梯级是指从梯形图的左母线出发，经过驱动条件和驱动输出到达右母线所形成的一个完整的信号流回路。每个梯级至少有一个输出元件或指令，全部梯形图就是由多个梯级从上到下连接而成。

对每一个梯级来说，其结构就是与左母线相连的驱动条件和与右母线相连的驱动输出所组成。当驱动条件满足时，相应的输出被驱动。

当一个梯级有多个输出时，其余的输出所在的支路称为分支。分支和梯级输出共一个驱动条件时，为一般分支。如分支上本身还有触点等驱动条件，称为堆栈分支。在堆栈分支后的所有分支均为堆栈分支。梯级本身是一行程序行，一个分支也是一行程序行。

梯形图按梯级从上到下编写，每一梯级从左到右顺序编写。PLC 对梯形图的执行顺序和梯形图的编写顺序是相同的。

3. 步序编址

针对每一个梯级，在左母线左侧有一个数字，这个数字的含义是该梯级的程序步编址的首址。什么是程序步？这是三菱 FX 系列 PLC 用来描述其用户程序存储容量的一个术语。每一步占用1个字（WORD）或2字节（B），一条基本指令占用1步（或2步、3步、5步），步的编址是从0开始，到END结束。用户程序的程序步不能超过PLC用户程序容量程序步。

在梯形图上，每一梯级左母线前的数字表示该梯级的程序步首址。例如图中，第1个梯级数字为0，表示该梯级程序占用程序步编号从0开始。而第2个梯级数字为10，表示该梯级程序占用程序步编号从10开始。由此，也可推算出第1梯级程序占用10步存储容量。最后，END指令的梯级数字为19，表示全部梯形图程序占用19步存储容量。

这里需要说明的是，步序编址在编程软件上是自动计算并显示的，不需要用户计算输入。

4. 驱动条件

在梯形图中，驱动条件是指编程位元件的触点逻辑关系组合，仅当这个组合逻辑结果为1时，输出元件才能被驱动。对某些指令来说，可以没有驱动条件，这时指令直接被执行。

（九）基本指令编制梯形图的基本规则（一）

1）梯形图按自上而下，从左向右的顺序排列。每一驱动输出或功能指令为一逻辑行。每一逻辑行总是起于左母线，经触点的连接，然后终止于输出或功能指令。**注意**：*左母线与线圈之间要有触点，而线圈与右母线之间则不能有任何触点。*

2）梯形图中的触点可以任意串联或并联，且使用次数不受限制，但继电器线圈只能并联不能串联。

3）梯形图中除了输入继电器X没有线圈只有触点外，其他继电器既有线圈又有触点。

4）一般情况下，梯形图中同一元件的线圈只能出现一次。

5）在梯形图中，不允许出现PLC所驱动的负载（如接触器线圈、电磁阀线圈和指示灯等），只能出现相应的PLC输出继电器的线圈。

（十）GX Developer编程软件使用

1. GX Developer软件简介

GX Developer软件是三菱电机有限公司开发的一款针对三菱PLC的中文编程软件，它操作简单，支持梯形图、指令表、SFC等多种程序设计方法，可设定网络参数，可进行程序的线上更改、监控及调试，具有异地读写PLC程序等功能。下面以GX Developer 8.86中文版编写梯形图程序为例，介绍编程软件的使用。

2. 软件安装

打开“GX + Developer + 8.86”三菱编程软件文件夹，然后继续打开“EnvMEL”应用程序文件夹，安装SETUP应用程序，安装完后返回到“GX + Developer + 8.86”三菱编程软件文件夹，双击“SETUP”安装即可。序列号见“GX + Developer + 8.86”三菱编程软件目录下的“SN”文本文档。

3. GX编程软件的使用

（1）新建工程　启动GX Developer编程软件后，选择菜单命令【工程】→【创建新工程】执行或者使用快捷键“Ctrl” + “N”，弹出如图3-26所示的“创建新工程”对话框。在“创建新工程”对话框，选择

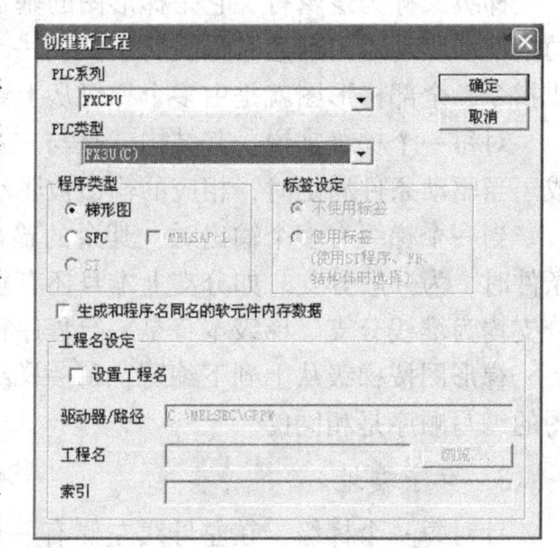

图3-26　“创建新工程”对话框

PLC 系列为“FXCPU”，PLC 类型为“FX3U（C）”，程序类型为“梯形图”，工程名设定等操作。然后，单击“确定”按钮，会弹出梯形图编辑界面，如图 3-27 所示。

注意：PLC 系列和 PLC 类型两项是必须设置项，且须与所连接的 PLC 一致，否则程序将无法写入 PLC。

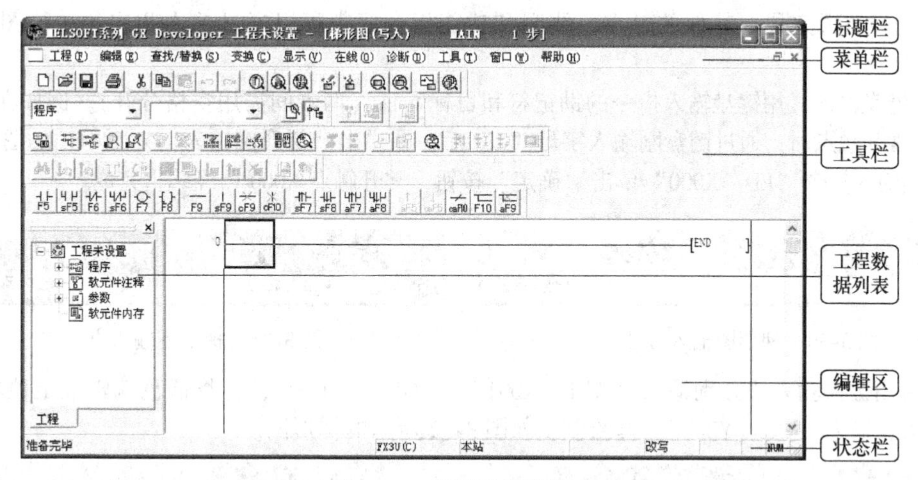

图 3-27　梯形图编辑界面

（2）梯形图输入　下面以图3-28a所示的梯形图为例介绍 GX 软件绘制梯形图的操作步骤。梯形图输入的方法有多种，这里只介绍常用的快捷方式输入、键盘输入两种。

X000　X001　Y000　Y000　END

a) 梯形图

步	指令	操作数
0	LD	X000
1	OR	Y000
2	ANI	X001
3	OUT	Y000
4	END	

b) 指令表

图 3-28　梯形图输入举例

1）快捷方式输入。利用工具栏上功能图标或功能键进行梯形图编辑。工具栏上各种功能图标表示的编辑含义如图 3-29 所示。

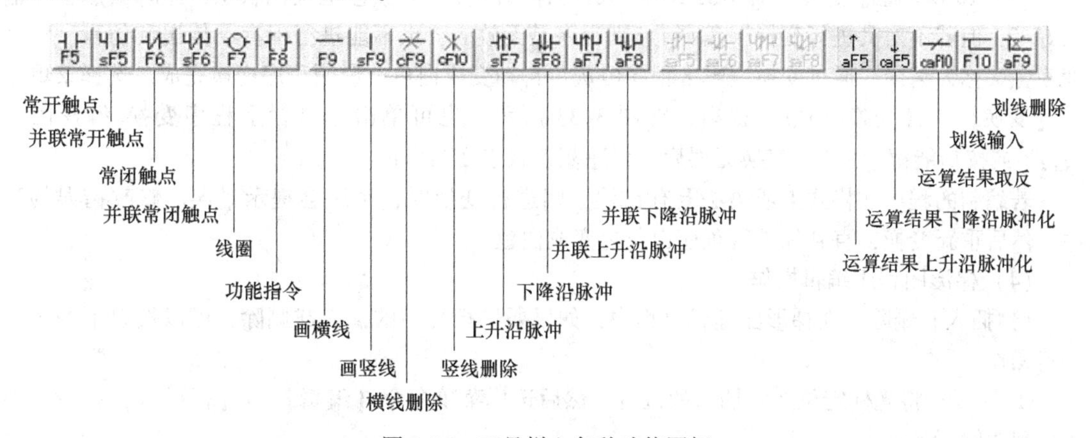

图 3-29　工具栏上各种功能图标

快捷方式的操作方法：先将蓝色光标移动到要编辑梯形图的位置，然后在工具栏上单击工具栏上常开触点图标“ ”，或按功能键“F5”，则弹出“梯形图输入”对话框，如图3-30所示。然后通过键盘输入“X000”，单击“确定”按钮，这时，在编辑区出现了一个标号为X000的常开触点，且其所在程序行变成灰色，表示该程序行进入编辑区。至此，一条指令（LD X000）已经编辑完成。其他的触点、线圈和功能指令等都可以通过单击相应的功能图标编辑完成。

2）键盘输入。用键盘输入指令的助记符和目标元件（两者间需用空格分开）。例如在开始输入X000常开触点时，通过键盘刚输入字母“L”后，即弹出“梯形图输入”对话框，如图3-31所示。继续输入指令“LD　X000”单击“确定”按钮，常开触点X000已经编辑完成。

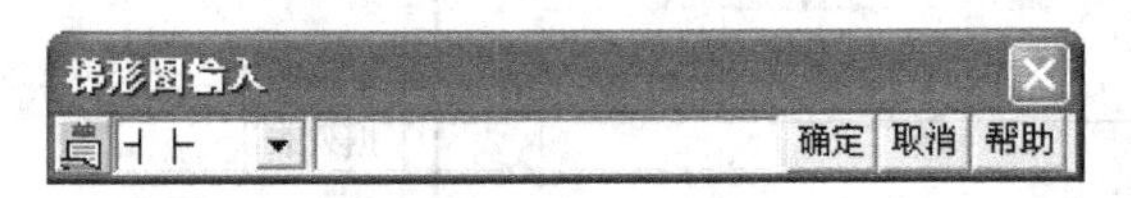

图3-30　梯形图输入方法一

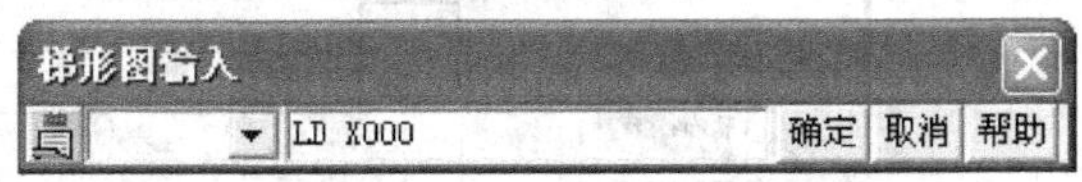

图3-31　梯形图输入方法二

然后用键盘输入法分别输入“ANI　X001”、“OUT　Y000”，再将蓝色编辑框定位在X000触点下方，输入“OR　Y000”，即绘制出如图3-32所示的梯形图。

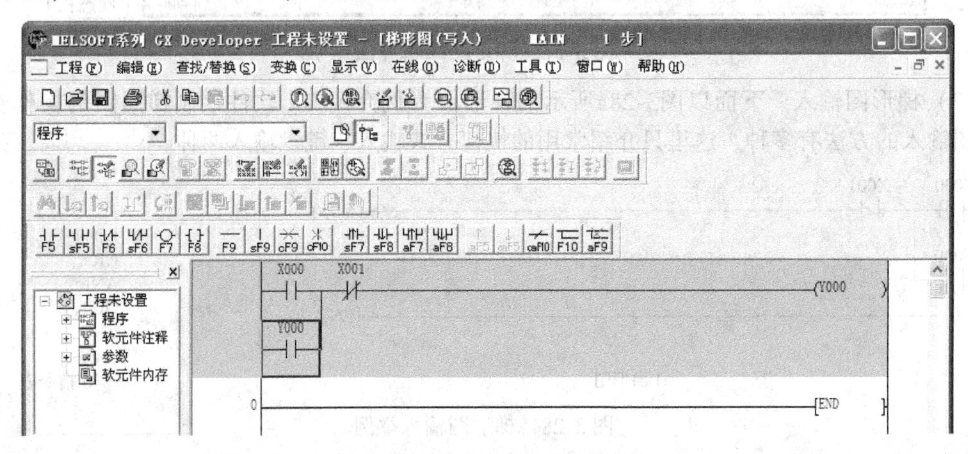

图3-32　梯形图变换前的界面

（3）梯形图程序变换　图3-32编制完成的梯形图程序其颜色是灰色状态，此时虽然程序输入好了，但若不对其进行变换（编译），则程序是无效的，也不能进行保存、传送和仿真。程序变换，又称为编译。通过变换编辑区程序由灰色自动变成白色，说明程序变换完成。选择菜单命令【变换】→【变换（C）】执行，如图3-33所示，也可单击工具栏上程序变换/编译图标“ ”或按功能键“F4”。变换无误后，程序灰色状态变为白色。

若编制的程序在格式上或语法上有错误，则进行变换时，系统会提示错误。修改错误的程序，然后重新变换，直到编辑区程序由灰色变成白色。

（4）梯形图程序编辑操作

1）插入和删除。在梯形图编辑过程中，如果要进行程序的插入或删除，可以按以下的方法进行操作。

① 插入。将光标定位在要插入的位置，然后选择菜单命令【编辑】→【行插入】执行，即可实现逻辑行的插入。

② 删除。首先通过鼠标选择要删除的行，然后选择菜单命令【编辑】→【行删除】执行，

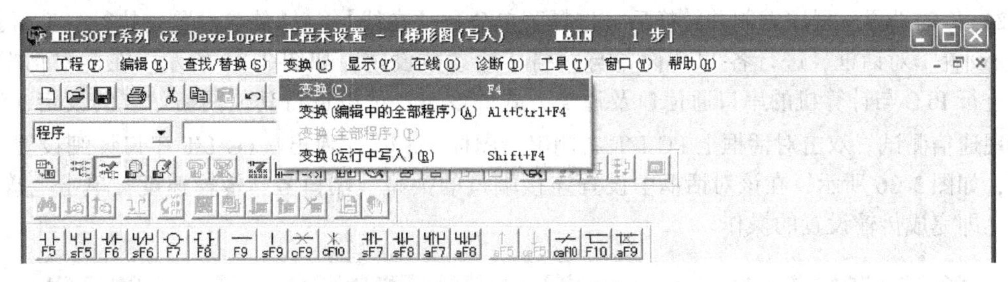

图 3-33　程序变换操作

即可实现逻辑行的删除。

2）复制和粘贴。首先拖动鼠标选中需要复制的区域，单击工具栏上复制图标“”，再将当前编辑区定位到要粘贴的位置，单击工具栏上粘贴图标“”即可。

3）绘制、删除连线。当在梯形图中需要连接横线时，单击工具栏上画横线图标“F9”，连接竖线时，单击工具栏上画竖线图标“sF9”；也可以单击工具栏上的划线输入“F10”图标在需要连线处横向或横向拖动鼠标即可画横向或竖线。删除横线或竖线时单击工具栏上横线删除“cF9”或竖线删除图标“cF10”。也可以单击工具栏上划线删除图标“aF9”，在需要删除横线或竖线处，横向或竖向拖动鼠标，即可删除横线或竖线。

4）程序修改。在程序编制过程中，若发现梯形图有错误，可进行修改操作。在写状态下，将光标放在需要修改的梯形图处，双击光标，调出梯形图输入对话框，进行程序修改确定即可。

（5）指令表输入　GX Developer 软件除了可以采用梯形图方式进行程序的编辑外，还可以利用指令表进行程序的编辑。在图 3-27 梯形图编辑界面，选择菜单命令【显示】→【列表显示】执行或单击工具栏上梯形图/指令表切换图标“”，就可以进入指令表编辑区，然后用键盘分别输入图 3-28 对应的指令表：“LD　X000”、“OR　Y000”、“ANI　X001”、“OUT　Y000”及“END”，且每输完一条指令表程序按一次“Enter”键，则指令表输入编制的程序如图 3-34 所示。指令表编辑程序不需要变换。

（6）PLC 程序的写入与读取　在完成程序编制和转换后，便可以将程序写入到 PLC 的 CPU 中，或将 PLC 的 CPU 中的程序读到计算机，一般需进行以下操作：

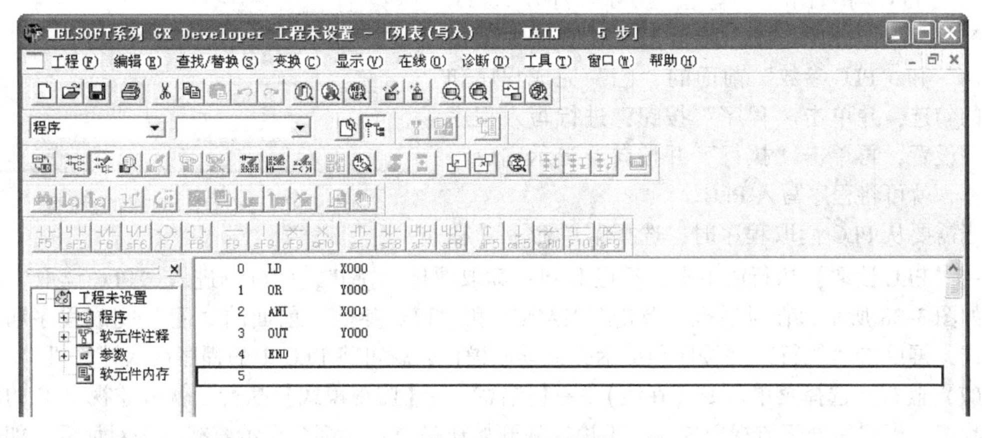

图 3-34　指令表输入编制的程序

1）PLC 与计算机的连接。将计算机串口与 PLC 的编程口用编程电缆互连，特别是 PLC 编程口方向，按照通信针脚排列方向轻轻插入，不要弄错方向或强行插入，否则容易造成损坏。

2）传输设置。程序编制并转换后，选择菜单命令【在线】→【传输设置】执行，就可打开“传输设置”对话框，进行各PLC设备与网络传输参数设定，如图3-35所示。在此对话框中，可以进行PLC与计算机的串口通信口及通信方式的设定；可以进行其他网络站点的设定，还可以实现通信测试。双击对话框上PC I/F右侧串行图标“”，弹出“PC I/F串口详细设置”对话框，如图3-36所示，在该对话框中设置连接端口的类型、端口号、传输速度，单击“确定”按钮，即完成传输设置的操作。

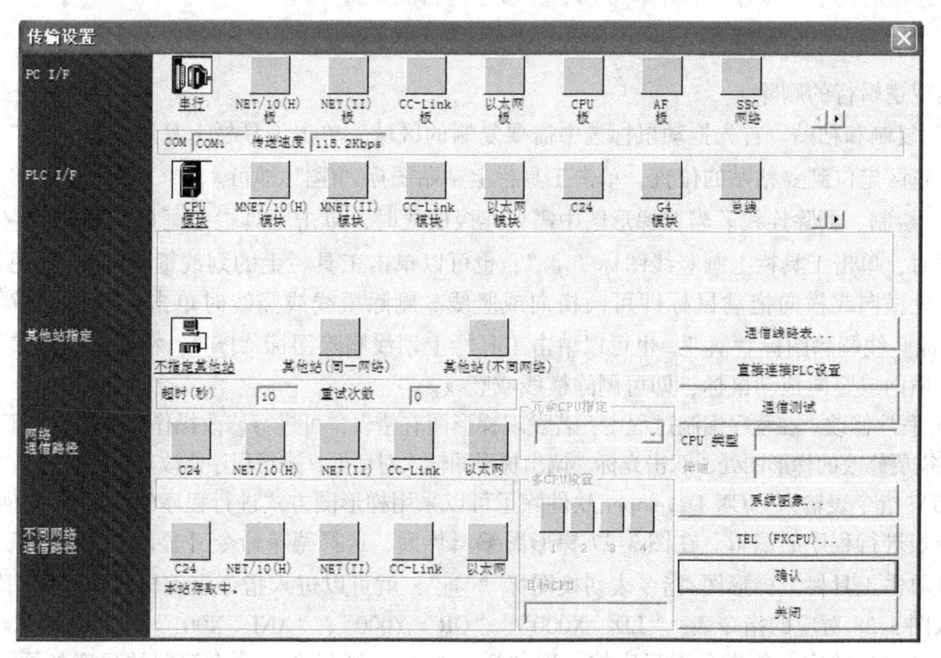

图3-35 传输设置

3）PLC程序的写入/读取。PLC程序写入时，选择菜单命令【在线】→【PLC写入】执行或单击工具栏上PLC写入图标“”，就可以打开“PLC写入”对话框，如图3-37所示，在对话框中单击“MAIN”和“PLC参数”前面的“□”完成程序和参数的勾选，并单击“程序”按钮，进行写入程序步范围设置，再单击“执行”并按向导提示完成写入操作，就可将程序写入PLC。

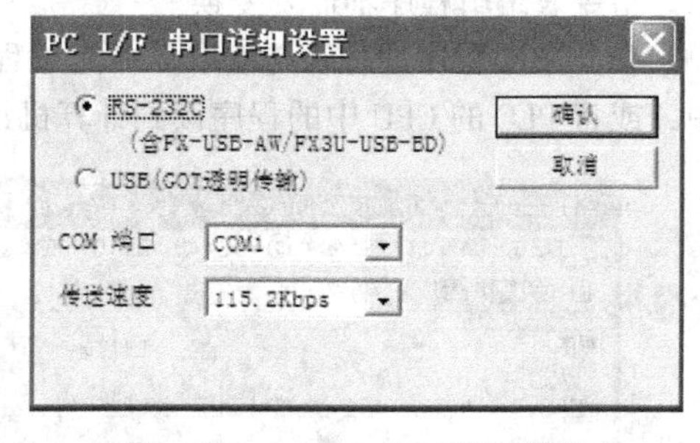

图3-36 PC I/F串口详细设置

当需要从PLC读取程序时，选择菜单命令【在线】→【PLC读取】执行或单击工具栏上PLC读取图标“”，就可以进入“PLC读取”对话框，如图3-38所示，在对话框中单击“MAIN”和“PLC参数”前面的“□”完成程序和参数的勾选，再单击“执行”并按向导提示完成读取操作，就可将PLC中的程序读入计算机。

（7）监视 选择菜单命令【在线】→【监视】→【监视模式】执行，就可监视PLC的程序运行状态，当程序处于监视模式时，不论监视开始还是停止，都会显示监视状态对话框，如图3-39所示。在监视状态的梯形图上可以观察到各输入及输出软元件的状态，并可选择菜单命令【在线】→【监视】→【软元件批量】执行，实现对软元件的成批监视。

（8）梯形图注释 梯形图程序编制完成后，如果不加注释，那么过一段时间，就会看不明白。这是因为梯形图程序的可读性较差。加上程序编制因人而异，完成同样的控制功能有许多不同的程序编制方法。给程序加上注释，可以增加程序的可读性，方便交流和修改。梯形图程序注释有注释编辑、声明编辑和注解编辑三种，可选择菜单命令【编辑】→【文档生成】的下拉子菜单，如图 3-40 所示，在其子菜单中选择注释类型进行相应的注释操作。也可以单击工具栏上注释图标进行注释操作。

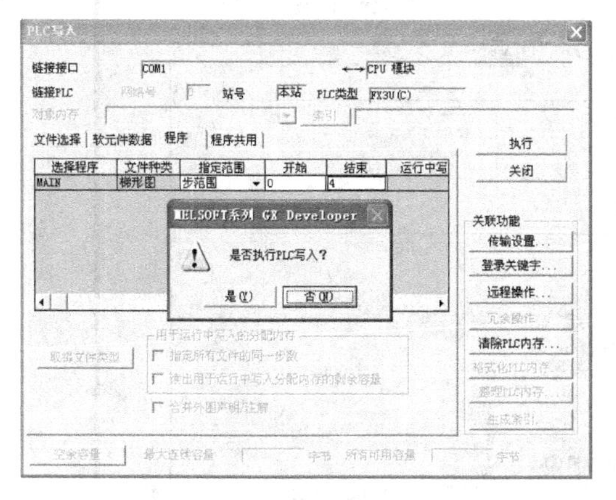

图 3-37　PLC 程序写入对话框

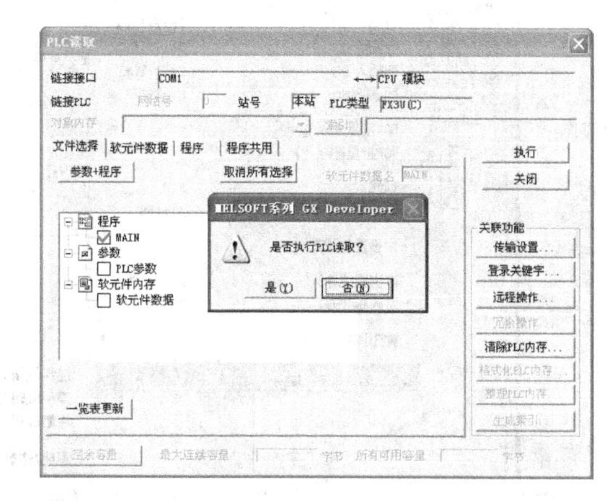

图 3-38　PLC 程序读取对话框

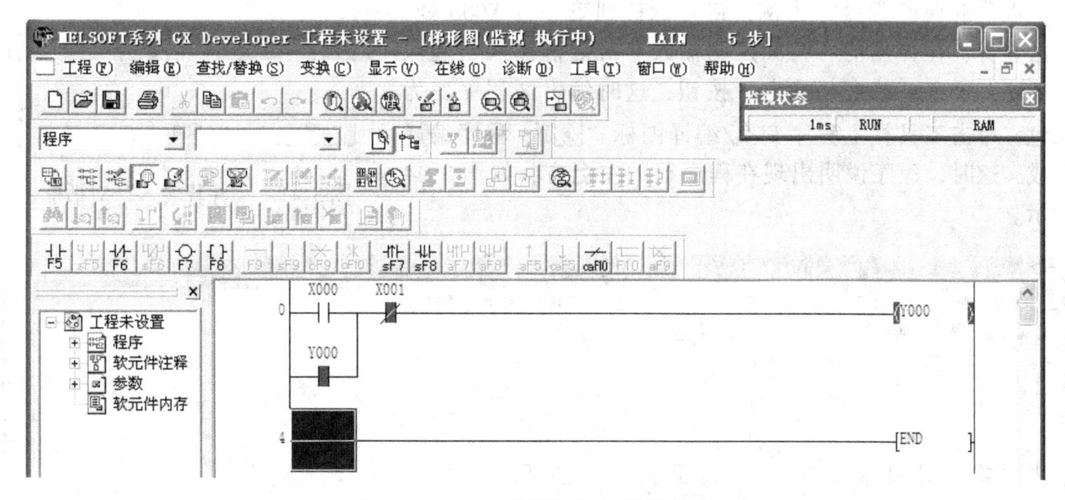

图 3-39　PLC 程序运行的监视状态

1）注释编辑。这是对梯形图中的触点和输出线圈添加注释。操作方法如下：

单击工具栏上注释编辑图标“▦”，此时，梯形图之间的行距拉开。这时，把光标移动到要注释的触点 X000 处，双击光标，弹出“注释输入”对话框，如图 3-41 所示。在框内输入“起动”（假设 X000 为起动按钮对应的输入信号），单击“确定”按钮，注释文字出现在 X000 下方，如图 3-42 所示。光标移动到哪个触点处，就可以注释哪个触点。对一个触点进行注释后，梯形图中所有这个触点（常开、常闭）都会在其下方出现相同的注释内容。

2）声明编辑。这是对梯形图中某一行或某一段程序进行说明注释。操作方法如下：

单击工具栏上声明编辑图标“▦”，将光标放在要编辑行的行首，双击光标，弹出“行间声明输入”对话框，如图 3-43 所示。在对话框内输入声明文字，单击“确定”按钮，声明文字即加到相应的行首。

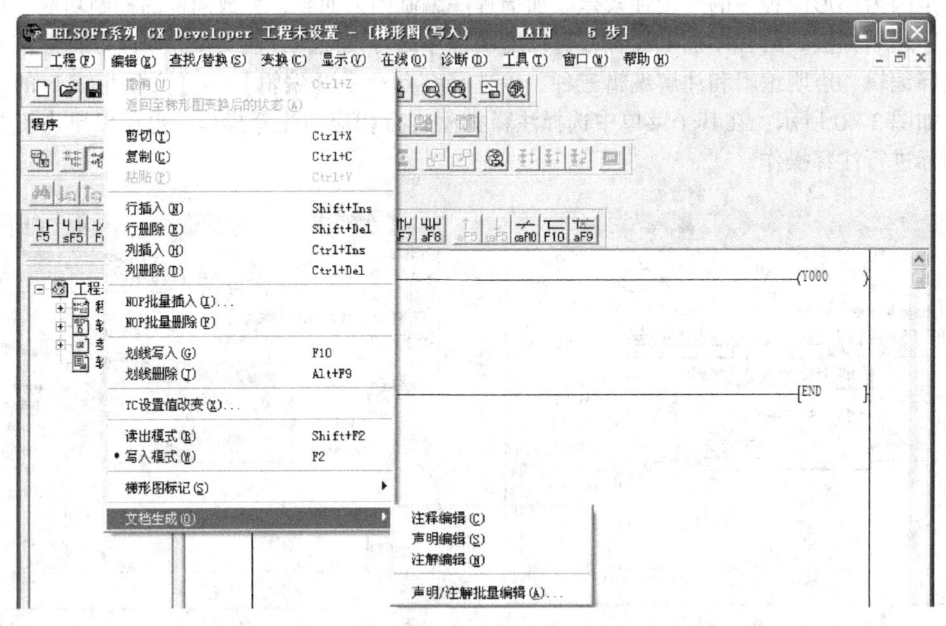

图3-40 选择菜单命令进行梯形图注释操作

以“起保停程序”为例，将光标移到第一行X000处，双击光标，在弹出的“行间声明输入”对话框输入“起保停程序”文字，单击“确定”按钮，这时编辑区程序变为灰色，单击工具栏上程序变换/编译图标“![]”，程序编译完成，这时，程序说明出现在程序行的左上方，如图3-44所示。

图3-41 “注释输入”对话框

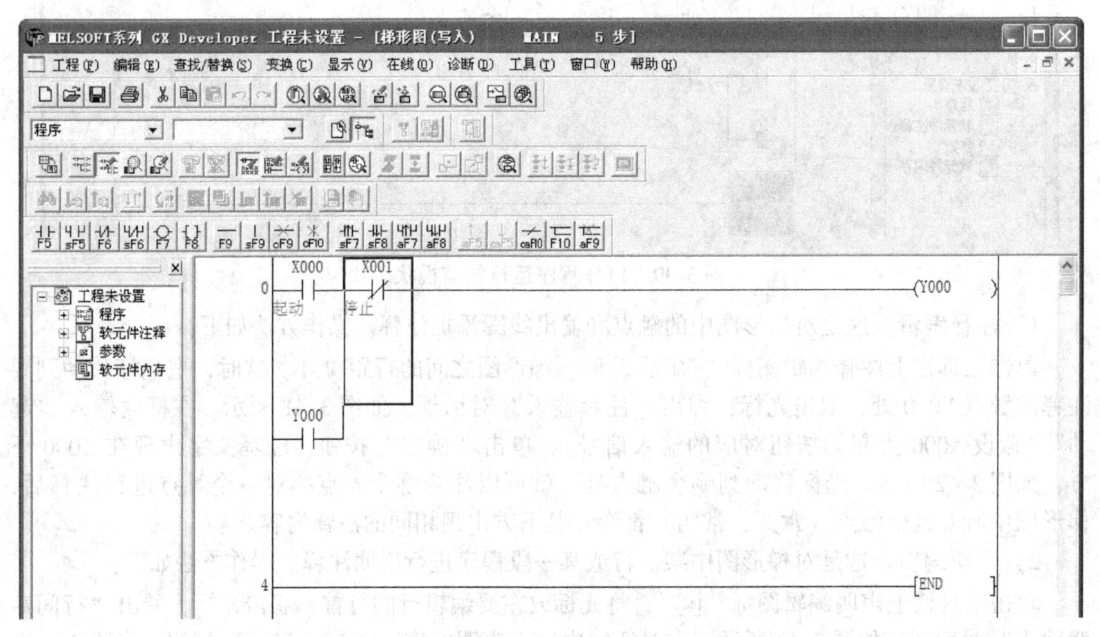

图3-42 注释编辑操作

3）注解编辑。这是对梯形图中输出线圈或功能指令进行说明注释。操作方法如下：

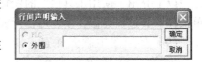

图 3-43　“行间声明输入”对话框

单击工具栏上注解项编辑图标“”，将光标放在要注解的输出线圈或功能指令处，双击光标，这时，弹出“输入注解”对话框。如图 3-45 所示。在对话框内输入注解文字，

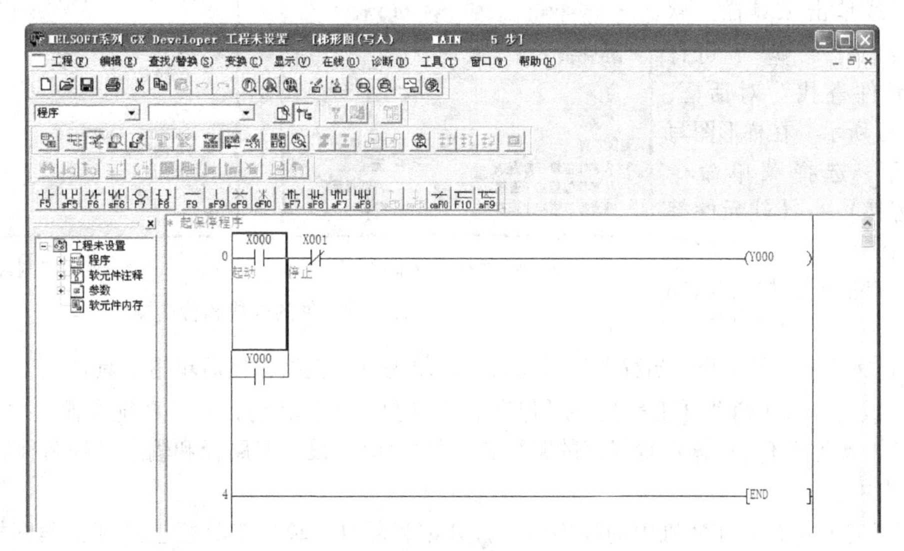

图 3-44　声明编辑操作

单击“确定”按钮，注解文字即加到相应的输出线圈或功能指令的左上方。

图 3-45　“输入注解”对话框

现仍以“起保停程序”为例，将光标移到输出线圈 Y000 处，双击光标，在弹出的“输入注释”对话框中输入“电动机”字样，单击“确定”按钮，输出线圈的注解说明出现在 Y000 的左上方，此时，编辑区程序变成灰色，再进行程序变换操作，程序编译完成，如图 3-46 所示。

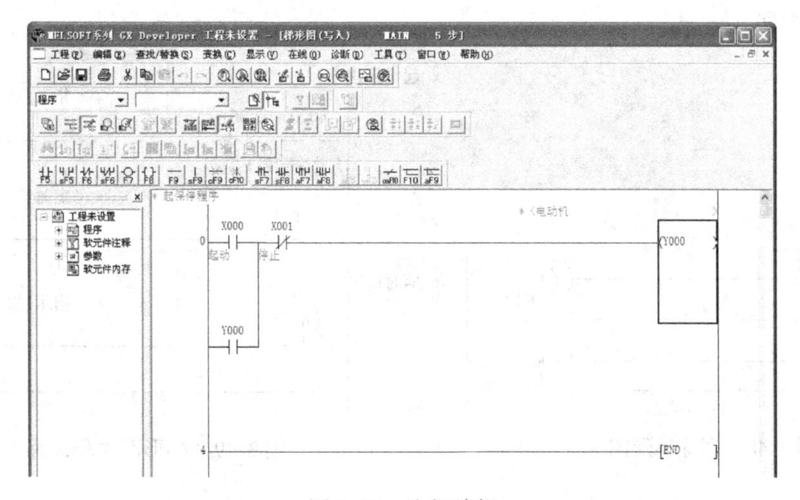

图 3-46　注解编辑

以上介绍了使用工具栏上的图标（按钮）进行梯形图三种注释的操作方法，也可以使用菜单操作。其过程类似，读者可自行练习。

（9）梯形图中软元件查找和替换　选择菜单命令【查找/替换】→【软元件查找】执行或单击工具栏上软元件查找图标“🔍”，可打开“软元件查找”对话框，如图3-47a所示。在梯形图写入状态下，选择菜单命令【查找/替换】→【软元件替换】执行，就可打开“软元件替换”对话框，如图3-47b所示。

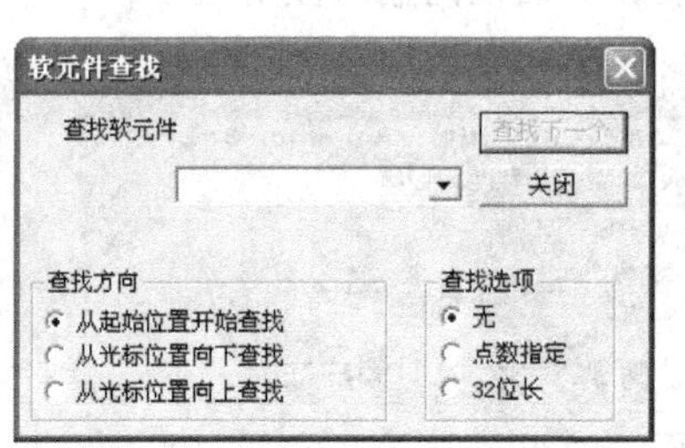

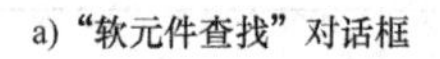
a)“软元件查找”对话框

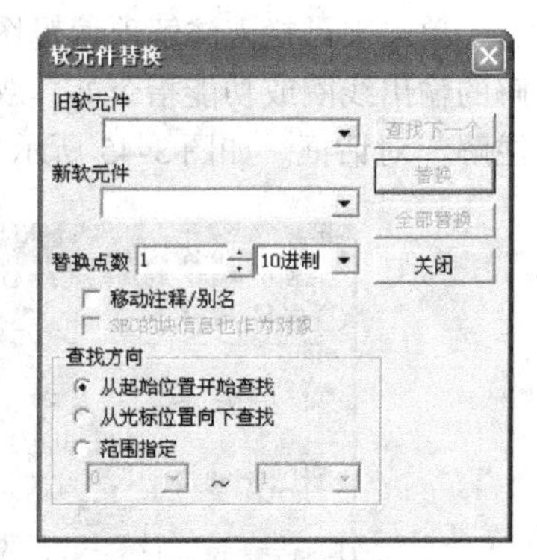

b)“软元件替换”对话框

图3-47　软元件的查找和替换操作

（10）保存、打开工程　当程序编制完后，必须先进行变换，然后单击工具栏上工程保存图标“💾”或选择菜单命令【工程】→【保存】或【另存为】执行，此时系统会弹出“另存为”对话框（如果新建工程时未设置保存的路径和工程名称），设置好路径和输入工程名称后再单击“保存”即可。

当需要打开保存在计算机中的程序时，打开编程软件，单击工具栏上打开工程图标“📂”或选择菜单命令【工程】→【打开工程】执行，在打开窗口中选择保存的驱动器和工程名称再单击“打开”即可。

4. 举例

1）打开计算机，进入GX Developer编程软件的编程界面。

2）程序输入。

① 利用GX Developer编程软件，编制如图3-48所示的程序，并转化成指令表。

② 给梯形图加注软元件注释和程序的功能注释，如图3-49所示。

③ 将程序写入PLC。

④ 运行程序。

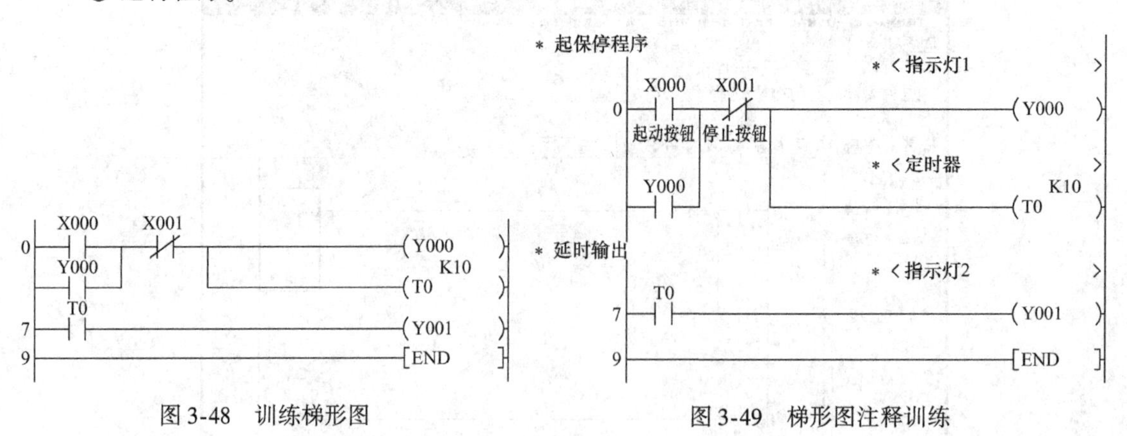

图3-48　训练梯形图　　　　图3-49　梯形图注释训练

三、任务实施

（一）训练目标

1）学会用三菱 FX_{3U}系列 PLC 基本指令编制电动机起停控制的程序。
2）会绘制电动机起停控制的 I/O 接线图及主电路图。
3）掌握 FX_{3U}系列 PLC 的 I/O 端口的外部接线方法。
4）熟练掌握使用 GX Developer 编程软件编制梯形图与指令表程序，并写入 PLC 进行调试运行。

（二）设备与器材

本任务实施所需设备与器材，见表 3-10。

表 3-10　所需设备与器材

序号	名称	符号	型号规格	数量	备注
1	常用电工工具		十字螺钉旋具、一字螺钉旋具、尖嘴钳、剥线钳等	1 套	表中所列设备、器材的型号规格仅供参考
2	计算机（安装 GX Developer 编程软件）			1 台	
3	THPFSL－2 网络型可编程序控制器综合实训装置			1 台	
4	三相异步电动机起停控制面板			1 个	
5	三相笼型异步电动机	M		1 台	
6	连接导线			若干	

（三）内容与步骤

1. 任务要求

完成三相异步电动机通过按钮实现的起动、停止控制，同时电路要有完善的软件或硬件保护环节，其控制面板如图 3-50 所示。

2. I/O 地址分配与接线图

I/O 分配见表 3-11。

表 3-11　I/O 分配表

输　入			输　出		
设备名称	符号	X 元件编号	设备名称	符号	Y 元件编号
起动按钮	SB_1	X000	接触器	KM_1	Y000
停止按钮	SB_3	X001			
热继电器	FR	X002			

I/O 接线图如图 3-51 所示。

3. 编制程序

根据控制要求编制梯形图，如图 3-52 所示。

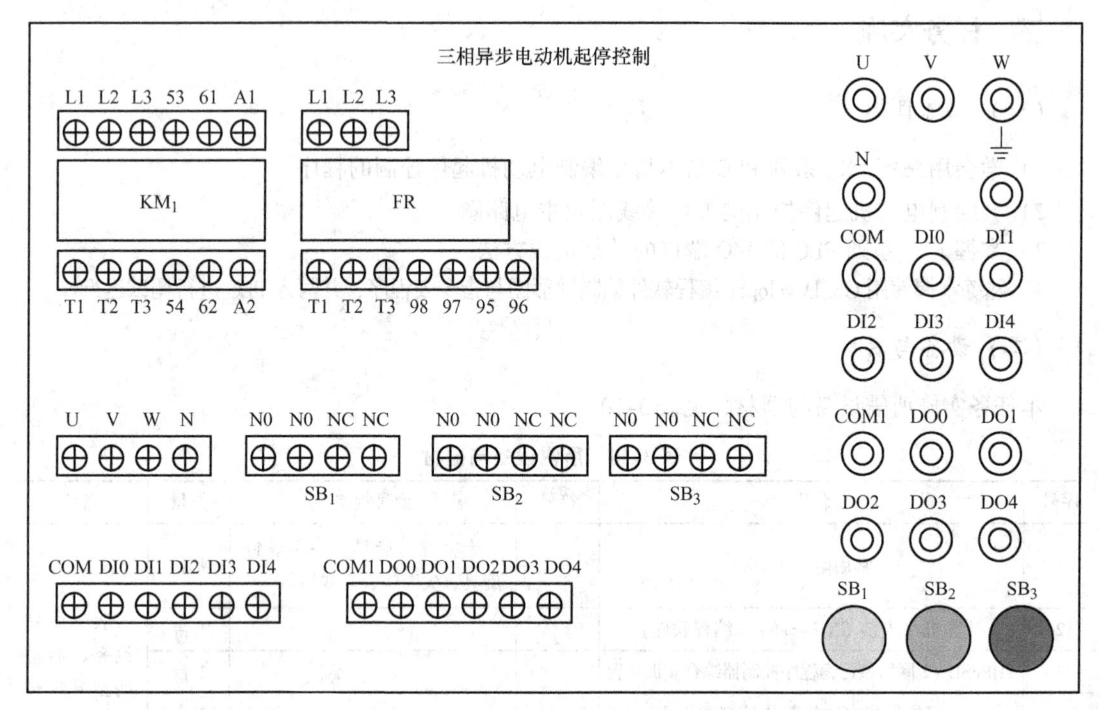

图 3-50　三相异步电动机起停控制面板

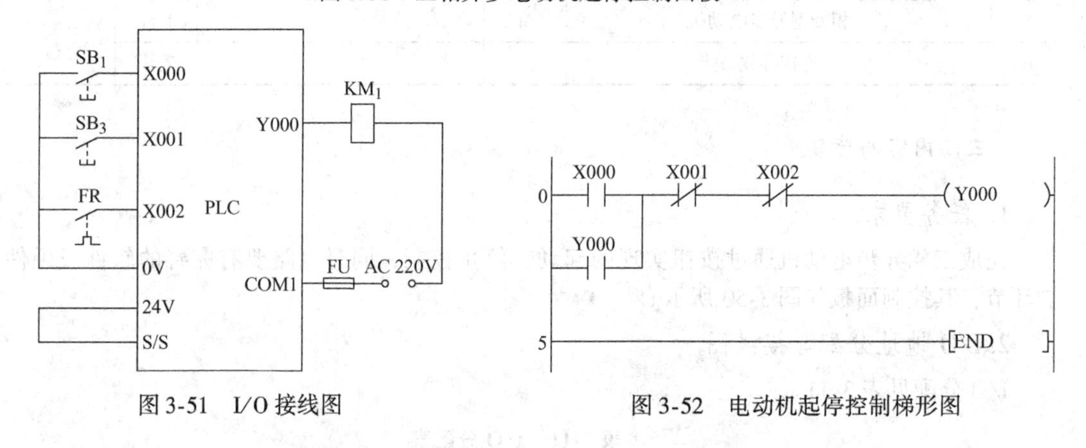

图 3-51　I/O 接线图

图 3-52　电动机起停控制梯形图

4. 调试运行

利用 GX - Developer 编程软件在计算机上输入图 3-52 所示的程序，然后下载到 PLC 中。

（1）静态调试　按图 3-51 所示 PLC 的 I/O 接线图正确连接输入设备，进行 PLC 的模拟静态调试（按下起动按钮 SB_1 时，Y000 亮，运行过程中，按下停止按钮 SB_3，Y000 灭，运行过程结束），并通过 GX - Developer 编程软件使程序处于监视状态，观察其是否与指示灯一致；否则，检查并修改程序，直至输出指示正确。

（2）动态调试　按图 3-51 所示 PLC 的 I/O 接线图正确连接输出设备，进行系统的空载调试，观察交流接触器能否按控制要求动作（按下起动按钮 SB_1 时，KM_1 动作，运行过程中，按下停止按钮 SB_3，KM_1 返回，运行过程结束），并通过 GX - Developer 编程软件使程序处于监视状态，观察其是否与动作一致；否则，检查电路接线或修改程序，直至交流接触器能按控制要求动作；然后按图 1-32a 所示连接电动机（电动机按Y连接），进行带载动态调试。

运行结果正确，训练结束，整理好实训台及仪器设备。

（四）分析与思考

本任务三相异步电动机过载保护是如何实现的？如果将热继电器过载保护作为PLC的硬件条件，试绘制I/O接线图，并编制梯形图程序。

四、任务考核

任务考核见表3-12。

表3-12　任务实施考核表

序号	考核内容	考核要求	评分标准	配分	得分
1	电路及程序设计	1）能正确分配I/O，并绘制I/O接线图 2）根据控制要求，正确编制梯形图程序	1）I/O分配错或少，每个扣5分 2）I/O接线图设计不全或有错，每处扣5分 3）三相异步电动机单向连续运行主电路表达不正确或画法不规范，每处扣5分 4）梯形图表达不正确或画法不规范，每处扣5分	40分	
2	安装与连线	能根据I/O地址分配，正确连接电路	1）连线错一处，扣5分 2）损坏元器件，每只扣5～10分 3）损坏连接线，每根扣5～10分	20分	
3	调试与运行	能熟练使用编程软件编制程序写入PLC，并按要求调试运行	1）不会熟练使用编程软件进行梯形图的编辑、修改、转换、写入及监视，每项扣2分 2）不能按照控制要求完成相应的功能，每缺一项扣5分	20分	
4	安全操作	确保人身和设备安全	违反安全文明操作规程，扣10～20分	20分	
5	合　计				

五、知识拓展

（一）置位与复位指令（SET、RST）

1. SET、RST指令使用要素

SET、RST指令的名称、助记符、功能及梯形图表示等使用要素见表3-13。

表3-13　SET、RST指令的使用要素

名　称	助记符	功　能	梯形图表示	目标元件	程序步
置位	SET	驱动目标元件，使其线圈通电并保持	┤├─[SET　Y,M,S,D□.b]	Y，M，S，D□.b	Y，M：1步；S，特殊M元件：2步；D□.b：3步
复位	RST	解除目标元件动作保持，当前值与寄存器清零	┤├─[RST　Y,M,S,D□.b,T,C,D,R,V,Z]	Y，M，S，D□.b，T，C，D，R，V，Z	Y，M：1步；S，特殊M元件，T，C：2步；D□.b，D，R，V，Z：3步

1）SET 指令，强制目标元件置“1”，并具有自保持功能。即一旦目标元件得电，即使驱动条件断开后，目标元件仍维持接通状态。

2）RST 指令，强制目标元件置“0”，同样具有自保持功能。RST 指令除了可以对 Y、M、S、D□. b 元件进行置“0”操作外，还可以对 D、R、V、Z 的数值清零。RST 指令对积算型定时器和计数器进行复位操作时，除把当前值清零外，还把所有的触点进行复位操作（恢复原来状态），RST 指令用于计数器的复位如图 3-53 所示。

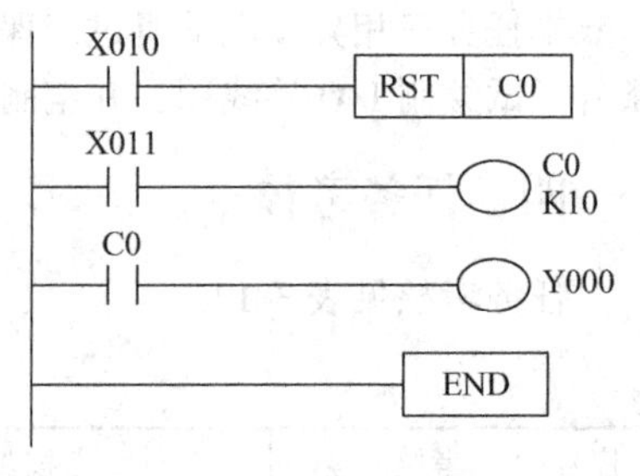

图 3-53　RST 指令对计数器的复位

3）对于同一目标元件，SET、RST 指令可多次使用，顺序也可任意，但以最后执行的一次有效。

4）在实际使用时，尽量不要对同一元件进行 SET 和 OUT 操作。因为这样使用，虽然不是双线圈输出，但如果 OUT 指令的驱动条件断开，SET 指令的操作不具有自保持功能。

2. 应用举例

SET、RST 指令的应用如图 3-54 所示。

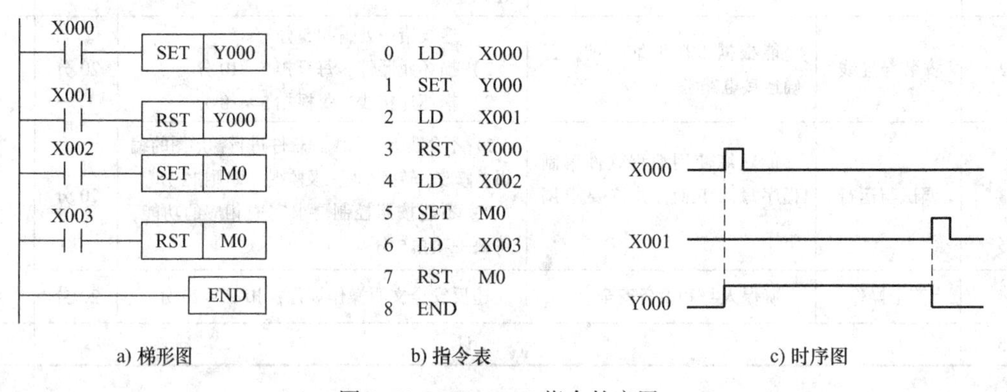

图 3-54　SET、RST 指令的应用

（二）用置位复位指令实现的电动机起停控制

用置位指令和复位指令编制的三相异步电动机起动停止的梯形图程序如图 3-55 所示。

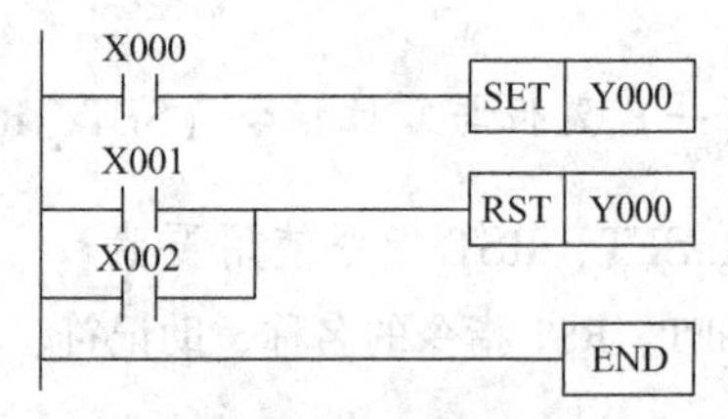

图 3-55　用 SET、RST 指令实现电动机起停控制梯形图

六、任务总结

在本任务中，我们首先讨论了三菱 FX_{3U} 系列 PLC 的 X、Y 两个软继电器的含义与具体用法，然后分别介绍了 LD、AND、OUT、END 和 SET 等 10 条基本指令的使用要素以及梯形图和指令表之间的相互转换。在此基础上利用基本指令编制简单的三相异步电动机起停控制 PLC 程序，通过 GX Developer 编程软件进行程序的编辑、写入，再进行 I/O 端口连接及调试运行，从而达到会使用编程软件和简单程序分析的目的。

任务二　水塔水位的 PLC 控制

一、任务导入

水塔是日常生活和工农业生产中常见的供给水建筑，其主要功能是储水和供水。为了保证水塔水位运行在允许的范围内，常用液位传感器作为检测元件，监视水塔内液面的变换情况，并将检测的结果传给控制系统，决定控制系统的运行状态。

本任务利用三菱 FX_{3U} 系列 PLC 对水塔水位控制进行模拟运行。

二、知识链接

（一）辅助继电器（M 元件）

辅助继电器是 PLC 中数量最多的一种继电器，类似于继电器-接触器控制系统中的中间继电器，它和输入、输出继电器不同的是它既不能接收外部输入的开关量信号，也不能直接驱动负载，只能在程序中驱动，是一种内部的状态标志。辅助继电器的常开与常闭触点在 PLC 内部编程时可无限次使用。辅助继电器采用十进制数编号。

辅助继电器按用途可分为通用型辅助继电器、断电保持型辅助继电器和特殊辅助继电器三种。FX_{2N}、FX_{2NC}和 FX_{3U}、FX_{3UC}型 PLC 辅助继电器见表 3-14。

表 3-14　FX 系列 PLC 辅助继电器的分类及编号范围

PLC 系列	通用型	断电保持型	特殊型
FX_{2N}、FX_{2NC}	500 点（M0 ~ M499）	2572 点（M500 ~ M3071）	256 点（M8000 ~ M8255）
FX_{3U}、FX_{3UC}		7180 点（M500 ~ M7679）	512 点（M8000 ~ M8511）

1. 通用型辅助继电器

通用型辅助继电器的主要用途为逻辑运算的中间结果或信号类型的变换。PLC 上电时处于复位状态，上电后由程序驱动，它没有断电保持功能，在系统失电时，自动复位。若电源再次接通，除了因外部输入信号变化而引起 M 的变化外，其余的皆保持 OFF 状态。不同型号的 PLC 其通用型辅助继电器的数量是不同的，其编号范围也不同。使用时，必须参照编程手册。

2. 断电保持型辅助继电器

断电保持型辅助继电器具有断电保持功能，即能记忆电源中断瞬时的状态，并在重新通电后再现其断电前的状态。但要注意，系统重新上电后，仅在第一扫描周期内保持断电前的状态，然后 M 将失电，因此，在实际应用时，还必须加 M 自保持环节，才能真正实现断电保持功能。断电保持型辅助继电器之所以能在电源断电时保持其原有的状态，是因为电源中断时用 PLC 锂电池作后备电源，保持它们映像寄存器中的内容。

断电保持型辅助继电器分两种类型，一种是可以通过参数设置更改为非断电保持型。一种是不能通过参数更改其断电保持性，称之为固定断电保持型。

3. 特殊辅助继电器

特殊辅助继电器用来表示 PLC 的某些状态，提供时钟脉冲和标志位，设定 PLC 的运行方式或者PLC用于步进顺控、禁止中断、计数器的加减设定、模拟量控制、定位控制和通信控制中的各种状态标志等。它可分为触点利用型特殊辅助继电器和驱动线圈型特殊辅助继电器两大类。

1）触点利用型特殊辅助继电器。这类特殊辅助继电器为PLC的内部标志位，PLC根据本身的工作情况自动改变其状态（1或0），用户只能利用其触点，因而在用户程序中不能出现其线圈，但可以利用其常开或常闭触点作为驱动条件。例如：

M8000—运行监视，PLC运行时为ON。

M8001—运行监视，PLC运行为OFF。

M8002—初始化脉冲，仅在PLC运行开始时接通一个扫描周期。

M8003—初始化脉冲，仅在PLC运行开始时关断一个扫描周期。

M8005—PLC后备锂电池电压过低时接通。

M8011—10ms时钟脉冲，以10ms为周期振荡，通、断各5ms。

M8012—100ms时钟脉冲，以100ms为周期振荡，通、断各50ms。

M8013—1000ms时钟脉冲，以1000ms为周期振荡，通、断各500ms。

M8014—1min时钟脉冲，以1min为周期振荡，通、断各30s。

M8020—加减法运算结果为0时接通。

M8021—减法运算结果超过最大的负值时接通。

M8022—加法运算结果发生进位时，或者移位结果发生溢出时接通。

2）驱动线圈型特殊辅助继电器。这类特殊辅助继电器用户在程序中驱动其线圈，使PLC执行特定的操作，线圈被驱动后，用户也可以在程序中使用它们的触点。例如：

M8030—线圈被驱动后，后备锂电池欠电压指示灯熄灭。

M8033—线圈被驱动后，在PLC停止运行时，输出保持运行时的状态。

M8034—线圈被驱动后，禁止所有输出。

M8039—线圈被驱动后，PLC以D8039中指定的扫描时间工作。

注意：没有定义的特殊辅助继电器不能在用户程序中使用。

（二）数据寄存器（D）

数据寄存器（D）主要用于存储数据数值，PLC在进行输入输出处理、模拟量控制及位置控制时，需要许多数据寄存器存储数据和参数。数据寄存器都是16位，可以存放16位二进制数。也可用两个编号连续的数据寄存器来存储32位数据。例如，用D10和D11存储32位二进制数，D10存储低16位，D11存储高16位。数据寄存器最高位为正负符号位，0表示为正数，1表示为负数。

数据寄存器可分为通用数据寄存器、断电保持数据寄存器、特殊数据寄存器及文件寄存器。FX系列PLC数据寄存器的分类及编号范围见表3-15。

表3-15 FX系列PLC数据寄存器的分类及编号范围

数据寄存器	FX_{2N}、FX_{2NC}	FX_{3U}、FX_{3UC}
通用数据寄存器	200点（D0～D199）	
断电保持数据寄存器	7800点（D200～D7999）	
特殊数据寄存器	256点（D8000～D8255）	512点（D8000～D8511）
文件寄存器	7000点（D1000～D7999）	

1. 通用数据寄存器

将数据写入通用数据寄存器后，其值将保持不变，直到下一次被写入。当 PLC 由“RUN”→“STOP”或停电时，所有通用数据寄存器的数据全部清零。但是，当特殊辅助继电器 M8033 为 ON、PLC 由“RUN”→“STOP”或停电时，通用数据寄存器的数据将保持不变。

2. 断电保持数据寄存器

断电保持数据寄存器在 PLC 由“RUN”→“STOP”或停电时，其数据保持不变。利用参数设定，可以改变断电保持数据寄存器的范围。当断电保持数据寄存器作为一般用途时，要在程序的起始步采用 RST 或 ZRST 指令清除其内容。

3. 特殊数据寄存器

特殊数据寄存器用来存放一些特定的数据。例如，PLC 状态信息、时钟数据、错误信息、功能指令数据存储及变址寄存器当前值等。按照其功能可分为两种，一种是只读存储器，用户只能读取其内容，不能改写其内容，例如可以从 D8067 中读出错误代码，找出错误原因。从 D8005 中读出锂电池电压值等；另一种是可以进行读写的特殊存储器，用户可以对其读写操作。例如，D8000 为监视扫描时间数据存储，出厂值为 200ms。如程序运行一个扫描周期大于 200ms 时，可以修改 D8000 的设定值，使程序扫描时间延长。未定义的特殊数据寄存器，用户不能使用。具体可参见用户手册。

4. 文件寄存器

文件寄存器是对相同编号（地址）的数据寄存器设定初始值的软元件（FX_{2N}和 FX_{3U}系列相同），通过参数设定，可以将 D1000 及以后的数据寄存器以 500 点为单位作为文件寄存器，最多可以到 D7999，可以指定 1～14 个块（每个块相当于 500 点文件寄存器），但是每指定一个块将减少 500 步程序内存区间。文件寄存器也可以作为数据寄存器使用，处理各种数值数据，可以用功能指令进行操作，如 MOV 指令、BIN 指令等。

文件寄存器实际上是一种专用数据寄存器，用于存储大量 PLC 应用程序需要用到的数据。例如采集数据、统计计算数据、产品标准数据、数表及多组控制参数等。当然，如果这些区域的数据寄存器不用作文件寄存器，仍然可当作通用数据寄存器使用。

（三）字位（D□. b）

字位是字元件（数据寄存器 D）的位指定，可以作为位元件使用，字位是 FX_{3U}、FX_{3UC} 型 PLC 特有的功能，其表达形式为 D□. b，其中□是字元件的编号，b 是字元件的指定位编号（16 进制数表示）。如置位 D100 的 b15 位，可用指令“SET　D100. F”表示。通常字位与普通的位元件使用方法相同，但其使用过程中不能进行变址操作。

字位 D□. b 是一个位元件，在应用上和辅助继电器 M 一样使用，有无数个常开、常闭触点，本身也可以作为线圈进行驱动。

（四）常数（K、H）

常数也可以作为编程元件使用，它在 PLC 的存储器中占用一定的空间。

K 表示十进制常数的符号，主要用于指定定时器和计数器的设定值，也用于指定功能指令中的操作数。十进制常数的指定范围：16 位常数的范围为 －32768～＋32767，32 位常数的范围为 －2147483648～＋2147483647。

H 表示十六进制常数的符号，主要用于指定功能指令中的操作数。十六进制常数的指定范围：16位常数的范围为0000～FFFF，32位常数的范围为00000000～FFFFFFFF。例如25用十进制表示为K25，用十六进制则表示为H19。

（五）定时器（T元件）

PLC中的定时器相当于继电器-接触器控制系统中的通电延时型时间继电器。定时器是根据PLC内时钟脉冲的累积计时的，FX系列PLC内有周期为1ms、10ms、100ms时钟脉冲三种，定时器延时是从线圈通电的瞬间开始，当定时器的当前值达到其设定值时，其输出触点动作。即常开触点闭合，常闭触点断开。它可以提供无数对常开常闭触点。定时器中有一个设定值寄存器（一个字长），一个当前值寄存器（一个字长）和一个用来存储其输出点状态的映像寄存器（占二进制的一位），这三个单元使用同一个元件编号。但使用场合不一样，意义也不同。FX系列PLC的定时器见表3-16。

表3-16　FX系列PLC定时器

<table>
<tr><th rowspan="2">PLC机型</th><th colspan="3">通用型</th><th colspan="2">积算型</th></tr>
<tr><th>100ms
0.1～3276.7s</th><th>10ms
0.01～327.67s</th><th>1ms
0.001～32.767s</th><th>1ms
0.001～32.767s</th><th>100ms
0.1～3276.7s</th></tr>
<tr><td>FX_{2N}、FX_{2NC}型</td><td rowspan="2">200点
（T0～T199）</td><td rowspan="2">46点
（T200～T245）</td><td>—</td><td rowspan="2">4点
（T246～T249）</td><td rowspan="2">6点
（T250～T255）</td></tr>
<tr><td>FX_{3U}、FX_{3UC}型</td><td>256点
（T256～T511）</td></tr>
</table>

FX系列PLC中定时器可分为通用型定时器和积算型定时器两种。设定值可用十进制常数K直接设定，也可用数据寄存器D的内容间接设定。

1. 通用型定时器

通用型定时器是在驱动定时器线圈接通后开始计时，当定时器的当前值达到设定值时，其触点动作。通用型定时器无断电保持功能，即当线圈驱动条件断开或停电时定时器自动复位（定时器的当前值回零、触点复位）。当线圈驱动条件再次接通时，定时器重新计时。通用型定时器有100ms、10ms和1ms三种。

（1）100ms通用型定时器　FX_{3U}、FX_{3UC}型PLC内有100ms通用型定时器200点（T0～T199）。这类定时器是对100ms时钟累积计数，设定值为K1～K32767，其定时范围为0.1～3276.7s。

（2）10ms通用型定时器　FX_{3U}、FX_{3UC}型PLC内有10ms通用型定时器46点（T200～T245）。这类定时器是对10ms时钟累积计数，设定值为K1～K32767，其定时范围为0.01～327.67s。

（3）1ms通用型定时器　FX_{3U}、FX_{3UC}型PLC内有1ms通用型定时器256点（T256～T511），这类定时器是对1ms时钟累积计数，设定值为K1～K32767，其定时范围为0.001～32.767s。

下面举例说明通用型定时器动作过程。如图3-56所示，当输入X000接通时，定时器T200当前值从0开始对10ms时钟脉冲进行累积计数，当计数值与设定值K200相等时，定时器动作，其常开触点接通Y000，经过的时间为200×0.01s=2s。当X000断开后定时器复位，当前值变为0，其常开触点断开，Y000也随之断开，如外部电源断电，定时器也将复位。

2. 积算型定时器

积算型定时器具有计数累积功能。在定时过程中如果驱动信号断开或断电，积算型定时器将保持当前的计数值（当前值），定时器驱动信号接通或通电后继续累积，即其当前值具有保持功能，积算型定时器必须使用RST指令复位。

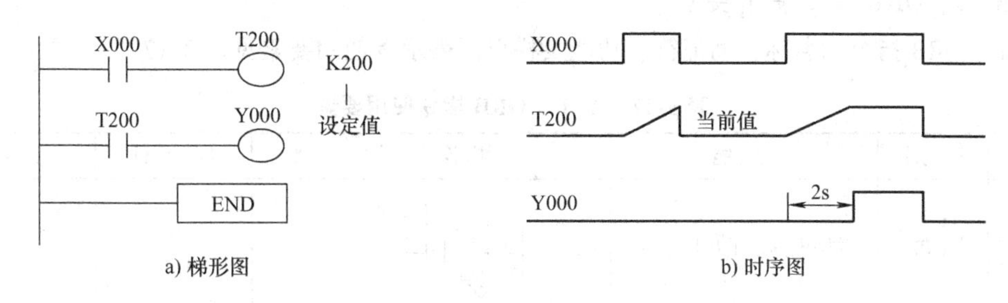

图 3-56　通用型定时器动作过程示意图

（1）1ms 积算型定时器　FX_{3U}、FX_{3UC}型 PLC 内有 1ms 积算型定时器 4 点（T246 ~ T249），这类定时器是对 1ms 时钟累积计数，设定值为 K1 ~ K32767，其定时范围为0.001 ~ 32.767s。

（2）100ms 积算型定时器　FX_{3U}、FX_{3UC}型 PLC 内有 100ms 积算型定时器 6 点（T250 ~ T255），这类定时器是对 100ms 时钟累积计数，设定值为 K1 ~ K32767，其定时范围为 0.1 ~ 3276.7s。

下面举例说明积算型定时器动作过程。如图 3-57 所示，当 X000 接通时，T250 当前值计数器开始累积 100ms 的时钟脉冲个数。当 X000 经 t_1 后断开，而 T250 尚未计数到设定值 K345，其计数的当前值保留。当 X000 再次接通，T250 从保留的当前值开始继续累积，经过 t_2 时间，当前值达到 K345 时，定时器动作。累积的时间为 $t_1 + t_2 = 345 \times 0.1s = 34.5s$。当复位输入 X001 接通时，定时器才复位，当前值变为 0，触点也随之复位。

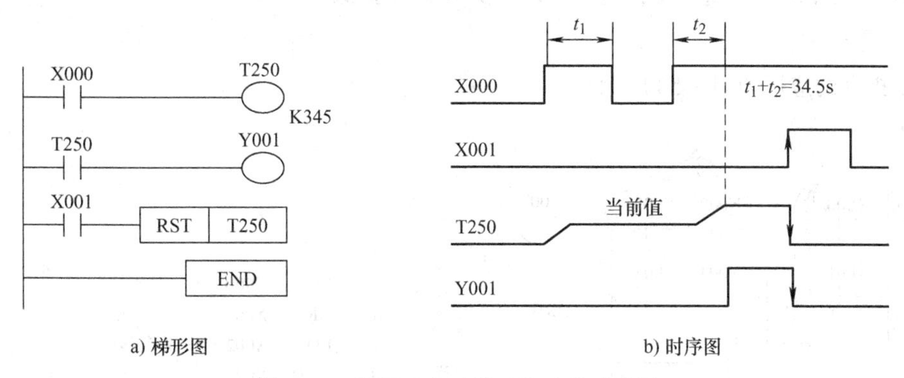

图 3-57　积算型定时器动作过程示意图

（六）电路块的串并联指令（ANB、ORB）

当梯形图中触点的串、并联关系稍微复杂一些时，用前面所讲的取指令和触点串并联指令就不能准确地、唯一地写出指令表。

电路块指令就是为了解决这个问题而设置的。电路块指令有两条：电路块并联指令 ORB 和电路块串联指令 ANB。

什么是电路块？电路块是指当梯形图的梯级出现了分支，而且分支中出现了多于一个触点相串联和并联的情况，把这个相串联或相并联的支路称为电路块。两个及以上触点相串联的称为串联电路块。两个及以上触点相并联的称为并联电路块。

1. ANB、ORB 指令使用要素

ANB、ORB 指令的名称、助记符、功能及梯形图表示等使用要素见表 3-17。

表 3-17 ANB、ORB 指令使用要素

名　称	助记符	功　能	梯形图表示	目标元件	程序步
块与	ANB	并联电路块的串联连接		无	1 步
块或	ORB	串联电路块的并联连接			

2. ANB、ORB 指令使用说明

1）使用 ANB、ORB 指令编程时，当采用分别编程方法时，即写完 2 个电路块指令后使用 ANB 或 ORB 指令，其 ANB、ORB 指令使用次数不受限制。串联电路块或并联电路块的开始均用 LD、LDI 指令。

2）当采用 ANB、ORB 指令连续使用时。即先按顺序将所有的电路块指令写完之后，然后连续用 ANB、ORB 指令，则 ANB、ORB 指令使用次数不能超过 8 次。

3）应注意 ANB 和 AND、ORB 和 OR 之间的区别，在程序设计时利用设计技巧，能不用 ANB 或 ORB 指令时，尽量不用，这样可以减少指令的条数。

3. 应用举例

ANB 指令的应用如图 3-58 所示。

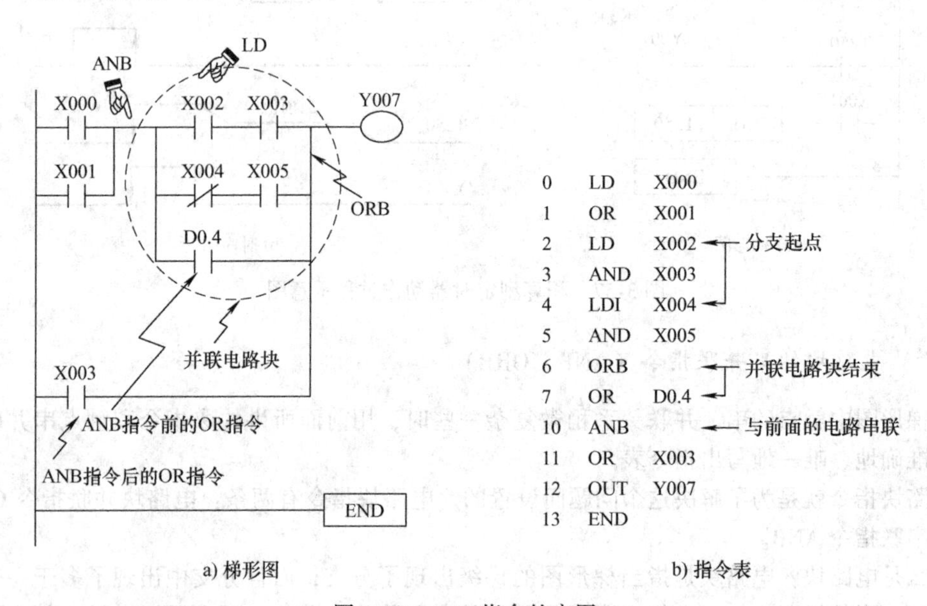
LD
ANB
X000
X002
X003
Y007
X001
X004
X005
ORB
D0.4
并联电路块
X003
ANB指令前的OR指令
ANB指令后的OR指令
END
a) 梯形图
0 LD X000
1 OR X001
2 LD X002
分支起点
3 AND X003
4 LDI X004
5 AND X005
6 ORB
并联电路块结束
7 OR D0.4
10 ANB
与前面的电路串联
11 OR X003
12 OUT Y007
13 END
b) 指令表

图 3-58 ANB 指令的应用

ORB 指令的应用如图 3-59 所示。

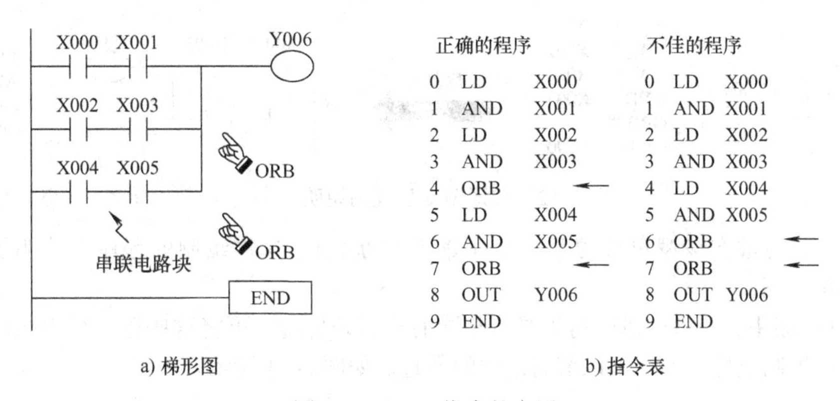

图 3-59　ORB 指令的应用

（七）闪烁程序（振荡电路）的实现

闪烁程序又称为振荡电路程序，是一种被广泛应用的实用控制程序。它可以控制灯的闪烁频率，也可以控制灯光的通断时间比（也就是占空比）。用两个定时器实现的闪烁程序如图 3-60a 所示。闪烁程序实际上是一个 T0 和 T1 相互控制的反馈电路，开始时，T0 和 T1 均处于复位状态，当 X000 起动闭合后，T0 开始延时，2s 延时时间到，T0 动作，其常开触点闭合，使 T1 开始延时，3s 延时时间到，T1 动作，其常闭触点断开使 T0 复位，T0 的常开触点断开使 T1 复位，T1 的常闭触点闭合使 T0 再次延时，如此反复，直到 X000 断开为止,，时序图如图 3-60b 所示。

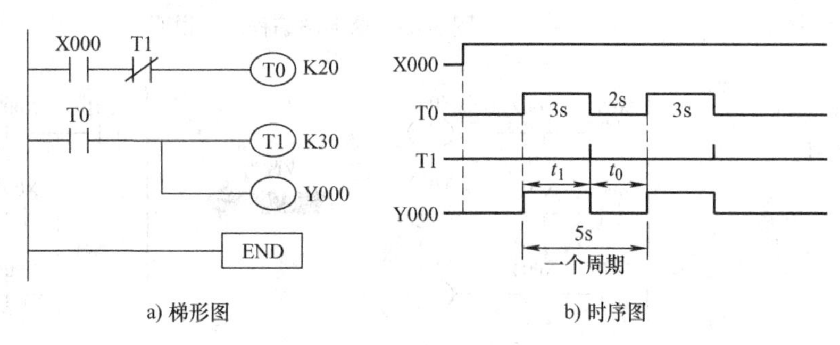

图 3-60　闪烁控制程序

从时序图中可以看出振荡器的振荡周期 $T=t_0+t_1$，占空比为 t_1/T。调节周期 T 可以调节闪烁频率，调节占空比可以调节通断时间比。

试试看：请读者用其他方法设计每隔一秒闪烁一次的振荡电路。

（八）基本指令编制梯形图的基本规则（二）

1）梯形图中触点应画在水平方向上（主控触点除外），不能画在垂直分支上。对于垂直分支上出现元件触点的梯形图，应根据其逻辑功能作等效变换，如图 3-61 所示。

2）在每一逻辑行中，串联触点多的电路块应放在上方，这样可以省去一条 ORB 指令。如图 3-62 所示。

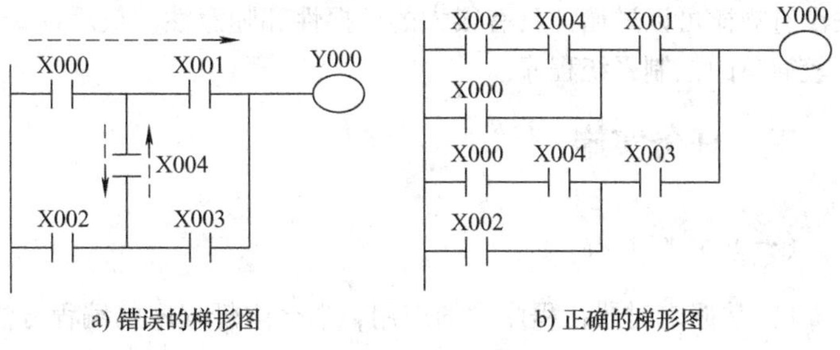

图 3-61　梯形图的等效变换

3）在每一逻辑行中，并联

图 3-62 梯形图编程规则说明（一）

触点多的电路块应放在该逻辑行的开始处（靠近左母线）。这样编制的程序简洁明了，语句较少。如图 3-63 所示。

4）在梯形图中，当多个逻辑行都具有相同的控制条件时，可将这些逻辑行中相同的部分合并，共用同一控制条件，这样可以节省语句的数量。如图 3-64 所示。

图 3-63 梯形图编程规则说明（二）

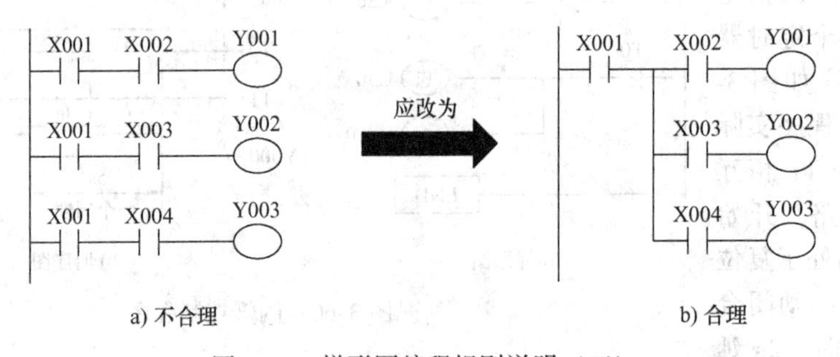

图 3-64 梯形图编程规则说明（三）

5）在设计梯形图时，输入继电器的触点状态最好按输入设备全部为常开进行设计更为合适，不易出错。

（九）PLC 程序设计的经验设计法

经验设计法就是依据设计者的经验进行设计的方法。采用经验设计法设计程序时，将生产机械的运动分成各自独立的简单运动，分别设计这些简单运动的控制程序，再根据各自独立的简单运动，设计必要的联锁和保护环节。这种设计方法要求设计者掌握大量的控制系统的实例和典型的控制程序。设计程序时，还需要经过反复修改和完善，才能符合控制要求。这种设计方法没有规律可以遵循，具有很大的试探性和随意性，最后的结果因人而异，不是唯一的。一般用于较简单的控制系统程序。

三、任务实施

（一）训练目标

1）掌握定时器在程序中的应用，学会闪烁程序的编程方法。

2）学会用三菱 FX_{3U} 系列 PLC 的基本指令编制水塔水位控制的程序。

3）会绘制水塔水位控制的 I/O 接线图。

4）掌握 FX_{3U}系列 PLC I/O 端口的外部接线方法。

5）熟练掌握使用三菱 GX Developer 编程软件编制梯形图与指令表程序，并写入 PLC 进行调试运行。

（二）设备与器材

本任务实施所需设备与器材，见表 3-18。

表 3-18 所需设备与器材

序号	名称	符号	型号规格	数量	备注
1	常用电工工具		十字螺钉旋具、一字螺钉旋具、尖嘴钳、剥线钳等	1 套	表中所列设备、器材的型号规格仅供参考
2	计算机（安装 GX Developer 编程软件）			1 台	
3	THPFSL－2 网络型可编程序控制器综合实训装置			1 台	
4	水塔水位控制挂件			1 个	
5	连接导线			若干	

（三）内容与步骤

1. 任务要求

如图 3-65 所示，当水池水位低于水池低水位界（S_4为 ON），阀 Y 打开（Y 为 ON），开始进水，定时器开始计时，4s 后，如果 S_4还不为 OFF，那么阀 Y 上指示灯以 1s 的周期闪烁，表示阀 Y 没有进水，出现故障，S_3为 ON 后，阀 Y 关闭（Y 为 OFF）。当 S_4为 OFF 时，且水塔水位低于水塔低水位界时，S_2为 ON，电机 M 运转抽水。当水塔水位高于水塔高水位界时，电机 M 停止。

面板中 S_1表示水塔水位上限，S_2表示水塔水位下限，S_3表示水池水位上限，S_4表示水池水位下限，均用开关模拟。M 为抽水电机，Y 为水阀，两者均用发光二极管模拟。

2. I/O 地址分配与接线图

水塔水位控制 I/O 分配见表 3-19。

表 3-19 水塔水位控制 I/O 分配表

输入			输出		
设备名称	符号	X 元件编号	设备名称	符号	Y 元件编号
水塔水位上限	S_1	X000	水池水阀	Y	Y000
水塔水位下限	S_2	X001	抽水电机	M	Y001
水池水位上限	S_3	X002			
水池水位下限	S_4	X003			

水塔水位控制 I/O 接线图如图 3-66 所示。

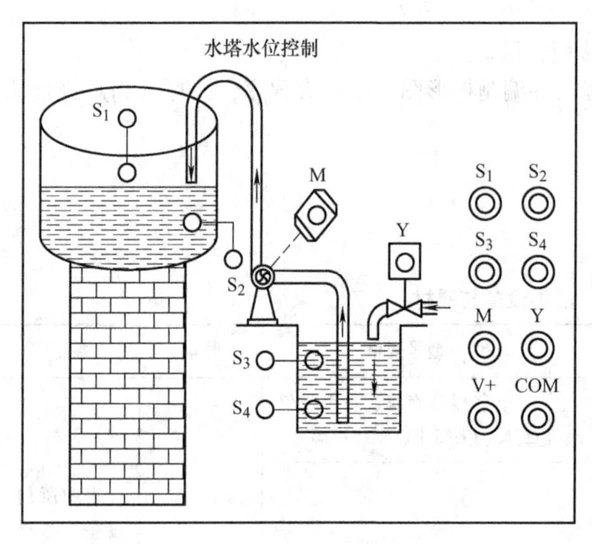

图 3-65　水塔水位控制面板

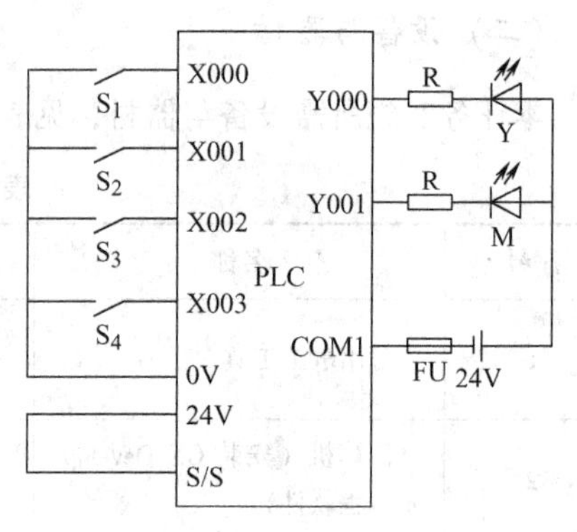

图 3-66　I/O 接线图

3. 编制程序

根据控制要求编制梯形图，如图 3-67 所示。

4. 调试运行

利用 GX Developer 编程软件在计算机上输入图 3-67 所示的程序，然后下载到 PLC 中。

（1）静态调试　按图 3-66 所示 PLC 的 I/O 接线图正确连接输入设备，进行 PLC 的模拟静态调试（合上水池水位下限开关 S_4 时，Y000 亮，经过 4s 延时后，如果 S_4 还没断开，则 Y000 闪亮，闭合 S_3 时，Y000 灭，当 S_4 断开，且合上水塔低水位 S_2 时，Y001 亮，若闭合水塔高水位 S_1，Y001 灭），并通过 GX Developer 编程软件使程序处于监视状态，观察其是否与指示灯一致，否则，检查并修改程序，直至输出指示正确。

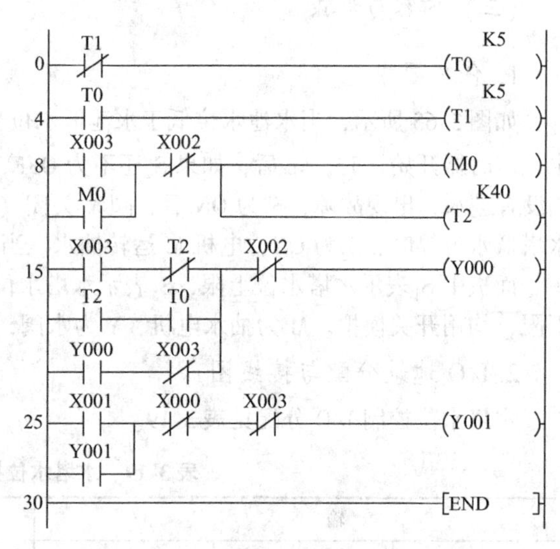

图 3-67　水塔水位控制梯形图

（2）动态调试　按图 3-66 所示 PLC 的 I/O 接线图正确连接输出设备，进行系统的模拟动态调试，观察水阀 Y 和抽水电动机 M 能否按控制要求动作（合上水池水位下限开关 S_4 时，模拟水阀的发光二极管 Y 点亮，经过 4s 延时后，如果 S_4 还没断开，则 Y 闪亮，闭合 S_3 时，Y 灭，当 S_4 断开，且合上水塔低水位 S_2 时，模拟抽水电机 M 的发光二极管点亮，若闭合水塔高水位 S_1，M 灭），并通过 GX Developer 编程软件使程序处于监视状态，观察其是否与动作一致，否则，检查电路接线或修改程序，直至 Y 和 M 能按控制要求动作。

运行结果正确，训练结束，整理好实训台及仪器设备。

（四）分析与思考

1）本任务的闪烁程序是如何实现的？如果改用 M8013 程序应如何编制？

2）程序中使用了前面所学过的哪种典型的程序结构？

四、任务考核

任务考核见表 3-20。

表 3-20　任务实施考核表

序号	考核内容	考核要求	评分标准	配分	得分
1	电路及程序设计	1）能正确分配 I/O，并绘制 I/O 接线图 2）根据控制要求，正确编制梯形图程序	1）I/O 分配错或少，每个扣 5 分 2）I/O 接线图设计不全或有错，每处扣 5 分 3）梯形图表达不正确或画法不规范，每处扣 5 分	40 分	
2	安装与连线	能根据 I/O 地址分配，正确连接电路	1）连线错一处，扣 5 分 2）损坏元器件，每只扣 5 ~ 10 分 3）损坏连接线，每根扣 5 ~ 10 分	20 分	
3	调试与运行	能熟练使用编程软件编制程序写入 PLC，并按要求调试运行	1）不会熟练使用编程软件进行梯形图的编辑、修改、转换、写入及监视，每项扣 2 分 2）不能按照控制要求完成相应的功能，每缺一项扣 5 分	20 分	
4	安全操作	确保人身和设备安全	违反安全文明操作规程，扣 10 ~ 20 分	20 分	
5	合　计				

五、知识拓展

（一）定时器的应用

1. 延时闭合、延时断开程序

延时闭合、延时断开程序如图 3-68 所示。图中当 X000 闭合时，定时器 T0 开始延时，延时 10s 时间到，T0 动作，其常开触点闭合，由于 X000 常闭触点断开，T1 线圈断电，其常闭触点闭

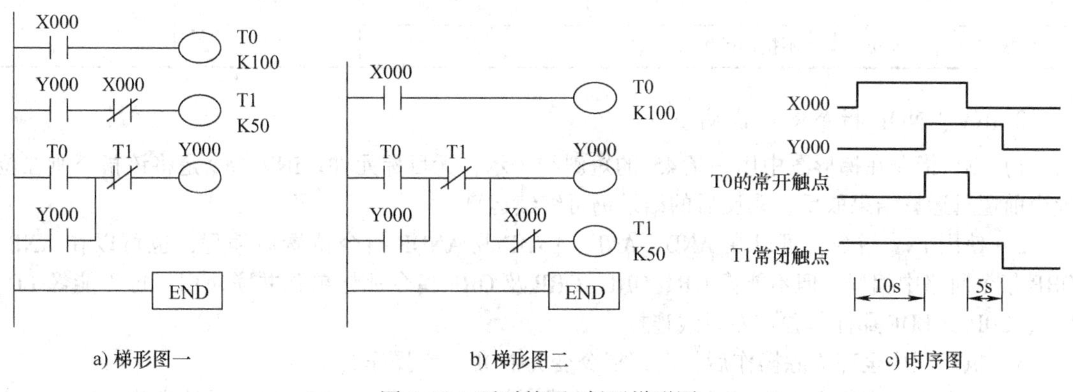

图 3-68　延时接通/断开梯形图

合，Y000为ON并保持，产生输出；当X000断开时，T0复位，X000常闭触点闭合，定时器T1开始延时，Y000仍保持输出，T1延时5s时间到，T1动作，其常闭触点断开，使Y000复位。从而实现了在X000闭合时，Y000延时输出，X000断开时，Y000延时断开的作用。

2. 定时器串级使用实现延时时间扩展的程序

FX系列PLC定时器最长的时间为3276.7s。如果需要更长的延时时间，可以采用多个定时器组合的方法来获得较长的延时时间，这种方法称为定时器的串级使用。

图3-69所示为两个定时器串级使用实现延时时间扩展的程序，当X000闭合，T1得电并开始延时，延时3000s时间到，其常开触点闭合又使T2得电开始延时，延时3000s时间到，其常开触点闭合才使Y000为ON，因此，从X000闭合到Y000输出总延时3000s+3000s=6000s。

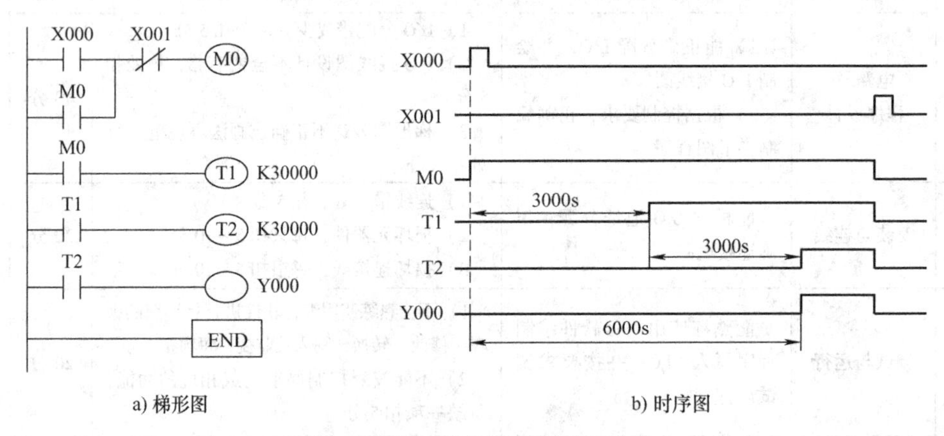

a) 梯形图　　b) 时序图

图3-69　定时器串级的长延时程序

（二）取反、空操作指令（INV、NOP）

1. INV、NOP指令使用要素

INV、NOP指令的名称、助记符、功能及梯形图表示等使用要素见表3-21。

表3-21　INV、NOP指令的使用要素

名　称	助记符	功　能	梯形图表示	目标元件	程序步
运算结果取反	INV	对该指令之前的运算结果取反		无	1步
空操作	NOP	不执行操作	无		

2. INV、NOP指令使用说明

1）INV指令在梯形图中用一条45°的短斜线表示，无目标元件。INV指令是将该指令所在位置当前逻辑运算结果取反，取反后的结果仍可继续运算。

2）使用INV指令，可以在AND、ANI、ANDP及ANDF指令位置后编程，也可以在ANB、ORB指令回路中编程。但不能像OR、ORI、ORP及ORF指令那样单独并联使用，也不能像LD、LDI、LDP及LDF那样单独与左母线连接。

3）执行程序全部清除操作后，全部指令变为NOP（空操作）。

4）若在程序中加入NOP指令，则在修改或增加程序时，可以减少步序号的变化，但程序步需要有空余。

5）若将已写入的指令换为NOP指令，则梯形图会发生变化，必须注意。

3. 应用举例

INV指令的应用如图3-70所示。

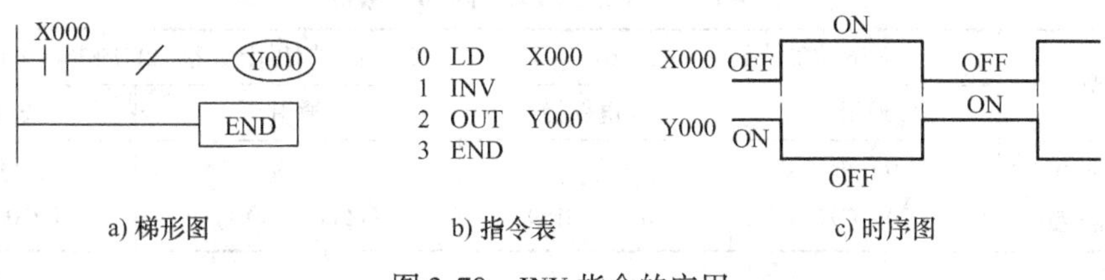

a) 梯形图　　b) 指令表　　c) 时序图

图3-70　INV指令的应用

六、任务总结

本任务我们主要讨论了用经验设计法设计PLC梯形图程序，以水塔水位控制这个简单的任务为例，来学习辅助继电器、定时器的使用以及ANB、ORB指令的编程应用，着重分析了用经验设计法设计其控制程序。

在此基础上，通过程序的编制、写入、PLC外部连线、调试运行和观察结果，进一步加深对所学知识的理解。

任务三　三相异步电动机正反转循环运行的PLC控制

一、任务导入

在“电机与电气控制应用技术”课程中，利用低压电器构建的继电器-接触器控制电路实现对三相异步电动机正反转的控制。本任务要求用PLC来实现对三相异步电动机正、反转循环运行的控制，即按下起动按钮，三相异步电动机正转5s、停2s，反转5s、停2s，如此循环5个周期，然后自动停止，运行过程中按下停止按钮电动机立即停止。

要实现上述控制要求，除了使用定时器、利用定时器产生脉冲信号以外，还需要使用栈指令、计数器以及其他基本指令。

二、知识链接

（一）计数器（C元件）

计数器在PLC控制中用作计数控制。三菱FX系列PLC的计数器分为内部计数器和外部信号计数器。内部计数器是PLC在执行扫描操作时对其内部元件（如X、Y、M、S、T、C）的信号进行计数。因此，其接通和断开时间应大于PLC扫描周期；外部计数器是对外部高频信号进行计数，因此这类计数器又称为高速计数器，工作在中断工作方式下。由于高频信号来自机外，所以PLC中高速计数器都设有专用的输入端子及控制端子。这些专用的输入端子既能完成普通端子的功能，又能接收高频信号。

1. 内部计数器

三菱FX系列PLC的内部计数器分为16位加计数器和32位加/减双向计数器。FX系列PLC

内部计数器见表3-22。

（1）16位加计数器 16位计数器是指计数器的设定值及当前值寄存器均为二进制16位寄存器，其设定值在K1～K32767范围内有效。设定值K0与K1的意义相同，均在第一次计数时，计数器动作。FX系列PLC有2种类型的16位加计数器，一种为通用型，另一种为失电保持型。

表3-22 FX系列PLC内部计数器

PLC机型	16位加计数器0～32767		32位加/减双向计数器－2147483648～＋2147483647	
	通用	失电保持	通用	失电保持
FX_{2N}、FX_{2NC}型 FX_{3U}、FX_{3UC}型	100点 （C0～C99）	100点 （C100～C199）	20点 （C200～C219）	15点 （C220～C234）

1）通用型16位加计数器。FX_{3U}、FX_{3UC}型PLC内有通用型16位加计数器100点（C0～C99），它们的设定值均为K1～K32767。当计数器输入信号每接通1次，计数器当前值增加1，当计数器的当前值达到设定值时，计数器动作，其常开触点接通，之后即使计数输入再接通，计数器的当前值都保持不变，只有复位输入信号接通时，计数器被复位，计数器当前值才复位为0，其输出触点也随之复位。计数过程中如果电源断电，通用计数器当前值回0，再次通电后，将重新计数。

2）失电保持型16位加计数器。FX_{3U}、FX_{3UC}型PLC内有失电保持型16位加计数器100点（C100～C199），它们的设定值均为K1～K32767。其工作过程与通用型相同，区别在于计数过程中如果电源断电，失电保持型计数器其当前值和输出触点的置位/复位状态保持不变。

计数器的设定值除了可以用十进制常数K直接设定外，还可以通过数据寄存器的内容间接设定。计数器采用十进制数编号。

下面举例说明通用型16位加计数器的工作原理。如图3-71所示，X000为复位信号，当X000为ON时C0复位。

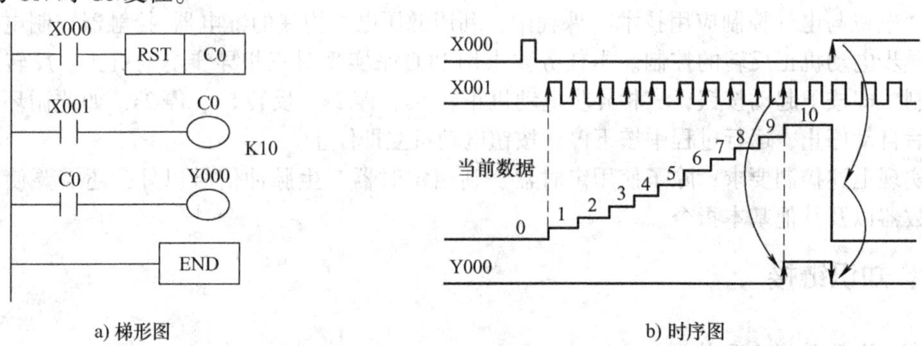

a) 梯形图　　b) 时序图

图3-71 16位加计数器动作过程示意图

X001是计数信号，每当X001接通一次计数器当前值增加1（注意X000断开，计数器不会复位）。当计数器的当前值达到设定值10时，计数器动作，其常开触点闭合，Y000得电。此时即使输入X001再接通，计数器当前值也保持不变。当复位输入X000接通时，执行复位指令，计数器C0被复位，Y000失电。

（2）32位加/减计数器 32位加/减计数器设定值范围为－2147483648～＋2147483647。FX系列PLC有两种32位加/减计数器，一种为通用型，另一种为失电保持型。

1）通用型32位加/减计数器。FX_{3U}、FX_{3UC}型PLC内有通用型32位加/减计数器20点（C200～C219），其加/减计数方式，由特殊辅助继电器M8200～M8219设定。计数器与特殊辅助继电器一一对应，如计数器 C215 对应 M8215。当对应的辅助继电器为 ON 时为减计数；当对应的辅助继电器为 OFF 时为增计数。计数值的设定可以直接用十进制常数 K 或间接用数据寄存器 D 的内容，但间接设定时，要用元件号连在一起的两个数据寄存器组成 32 位。

2）失电保持型 32 位加/减计数器。FX_{3U}、FX_{3UC}型 PLC 内有失电保持型 32 位加/减计数器 15 点（C220～C234），其加/减计数方式，由特殊辅助继电器 M8220～M8234 设定。其工作过程与通用型 32 位增/减计数器相同，不同之处在于失电保持型 32 位加/减计数器的当前值和触点状态在断电时均能保持。

32 位加/减计数器的使用方法及动作时序图如图 3-72 所示，X012 控制计数方向，X012 断开时，M8200 置 0，为加计数；X012 接通时，M8200 置 1，为减计数。X014 为计数输入端，驱动计数器 C200 线圈进行加/减计数。当计数器 C200 的当前值由 -6→-5 增加时，计数器 C200 动作，其常开触点闭合，输出继电器 Y001 动作；由 -5→-6 减少时，其常开触点断开，输出继电器 Y001 复位。

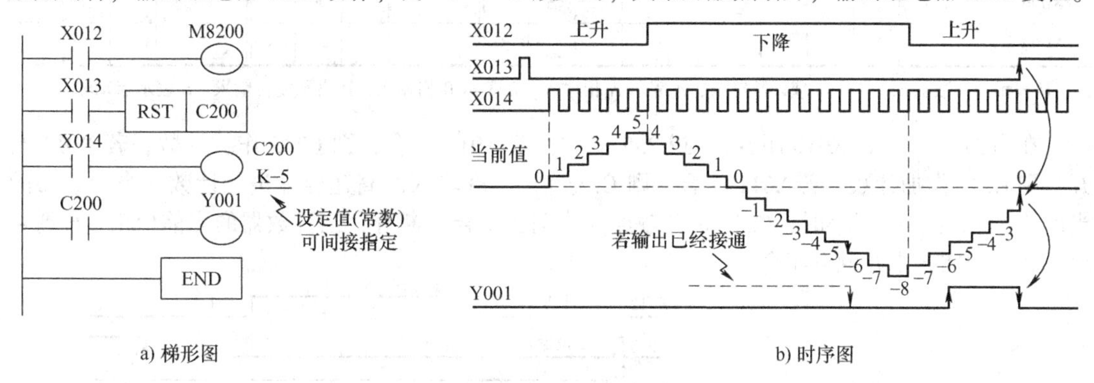

图 3-72 32 位加/减计数器动作过程示意图

2. 高速计数器

高速计数器用来对外部输入信号进行计数，工作方式是按中断方式运行的，与扫描周期无关。一般高速计数器均为 32 位加/减双向计数器，最高计数频率可达 100kHz。高速计数器除了具有内部计数器通过软件完成启动、复位、使用特殊辅助继电器改变计数方向外，还可通过机外信号实现对其工作状态的控制，如启动、复位和改变计数方向等。高速计数器除了具有内部计数器的达到设定值其触点动作这一工作方式外，还具有专门的控制指令，可以不通过本身的触点，以中断的工作方式直接完成对其他器件的控制。三菱 FX 系列 PLC 中共有 21 点高速计数器（C235～C255）。这些计数器在 PLC 中共享 6 个高速计数器输入端 X000～X005。即，如果一个输入端已被某个高速计数器占用，它就不能再用于另一个高速计数器。也就是说，最多只能同时使用 6 个高速计数器。

高速计数器的选择不是任意的，它取决于所需计数器类型及高速输入的端子。计数器类型如下：

单相单计数输入：C235～C245；

单相双计数输入：C246～C250；

双相双计数输入：C251～C255。

输入端 X006、X007 也是高速输入，但只能用于启动信号，不能用于高速计数。不同类型的计数器可同时使用，但它们的输入不能共用。高速计数器都具有断电保持功能，也可以利用参数设定变为非失电保持型，不作为高速计数器使用的输入端可作为普通输入继电器使用，也可作为普通 32 位数据寄存器使用。

高速计数器与输入端的分配件表见表 3-23，其应用如图 3-73 所示。各类计数器的功能和用法见产品使用手册。

表3-23　高速计数器与输入端的分配

C / X	单相单计数输入											单相双计数输入					双相双计数输入				
	235	236	237	238	239	240	241	242	243	244	245	246	247	248	249	250	251	252	253	254	255
X000	U/D						U/D			U/D		U	U		U		A	A		A	
X001		U/D					R			R		D	D		D		B	B		B	
X002			U/D					U/D			U/D		R		R			R		R	
X003				U/D				R			R			U		U			A		A
X004					U/D				U/D					D		D			B		B
X005						U/D			R					R		R			R		R
X006										S					S					S	
X007											S					S					S

注：U表示增计数输入，D表示减计数输入，A表示A相输入，B表示B相输入，R表示复位输入，S表示启动输入。

在图3-73中，若X010闭合，则C235复位；若X012闭合，则C235作减计数；若X012断开，则C235作加计数；若X011闭合，则C235对X000输入的高速脉冲进行计数。当计数器的当前值由－5到－6减小时，C235常开触点（先前已闭合）断开；当计数器的当前值由－6到－5增加时，C235常开触点闭合。

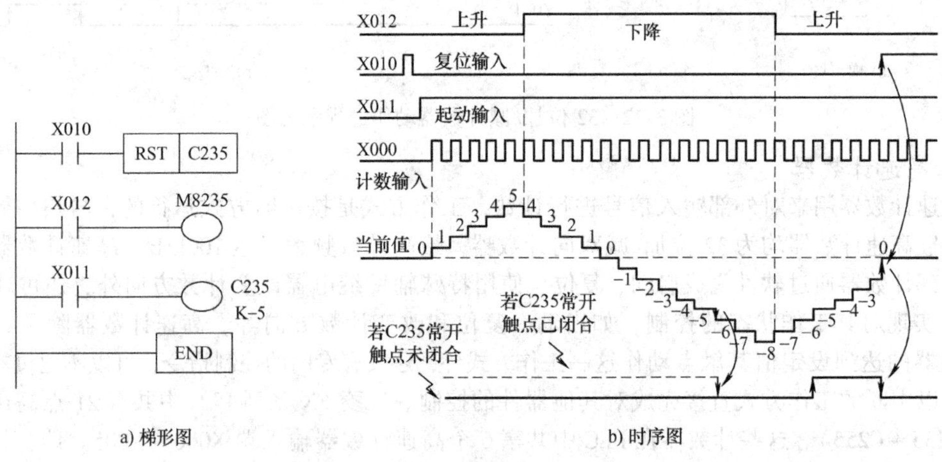

图3-73　高速计数器C235的应用

(二) 栈指令（MPS、MRD、MPP）

FX_{3U}系列PLC内有11个存储单元，专门用于存储程序运算的中间结果，称为栈存储器。栈存储器数据进栈和出栈遵循的原则是“先进后出”，如图3-74所示。当梯形图中，一个梯级有一个公共触点，并从该公共触点分出两条或以上支路且每个支路都有自己的触点及输出时，必须用栈指令来编写指令表程序。

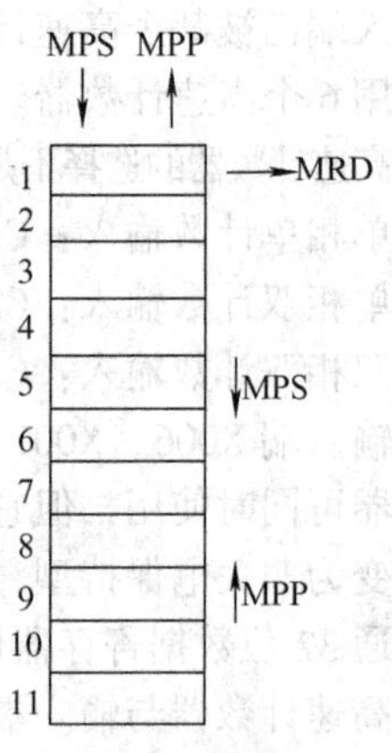

图3-74　栈存储器示意图

1. 栈指令使用要素

栈指令又称为多重输出指令。包括进栈指令（MPS）、读栈指令（MRD）和出栈指令（MPP）三条。栈指令的名称、助记符、功能及梯形图表示等使用要素见表 3-24。

表 3-24　栈指令使用要素

名　称	助记符	功　能	梯形图表示	目标元件	程序步
进栈	MPS	将运算结果送入栈存储器的第一单元，栈存储器中原有的数据依次下移一个单元	MPS	无	1 步
读栈	MRD	读出栈存储器第一单元的数据且保存，栈内的数据不移动	MRD		
出栈	MPP	读出栈存储器第一单元的数据，同时该数据消失，栈内的数据依次上移一个单元	MPP		

2. 栈指令使用说明

1）MPS 指令是将多重电路的公共触点或电路块先存储起来，以便后面的多重支路使用。多重支路的第一个支路前使用 MPS 进栈指令，多重电路的中间支路前使用 MRD 读栈指令，多重支路的最后一个支路前使用 MPP 指令。该组指令没有目标元件，MPS、MPP 指令必须成对出现。

2）MPS 指令可以反复使用，但必须少于 11 次。

3）MRD 指令可多次使用。

4）MPS、MRD、MPP 指令后如果接单个触点，用 AND、ANI、ANDP 和 ANDF 指令，若有电路块串联，则要用 ANB 指令；若直接与线圈相连，则用 OUT 指令。

3. 应用举例

栈指令的应用分别如图 3-75 和图 3-76 所示。

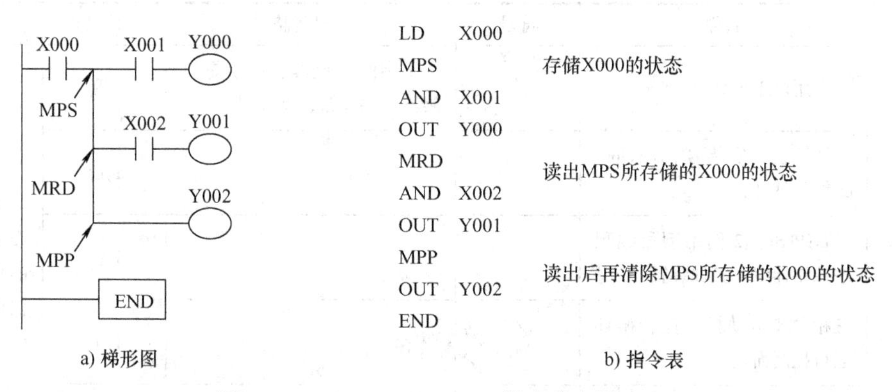
X000
X001
Y000
MPS
X002
Y001
MRD
Y002
MPP
END
a) 梯形图
LD　X000
MPS　存储X000的状态
AND　X001
OUT　Y000
MRD　读出MPS所存储的X000的状态
AND　X002
OUT　Y001
MPP　读出后再清除MPS所存储的X000的状态
OUT　Y002
END
b) 指令表

图 3-75　MPS、MRD、MPP 指令的应用（一）

三、任务实施

（一）训练目标

1）掌握定时器、计数器在程序中的应用，学会栈指令和主控触点指令的编程方法。

2）学会用三菱 FX 系列 PLC 的基本指令编制电动机正反转循环运行控制的程序。

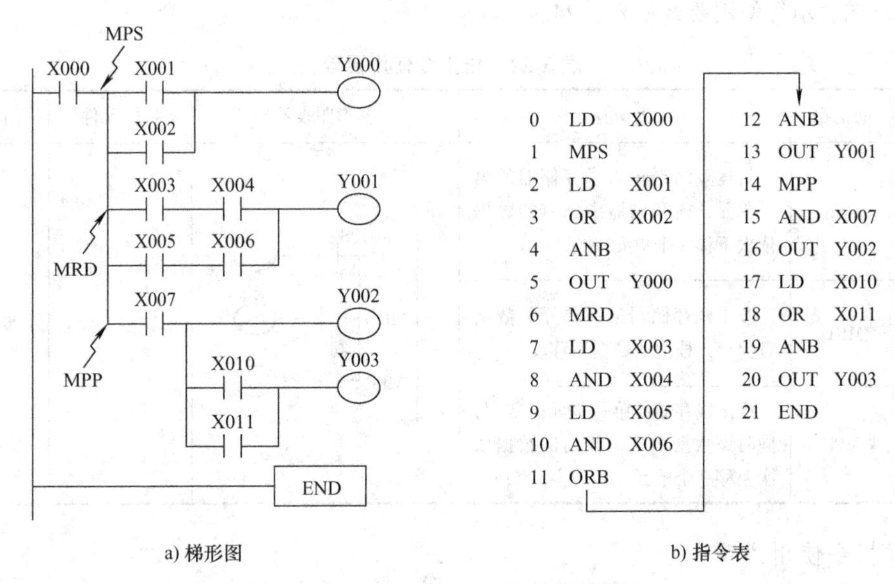

图 3-76 MPS、MRD、MPP 指令的应用（二）

3）会绘制电动机正反转循环运行控制的 I/O 接线图。

4）掌握 FX 系列 PLC I/O 端口的外部接线方法。

5）熟练掌握使用三菱 GX Developer 编程软件编制梯形图与指令表程序，并写入 PLC 进行调试运行。

（二）设备与器材

本任务实施所需设备与器材，见表 3-25。

表 3-25 所需设备与器材

序号	名称	符号	型号规格	数量	备注
1	常用电工工具		十字螺钉旋具、一字螺钉旋具、尖嘴钳、剥线钳等	1套	表中所列设备、器材的型号规格仅供参考
2	计算机（安装 GX Developer 编程软件）			1台	
3	THPFSL-2 网络型可编程序控制器综合实训装置			1台	
4	三相异步电动机正反转循环运行控制面板			1个	
5	三相笼型异步电动机	M		1台	
6	连接导线			若干	

（三）内容与步骤

1. 任务要求

按下起动按钮 SB_1，三相异步电动机先正转 5s，停 2s，再反转 5s，停 2s，如此循环 5 个周期，然后自动停止。运行过程中，若按下停止按钮 SB_3，电动机立即停止。实现上述控制，要有必要的保护环节，其控制面板如图 3-77 所示。

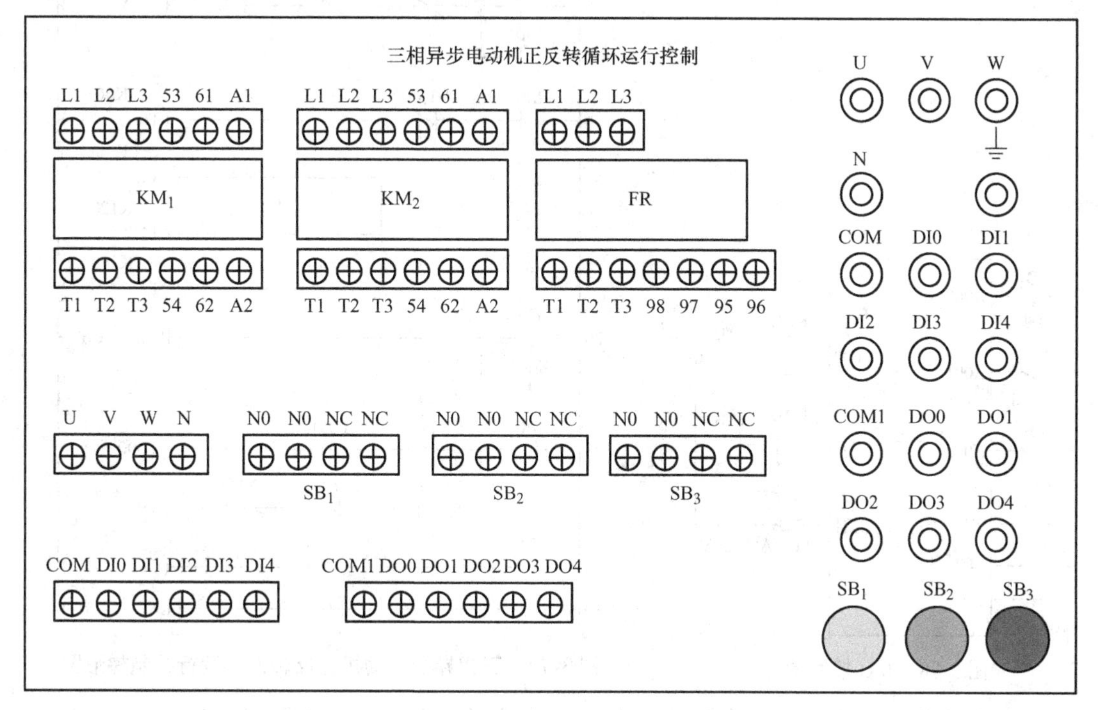

图 3-77 三相异步电动机正反转循环运行控制面板

2. I/O 地址分配与接线图

I/O 分配见表 3-26。

表 3-26 I/O 分配表

输 入			输 出		
设备名称	符号	X 元件编号	设备名称	符号	Y 元件编号
起动按钮	SB_1	X000	正转控制交流接触器	KM_1	Y000
停止按钮	SB_3	X001	反转控制交流接触器	KM_2	Y001
热继电器	FR	X002			

I/O 接线图如图 3-78 所示。

3. 编制程序

根据控制要求编制梯形图，如图 3-79 所示。

4. 调试运行

利用 GX - Developer 编程软件在计算机上输入图 3-78 所示的程序，然后下载到 PLC 中。

（1）静态调试 按图 3-77 所示 PLC 的 I/O 接线图正确连接输入设备，进行 PLC 的模拟静态调试（按下起动按钮 SB_1时，Y000 亮，5s 后，Y000 灭，2s 后，Y001 亮，再过 5s，Y001 灭，等待 2s 后，重新开始循环，完成 5 次循环后，自动停止；运行过程中，按下停止按钮 SB_2时，运行过程结束），并通过 GX Developer 编程软件使程序处于监视状态，观察其是否与指示灯一致，否则，检查并修改程序，直至输出指示正确。

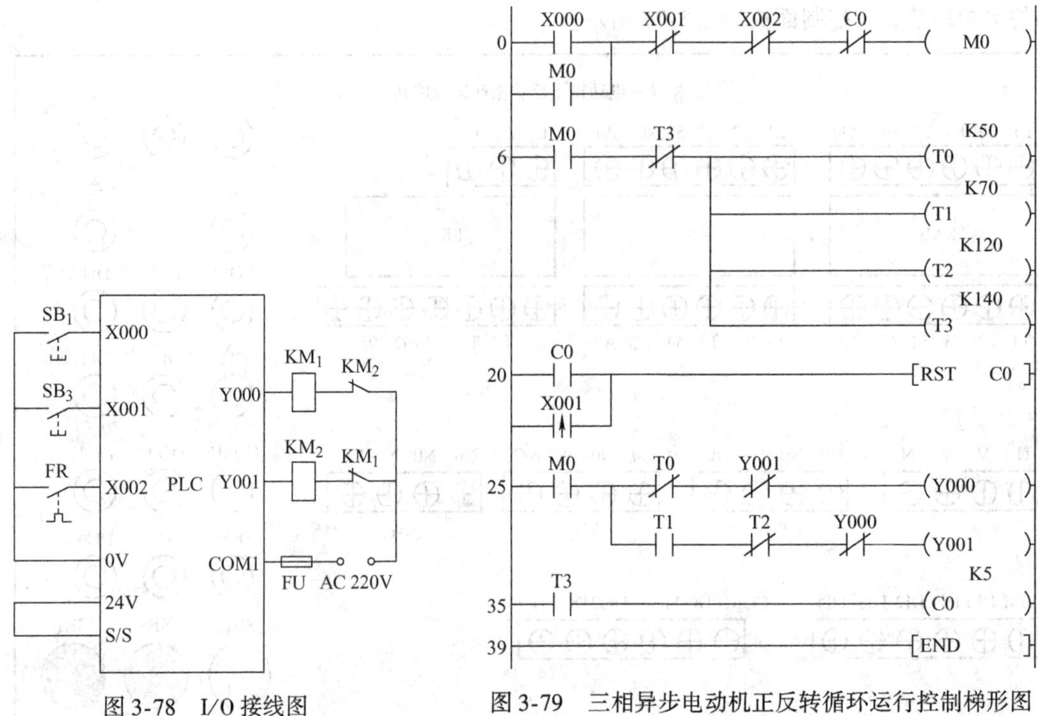

图 3-78 I/O 接线图

图 3-79 三相异步电动机正反转循环运行控制梯形图

（2）动态调试 按图 3-78 所示 PLC 的 I/O 接线图正确连接输出设备，进行系统的空载调试，观察交流接触器能否按控制要求动作（按下起动按钮 SB_1时，KM_1动作，5s 后，KM_1复位，2s 后，KM_2动作，再过 5s，KM_2复位，等待 2s 后，重新开始循环，完成 5 次循环后，自动停止；运行过程中，按下停止按钮 SB_3时，运行过程结束），并通过 GX Developer 编程软件使程序处于监视状态，观察其是否与动作一致，否则，检查电路接线或修改程序，直至交流接触器能按控制要求动作；然后按图 1-39a 所示连接电动机（电动机按Y连接），进行带载动态调试。

运行结果正确，训练结束，整理好实训台及仪器设备。

（四）分析与思考

1）本任务的软硬件互锁保护是如何实现的？

2）本任务如果将热继电器的过载保护作为硬件条件，试绘制 I/O 接线图，并编制梯形图程序。

四、任务考核

任务考核见表 3-27。

表 3-27 任务实施考核表

序号	考核内容	考核要求	评分标准	配分	得分
1	电路及程序设计	1）能正确分配 I/O，并绘制 I/O 接线图 2）根据控制要求，正确编制梯形图程序	1）I/O 分配错或少，每个扣 5 分 2）I/O 接线图设计不全或有错，每处扣 5 分 3）三相异步电动机正反转运行主电路表达不正确或画法不规范，每处扣 5 分 4）梯形图表达不正确或画法不规范，每处扣 5 分	40 分	

（续）

序号	考核内容	考核要求	评分标准	配分	得分
2	安装与连线	能根据I/O地址分配，正确连接电路	1）连线错一处，扣5分 2）损坏元器件，每只扣5～10分 3）损坏连接线，每根扣5～10分	20分	
3	调试与运行	能熟练使用编程软件编制程序写入PLC，并按要求调试运行	1）不会熟练使用编程软件进行梯形图的编辑、修改、转换、写入及监视，每项扣2分 2）不能按照控制要求完成相应的功能，每缺一项扣5分	20分	
4	安全操作	确保人身和设备安全	违反安全文明操作规程，扣10～20分	20分	
5	合　计				

五、知识拓展

（一）主控触点指令（MC、MCR）

1. MC、MCR指令使用要素

MC、MCR指令的名称、助记符、功能及梯形图表示等使用要素见表3-28。

表3-28　主控触点指令使用要素

名　称	助记符	功　能	梯形图表示	目标元件	程序步
主控	MC	公共串联触点的连接	MC N0–N7 Y,M Y,M	Y，M（特殊的M元件除外）	3步
主控复位	MCR	公共串联触点的复位	MCR N7–N0	无	2步

2. MC/MCR指令使用说明

1）被主控指令驱动的Y或M元件的常开触点称为主控触点，主控触点在梯形图中与一般触点垂直。主控触点是与左母线相连的常开触点，相当于电气控制电路的总开关。与主控触点相连的触点必须用LD、LDI指令。

2）在一个MC指令区内若再使用MC指令称嵌套，嵌套的级数最多8级，编号按N0→N1→N2→N3→N4→N5→N6→N7顺序增大，N0为最外层，N7为最内层，使用MCR指令返回时，则从编号大的嵌套级开始复位，即按N7→N6→N5→N4→N3→N2→N1→N0顺序返回。

3）MC和MCR指令必须成对出现，其嵌套层数N值应相同。主控指令区的Y或M元件不能重复使用。

4）MC指令驱动条件断开时，在MC与MCR之间的积算型定时器和计数器，以及用SET、RST指令驱动的元件保持其之前的状态不变；通用型定时器和用OUT指令驱动的元件均复位。

3. 应用举例

MC、MCR指令的应用如图3-80所示。

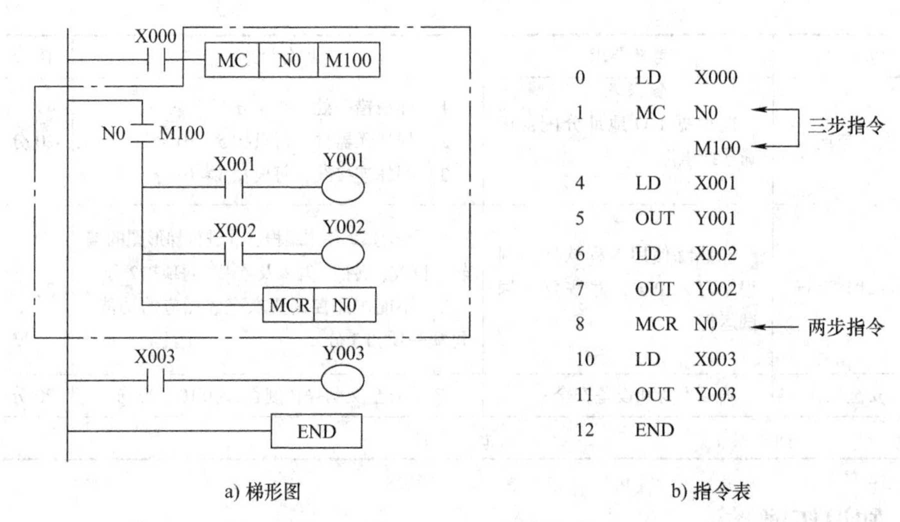

a) 梯形图　　b) 指令表

图3-80　MC、MCR 指令的应用

（二）主控触点指令在电动机正反转控制中的应用

用主控触点指令对三相异步电动机实现正反转控制的 I/O 接线图如图 3-81 所示，梯形图程序如图 3-82 所示。

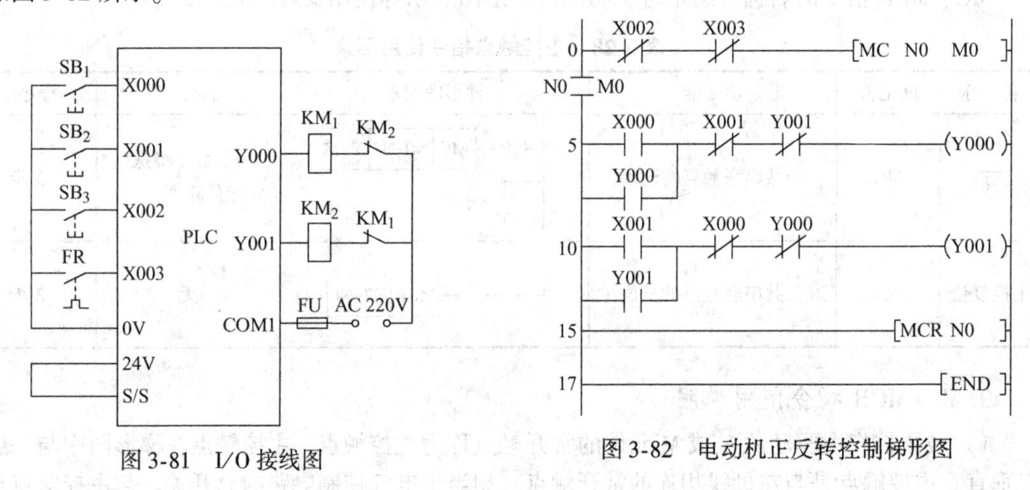

图3-81　I/O 接线图

图3-82　电动机正反转控制梯形图

（三）计数器的应用

1. 计数器与定时器组合实现延时的程序

计数器与定时器组合实现延时的控制程序如图 3-83 所示。图中，当 T0 的延时 30s 时间到，定时器 T0 动作，其常开触点闭合，使计数器 C0 计数 1 次。而 T0 的常闭触点断开，又使它自己复位，复位后，T0 的当前值变为 0，其常闭触点又闭合，使 T0 又重新开始延时，每一次延时计数器 C0 当前值累加 1，当 C0 的当前值达到 300 时，计数器 C0 动作，才使 Y000 为 ON。整个延时时间为 $T = 300 \times 0.1\text{s} \times 300 = 9000\text{s}$。

2. 两个计数器组合实现的延时程序

两个计数器组合实现的延时程序如图 3-84 所示。图中，当闭合起停开关 X000 时，计数器

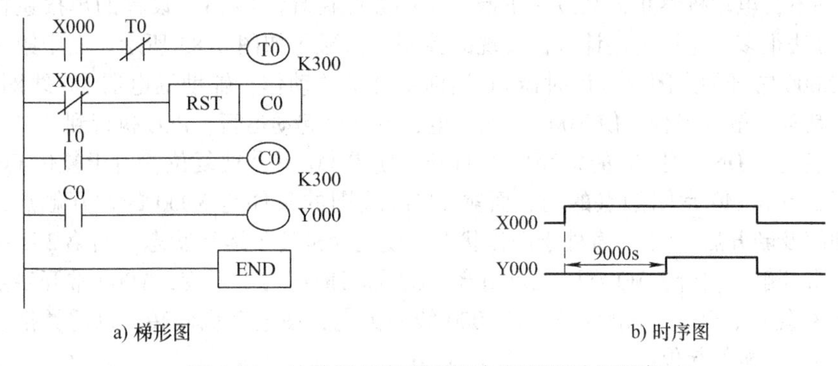

a) 梯形图 b) 时序图

图 3-83 计数器与定时器组合实现延时的程序

C0 对 PLC 内部的 0. 1s 脉冲 M8012（特殊辅助继电器）进行计数，每 0. 1s 计数器 C0 的当前值加 1，直到 500，C0 动作，计数器 C1 计数 1 次，同时，C0 的常开触点闭合，使它自己复位，当前值清零，C0 又重新开始对 M8012 计数，C0 每重新计数，C1 当前值加 1，直到 C1 当前值达到 100 时，C1 动作，使 Y000 为 ON。从而实现延时时间 $T = 500 \times 0.1\text{s} \times 100 = 5000\text{s}$。

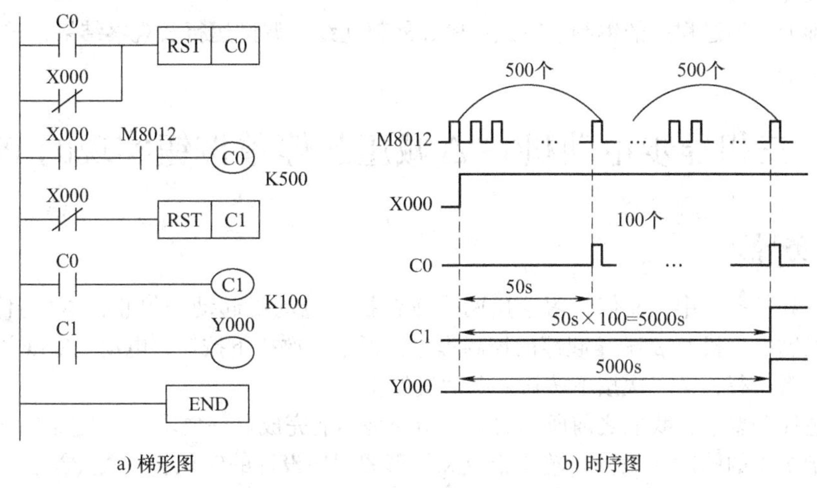

a) 梯形图 b) 时序图

图 3-84 两个计数器组合实现的延时程序

3. 单按钮控制电动机起停程序

单按钮控制电动机起停是用一个按钮控制电动机的起动和停止。按一下按钮，电动机起动

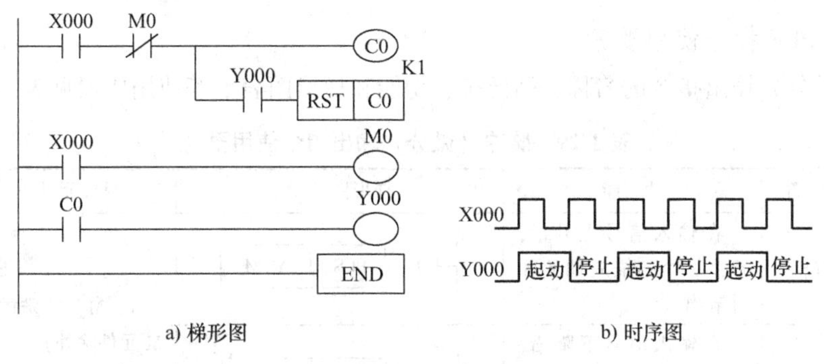

a) 梯形图 b) 时序图

图 3-85 单按钮控制电动机起动停止程序

运行，再按一下，电动机停止，又按一下起动……如此循环。用PLC设计的单按钮控制电动机起停程序的方法很多，这里是用计数器实现的控制，梯形图如图3-85所示。图中第1次按下起停按钮时，X000常开触点闭合，计时器C0当前值计1并动作，辅助继电器M0线圈得电动作，C0动作后，其常开触点闭合，使Y000线圈得电，电动机起动运行，PLC执行到第二个扫描周期时，X000虽然仍为ON，但M0的常闭触点断开，使得C0不会被复位，由于复位C0的条件是X000的常开触点和M0常闭触点的与，而驱动M0线圈的条件是X000的常开触点，所以，在X000闭合期间及断开后，C0一直处于动作状态，使电动机处于运行状态，当第2次按下起停按钮时，X000常开触点闭合，M0常闭触点闭合，C0的当前值为1不变，Y000常开触点闭合，使得计数器C0被复位，C0常开触点断开，Y000线圈失电，使电动机停转，以此类推。从而实现了单按钮控制电动机的起停。

六、任务总结

本任务我们主要讨论了用经验设计法设计PLC梯形图程序，以三相异步电动机正反转循环运行控制为例来说明计数器的工作原理及使用、栈指令的功能及编程应用，着重分析了用经验设计法设计其控制程序。

在此基础上，通过程序的编制、写入、PLC外部连线、调试运行及观察结果，进一步加深对所学知识的理解。

任务四　三相异步电动机Y-△减压起停单按钮实现的PLC控制

一、任务导入

在任务一和任务三中，我们学习了用两个按钮控制电动机起动和停止，本项目要求设计只用一个按钮控制电动机Y-△减压起停的控制程序，即第一次按下按钮，电动机实现从Y联结起动到△联结的正常运行，第二次按下按钮，电动机停止。

分析上述控制要求，我们之前所学的基本指令是不能完成这一要求的，要实现控制要求，必须使用基本指令中的脉冲（微分）输出指令和梯形图程序设计的转化法。

二、知识链接

（一）脉冲（微分）输出指令（PLS、PLF）

1. PLS、PLF指令使用要素

脉冲（微分）输出指令的名称、助记符、功能和梯形图表示等使用要素见表3-29。

表3-29　脉冲（微分）输出指令使用要素

名　称	助记符	功　能	梯形图表示	目标元件	程序步
上升沿脉冲输出	PLS	在输入信号上升沿，产生1个扫描周期的脉冲输出	─┤├─[PLS　Y,M]	Y，M（特殊的M元件除外）	2步
下降沿脉冲输出	PLF	在输入信号下降沿，产生1个扫描周期的脉冲输出	─┤├─[PLF　Y,M]		

2. PLS、PLF 指令使用说明

1）使用 PLS、PLF 指令，目标元件 Y、M 仅在执行条件接通时（上升沿）和断开时（下降沿）产生一个扫描周期的脉冲输出。

2）特殊辅助继电器不能用作 PLS 或 PLF 的目标元件。

3）PLS 和 PLF 指令主要用在程序只执行一次的场合。

3. 应用举例

PLS、PLF 指令的应用如图 3-86 所示。

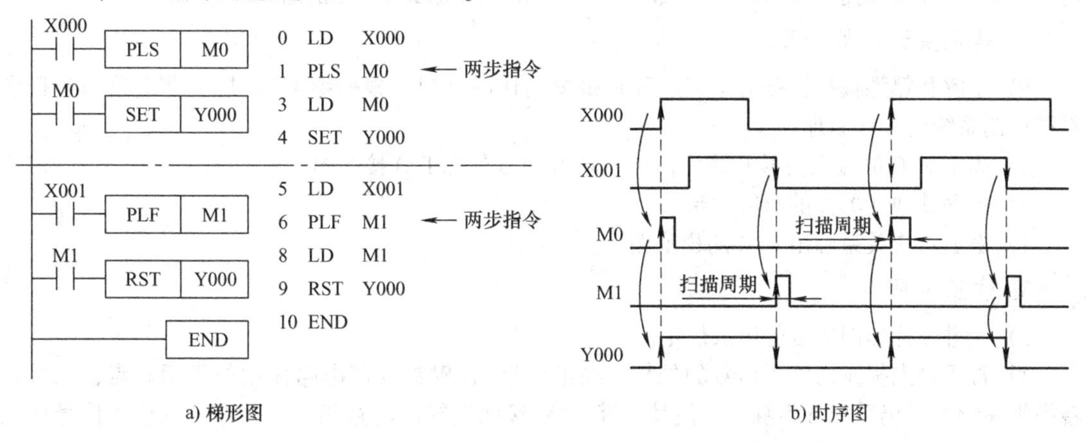

图 3-86　PLS、PLF 指令的应用

（二）二分频电路程序

所谓二分频是指输出信号的频率是输入信号频率的二分之一。可以采用不同的方法实现，其梯形图程序如图 3-87a、b 所示。对于图 3-87a，当 X000 上升沿到来时（设为第 1 个扫描周期），M0 线圈为 ON（只接通 1 个扫描周期），此时 M1 线圈由于 Y000 常开触点断开为 OFF，因此 Y000 线圈由于 M0 常开触点闭合为 ON；下一个扫描周期，M0 线圈为 OFF，虽然 Y000 常开触点闭合，但此时 M0 常开触点已断开，所以 M1 线圈仍为 OFF，Y000 线圈则由于自保持触点闭合而一直为 ON，直到下一次 X000 的上升沿到来时，M1 线圈才为 ON，并把 Y000 线圈断开，从而实现二分频控制。对于图 3-87b 的程序读者自己分析。

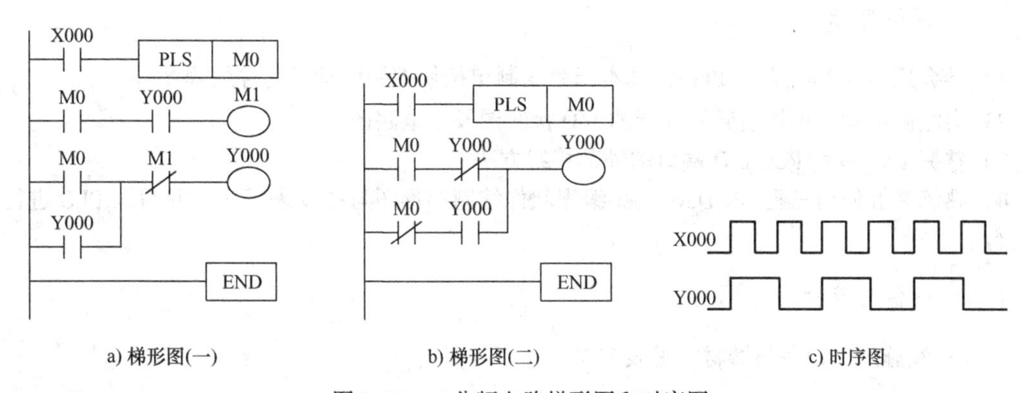

图 3-87　二分频电路梯形图和时序图

对于上述二分频控制程序，当按钮对应 PLC 的输入 X000，负载（如信号灯或控制电动机的交流接触器）对应 PLC 的输出 Y000，则实现的即为单按钮起停的控制。

（三）根据继电器-接触器控制电路设计梯形图的方法

1. 基本方法

根据继电器-接触器控制电路设计梯形图的方法又称为转化法或移植法。

根据继电器-接触器控制电路设计 PLC 梯形图时，关键的要抓住它们一一对应关系，即控制功能的对应、逻辑功能的对应，以及继电器硬件元件和 PLC 软元件的对应。

2. 转化法设计的步骤

1）了解和熟悉被控设备的工艺过程和机械动作的情况，根据继电器-接触器电路图分析和掌握控制系统的工作原理。

2）确定 PLC 的输入信号和输出信号，画出 PLC 外部 I/O 接线图。

3）建立其他元器件的对应关系。

4）根据对应关系画出 PLC 的梯形图。

3. 注意事项

1）应遵守梯形图语言的语法规定。

2）常闭触点提供的输入信号的处理。在继电器-接触器控制电路使用的常闭触点，如果在转换为梯形图时仍采用常闭触点，使其与继电器-接触器控制电路相一致，那么在输入信号接线时就一定要连接该触点的常开触点。

3）外部联锁电路的设定。为了防止外部两个不可能同时动作的接触器等同时动作，除了在 PLC 梯形图中设置软件互锁外，还应在 PLC 外部设置硬件互锁。

4）时间继电器瞬动触点的处理。对于有瞬动触点的时间继电器，可以在梯形图中时间继电器线圈的两端并联辅助继电器，该辅助继电器的触点可以作为时间继电器的瞬动触点使用。

5）热继电器过载信号的处理。如果热继电器为自动复位型，其触点提供的过载信号就必须通过输入点将信号提供给 PLC；如果热继电器为手动复位型，可以将其常闭触点串联在 PLC 输出回路的交流接触器线圈支路上。

三、任务实施

（一）训练目标

1）学会用三菱 FX_{3U}系列 PLC 的基本指令编制单按钮控制电动机起停的程序。

2）会绘制电动机单按钮起停控制的 I/O 接线图及主电路图。

3）掌握 FX_{3U}系列 PLC I/O 端口的外部接线方法。

4）熟练掌握使用三菱 GX Developer 编程软件编制梯形图与指令表程序，并写入 PLC 进行调试运行。

（二）设备与器材

本任务实施所需设备与器材，见表 3-30。

表 3-30　所需设备与器材

序号	名称	符号	型号规格	数量	备注
1	常用电工工具		十字螺钉旋具、一字螺钉旋具、尖嘴钳、剥线钳等	1套	表中所列设备、器材的型号规格仅供参考
2	计算机（安装 GX Developer 编程软件）			1台	
3	THPFSL－2 网络型可编程序控制器综合实训装置			1台	
4	三相笼型异步电动机	M		1台	
5	三相异步电动机Y-△减压起动单按钮控制面板			1个	
6	连接导线			若干	

（三）内容与步骤

1. 任务要求

首先根据转化法，将图 3-88 所示三相异步电动机Y-△减压起动控制电路图转换为 PLC 控制梯形图，同时电路要有必备的软件与硬件保护环节，然后再进行三相异步电动机Y-△减压起停单按钮实现的 PLC 控制，其控制面板如图 3-89 所示。

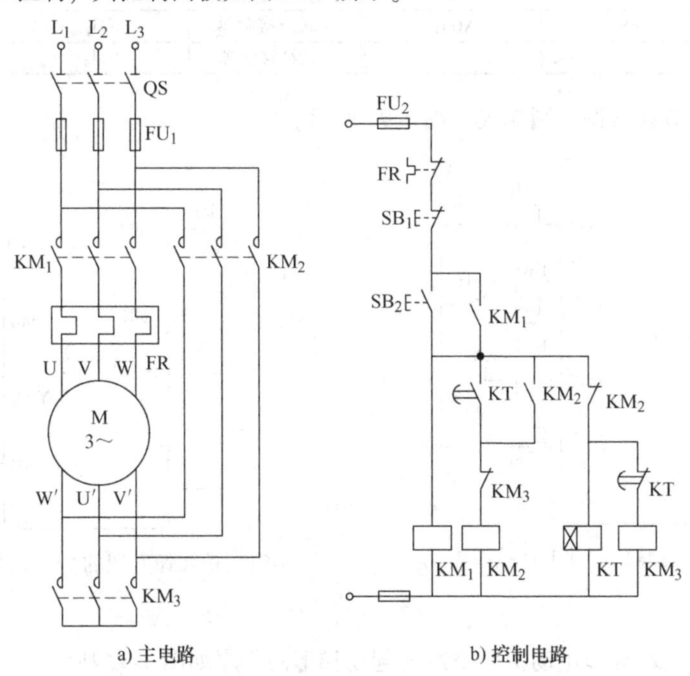

图 3-88　三相异步电动机Y-△减压起动控制电路

2. I/O 地址分配与接线图

I/O 分配见表 3-31。

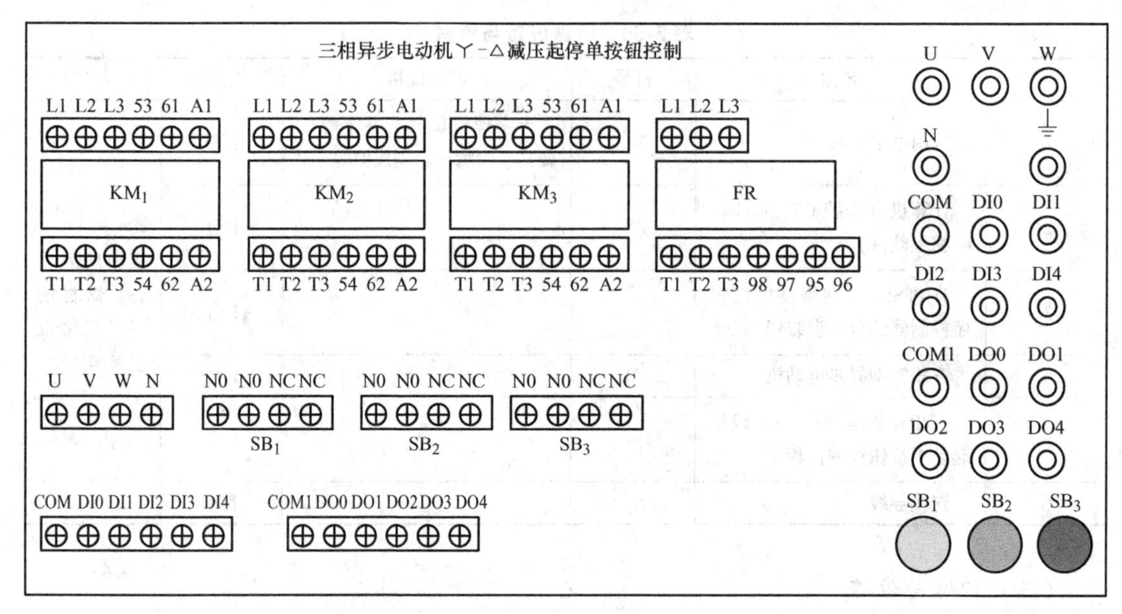

图 3-89 三相异步电动机Y-△减压起动单按钮控制面板

表 3-31 I/O 分配表

输入			输出		
设备名称	符号	X 元件编号	设备名称	符号	X 元件编号
起停按钮	SB_1	X000	控制电源接触器	KM_1	Y000
热继电器	FR	X001	△联结接触器	KM_2	Y001
			Y联结接触器	KM_3	Y002

两种情况下 I/O 接线图如图 3-90、图 3-91 所示。

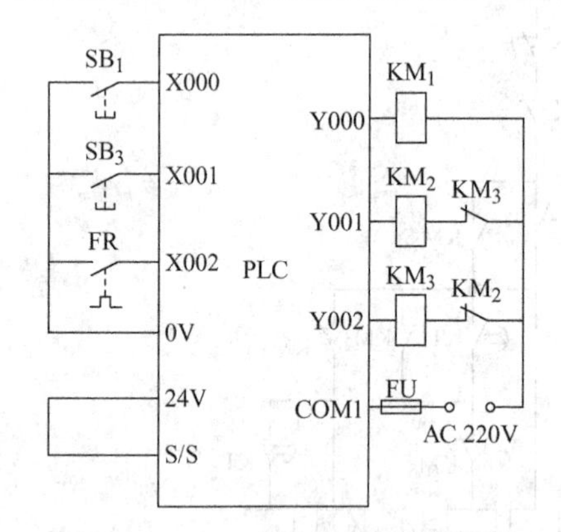

图 3-90 Y-△减压起动 I/O 接线图

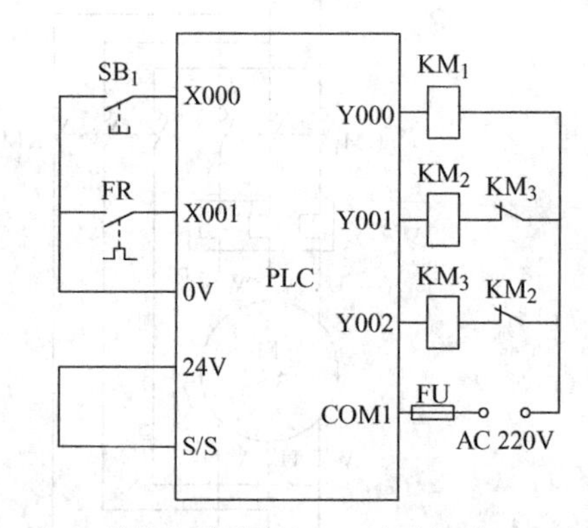

图 3-91 单按钮实现的Y-△减压起动 I/O 接线图

3. 编制程序

转换法编制的三相异步电动机Y-△减压起动梯形图程序如图 3-92 所示。

根据单按钮起停程序和三相异步电动机Y-△减压起动程序，编制单按钮控制三相异步电动机Y-△减压起停梯形图程序，如图 3-93 所示。

4. 调试运行

利用 GX Developer 编程软件在计算机上输入图 3-93 所示的程序，然后下载到 PLC 中。

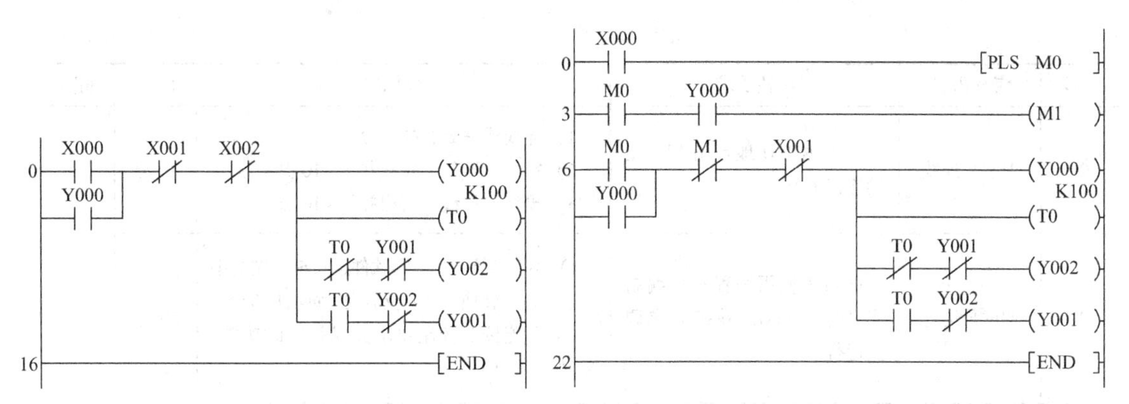

图 3-92　Y-△减压起动控制梯形图程序　　图 3-93　单按钮实现的Y-△减压起停控制梯形图

（1）静态调试　按图 3-91 所示 PLC 的 I/O 接线图正确连接输入设备，进行 PLC 的模拟静态调试（按下起停按钮 SB_1 时，Y000、Y002 亮，延时 10s 时间到，首先 Y002 灭，然后 Y001 亮，任何时间使 FR 动作或第二次按下 SB_1，整个过程也立即停止），并通过 GX Developer 编程软件使程序处于监视状态，观察其是否与指示灯一致，否则，检查并修改程序，直至输出指示正确。

（2）动态调试　按图 3-91 所示 PLC 的 I/O 接线图正确连接输出设备，进行系统的空载调试，观察交流接触器能否按控制要求动作（按下起停按钮 SB_1 时，KM_1、KM_3 动作，延时 10s 时间到，首先 KM_3 复位，然后 KM_2 动作，任何时间使 FR 动作或第二次按下 SB_1，整个过程也立即停止），并通过编程软件使程序处于监视状态（当 PLC 处于运行状态时，单击【在线】→【监视】→【开始监视】，可以全画面监控 PLC 的运行，这时可以观察到定时器的当前值会随着程序的运行而动态变化，得电动作的线圈和闭合的触点会变蓝），观察其是否与动作一致，否则，检查电路接线或修改程序，直至交流接触器能按控制要求动作；然后按图 3-88 所示连接电动机，进行带负载动态调试。

运行结果正确，训练结束，整理好实训台及仪器设备。

（四）分析与思考

1）在Y-△减压起动控制电路中，如果将热继电器过载保护作为 PLC 的硬件条件，其 I/O 接线图及梯形图应如何绘制？

2）在Y-△减压起动控制电路中，如果控制Y联结的 KM_3 和控制△联结的 KM_2 同时得电会出现什么问题？本任务在硬件和程序上采取了哪些措施？

四、任务考核

任务考核见表 3-32。

表 3-32　任务实施考核表

序号	考核内容	考核要求	评分标准	配分	得分
1	电路及程序设计	1）能正确分配 I/O，并绘制 I/O 接线图 2）根据控制要求，正确编制梯形图程序	1）I/O 分配错或少，每个扣 5 分 2）I/O 接线图设计不全或有错，每处扣 5 分 3）三相异步电动机Y-△减压起动运行主电路表达不正确或画法不规范，每处扣 5 分 4）梯形图表达不正确或画法不规范，每处扣 5 分	40 分	

（续）

序号	考核内容	考核要求	评分标准	配分	得分
2	安装与连线	能根据I/O地址分配，正确连接电路	1）连线错一处，扣5分 2）损坏元器件，每只扣5～10分 3）损坏连接线，每根扣5～10分	20分	
3	调试与运行	能熟练使用编程软件编制程序写入PLC，并按要求调试运行	1）不会熟练使用编程软件进行梯形图的编辑、修改、转换、写入及监视，每项扣2分 2）不能按照控制要求完成相应的功能，每缺一项扣5分	20分	
4	安全操作	确保人身和设备安全	违反安全文明操作规程，扣10～20分	20分	
5	合计				

五、知识拓展

（一）上升沿检测指令（LDP、ANDP、ORP）

LDP、ANDP、ORP指令是进行上升沿检测的触点指令，仅在指定软元件上升沿时（由OFF→ON变化时）接通一个扫描周期。表示方法是在常开触点的中间加一个向上的箭头。

1. LDP、ANDP、ORP指令使用要素

LDP、ANDP、ORP指令的名称、助记符、功能及梯形图表示等使用要素见表3-33。

表3-33 LDP、ANDP、ORP指令使用要素

名 称	助记符	功 能	梯形图表示	目标元件	程序步
取上升沿检测	LDP	上升沿检测运算开始		X，Y，M，S，D□.b，T，C	X，Y，M，S，T，C：2 步；D□.b：3步
与上升沿检测	ANDP	上升沿检测串联连接			
或上升沿检测	ORP	上升沿检测并联连接			

2. LDP、ANDP、ORP使用说明

LDP、ANDP、ORP指令仅在对应元件上升沿维持一个扫描周期的接通。

3. 应用举例

LDP、ANDP、ORP指令的应用如图3-94所示。

（二）下降沿检测指令（LDF、ANDF、ORF）

LDF、ANDF、ORF指令是进行下降沿检测的触点指令，仅在指定软元件下降沿时（由ON→OFF变化时）接通一个扫描周期。表示方法是在常开触点的中间加一个向下的箭头。

1. LDF、ANDF、ORF指令使用要素

LDF、ANDF、ORF指令的名称、助记符、功能及梯形图表示等使用要素见表3-34。

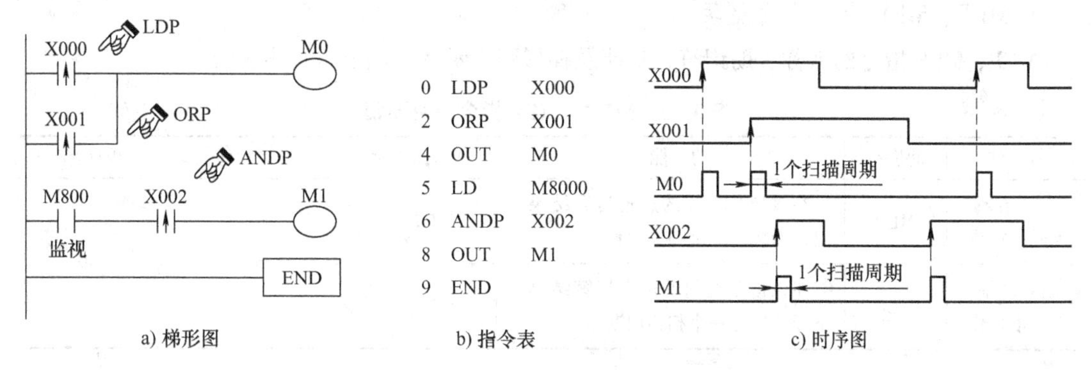

a) 梯形图 b) 指令表 c) 时序图

图 3-94 LDP、ANDP、ORP 指令的应用

表 3-34 LDF、ANDF、ORF 指令使用要素

名 称	助记符	功 能	梯形图表示	目标元件	程序步
取下降沿检测	LDF	下降沿检测运算开始		X，Y，M，S，D□. b，T，C	X，Y，M，S，T，C：2 步；D □. b：3 步
与下降沿检测	ANDF	下降沿检测串联连接			
或下降沿检测	ORF	下降沿检测并联连接			

2. LDF、ANDF、ORF 指令使用说明

LDF、ANDF、ORF 指令仅在对应元件下降沿维持一个扫描周期的接通。

3. 应用举例

LDF、ANDF、ORF 指令的应用如图 3-95 所示。

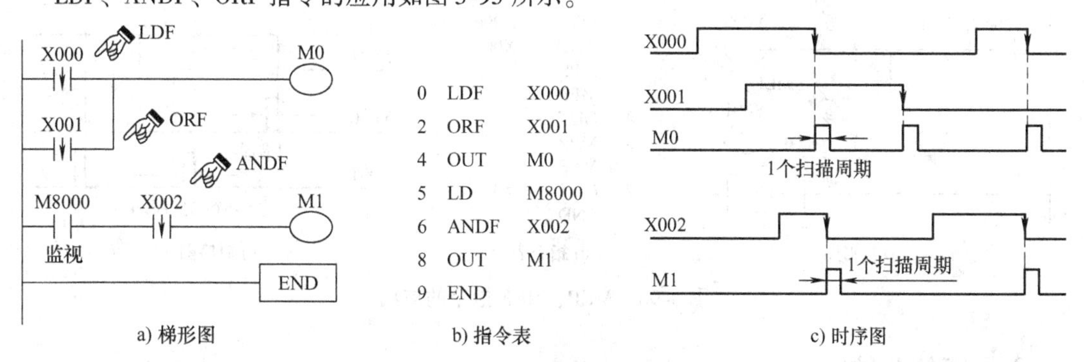

a) 梯形图 b) 指令表 c) 时序图

图 3-95 LDF、ANDF、ORF 指令的应用

（三）运算结果脉冲边沿操作指令（MEP、MEF）

MEP、MEF 是 FX_{3U} 系列 PLC 独有的指令，FX_{2N} 系列 PLC 不支持此指令。MEP、MEF 是将运算结果脉冲化的指令，不需要带任何操作数（软元件）。MEP 是检测运算结果上升沿操作指令，即检测到 MEP 指令前的运算结果由 0→1 瞬间，接通一个扫描周期；MEF 是检测运算结果下降沿操作指令，即检测到 MEF 指令前的运算结果由 1→0 瞬间，接通一个扫描周期。

1. MEP、MEF 指令使用要素

MEP、MEF 指令的名称、助记符、功能及梯形图表示等使用要素见表 3-35。

表 3-35 MEP、MEF 指令使用要素

名 称	助记符	功 能	梯形图表示	目标元件	程序步
运算结果上升沿操作	MEP	在该指令之前的逻辑运算结果上升沿接通一个扫描周期		无	1 步
运算结果下降沿操作	MEF	在该指令之前的逻辑运算结果下降沿接通一个扫描周期			

2. MEP、MEF 指令使用说明

1）MEP、MEF 指令是对驱动条件逻辑运算整体进行脉冲边沿操作，因此，它在程序中的位置只能在输出线圈（或功能指令）前，它不可能出现在与母线相连的位置上，也不可能出现在触点之间的位置上。

2）应用 MEP、MEF 指令进行脉冲边沿操作，它前面的逻辑运算条件中，不能出现上升沿和下降沿检测指令 LDP、LDF、ANDP、ANDF、ORP 及 ORF。如果存在，可能会使 MEP、MEF 指令无法正常动作。

3）MEP、MEF 指令不能用在指令 LD、OR 的位置上，在子程序及 FOR－NEXT 循环程序中，也不要使用 MEP、MEF 指令对用变址修饰的触点进行脉冲边沿操作。

3. 应用举例

MEP、MEF 指令的应用如图 3-96 所示。由时序图可以看出，当 X000，X001 为 ON 时，只要 X000，X001 中一个引起运算结果变化，其上升沿或下降沿都会使驱动的输出产生一个扫描周期的导通状态。

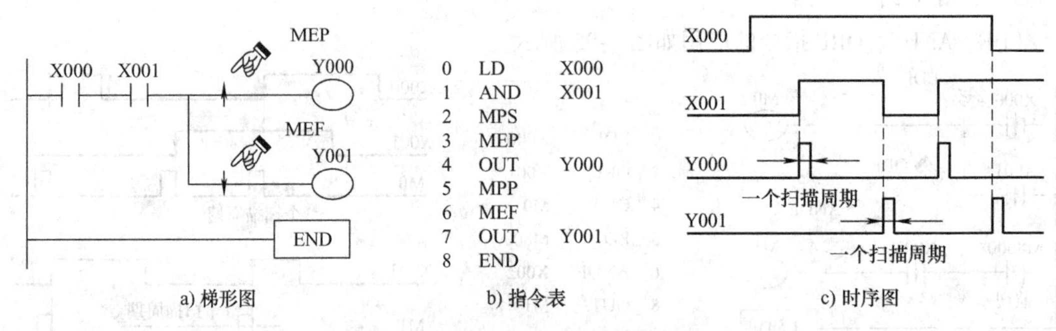

图 3-96 MEP、MEF 指令的应用

六、任务总结

本任务以三相异步电动机Y-△减压起停单按钮控制为载体，着重讨论了脉冲（微分）输出指令 PLS、PLF 的使用要素、由 PLS 指令实现的二分频电路程序（单按钮起停控制程序）以及利用转化法将三相异步电动机Y-△减压起动继电器控制电路图转换为 PLC 控制的梯形图程序。在此基础上利用基本逻辑指令编制了三相异步电动机Y-△减压起停单按钮控制的 PLC 程序，通过 GX Developer 编程软件进行程序的编辑、写入、I/O 端口连接及调试运行，达到会使用脉冲（微分）输出指令和栈指令编程的目的。

梳理与总结

本项目通过三相异步电动机起停的PLC控制、水塔水位的PLC控制、三相异步电动机正反转循环运行的PLC控制及三相异步电动机Y-△减压起停单按钮实现的PLC控制4个任务的组织与实施，来学习FX_{3U}系列PLC基本指令的编程。

1. PLC的硬件和软件组成

PLC的硬件主要由CPU、存储器、输入/输出接口电路及电源等组成，软件由系统程序和用户程序组成。

2. PLC的工作方式采用不断循环顺序扫描的工作方式，每一次扫描所用的时间称为扫描周期。其工作过程分为输入采样阶段、程序执行阶段和输出刷新阶段。

3. PLC的编程位元件有X、Y、M、S、D□.b。其中X、Y以八进制编号，其他元件均以十进制编号。各元件的功能和应用应熟练掌握。

4. 三菱FX_{3U}系列PLC定时器均为通电延时型，分为通用型和积算型两种，定时器的动作原理为定时器线圈通电瞬时开始，对PLC内置的100ms、10ms、1ms的时钟脉冲累计计时，当定时的当前值等于设定值时，定时器动作，其常开触点闭合，常闭触点断开。通用型定时器与积算型定时器的区别在于通用型定时器在延时过程中，当定时器线圈断电时，其当前值立即清零，线圈重新通电时，定时器当前值从零开始累计。而积算型定时器在延时过程中，当线圈断电时，其当前值保持不变，线圈再次通电时，定时器当前值从断电时的值开始累计计时。

在使用定时器编程过程中，如果要实现对定时器重新或循环延时，要注意对定时器的复位，即对定时器当前值清零。通用型定时器线圈断电后重新得电即可，积算型定时器则需通过复位指令将定时器复位后定时器线圈重新得电才行。

5. 三菱FX_{3U}系列PLC计数器分为内部计数器和外部计数器两种。内部计数器是PLC在执行扫描操作时对X、Y、M、S、T和C元件的信号进行计数，分为16位增计数器和32位增/减双向计数器。外部计数器由称为高速计数器，它是对外部输入信号进行计数，工作方式按中断方式进行的，与PLC扫描周期无关，高速计数器一般均为32位增/减双向计数器。计数器在工作过程中，是对驱动的脉冲信号计数，当计数器当前值等于设定值时，计数器动作，其常开触点闭合，常闭触点断开。

在使用计数器编程过程中，要实现对计数器重新活循环计数，一定要注意用复位指令（RST）对计数器复位。

6. FX_{3U}型PLC共有29条基本指令，其中LD、LDI、LDP、LDF、AND、ANI、OR、ORI、LDP、LDF、ORP和ORF为触点类指令共12条，ANB、ORB、MPS、MRD、MPP、INV、MEP和MEF为结合类指令共8条，OUT、SET、RST、PLS和PLF为驱动类指令共5条，MC、MCR为主控触点指令共2条，其他指令NOP 1条，结束指令END 1条。其中ANB、ORB、MPS、MRD、MPP、MCR、INV、NOP、END、MEP和MEF 11条指令无目标元件，其余的19条指令均有对应的目标元件。

复习与提高

一、填空题

1. PLC在执行程序的过程中，分别经过了________、________和________。

2. 定时器的线圈________时开始计时，当定时器的当前值等于设定值时，其常开触点________，常闭触点________。

3. 通用型定时器的________时被复位，复位后其常开触点________，常闭触点________，当前值为________。

4. 积算型定时器在定时过程中，若驱动信号断开，则其当前值________，当驱动信号重新接通时________，即积算型定时器当前值具有________，直到当前值等于设定值时，积算型定时器动作。积算型定时器当前值清零及触点复位，必须使用________指令。

5. 计数器在计数过程中，复位输入________、计数输入________时，计数器的当前值加1。计数当前值等于设定值时，其常开触点________，常闭触点________。再来计数脉冲时，当前值将________。复位输入到来时，计数器复位，复位后其常开触点________，常闭触点________，当前值为________。

6. OUT指令不能用于________继电器。

7. ________是初始化脉冲，仅在________运行开始时，它接通一个扫描周期。当PLC处于RUN状态时，M8000一直为________。

8. 主控触点后所接的触点应使用________指令，回路块开始的分支处常闭触点应使用________指令。

9. 主控触点指令中，MC、MCR指令总是________出现，且在MC、MCR指令区内可以嵌套，但最多只能嵌套________级。

10. 在使用栈指令编程时，若MPS、MRD、MPP指令后接单个触点，则采用________，若有电路块串联，则采用________；若直接与线圈相连，则用________。

11. 字位元件D20. A表示的含义是________。

二、判断题

1. PLC是一种数据运算控制的电子系统，专为在工业环境下应用而设计。它是用可编程序的存储器，通过执行程序，完成简单的逻辑功能。 ( )

2. PLC的输出端可直接驱动大容量的电磁铁、电磁阀和电动机等大负载。 ( )

3. PLC采用了典型的计算机结构，主要由CPU、RAM、ROM和专门设计的输入输出接口电路等组成。 ( )

4. 梯形图是PLC程序的一种，也是控制电路。 ( )

5. 梯形图两边的所有母线都是电源线。 ( )

6. PLC的基本指令表达式是由助记符、标识符和参数组成。 ( )

7. PLC是以“并行”方式进行工作的。 ( )

8. PLC产品技术指标中的存储器是指内部用户存储器的存储容量。 ( )

9. FX_{3U}-48MR PLC型号中“48”表示I/O点数，是指能够输入、输出开关量，模拟量总的个数，它是与继电器触点个数相对应。 ( )

10. 梯形图中的输入触点和输出线圈即为现场的开关状态，可直接驱动现场执行元件。 ( )

11. PLC的输入输出端口都采用光电隔离。 ( )

12. OUT指令是驱动线圈指令，用于驱动各种继电器。 ( )

13. PLC的ANB或ORB指令，在回路块串并联连接编程时可连续使用，且没有次数限制。 ( )

14. PLC的所有软元件全部采用十进制编号。 ( )

15. PLC 的定时器都相当于通电延时型时间继电器，所以 PLC 的控制无法实现断电延时功能。（ ）

16. 对于 FX_{3U}系列 PLC，PLS、MEP 指令都具有在驱动条件满足的条件下，使目标元件产生一个上升沿脉冲输出。（ ）

17. 利用 M8246 ~ M8250 的 ON/OFF 动作可控制 C246 ~ C250 的增/减计数动作。（ ）

三、选择题

1. 如果向 PLC 写入程序后，发现 PLC 基本单元的“ERROR” LED 灯闪烁，则说明（ ）。

A. 程序语法错误 B. 看门狗定时器错

C. 程序错误 D. PLC 硬件损坏

2. 基本单元 FX_{3U}-48MT/ES 的输入端口点数与输出方式是（ ）。

A. 24 点，继电器输出 B. 24 点，晶体管输出

C. 48 点，晶体管输出 D. 48 点，晶闸管输出

3. PLC 的程序中图形语言是（ ）。

A. 梯形图和顺序功能图 B. 图形符号逻辑

C. 继电器-接触器控制原理图 D. 卡诺图

4. 输入采样阶段，PLC 的 CPU 对各输入端进行扫描，将输入信号送入（ ）。

A. 累加器 B. 数据寄存器 C. 状态寄存器 D. 存储器

5. PLC 将输入信息采入 PLC 内部，执行（ ）后实现逻辑功能，最后输出达到控制要求。

A. 硬件 B. 元件 C. 用户程序 D. 控制部件

6. （ ）是 PLC 的输出信号，控制外部负载，只能用程序指令驱动，外部信号无法驱动。

A. 输入继电器 B. 输出继电器 C. 辅助继电器 D. 状态继电器

7. 下列 PLC 型号中是 FX 系列基本单元晶体管输出的（ ）。

A. FX_{2N}-32MR B. FX-48ET C. FX-16EYT-TB D. FX_{3U}-48MT

8. PLC 的（ ）输出是无触点输出，用于控制交流负载。

A. 晶体管 B. 继电器 C. 晶闸管 D. 二极管

9. PLC 的（ ）输出是有触点输出，既可控制交流负载又可控制直流负载。

A. 继电器 B. 晶闸管 C. 二极管 D. 晶体管

10. FX_{3U}系列 PLC 提供一个常开触点型的初始化脉冲是（ ），用于对程序作初始化。

A. M8000 B. M8004 C. M8001 D. M8002

11. FX_{3U}系列 PLC 能提供 1000ms 时钟脉冲的特殊辅助继电器是（ ）。

A. M8011 B. M8013 C. M8012 D. M8014

12. 在编程时，PLC 的内部触点（ ）。

A. 可作常开触点使用，但只能使用一次

B. 可作常闭触点使用，但只能使用一次

C. 只能使用一次

D. 可作常开和常闭触点反复使用，无限制

13. 在 FX_{3U}系列 PLC 基本指令中，（ ）指令没有目标元件。

A. ANB B. ANI C. AND D. ANDP

14. 在 FX_{3U}系列 PLC 基本指令中，表示在某一步上不进行任何操作的指令是（ ）。

A. INV　　B. NOP　　C. MPS　　D. ORB

15. FX$_{3U}$系列 PLC 基本单元的“S/S”端口为（　　）。

A. 输入端口公共端　　B. 输出端口公共端

C. 空端子　　D. 内置电源 0V 端

16. 如果在程序中对输出元件 Y001 多次使用 SET、RST 指令，则 Y001 的状态是由（　　）。

A. 最接近 END 的指令决定　　B. 最后执行指令决定

C. 最多使用的指令决定　　D. 最少使用的指令决定

17. PLC 执行 OUT T10 K50 指令后（　　）。

A. T10 的常开触点 ON　　B. T10 开始计时

C. T10 的常闭触点 OFF　　D. T10 准备计时

四、简答题

1. 按结构形式 PLC 分哪几种，各有何特点？

2. PLC 主要有哪几部分组成？各部分起何作用？

3. 简述 PLC 的工作过程？

4. FX$_{3U}$-32MR 型 PLC，它最多可接多少个输入信号？接多少个负载？它适用于控制交流还是直流负载？

5. OUT 指令与 SET 指令有何异同？

6. 主控触点指令和栈指令有何异同？

7. 三菱 FX$_{3U}$系列 PLC 定时器延时最长的时间为多少秒，可以通过哪些方法扩大定时器的延时范围？

五、梯形图与指令之间的相互转换

请将下列 1～5 题的梯形图转换为指令表，将第 6 题的指令表转换为梯形图。

1. 写出图 3-97 所示梯形图对应的指令表程序。

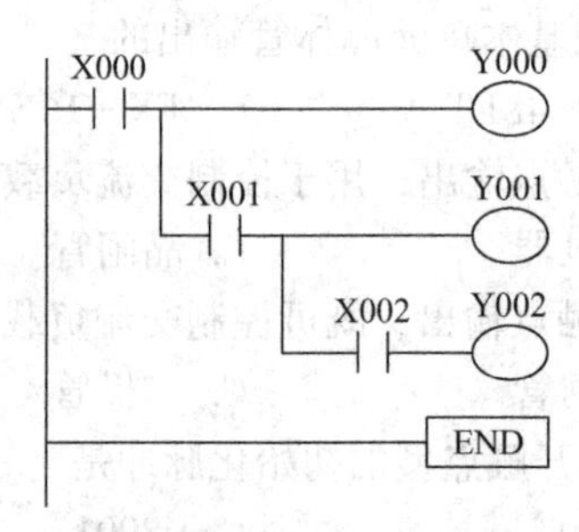

图 3-97　题 5-1 图

2. 写出图 3-98 所示梯形图对应的指令表程序。

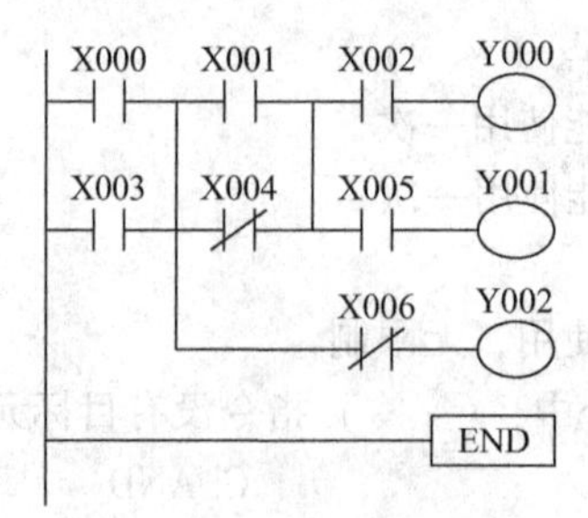

图 3-98　题 5-2 图

3. 写出图3-99所示梯形图对应的指令表程序。

4. 写出图3-100所示梯形图对应的指令表程序。

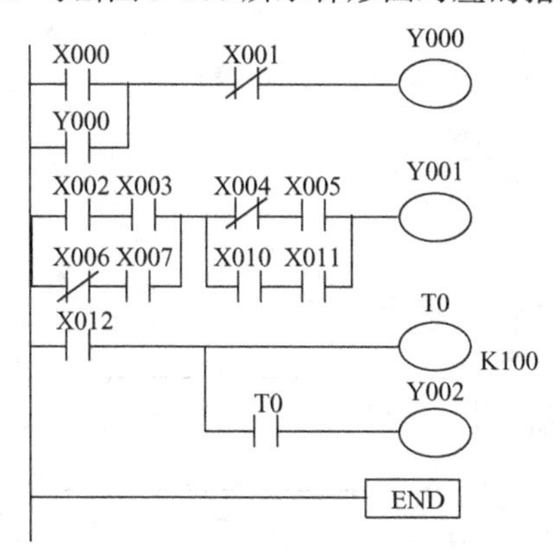

图3-99　题5-3图

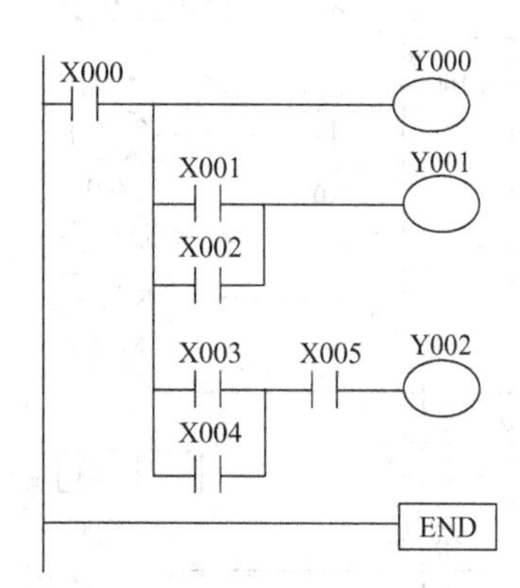

图3-100　题5-4图

5. 写出图3-101所示梯形图对应的指令表程序。

6. 画出表3-36、表3-37、表3-38所示的指令表程序对应的梯形图。

表3-36　指令表（一）

序号	助记符	操作数	序号	助记符	操作数	序号	助记符	操作数	序号	助记符	操作数
0	LD	X001	5	LD	X005	10	ANB		15	AND	M3
1	ANI	X002	6	AND	X006	11	LD	M1	16	OUT	Y001
2	LD	X003	7	LD	X007	12	AND	M2	17	END	
3	ANI	X004	8	ANI	X010	13	ORB				
4	ORB		9	ORB		14	OUT	M34			

表3-37　指令表（二）

序号	助记符	操作数	序号	助记符	操作数	序号	助记符	操作数	序号	助记符	操作数
0	LD	X002	3	MC	N0	7	OUT	Y002			K50
1	OR	Y002			M0	8	LD	X003	12	MCR	N0
2	ANI	X001	6	LDI	T1	9	OUT	T1	14	END	

表3-38　指令表（三）

序号	助记符	操作数	序号	助记符	操作数	序号	助记符	操作数	序号	助记符	操作数
0	LD	X002	5	ANB		10	ANI	X034	15	MPP	
1	AND	M6	6	MPS		11	SET	M35	16	ANDP	X006
2	MPS		7	AND	X005	12	MRD		18	OUT	Y002
3	LD	X012	8	OUT	M12	13	AND	X001	19	END	
4	ORI	Y023	9	MPP		14	OUT	Y024			

六、程序设计题

1. 试用SET、RST指令和微分输出指令（或运算结果脉冲边沿操作指令）设计满足图3-102

所示的梯形图。

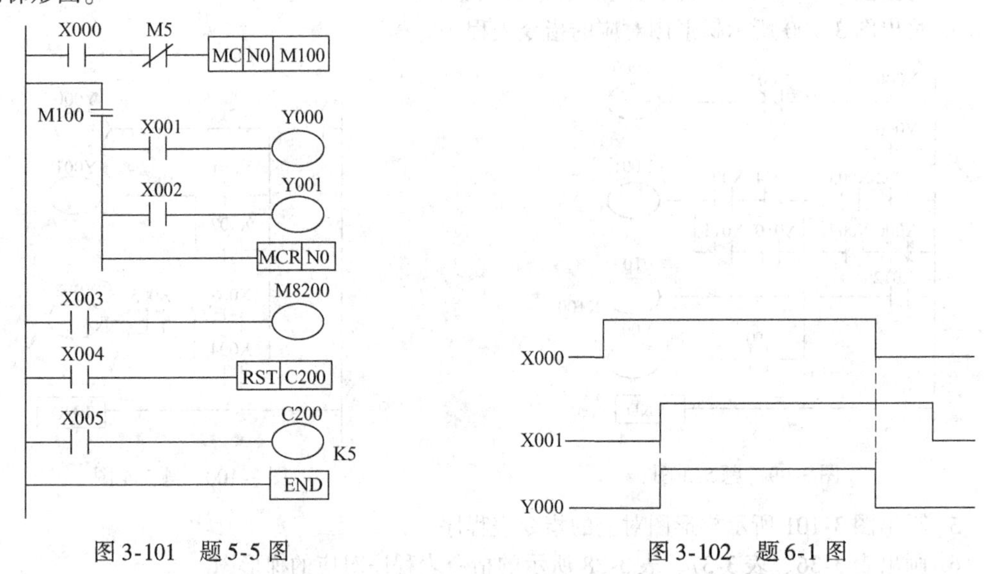

图 3-101　题 5-5 图　　　　图 3-102　题 6-1 图

2. 试将图 3-103 中的继电器-接触器控制的两台电动机顺序起、停控制电路改造为 PLC 控制程序。

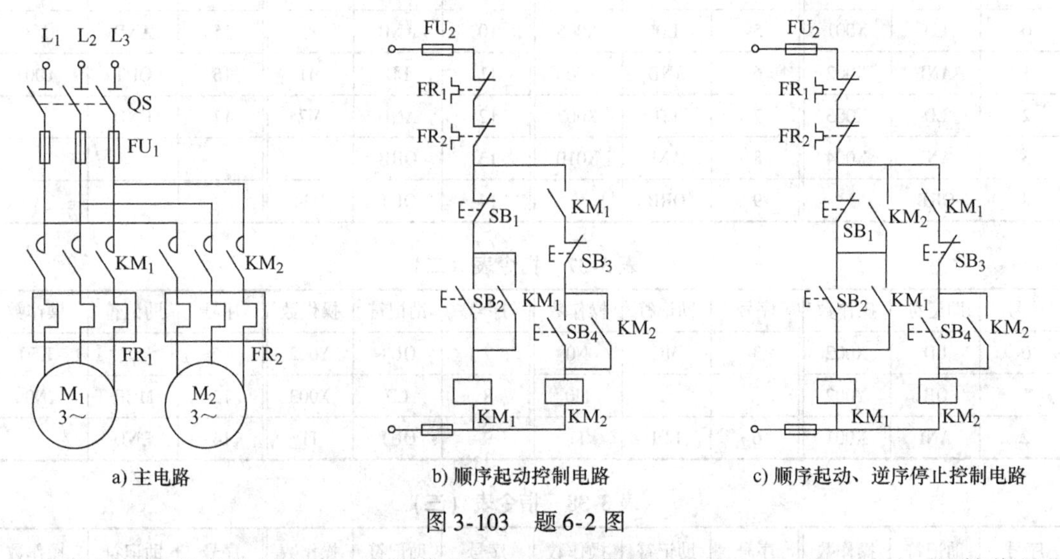

a) 主电路　　b) 顺序起动控制电路　　c) 顺序起动、逆序停止控制电路

图 3-103　题 6-2 图

3. 设计一个报警控制程序。输入信号 X000 为报警输入，当 X000 为 ON 时，报警信号灯 Y000 闪烁，闪烁频率为 1s（亮熄灭均为 0.5s）。报警蜂鸣器 Y001 有音响输出。报警响应 X001 为 ON 时，报警灯由闪烁变为常亮且停止音响。按下报警解除按钮 X002，报警灯熄灭。为测试报警灯和报警蜂鸣器的好坏，可用测试按钮 X003 随时测试。

4. 用 PLC 控制一台电动机，要求：按下起动按钮后，运行 20s，停止 10s，重复执行 6 次后停止。试设计其 PLC 输入/输出接线图和梯形图，并写出相应的指令程序。

项目四 4

FX_{3U}系列PLC步进指令的应用

教学目标	技能目标	1. 会分析顺序控制系统的工作过程。 2. 能合理分配I/O地址，绘制顺序功能图。 3. 能使用步进指令将顺序功能图转换为步进梯形图和指令表。 4. 能使用GX Developer编程软件编制顺序功能图和梯形图。 5. 能进行程序的离线和在线调试。
	知识目标	1. 熟练掌握PLC的状态继电器和步进指令的使用。 2. 掌握顺序功能图与步进梯形图的相互转换。 3. 掌握单序列、选择序列和并行序列顺序控制程序的设计方法。
教学重点		顺序功能图；顺序功能图与步进梯形图的相互转换。
教学难点		并行序列的STL指令编程。
教学方法、手段建议		采用项目教学法、任务驱动法和理实一体化教学法等开展教学，在教学过程中，教师讲授与学生讨论相结合，传统教学与信息化技术相结合，充分利用翻转课堂、微课等教学手段，把课堂转移到实训室，引导学生做中学、学中做，教、学、做合一。
参考学时		12学时

三菱FX_{3U}系列PLC专门用于顺序控制的步进指令共有两条，下面将通过两种液体混合的PLC控制、四节传送带的PLC控制、十字路口交通信号灯的PLC控制3个任务介绍FX_{3U}系列PLC步进指令的应用。

任务一　两种液体混合的PLC控制

一、任务导入

对生产原料的混合操作是化工、食品、饮料和制药等行业必不可少的工序之一。而采用PLC对原料混合操作的装置进行控制具有自动化程度高、生产效率高、混合质量高和适用范围广等优点，其应用较为广泛。

液体混合有两种、三种或多种，多种液体按照一定的比例混合是物料混合的一种典型形式，本任务主要通过两种液体混合装置的PLC控制来学习顺序控制单序列编程的基本方法。

二、知识链接

（一）状态继电器（S元件）

状态继电器是一种在步进顺序控制的编程中表示“步”的继电器，它与后述的步进梯形开始指令STL组合使用；状态继电器不在顺序控制中使用时，也可作为普通的辅助继电器使用，且具有断电保持功能，或用作信号报警用，用于外部故障诊断。FX_{3U}系列PLC状态继电器见表4-1。

表4-1 FX_{3U}系列PLC状态继电器

PLC机型	初始化用	IST指令时回零用	通用	断电保持用	报警用
FX_{3U}、FX_{3UC}系列	S0～S9 10点	S10～S19 10点	S20～S499 480点	S500～S899（可变）400点，可以通过参数更改保持/不保持的设定 S1000～S4095（固定）3096点	S900～S999 100点

FX_{3U}、FX_{3UC}系列PLC共有状态继电器4096点（S0～S4095）。状态继电器有五种类型：初始状态继电器、回零状态继电器、通用状态继电器、断电保持状态继电器、报警用状态继电器。

（1）初始状态继电器　元件号为S0～S9，共10点，在顺序功能图（状态转移图）中，指定为初始状态。

（2）回零状态继电器　元件号为S10～S19，共10点，在多种运行模式控制中，指定为返回原点的状态。

（3）通用状态继电器　元件号为S20～S499，共480点，在顺序功能图中，指定为中间工作状态。

（4）断电保持状态继电器　元件号为S500～S899及S1000～S4095，共3496点，用于来电后继续执行停电前状态的场合，其中S500～S899可以通过参数设定为一般状态继电器。

（5）报警用状态继电器　元件号为S900～S999，共100点，可用作报警组件用。

在使用状态继电器时应注意：

1）状态继电器与辅助继电器一样有无数对常开和常闭触点。

2）FX_{3U}系列PLC可通过程序设定将S0～S499设置为有断电保持功能的状态继电器。

（二）顺序功能图

FX_{3U}系列PLC除了梯形图形式的图形程序以外，还采用了顺序功能图SFC（Sequential Function Chart）语言，用于编制复杂的顺序控制程序，利用这种编程方法能够较容易地编制出复杂的控制系统程序。

1. 顺序功能图的定义

顺序功能图又称状态转移图，它是描述控制系统的控制过程、功能和特性的一种图形，是用步（或称为状态，用状态继电器S表示）、转移、转移条件及负载驱动来描述控制过程的一种图形语言。顺序功能图并不涉及所描述的控制功能的具体技术，是一种通用的技术语言。

顺序功能图已被国际电工委员会（IEC）在1994年5月公布的“IEC可编程序控制器标准IEC1131”中确定为PLC的居首位的编程语言。各个PLC厂家都开发了相应的顺序功能图，各国也制定了顺序功能图的国家标准，我国的相关国家标准为GB/T 6988.6。

2. 顺序功能图的组成要素

顺序功能图主要由步、有向连线、转移、转移条件及命令和动作要素组成。如图4-1所示。

（1）步　SFC中的步是指控制系统的一个工作状态，为顺序相连的阶段中的一个阶段。在功能图中用矩形方框表示步，方框内是该步的编号。编程时一般用PLC内部的编程元件来代表步，因此经常直接用代表该步的编程元件的元件号作为步的编号，如图4-1所示，各步的编号分别为S0、S20、S21、S22和S23。这样在根据功能图设计梯形图时较为方便。

步又分为“初始步”、“一般步”和“活动步”（也称为“初始状态”、“一般状态”和“活动状态”）。

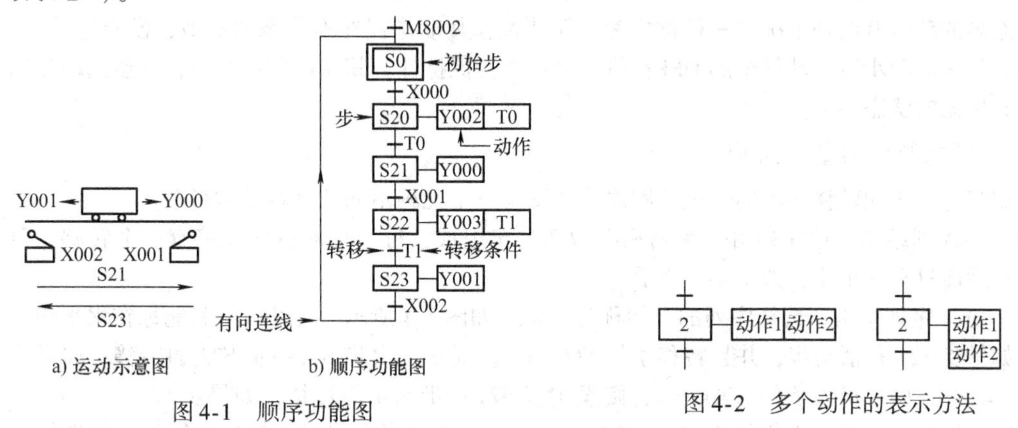

a) 运动示意图　　b) 顺序功能图

图4-1　顺序功能图

图4-2　多个动作的表示方法

1）初始步。与系统的初始状态相对应的步称为初始步。初始状态一般是系统等待起动命令的相对静止的状态。初始步在功能图中用双方框“S0”表示，每个功能图至少应有一个初始步。

注意：在功能图中如果用S元件代表各步，初始步的编号只能选用S0～S9，如果用M元件，则没有要求。

2）一般步。除初始步以外的步均为一般步。每一步相当于控制系统的一个阶段。一般状态用单线矩形方框表示。方框内（包括初始步框）都有一个表示该步的元件编号，称之为状态元件。状态元件可以按状态顺序连续编号，也可以不连续编号。

3）活动步。在SFC中，如果某一步被激活，则该步处于活动状态，称该步为“活动步”。步被激活时该步的所有命令与动作均得到执行，而未被激活步中的命令与动作均不能得到执行。在SFC中，被激活的步有一个或几个，当下一步被激活时，前一个激活步一定要关闭。整个顺序控制就是这样逐个步被激活从而完成全部控制任务。

（2）有向连线　在功能图中，随着时间的推移和转移条件的实现，将会发生步的活动状态的顺序进展，这种进展按有向连线规定的路线和方向进行。在画功能图时，将代表各步的方框按它们成为活动步的先后次序顺序排列，并用有向连线将它们连接起来。活动状态的进展方向习惯上是从上到下、从左到右，在这两个方向有向连线上的箭头可以省略。如果不是上述方向，应在有向连线上用箭头注明进展方向。

如果在画功能图时有向连线必须中断（例如在复杂的功能图中，若用几个部分来表示一个顺序功能图时），应在有向连线中断处标明下一步的标号和所在页码，并在有向连线中断的开始和结束处用箭头标记。

（3）转移和移转条件

1）转移。转移用与有向连线垂直的短划线表示，转移将相邻两步分隔开。步的活动状态的进展是由转移的实现来完成的，并与控制过程的发展相对应。

2）移转条件。转移条件是与转移相关的逻辑命题。转移条件可以用文字语言、布尔代数表达式或图形符号标注在表示转移的短划线旁边。转移条件X和$\overline{X}$分别表示在逻辑信号X为“1”状态和“0”状态时转移。符号“X↑”和“X↓”分别表示当X从0→1状态和从1→0状态时转移实现。使用最多的转移条件表示方法是布尔代数表达式，如转移条件（X000 + X003）·$\overline{C0}$。

（4）命令和动作　命令是指控制要求，而动作是指完成控制要求的程序。与状态对应则是指每一个状态所发生的命令和动作。在SFC中，命令和动作是用相应的文字和符号（包括梯形图程序行）写在状态矩形框的旁边，并用直线与状态框相连。如果某一步有几个命令和动作，可以用图4-2所示的两种画法来表示，但是图中并不隐含这些动作之间的任何顺序。

状态内的动作有两种情况，一种称之为非保持性，其动作仅在本状态内有效，没有连续性，当本状态为非活动步时，动作全部OFF；另一种称之为保持性，其动作有连续性，它会把动作结果延续到后面的状态中去。

3. 顺序功能图的基本结构

根据步与步之间转移的不同情况，顺序功能图有以下几种不同的基本结构形式。

（1）单序列结构 单序列由一系列相继激活的步组成，每一步的后面仅接有一个转移，每一个转移后面只有一个步，如图4-3所示。

（2）选择序列结构 选择序列的开始称为分支，如图4-4所示，转移符号只能标在水平连线之下。如果步S21是活动步，并且转移条件X001=1，则发生由步S21→步S22的转移；如果步S21是活动步，并且转移条件X004=1，则发生步S21→步S24的转移；如果步S21是活动步，并且转移条件X010=1，则发生步S21→步S26的转移。选择序列在每一时刻一般只允许选择一个序列。

选择序列的结束称为汇合或合并。在图4-4中，如果步S23是活动步，并且转移条件X003=1，则发生由步S23→步S28的转移；如果步S25是活动步，并且转移条件X006=1，则发生由步S25→步S28的转移；如果步S27是活动步，并且转移条件X012=1，则发生由步S27→步S28的转移。

（3）并行序列结构 并行序列的开始称为分支，如图4-5所示，当转移条件的实现导致几个序列同时激活时，这些序列称为并行序列。当步S22是活动步，并且转移条件X001=1，则S23、S25、S27这三步同时成为活动步，同时步S22变为不活动步。为了强调转移的同步实现，水平连线用双线表示。步S23、S25、S27被同时激活后，每一个序列中活动步的转移将是独立的。在表示同步的水平线之上，只允许有一个转移符号。

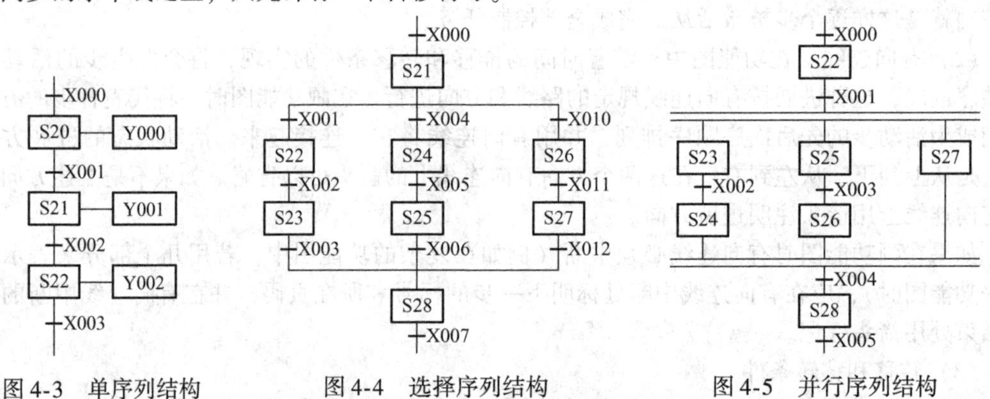

图4-3 单序列结构　　图4-4 选择序列结构　　图4-5 并行序列结构

并行序列的结束称为汇合或合并，在图4-5中，在表示同步的水平线之下，只允许有一个转移符号。当直接连在双线上的所有前级步都处于活动状态，并且转移条件X004=1时，才会发生步S24、S26、S27到步S28的转移，即步S24、S26、S27同时变为不活动步，而步S28变为活动步。并行序列表示系统几个同时工作的独立部分的工作情况。

（4）跳步、重复和循环序列结构

1）跳步。在生产过程中，有时要求在一定条件下停止执行某些原定的动作，跳过一定步序后执行之后的动作步，如图4-6a所示。当步S20为活动步时，若转移条件X005先变为1，则步S21不为活动步，而直接转入步S23，使其变为活动步，实际上这是一种特殊的选择序列。由图4-6a可知，步S20下面有步S21和S23两个选择分支，而步S23是由步S20和步S22的合并。

2）重复。在一定条件下，生产过程需要重复执行某几个工序步的动作，如图4-6b所示。当步S26为活动步时，如果X004=0而X005=1，则序列返回到步S25，重复执行步S25、S26，直到X004=1时才转入到步S27，它也是一种特殊的选择序列，由图4-6b可知，步S26后面有步S25和步S27两个选择分支，而步S25是步S24和步S26的合并。

3）循环。在一些生产过程中需要不间断重复执行功能图中各工序步的动作，如图4-6c所示，当步S22结束后，立即返回初始步S0，即在序列结束后，用重复的办法直接返回到初始步，形成了系统的循环过程，这实际上就是一种单序列的工作过程。

4. 功能图中转移实现的基本规则

（1）转移实行的条件　在顺序功能图中，步的活动状态的进展由转移的实现来完成的。转移实现必须同时满足两个条件：

1）该转移所有前级步必须是活动步。

2）对应的转移条件成立。如果转移的前级步或后级步不止一个，转移的实现称为同步实现，如图4-7所示。

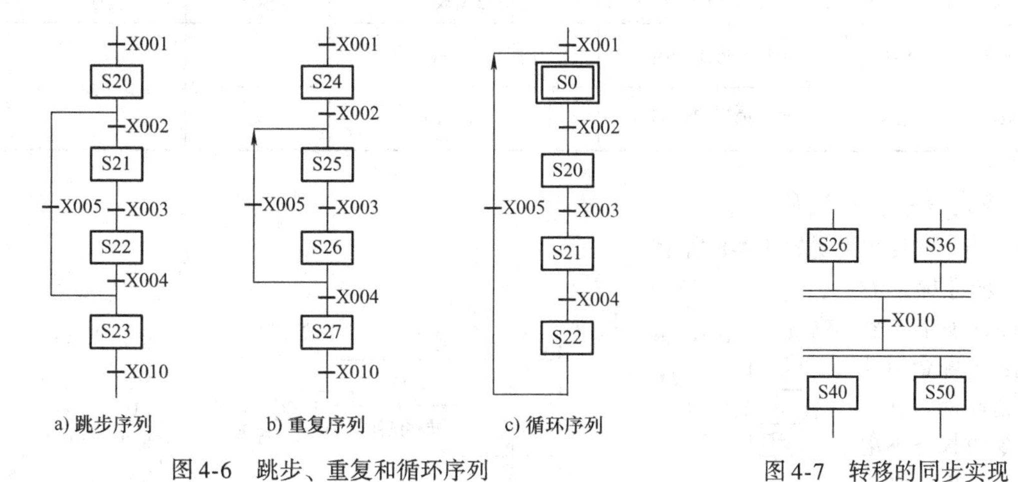

图4-6　跳步、重复和循环序列　　图4-7　转移的同步实现

（2）转移应完成的操作

1）使所有由有向连线与相应转移符号相连的后续步都变为活动步。

2）使所有由有向连线与相应转移符号相连的前级步都变为不活动步。

5. 绘制顺序功能图的注意事项

1）两个步绝对不能直接相连，必须用一个转移将它们隔开。

2）两个转移也不能直接相连，必须用一个步将它们隔开。

3）顺序功能图中的初始步一般对应于系统等待起动的初始状态，初始步可能没有输出执行，但初始步是必不可少的。如果没有该步，则无法表示初始状态，系统也无法返回初始状态。

4）自动控制系统应能多次重复执行同一工艺过程，因此在顺序功能图中一般应有由步和有向连线组成的闭环，即在完成一次工艺过程的全部操作之后，应从最后一步返回初始步，系统停留在初始状态（单周期操作，如图4-1），在连续循环工作方式时，应从最后一步返回下一个工作周期开始运行的第一步。

5）在顺序功能图中，只有当某一步的前级步是活动步时，该步才有可能变成活动步。如果用没有断电保持功能的编程元件代表各步，进入RUN工作方式时，它们均处于OFF状态，必须用初始化脉冲M8002的常开触点作为转移条件，将初始步预置为活动步，否则因顺序功能图中没有活动步，系统将无法工作。如果系统具有手动和自动两种工作方式，由于顺序功能图是用来描述自动工作过程的，因此应在系统由手动工作方式进入自动工作方式时用一个适当的信号将初始步置为活动步。

（三）步进指令

FX_{3U}系列PLC有两条步进指令：STL（步进梯形开始指令）、RET（步进返回指令）。STL指令是步进梯形图的开始，利用内部软元件（状态继电器）进行工序步控制的指令；RET是步进结束指令，是表示状态流程结束，用于返回到主程序（左母线）的指令。按一定的规则编写的步进梯形图也可作为顺序功能图（SFC图）处理，从顺序功能图反过来也可形成步进梯形图。

1. 步进指令（STL、RET）使用要素

步进指令的名称、助记符、功能及梯形图表示等使用要素见表4-2。

表4-2　步进指令使用要素

名　称	助记符	功　能	梯形图表示	目标元件	程序步
步进梯形开始	STL	步进梯形图开始		S	1步
步进返回	RET	步进梯形图返回	RET	无	

2. 步进指令使用说明

步进指令的使用说明如图4-8所示。

1）步进梯形开始指令STL只有与状态继电器S配合时才具有步进功能。使用STL指令的状态继电器常开触点，称为STL触点，没有常闭的STL触点。用状态继电器代表功能图的各步，每一步都具有三种功能：负载驱动处理、指定转移条件和指定转移目标。

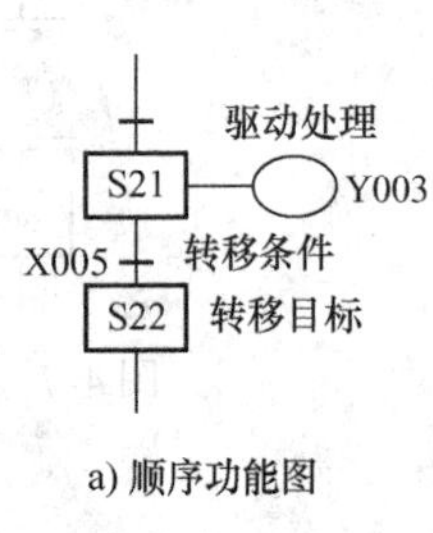

a) 顺序功能图

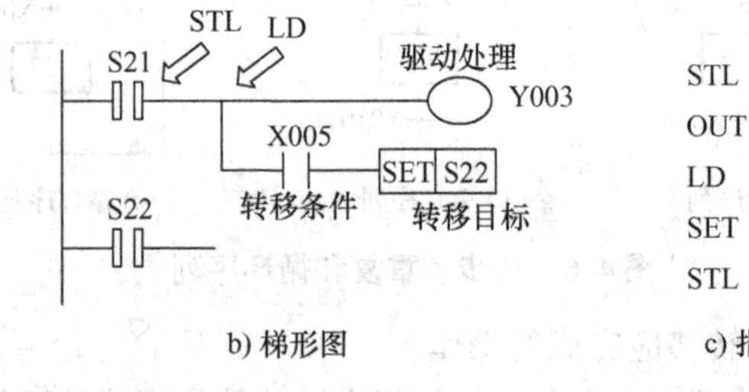

b) 梯形图

STL	S21
OUT	Y003
LD	X005
SET	S22
STL	S22

c) 指令表

图4-8　STL指令使用说明

2）STL触点是与左母线相连的常开触点，类似于主控触点，并且同一状态继电器的STL触点只能使用一次（并行序列的合并除外）。

3）STL触点可以直接驱动或通过别的触点驱动Y、M、S、T或C等元件的线圈，STL触点也可以使Y、M和S等元件置位或复位。与STL触点相连的触点应使用LD、LDI、LDP和LDF指令，在转移条件对应的回路中，不能使用ANB、ORB、MPS、MRD及MPP指令。

4）如果使状态继电器置位的指令不在STL触点驱动的电路块内，那么执行置位指令时，系统程序不会自动地将前级状态步对应的状态继电器复位。

5）驱动负载使用OUT指令。当同一负载需要连续多步驱动时可使用多重输出，也可使用SET指令将负载置位，等到负载不需要驱动时再用RST指令将其复位。

6）STL 触点之后不能使用 MC/MCR 指令，但可以使用跳转指令。

7）由于 CPU 只执行活动步对应的电路块，因此使用 STL 指令时允许“双线圈”输出，如图 4-9、图 4-10 所示。

8）在状态转移过程中，由于在瞬间（1 个扫描周期），两个相邻的状态会同时接通，因此为了避免不能同时接通的一对输出同时接通，必须设置外部硬接线互锁或软件互锁，如图 4-11 所示。

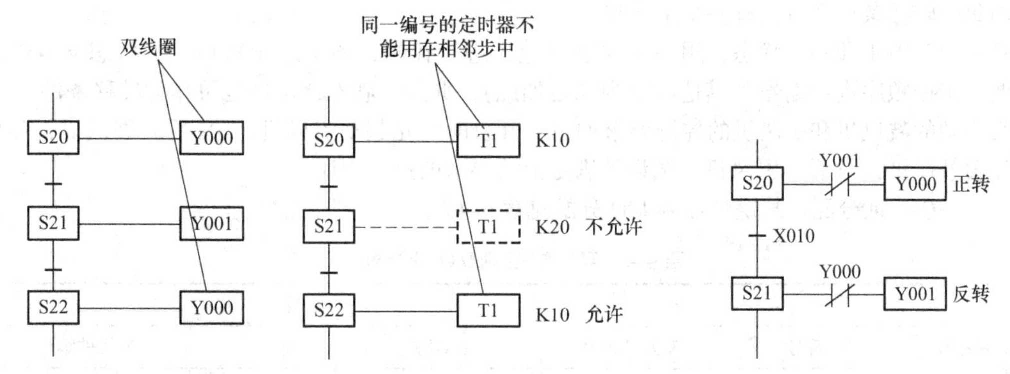

图 4-9 双线圈输出　　图 4-10 相邻步相同编号定时器输出　　图 4-11 正反转的软件互锁控制

9）各 STL 触点的驱动电路块一般放在一起，最后一个 STL 电路块结束时，一定要使用步进返回指令 RET 使其返回主母线。

3. 步进梯形图中常用的特殊辅助继电器

在 SFC 控制中，经常会用到一些特殊辅助继电器，见表 4-3。

表 4-3 步进梯形图中常用的特殊辅助继电器

特殊辅助继电器编号	名 称	功能和用途
M8000	RUN 运行	PLC 运行中接通，可作为驱动程序的输入条件或作为 PLC 运行状态显示
M8002	初始脉冲	在 PLC 接通瞬间，接通一个扫描周期。用于程序的初始化或 SFC 的初始步激活
M8034	禁止输出	当 M8034 为 ON 时，顺序控制程序继续运行，但输出继电器（Y）都被断开（禁止输出）
M8040	禁止转移	当 M8040 为 ON 时，禁止在所有步之前的转移，但活动步内的程序仍然继续运行，输出仍然执行
M8046	STL 动作	任一步激活时（即成为活动步），M8046 自动接通，用于避免与其他流程同时启动或用于工序的工作标志
M8047	STL 监视有效	当 M8047 为 ON 时，编程功能可自动读出正在工作中的状态元件编号，并加以显示

（四）步进指令编程方法

1. 使用 STL 指令编程的一般步骤

1）列出现场信号与 PLC 软继电器编号对照表，即输入输出分配。

2）画出I/O接线图。

3）根据控制的具体要求绘制顺序功能图。

4）将顺序功能图转移为梯形图（转移方法按照图4-8所示的处理方法来处理每一状态）。

5）写出梯形图对应的指令表。

2. 单序列顺序控制的STL指令编程举例

单序列顺序控制是由一系列相继执行的工序步组成，每一个工序步后面只能接一个转移条件，而每一转移条件之后仅有一个工序步。

每一个工序步即一个状态，用一个状态继电器进行控制，各工序步所使用的状态继电器没有必要一定按顺序进行编号（其他的序列也是如此）。此外，状态继电器也可作为转移条件。

某锅炉的鼓风机和引风机的控制要求如下：开机时，先起动引风机，10s后开鼓风机；停机时，先关鼓风机，5s后关引风机。试设计满足上述要求的控制程序。

（1）I/O地址分配　某锅炉控制I/O分配见表4-4。

表4-4　某锅炉控制I/O分配表

输入			输出		
设备名称	符号	X元件编号	设备名称	符号	Y元件编号
起动按钮	SB_1	X000	引风机接触器	KM_1	Y000
停止按钮	SB_2	X001	鼓风机接触器	KM_2	Y001

（2）绘制顺序功能图　根据控制要求，整个控制过程分为4步，初始步S0，没有驱动，起动引风机S20，驱动Y000为ON，起动引风机，同时，驱动定时器T0，延时10s，起动鼓风机S21，Y000仍为ON，引风机保持继续运行，同时，驱动Y001为ON，起动鼓风机，关鼓风机S22，Y000为ON，Y001为OFF，鼓风机停止运行，引风机继续运行，同时，驱动定时器T1，延时5s，其顺序功能图如图4-12a所示。这里需要说明的是，引风机起动后，一直保持运行状态，直到最后停机，在步进顺序中，STL触点驱动的电路块，OUT指令驱动的输出，仅在当前步是活动步时有效，所以，功能图上S20、S21、S22步均需要有Y000，否则，引风机起动后，进入下一步，就会停机。也可以用SET指令在S20步置位Y000，这样在S21、S22步就可以不出现Y000，但在S0步一定要复位Y000。

（3）编制程序　利用步进指令，按照每一步STL指令驱动电路块需要完成的两个任务，先进行负载驱动处理，然后执行转移处理，将顺序功能图转化为梯形图，如图4-12b所示。

三、任务实施

（一）训练目标

1）根据控制要求绘制单序列顺序功能图，并用步进指令转移成梯形图与指令表。

2）学会FX_{3U}系列PLC的外部接线方法。

3）初步学会单序列顺序控制步进指令设计方法。

4）熟练使用三菱GX Developer编程软件进行步进指令程序输入，并写入PLC进行调试运行，查看运行结果。

（二）设备与器材

本任务实施所需设备与器材，见表4-5。

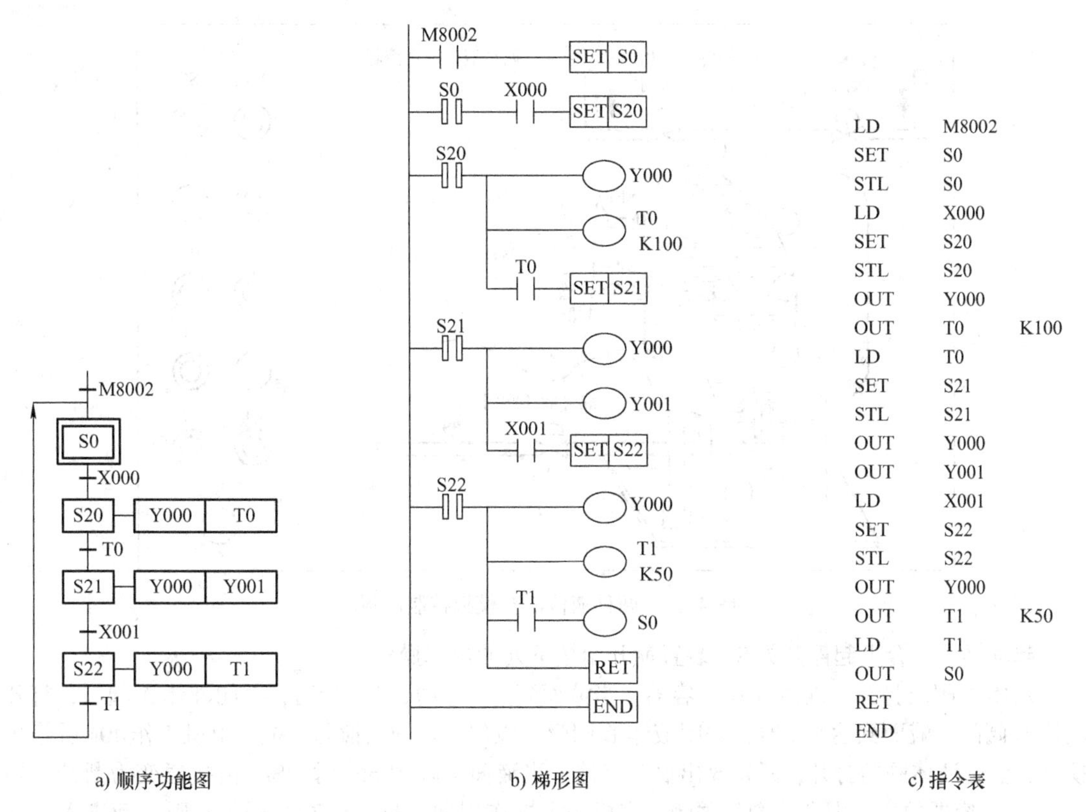

a) 顺序功能图　　b) 梯形图　　c) 指令表

图 4-12　鼓风机和引风机的顺序控制程序

表 4-5　所需设备与器材

序号	名称	符号	型号规格	数量	备注
1	常用电工工具		十字螺钉旋具、一字螺钉旋具、尖嘴钳、剥线钳等	1 套	表中所列设备、器材的型号规格仅供参考
2	计算机（安装 GX Developer 编程软件）			1 台	
3	THPFSL - 2 网络型可编程控制器综合实训装置			1 台	
4	两种液体混合控制模拟装置挂件			1 个	
5	连接导线			若干	

（三）内容与步骤

1. 任务要求

两种液体混合模拟控制面板如图 4-13 所示。SP_1、SP_2、SP_3为液面传感器，液体 A、B 阀门与混合液阀门由电磁阀 YV_1、YV_2、YV_3控制，M 为搅匀电动机，控制要求如下：

初始状态：装置投入运行时，液体 A、B 阀门关闭，混合液阀门打开 10s 将容器放空后关闭。

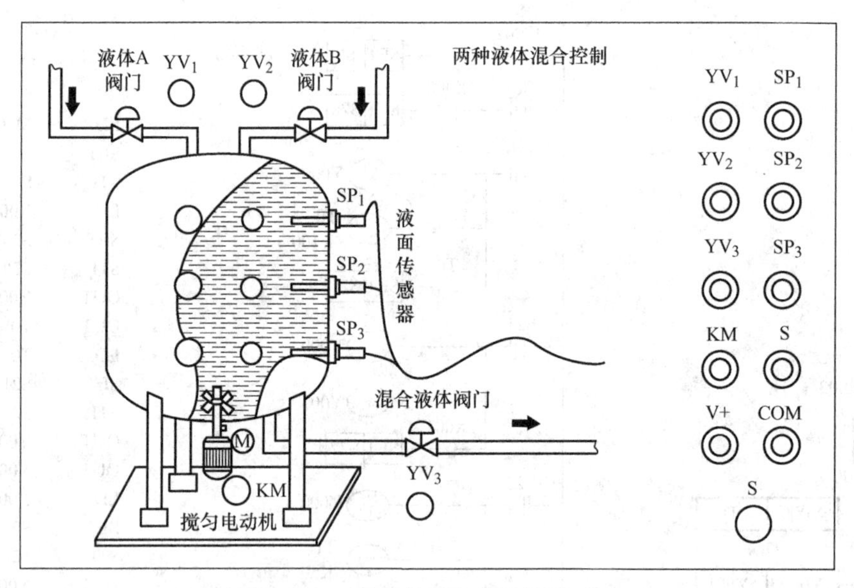

图4-13 两种液体混合模拟控制面板

起动操作：合上起停开关S，装置就开始按下列的规律操作。

液体A阀门打开，液体A流入容器。当液面到达SP_2时，SP_2接通，关闭液体A阀门，打开液体B阀门。液面到达SP_1时，关闭液体B阀门，搅匀电机开始搅匀。搅匀电机工作40s后停止搅动，混合液体阀门打开，开始放出混合液体。当液面下降到SP_3时，SP_3由接通变为断开，再过2s后，容器放空，混合液阀门关闭，完成一个操作周期。只要未断开开关，则自动进入下一周期。

停止操作：当断开起停开关后，在当前的混合液操作处理完毕后，才停止操作（停在初始状态）。

2. I/O地址分配与接线图

I/O分配见表4-6。

表4-6 I/O分配表

输入			输出		
设备名称	符号	X元件编号	设备名称	符号	Y元件编号
起停开关	S	X000	液体A阀门	YV_1	Y000
控制液体B传感器	SP_1	X001	液体B阀门	YV_2	Y001
控制液体A传感器	SP_2	X002	混合液体阀门	YV_3	Y002
控制混合液体传感器	SP_3	X003	控制搅匀电动机接触器	KM	Y003

绘制I/O接线图，如图4-14所示。

3. 顺序功能图

根据控制要求画出顺序功能图，如图4-15所示。

4. 梯形图程序

利用STL、RET指令，将图4-15顺序功能图转移为梯形图，如图4-16所示。

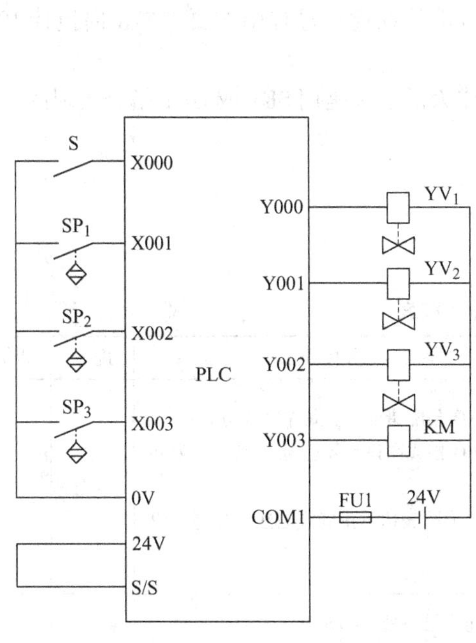

图 4-14　两种液体混合顺序控制 I/O 接线图

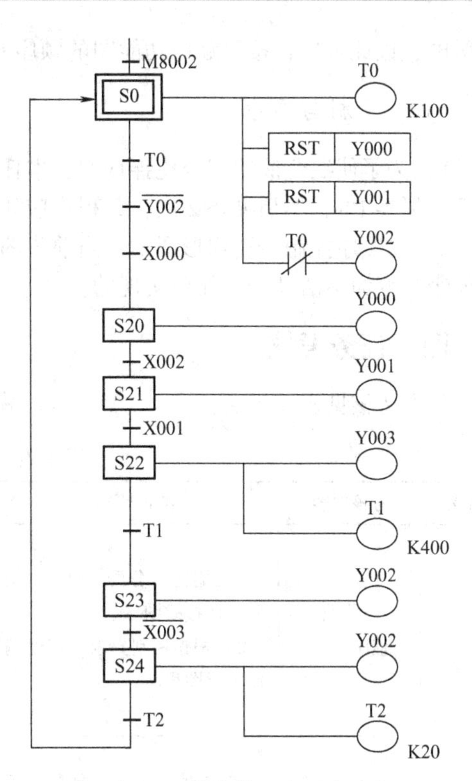

图 4-15　两种液体混合顺序功能图

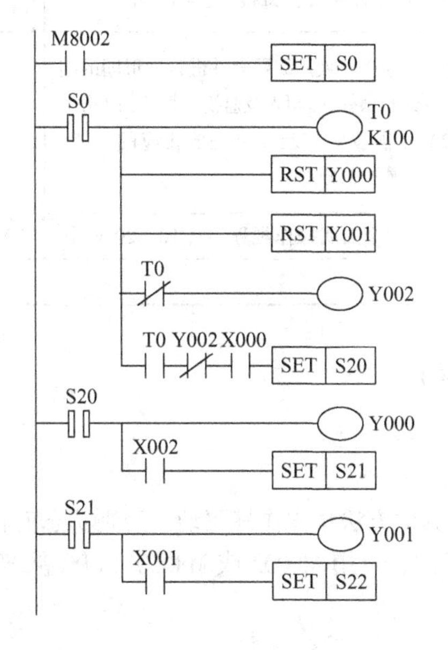

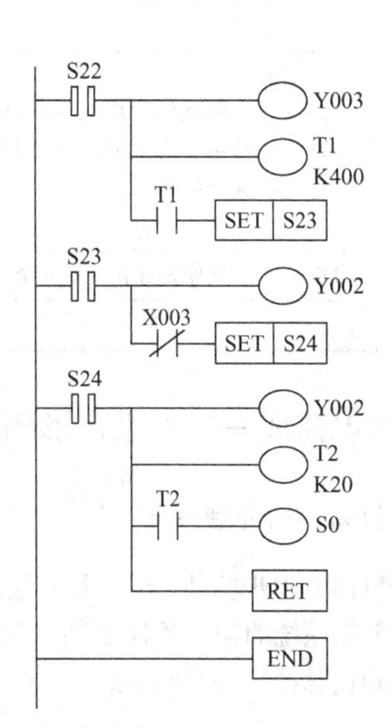

图 4-16　两种液体混合控制梯形图

5. 调试运行

利用编程软件将编写的梯形图程序写入 PLC，按照图 4-14 进行 PLC 外部接线，调试时请参照顺序功能图 4-15，将 PLC 运行模式打到 RUN 状态，观察 Y002 是否得电，延时 10s 后，Y002 是否失电，Y002 失电后，按下 X000，观察 Y000 是否得电，得电后，合上 X002，观察 Y001 是否得电，以此类推，按照顺序功能图的顺序对程序进行调试，观察运行结果是否达到控制要求。

（四）分析与思考

1）为了使混合液体充分搅拌均匀，本任务中混合液体在搅拌过程中，要求先正向搅拌10s，再反向搅拌10s，然后循环2次，其程序应如何编制？

2）在顺序控制步进梯形图中，当前步的后级步成为活动步是用SET或OUT指令实现的，它的前级步变为不活动步是如何实现的？

四、任务考核

任务考核见表4-7。

表4-7 任务实施考核表

序号	考核内容	考核要求	评分标准	配分	得分
1	电路及程序设计	1）能正确分配I/O，并绘制I/O接线图 2）根据控制要求，正确编制梯形图程序	1）I/O分配错或少，每个扣5分 2）I/O接线图设计不全或有错，每处扣5分 3）梯形图表达不正确或画法不规范，每处扣5分	40分	
2	安装与连线	能根据I/O地址分配，正确连接电路	1）连线错一处，扣5分 2）损坏元器件，每只扣5～10分 3）损坏连接线，每根扣5～10分	20分	
3	调试与运行	能熟练使用编程软件编制程序写入PLC，并按要求调试运行	1）不会熟练使用编程软件进行梯形图的编辑、修改、转换、写入及监视，每项扣2分 2）不能按照控制要求完成相应的功能，每缺一项扣5分	20分	
4	安全操作	确保人身和设备安全	违反安全文明操作规程，扣10～20分	20分	
5	合　计				

五、知识拓展——步进梯形图编程技巧

（一）初始步的处理方法

初始步可由其他步驱动，但运行开始时必须用其他方法预先作好驱动，否则状态流程不可能向下进行。一般用系统的初始条件驱动，若无初始条件，可用M8002或M8000（PLC从STOP→RUN切换时的初始化脉冲）进行驱动。

（二）步进梯形图编程的顺序

编程时必须使用STL指令对应于顺序功能图上的每一步。步进梯形图中每一步的编程顺序为：先进行驱动处理，后进行转移处理。二者不能颠倒。驱动处理就是该步的输出处理，转移处理就是根据转移方向和转移条件实现下一步的状态转移。

（三）OUT 指令在 STL 区内的使用

SET 指令和 OUT 指令均可以使 STL 指令后的状态继电器置 1，即将后续步置为活动步，此外还有自保持功能。SET 指令一般用于相邻步的状态转移，而 OUT 指令用于顺序功能图中闭环和跳步转移，如图 4-17 所示。

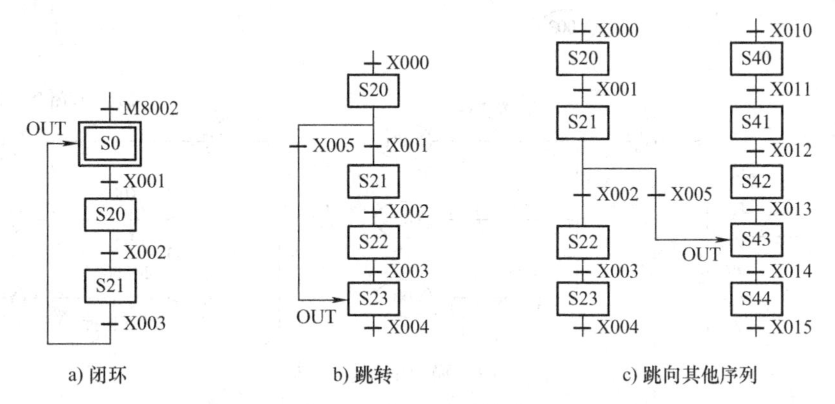

图 4-17　闭环和跳转处理

（四）复杂转移条件程序的处理

转移回路中，不能使用 ANB、ORB、MPS、MRD 及 MPP 指令，否则将出错，如果转移条件比较复杂需要块运算时，可以将转移条件放到该状态元件负载端处理，将复杂的转移条件转换为辅助继电器触点。复杂转移条件程序的处理如图 4-18 所示。

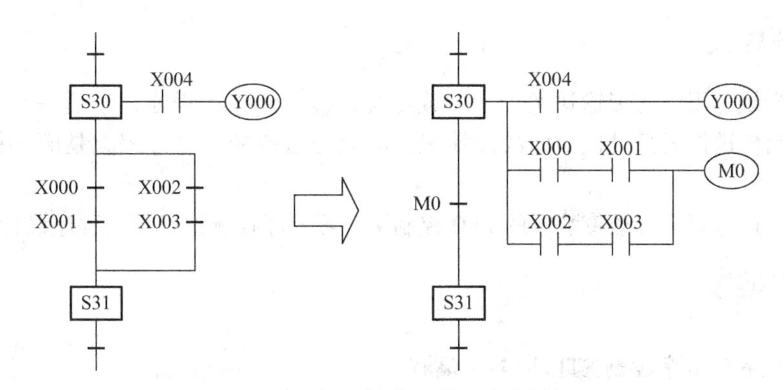

图 4-18　复杂转移条件程序的处理

（五）输出的驱动方法

输出的驱动方法如图 4-19 所示。图中，从 STL 内的母线，一旦写入 LD、LDI、LDP 或 LDF 指令后，对不需要触点驱动的输出就不能再编程。需要把有触点驱动的输出调至最后，或者将没有触点驱动的输出增加驱动条件 M8000。

六、任务总结

本任务我们首先介绍了用状态继电器 S 表示各“步”，绘制顺序功能图，然后利用步进指令将顺序功能图转换成对应梯形图与指令表，最后通过两种液体混合装置 PLC 控制任务的实施，

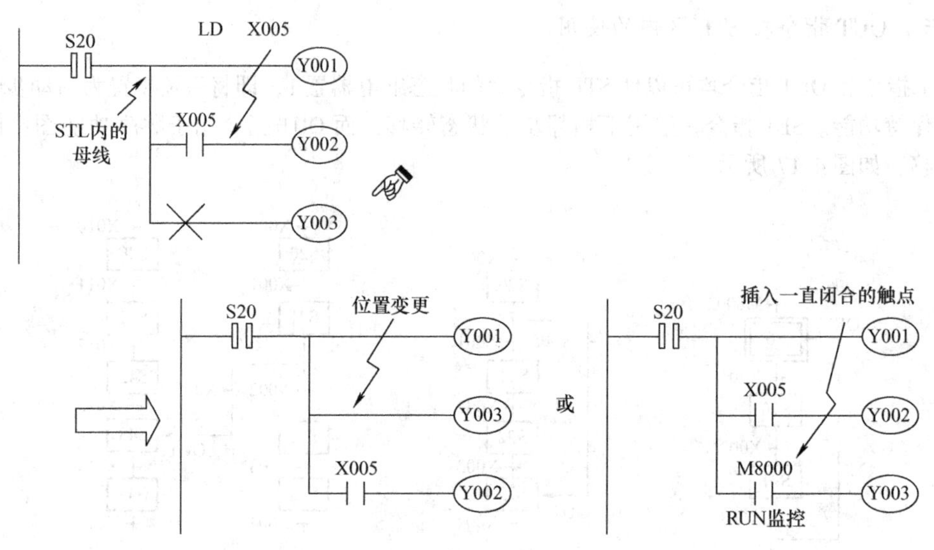

图 4-19 输出的驱动方法

以进一步掌握顺序控制单序列编程的方法。

步进指令编程方法相比较于经验设计法而言，规律性很强，我们较容易理解和掌握，这种方法也是我们初学者常用的 PLC 程序设计方法。

任务二 四节传送带的 PLC 控制

一、任务导入

在工业生产线上用传送带输送生产设备或零配件，其动作过程通常按照一定顺序起动，反序停止，考虑到传送带运行过程中的故障情况，因此传送带的控制过程就是顺序控制典型的选择序列。

本任务主要通过四节传送带装置的 PLC 控制来学习顺序控制选择序列程序设计的方法。

二、知识链接

（一）选择序列顺序控制 STL 指令的编程

1. 选择分支与汇合的特点

顺序功能图中，选择序列的开始（或从多个分支流程中选择某一个单支流程），称为选择分支。图 4-20a 为具有选择分支的顺序功能图，其转移符号和对应的转移条件只能标在水平连线之下。

如果 S20 是活动步，此时若转移条件 X001、X002、X003 三个中任一个为“1”，则活动步就转向转移条件满足的那条支路。例：X002 = 1，此时由步 S20→步 S31 转移，只允许同时选择一个序列。

注意： 选择分支处，当其前级步为活动步时，各分支的转移条件只允许一个首先成立。

选择序列的结束称为汇合或合并，如图 4-20b 所示，几个选择序列合并到一个公共的序列

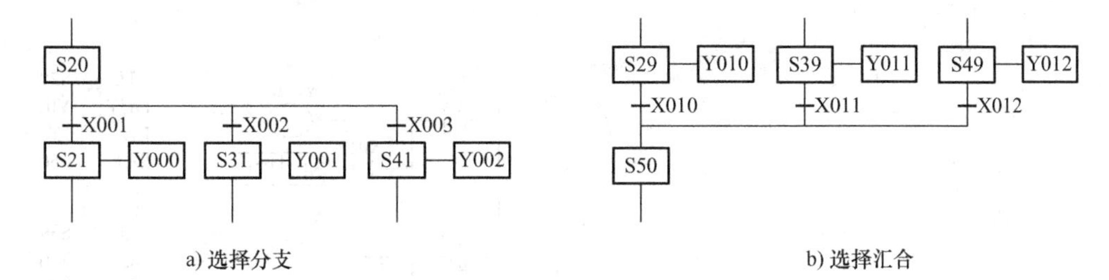

a) 选择分支　　　b) 选择汇合

图4-20　选择分支与选择汇合顺序功能图

时，用需要重新组合的序列相同数量的转移符号和水平连线来表示，转移符号和对应的转移条件只允许标在水平连线之上。如果S39是活动步，且转移条件X011 = 1，则发生由步S39→步S50转移。

注意： 选择序列分支处的支路数不能超过8条。

2. 选择分支与汇合的编程

（1）分支的编程　选择分支的编程时，先进行负载驱动处理，然后设置转移条件，从左到右逐个编程，如图4-21所示。在图4-21a中，在S20之后有三个选择分支。当S20是活动步（S20 = 1）时，转移条件X001、X002、X003中任一个条件满足，则活动步根据条件进行转移，若X002 = 1，此时活动步转向S31。在对应的梯形图中，有并行供选择的支路画出。

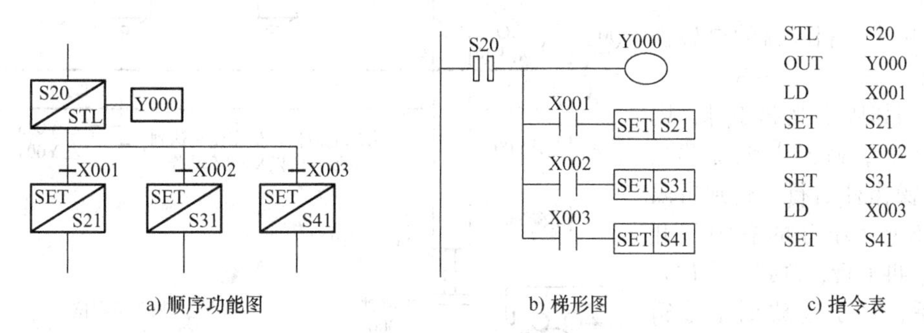

a) 顺序功能图　　　b) 梯形图　　　c) 指令表

图4-21　选择分支的编程

选择分支处的编程与一般状态的编程一样，先进行驱动处理，然后进行转移处理。所有的转移处理按顺序进行。

（2）汇合的编程　选择汇合处的编程与一般状态的编程一样，先进行驱动处理，然后进行转移处理，如图4-22所示。编程时要先进行汇合前状态的输出处理，然后向汇合状态转移，此后从左到右进行汇合转移。可见梯形图中出现了三个"SET S50"，即每一分支都汇合到S50。

注意： 选择分支、汇合编程时，同一状态继电器的STL触点只能在梯形图中出现一次。

（二）编程举例

1. 控制要求

选择性工作传输机用于将大、小球分类送到右边的两个不同位置的箱里，如图4-23所示。其工作过程为：

1）当传输机位于起始位置时，上限位开关SQ_3和左限位开关SQ_1被压下，接近开关SP断开。

2）起动装置后，操作杆下行，一直到接近开关SP闭合。此时，若碰到的是大球，则下限

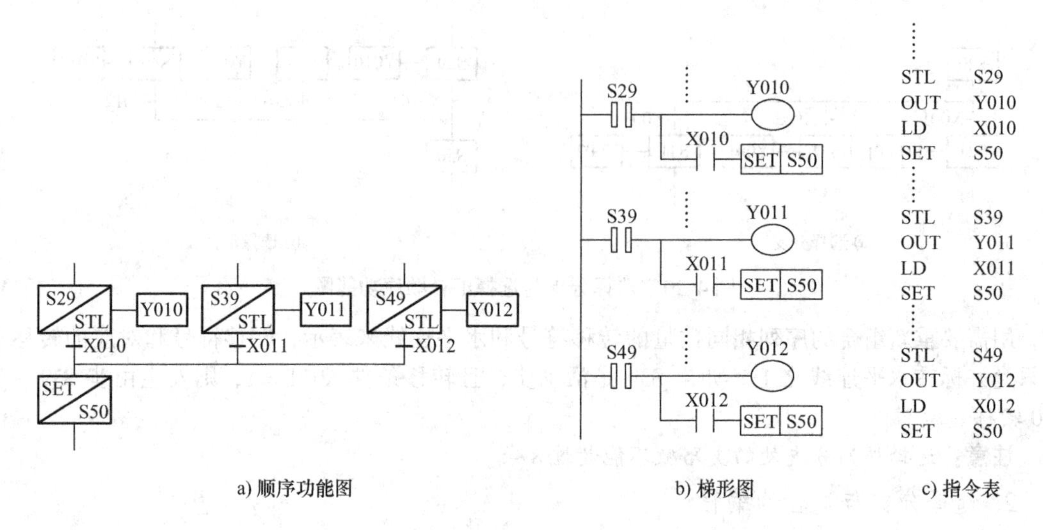

图4-22 选择汇合的编程

位开关SQ_2仍为断开状态；若碰到的小球，则下限位开关SQ_2为闭合状态。

3）接通控制吸盘的电磁铁线圈YA。

4）假如吸盘吸起小球，则操作杆上行，碰到上限位开关SQ_3后，操作杆右行；碰到右限位开关SQ_4（小球的右限位开关）后，再下行，碰到下限位开关SQ_6后，将小球放到小球箱里，然后返回到原位。

5）如果起动装置后，操作杆一直下行到SP闭合后，下限位开关SQ_2仍为断开状态，则吸盘吸起的是大球，操作杆右行碰到右限位开关SQ_5（大球的右限位开关）后，将大球放到大球箱里，然后返回到原位。

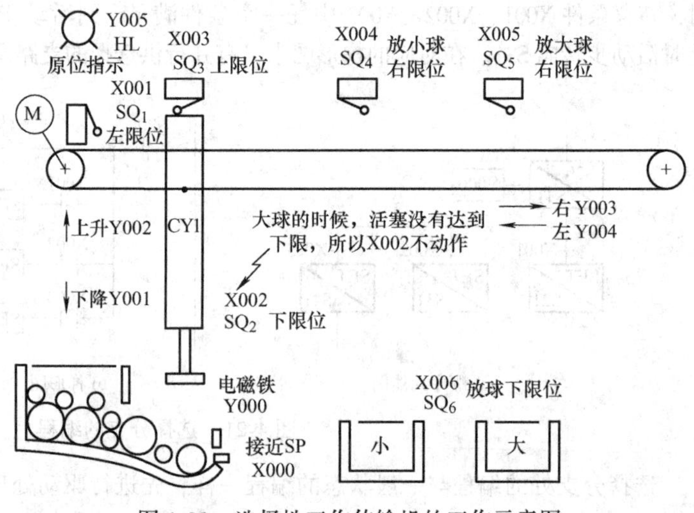

图4-23 选择性工作传输机的工作示意图

2. I/O地址分配

I/O分配见表4-8。

3. 顺序功能图

根据控制要求绘制顺序功能图，如图4-24所示。整个控制过程划分为12个阶段，即12步，分别为：初始状态S0，驱动Y005为ON，点亮原位指示灯，下降S21，驱动Y001为ON，操作杆下行，吸小球S22，置位Y000，吸附小球，同时，驱动定时器T1，延时1s，上升S23，驱动Y002为ON，操作杆上行，右行S24，驱动Y003为ON，操作杆右行；吸大球S25，置位Y000，吸附大球，同时，驱动定时器T1，延时1s，上升S26，驱动Y002为ON，操作杆上行，右行

表 4-8　I/O 分配表

输　入			输　出		
设备名称	符号	X 元件编号	设备名称	符号	Y 元件编号
起停开关	S	X010	电磁铁	YA	Y000
接近开关	SP	X000	传输机下驱动线圈	YV_1	Y001
左限位开关	SQ_1	X001	传输机上驱动线圈	YV_2	Y002
下限位开关	SQ_2	X002	传输机右驱动线圈	YV_3	Y003
上限位开关	SQ_3	X003	传输机左驱动线圈	YV_4	Y004
放小球右限位开关	SQ_4	X004	原位指示灯	HL	Y005
放大球右限位开关	SQ_5	X005			
放球下限位开关	SQ_6	X006			

S27，驱动 Y003 为 ON，操作杆右行。下降 S30，驱动 Y001 为 ON，操作杆下行，放球 S31，复位 Y000，释放小球或大球，同时，驱动定时器 T2，延时 1s，上升 S32，驱动 Y002 为 ON，操作杆上行，左行 S33，驱动 Y004 为 ON，操作杆左行，然后返回初始状态。

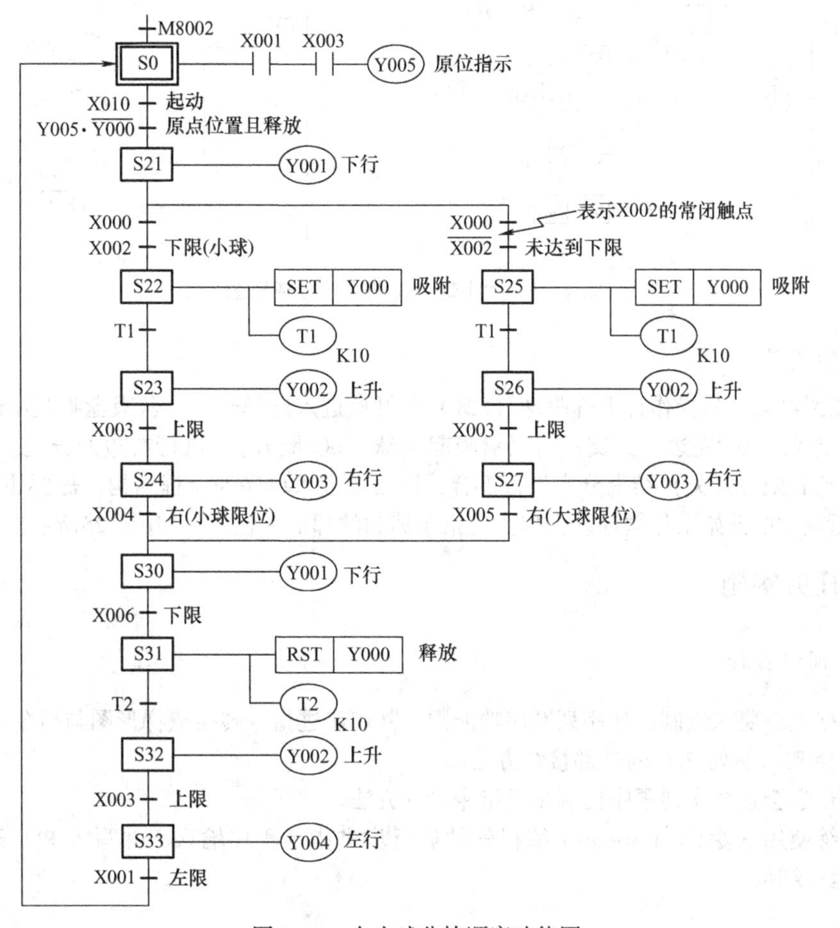

图 4-24　大小球分拣顺序功能图

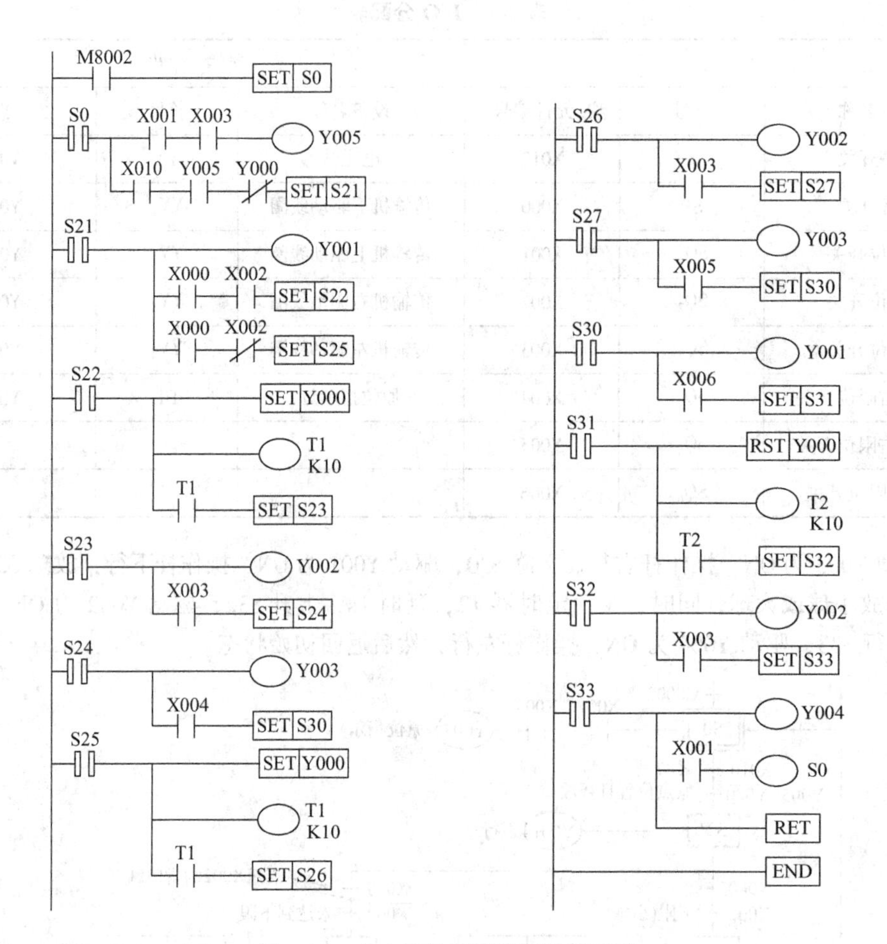

图4-25　大小球分拣顺序控制梯形图

4. 编制程序

由功能图可知，从操作杆下降吸球（S21）时开始进入选择分支，若吸盘吸起小球（下限位开关SQ_2闭合），执行左边的分支；若吸盘吸起大球（SQ_2断开），执行右边的分支。在状态S30（操作杆碰到右限位开关）结束分支进行汇合，以后就进入单序列流程结构。需要注意的是，只有装置在原点才能开始工作循环。根据步进指令编制的梯形图程序，如图4-25所示。

三、任务实施

（一）训练目标

1）根据控制要求绘制选择序列顺序功能图，并用步进指令转换成梯形图与指令表。

2）学会FX_{3U}系列PLC的外部接线方法。

3）初步学会选择序列顺序控制步进指令设计方法。

4）熟练使用三菱GX Developer编程软件进行步进指令程序输入，并写入PLC进行调试运行，查看运行结果。

(二) 设备与器材

本任务实施所需设备与器材，见表4-9。

表4-9 所需设备与器材

序号	名称	符号	型号规格	数量	备注
1	常用电工工具		十字螺钉旋具、一字螺钉旋具、尖嘴钳、剥线钳等	1套	表中所列设备、器材的型号规格仅供参考
2	计算机（安装GX Developer编程软件）			1台	
3	THPFSL－2网络型可编程控制器综合实训装置			1台	
4	四节传送带模拟控制挂件			1个	
5	连接导线			若干	

(三) 内容与步骤

1. 任务要求

四节传送带控制系统，分别用四台电动机驱动，其模拟控制面板如图4-26所示，控制要求如下：

起动控制：按下起动按钮SB_1，先起动最末一条传送带，经过5s延时，再依次起动其他传送带，即按$M_4 \rightarrow M_3 \rightarrow M_2 \rightarrow M_1$的反序起动。

停止控制：按下停止按钮SB_2，先停止最前一条传送带，待料运送完毕后（经过5s延时）再依次停止其他传送带，即按$M_1 \rightarrow M_2 \rightarrow M_3 \rightarrow M_4$的顺序停止。

故障控制：当某条传送带发生故障时，该传送带及其前面的传送带立即停止，而该传送带以后的传送带待料运完后才停止。例如M_2故障，M_1、M_2立即停，经过5s延时后，M_3停，再过5s，M_4停。

图4-26中的A、B、C、D表示故障设定；M_1、M_2、M_3、M_4表示传送带驱动的4台电动机。起动、停止用常开按钮来实现，故障设置用钮子开关来模拟，电动机的停转或运行用发光二极管来模拟。

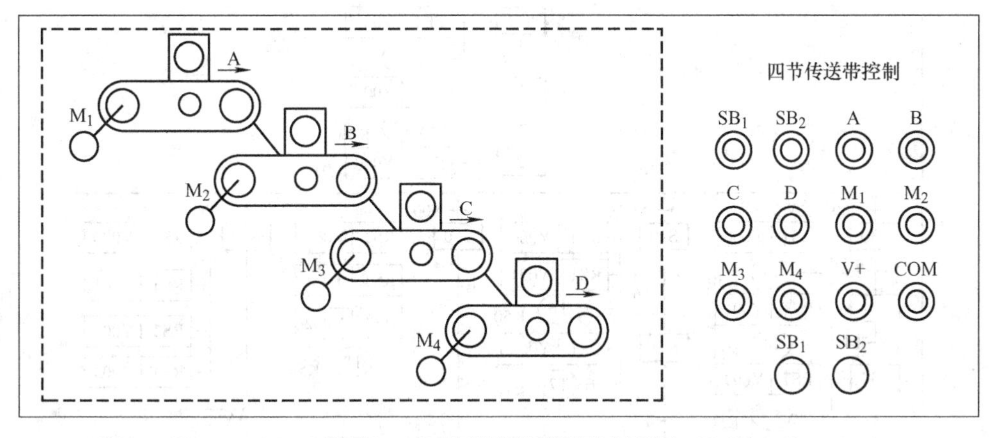

图4-26 四节传送带模拟控制面板

2. I/O 地址分配与接线图

I/O 分配见表 4-10。

表 4-10　I/O 分配表

输入			输出		
设备名称	符号	X 元件编号	设备名称	符号	Y 元件编号
起动按钮	SB_1	X000	第一节传送带驱动电动机	M_1	Y000
停止按钮	SB_2	X001	第二节传送带驱动电动机	M_2	Y001
M_1 故障	A	X002	第三节传送带驱动电动机	M_3	Y002
M_2 故障	B	X003	第四节传送带驱动电动机	M_4	Y003
M_3 故障	C	X004			
M_4 故障	D	X005			

I/O 接线图，如图 4-27 所示。

3. 顺序功能图

根据控制要求，四节传送带运输机控制系统为 4 个分支的选择序列顺序控制，其顺序功能图如图 4-28 所示。

4. 编制程序

利用步进指令，将顺序功能图转换为梯形图。如图 4-29 所示。

5. 调试运行

利用编程软件将编写的梯形图程序写入 PLC，按照图 4-27 进行 PLC 输入、输出端接

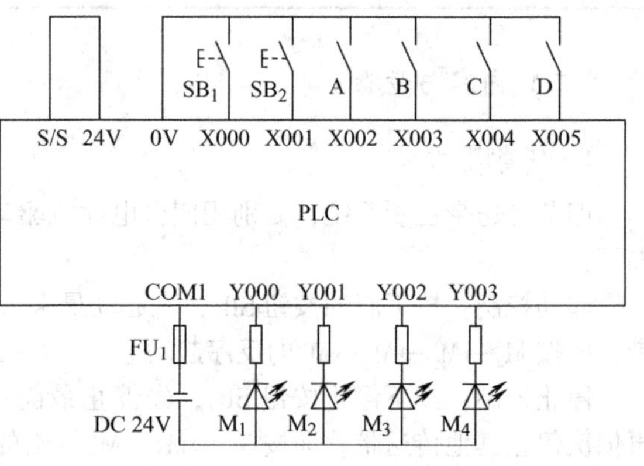

图 4-27　I/O 接线图

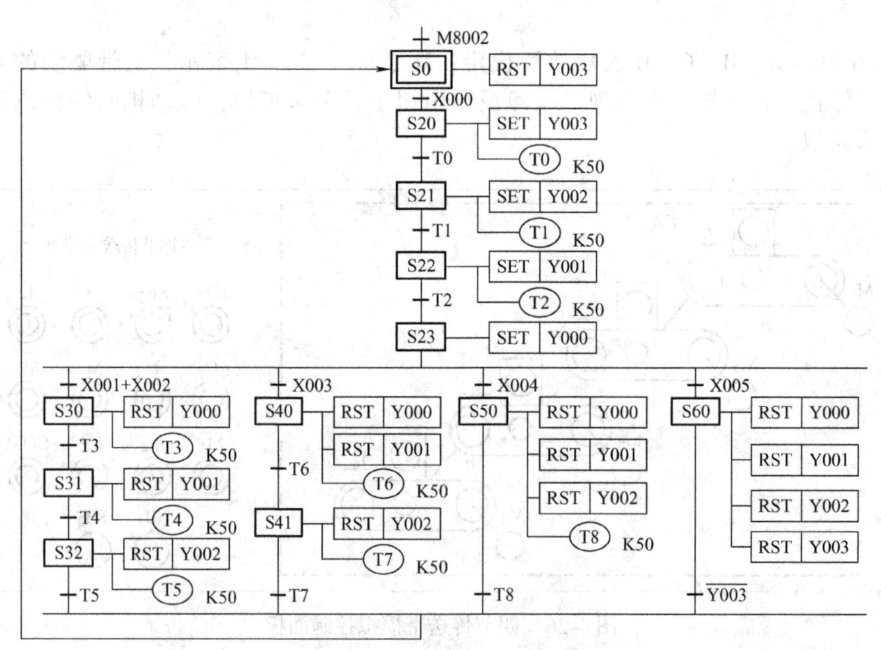

图 4-28　四节传送带顺序功能图

线，并将模式选择开关拨至 RUN 状态。

当 PLC 运行时，可以使用 GX 软件中的监视功能监视整个程序的运行过程，以便调试程序。在 GX 软件上，选择菜单命令【在线】→【监视】→【开始监视】，可以全画面监控 PLC 的运行，这时可以观察到定时器的当前值会随着程序的运行而动态变化，得电动作的线圈和闭合的触点会变蓝。借助了 GX 软件的监视功能，可以检查哪些线圈和触点该动作而没有动作，从而为进一步修改程序提供帮助。

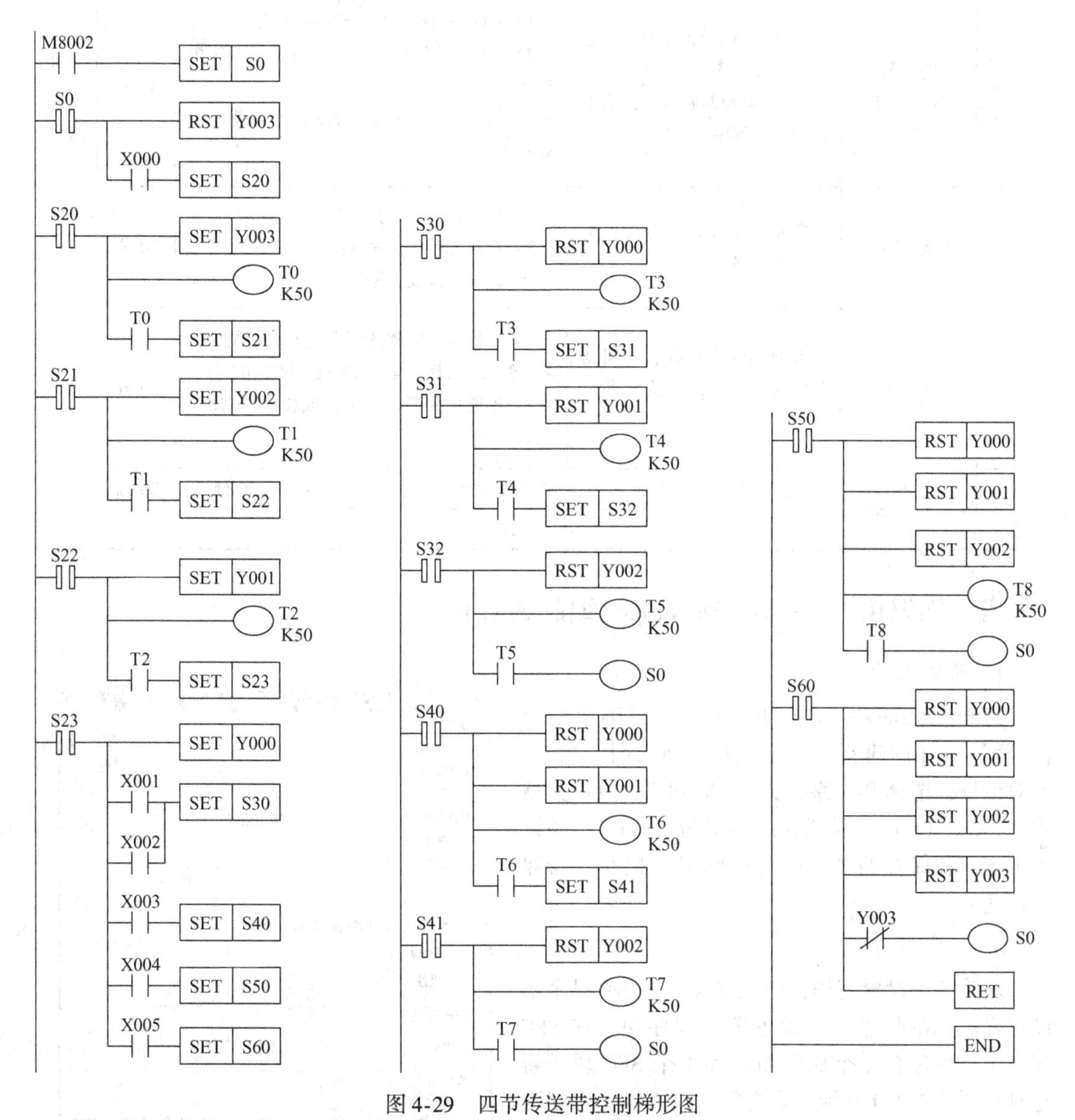

图 4-29　四节传送带控制梯形图

（四）分析与思考

1）本任务中，如果传送带发生故障停止的延时时间改为 6s，其程序应如何编制？

2）如果用基本指令，本任务程序应如何编制？

四、任务考核

任务考核见表4-11。

表4-11 任务实施考核表

序号	考核内容	考核要求	评分标准	配分	得分
1	电路及程序设计	1）能正确分配I/O，并绘制I/O接线图 2）根据控制要求，正确编制梯形图程序	1）I/O分配错或少，每个扣5分 2）I/O接线图设计不全或有错，每处扣5分 3）梯形图表达不正确或画法不规范，每处扣5分	40分	
2	安装与连线	能根据I/O地址分配，正确连接电路	1）连线错一处，扣5分 2）损坏元器件，每只扣5～10分 3）损坏连接线，每根扣5～10分	20分	
3	调试与运行	能熟练使用编程软件编制程序写入PLC，并按要求调试运行	1）不会熟练使用编程软件进行梯形图的编辑、修改、转换、写入及监视，每项扣2分 2）不能按照控制要求完成相应的功能，每缺一项扣5分	20分	
4	安全操作	确保人身和设备安全	违反安全文明操作规程，扣10～20分	20分	
5	合 计				

五、知识拓展——GX Developer编制SFC程序

1. 新建工程

打开GX Developer软件界面，选择菜单命令【工程】→【创建新工程】执行，弹出图4-30所示对话框，选择PLC系列为“FXCPU”、PLC类型为“FX3U（C）”、设置程序类型为“SFC”，并设置工程名和保存路径。单击“确定”按钮，新建工程完成。

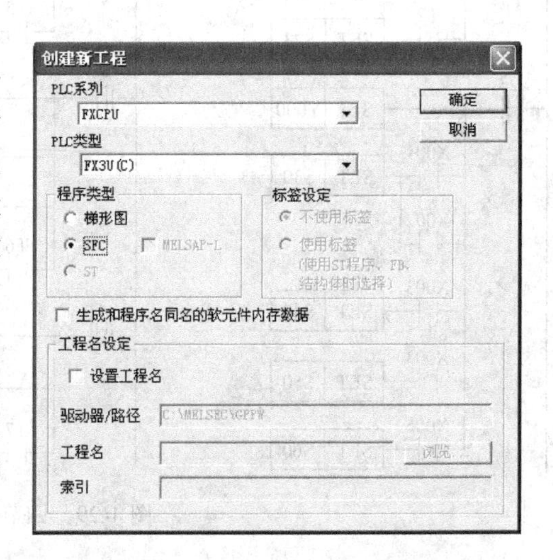

图4-30 “创建新工程”对话框

2. 建立程序块

新建工程设置完毕，进入图4-31所示程序块设定界面，在此界面中设置项目程序块。在SFC程序中至少包含1个梯形图块和1个SFC块。新建时必须从NO.0开始，块之间必须连续，否则不能转换，且要注意相邻块不能同时为梯形图块，如果同时为梯形图块，可将连续的梯形图块合并为一个梯形图块。下面以图4-32所示电动机正反转循环运行控制功能图为例，介绍SFC程序编制的方法。

图4-32顺序功能图可分为两个程序块，1个梯形图块和1个SFC块，首先建立梯形图块，在

图 4-31　程序块设置界面

图4-31中双击 No. 0 栏，弹出如图 4-33 所示对话框，在对话框中输入块标题“程序 A”，块类型选择“梯形图块”，单击“执行”按钮进入 SFC 编辑界面。

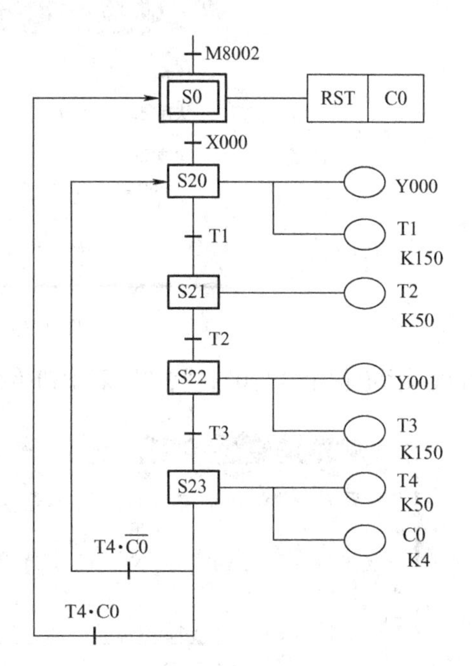

图 4-32　电动机正反转循环运行顺序功能图

3. 梯形图块编辑

在 SFC 编辑界面有两个区，一个是 SFC 编辑区，一个是梯形图编辑区，SFC 编辑区是编辑 SFC 程序的，而梯形图编辑区是用来编辑梯形图的。不管是梯形图块还是 SFC 程序的内置梯形图，都在这里编制。将光标移入梯形图编辑区，按图 4-32 编辑激活初始步梯形图部分程序（本例中只有置位初始步部分），输入时可以使用梯形图输入方式或指令表输入方式（建议使用指令表输入方式），如图 4-34 所示。如采用梯形图输入方式，程序编辑完成后需要对所编写程序进行变换。

4. 建立 SFC 块

梯形图块编辑完毕，退出当前编辑界面，关闭当前界面（单击图 4-34 中菜单栏右侧关闭按钮），回到图 4-31 程序块设置界面。双击 No. 1 栏，弹出图 4-35 所示的块信息设置对话框，在块标题框中输入“程序 B”，并在块类型选项中选择“SFC 块”，单击“执行”按钮建立 1 个 SFC 块。

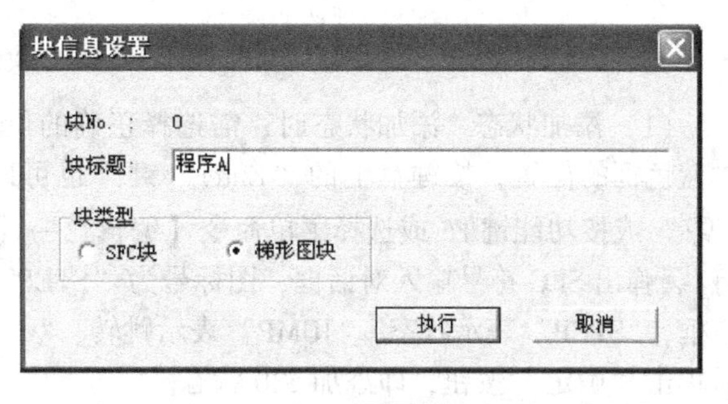

图 4-33　设置梯形图块对话框

5. 构建状态转移框架

新建 SFC 块完成，即进入 SFC 块编辑界面，如图 4-36 所示。在该图 SFC 编辑区出现了表示初始状态的双线框及表示状态相连的有向连线和表示转移的横线，方框

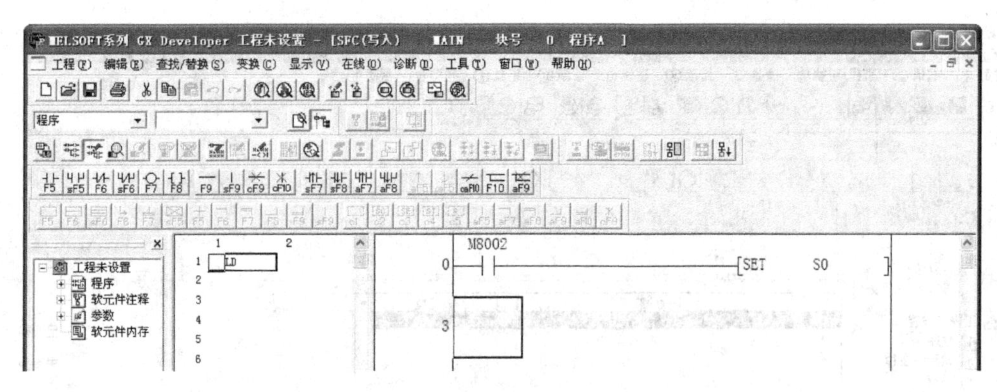

图 4-34 SFC 编辑界面

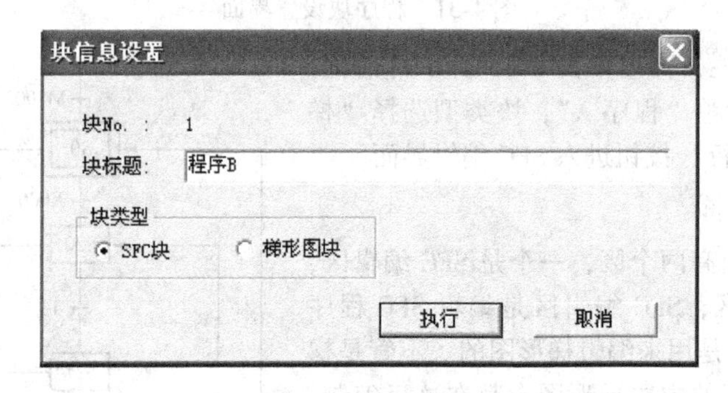

图 4-35 设置 SFC 块对话框

和横线旁有两个“？0”，“？0”表示初始状态 S0 内还没有驱动输出梯形图。

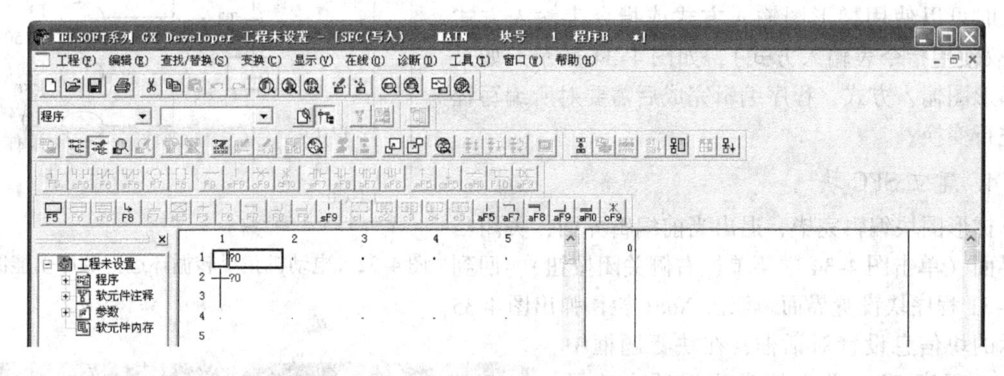

图 4-36 SFC 块编辑界面

（1）添加状态 添加状态时，需选择正确的位置，如图 4-37 所示，S20 正确的位置是在图中蓝色框的位置，按键盘上的“Enter”键（也可以双击蓝色框区域或单击工具栏上状态图标“F5”或按功能键 F5 或选择菜单命令【编辑】→【SFC 符号（S）】→【［STEP］步（S）】执行），弹出 SFC 符号输入对话框，图标号为“STEP”（单击 STEP 右边倒实三角形便出现下拉列表框，“STEP”表示状态，“JUMP”表示跳转，“｜”表示竖线），编号由“10”改为“20”，然后单击“确定”按钮，即添加 S20 状态。

（2）添加转移条件 添加完一个状态，再添加转移条件，如图 4-38 所示，按键盘上的“Enter”键（也可以双击蓝色框区域或单击工具栏上转移图标“F5”或按功能键F5或选择菜单命令【编辑】→【SFC符号（S）】→【[TR] 转移（T）】执行），弹出SFC符号输入对话框，图标号为“TR”（单击TR右边倒实三角形便出现下拉列表框，“TR”表示转移条件，“--D”表示选择分支，“==D”表示并行分支，“--C”表示选择合并，“==C”表示并行合并，“|”表示竖线），后面编号按顺序自动生成“1”，也可以修改，但不能重复，单击“确定”按钮，完成添加转移条件。

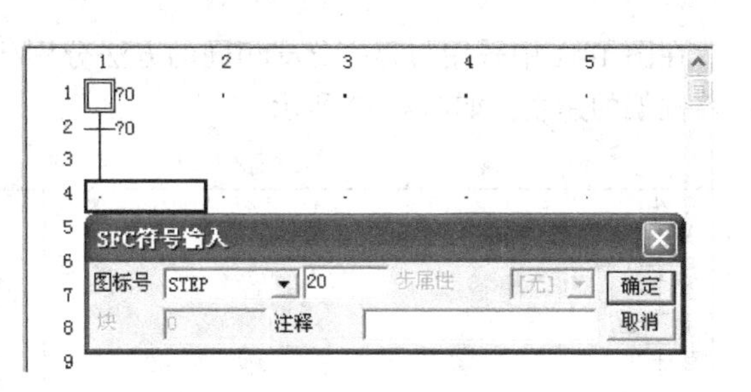

图4-37　添加状态

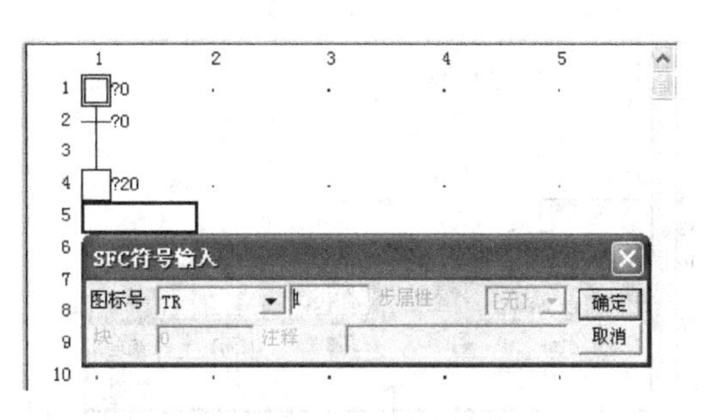

图4-38　添加转移条件

依次建立状态S20～S23和转移条件TR1～TR3，最后在S23下建立一个选择分支，如图4-39所示，按键盘上的“Enter”键或双击蓝色框，在弹出的SFC符号输入对话框中，图标号选择“--D”，编号输入1，也可以单击工具栏上选择分支（划线写入）“F6”或按功能键F6或选择菜单命令【编辑】→【SFC符号（S）】→【[--D] 选择分支（F）】执行，在弹出的SFC符号输入对话框，编号输入“1”，单击“确定”按钮，即建立了一个选择分支。

在图4-40中，首先按照上述方法建立第一分支的转移条件TR4，然后再建立跳转目标S0，单击工具栏上的跳转图标“F8”或按功能键F8，在弹出的SFC输入对话框中只需输入跳转目标状态的编号“0”，单击“确定”按钮即可。完成后会看到有一转向箭头指向0，同时，在初始状态S0的方框中多了一个小黑点，说明该状态为跳转的目标状态。

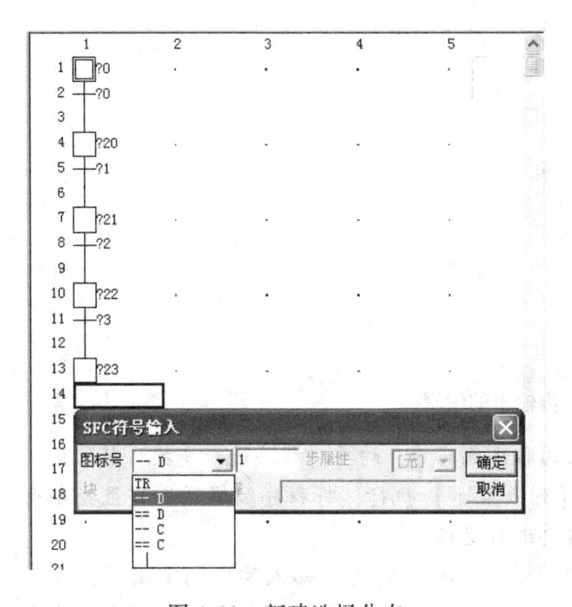

图4-39　新建选择分支

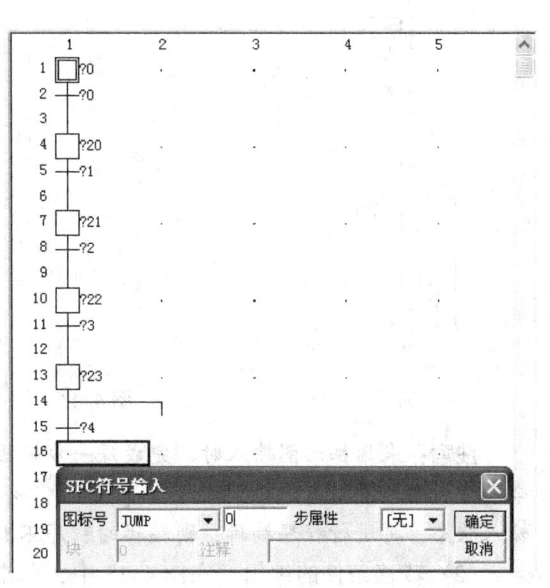

图4-40　新建第一分支转移条件和跳转目标

在图4-41中采用与第一分支相同的方法分别建立第二分支的转移条件和跳转目标，即完成转移框架的建立，如图4-42所示。

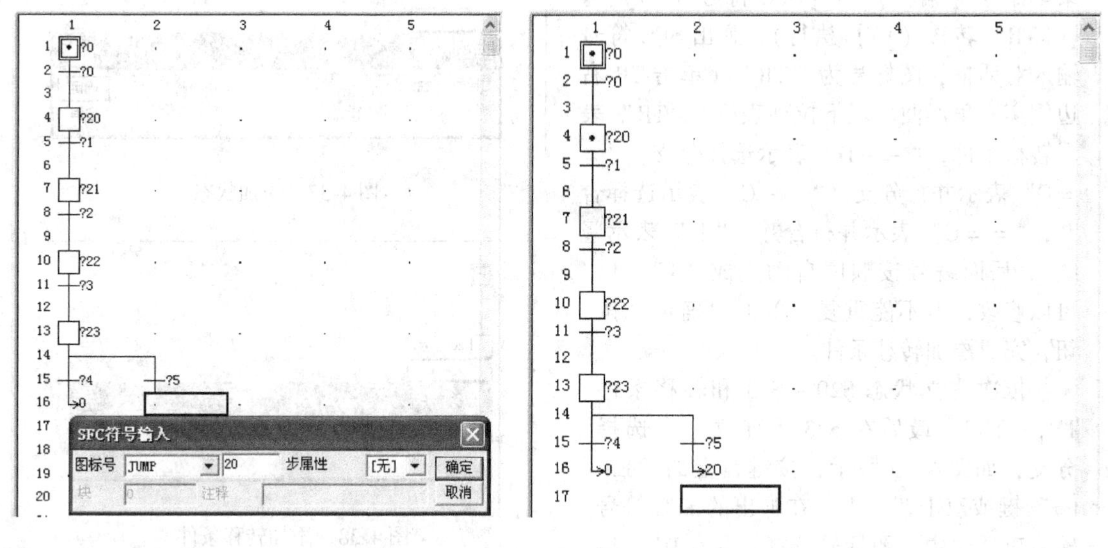

图4-41　建立转移条件和跳转目标　　　　图4-42　状态转移框架

6. 编辑SFC程序

（1）输出的编辑　如图4-43所示。首先将SFC编辑区的蓝色编辑框定位在状态0右侧“？0”位置，然后将光标移入梯形图编辑区单击，输入S0的驱动处理“RST　C0”，可以采用梯形图方式输入或指令表方式输入，若采用梯形图输入方式输入，在输入完成后需要进行变换，此时“？0”变为“0”表示S0状态的驱动处理已经完成，如果该状态没有输出，则“？”存在，不会影响程序的执行。再把SFC编辑区蓝色编辑框定位在状态0下方“？0”位置，如图4-44所示。

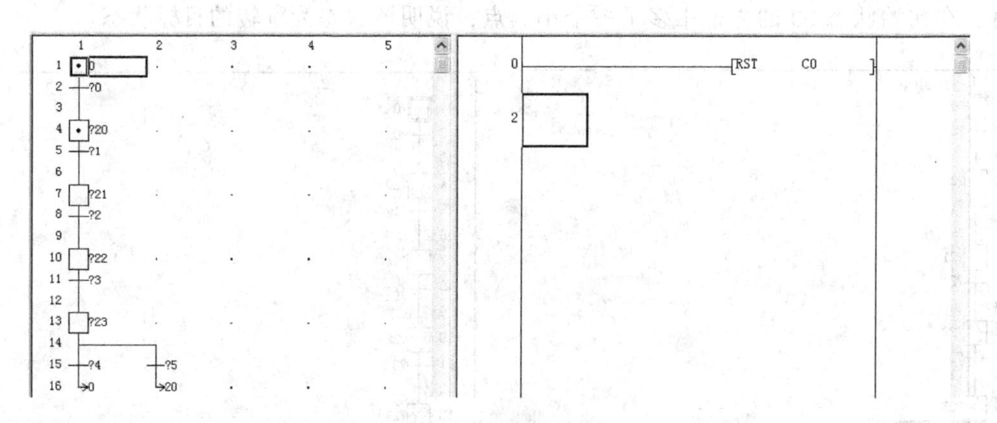

图4-43　每一步输出的编辑

注意：采用梯形图输入时，完成每一步输出的程序编辑后，均要对程序进行变换，若采用指令表方式输入，首先选择菜单命令【显示】→【列表显示】执行，将程序编辑区切换至指令表输入状态，再进行程序编辑，则编辑的程序不需要进行变换。

（2）转移条件的编辑　在图4-43中，单击横线“？0”，将光标移入梯形图编辑区，输入S0转移到S20的转移条件，用梯形图方式编写时在输入条件后连接“TRAN”，表示该回路为

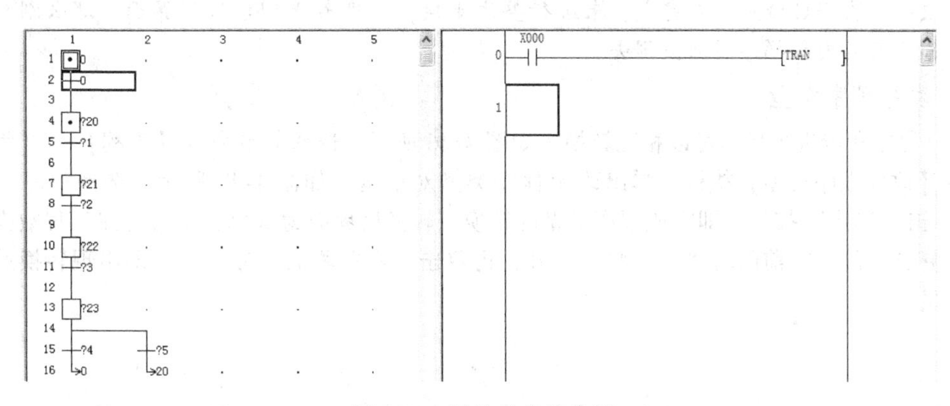

图 4-44　转移条件的编辑

转移条件，最后还要进行变换，这时横线旁边的“?”已经消失，说明转移条件输入已经完成，如图 4-44 所示。如果用指令表输入方式，直接输入“LD　X000”即可，注意转移条件中不能有“?”存在，否则程序将不能变换。

其他状态的输出处理和转移条件的编辑方法基本相同，依次编写各状态的输出处理和转移（跳转）条件，完成整个程序的编写，此时 SFC 框架图上，所有步编号前面和所有转移条件前面的“?”均消失。

这里需要说明的是，上述介绍的是将构建 SFC 框架与编制 SFC 程序分开进行的，主要的便于初学者掌握其方法和步骤，在今后利用编程软件绘制 SFC 图时可以将构建 SFC 框架与编制 SFC 程序同步进行，即绘制一步 SFC 图后即进行对应的输出处理编程，然后再进行转移条件的建立和转移条件的编辑。

7. 程序的变换

上面介绍的编程是梯形图块和 SFC 块的程序分开编制的。整体 SFC 及其内置梯形图块并未串接在一起，因此，需要在 SFC 中对整个程序进行变换。程序编制完成后，退出编辑界面，回到块设置界面，选择菜单命令【变换】→【变换（编辑中所有程序）（A)】执行即可。如图 4-45 所示，变换后的程序后面的字符为“-”，如果为“＊”，表示程序有错误，需要进行修改。如果程序编辑完毕，【变换】菜单的下拉子菜单不可见，则程序已经变换（或不需要变换），此时可直接保存 SFC 程序，也可以将 SFC 程序写入 PLC 并调试运行。

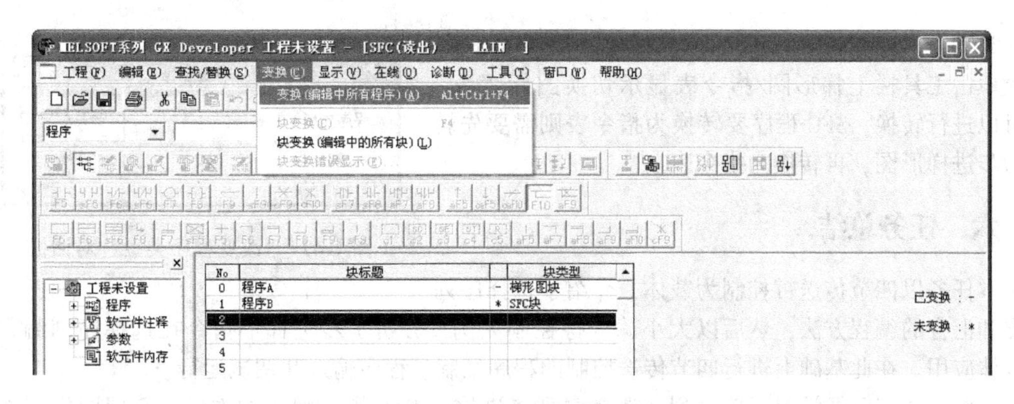

图 4-45　程序的变换

注意：如果SFC程序编制完成，未进行整体变换，一旦离开SFC编辑界面，那么刚刚编制完成的SFC及其内置梯形图则被删去。

8. 改变程序类型

SFC程序和步进梯形图可以相互转换，如图4-46所示，选择菜单命令【工程】→【编辑数据】→【改变程序类型】执行，弹出改变程序类型对话框，如图4-47所示，选择程序“梯形图”，单击“确定”按钮，即完成程序类型的转换。转换后界面为灰色，这时可在工程数据列表栏内，单击“程序”前面的“+”将其展开，再双击程序关联的“MAIN”，即出现转换后的梯形图程序。

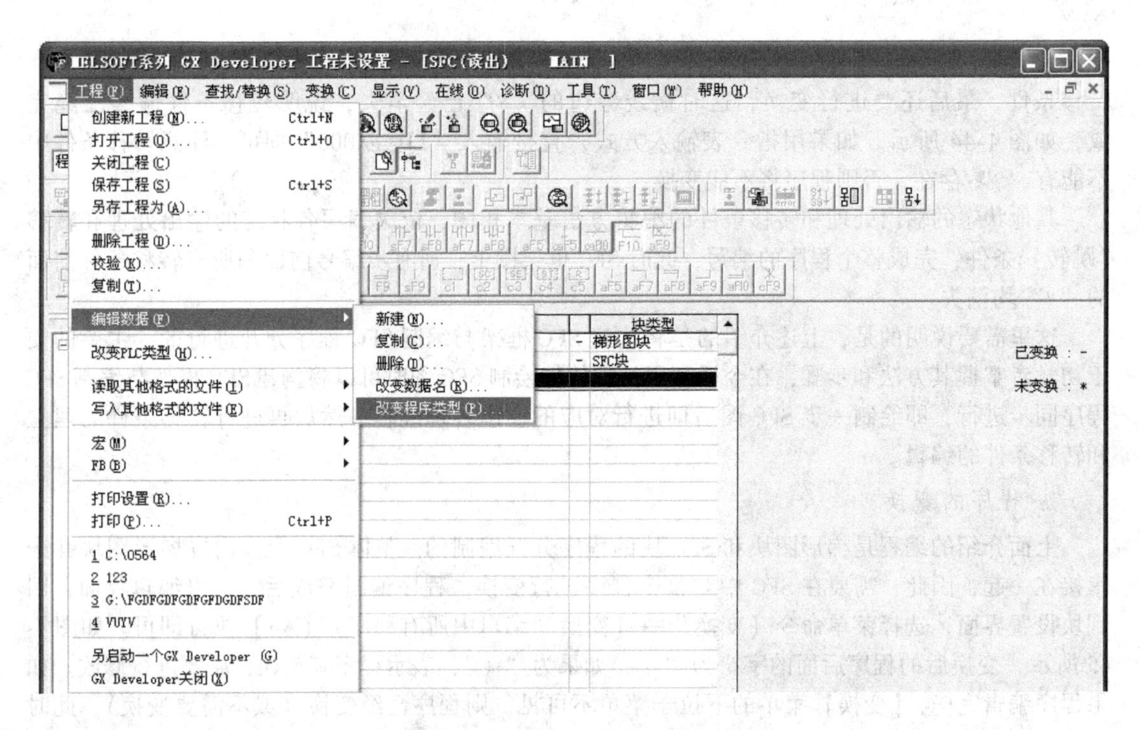

图4-46 SFC程序与步进梯形图的转换

步进梯形图和指令表之间也可以相互转换，转换时直接单击工具栏上梯形图/指令表显示切换图标“ ”就可以进行转换，SFC程序要转换为指令表则需要先转换为步进梯形图，再转换为指令表。

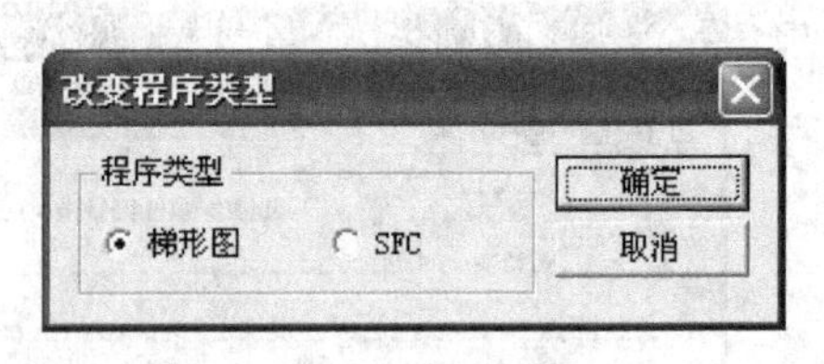

图4-47 “改变程序类型”对话框

六、任务总结

本任务以四节传送带控制为载体，介绍了选择序列分支和汇合的编程方法，然后以大小球分拣控制为例，分析了步进梯形指令在选择序列编程中的具体应用。在此基础上进行四节传送控制的程序编制、程序输入和调试运行。

至此，我们已经学习了单序列、选择序列步进控制STL指令编程的方法，希望同学们课后加强复习，及时消化巩固。

任务三　十字路口交通信号灯的PLC控制

一、任务导入

在繁华的都市，为了使交通顺畅，交通信号灯起到非常重要的作用。常见的交通信号灯有主干道路上十字路口交通信号灯，以及为保障行人横穿车道的安全和道路的通畅而设置的人行横道交通信号指示灯。交通信号灯是我们在日常生活中常见的一种无人控制信号灯，它们的正常运行直接关系着交通的安全状况。

本任务通过交通信号灯的PLC控制，进一步学习顺序控制并行序列步进指令的编程方法。

二、知识链接

（一）并行序列顺序控制STL指令的编程

1. 并行序列分支与汇合的特点

并行分支是指同时处理的程序流程。并行分支、汇合的顺序功能图如图4-48a、b所示。并行分支的三个单序列同时开始且同时结束，构成并行性序列的每一分支的开始和结束处没有独立的转移条件，而是共用一个转移和转移条件，在顺序功能图上分别画在水平连线的之上和之下。为了与选择序列的功能图相区别，并行序列功能图中分支、汇合处的横线画成双线。

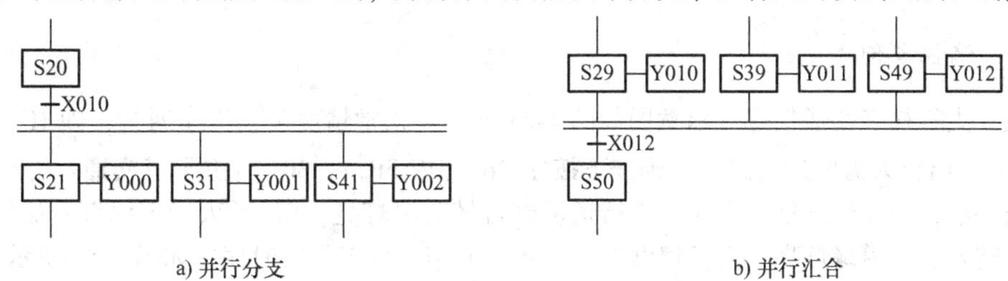

a) 并行分支　　b) 并行汇合

图4-48　并行分支、汇合顺序功能图

注意： 并行序列分支处的支路数不能超过8条。

2. 并行分支与汇合的编程

（1）并行分支的编程　并行分支的编程如图4-49所示，在编程时，先进行负载驱动处理，然后进行转移处理。转移处理按从左到右的顺序依次进行，与单序列不同的是该处的转移目标有两个及以上。

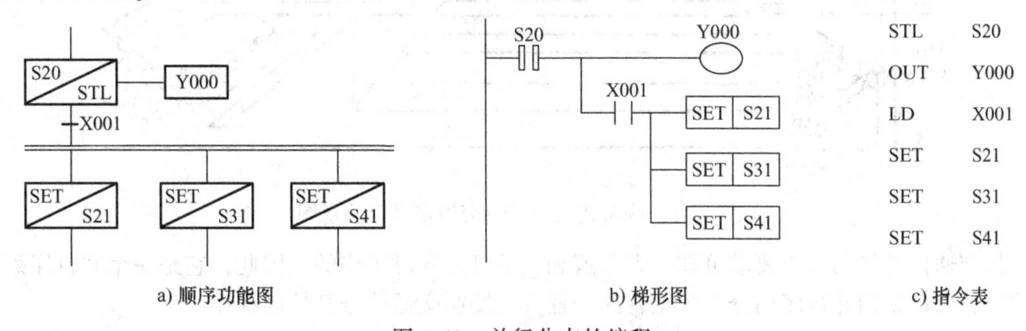

a) 顺序功能图　　b) 梯形图　　c) 指令表

图4-49　并行分支的编程

（2）并行汇合的编程　并行汇合的编程如图4-50所示，编程时，首先只执行汇合前的驱动处理，然后共同执行向汇合状态的转移处理。采用的方法是用并行分支最后一步的STL触点相串联来进行转移处理。由4-50b知，并行汇合处编程时采用3个STL触点串联再串接转移条件X010置位S50，使S50成为活动步，从而实现并行序列的合并。在4-50c指令表中，并行汇合处，连续3次使用STL指令。一般情况下，STL指令最多只能连续使用8次。

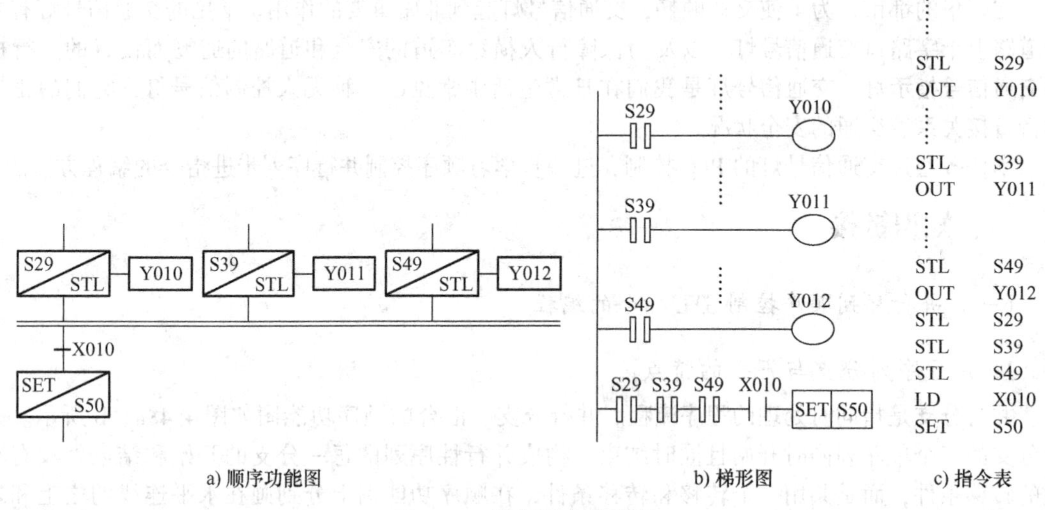

图4-50　并行汇合的编程

（二）编程举例

按钮式人行横道交通信号灯示意图如图4-51所示。正常情况下，汽车通行，即HL_3绿灯亮、HL_5红灯亮；当行人需要过马路时，则按下按钮SB_1（或SB_2），30s后主干道交通信号灯的变化为绿→黄→红，当主干道红灯亮时，人行道从红灯转为绿灯亮，15s后人行道绿灯开始闪烁，闪烁5次后转入主干道绿灯亮，人行道红灯亮。各方向信号灯工作的时序图如图4-52所示。

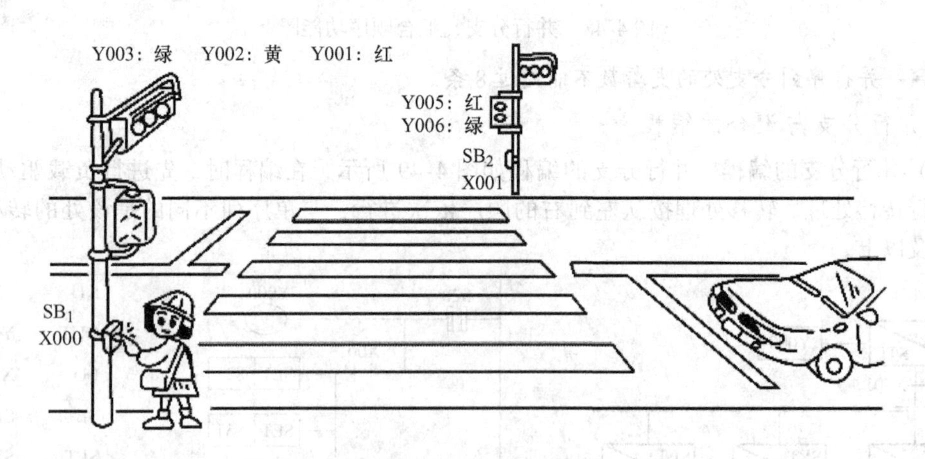

图4-51　按钮式人行横道交通信号灯示意图

从交通信号灯的控制要求可知：人行道和车道灯是同时工作的，因此，它是一个并行序列顺序控制，可以采用并行序列分支与汇合的编程方法编制交通信号灯控制程序。

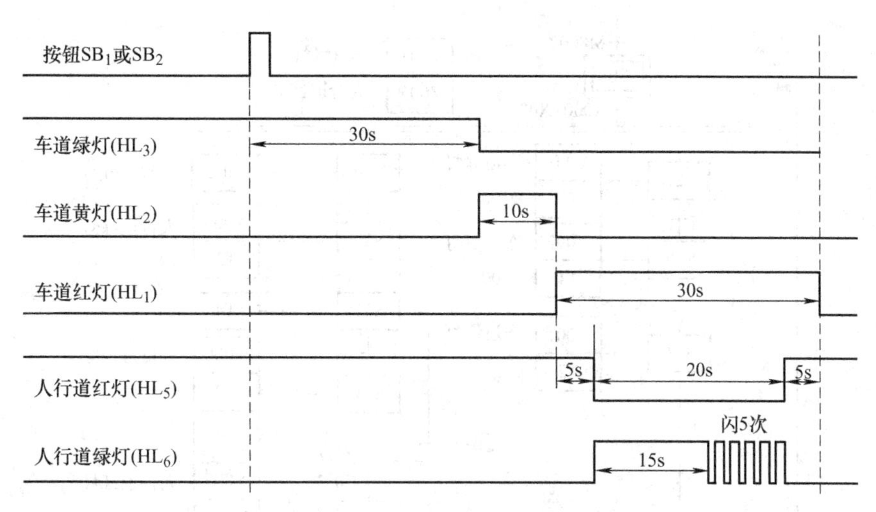

图 4-52　按钮式人行横道交通信号灯控制时序图

1. I/O 地址分配

I/O 分配见表 4-12。

表 4-12　I/O 端口分配

输　入			输　出		
设备名称	符号	X 元件编号	设备名称	符号	Y 元件编号
左起动按钮	SB_1	X000	车道红灯	HL_1	Y001
右起动按钮	SB_2	X001	车道黄灯	HL_2	Y002
			车道绿灯	HL_3	Y003
			人行道红灯	HL_5	Y005
			人行道绿灯	HL_6	Y006

2. I/O 接线图

I/O 接线图，如图 4-53 所示。

3. 顺序功能图

根据控制要求，按钮人行横道交通信号灯控制系统是具有两个分支的并行序列，车道分支有绿灯亮 30s、黄灯亮 10s 和红灯亮 30s，共 3 步，人行道分支有红灯亮 45s、绿灯亮 15s、绿灯闪亮 5 次（绿灯不亮 0.5s、绿灯亮 0.5s）和红灯亮 5s，共 5 步，再加上初始步，绘制顺序功能图，如图 4-54 所示。

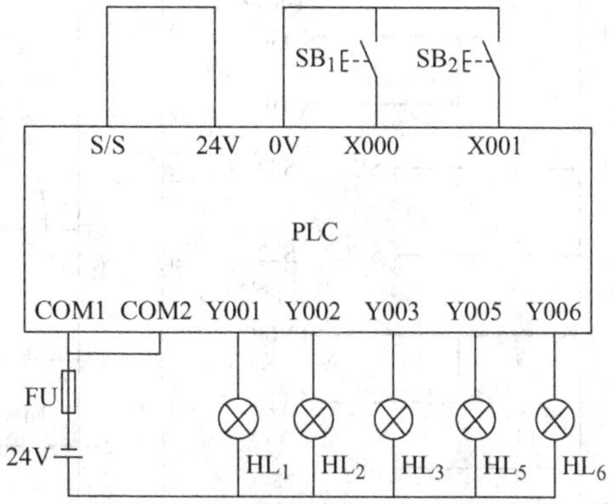

图 4-53　按钮式人行横道交通信号灯 I/O 接线图

4. 编制程序

利用步进指令，将顺序功能图转换为梯形图，如图 4-55 所示。这里要特别注意并行序列分支和汇合处的编程。

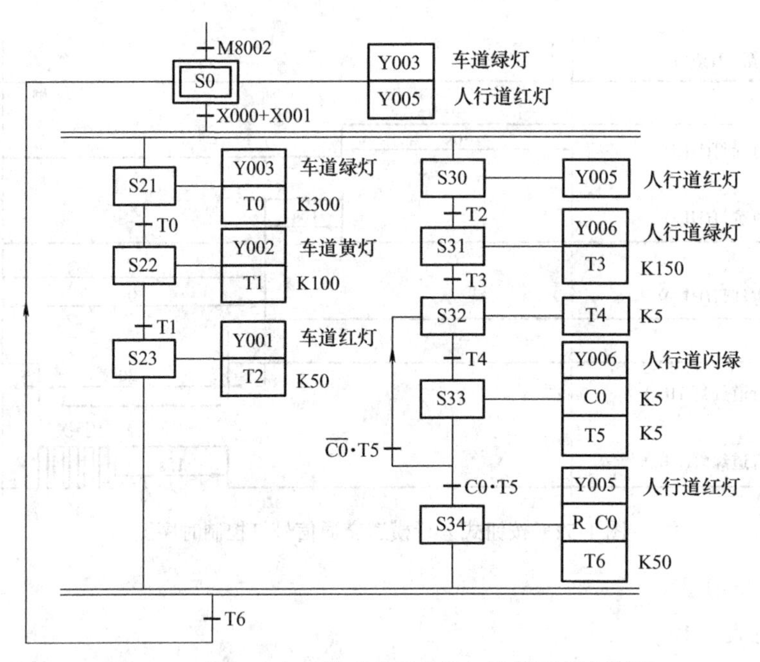

图 4-54　按钮式人行横道交通信号灯控制顺序功能图

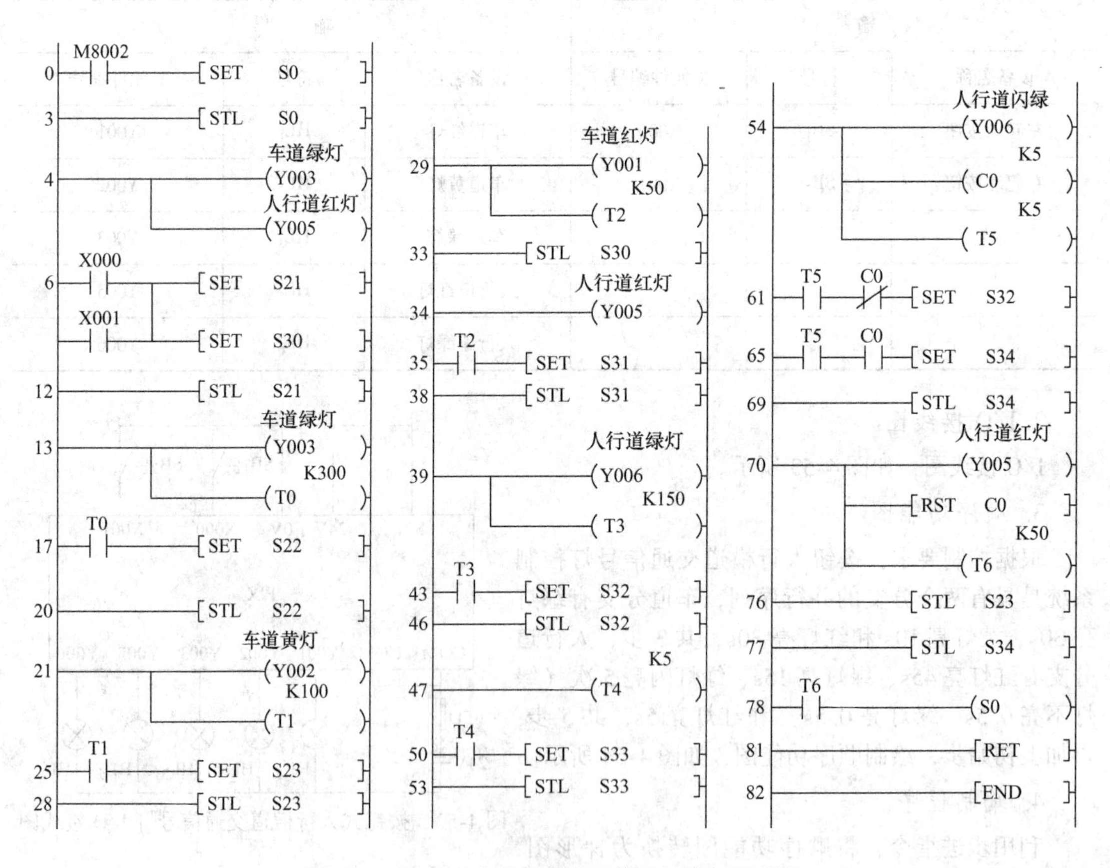

图 4-55　按钮式人行横道交通信号灯控制梯形图

三、任务实施

（一）训练目标

1）根据控制要求绘制并行序列顺序功能图，并用步进指令转换成梯形图和指令表。
2）初步学会并行序列顺序控制步进指令设计方法。
3）学会 FX_{3U} 系列 PLC 的外部接线方法。
4）熟练使用三菱 GX Developer 编程软件进行步进指令程序输入，并写入 PLC 进行调试运行，查看运行结果。

（二）设备与器材

本任务所需设备与器材，见表4-13。

表4-13　所需设备与器材

序号	名称	符号	型号规格	数量	备注
1	常用电工工具		十字螺钉旋具、一字螺钉旋具、尖嘴钳、剥线钳等	1套	表中所列设备、器材的型号规格仅供参考
2	计算机（安装GX Developer编程软件）			1台	
3	THPFSL-2 网络型可编程控制器综合实训装置			1台	
4	十字路口交通信号灯模拟控制挂件			1个	
5	连接导线			若干	

（三）内容与步骤

1. 任务要求

十字路口交通信号灯模拟控制面板如图4-56所示，信号灯受一个起动开关控制，当起动开

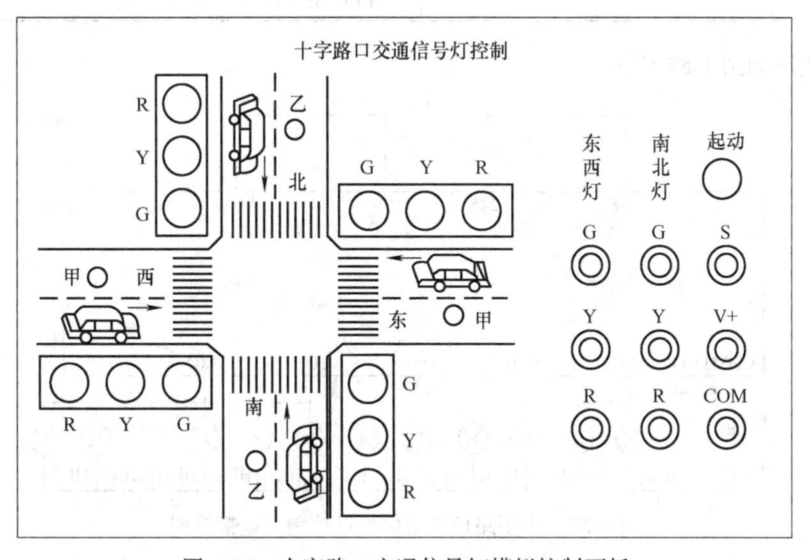

图4-56　十字路口交通信号灯模拟控制面板

关接通时，信号灯系统开始工作，且先东西红灯亮，南北绿灯亮。当起动开关断开时，所有信号灯都熄灭。十字路口交通信号灯变换规律见表4-14。

表4-14　十字路口交通信号灯变化规律

<table>
<tr><td rowspan="2">南北方向</td><td>信号灯</td><td>绿灯（HL_{00}、HL_{01}）亮</td><td>绿灯（HL_{00}、HL_{01}）闪3次</td><td>黄灯（HL_{20}、HL_{21}）亮</td><td colspan="3">红灯（HL_{40}、HL_{41}）亮</td></tr>
<tr><td>时间（s）</td><td>25</td><td>3</td><td>2</td><td colspan="3">30</td></tr>
<tr><td rowspan="2">东西方向</td><td>信号灯</td><td colspan="3">红灯（HL_{50}、HL_{51}）亮</td><td>绿灯（HL_{10}、HL_{11}）亮</td><td>绿灯（HL_{10}、HL_{11}）闪3次</td><td>黄灯（HL_{30}、HL_{31}）亮</td></tr>
<tr><td>时间（s）</td><td colspan="3">30</td><td>25</td><td>3</td><td>2</td></tr>
</table>

当东西方向的红灯亮30s期间，南北方向的绿灯亮25s，后闪3次，共3s，然后绿灯灭，接着南北方向的黄灯亮2s。完成了半个循环，再转换成南北方向的红灯亮30s，在此期间，东西方向的绿灯亮25s，后闪3次，共3s，然后绿灯灭，接着东西方向的黄灯亮2s。完成一个周期，进入下一个循环。

2. I/O 地址分配与接线图

十字路口交通信号灯I/O分配见表4-15。

表4-15　十字路口交通信号灯I/O分配表

<table>
<tr><th colspan="3">输　入</th><th colspan="3">输　出</th></tr>
<tr><td>设备名称</td><td>符号</td><td>X元件编号</td><td>设备名称</td><td>符号</td><td>Y元件编号</td></tr>
<tr><td>起动开关</td><td>S</td><td>X000</td><td>南北方向绿灯</td><td>HL_{00}、HL_{01}</td><td>Y000</td></tr>
<tr><td></td><td></td><td></td><td>东西方向绿灯</td><td>HL_{10}、HL_{11}</td><td>Y001</td></tr>
<tr><td></td><td></td><td></td><td>南北方向黄灯</td><td>HL_{20}、HL_{21}</td><td>Y002</td></tr>
<tr><td></td><td></td><td></td><td>东西方向黄灯</td><td>HL_{30}、HL_{31}</td><td>Y003</td></tr>
<tr><td></td><td></td><td></td><td>南北方向红灯</td><td>HL_{40}、HL_{41}</td><td>Y004</td></tr>
<tr><td></td><td></td><td></td><td>东西方向红灯</td><td>HL_{50}、HL_{51}</td><td>Y005</td></tr>
</table>

I/O接线图如图4-57所示。

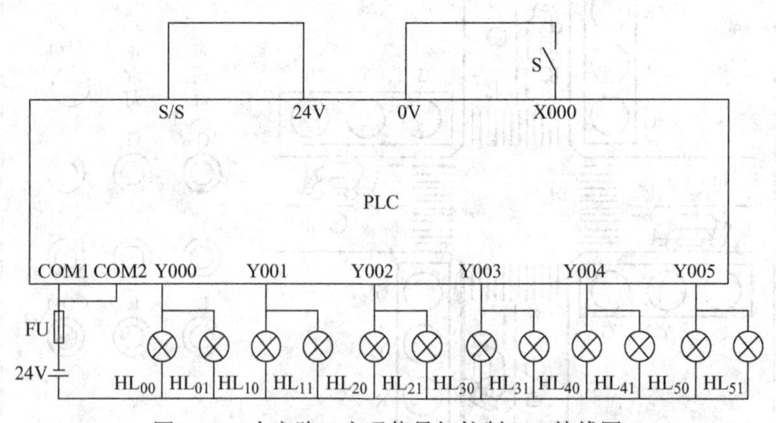

图4-57　十字路口交通信号灯控制I/O接线图

3. 顺序功能图

根据控制要求，十字路口交通信号灯控制为2个分支的并行序列顺序控制，由表4-14交通信号灯变换规律可以得知，南北和东西两个方向都分为5步，其中闪亮用两步来表示，不亮0.5s，亮0.5s，并用一计数器计不亮和亮即闪亮的次数，两个计数器的设定值均为3，闪亮3次是通过内部小循环实现的，即利用计数器的当前值是否达到3，分出了两个选择，未达到3返回重复闪亮，达到3执行下一步，再加上初始步，整个控制过程共11步，绘制的顺序功能图，如图4-58所示。

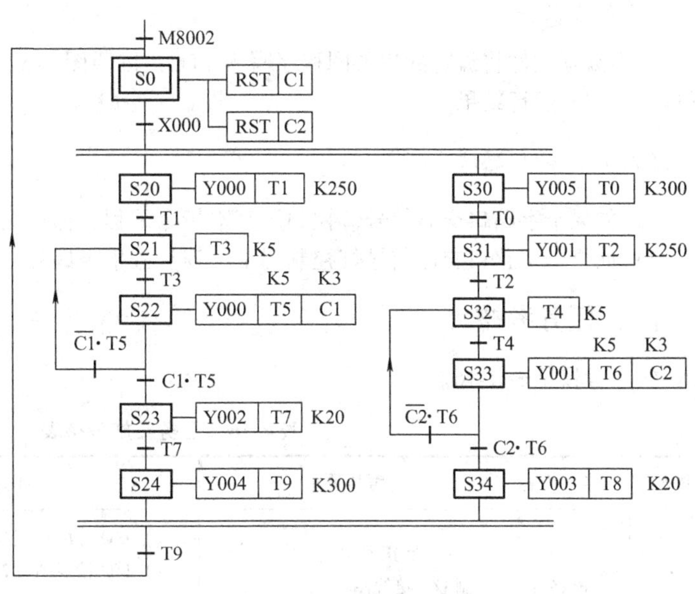

图4-58 十字路口交通信号灯控制顺序功能图

4. 编制程序

利用步进指令，将顺序功能图转换为梯形图，转换时一定要注意并行序列分支和汇合处的编程。梯形图如图4-59所示。

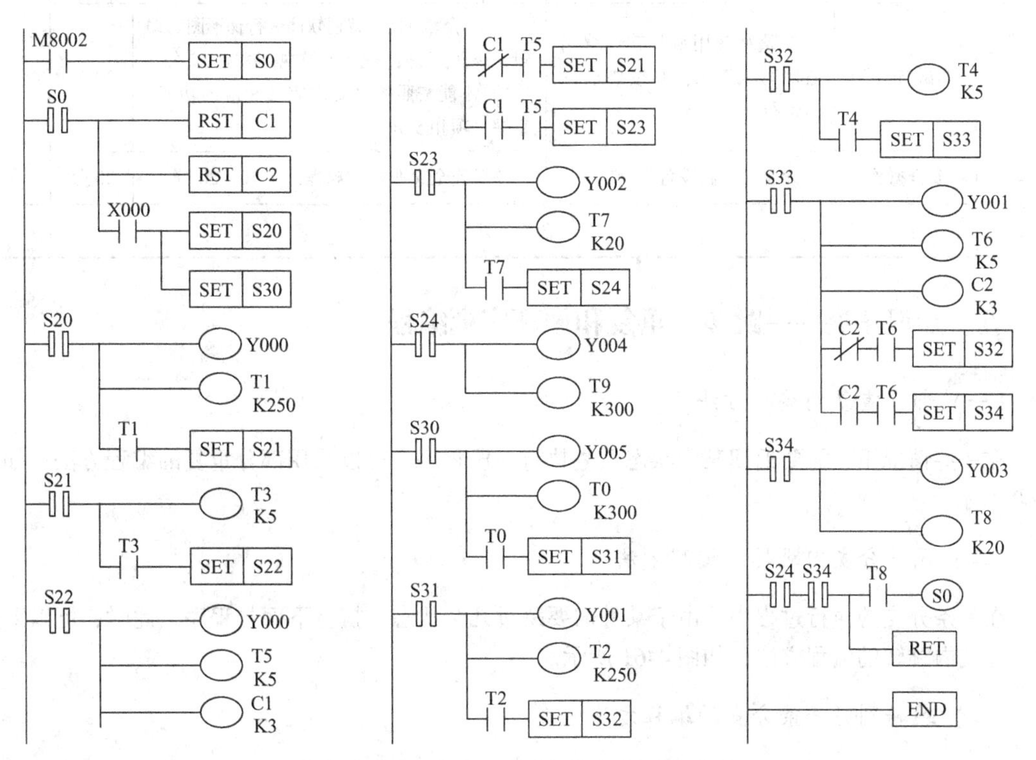

图4-59 十字路口交通信号灯控制梯形图

5. 调试运行

利用编程软件将编写的梯形图程序写入PLC，按照图4-57进行PLC输入、输出端接线，调试运行，观察运行结果。

（四）分析与思考

1）如果十字路口交通信号灯控制用基本指令编程，梯形图如何设计？
2）如果十字路口交通信号灯控制用单序列步进指令编程，程序如何设计？

四、任务考核

任务考核见表4-16。

表4-16　任务实施考核表

序号	考核内容	考核要求	评分标准	配分	得分
1	电路及程序设计	1）能正确分配I/O，并绘制I/O接线图 2）根据控制要求，正确编制梯形图程序	1）I/O分配错或少，每个扣5分 2）I/O接线图设计不全或有错，每处扣5分 3）梯形图表达不正确或画法不规范，每处扣5分	40分	
2	安装与连线	能根据I/O地址分配，正确连接电路	1）连线错一处，扣5分 2）损坏元器件，每只扣5～10分 3）损坏连接线，每根扣5～10分	20分	
3	调试与运行	能熟练使用编程软件编制程序写入PLC，并按要求调试运行	1）不会熟练使用编程软件进行梯形图的编辑、修改、转换、写入及监视，每项扣2分 2）不能按照控制要求完成相应的功能，每缺一项扣5分	20分	
4	安全操作	确保人身和设备安全	违反安全文明操作规程，扣10～20分	20分	
5	合　计				

五、知识拓展——跳步、重复和循环序列编程

（一）部分重复的编程方法

在一些情况下，需要返回某个状态重复执行一段程序，可以采用部分重复的编程方法，如图4-60所示。

（二）同一分支内跳转的编程方法

在一条分支的执行过程中，由于某种需要跳过几个状态，执行下面的程序。此时，可以采用同一分支内跳转的编程方法，如图4-61所示。

（三）跳转到另一条分支的编程方法

在某种情况下，要求程序从一条分支的某个状态跳转到另一条分支的某个状态继续执行。

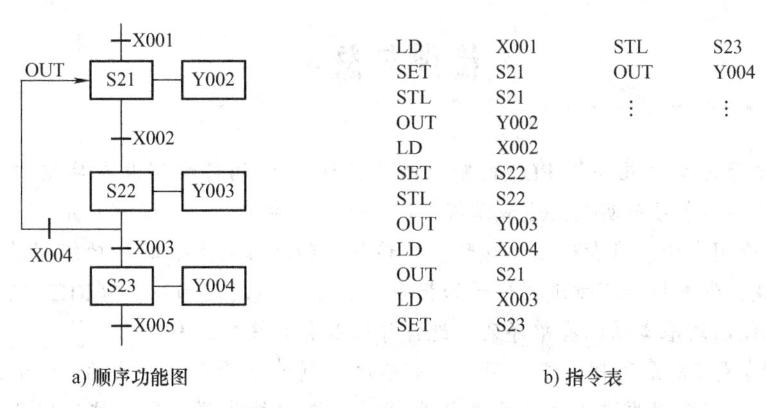

LD	X001	STL	S23
SET	S21	OUT	Y004
STL	S21	⋮	⋮
OUT	Y002		
LD	X002		
SET	S22		
STL	S22		
OUT	Y003		
LD	X004		
OUT	S21		
LD	X003		
SET	S23		

a) 顺序功能图　　b) 指令表

图 4-60　部分重复的编程图

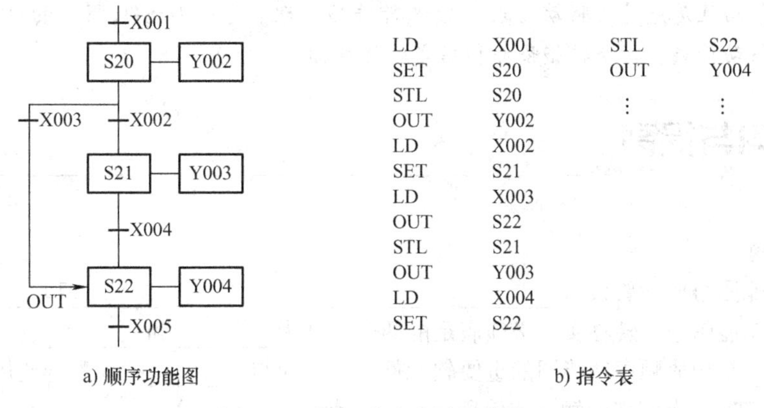

LD	X001	STL	S22
SET	S20	OUT	Y004
STL	S20	⋮	⋮
OUT	Y002		
LD	X002		
SET	S21		
LD	X003		
OUT	S22		
STL	S21		
OUT	Y003		
LD	X004		
SET	S22		

a) 顺序功能图　　b) 指令表

图 4-61　同一分支内跳转的编程

此时，采用跳转到另一条分支的编程方法，如图 4-62 所示。

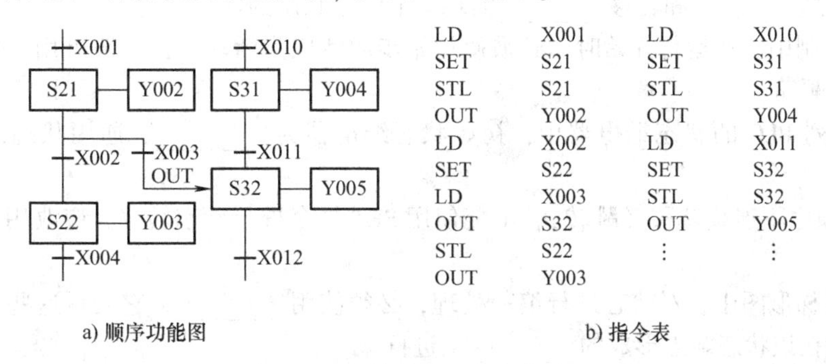

LD	X001	LD	X010
SET	S21	SET	S31
STL	S21	STL	S31
OUT	Y002	OUT	Y004
LD	X002	LD	X011
SET	S22	SET	S32
LD	X003	STL	S32
OUT	S32	OUT	Y005
STL	S22	⋮	⋮
OUT	Y003		

a) 顺序功能图　　b) 指令表

图 4-62　跳转到另一分支的编程

六、任务总结

本任务以十字路口交通信号灯为载体，介绍了并行序列分支和汇合的编程方法，然后以按钮人行横道交通信号灯为例，分析了步进指令在并行序列编程中的具体应用。在此基础上进行十字路口交通信号灯控制的程序编制、程序输入和调试运行。

至此，我们对顺序控制 STL 指令编程方式应该有了一定的掌握，希望同学们课后加强复习，把所学的知识进一步消化吸收，加强技能训练，以便今后更好地灵活运用。

梳理与总结

本项目通过两种液体混合的PLC控制、四节传送带的PLC控制及十字路口交通信号灯的PLC控制三个任务的学习与实践，达成掌握FX系列PLC步进指令的编程应用。

1）顺序功能图由步、有向连线、转移、转移条件和动作组成。顺序功能图的绘制是顺序控制设计法的关键，步进指令有步进梯形开始指令（STL）、步进返回指令（RET）2条。

2）顺序功能图的基本结构有单序列、选择序列和并行序列三种。

3）步进指令是FX系列PLC专门用于具有顺序控制特点的系统设置的。在程序设计时首先绘制顺序功能图，然后用步进指令和基本指令将功能图转换为梯形图，这种编程方法称为步进指令的编程方式，在功能图转换为梯形图中关键的是每一步都是围绕驱动处理和转移处理这两个目标进行的，而且是先进行驱动处理，后进行转移处理。每一步STL驱动的电路块一般都具有三个功能：驱动负载、指令转移条件和指定转移目标。

复习与提高

一、填空题

1. 顺序功能图组成的要素为________、________、________、________和________。

2. 在顺序功能图中，转移实现必须满足的两个条件为________和________。

3. ________是构成顺序功能图的重要软元件，它必须与________指令配合使用。

4. 与步进STL触点相连的触点应使用________或________指令。

5. 在顺序控制系统中，步进指令编程原则是：先进行________，然后进行________。状态转移处理是根据________和转移________实现向下一个状态的转移。

6. 顺序控制中，在运行开始时，必须使初始步激活成为活动步，一般可用____________或________进行驱动。

7. FX_{3U}系列PLC的状态继电器中，初始状态继电器为________，通用状态继电器为________。

8. 若为顺序不连续转移（跳转），不能使用SET指令进行状态转移，应改用________指令进行状态转移。

9. 在步进梯形图中，对状态进行编程处理，必须使用________，它表示这些处理（包括驱动、转移）均在该状态触点形成的________上进行。

二、判断题

1. FX_{3U}系列PLC步进指令中的每个状态继电器需具有三个功能：负载的驱动处理、指定转移条件和指定转移目标。（　）

2. PLC中的选择序列指的是多个流程分支可同时执行的分支流程。（　）

3. 用PLC步进指令编程时，先要分析控制过程，确定步进和转移条件，按规则画出顺序功能图；再根据顺序功能图画出梯形图；最后由梯形图写出指令表。（　）

4. 当状态继电器不用于步进顺序控制时，它可作为输出继电器用于程序中。（　）

5. 在步进触点后面的电路块中不允许使用主控或主控复位指令。（　）

6. 由于步进指令具有主控和跳转作用，因此，不必每一条STL指令后面都加一条RET指令，只需在最后使用一条RET指令即可。（　　）

7. 顺序控制程序中不允许出现双线圈输出。（　　）

8. 顺序控制系统的PLC程序只能采用顺序功能图SFC编写。（　　）

9. 在步进梯形图中，一个SFC控制流程仅需一条RET指令，放在最后一个STL触点梯形图程序的最后一行。（　　）

三、选择题

1. FX_{3U}系列PLC中步进梯形图开始指令STL的目标元件是（　　）。

A. 输入继电器X　B. 输出继电器Y　C. 状态继电器S

D. 辅助继电器M（特殊的辅助继电器除外）

2. FX_{3U}系列PLC中步进返回指令RET的功能是（　　）。

A. 程序的复位指令　B. 程序的结束指令

C. 将步进触点由子母线返回到原来的左母线

D. 将步进触点由左母线返回到原来的子母线

3. 下列不属于顺序功能图基本结构的是（　　）。

A. 单序列　B. 选择序列　C. 循环序列　D. 并行序列

4. 在PLC程序设计中，（　　）表达方式与继电器-接触器原理图相似。

A. 指令表　B. 顺序功能图　C. 梯形图　D. 功能块图

5. 在FX_{3U}系列PLC步进顺序控制中，SFC基本要素中的转移条件是（　　）。

A. 开关量信号　B. 组合逻辑开关信号

C. 状态开关信号　D. 模拟量信号

6. 在含有单序列SFC块的梯形图程序中，其（　　）。

A. 任何时候只有一个状态被激活　B. 任何时候只有两个状态同时被激活

C. 任何时候可以有限个状态同时被激活　D. 任何时候同时被激活状态没有限制

7. FX_{3U}系列PLC的STL指令步进梯形图初始状态使用的软元件是（　　）。

A. S900～S999　B. S10～S19　C. S0～S9　D. 任意S

8. FX_{3U}系列PLC的步进返回指令RET在SFC程序中的位置是（　　）。

A. END指令前　B. SFC程序流程最后

C. SFC程序任一位置　D. 初始状态后

9. 在步进梯形图中，当特殊辅助继电器M8040为ON后，则（　　）。

A. 停止程序运行　B. 停止输出执行

C. 停止程序运行和输出执行　D. 停止状态转移

10. 在步进梯形图中，某一步状态的驱动处理，应用OUT　Y000，则（　　）。

A. Y000驱动后将保持到被复位　B. Y000仅在本状态和下一状态中保持

C. Y000仅在本状态中保持　D. Y000驱动后一直保持输出

四、简答题

1. 状态继电器分哪几类？试收集资料并举例说明断电保护状态继电器使用的场合。

2. 什么是顺序功能图？它由哪几部分组成？顺序功能图分哪几类？

3. 顺序控制中“步”的划分依据是什么？

五、程序转换题

试画出图4-63顺序功能图对应的梯形图。

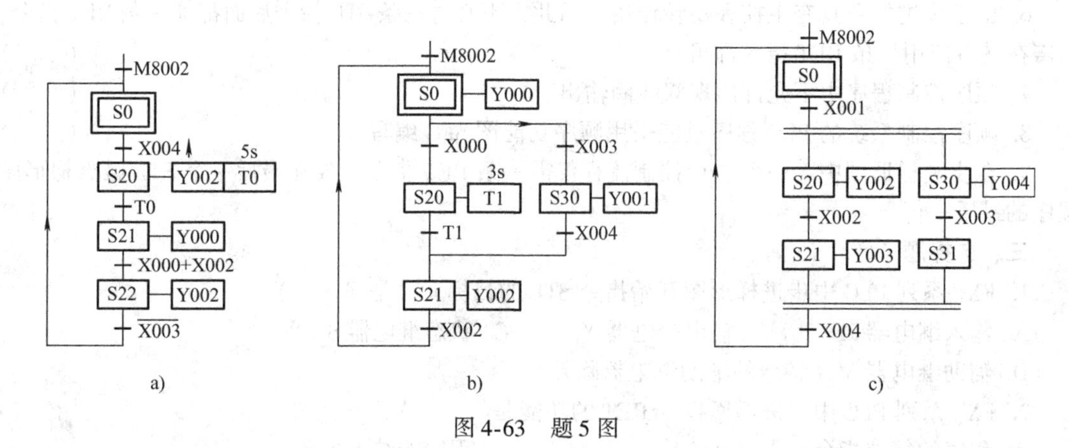

图 4-63 题 5 图

六、程序设计题

1. 试用步进指令设计三相异步电动机正反转控制的程序。

2. 试用步进指令设计三相异步电动机Y-△减压起动控制的程序，假定三相异步电动机Y联结起动的时间为 10s。

3. 试用步进指令编制程序。要求：

1）按下起动按钮，电动机 M_1 立即起动，2s 后电动机 M_2 起动，再过 2s 后电动机 M_3 起动；

2）进入正常运行状态后，按下停止按钮，电动机 M_3 立即停止，5s 后电动机 M_2 停止，再过 1.5s 电动机 M_1 停止。不考虑起动过程的停止情况。

4. 设计一个汽车库自动门控制系统，具体控制要求是：汽车到达车库门前，超声波开关接收到来车的信号，门电动机正转，门上升，当门升到顶点碰到上限开关时，停止上升；汽车驶入车库后，光敏开关发出信号，门电动机反转，门下降，当下降到下限位开关后，门电动机停止。试画出 PLC 的 I/O 接线图，并设计梯形图程序。

5. 两种液体混合控制，混合装置示意图如图 4-64 所示。控制要求如下：

1）在初始状态时，3 个容器都是空的，所有阀门均关闭，搅拌器未运行。

2）按下起动按钮，阀 1 和阀 2 得电运行，注入液体 A 和 B。

3）当两个容器的上液位开关闭合，停止进料，开始放料。分别经过 3s（阀 3）、5s（阀 4）的延时，放料完毕。搅拌电动机开始工作，1min 后，停止搅拌，混合液体开始放料（阀 5）。

4）10s 后，放料结束（关闭阀 5）。

试设计控制程序。

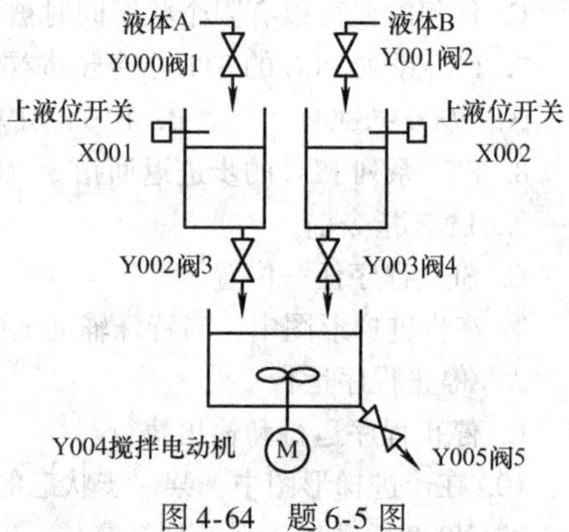

图 4-64 题 6-5 图

6. 设计并调试工业洗衣机的 PLC 控制系统，其控制要求：按下起动按钮后，洗衣机进水，当高位开关动作时，开始洗涤。先正向洗涤 20s，停 3s 后反向洗涤 20s，暂停 3s 后再正向洗涤 20s，如此循环 3 次结束；然后排水，当水位下降到低水位时进行脱水（同时排水），脱水时间为 10s，这样完成一次大循环，经过 3 次大循环后，洗涤结束并报警，报警 6s 后自动停机。

项目五 5

FX3U系列PLC常用功能指令的应用

<table>
<tr><td rowspan="2">教学目标</td><td>技能目标</td><td>1. 能分析较复杂的 PLC 控制系统。
2. 能使用常用功能指令编制较简单的控制程序。
3. 能使用 GX Developer 编程软件进行梯形图程序的输入。
4. 能进行程序的离线和在线调试。</td></tr>
<tr><td>知识目标</td><td>1. 熟悉功能指令的基本格式。
2. 掌握 FX_{3U} 系列 PLC 位元件和字元件的使用。
3. 掌握常用的功能指令的功能及编程应用。</td></tr>
<tr><td colspan="2">教学重点</td><td>传送与比较、循环与移位指令的编程。</td></tr>
<tr><td colspan="2">教学难点</td><td>四则运算、子程序调用指令的编程。</td></tr>
<tr><td colspan="2">教学方法、手段建议</td><td>采用项目教学法、任务驱动法和理实一体化教学法等开展教学，在教学过程中，教师讲授与学生讨论相结合，传统教学与信息化技术相结合，充分利用翻转课堂、微课等教学手段，把课堂转移到实训室，引导学生做中学、学中做，教、学、做合一。</td></tr>
<tr><td colspan="2">参考学时</td><td>16 学时</td></tr>
</table>

FX_{3U}系列 PLC 除了基本指令和步进指令外，还有 209 种能完成各种功能的功能指令。下面将通过流水灯的 PLC 控制、8 站小车随机呼叫的 PLC 控制、抢答器的 PLC 控制、自动售货机的 PLC 控制 4 个任务介绍传送与比较、循环与移位、四则运算和子程序调用等常用功能指令的应用。

任务一　流水灯的 PLC 控制

一、任务导入

在日常生活中，经常看到广告牌上的各种彩灯在夜晚时灭时亮、有序变化，形成一种绚烂多姿的效果。

本任务将以 8 盏小灯组成循环点亮的流水灯为例，来分析如何通过 PLC 实现其控制。为此，我们首先来学习功能指令的基本知识及应用。

二、知识链接

（一）功能指令的表达形式

FX_{3U}系列 PLC 的功能指令（又称为应用指令），主要由助记符和操作数两部分组成，功能指令的表示形式与基本指令不同，一条基本逻辑指令只能完成一个特定操作，而一条功能指令却能完成一系列操作，相当于执行一个子程序，所以功能指令的功能强大，编程更简练，能用于运动控制、模拟量控制等场合。基本指令和梯形图符号之间是相互对应的。而功能指令采用梯形图和助记符相结合的形式，意在表达本指令要做什么，但不含表达梯形图符号间相互关系的成分，而是直接表达本指令要做什么，也就是一个能够实现某一特定功能的子程序。

1. 功能指令的编号和助记符

功能指令的表达形式如图 5-1 所示。

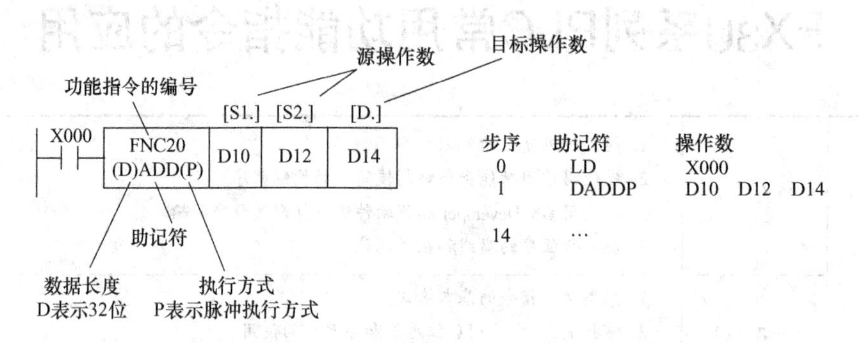

图 5-1 功能指令的表达形式

（1）功能指令的编号　FX_{3U}系列 PLC 功能指令的编号按 FNC0 ~ FNC295 来编制。

（2）助记符　功能指令的助记符（又称为操作码），表示指令的功能。如：ADD、MOV 等。

2. 数据长度及执行方式

（1）数据长度　功能指令可处理 16 位数据和 32 位数据，如图 5-2 所示。

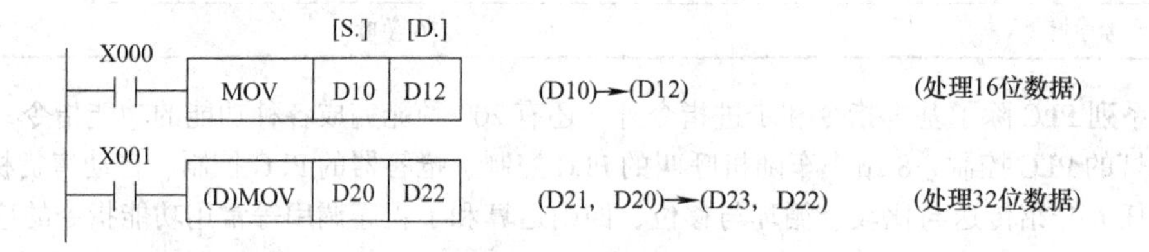

图 5-2 数据长度的表示方法

功能指令中用在助记符前面加（D）（Double）表示 32 位数据，如（D）MOV。处理 32 位数据时，用元件号相邻的两个 16 位字元件组成，首地址用奇数、偶数均可，但建议首地址统一采用偶数编号。

需要说明的是 32 位计数器 C200 ~ C255 的当前值寄存器不能用作 16 位数据的操作数，只能用作 32 位数据的操作数。

（2）执行方式　功能指令执行方式有连续执行方式和脉冲执行方式两种。

1）连续执行方式：每个扫描周期都重复执行一次。

2）脉冲执行方式：只在执行信号由 OFF→ON 时执行一次，在指令助记符后加（P）（Pulse）。

如图 5-3 所示，当 X000 为 ON 时，第一个逻辑行的指令在每个扫描周期都被重复执行一次。第二个逻辑行中当 X001 由 OFF 变为 ON 时才有效，当 PLC 扫描到这一行时执行该传送指令。在不需要每个扫描周期都执行时，用脉冲执行方式可缩短程序处理时间。

对于上述两条指令，当 X000 和 X001 为 OFF 状态时，两条指令都不执行，目标操作数的内容保持不变，除非另行指定或其他指令使用使目标操作数的内容发生变化。

(D) 和 (P) 可同时使用，如 (D) MOV (P) 表示32位数据的脉冲执行方式。另外，有些指令，如XCH、INC、DEC、ALT等，用连续执行方式时要特别留心。

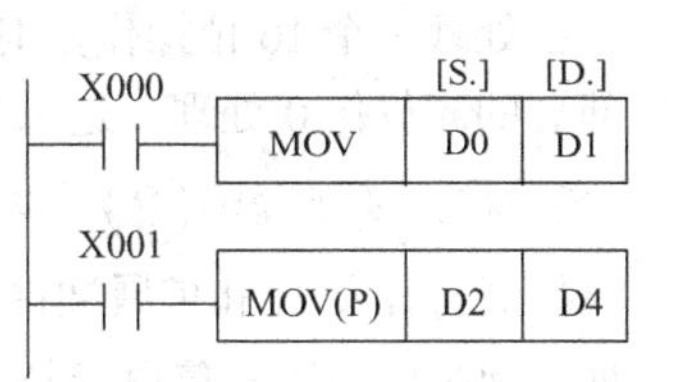

图5-3　执行方式的表示方法

3. 操作数

操作数指明参与操作的对象。操作数按功能分有源操作数、目标操作数和其他操作数；按组成形式分有位元件、位元件组合、字元件和常数。

源操作数S。执行指令后数据不变的操作数，若使用变址功能时，表示为“[S.]”，当源操作数不止1个时，可用“[S1.]”、“[S2.]”等表示。

目标操作数D。执行指令后数据被刷新的操作数，若使用变址功能时，表示为“[D.]”，当目标操作数不止1个时，可用“[D1.]”、“[D2.]”等表示。

其他操作数m、n。补充注释的常数，用K（十进制）和H（十六进制）表示，两个或两个以上时可用m1、m2、n1、n2等表示。

（二）功能指令的数据结构

1. 位元件和字元件

1）位元件。只处理ON或OFF两种状态的元件称为位元件，如X、Y、M、T、C、S和D□.b。

2）字元件。处理数据的元件称为字元件。一个字元件由16位二进制数组成，如定时器T和计数器C的当前值寄存器、数据寄存器D等。字元件范围见表5-1。

表5-1　字元件一览表

符　号	表示内容
K4X	4组输入继电器组合的字元件，也称为输入位元件组合
K4Y	4组输出继电器组合的字元件，也称为输出位元件组合
K4M	4组辅助继电器组合的字元件，也称为辅助位元件组合
K4S	4组状态继电器组合的字元件，也称为状态位元件组合
T	定时器当前值寄存器
C	计数器当前值寄存器
D	数据寄存器
R	扩展寄存器
V、Z	变址寄存器
U□\G□	缓冲寄存器BFM字

2. 位元件组合

位元件组合是通过多个位元件的组合进行数值处理，是FX_{3U}系列PLC通用的字元件。4个连续位元件作为一个基本单元进行组合，称为位元件组合，代表4位BCD码，也表示1位十进制数，用KnP表示，K为十进制常数的符号，n为位元件组合的组数（n=1~8），P为位元件组合的起始编号位元件（首地址位元件），一般用0编号的元件。通常的表现形式为KnX000、KnM0、KnS0、KnY000。

当一个16位数据传送到K1M0、K2M0、K3M0时，只传送相应的低位，高位数据溢出。

在处理一个16位操作数时，参与操作位元件组合由K1～K4指定。若仅由K1～K3指定，不足部分的高位作0处理，这意味着只能处理正数（符号位为0）。

3. 扩展寄存器（R）和扩展文件寄存器（ER）

扩展寄存器R和扩展文件寄存器ER则是FX_{3U}系列PLC特有的，R是对数据寄存器（D）的扩展，通过电池进行停电保持。而扩展文件寄存器（ER）是在PLC系统中使用了扩展的存储器盒时才可以使用的软元件。使用存储盒时，扩展寄存器（R）的内容也可以保存在扩展文件寄存器（ER）中，而不必用电池保护。

扩展寄存器也可以作为数据寄存器使用，处理各种数值数据，可以用功能指令进行操作，如MOV、BIN指令等，但如果用作文件寄存器时，则必须使用专用指令（FNC290～295）进行操作。

4. 缓冲寄存器BFM字（U□\G□）

缓冲寄存器BFM字是缓冲寄存器的直接指定。FX_{3U}型PLC读取缓冲存储器可采用FROM和TO指令实现，还可以通过缓冲寄存器BFM字直接存取方式实现，其缓冲寄存器BFM字表达形式U□\G□，其中U□表示模块号，G□表示BFM通道号，如读取0#模块18#通道缓冲寄存器的值到D0，可用指令“MOV　U0\G18　D0”完成。

5. 变址寄存器（V、Z）

变址寄存器用于改变操作数的地址。其作用是存放改变地址的数据，FX_{3U}系列PLC变址寄存器由V0～V7、Z0～Z7共16点16位变址数据寄存器构成。变址寄存器的使用如图5-4所示。

实际地址＝当前地址＋变址数据

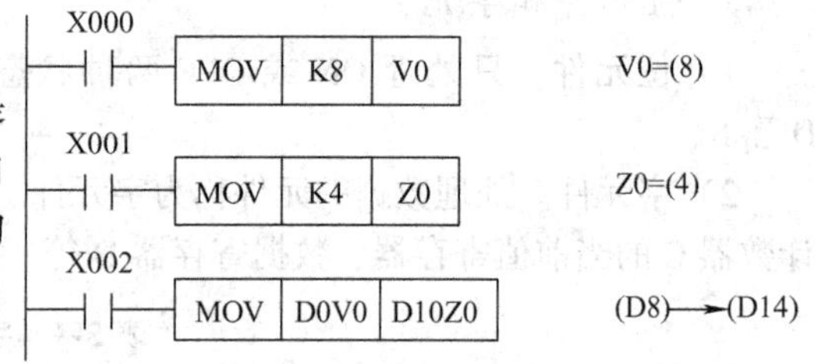

图5-4　变址寄存器的使用

32位运算时V和Z组合使用，V为高16位，Z为低16位，即（V0，Z0）、（V1，Z1）、…、（V7，Z7）。

通过修改变址寄存器的值，可以改变实际的操作数。变址寄存器也可以用来修改常数的值，例如，当Z0＝10时，K30Z0相当于常数40。

（三）传送指令（MOV）

1. MOV指令使用要素

MOV指令的名称、编号、位数、助记符、功能和操作数等使用要素见表5-2。

表5-2　MOV指令的使用要素

指令名称	指令编号 位数	助记符	功能	操作数		程序步
				[S.]	[D.]	
传送	FNC12 (16/32)	MOV MOV（P）	将源操作数[S.]的数据送到指定的目标操作数[D.]中	K，H，KnX，KnY，KnM，KnS，T，C，D，R，U□\G□，V，Z	KnY，KnM，KnS，T，C，D，R，U□\G□，V，Z	5步（16位） 9步（32位）

2. MOV 指令使用说明

1）该指令将源操作数［S.］中的数据传送到目标操作数［D.］中去。

2）MOV 指令可以进行 32 位数据长度和脉冲型的操作。

3）如果［S.］为十进制常数，执行该指令时自动转换成二进制数后进行数据传送。

4）当 X000 断开时，不执行 MOV 指令，数据保持不变。

3. MOV 指令的应用

MOV 指令的应用如图 5-5 所示。

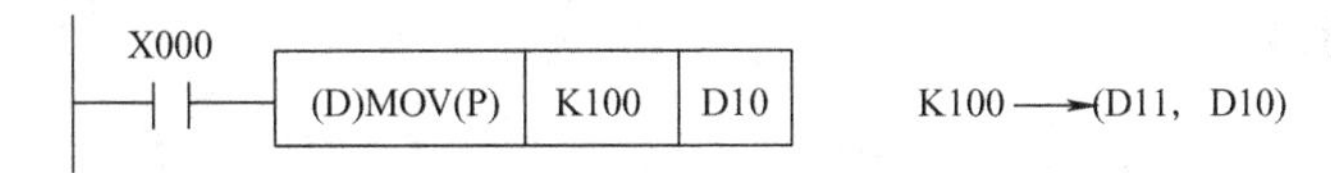

图 5-5　MOV 指令的应用

这是一条 32 位脉冲型传送指令，当 X000 由 OFF 变为 ON 时，该指令执行的功能是把 K100 送入（D11，D10）中，即（D11，D10）=K100，十进制常数 100 在执行过程中 PLC 会自动转换成二进制数写入（D11，D10）中。

（四）循环移位指令（ROR、ROL）

1. 循环移位指令（ROR、ROL）使用要素

循环移位指令（ROR、ROL）的名称、编号、位数、助记符、功能和操作数等使用要素见表 5-3。

表 5-3　循环移位指令使用要素

指令名称	指令编号 位数	助记符	功能	操作数		程序步
				［D.］	n	
循环右移	FNC30 16/32	ROR ROR（P）	使目标操作数的数据向右循环移 n 位	KnY，KnM，KnS，T，C，D，R，U□\G□，V，Z	K，H，D，R n≤16（32）	5 步（16 位） 9 步（32 位）
循环左移	FNC31 16/32	ROL ROL（P）	使目标操作数的数据向左循环移 n 位			

2. 循环移位指令（ROR、ROL）使用说明

1）对于连续执行方式，在每个扫描周期都会进行一次循环移位动作，因此，循环移位指令在使用时，最好使用脉冲执行方式。

2）当目标操作数采用位元件组合时，位元件的组数在 16 位指令中应为 K4，在 32 位指令时应为 K8，否则指令不能执行。

3）循环右移和循环左移指令执行过程中，每次移出［D.］的低位（或高位）数据循环进入［D.］的高位（或低位）。最后移出［D.］的那一位数值同时存入进位标志位 M8022 中。

3. 循环移位指令（ROR、ROL）的应用

对于图 5-6a 当 X000 由 OFF 变为 ON 时，各数据向右循环移 3 位，即从高位移向低位，从低位移出的数据再循环进入高位，最后从最低位移出的 1 存入 M8022 中。

对于图 5-6b 当 X001 由 OFF 变为 ON 时，各数据向左循环移 3 位，即从低位移向高位，从高位移出的数据再循环进入低位，最后从最高位移出的 1 存入 M8022 中。

图5-6　循环移位指令的应用

三、任务实施

（一）训练目标

1）熟练掌握循环移位指令和传送指令在程序中的应用。

2）会FX_{3U}系列PLC的外部I/O接线。

3）根据控制要求编写梯形图程序。

4）熟练使用三菱GX Developer编程软件，编制梯形图程序并写入PLC进行调试运行，查看运行结果。

（二）设备与器材

本任务实施所需的设备与器材见表5-4。

表5-4　所需设备与器材

序号	名称	符号	型号规格	数量	备注
1	常用电工工具		十字螺钉旋具、一字螺钉旋具、尖嘴钳、剥线钳等	1套	表中所列设备、器材的型号规格仅供参考
2	计算机（安装GX Developer编程软件）			1台	
3	THPFSL-2网络型可编程控制器综合实训装置			1台	
4	流水灯模拟控制挂件			1个	
5	连接导线			若干	

（三）内容与步骤

1. 任务要求

HL_1～HL_8八组灯组成的流水灯，模拟控制面板如图5-7所示。按下起动按钮时，灯先以正序每隔1s轮流点亮，HL_8亮后，停5s；然后以反序每隔1s轮流点亮，当HL_1再亮后，停5s，重复上述过程。当按下停止按钮时，流水灯立即熄灭。

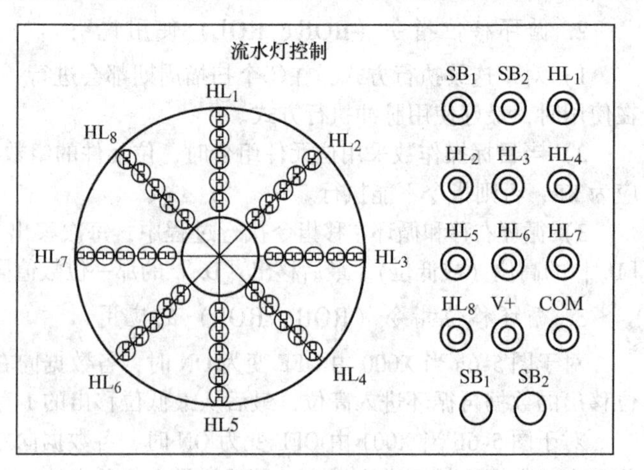

图5-7　流水灯控制面板

2. I/O地址分配与接线图

流水灯控制的I/O分配见表5-5。

表 5-5　流水灯控制 I/O 分配表

输　入			输　出		
设备名称	符号	X 元件编号	设备名称	符号	Y 元件编号
起动按钮	SB_1	X000	流水灯 1	HL_1	Y000
停止按钮	SB_2	X001	流水灯 2	HL_2	Y001
			流水灯 3	HL_3	Y002
			流水灯 4	HL_4	Y003
			流水灯 5	HL_5	Y004
			流水灯 6	HL_6	Y005
			流水灯 7	HL_7	Y006
			流水灯 8	HL_8	Y007

I/O 接线图如图 5-8 所示。

3. 编制程序

根据控制要求编写梯形图程序，如图 5-9 所示。

4. 调试运行

利用编程软件将编写的梯形图程序写入 PLC，按照图 5-8 进行 PLC 输入、输出端接线，调试运行，观察运行结果。

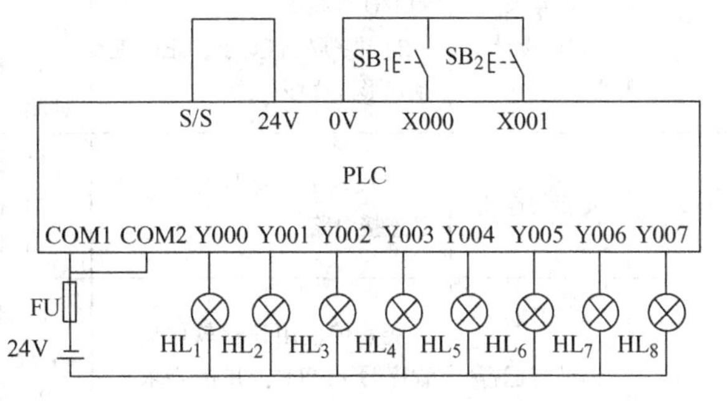

图 5-8　流水灯控制 I/O 接线图

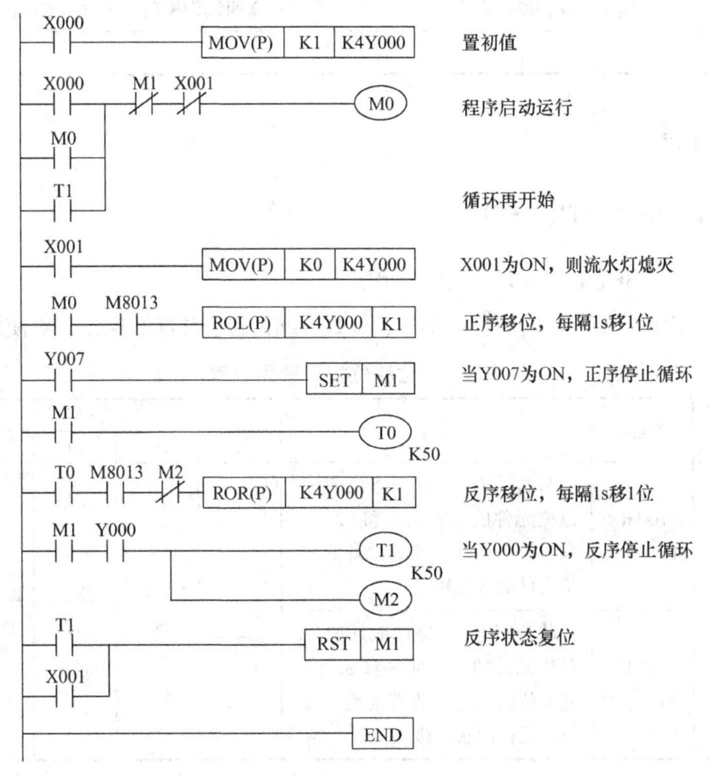

图 5-9　流水灯控制梯形图

（四）分析与思考

1）如果流水灯循环移位时间为1.5s，其梯形图程序应如何编制？
2）如果循环移位的时间仍为1s，要求用位移位指令，梯形图程序应如何编制？

四、任务考核

任务考核见表5-6。

表5-6　任务实施考核表

序号	考核内容	考核要求	评分标准	配分	得分
1	电路及程序设计	1）能正确分配I/O，并绘制I/O接线图 2）根据控制要求，正确编制梯形图程序	1）I/O分配错或少，每个扣5分 2）I/O接线图设计不全或有错，每处扣5分 3）梯形图表达不正确或画法不规范，每处扣5分	40分	
2	安装与连线	能根据I/O地址分配，正确连接电路	1）连线错一处，扣5分 2）损坏元器件，每只扣5～10分 3）损坏连接线，每根扣5～10分	20分	
3	调试与运行	能熟练使用编程软件编制程序写入PLC，并按要求调试运行	1）不会熟练使用编程软件进行梯形图的编辑、修改、转换、写入及监视，每项扣2分 2）不能按照控制要求完成相应的功能，每缺一项扣5分	20分	
4	安全操作	确保人身和设备安全	违反安全文明操作规程，扣10～20分	20分	
5	合　计				

五、知识拓展

（一）位移位指令（SFTR、SFTL）

1. 位移位指令（SFTR、SFTL）使用要素

位移位指令（SFTR、SFTL）的名称、编号、位数、助记符、功能和操作数等使用要素见表5-7。

表5-7　位移位指令使用要素

指令名称	指令编号位数	助记符	功能	操作数				程序步
				［S.］	［D.］	n1	n2	
位右移	FNC34（16）	SFTR SFTR（P）	将以［D.］为首地址的n1位位元件的状态向右移n2位，其高位由［S.］为首地址的n2位位元件的状态移入	X，Y，M，S，D□.b	Y，M，S	K，H	K，H，D，R	9步
位左移	FNC35（16）	SFTL SFTL（P）	将以［D.］为首地址的n1位位元件的状态向左移n2位，其低位由［S.］为首地址的n2位位元件的状态移入	X，Y，M，S，D□.b	Y，M，S	K，H	K，H，D，R	9步

2. 位移位指令（SFTR、SFTL）使用说明

1）位移位指令（SFTR、SFTL）的源操作数、目标操作数都是位元件，n1 指定目标操作数的长度，n2 指定源操作数的长度，也是移位的位数。

2）位移位指令目标操作数的位元件不能为输入继电器（X 元件）。

3）移位数据的位数据长度和右（左）移的位点数 n2≤n1≤1024。

3. 位移位指令（SFTR、SFTL）的应用

位右移指令（SFTR）和位左移指令（SFTL）的应用如图 5-10 所示。

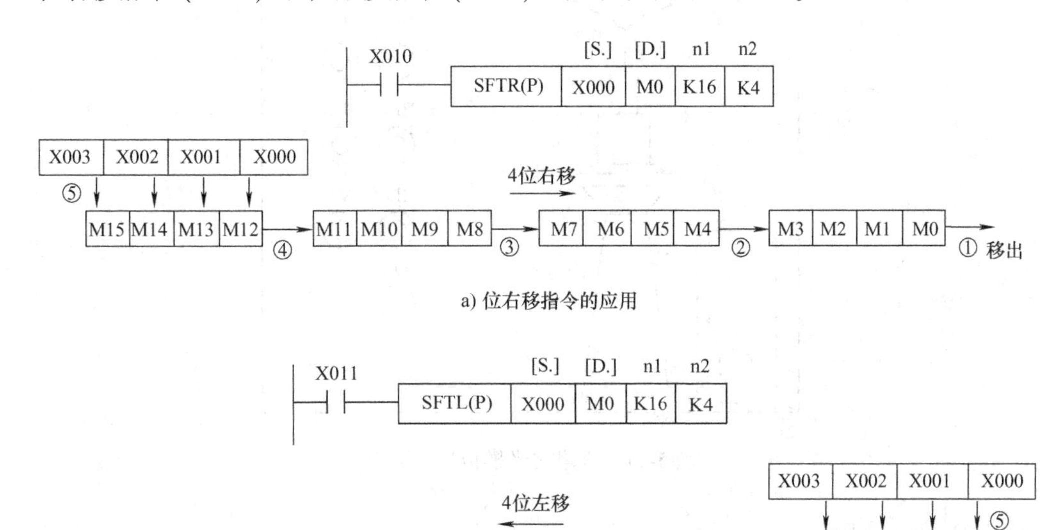

a) 位右移指令的应用

b) 位左移指令的应用

图 5-10　位移位指令的应用

在图 5-10a 中，当 X010 由 OFF→ON 时，位右移指令（4 位 1 组）按以下顺序移位：X003～X000→M15～M12，M15～M12→M11～M8，M11～M8→M7～M4，M7～M4→M3～M0，M3～M0 移出，即从高位移入，低位移出。

在 5-10b 中，当 X011 由 OFF→ON 时，位左移指令（4 位 1 组）按以下顺序移位：X003～X000→M3～M0，M3～M0→M7～M4，M7～M4→M11～M8，M11～M8→M15～M12，M15～M12 移出，即从低位移入，高位移出。

（二）位移位指令的应用——天塔之光模拟控制

1. 控制要求

天塔之光模拟控制面板如图 5-11 所示。合上起动开关 S 后，系统会每隔 1s 按以下规律显示：HL_1→HL_1、HL_2→HL_1、HL_3→HL_1、HL_4→HL_1、HL_2→HL_1、HL_2、HL_3、HL_4→HL_1、HL_8→HL_1、HL_7→HL_1、HL_6→HL_1、HL_5→HL_1、HL_8→HL_1、HL_5、HL_6、HL_7、HL_8→HL_1→HL_1、HL_2、HL_3、HL_4→HL_1、HL_2、HL_3、HL_4、HL_5、HL_6、HL_7、HL_8→HL_1……如此循环，周而复始。断开起动开关系统立即停止。

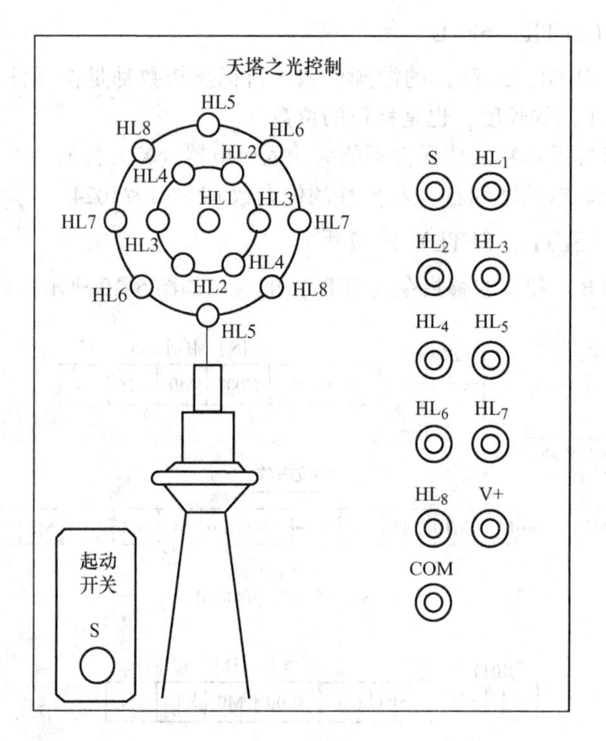

图5-11 天塔之光模拟控制面板

2. I/O 地址分配

天塔之光控制I/O地址分配见表5-8。

表5-8 天塔之光控制I/O分配表

输入			输出		
设备名称	符号	X元件编号	设备名称	符号	Y元件编号
起动开关	S	X000	灯1	HL_1	Y000
			灯2	HL_2	Y001
			灯3	HL_3	Y002
			灯4	HL_4	Y003
			灯5	HL_5	Y004
			灯6	HL_6	Y005
			灯7	HL_7	Y006
			灯8	HL_8	Y007

3. 编制程序

根据控制要求编写梯形图，如图5-12所示。

4. 调试运行

利用编程软件将编写的梯形图程序写入PLC，按照表5-8的I/O分配进行PLC输入、输出端接线，调试运行，观察运行结果。

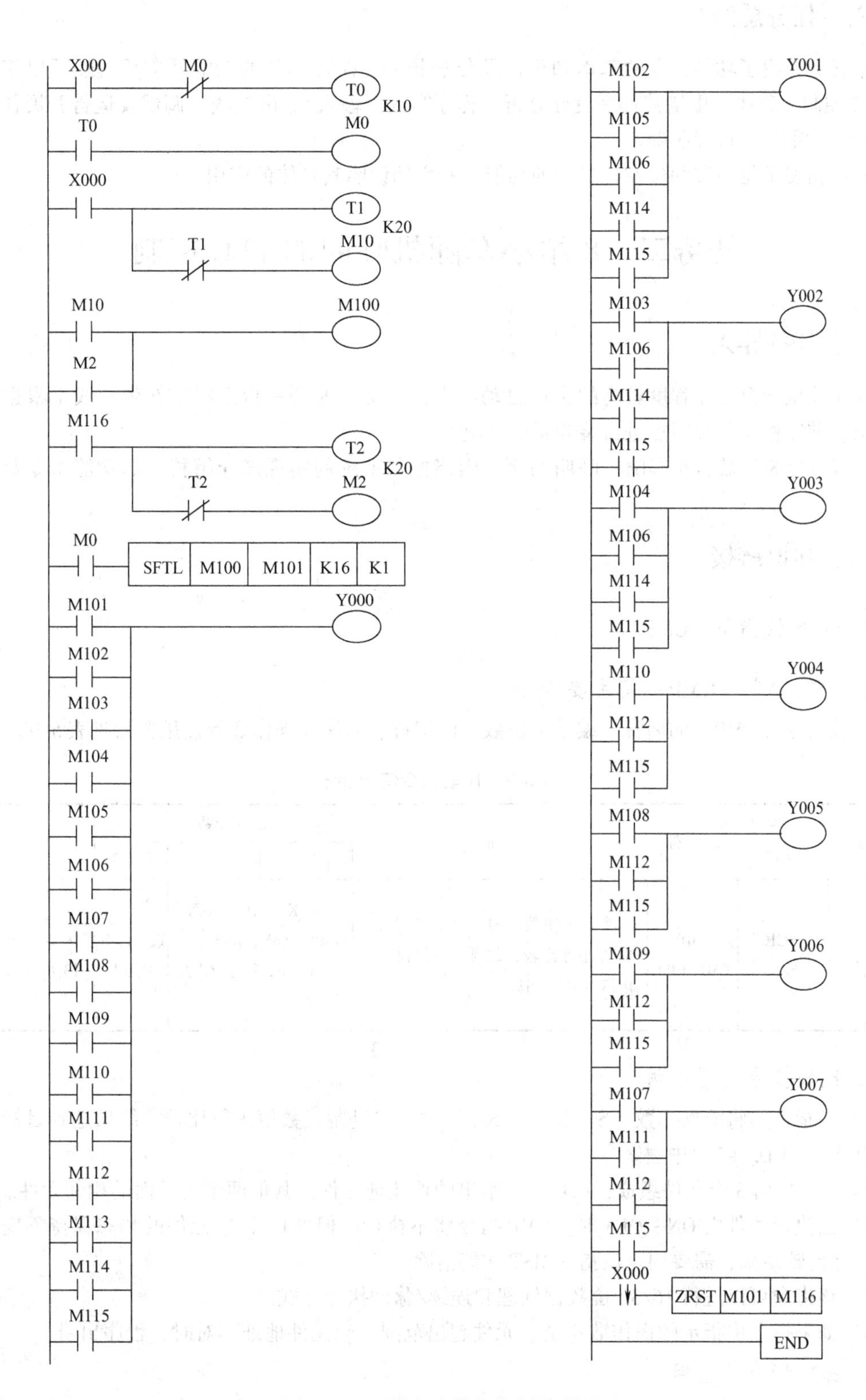

图 5-12　天塔之光模拟控制梯形图

六、任务总结

本任务介绍了功能指令的基本知识以及传送指令、循环移位的功能及应用。然后以流水灯的 PLC 控制为载体，围绕其程序设计分析、程序写入、输入/输出连线、调试及运行开展任务实施，针对性很强，目标明确。

然后拓展了位右移和位左移指令的功能，并举例说明其具体的应用。

任务二　8 站小车随机呼叫的 PLC 控制

一、任务导入

在工业生产自动化程度较高的生产自动线上，经常会遇到一台送料车在生产线上根据各工位请求，前往相应的呼叫点进行装卸料的情况。

本任务以 8 站装料小车随机呼叫为例，围绕控制系统的实现来介绍相关的功能指令及设计方法。

二、知识链接

（一）比较指令（CMP）

1. 比较指令（CMP）使用要素

比较指令（CMP）的名称、编号、位数、助记符、功能和操作数等使用要素见表 5-9。

表 5-9　比较指令使用要素

指令名称	指令编号 位数	助记符	功能	操作数			程序步
				［S1.］	［S2.］	［D.］	
比较	FNC10 （16/32）	CMP CMP（P）	将源操作数［S1.］、［S2.］的数据进行比较，结果送到目标操作数［D.］中	K，H，KnX，KnY，KnM，KnS，T，C，D，R，U□\G□，V，Z		Y，M，S，D□.b	7 步（16 位） 13 步（32 位）

2. 比较指令使用说明

1）该指令是将源操作数［S1.］和［S2.］中的二进制代数值进行比较，结果送到目标操作数［D.］～［D. +2］中去。

2）［D.］由 3 个元件组成，［D.］中给出的首地址元件，其他两个为后面的相邻元件。

3）当执行条件由 ON→OFF 时，CMP 指令将不执行，但［D.］中元件的状态保持不变，如果要去除比较结果，需要用复位指令 RST 才能清除。

4）该指令可以进行 16/32 位数据处理和连续/脉冲执行方式。

5）如果指令中指定的操作数不全、元件超出范围、软元件地址不对时，程序出错。

3. 比较指令的应用

比较指令的应用如图 5-13 所示。

图5-13中所示的是16位连续型比较指令，当X000为ON时，每一扫描周期均执行一次比较，当计数器C20的当前值小于十进制常数100时，M0闭合，当计数器C20的当前值等于十进制常数100时，M1闭合，当计数器C20的当前值大于十进制常数100时，M2闭合。当X000为OFF时，不执行CMP指令，但M0、M1、M2的状态保持不变。

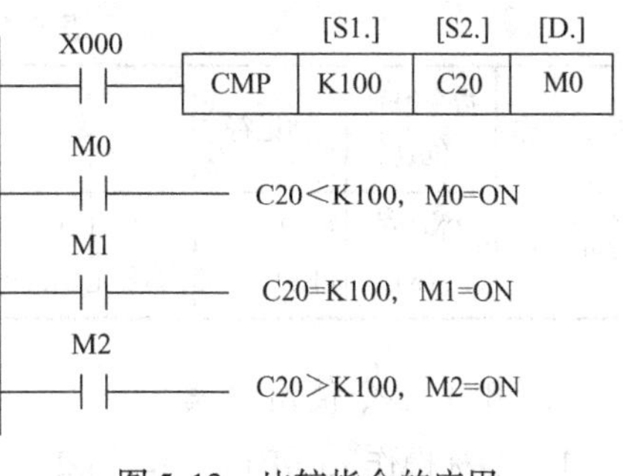

图5-13　比较指令的应用

（二）区间比较指令（ZCP）

1. 区间比较指令使用要素

ZCP指令的名称、编号、位数、助记符、功能和操作数等使用要素见表5-10。

表5-10　区间比较指令使用要素

指令名称	指令编号位数	助记符	功能	操作数				程序步
				[S1.]	[S2.]	[S.]	[D.]	
区间比较	FNC11 (16/32)	ZCP ZCP（P）	将一个源操作数[S.]与两个源操作数[S1.]和[S2.]间的数据进行代数比较，结果送到目标操作数[D.]中	K，H，KnX，KnY，KnM，KnS，T，C，D，R，U□\G□，V，Z			Y，M，S，D□.b	9步（16位）17步（32位）

2. 区间比较指令使用说明

1）ZCP指令是将源操作数[S.]的数据和两个源操作数[S1.]和[S2.]的数据进行比较，结果送到[D.]中，[D.]由3个元件组成，[D.]中为3个相邻元件首地址的元件。

2）ZCP指令为二进制代数比较，并且[S1.]<[S2.]，如果[S1.]>[S2.]，则把[S1.]视为[S2.]处理。

3）当执行条件由ON→OFF时，不执行ZCP指令，但[D.]中元件的状态保持不变，若要去除比较结果，需要用复位指令才能清除。

4）该指令可以进行16/32位数据处理和连续/脉冲执行方式。

3. 区间比较指令的应用

区间比较指令的应用如图5-14所示。

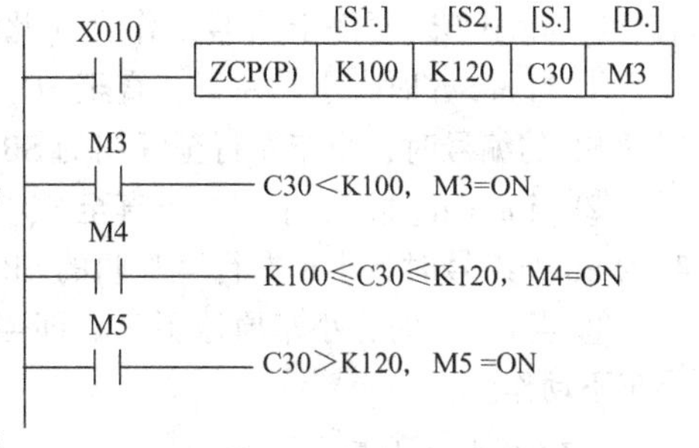

图5-14　区间比较指令的应用

图5-14中所示的是16位脉冲型区间比较指令，当X010由OFF变为ON时，执行一次区间比较，当计数器C30的当前值小于十进制常数100时，M3闭合，当计数器C30的当前值大于等于十进制常数100，且小于等于十进制常数120时，M4闭合，当计数器C30的当前值大于十进制常数120时，M5闭合。当X010为OFF时，不执行ZCP指令，但M3、M4、M5的状态保持不变。

（三）区间复位指令（ZRST）

1. ZRST指令使用要素

ZRST指令的名称、编号、位数、助记符、功能及操作数等使用要素见表5-11。

表 5-11　区间复位指令使用要素

指令名称	指令编号位数	助记符	功能	操作数		程序步
				[D1.]	[D2.]	
区间复位	FNC40 (16)	ZRST ZRST (P)	将［D1.］~［D2.］指定元件编号范围内的同类元件成批复位	Y，M，S，T，C，D，R，U□\G□		5步

2. ZRST 指令使用说明

1）目标操作数［D1.］和［D2.］指定的元件为同类软元件，［D1.］指定的元件编号应≤［D2.］指定的元件编号。若［D1.］元件编号>［D2.］元件编号，则只有［D1.］指定的元件被复位。

2）单个位元件和字元件可以用 RST 指令复位。

3）该指令为16位处理指令，但是可在［D1.］和［D2.］中指定32位计数器。不允许混合指定，即不能在［D1.］中指定16位计数器，而在［D2.］中指定32位计数器。

3. ZRST 指令的应用

ZRST 指令的应用，如图 5-15 所示。当 M8002 由 OFF→ON 时，执行区间复位指令。位元件 M500 ~ M599 成批复位，字元件 C235 ~ C255 成批复位，状态元件 S0 ~ S127 成批复位。

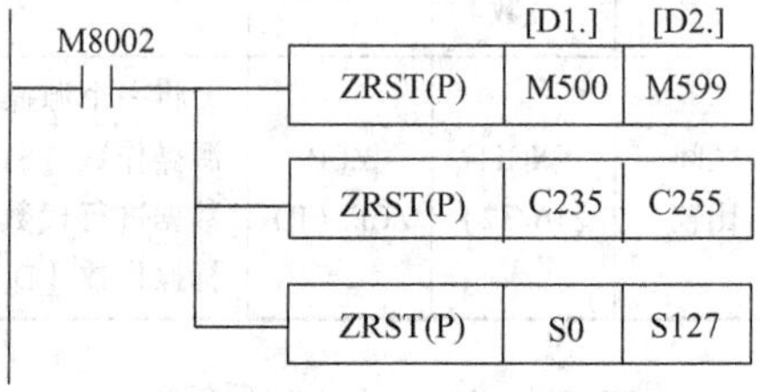

图 5-15　ZRST 指令的应用

（四）应用举例

小车自动选向自动定位控制　某车间有四个工作台，小车往返于工作台之间选料。每个工作台设有一个到位开关（SQ）和一个呼叫按钮（SB）。具体控制要求如下：

1）小车初始时应停在四个工作台中的任意一个到位开关上。

2）设小车现暂停于 m 号工作台（此时 SQ_m 动作），这时 n 号工作台有呼叫（即 SB_n 动作）。

① 当 m>n 时，小车左行，直至 SQ_n 动作，到位停车。即当小车所停位置 SQ 的编号大于呼叫的 SB 的编号时，小车左行至呼叫的 SB 位置后停止。

② 当 m<n 时，小车右行，直至 SQ_n 动作，到位停车。即当小车所停位置 SQ 的编号小于呼叫的 SB 的编号时，小车右行至呼叫的 SB 位置后停止。

③ 当 m=n 时，小车原地不动。即当小车所停位置 SQ 的编号与呼叫的 SB 的编号相同时，小车不动作。

1. I/O 地址分配

根据题意，I/O 地址分配见表 5-12。

表 5-12　小车自动控制系统 I/O 分配表

输入			输出		
设备名称	符号	输入元件编号	设备名称	符号	输出元件编号
1#限位开关	SQ_1	X000	小车左行控制接触器	KM_1	Y000
2#限位开关	SQ_2	X001	小车右行控制接触器	KM_2	Y001
3#限位开关	SQ_3	X002			

（续）

输　入			输　出		
设备名称	符号	输入元件编号	设备名称	符号	输出元件编号
4#限位开关	SQ_4	X003			
1#呼叫按钮	SB_1	X004			
2#呼叫按钮	SB_2	X005			
3#呼叫按钮	SB_3	X006			
4#呼叫按钮	SB_4	X007			

2. 编制程序

分析：由控制要求可知，小车要实现自动选择运动方向和自动定位控制，首先要判断小车是否停在某一工位上，采用各工位上限位开关对应的输入继电器的位元件组合与十进制常数0进行比较，若小车停在某一工位上，则一定满足K1X000 > K0，并将小车停在某工位的位组合元件的值通过传送指令送入数据寄存器中。然后判断是否有工作台呼叫，采用各工作台呼叫按钮对应的输入继电器的位元件组合与十进制常数0进行比较，若有工作台呼叫，则一定满足K1X004 > K0，并将工作台呼叫的位组合元件的值通过传送指令送入数据寄存器中。在判断小车停在某一工位上，并且有某一工作台呼叫的条件下，将两数据寄存器的值进行比较，来判定小车的运动方向。至此，编制梯形图程序如图5-16所示。

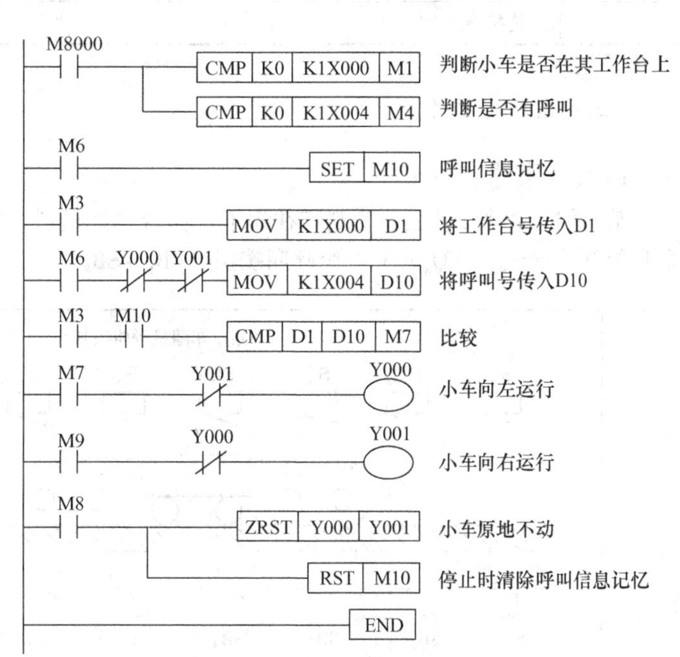

图5-16　小车自动选向自动定位控制梯形图

三、任务实施

（一）训练目标

1）熟练掌握比较指令和传送指令在程序中的应用。

2）根据控制要求编制梯形图程序。

3）会FX_{3U}系列PLC的外部I/O接线。

4）熟练使用三菱GX Developer编程软件，编制梯形图程序并写入PLC进行调试运行，查看运行结果。

（二）设备与器材

本任务实施所需设备与器材，见表5-13。

表 5-13 所需设备与器材

序号	名称	符号	型号规格	数量	备注
1	常用电工工具		十字螺钉旋具、一字螺钉旋具、尖嘴钳、剥线钳等	1套	表中所列设备、器材的型号规格仅供参考
2	计算机（安装 GX Developer 编程软件）			1台	
3	THPFSL-2 网络型可编程控制器综合实训装置			1台	
4	8 站随机呼叫模拟控制挂件			1个	
5	连接导线			若干	

（三）内容与步骤

1. 任务要求

某车间有 8 个工作台，送料车往返于工作台之间送料，如图 5-17 所示。每个工作台设有一个到位开关（SQ_1 ~ SQ_8）和一个呼叫按扭（SB_1 ~ SB_8）。

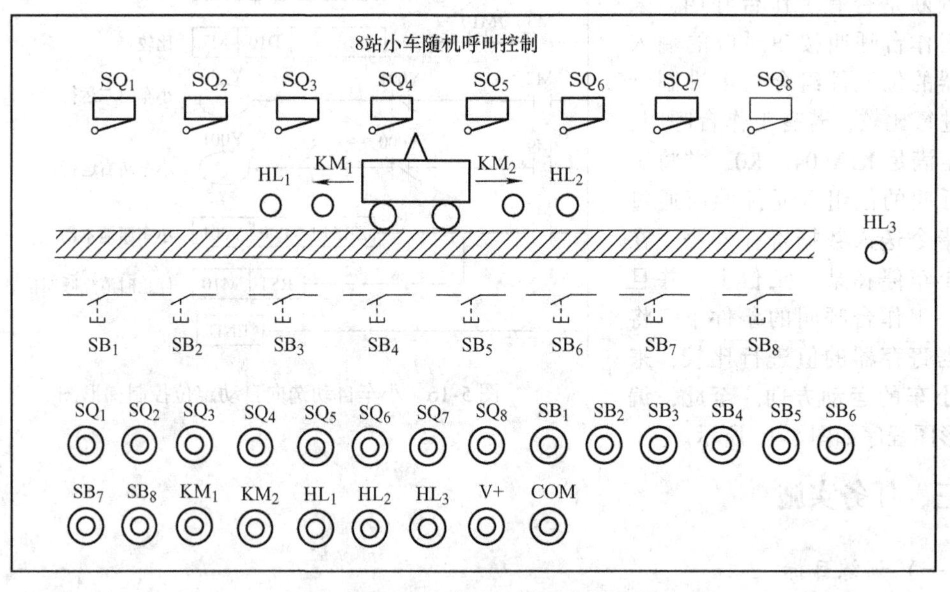

图 5-17 8 站小车随机呼叫控制面板

具体控制要求如下：

1）送料车开始应能停留在 8 个工作台中任意一个到位开关的位置上。

2）设送料车现暂停于 m 号工作台（SQ_m为 ON）处，这时 n 号工作台呼叫（SB_n为 ON），当 $m>n$ 时，送料车左行，直至 SQ_n动作，到位停车。即送料车所停位置 SQ 的编号大于呼叫按扭 SB 的编号时，送料车往左行运行至呼叫位置后停止。

3）当 $m<n$ 时，送料车右行，直至 SQ_n动作，到位停车。

4）当 $m=n$，即小车所停位置编号等于呼叫号时，送料车原位不动。

5）小车运行时呼叫无效。

6）具有左行、右行指示，原点不动指示。

2. I/O 地址分配与接线图

I/O 地址分配见表 5-14。

表 5-14　8 站小车呼叫 I/O 分配表

输　入			输　出		
设备名称	符号	输入元件编号	设备名称	符号	输出元件编号
1#限位开关	SQ_1	X000	小车左行控制接触器	KM_1	Y000
2#限位开关	SQ_2	X001	小车右行控制接触器	KM_2	Y001
⋮	⋮	⋮	小车左行指示	HL_1	Y004
7#限位开关	SQ_7	X006	小车右行指示	HL_2	Y005
8#限位开关	SQ_8	X007	小车原位指示	HL_3	Y006
1#呼叫按钮	SB_1	X010			
2#呼叫按钮	SB_2	X011			
⋮	⋮	⋮			
7#呼叫按钮	SB_7	X016			
8#呼叫按钮	SB_8	X017			

I/O 接线图如图 5-18 所示。

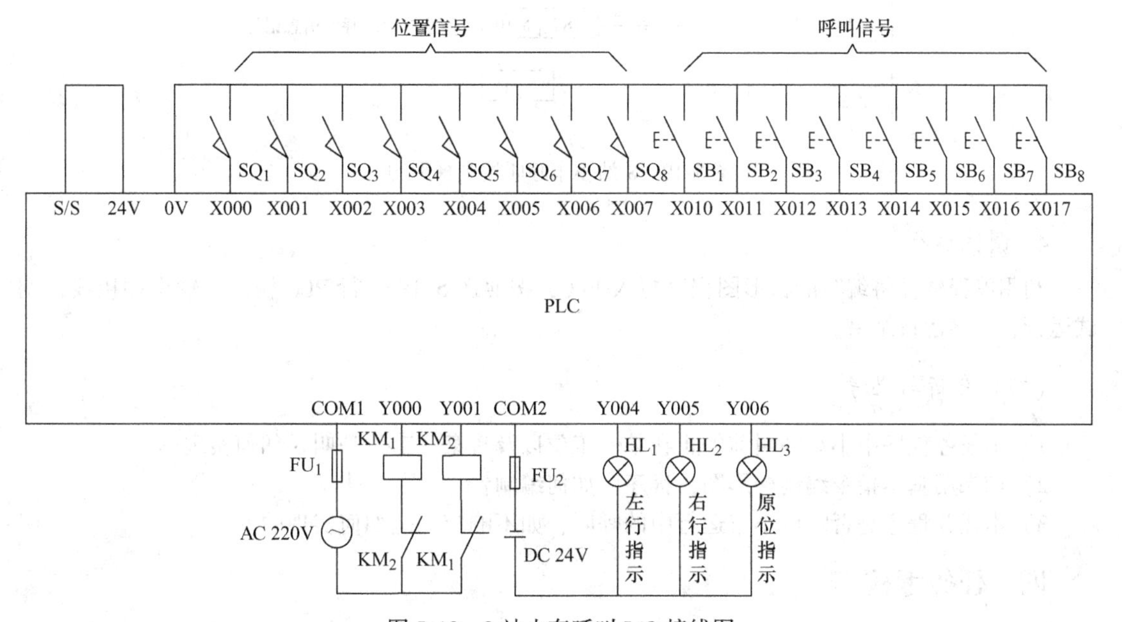

图 5-18　8 站小车呼叫 I/O 接线图

3. 编制程序

根据控制要求编写梯形图程序，如图5-19所示。

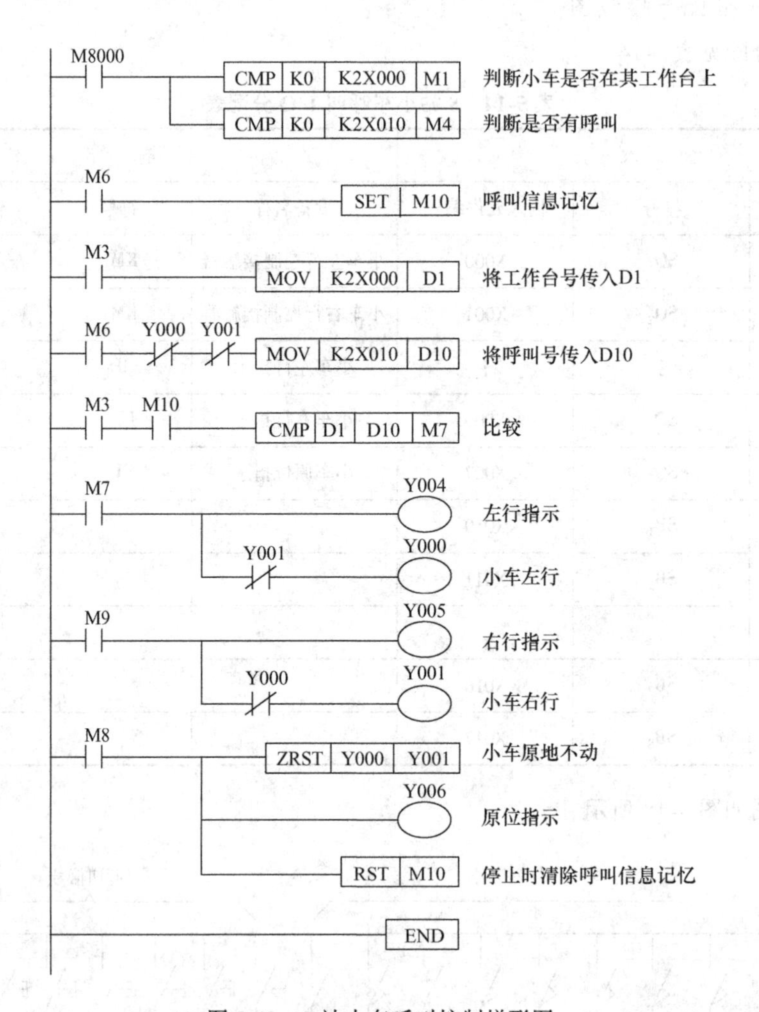

图5-19　8站小车呼叫控制梯形图

4. 调试运行

利用编程软件将编写的梯形图程序写入PLC，按照图5-18进行PLC输入、输出端接线，调试运行，观察运行结果。

（四）分析与思考

1）本任务程序中小车呼叫前停止在某一工位以及有某一工位呼叫是如何实现的？

2）如果用基本指令编制梯形图，程序应如何编制？

3）本任务程序是否响应小车运行中的呼叫，如不响应，是如何实现的？

四、任务考核

任务考核见表5-15。

表 5-15　任务实施考核表

序号	考核内容	考核要求	评分标准	配分	得分
1	电路及程序设计	1）能正确分配 I/O，并绘制 I/O 接线图 2）根据控制要求，正确编制梯形图程序	1）I/O 分配错或少，每个扣 5 分 2）I/O 接线图设计不全或有错，每处扣 5 分 3）梯形图表达不正确或画法不规范，每处扣 5 分	40 分	
2	安装与连线	能根据 I/O 地址分配，正确连接电路	1）连线错一处，扣 5 分 2）损坏元器件，每只扣 5～10 分 3）损坏连接线，每根扣 5～10 分	20 分	
3	调试与运行	能熟练使用编程软件编制程序写入 PLC，并按要求调试运行	1）不会熟练使用编程软件进行梯形图的编辑、修改、转换、写入及监视，每项扣 2 分 2）不能按照控制要求完成相应的功能，每缺一项扣 5 分	20 分	
4	安全操作	确保人身和设备安全	违反安全文明操作规程，扣 10～20 分	20 分	
5	合　计				

五、知识拓展

（一）触点比较指令

1. 触点比较指令使用要素

触点比较指令使用要素见表 5-16。

表 5-16　触点比较指令使用要素

指令名称	指令编号位数	助记符	功能	操作数 [S1.]	操作数 [S2.]	程序步
取触点比较	FNC224 (16/32)	LD = LD（D）=	[S1.] = [S2.] 时起始触点接通	K，H，KnX，KnY，KnM，KnS，T，C，U□\G□，D，R，V，Z		LD =：5 步 LD（D）=：9 步
	FNC225 (16/32)	LD >– LD（D）>	[S1.] > [S2.] 时起始触点接通			LD >：5 步 LD（D）>：9 步
	FNC226 (16/32)	LD < LD（D）<	[S1.] < [S2.] 时起始触点接通			LD <：5 步 LD（D）<：9 步
	FNC228 (16/32)	LD < > LD（D）< >	[S1.] ≠ [S2.] 时起始触点接通			LD < >：5 步 LD（D）< >：9 步
	FNC229 (16/32)	LD < = LD（D）< =	[S1.] ≤ [S2.] 时起始触点接通			LD < =：5 步 LD（D）< =：9 步
	FNC230 (16/32)	LD > = LD（D）> =	[S1.] ≥ [S2.] 时起始触点接通			LD > =：5 步 LD（D）> =：9 步

（续）

指令名称	指令编号位数	助记符	功能	操作数		程序步
				[S1.]	[S2.]	
与触点比较	FNC232 (16/32)	AND = AND (D) =	[S1.] = [S2.] 时串联触点接通	K, H, KnX, KnY, KnM, KnS, T, C, U□\G□, D, R, V, Z		AND =：5 步 AND (D) =：9 步
	FNC233 (16/32)	AND > AND (D) >	[S1.] > [S2.] 时串联触点接通			AND >：5 步 AND (D) >：9 步
	FNC234 (16/32)	AND < AND (D) <	[S1.] < [S2.] 时串联触点接通			AND <：5 步 AND (D) <：9 步
	FNC236 (16/32)	AND < > AND (D) < >	[S1.] ≠ [S2.] 时串联触点接通			AND < >：5 步 AND (D) < >：9 步
	FNC237 (16/32)	AND < = AND (D) < =	[S1.] ≤ [S2.] 时串联触点接通			AND < =：5 步 AND (D) < =：9 步
	FNC238 (16/32)	AND > = AND (D) > =	[S1.] ≥ [S2.] 时串联触点接通			AND > =：5 步 AND (D) > =：9 步
或触点比较	FNC240 (16/32)	OR = OR (D) =	[S1.] = [S2.] 时并联触点接通	K, H, KnX, KnY, KnM, KnS, T, C, U□\G□, D, R, V, Z		OR =：5 步 OR (D) =：9 步
	FNC241 (16/32)	OR > OR (D) >	[S1.] > [S2.] 时并联触点接通			OR >：5 步 OR (D) >：9 步
	FNC242 (16/32)	OR < OR (D) <	[S1.] < [S2.] 时并联触点接通			OR <：5 步 OR (D) <：9 步
	FNC244 (16/32)	OR < > OR (D) < >	[S1.] ≠ [S2.] 时并联触点接通			OR < >：5 步 OR (D) < >：9 步
	FNC245 (16/32)	OR < = OR (D) < =	[S1.] ≤ [S2.] 时并联触点接通			OR < =：5 步 OR (D) < =：9 步
	FNC246 (16/32)	OR > = OR (D) > =	[S1.] ≥ [S2.] 时并联触点接通			OR > =：5 步 OR (D) > =：9 步

2. 触点比较指令使用说明

1）触点比较指令“LD =”、“LD（D） = ~ OR > =”、“OR（D） > =（FNC 224 ~ FNC246 共 18 条）”用于将两个源操作数［S1.］、［S2.］的数据进行比较，根据比较结果决定触点的通断。

2）取触点比较指令和基本指令取指令类似，用于和左母线连接或用于分支中的第一个触点。

3）与触点比较指令和基本指令与指令类似，用于和前面的触点组和单触点串联。

4）或触点比较指令和基本指令或指令类似，用于和前面的触点组或单触点并联。

3. 触点比较指令的应用

触点比较指令的应用如图 5-20 所示。

在图 5-20 中，当 C1 的当前值等于 100 时该触点闭合，当 D0 的数值不等于 -5 时该触点闭合，当（D11，D10）的数值大于等于 K1000 时该触点闭合。此时，在 X000 由 OFF 变为 ON 时，Y000 产生输出。

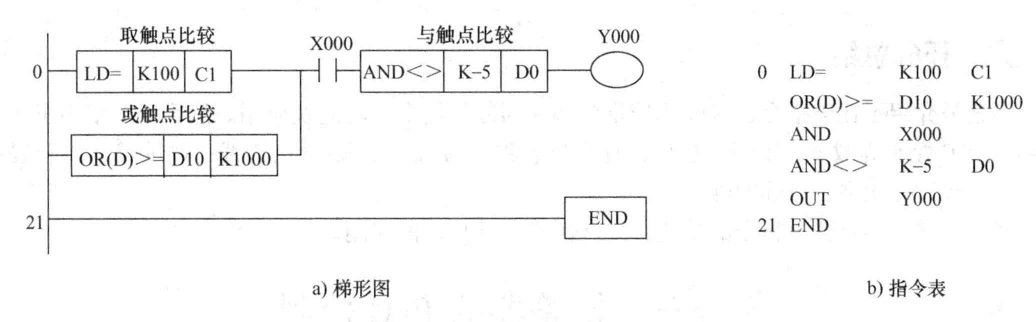

a) 梯形图　　　　b) 指令表

图 5-20　触点比较指令的应用

(二) 触点比较指令的应用——简易定时报时器程序

1. 控制要求

应用计数器与触点比较指令，构成24小时可设定定时时间的控制器，15min为一设定单位，共96个时间单位。

控制器的控制要求：早上6：30，电铃（Y000）每秒响1次，6次后自动停止；9：00～17：00，起动住宅报警系统（Y001）；晚上18：00开园内照明（Y002）；晚上22：00关园内照明（Y002）。

2. I/O 地址分配

简易定时报时器控制I/O分配，见表5-17。

表 5-17　简易定时报时器控制 I/O 分配表

输入			输出		
设备名称	符号	X元件编号	设备名称	符号	Y元件编号
起停开关	S1	X000	电铃	HA	Y000
15min快速调整开关	S2	X001	住宅报警	HC	Y001
格数调整开关	S3	X002	园内照明	HL	Y002

3. 编制程序

根据控制任务要求，编制梯形图程序如图5-21所示。

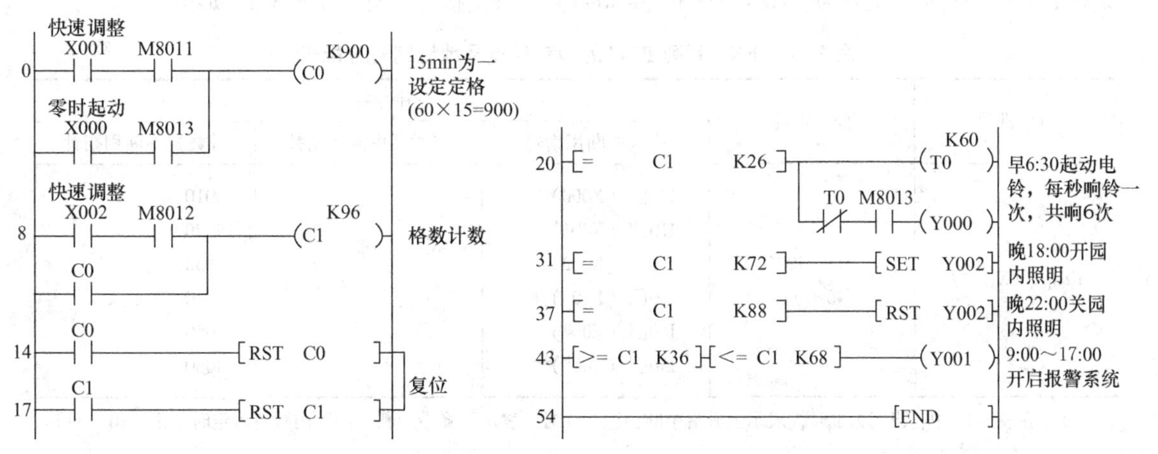

图 5-21　简易定时报时器控制梯形图

六、任务总结

本任务介绍了比较指令、区间比较指令和区间复位指令的功能及应用。然后以8站小车随机呼叫的PLC控制为载体，围绕其程序设计分析、程序写入、输入/输出连线、调试及运行开展项目实施，针对性很强，目标明确。

然后拓展了触点比较指令的功能，并举例说明其具体的应用。

任务三　抢答器的PLC控制

一、任务导入

在知识竞赛或智力比赛等场合，经常会使用快速抢答器，那么抢答器的控制部分如何设计呢？抢答器的设计方法与采用的元器件有很多种。可以采用数字电子技术学过的各种门电路芯片与组合逻辑电路芯片搭建电路完成，也可以利用单片机为控制核心组成系统实现，还可以用PLC控制完成。在这里仅介绍利用PLC作为控制设备来实现抢答器的控制。

二、知识链接

（一）指针（P、I）

在执行PLC程序过程中，当某条件满足时，需要跳过一段不需要执行的程序，或者调用一个子程序，或者执行制定的中断程序，这时需要用一“操作标记”来标明所操作的程序段，这一“操作标记”称为指针。

在FX_{3U}系列PLC中，指针用来指示分支指令的跳转目标和中断程序的入口标号，分为分支用指针（P）和中断用指针（I）两类，其中，中断用指针又可分为输入用中断指针、定时器用中断指针和计数器用中断指针3种，其编号均采用十进制数分配。FX_{3U}系列PLC的指针种类及地址编号见表5-18。

1. 分支指针（P）

分支指针是条件跳转指令和子程序调用指令跳转或调用程序时的位置标签（入口地址）。FX_{3U}系列PLC的分支指针编号为：P0～P4095，共4096点。分支指针的使用如图5-22所示。

表5-18　FX_{3U}系列PLC的指针种类及地址编号分配表

PLC机型	分支指针	中断指针		
		输入中断用指针	定时器中断用指针	计数器中断用指针
FX_{3U}、FX_{3UC}型	P0～P4095 4096点	I00□（X000） I10□（X001） I20□（X002） I30□（X003） 6点 I40□（X004） I50□（X005）	I6□□ I7□□　3点 I8□□	I010 I020 I030 I040　6点 I050 I060

注：在表5-18中，当□为1时，表示上升沿中断；□为0时，表示下降沿中断。□□内数值为定时范围：10～99ms。

分支指针的使用说明：

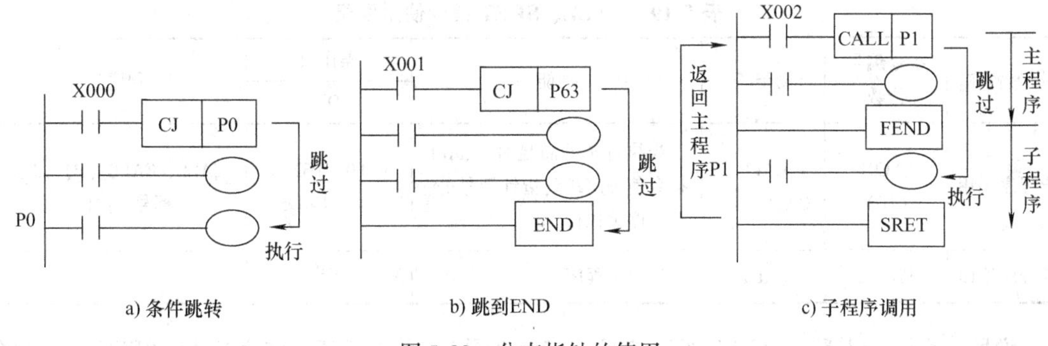

a) 条件跳转　　b) 跳到END　　c) 子程序调用

图 5-22　分支指针的使用

1）指针 P63 为 END 指令跳转用特殊指针，当出现 CJ P63 时驱动条件成立后，马上跳转到 END 指针，执行 END 指令功能。因此，P63 不能作为程序入口地址标号而进行编程。如果对标号 P63 编程时，PLC 会发生程序错误并停止运行。

2）分支指针 P 必须和条件跳转指令 CJ 或子程序调用指令 CALL 组合使用。条件跳转时分支指针 P 在主程序区；子程序调用时分支指针在副程序区。

3）在编程软件 GX 上输入梯形图时，分支指针的输入方法：找到需跳转的程序或调用的子程序首行，将光标移到该行左母线外侧，直接输入分支指针标号即可。

2. 中断指针（I）

中断指针用来指明某一中断源的中断程序入口。分为输入中断用指针、定时器中断用指针、高速计数器中断用指针。中断指针的使用，如图 5-23 所示。

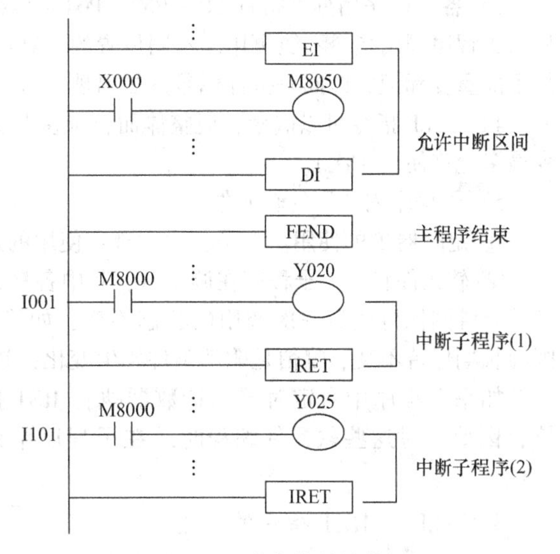

图 5-23　中断指针的使用

（1）输入中断用指针　只接收来自特定的输入地址号（X000～X005）的输入信号而不受 PLC 扫描周期的影响。地址编号：I00□（X000）、I10□（X001）、I20□（X002）、I30□（X003）、I40□（X004）、I50（□X005）共 6 点。

例如：指针 I100，表示输入 X001 从 ON→OFF 变化时，执行标号 I100 之后的中断程序，并由 IRET 指令结束该中断程序。

（2）定时器中断用指针　用于在各制定的中断循环时间（10～99ms）执行中断子程序。地址编号：I6□□、I7□□、I8□□，共 3 点。

（3）计数器中断用指针　根据 PLC 内部的高速计数器的比较结果执行中断子程序，用于利用高速计数器优先处理计数结果的控制。

地址编号：I010、I020、I030、I040、I050、I060，共 6 点。

（二）子程序调用和子程序返回指令（CALL、SRET）

1. CALL、SRET 指令使用要素

CALL、SRET 指令的名称、编号、位数、助记符、功能和操作数等使用要素见表 5-19。

表 5-19　CALL、SRET 指令使用要素

指令名称	指令编号位数	助记符	功能	操作数	程序步
				[D.]	
子程序调用	FNC01（16）	CALL CALL（P）	当执行条件满足时，CALL 指令使程序跳到指针标号处，子程序被执行	P0 ~ P62 P64 ~ P4095	CALL、CALL（P）：3 步 标号 P：1 步
子程序返回	FNC02	SRET	返回主程序	无	1 步

说明：由于 P63 为 CJ（FNC 00）专用（END 跳转），所以不可以作为 CALL（FNC 01）指令的指针使用。

2. CALL、SRET 指令使用说明

1）使用 CALL 指令，必须对应 SRET 指令。当 CALL 指令执行条件为 ON 时，指令使主程序跳到指令指定的标号处执行子程序，子程序结束，执行 SRET 指令后返回主程序。

2）为了区别主程序，将主程序排在前面，子程序排在后面，并以主程序结束指令 FEND 给予分隔。

3）各子程序用分支指针 P0 ~ P62、P64 ~ P4095 表示。条件跳转指令（CJ）用过的指针标号，子程序调用指令不能再用。不同位置的 CALL 指令可以调用同一指针的子程序，但指针的标号不能重复标记，即同一指针标号只能出现一次。

4）CALL 指令可以嵌套，但整体而言最多只允许 5 层嵌套（即在子程序内的调用子程序指令最多允许使用 4 次）。

5）子程序内使用的软元件

① 定时器 T 的使用。在子程序中规定使用的定时器为 T192 ~ T199 和 T246 ~ T249。

② 软元件状态。子程序在调用时，其中各软元件的状态受程序执行的控制。但当调用结束，其软元件则保持最后一次调用的状态不变，如果这些软元件的状态没有受到其他程序的控制，则会长期保持不变，哪怕是驱动条件发生变化，软元件状态也不会改变。

如果在程序中对定时器、计数器执行 RST 指令后，定时器和计数器的复位状态也被保持，因此，对这些软元件编程时或在子程序结束后的主程序中复位，或是在子程序中进行复位。

3. CALL、SRET 指令的应用

CALL、SRET 指令的应用如图 5-24 所示。当 X000 为 ON 时，CALL 指令使主程序跳到 P10 处执行子程序，当执行 SRET 指令时，返回到主程序，执行 CALL 的下一步，一直执行到主程序结束指令 FEND。

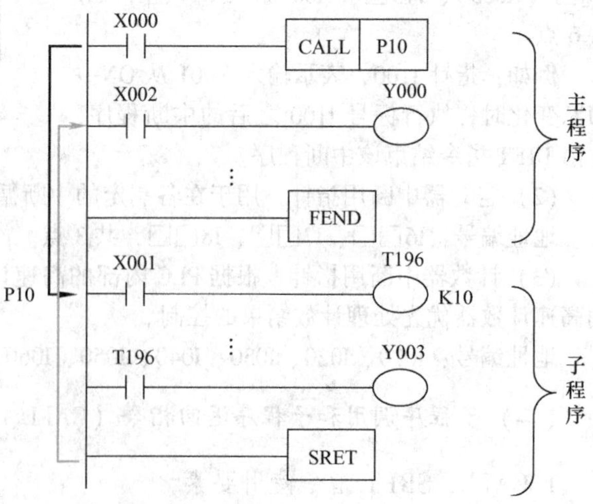

图 5-24　CALL、SRET 指令的应用

（三）主程序结束指令（FEND）

1. FEND 指令使用要素

FEND 指令的名称、编号、助记符、功能和操作数等使用要素见表 5-20。

表 5-20　主程序结束指令使用要素

指令名称	指令编号	助记符	功能	操作数	程序步
主程序结束	FNC06	FEND	表示主程序结束和子程序区开始	无	1步

2. FEND 指令使用说明

1）FEND 指令表示主程序的结束，子程序的开始。程序执行到 FEND 指令时，进行输出处理、输入处理和监视定时器刷新，完成后返回第 0 步。

2）在使用该指令时应注意，子程序或中断子程序必须写在 FEND 指令与 END 指令之间。

3）在有跳转指令的程序中，用 FEND 作为主程序和跳转程序的结束。

4）在子程序调用指令（CALL）中，子程序应放在 FEND 之后且用 SRET 返回指令。

5）当主程序中有多个 FEND 指令时，副程序区的子程序和中断服务程序块必须写在最后一个 FEND 指令和 END 指令之间。

6）FEND 指令不能出现在 FOR…NEXT 循环程序中，也不能出现在子程序中，否则程序会出错。

3. FEND 指令的应用

FEND 指令的应用如图 5-25 所示。

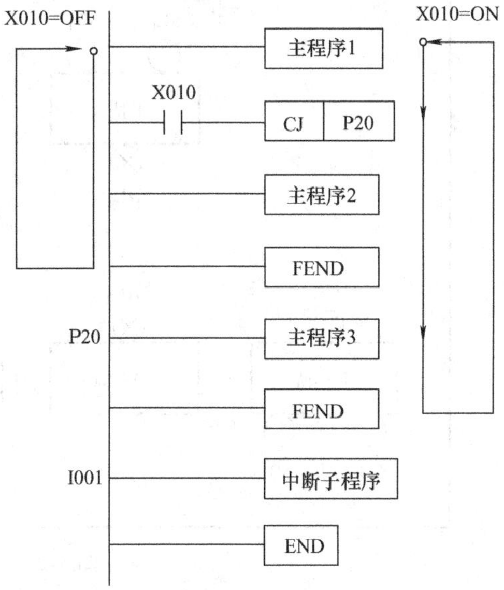

图 5-25　FEND 指令的应用

三、任务实施

（一）训练目标

1）熟练掌握指针、子程序调用、主程序结束等指令在程序中的应用。

2）会 FX$_{3U}$系列 PLC 的外部 I/O 接线。

3）根据控制要求编写梯形图程序。

4）熟练使用三菱 GX Developer 编程软件，编制梯形图程序并写入 PLC 进行调试运行，查看运行结果。

（二）设备与器材

本任务所需设备与器材见表 5-21。

表 5-21　所需设备与器材

序号	名称	符号	型号规格	数量	备注
1	常用电工工具		十字螺钉旋具、一字螺钉旋具、尖嘴钳、剥线钳等	1套	表中所列设备、器材的型号规格仅供参考
2	计算机（安装 GX Developer 编程软件）			1台	
3	THPFSL－2 网络型可编程控制器综合实训装置			1台	
4	抢答器模拟控制挂件			1个	
5	连接导线			若干	

（三）内容与步骤

1. 任务要求

某智力竞赛抢答器显示系统如图5-26所示，有三支参赛队伍，分为儿童队（1号队）、学生队（2号队）、成人队（3号队），其中儿童队2人，成人队2人，学生队1人，主持人1人。在儿童队、学生队、成人队桌面上分别安装指示灯HL_1、HL_2、HL_3，抢答按钮SB_{11}、SB_{12}、SB_{21}、SB_{31}、SB_{32}，主持人桌面上安装允许抢答指示灯HL_0和抢答开始按钮SB0、复位按钮SB1。具体控制要求如下：

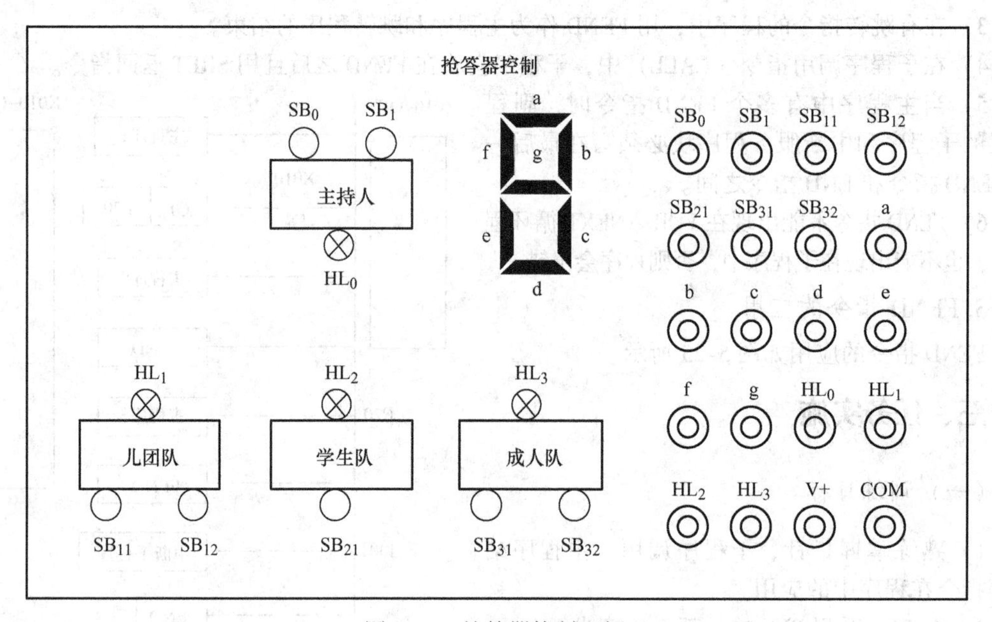

图5-26 抢答器控制面板

1）当主持人按下SB_0后，指示灯HL_0亮，表示抢答开始，参赛队方可开始按下抢答按钮抢答，否则抢答无效。

2）为了公平，要求儿童队只需1人按下按钮，其对应的指示灯亮，而成人队需要两人同时按下两个按钮对应的指示灯才亮。

3）当1个问题回答完毕，主持人按下SB_1，系统复位。

4）某队抢答成功时，LED数码管显示抢答队的编号，并联锁其他队抢答无效。

5）当抢答开始后时间超过30s，无人抢答，此时HL_0灯以1s周期闪烁，提示抢答时间已过，此题作废。

2. I/O地址分配与接线图

抢答器I/O地址分配见表5-22。

表5-22 抢答器I/O端口分配表

输入			输出		
设备名称	符号	X元件编号	设备名称	符号	Y元件编号
抢答开始按钮	SB_0	X000	7段显示码	a ~ g	Y000 ~ Y006
复位按钮	SB_1	X001	主持人指示灯	HL_0	Y007

（续）

输　入			输　出		
设备名称	符号	X 元件编号	设备名称	符号	Y 元件编号
儿童队抢答按钮 1	SB_{11}	X002	儿童队指示灯	HL_1	Y010
儿童队抢答按钮 2	SB_{12}	X003	学生队指示灯	HL_2	Y011
学生队抢答按钮	SB_{21}	X004	成人队指示灯	HL_3	Y012
成人队抢答按钮 1	SB_{31}	X005			
成人队抢答按钮 2	SB_{32}	X006			

抢答器 I/O 端口接线图如图 5-27 所示。

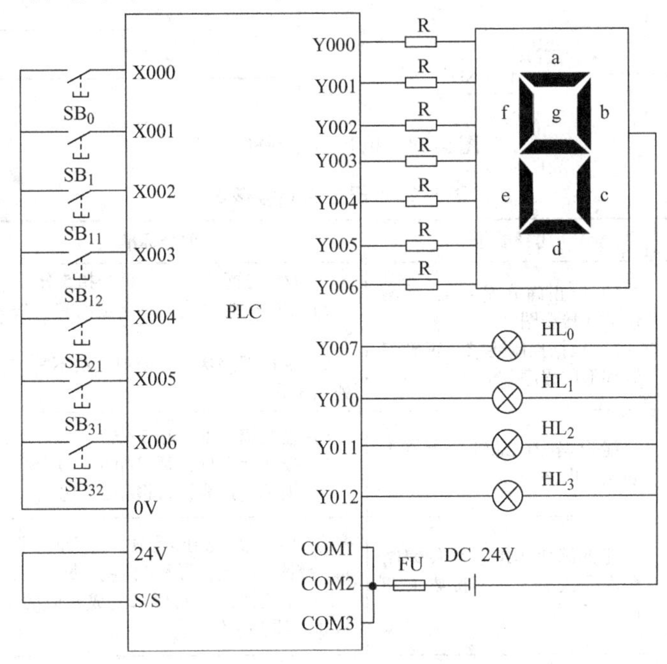

图 5-27　抢答器 I/O 接线图

3. 编制程序

根据控制要求编写梯形图程序，如图 5-28 所示。

4. 调试运行

利用编程软件将编写的梯形图程序写入 PLC，按照图 5-27 进行 PLC 输入、输出端接线，调试运行，观察运行结果。

（四）分析与思考

1）试分析抢答器梯形图程序中，抢答成功队队号显示编程的思路。

2）本控制程序中，抢答开始后无人抢答，要求 HL_0 灯以 1s 周期闪烁。如果用两个定时器实现闪烁控制，程序应如何修改？

四、任务考核

任务考核见表 5-23。

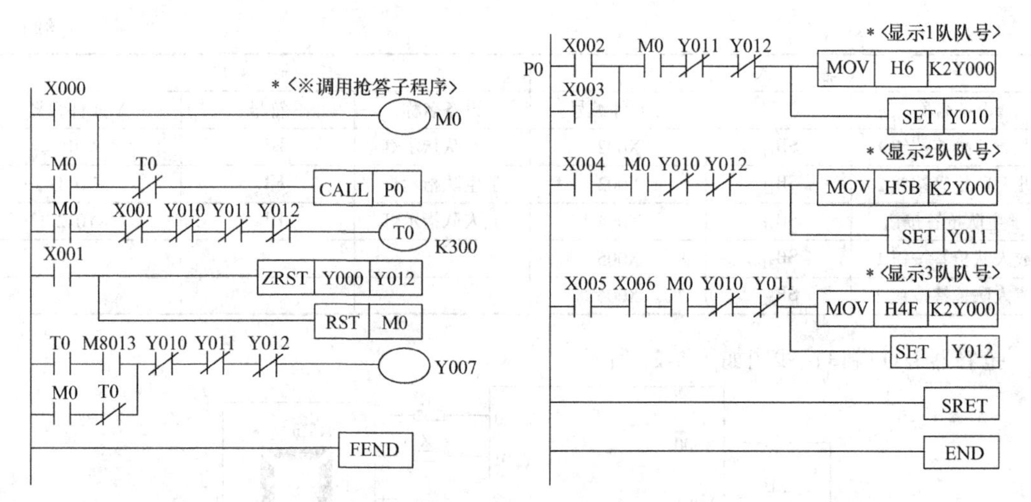

图 5-28　抢答器控制梯形图

表 5-23　任务实施考核表

序号	考核内容	考核要求	评分标准	配分	得分
1	电路及程序设计	1）能正确分配 I/O，并绘制 I/O 接线图 2）根据控制要求，正确编制梯形图程序	1）I/O 分配错或少，每个扣 5 分 2）I/O 接线图设计不全或有错，每处扣 5 分 3）梯形图表达不正确或画法不规范，每处扣 5 分	40 分	
2	安装与连线	能根据 I/O 地址分配，正确连接电路	1）连线错一处，扣 5 分 2）损坏元器件，每只扣 5～10 分 3）损坏连接线，每根扣 5～10 分	20 分	
3	调试与运行	能熟练使用编程软件编制程序写入 PLC，并按要求调试运行	1）不会熟练使用编程软件进行梯形图的编辑、修改、转换、写入及监视，每项扣 2 分 2）不能按照控制要求完成相应的功能，每缺一项扣 5 分	20 分	
4	安全操作	确保人身和设备安全	违反安全文明操作规程，扣 10～20 分	20 分	
5	合　计				

五、知识拓展

（一）条件跳转指令（CJ）

1. 条件跳转指令（CJ）使用要素

CJ 指令的名称、编号、位数、助记符、功能和操作数等使用要素见表 5-24。

表 5-24　条件跳转指令使用要素

指令名称	指令编号位数	助记符	功能	操作数 [D.]	程序步
条件跳转	FNC00（16）	CJ CJ（P）	在满足跳转条件后程序将跳到以指针 Pn 为入口的程序段中执行，直到跳转条件不满足，跳转停止执行	P0 ～ P4095 其中 P63，跳转到 END	CJ，CJ（P）：3 步 标号 P：1 步

2. 条件跳转指令（CJ）的使用说明

1）缩短程序的运算时间。CJ 指令跳过部分程序将不执行（不扫描），因此，可以缩短程序的扫描周期。

2）两条或多条条件跳转指令可以使用同一标号的指针，但必须**注意**：标号不能重复，如果使用了重复标号，则程序出错。

3）条件跳转指令可以往前面跳转。条件跳转指令除了可以往后跳转外，也可以往条件跳转指令前面的指针跳转，但必须**注意**：条件跳转指令后的 END 指令将有可能无法扫描，因此会引起警戒时钟出错。

4）当程序调到程序的结束点 END，分支指针 P63 不需要标记。

5）该指令可以连续和脉冲执行方式。

6）如果积算型定时器和计数器的 RST 指令在跳转程序之内，即使跳转程序生效，RST 指令仍然有效。

7）跳转区域的软元件状态变化。

① 位元件 Y、M、S 的状态将保持跳转前状态不变。

② 如果通用型定时器或普通计数器被驱动后发生跳转，则暂停计时和计数并保持当前值不变，跳转指令不执行时定时器或计数器继续工作。对于正在计时的通用定时器 T192 ~ T199 跳转时仍继续计时。

③ 积算型定时器 T246 ~ T255 和高速计数器 C225 ~ C255 如被驱动后再发生跳转，则即使该段程序被跳过，计时和计数仍然继续，其延时触点也能动作。

3. 条件跳转指令的应用

条件跳转指令的应用，如图 5-29 所示。当 X000 为 ON 时，每一扫描周期，PLC 都将跳转到标号为 P0 处程序执行，当 X000 为 OFF 时，不执行跳转，PLC 按顺序逐行扫描程序执行。

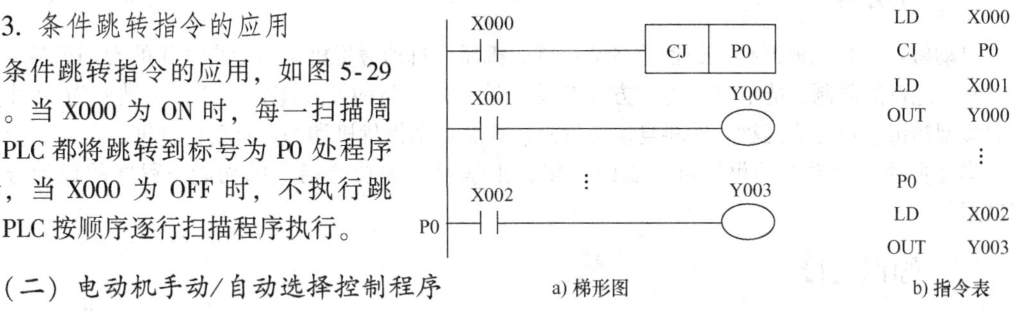

图 5-29 条件跳转指令的应用

（二）电动机手动/自动选择控制程序

1. 控制要求

某台电动机具有手动/自动两种操作方式。SA 是操作方式选择开关，当 SA 断开时，选择手动操作方式；当 SA 闭合时，选择自动操作方式，两种操作方式如下：

手动操作方式：按起动按钮 SB_1，电动机起动运行；按停止按钮 SB_2，电动机停止。

自动操作方式：按起动按钮 SB_1，电动机连续运行 1min 后，自动停机，若按停止按钮 SB_2，电动机立即停机。

2. I/O 地址分配

确定电动机手动/自动控制输入、输出并进行 I/O 地址分配，见表 5-25。

3. 编制程序

电动机手动/自动控制梯形图程序如图 5-30 所示。

表 5-25 电动机手动/自动控制 I/O 分配表

输入			输出		
设备名称	符号	X 元件编号	设备名称	符号	Y 元件编号
起动按钮	SB_1	X001	控制电动机电源的交流接触器	KM	Y000
停止按钮	SB_2	X002			
选择开关	SA	X003			

六、任务总结

本任务介绍了指针、主程序结束指令、子程序调用和子程序返回指令的功能及应用；然后以抢答器的 PLC 控制为载体，围绕其程序设计分析、程序写入、输入/输出连线、调试及运行开展任务实施，针对性很强，目标明确。

然后拓展了跳转指令的功能，并举例说明其具体的应用。

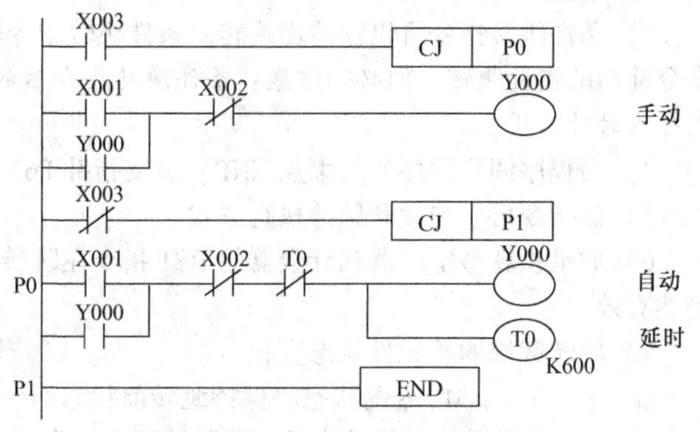

图 5-30 电动机手动/自动选择控制梯形图

任务四 自动售货机的 PLC 控制

一、任务导入

自动售货机是能根据投入的钱币自动付货的机器。自动售货机是商业自动化的常用设备，它不受时间、地点的限制，能节省人力、方便交易。是一种全新的商业零售形式，又被称为 24 小时营业的微型超市。可分为三种：饮料自动售货机、食品自动售货机和综合自动售货机。

本任务通过饮料自动售货机控制的实现，来学习相关功能指令的功能、程序的设计分析和调试运行。

二、知识链接

（一）加法与减法指令（ADD、SUB）

1. 加法与减法指令使用要素

ADD、SUB 指令的名称、编号、位数、助记符、功能和操作数等使用要素见表 5-26。

表 5-26 加法与减法指令使用要素

指令名称	指令编号位数	助记符	功能	操作数			程序步数
				[S1.]	[S2.]	[D.]	
加法	FNC20（16/32）	ADD ADD（P）	将指定源操作数中的二进制数相加，结果送到指定的目标操作数中	K，H，KnX，KnY，KnM，KnS，T，C，D，R，V，Z，U□\G□		KnY，KnM，KnS，T，C，D，R，V，Z，U□\G□	7 步（16 位）13 步（32 位）
减法	FNC21（16/32）	SUB SUB（P）	将指定源操作数中的二进制数相减，结果送到指定的目标操作数中				

2. 加法与减法指令使用说明

1）每个数据的最高位作为符号位（0为正，1为负），运算是二进制代数运算。

2）进行二进制加减时，可以进行16/32位数据处理。16位运算时，数据范围为－32768～+32767；32位运算时，数据范围为－2147483648～+2147483647。

3）如果运算结果为0，则零标志M8020置1，如果运算结果小于－32768（16位运算）或－2147483648（32位运算），则借位标志M8021置1，如果运算结果超过32767（16位运算）或2147483647（32位运算），则进位标志M8022置1。在32位运算中，被指定的字元件是低16位元件，下一个元件为高16位元件。如果在加法指令之前置1浮点操作标志M8023，则可进行浮点值的加法。

4）该指令可以进行连续/脉冲执行方式。

3. 加法与减法指令的应用

加法与减法指令的应用，如图5-31所示。当X000由OFF变为ON时，执行16位加法运算（D0）+（D2）→（D4）。

当X001为ON时，每一扫描周期都执行一次32位减法运算（D11，D10）－（D13，D12）→（D15，D14）。

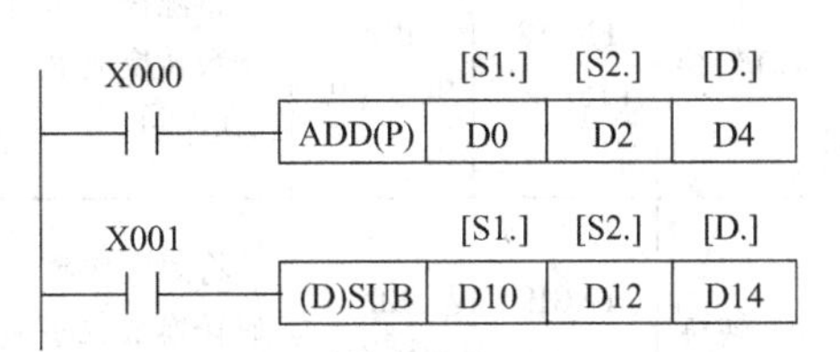

图5-31　加法与减法指令的应用

（二）7段译码指令（SEGD）

1. 7段译码指令使用要素

SEGD指令的名称、编号、位数、助记符、功能和操作数等使用要素见表5-27。

表5-27　7段译码指令使用要素

指令名称	指令编号 位数	助记符	功能	操作数		程序步数
				[S.]	[D.]	
7段译码	FNC73 (16)	SEGD SEGD（P）	将源操作［S.］中指定元件的低4位所确定的十六进制数（0～F）进行译码，结果存于目标操作数［D.］指定元件低8位中，以驱动7段数码管，［D.］的高8位保持不变	K，H，KnX，KnY，KnM，KnS，T，C，U□\G□，D，R，V，Z	KnY，KnM，KnS，T，C，D，R，U□\G□，V，Z	5步

2. 7段译码指令SEGD使用说明

1）源操作数［S.］可取K、H、KnX、KnY、KnM、KnS、T、C、D、R、U□\G□、V和Z。目标操作数［D.］可取KnY、KnM、KnS、T、C、D、R、U□\G□、V和Z。

2）SEGD指令是对4位二进制数编码，若源操作数大于4位，只对最低4位编码。

3）SEGD指令的译码范围为一位十六进制数字0～9、A～F。

3. 7段译码指令SEGD的应用

7段译码指令SEGD的应用，如图5-32所示。当X000闭合时，对十进制常数5执行7段译码指令SEGD，并将译码H6D存入输出位元件组合K2Y000，即输出继电器Y007～Y000的位状态为01101101。

（三）数据变换指令（BCD、BIN）

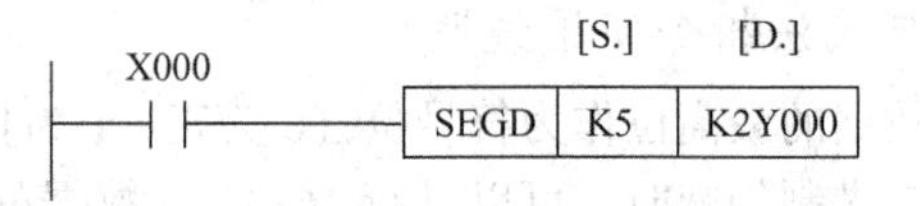

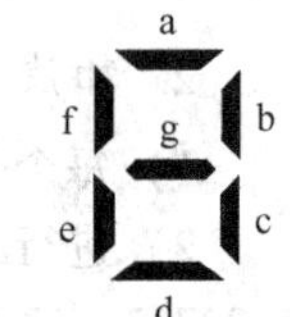

图5-32　7段译码指令的应用

1. BCD、BIN指令使用要素

BCD、BIN指令的名称、编号、位数、助记符、功能和操作数等使用要素见表5-28。

表5-28　BCD、BIN指令使用要素

指令名称	指令编号位数	助记符	功能	操作数		程序步数
				[S.]	[D.]	
BCD转换	FNC18（16/32）	BCD BCD（P）	将源操作数［S.］中的二进制数转换成BCD码，结果送到［D.］中	KnX，KnY，KnM，KnS，T，C，U□\G□，D，R，V，Z	KnY，KnM，KnS，T，C，D，R，U□\G□，V，Z	5步（16位）9步（32位）
BIN转换	FNC19（16/32）	BIN BIN（P）	将源操作数［S.］中的BCD码转换成二进制数，结果送到［D.］中			

2. BCD、BIN指令使用说明

1）BCD变换指令是将源操作数的数据转换成8421BCD码存入目标操作数中。在目标操作数中每4位表示1位十进制数，从低位到高位分别表示个位、十位、百位、千位、……，16位数表示的范围位0～9999，32位数表示的范围为0～99999999。

2）BCD变换指令常用于将PLC中的二进制数变换成BCD码输出驱动LED显示器。

3）BIN指令是将源操作数中的BCD码转换成二进制数存入目标操作数中。常数K、H不能作为本指令的操作数。如果源操作数不是BCD码就会出错。它常用于将BCD数字开关的设定值输入到PLC中。

在PLC中，参加运算和存储的数据无论是以十进制数形式输入还是以十六进制数形式输入，都是以二进制数的形式存在。如果直接使用SEGD指令对数据进行编码，则会出错。例如，十进制数21的二进制数形式为0001 0101，对高4位应用SEGD指令编码，则得到“1”的7段显示码；对低4位应用SEGD指令编码，则得到“5”的7段显示码，显示的数码“15”是十六进制数，而不是十进制数21。显然，要想显示“21”，就要先将二进制数0001 0101转换成反映十进制进位关系（即逢十进一）的0010 0001，然后对高4位“2”和低4位“1”分别用SEGD指令编出7段显示码。

这种用二进制形式反映十进制进位关系的代码称为BCD码，它是用4位二进制数来表示1位十进制数。8421BCD码从低位起每4位为一组，高位不足4位补0，每组表示1位十进制数。

3. BCD、BIN指令的应用

BCD、BIN指令的应用如图5-33所示。当X000为ON时，BCD指令执行，将数据寄存器D10中数据转换成8421BCD码，存入输出位元件组合K2Y000中。

图5-33　BCD、BIN指令的应用

当 X001 为 ON 时，BIN 指令执行，将输入位元件组合 K2X000 中的 BCD 码转换成二进制数，送入数据寄存器 D12 中。

三、任务实施

（一）训练目标

1）熟练掌握加法、减法指令，数据变换及 7 段译码指令在程序中的应用。

2）会 FX_{3U}系列 PLC 的外部 I/O 接线。

3）根据控制要求编写梯形图程序。

4）熟练使用三菱 GX Developer 编程软件，编制梯形图程序并写入 PLC 进行调试运行，查看运行结果。

（二）设备与器材

本任务所需设备与器材，见表 5-29。

表 5-29　所需设备与器材

序号	名称	符号	型号规格	数量	备注
1	常用电工工具		十字螺钉旋具、一字螺钉旋具、尖嘴钳、剥线钳等	1 套	表中所列设备、器材的型号规格仅供参考
2	计算机（安装 GX Developer 编程软件）			1 台	
3	THPFSL－2 网络型可编程控制器综合实训装置			1 台	
4	自动售货机模拟控制挂件			1 个	
5	连接导线			若干	

（三）内容与步骤

1. 任务要求

自动售货机模拟控制面板示意如图 5-34 所示。图中 M1、M2、M3 三个投币按钮表示投入自动售货机的人民币面值，货币采用 LED 7 段数码显示（例如：按下 M1 则显示 1），自动售货机里有汽水（3 元/瓶）和咖啡（5 元/瓶）两种饮料，当币值显示大于或等于这两种饮料的价格时，C 或 D 发光二极管会点亮，表明可以购买饮料；当按下汽水按钮或咖啡按钮表明购买饮料，此时与之对应的 A 或 B 发光二极管闪亮，表示已经购买了汽水或咖啡，同时出口延时 3s，E 或 F 发光二极管点亮，表明饮料已从售货机取出；按下 ZL 按钮表示找零，此时显示器清零，找零出口 G 发光二极管点亮，表明退币，1s 后系统复位。

2. I/O 地址分配与接线图

自动售货机控制 I/O 分配见表 5-30。

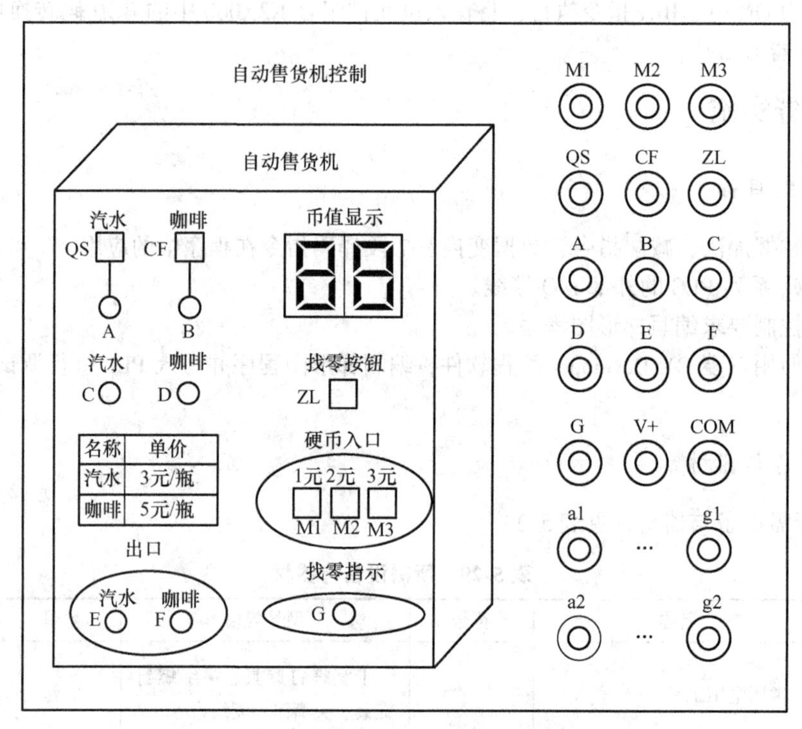

图 5-34 自动售货机模拟控制面板

表 5-30 自动售货机控制 I/O 分配表

输入			输出		
设备名称	符号	X 元件编号	设备名称	符号	Y 元件编号
1 元投币按钮	M1	X000	汽水指示	C	Y001
2 元投币按钮	M2	X001	咖啡指示	D	Y002
3 元投币按钮	M3	X002	购买到汽水	A	Y003
汽水选择按钮	QS	X003	购买到咖啡	B	Y004
咖啡选择按钮	CF	X004	汽水出口	E	Y005
找零按钮	ZL	X005	咖啡出口	F	Y006
			找零指示	G	Y007
			显示余额个位	a1 ~ g1	Y010 ~ Y016
			显示余额十位	a2 ~ g2	Y020 ~ Y026

自动售货机控制 I/O 接线如图 5-35 所示。

3. 编制程序

根据控制要求编写梯形图程序，如图 5-36 所示。

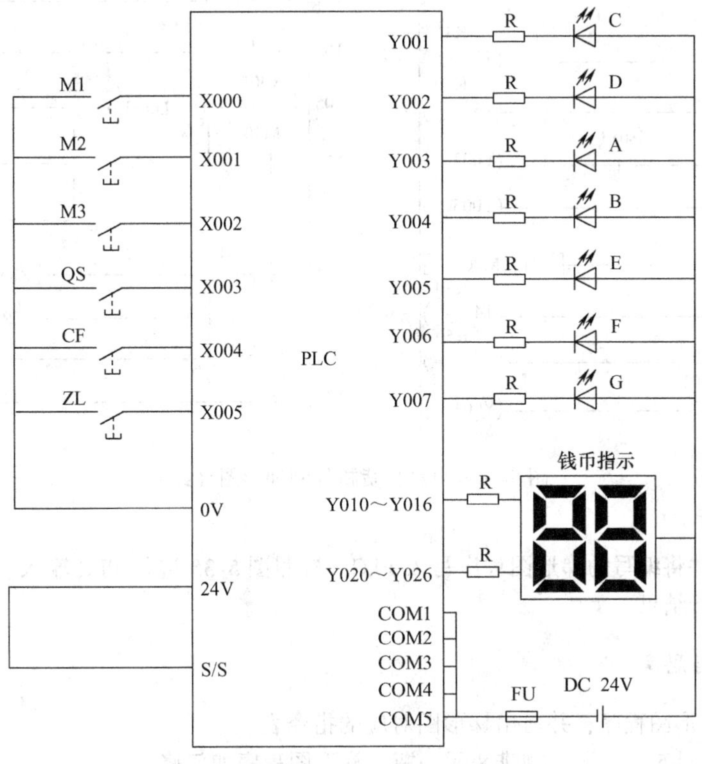

图5-35　自动售货机I/O接线图

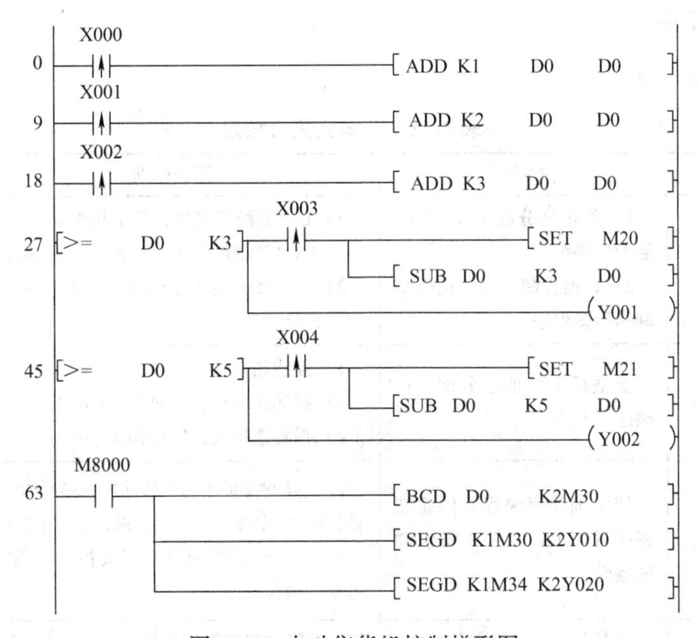

图5-36　自动售货机控制梯形图

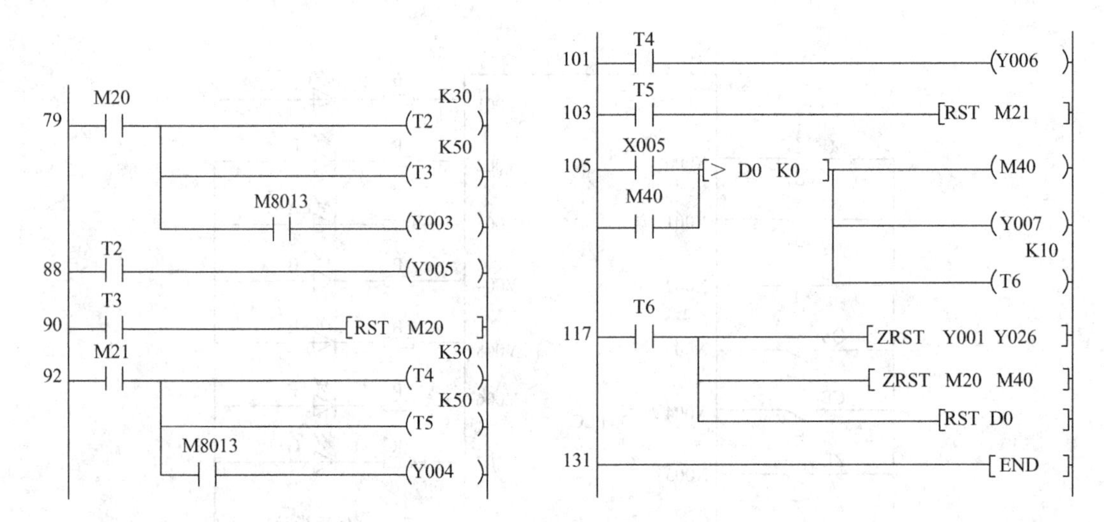

图5-36 自动售货机控制梯形图（续）

4. 调试运行

利用编程软件将编写的梯形图程序写入PLC，按照图5-35进行PLC输入、输出端接线，调试运行，观察运行结果。

（四）分析与思考

1）试分析梯形图程序，并写出梯形图对应的指令表。
2）如果汽水是5元一瓶，咖啡8元一瓶，梯形图程序如何修改？
3）如果用比较指令，本任务梯形图程序应如何编制？

四、任务考核

任务考核见表5-31。

表5-31 任务实施考核表

序号	考核内容	考核要求	评分标准	配分	得分
1	电路及程序设计	1）能正确分配I/O，并绘制I/O接线图 2）根据控制要求，正确编制梯形图程序	1）I/O分配错或少，每个扣5分 2）I/O接线图设计不全或有错，每处扣5分 3）梯形图表达不正确或画法不规范，每处扣5分	40分	
2	安装与连线	能根据I/O地址分配，正确连接电路	1）连线错一处，扣5分 2）损坏元器件，每只扣5~10分 3）损坏连接线，每根扣5~10分	20分	
3	调试与运行	能熟练使用编程软件编制程序写入PLC，并按要求调试运行	1）不会熟练使用编程软件进行梯形图的编辑、修改、转换、写入及监视，每项扣2分 2）不能按照控制要求完成相应的功能，每缺一项扣5分	20分	
4	安全操作	确保人身和设备安全	违反安全文明操作规程，扣10~20分	20分	
5	合计				

五、知识拓展

（一）乘法与除法指令（MUL、DIV）

1. MUL、DIV 指令使用要素

MUL、DIV 指令的名称、编号、位数、助记符、功能和操作数等使用要素见表 5-32。

表 5-32　MUL、DIV 指令使用要素

指令名称	指令编号位数	助记符	功能	操作数			程序步数
				[S1.]	[S2.]	[D.]	
乘法	FNC22（16/32）	MUL MUL（P）	将指定源操作数中的二进制数相乘，结果送到指定的目标操作数中	K，H，KnX，KnY，KnM，KnS，T，C，U□\G□，D，R，V，Z（V，Z只适用于16位运算）		KnY，KnM，KnS，T，C，U□\G□，D，R，Z（只适用于16位运算）	7步（16位）13步（32位）
除法	FNC23（16/32）	DIV DIV（P）	将指定源操作数中的二进制数［S1.］除以［S2.］，商送到指定的目标操作数［D.］中，余数送到［D.］的下一元件中				

2. MUL、DIV 指令使用说明

1）在乘法运算中，如果目标操作数的位数小于运算结果的倍数，只能保存结果的低位。

2）在乘法和除法指令中，操作数中的数据均为有符号的二进制数，最高位为符号位（0 为正数，1 为负数）。

3）使用除法指令时，除数不能为“0”，否则指令不能执行。错误标志 M8067 = ON。

4）在乘法指令中，当目标元件为位元件时，其组合只能进行 K1 ~ K8 的指定，在 16 位运算中，可以将乘积用 32 个位元件表示，如指定为 K4 时，只能取得乘积运算的低 16 位。但在应用 32 位运算时，乘积为 64 位，若指定为 K8，则只能得到低 32 位的结果，而不能得到高 32 位的结果。如果要想得到全部结果，则可利用传送指令，分别将高 32 位和低 32 位送至位元件中。

5）变址寄存器 V 不能作为乘法和除法指令的目标操作数，而变址寄存器 Z 可以作为乘法和除法指令的目标操作数使用，但仅适用于 16 位数据运算。

3. MUL、DIV 指令的应用

MUL、DIV 指令的应用，如图 5-37 所示。

在图 5-37a 中，当 X000 为 ON 时，数据寄存器 D0 中的数据乘以数据寄存器 D2 中的数据，乘积送入（D5，D4）组成的双字元件中。当 X001 为 ON 时 32 位数据（D1，D0）乘以（D3，D2），乘积送入（D7，D6，D5，D4）中。

在图 5-37b 中，当 X000 为 ON 时，数据寄存器 D0 中的数据除以数据寄存器 D2 中的数据，商送入（D4）中，余数送入（D5）中。当 X001 为 ON 时 32 位数据（D1，D0）除以（D3，D2），商送入（D5，D4）中，余数送入（D7，D6）中。

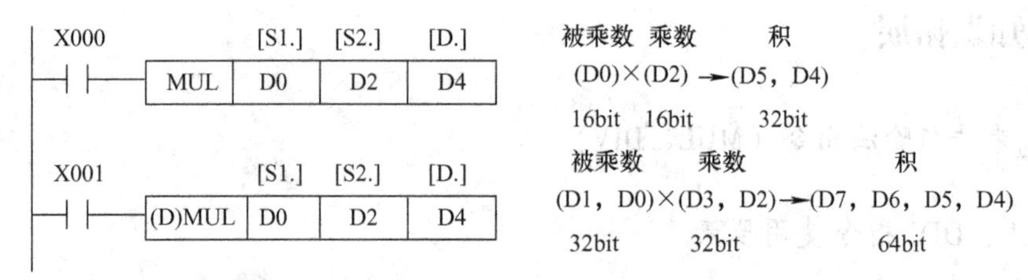

a) 乘法指令的应用

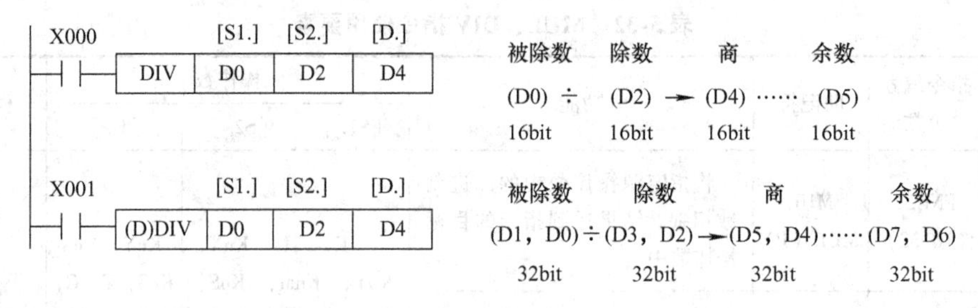

b) 除法指令的应用

图 5-37　乘法与除法指令的应用

（二）使用乘法与除法指令实现的8盏流水灯控制

1. 控制要求

用乘、除法指令实现8盏流水灯的移位点亮循环。有一组灯共8盏，接于Y000~Y007，要求：当X000=ON时，灯正序每隔1s单个移位，接着，灯反序每隔1s单个移位并不断循环；当X001=ON时，立即停止。

2. 编制程序

用乘法指令和除法指令实现的8盏流水灯控制梯形图程序如图5-38所示。

（三）二进制加1与二进制减1指令（INC、DEC）

1. INC、DEC指令使用要素

INC、DEC指令的名称、编号、位数、助记符、功能和操作数等使用要素见表5-33。

表 5-33　二进制加1与减1指令使用要素

指令名称	指令编号 位数	助记符	功能	操作数 [D.]	程序步数
二进制加1	FNC24 (16/32)	INC INC（P）	将目标操作数中的二进制数加1，结果仍存放在目标操作数中	KnY，KnM，KnS，T，C，D，R，U□\G□，V，Z	3步(16位) 5步(32位)
二进制减1	FNC25 (16/32)	DEC DEC（P）	将目标操作数中的二进制数减1，结果仍存放在目标操作数中		

2. INC、DEC指令使用说明

1）INC、DEC指令可以采用连续/脉冲执行方式，实际应用中要采用脉冲执行方式。

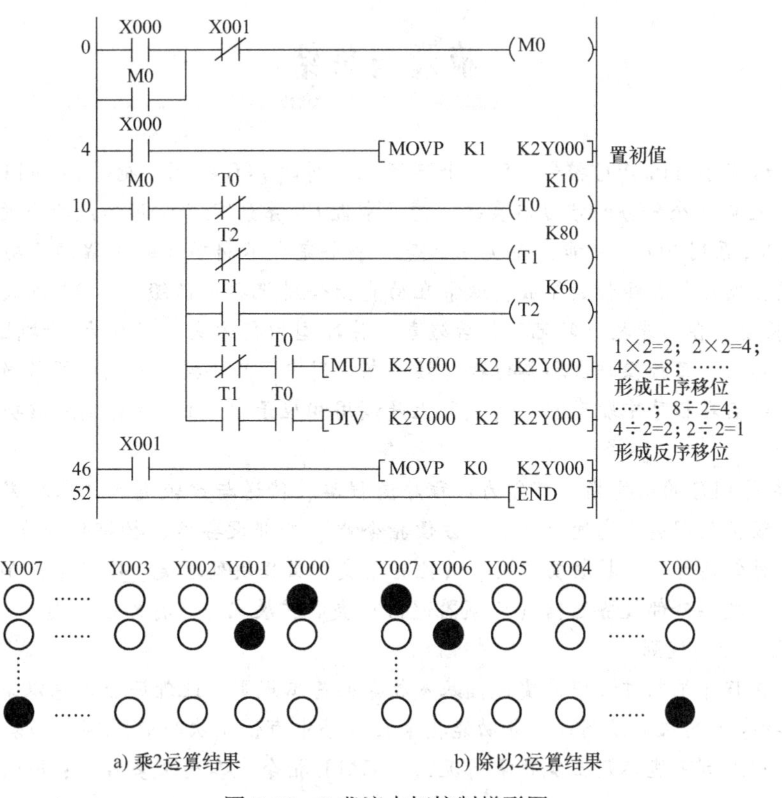

图 5-38 8 盏流水灯控制梯形图

2）INC、DEC 指令可以进行 16/32 位运算，并且为二进制运算。

3）在 16 位（或 32 位）运算中，当 +32767（或 +2147483647）再加 1，则变成 -32768（或 -2147483648）；-32768（或 -2147483648）再减 1，则变成 +32767（或 +2147483647），为循环计数。

4）加 1、减 1 的运算结果不影响标志位，也就是说这两条指令和零标志、借位标志、进位标志无关。

3. INC、DEC 指令的应用

INC、DEC 指令的应用，如图 5-39 所示。当 X000 由 OFF 变为 ON 时，执行二进制加 1 指令，将数据寄存器 D10 中的二进制数加 1，结果仍存于 D10 中。当 X001 由 OFF 变为 ON 时，执行二进制减 1 指令，将数据寄存器 D11 中的二进制数减 1，结果仍存于 D11 中。

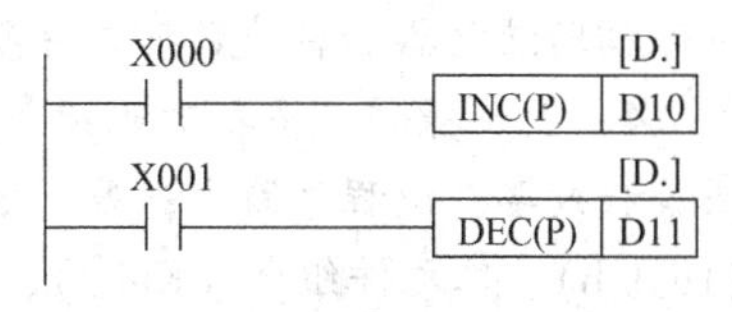

图 5-39 二进制加 1 和二进制减 1 指令的应用

六、任务总结

本任务介绍了加减运算、数据变换和 7 段译码等几种常见的功能指令的功能及应用。然后以自动售货机为载体，围绕其程序设计分析、程序写入、输入/输出连线、调试及运行开展任务实施，针对性很强，目标明确。

通过学习不难发现，功能指令为解决较为复杂的问题提供了便利。

梳理与总结

本项目通过流水灯的PLC控制、8站小车随机呼叫的PLC控制、抢答器的PLC控制和自动售货机的PLC控制4个任务的学习与实践，达成掌握FX系列PLC常用功能指令的编程应用。

1. 对于FX_{3U}系列PLC，功能指令实际上是一个个完成不同功能的子程序。功能指令一般由功能指令代码、助记符和操作数组成，通常在功能指令助记符加前缀表示32位数据长度，不加为16位数据长度，在功能指令助记符加后缀表示脉冲型执行方式，不加为连续性指令方式，操作数分为源操作数、目标操作数和其他操作数。在应用中，只要按功能指令操作数的要求填入相应的操作数，然后在程序中驱动它们（实际上是调用相应子程序），就会完成该功能指令所代表的功能操作。

2. FX_{3U}系列PLC的功能指令可分为：程序流程类、传送与比较类、算术及逻辑运算类、循环与移位类、数据处理类、高速处理类、方便指令类、外部设备类、数据传送类、浮点运算类、定位控制类、时钟运算类、扩展功能类、其他指令类、数据块处理类、字符串控制类、触点比较类、数据表处理类、外部设备通信（变频器通信）类和扩展文件寄存器控制类。

3. 功能指令使用规则

功能指令在程序编制过程中需要遵循基本指令的基本规则。此外还应注意以下几点：

1）功能指令使用次数限制。部分功能指令在程序中有使用次数的限制，如果超出使用次数的限制，程序结果有可能怀疑出现异常情况，如CALL指令嵌套时最多6级；FOR NEXT指令嵌套时最多6次；PLSY、PLSR指令总数不超过3次（FX_{3U}、FX_{3UC}系列PLC）等。

2）软元件的重复使用。功能指令需要占用大量的软元件，而在使用这些功能指令时，有时只指定起始的软元件，因此在使用时一定要注意软元件的分配，避免重复使用问题。部分功能指令和高速计数器须占用指定的软元件编号（地址），在编程时如需要使用这些功能指令或高速计数器，需预留出这些软元件。

3）特殊辅助继电器和特殊数据寄存器。很多功能指令都需要设置特殊辅助继电器和特殊数据寄存器。在编程过程中，需对这些特殊软元件正确设置和使用，否则程序可能不能正确执行。特殊辅助继电器和特殊数据寄存器在功能指令中的用途请参考附录C。

4）变址操作。多数功能指令都可以进行变址操作，这对编制程序非常有用：一方面可以提高编程效率，使程序简化；另一方面可以减少程序空间，提高系统的运行速度。但要注意字位（D□.b）、位元件组合（Kn□）、缓冲寄存器BFM（U□\G□）字以及特殊辅助继电器和特殊数据寄存器不能进行变址操作。

复习与提高

一、填空题

1. FX_{3U}系列PLC功能指令的操作数分为________、________和________，其中作为补充注释说明的操作数是________。

2. 功能指令的执行方式分为________、________。

3. 位元件组合K2X000表示________组位元件构成，组成的位元件是________。

4. FX_{3U}系列 PLC 条件跳转指令的操作数为________。

5. 变址寄存器 V、Z，在 32 位运算变址时，V 和 Z 组合使用，________为高 16 位，________为低 16 位。

6. 在二进制乘法运算时，当源操作数（乘数和被乘数）为 16 位数据时，则目标操作数（积）为________。

7. 缓冲寄存器 BFM 字 U1 \ G16 表示的含义是________。

8. FX_{3U}系列 PLC 编程位元件有________、________、________、________、________、________、________。

9. FX_{3U}系列 PLC 的字元件有_______、______、_______、_______、________、________。

二、判断题

1. 功能指令是由助记符与操作数两部分组成的。（　　）

2. 助记符又称为操作码，用来表示指令的功能，即告诉 PLC 要做什么。（　　）

3. 操作数用来指明参与操作的对象，即告诉 PLC 对哪些元件进行操作。（　　）

4. 在含有子程序的程序中，CALL 指令调用的子程序可以放在 END 指令前任意位置。（　　）

5. 功能指令助记符前加的“D”表示处理 32 位数据；不加“D”表示处理 16 位数据。（　　）

6. 字位元件 D10. 6 的含义是 D10 的第 6 个二进制位。（　　）

7. 执行指令“MOV K100 D10”的功能是将 K100 写入 D10 中。（　　）

8. 执行触点比较指令“LD > = C20 K50”的功能是当计数器 C20 的当前值大于等于十进制数 50 时，该触点接通一个扫描周期。（　　）

三、选择题

1. FX_{3U}系列 PLC 分支指针 P 范围是（　　）。

A. P0 ~ P4095　　B. P0 ~ P63　　C. P0 ~ P64　　D. P0 ~ P127

2. 比较指令 CMP 的目标操作数指定为 M10，则（　　）被自动占有。

A. M10 ~ M12　　B. M10　　C. M10 ~ M13　　D. M11 ~ M12

3. 使用传送指令 MOV 后（　　）。

A. 源操作数的内容传送到目标操作数中，且源操作数的内容清零

B. 目标操作数的内容传送到源操作数中，且目标操作数的内容清零

C. 源操作数的内容传送到目标操作数中，且源操作数的内容不变

D. 目标操作数的内容传送到源操作数中，且目标操作数的内容不变

4. 程序流向控制指令包括（　　）。

A. 条件跳转指令　　B. 中断指令　　C. 循环指令　　D. 比较指令

5. 下列（　　）元件表示的是字元件。

A. M0　　B. Y2　　C. S20　　D. C5

6. 下列属于 PLC 的清零程序是（　　）。

A. RST S20 S30　　B. ZRST T0 T20　　C. RST C10 C15　　D. ZRST X000 X017

7. 二进制加 1 指令的助记符是（　　）。

A. SUB　　B. ADD　　C. DEC　　D. INC

8. 位右移指令“SFTR（P）X0 M0 K12 K3”首次执行后目标操作数［D.］对应的位元件组合是（　　）。

A. M8M7M6M5M4M3M2M1M0X2X1X0　　B. X2X1X0M11M10M9M8M7M6M5M4M3

C. M0M1M2M11M10M9M8M7M6M5M4M3　　D. M8M7M6M5M4M3M2M1M0M11M10M9

9. 位元件组合K4M10中，仅M17为“1”，其余均为“0”，且D10 = K128，则执行比较指令“CMP D10 K4M10 Y000”后，输出为ON的是（　　）。

A. Y002　　B. Y001　　C. Y000　　D. 都不为ON

10. 执行指令“ZRST T10 T15”后，完成的功能是（　　）。

A. T10～T15的当前值为0，触点不复位　　B. T10～T15的设定值为0，触点不复位

C. T10～T15的当前值为0，触点复位　　D. T10～T15的设定值为0，触点复位

11. 当PLC执行“OUT D10. C”指令后（　　）。

A. D10的b12位置1　　B. D10为K0

C. D10为全1　　D. D10的b11位置1

四、简答题

1. 什么是位元件？什么是字元件？两者有什么区别？FX_{3U}系列PLC的位元件和字元件分别有哪些？

2. 位元件是如何组成字元件的？试举例说明。

3. 32位数据寄存器是如何构成的？在指令的表达形式上有什么特点？

4. 下列软元件是什么类型的软元件？其中K4X000、K2M10分别由哪几位组成？

X000　D10　S9　K4X000　T0　C20　K2M10

5. 功能指令的组成要素有哪几个？其执行方式有哪几种？其操作数有哪几类？

6. 当PLC执行指令“MOV K5 K1Y000”后，Y000～Y003的位状态是什么？

7. 当PLC执行指令“DMOV HB5C9A D10”后，D10、D11中存储的数据各是多少？

8. 图5-40所示的功能指令梯形图表示中，X000、（D）、（P）、D0、D4分别代表什么？该指令有何功能？程序步有几步？

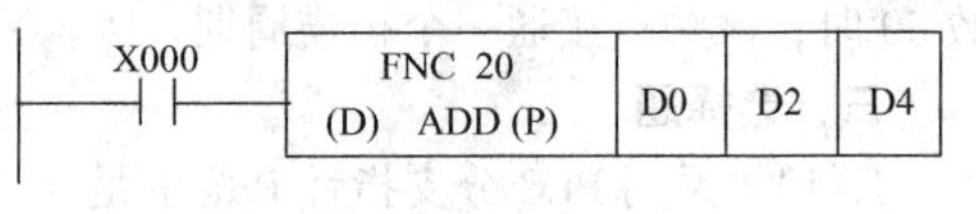

图5-40　题4-8图

五、程序设计题

1. 试用MOV指令编制三相异步电动机Y-△减压起动程序，假定三相异步电动机Y联结起动的时间为10s。如果用位移位指令程序应如何编制？

2. 试用CMP指令实现下列功能：X000为脉冲输入信号，当输入脉冲大于5时，Y001为ON；反之，Y000为OFF。试画出其梯形图。

3. 试用条件跳转指令，设计一个既能点动控制，又能自锁控制（连续运行）的电动机控制程序。假定X000 = ON时实现点动控制，X000 = OFF时，实现自锁控制。

4. 3台电动机相隔10s起动，各运行15s停止，循环往复。试用传送比较指令完成程序设计。

5. 试用比较指令设计1个密码锁控制程序。密码锁为8键输入（K2X000），若所拨数据与密码锁设定值H65相等，则2s后，开照明；若所拨数据与密码锁设定值H87相等，则3s后，开空调。

6. 试用比较传送指令设计一个自动控制小车运行方向的系统，如图5-41所示，试根据要求设计程序。工作要求如下：

1）当小车所停位置SQ的编号大于呼叫位置的编号SB时，小车向左运行至等于呼叫位置时停止。

2）当小车所停位置SQ的编号小于呼叫位置的编号SB时，小车向右运行至等于呼叫位置时

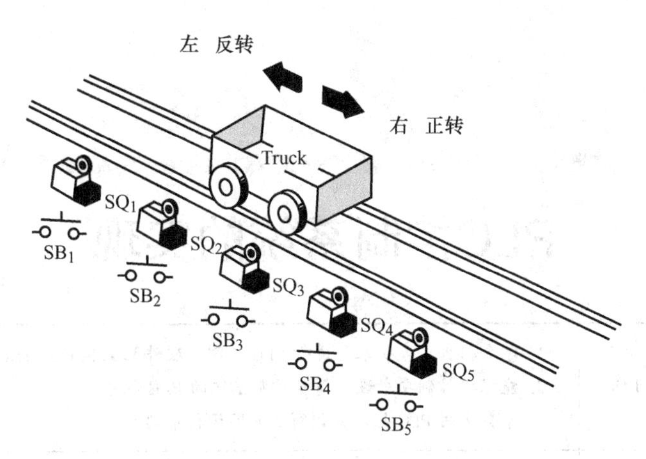

图 5-41　题 5-6 图

停止。

3）当小车所停位置 SQ 的编号与呼叫位置的编号 SB 相同时，小车不动作。

7. 设计一程序，将 K85 传送到 D0，K23 传送到 D10，并完成以下操作：

1）求 D0 与 D10 的和，结果送到 D20 存储。

2）求 D0 与 D10 的差，结果送到 D30 存储。

3）求 D0 与 D10 的积，结果送到 D40、D41 存储。

4）求 D0 与 D10 的商和余数，结果送到 D50、D51 存储。

8. 某灯光广告牌有 L_1 ~ L_{16}16 盏灯接于 K4Y000，要求按下起动按钮 X000 时，灯先以正序每隔 1s 轮流点亮，当 L_{16}亮后，停 2s；然后以反序每隔 1s 轮流点亮，当 L_1 再亮后，停 2s，重复上述过程。当停止按钮 X001 按下时，停止工作。试分别用循环移位和位移位指令设计该流水灯光控制程序。

9. “礼花之光”板，由 21 个发光二极管排成 4 层组成。最中间一层为 Y000，第二层由 Y001 ~ Y004 组成，第三层由 Y005 ~ Y014 组成，最外一层由 Y015 ~ Y024 组成。要求起动 X000 后出现由里向外按 1s 时间间隔循环点亮。

10. 设计 1 台计时精度精确到秒的闹钟控制程序，要求每天早晨 6：30 提醒你按时起床，晚上 10：30 提示你按时就寝。

11. 试用乘、除法指令实现 16 盏流水灯的移位点亮循环。要求：当按下起动按钮 SB_1时，16 盏灯先正序每隔 1s 单个移位，接着，16 盏灯反序每隔 1s 单个移位并不断循环；当按下停止按钮 SB_2时，立即停止。

12. 设计简单的霓虹灯程序。要求 4 盏灯，在每一瞬间 3 盏灯亮，1 盏灯熄灭，且按顺序排列熄灭。每盏灯亮、熄的时间分别为 0.5s，如图 5-42 所示。试画出梯形图程序。

图 5-42　题 5-12 图

项目六 6

PLC控制系统的实现

教学目标	技能目标	1. 学会根据任务要求，进行PLC选型、硬件配置和PLC安装接线。 2. 能根据控制要求设计简单控制系统的PLC程序。 3. 学会运用PLC基本知识解决实际运行中的问题。
	知识目标	1. 熟悉PLC控制系统设计的主要内容和步骤。 2. 掌握PLC控制系统程序设计及安装调试的方法。
教学重点		PLC控制系统的程序编制、调试。
教学难点		PLC控制系统的调试。
教学方法、手段建议		采用项目教学法、任务驱动法、理实一体化教学法等开展教学，在教学过程中，教师讲授与学生讨论相结合，传统教学与信息化技术相结合，充分利用翻转课堂、微课等教学手段，把课堂转移到实训室，引导学生做中学、学中做，教、学、做合一。
参考学时		8学时

在项目三~项目五中我们分别学习了三菱FX系列PLC基本指令、步进指令及功能指令的应用，下面将运用前面学习的FX系列PLC指令系统，通过机械手PLC控制系统的安装与调试、LED数码显示PLC控制系统的安装与调试2个任务介绍PLC控制系统的实现。

任务一　机械手PLC控制系统的安装与调试

一、任务导入

能模仿人的手和臂的某些动作功能，用以按固定程序抓取、搬运物件或操作工具的自动操作装置都称之为机械手。机械手是较早出现的工业机器人，也是较为简单的现代机器人，它可代替人的繁重劳动以实现生产的机械化和自动化，能在有害环境下操作以保护人身安全，因而广泛应用于机械制造、冶金、电子、轻工和原子能等行业。

本任务以机械手的PLC控制系统为例，学习PLC控制系统设计的内容、步骤和方法。

二、知识链接

（一）PLC应用系统设计的内容和步骤

1. PLC控制系统设计的基本原则

任何一种电气控制系统都是为了实现被控制对象（生产设备或生产过程）的工艺要求，以提高生产效率和产品质量。因此，在设计PLC控制系统时，应遵循以下基本原则：

1）最大限度地满足被控对象的控制要求。在设计前，应深入现场进行调查研究，收集资料，并与机械部分的设计人员和实际操作人员密切配合，共同拟订电气控制方案，协同解决设计中出现的各种问题。

2）在满足控制要求的前提下，力求使控制系统简单、经济、使用及维修方便。

3）保证控制系统的安全、可靠。

4）应考虑到生产发展和工艺的改进，在选择 PLC 的型号、I/O 点数和存储器容量等内容时，应适当留有余量，以满足以后生产发展和工艺改进的需要。

2. PLC 控制系统设计的基本内容

PLC 控制系统是由 PLC 与用户输入、输出设备连接而成的，因此，PLC 控制系统设计的基本内容包括以下几点：

1）选择用户输入设备（按钮、操作开关、限位开关和传感器等）、输出设备（继电器、接触器和信号灯等执行元件）以及由输出设备驱动的控制对象（电动机、电磁阀等）。这些设备属于一般的电器元件，其选择的方法在其他课程和有关书籍中已有介绍。

2）PLC 的选择。PLC 是 PLC 控制系统的核心部件，正确选择 PLC，对于保证整个系统的技术、经济、性能指标起着重要的作用。

选择 PLC，应包括机型的选择、容量的选择、I/O 点数（模块）的选择、电源模块以及特殊功能模块的选择等。

3）分配 I/O 点，绘制电气连接接口图，考虑必要的安全保护措施。

4）设计控制程序。包括设计梯形图、指令表（即程序清单）或控制系统流程图。

控制程序是控制整个工作的软件，是保证系统正常、安全可靠的关键。因此，控制系统的设计必须经过反复调试、修改，直到满足要求为止。

5）必要时还需设计控制台（柜）。

6）编制系统的技术文件。包括说明书、电气图及电器元件明细表等。

传统的电气图，一般包括电气原理图、电器布置图及电气安装图。在 PLC 控制系统中，这一部分图可以通称为“硬件图”。它在传统电气图的基础上增加了 PLC 部分，因此，在电气原理图中应增加 PLC 的 I/O 输入、输出电气连接图（即 I/O 接口图）。

此外，在 PLC 控制系统中，电气图还应包括程序图（梯形图），可以称之为“软件图”。向用户提供“软件图”，可便于用户在生产发展或工艺改进时修改程序，并有利于用户在维修时分析和排除故障。

3. PLC 控制系统设计的一般步骤

设计 PLC 控制系统的一般步骤如图 6-1 所示。

（1）熟悉被控对象并制定控制方案　首先向有关工艺、机械设计人员和操作维修人员详细了解被控设备的工作原理、工艺流程、机械结构和操作方法，了解工艺过程和机械运动与电气执行元件之间的关系和被控系统的要求，了解设备的运动要求、运动方式和步骤，在此基础上确定被控对象对 PLC 控制系统的控制要求，画出被控对象的工艺流程图，归纳出电气执行元件的动作节拍表。

（2）确定 I/O 设备　根据系统的控制要求，确定用户所需的输入设备的数量及种类（如按钮、限位开关和传感器等），明确各输入信号的特点（如开关量、模拟量、直流、交流、电流、电压等级和信号幅度等），确定系统的输出设备的数量及种类（如接触器、电磁阀和信号灯等），明确这些设备对控制信号的要求（如电流和电压的大小、直流、交流、电压等级、开关量和模拟量等），据此确定 PLC 的 I/O 设备的类型及数量。

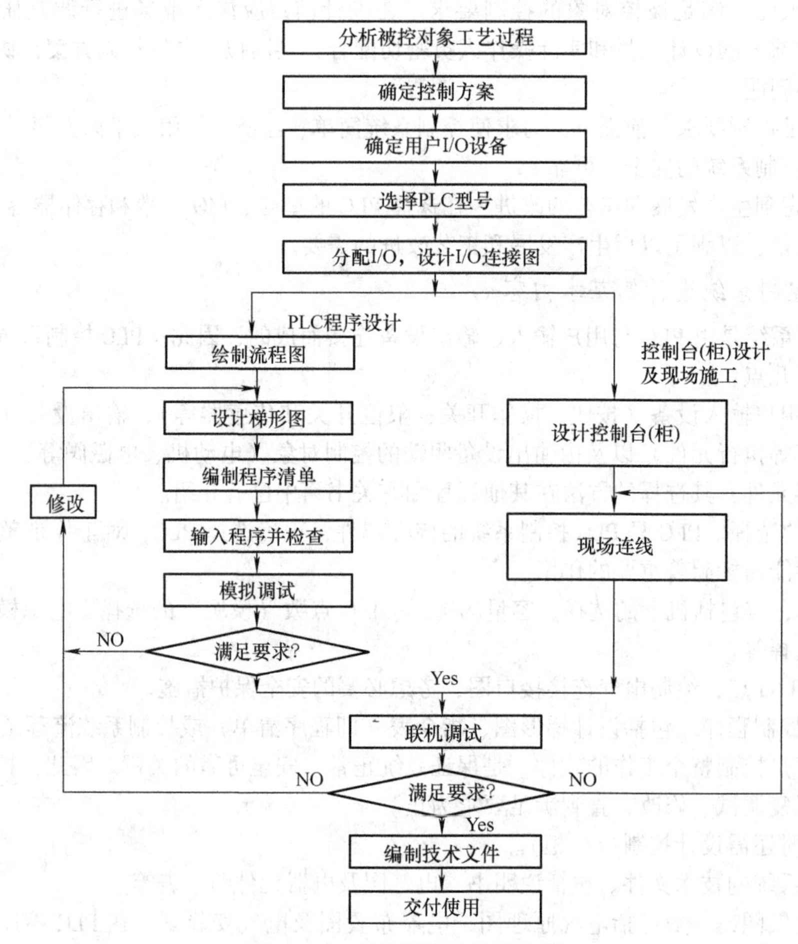

图6-1 PLC控制系统设计步骤

（3）选择PLC 主要包括PLC的机型、容量、I/O模块和电源的选择。

（4）分配PLC的I/O地址 根据已确定的I/O设备和选定的可编程序控制器，列出I/O设备与PLC点的地址分配表，以便绘制PLC外部I/O接线图和编制程序。

（5）设计软件及硬件 进行PLC程序设计、进行控制柜（台）等硬件的设计及现场施工。由于程序与硬件设计可同时进行，因此PLC控制系统的设计周期可显著缩短，而对于继电器-接触器控制系统，必须设计出全部的电气控制线路后才能施工设计。

（6）调试 包括模拟调试和联机调试

1）模拟调试。根据I/O模块指示灯的显示，不带输出设备进行调试。首先要逐条进行检查和验证，改正程序设计中的逻辑、语法、数据错误或输入过程中的按键及传输错误，观察在可能的情况下各个输入量、输出量之间的关系是否符合设计要求。发现问题及时修改设计，直到完全满足工作循环图或状态流程图的要求。

2）联机调试。分2步进行，首先连接电气控制柜，带上输出设备（如接触器线圈、信号指示灯等），不带负载（如电动机、电磁阀等），利用编程器或编程软件的监视功能，采用分段调试的方法进行，检查各输出设备的工作情况。待各部分调试正常后，再带上负载运行调试。如不符合要求，要对硬件和程序进行调整，直到完全满足设计要求为止。

全部调试完成后，还要经过一段时间的试运行，以检查系统的可靠性。如果工作正常，程序不需要修改，应将程序固化到EPROM中，以防程序丢失。

(7) 整理技术文件 包括设计说明书、电器元件明细表、电气原理图和安装图、状态表、梯形图及软件资料和使用说明书等。

(二) PLC的选择

1. PLC机型的选择

选择PLC机型的基本原则是：在满足控制要求的前提下，保证工作可靠，使用维护方便，以获得最佳的性能价格比。PLC的型号种类很多，选择时应考虑以下几个问题：

(1) PLC的性能应与控制任务相适应 对于开关量控制的控制系统，当对控制任务要求不高时，选择小型PLC（如MITSUBISHI公司FX_{3U}系列的FX_{3U}-16MR、FX_{3U}-32MR、FX_{3U}-48MR、FX_{3U}-64MR等），就能满足控制要求。

对于以开关量为主，带少量模拟量控制的系统，如工业生产中常遇到的温度、压力、流量、液位等连续量的控制，应选用带有A-D转换的模拟量输入模块和带D-A转换的模拟量输出模块，配接相应的传感器、变送器和驱动装置，并且选择运算功能较强的小型PLC。

对于控制比较复杂、控制要求高的系统，如要求实现PID运算、闭环控制、通信联网等，可视控制规模及复杂程度，选择中档或高档PLC。其中高档机主要用于大规模过程控制、分散式控制系统及整个工厂的自动化等。

(2) PLC机型系列应统一 在一个企业，应尽量使用同一系列的PLC。这不仅使模块通用性好，减少备件量，而且给编程和维修带来极大的方便，也有利于技术力量的培训、技术水平的提高和功能的开发，有利于系统的扩展升级和资源共享。

(3) PLC的处理速度应满足实时控制的要求 PLC工作时，从信号输入到输出控制存在滞后现象，一般有1~2扫描周期的滞后时间，对一般的工业控制来说，这是允许的，但在一些要求较高的场合，不允许有较大的滞后时间。滞后时间一般应控制在几十毫秒之内，应小于普通继电器的动作时间（约100ms）。通常为了提高PLC的处理速度，可采用以下几种方法：

1) 选择CPU处理速度快的PLC，使执行一条基本指令的时间不超过0.5μs。

2) 优化应用软件，缩短扫描周期。

3) 采用高速度响应模块。其响应时间可以不受PLC扫描周期的影响，只取决于硬件的延时。

(4) 应考虑是否在线编程 PLC的编程分为离线编程和在线编程两种。

离线编程的PLC，主机和编程器共用一个CPU，在编程器上有一个“编程/运行”选择开关，选择编程状态时，CPU将失去对现场的控制，只为编程器服务，这就是所谓的“离线”编程。程序编好后，如选择“运行”状态，CPU则去执行程序而对现场进行控制。由于节省了一个CPU，价格比较便宜，中、小型PLC多采用离线编程。

在线编程的PLC，主机和编程器各有一个CPU。编程器的CPU随时处理由键盘输入的各种编程指令，主机的CPU则负责对现场的控制，并在一个扫描周期结束时和编程器通信，编程器把编好或修改好的程序发送给主机，在下一个扫描周期主机将按新送入的程序控制现场，这就是“在线”编程。由于增加了CPU，故价格较高，大型PLC多采用在线编程。

是否采用在线编程，应根据被控设备工艺要求来选择。对于工艺不常变动的设备和产品定型的设备，应选用离线编程的PLC。反之，可考虑选用在线编程的PLC。

2. PLC容量的选择

PLC容量的选择，包括两个方面：一是I/O的点数；二是用户存储器的容量。

（1）I/O点数的选择　I/O点数是衡量PLC规模大小的重要指标，根据控制任务估算出所需I/O点数是硬件设计的重要内容。由于PLC的I/O点的价格目前还比较高，因此应该合理选用PLC的I/O点数，在满足控制要求的前提下力争使I/O点最少。根据被控对象的I/O信号的实际需要，在实际估算出I/O点数的基础上，取10%～15%的余量，就可选择相应规模的PLC。

（2）用户存储器容量的选择　PLC用户程序所需内存容量一般与开关量输入、输出点数、模拟量输入、输出点数及用户程序编写的质量等有关。对控制较复杂、数据处理量较大的系统，要求的存储器容量就要大些。对于同样的系统，不同用户编写的程序可能会使程序长度和执行时间差别很大。PLC的用户存储器容量以步为单位。

PLC用户程序存储器的容量，可按下面经验公式估算：

$$\text{存储器容量} = \text{开关量 I/O 总点数} \times 10 + \text{模拟量通道数} \times 100$$

再考虑20%～30%的余量，即为实际应取的用户存储器容量。

3. I/O接口电路的选择

（1）输入接口电路的选择　PLC输入模块的任务是检测并转换来自现场设备（按钮、限位开关、接近开关和温控开关等）的高电平信号为机器内部的电平信号。

输入接口电路形式的选择取决于输入设备的输入信号的种类，直流输入的电压等级一般为24V，交流输入的电压等级一般为100V，信号的种类可以为直流和交流2种。

输入设备包括拨码开关、编码器、传感器和主令开关（如按钮、转换开关、行程开关和限位开关等）。对于开关类输入，三菱FX系列PLC输入端子不管有多少，一般来说都是一个公共端，即采用汇点式接线。

对于FX_{3U}系列PLC输入端口根据S/S端与0V、24V端之间的不同连接，可以构成漏型和源型，其PLC的输入接线方式如图3-7所示。但对于FX_{2N}系列PLC一般都在内部已经接成了源型或漏型，不需要连接S/S端子，输入端口只有一个公共端（COM），输入端口接线时只要将各输入信号的其中一端分别连接至COM端即可。

对于传感器，如编码器可能是4线制的，由A、B、Z三相输出；接近开关、光敏开关、霍尔开关、磁性开关有2线或3线，应按照产品说明书推荐的电源种类和电压等级、接线方法进行接线。

选择输入模块时，主要考虑两个问题：一是现场输入信号与PLC输入模块距离的远近，一般24V以下属低电平，其传送距离不能太远，如12V电压模块一般不超过10m。距离较远的设备应选用较高电压的模块。二是对于高密度输入模块，能允许同时接通的点数取决于输入电压和环境温度。如32点输入模块，一般同时接通的点数不得超过总输入点数的60%。

（2）输出接口电路的选择　PLC输出模块的任务是将PLC内部低电平信号转换为外部所需电平的输出信号，驱动外部负载。输出模块有3种输出方式：继电器输出、晶体管输出和晶闸管输出。

选择PLC的输出方式应与输出设备电气特性相一致，包括接触器、继电器、电磁阀、信号灯、LED以及步进电动机、伺服电动机、变频电动机控制器等，并了解其与PLC输出端口相连时的电气特性。

PLC的3种输出方式对外接的负载类型要求不同。继电器输出型可以接交流/直流负载，晶体管输出型可以接直流负载，双向晶闸管输出可以接交流负载。继电器输出型适用于通断频率较低的负载，晶体管输出和双向晶闸管输出适用于通断频率较高的负载。PLC所接负载的功率应当小于PLC的I/O点的输出功率。

选择输出模块时必须注意：输出模块同时接通点数的电流必须小于公共端所允许通过的电

流值，输出模块的输出电流必须大于负载电流的额定值。如果负载电流较大，输出模块不能直接驱动，应增加中间放大环节。

（3）特殊功能模块的选择　在工业控制中，除了开关量信号，还有温度、压力、流量等过程变量。模拟量输入、模拟量输出以及温度控制模块的作用就是将过程变量转化为 PLC 可以接受的数字信号或者将 PLC 内的数字信号转化为模拟信号输出。此外，还有位置控制、脉冲计数、联网通信、I/O 连接等多种功能模块，可以根据控制需要选用。

4. 电源模块及其他外设的选择

（1）电源模块的选择　电源模块选择仅对于模块式结构的 PLC 而言，对于整体式 PLC 不存在电源的选择。

电源模块的选择主要考虑电源输出额定电流和电源输入电压。电源模块的输出额定电流必须大于 CPU 模块、I/O 模块和其他特殊模块等消耗电流的总和，同时还应考虑今后 I/O 模块的扩展等因素；电源输入电压一般根据现场的实际需要而定。

（2）编程器的选择　对于小型控制系统或不需要在线编程的系统，一般选用价格便宜的简易编程器。对于由中、高档 PLC 构成的复杂系统或需要在线编程的 PLC 系统，可以选用功能强、编程方便的智能编程器，但智能编程器的价格较贵。如果现场有个人计算机，可以利用 PLC 的编程软件，在个人计算机上实现编程器的功能。

（3）写入器的选择　为了防止由于环境干扰或锂电池电压不足等原因破坏 RAM 中的用户程序，可选用 EPROM 写入器，通过它将用户程序固化在 EPROM 中，有些 PLC 或其编程器本身就具有 EPROM 写入的功能。

（三）顺序控制设计法

1. 顺序控制设计法概述

顺序控制，就是按照生产工艺预先规定的顺序，在各个输入信号的作用下，根据内部状态和时间的顺序，在生产过程中各个执行机构自动地有序地进行操作。针对顺序控制系统，设计程序时首先根据系统的工艺过程，画出顺序功能图，然后根据顺序功能图编制梯形图，称此方法为顺序控制设计法。

顺序控制设计法的最基本的思想是将系统的一个工作周期划分为若干个顺序相连的阶段，这些分阶段称为步（Step），并用编程元件（例如状态继电器 S 或内部辅助继电器 M）来代表各步，步是根据输出量的状态变化来划分的。

顺序控制设计法用转移条件控制代表各步的编程元件，让它们的状态按一定的顺序变化，然后用代表各步的编程元件去控制 PLC 的各输出位。

2. 顺序控制设计法设计的基本步骤及内容

（1）步的划分　分析被控对象的工作过程及控制要求，将系统的工作过程划分成若干个步。如图 6-2a 所示，步是根据 PLC 输出状态的变化来划分的，在每一步内 PLC 各输出量状态均保持不变，但是相邻两步输出量总的状态是不同的。步的这种划分方法使代表各步的编程元件的状态与各输出量的状态之间有着极为简单的逻辑关系。

步也可以根据被控对象工作状态的变化来划分，但被控对象工作状态的变化应该是由 PLC 输出状态的变化引起的。如图 6-2b 所示，某液压滑台的整个工作过程可划分为原位、快进、工进和快退四步。但这四步的改变都必须是由 PLC 输出状态变化引起的，否则就不能这样划分，例如从快进转为工进与 PLC 输出无关，那么快进和工进只能作为一步。

(2) 转移条件的确定

转移条件是使系统从当前步进入下一步的信号。转移条件可能是外部输入信号，如按钮、行程开关的接通/断开等，也可能是PLC内部产生的信号，如定时器和计数器的触点的接通/断开等，还可能是若干个信号的与、或、非逻辑组合。图6-2b所示的SB_1、SQ_1、SQ_2、SQ_3均为转移条件。

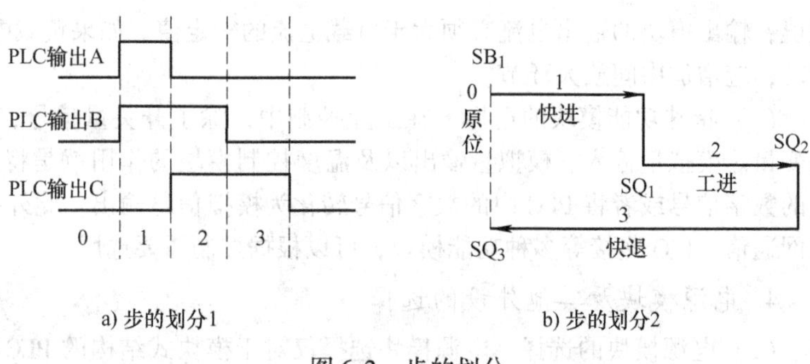

图6-2 步的划分

(3) 顺序功能图的绘制 划分了步并确定了转移条件后，就应根据以上分析和被控对象的工作内容、步骤、顺序及控制要求画出顺序功能图。这是顺序控制设计法中最关键的一个步骤。绘制顺序功能图的具体方法已在项目四中详细介绍。

(4) 梯形图的绘制 根据顺序功能图，采用某种编程方式设计出梯形图程序。如果PLC支持功能图语言，则可直接使用功能图作为最终程序。下面将介绍顺序控制编程方式的相关内容。

(四) 使用通用逻辑指令的编程方式

通用逻辑指令的编程方式又称为起保停电路的编程方式。起保停电路仅仅使用与触点和线圈有关的通用逻辑指令，如LD、AND、OR、ANI、OUT等。各种型号PLC都有这一类指令，所以这是一种通用的编程方式，适用于各种型号PLC。编程时用辅助继电器M来代表步。某一步为活动步时，对应的辅助继电器为“1”状态，转移实现时，该转移的后续步变为活动步，前级步变为不活动步。由于转移条件大都是短信号，即它存在的时间比它激活后续步的时间短，因此应使用有记忆（保持）功能的电路来控制代表步的辅助继电器。属于这类电路的有“起保停电路”和使用SET、RST指令编制程序的电路。

如图6-3a所示，M（i-1）、Mi和M（i+1）是功能图中顺序相连的3步，Xi是步Mi前级步M（i-1）的转移条件。

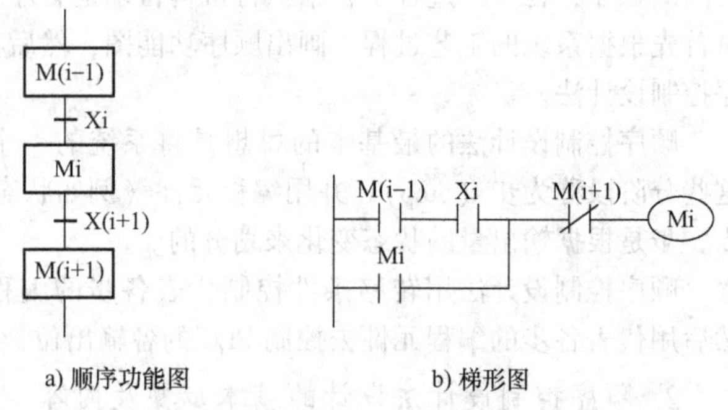

图6-3 使用起保停电路的编程方式

编程的关键是找出它的起动条件和停止条件。根据转移实现的基本规则，转移实现的条件是它的前级步为活动步，并且满足相应的转移条件，所以Mi变为活动步的条件是M（i－1）为活动步，并且转移条件Xi＝1，在梯形图中则应将M（i－1）和Xi的常开触点相串联作为控制Mi步的起动电路，如图6-3b所示。当Mi和X（i＋1）均为“1”状态时，步M（i＋1）变为活动步，这时步Mi应为不活动步，因此可以将M（i＋1）＝1作为使Mi变为“0”状态的条件，即将M（i＋1）的常闭触点与Mi的线圈串联。上述的逻辑关系用逻辑表达式表示为：$Mi=(M(i-1)\cdot Xi+Mi)\cdot \overline{M}(i+1)$，式中i表示第i步，i－1表示i前一步，i＋1表示i后一步，Xi表示第i步成为活动步的转移条件。

（五）使用通用逻辑指令编程方式的单序列编程举例

如图6-4a所示为某小车运动的示意图，小车初始停在X002位置，当按下起动按钮X003时，小车开始左行，左行至X001位置，小车改为右行，右行至X002位置，小车又改为左行，左行至X000位置时停下，小车开始右行，右行至X002位置停下并停在原位。

小车的运动过程分为四步，其功能图如图6-4b所示，该功能图为单序列，采用起保停电路绘制的梯形图如图6-4c所示。

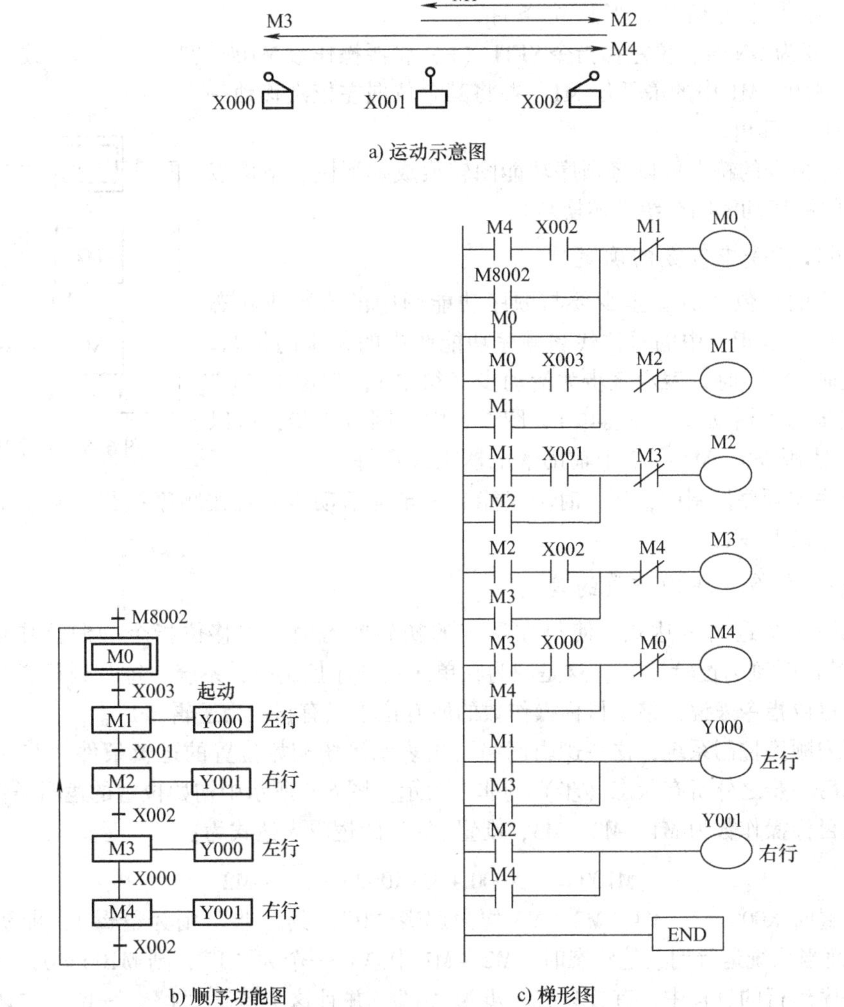

图6-4　使用起保停电路单序列的编程

使用起保停编程方式在处理每一步的输出时应注意以下两点：

1）如果某一输出量仅在某一步中为ON，可以将它们的线圈分别与对应步的辅助继电器的线圈并联。

2）如果某一输出继电器在几步中都应为ON，应将代表各有关步的辅助继电器的常开触点并联后，驱动该输出继电器的线圈，如图6-4c所示，避免出现双线圈输出。

（六）用位左移指令实现顺序功能图单序列的编程

位移位指令是FX系列PLC常用的一条功能指令，灵活使用位移位指令不仅能提高PLC的编程技巧，还能培养初学者分析与解决问题的能力。

位移位指令具有保持顺序状态和通过相关继电器触点去控制输出的能力，因而，在某些顺序控制问题中，采用位移位指令比采用基本指令编程要简单得多。图6-5所示为位左移指令的格式，当移位条件X000由OFF变为ON时，位左移指令SFTL（P）将源操作数M100的状态（“0”或“1”）送到目标操作数M10～M1中的最低位M1，并将其余位向左依次移动一位，最高位M10移出。

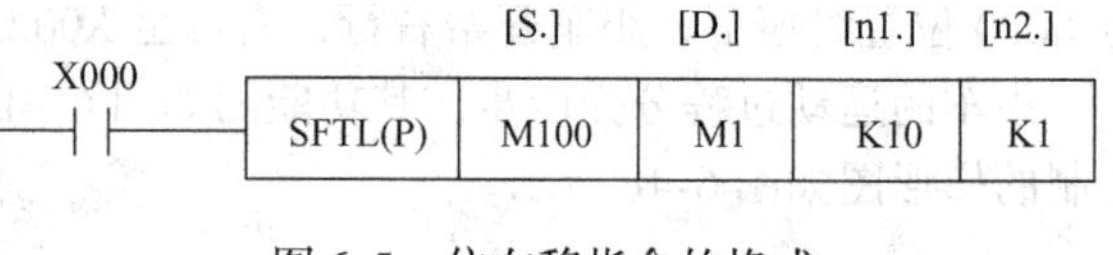

图6-5 位左移指令的格式

利用移位指令的特点可以将顺序功能图转换成梯形图，下面以图6-6所示的顺序功能图介绍其转换步骤。

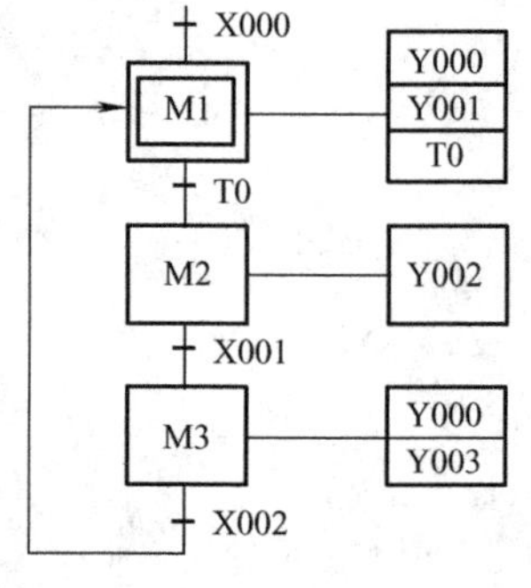

图6-6 顺序功能图

1. 位移位指令中位数的确定

移位指令的位数［n1］至少要与顺序功能图中的步数或状态数相同。即用移位指令中的每位代表顺序功能图中的每步的状态。当该位为逻辑“1”时，表示该步为活动步（得电），为逻辑“0”时，表示该步为不活动步（不得电）。图6-6中，因有3步，所以［n1］＝3，使用M3～M1共3个辅助继电器来表示每步。

由于单序列顺序控制中，任一时刻只能有一步为活动步并且按顺序执行，所以每次只能移动一位，即［n2］＝1。

2. 位移位指令中源操作数的确定

必须采用一个逻辑表达式，使得在系统的初始状态时。位移位指令的源操作数M100为“1”，而在其他时刻为逻辑“0”，这是因为在单序列顺序控制中，系统中每时刻只能有一个状态动作，而位移位指令来说，整个目标操作数的所有位中只有移位为逻辑“1”。

对单序列顺序控制系统，这一逻辑网络可由表示系统初始位置的逻辑条件“与”顺序功能图中除了最后一步之外所有状态（步）的非来表示。图6-6所示中初始位置的逻辑条件为X000，移位指令的目标操作数为M1、M2、M3，则置“1”的逻辑表达式为：

$$M100 = (X000 + M3X002) \cdot \overline{M1} \cdot \overline{M2}$$

初始位置时X000＝1，M1、M2、M3均为逻辑“0”，其“非”则为逻辑1，即初始位置时M100＝1。而当系统运行到其他状态时，M2～M1中总有一个为“1”，则M100＝0，这就保证在整个顺序程序运行的过程中，有且只有一步为“1”，并且这个逻辑“1”，一位一位地在顺序功能图移动，每移动一位表明开始下一个状态，关闭当前状态。

3. 位移位指令中移位条件的确定

移位条件由移位信号控制，一般是由顺序功能图中的转移条件提供。同时，为了形成固定顺序，防止意外故障，并考虑到转移条件可能重复使用，每个转移条件必须有约束条件。在位移位指令中，一般采用上一步的状态（M1、M2、……）“与”当前要进入下一步的转移条件（X001、X002、……）来作为移位信号，因而根据图6-6有：

$$SFT = X000 + M1 \cdot T0 + M2 \cdot X001$$

也可以根据具体情况采用其他方法完成移位信号的设置。如采用秒脉冲 M8013 控制移位等。

4. 顺序控制中循环运行的实现

当顺序功能图中一个工作周期完成后，需要继续下一周期运行，通常用顺序功能图最后一个步（或状态）对应的辅助继电器“与”转移条件来做下一次循环运行的起动信号。另外，也可根据控制要求的实际情况，采用手动复位。

5. 顺序功能图中动作输出方程的确定

一般情况下，动作对应的输出元件的逻辑等于对应状态的辅助继电器。当一个输出元件对应多个状态时，等于多个状态的辅助继电器相“或”，则动作输出方程的逻辑表达式为：

Y000 = M1 + M3　　Y001 = M1

Y002 = M2　　Y003 = M3　　T0 = M1

则用位左移指令实现顺序控制的梯形图如图 6-7 所示。

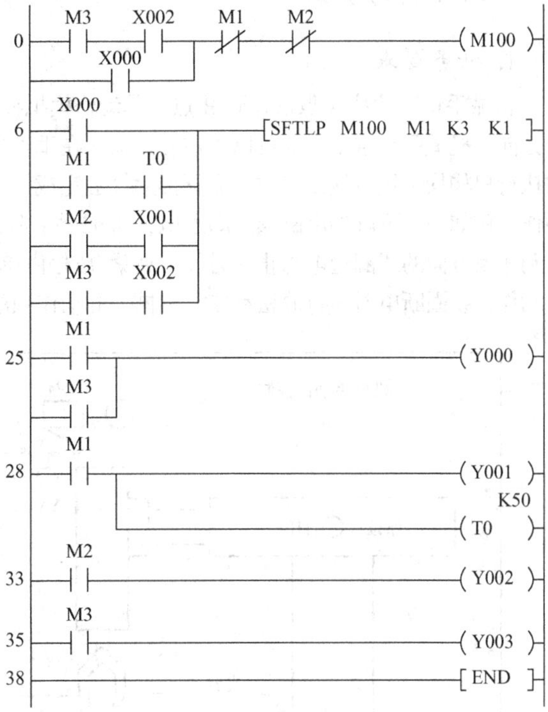

图 6-7　用位左移指令实现顺序控制的梯形图

三、任务实施

（一）训练目标

1）初步学会通用逻辑指令编程方式设计顺序控制程序。

2）根据控制要求绘制单序列顺序功能图，并用通用逻辑指令编程方式编制梯形图。

3）能使用位左移指令编制单序列顺序控制梯形图。

4）学会 FX_{3U} 系列 PLC 的外部接线方法。

5）熟练使用三菱 GX Developer 编程软件进行程序输入，并写入 PLC 进行调试运行，查看运行结果。

（二）设备与器材

本任务所需设备与器材见表 6-1。

表 6-1　所需设备与器材

序号	名称	符号	型号规格	数量	备注
1	常用电工工具		十字螺钉旋具、一字螺钉旋具、尖嘴钳、剥线钳等	1 套	表中所列设备、器材的型号规格仅供参考
2	计算机（安装 GX Developer 编程软件）			1 台	
3	THPFSL-2 网络型可编程序控制器综合实训装置			1 台	
4	机械手动作模拟控制挂件			1 个	
5	连接导线			若干	

（三）内容与步骤

1. 任务要求

机械手将工件从A点搬运到B点，其动作模拟控制面板如图6-8所示，运行形式为垂直和水平两个方向。机械手在水平方向可以做左右移动，在垂直方向可以做上下移动，其上升/下降和左移/右移的执行机构均采用双线圈二位电磁阀推动气缸完成。当某个电磁阀线圈通电，就一直保持现有的机械动作，例如一旦下降的电磁阀线圈通电，机械手下降，即使线圈断电，仍保持现有的下降动作状态，直到相反方向的线圈通电为止。另外，夹紧/放松由单线圈二位电磁阀推动气缸完成，线圈通电执行夹紧动作，线圈断电时执行放松动作。机械手的动作顺序如下：

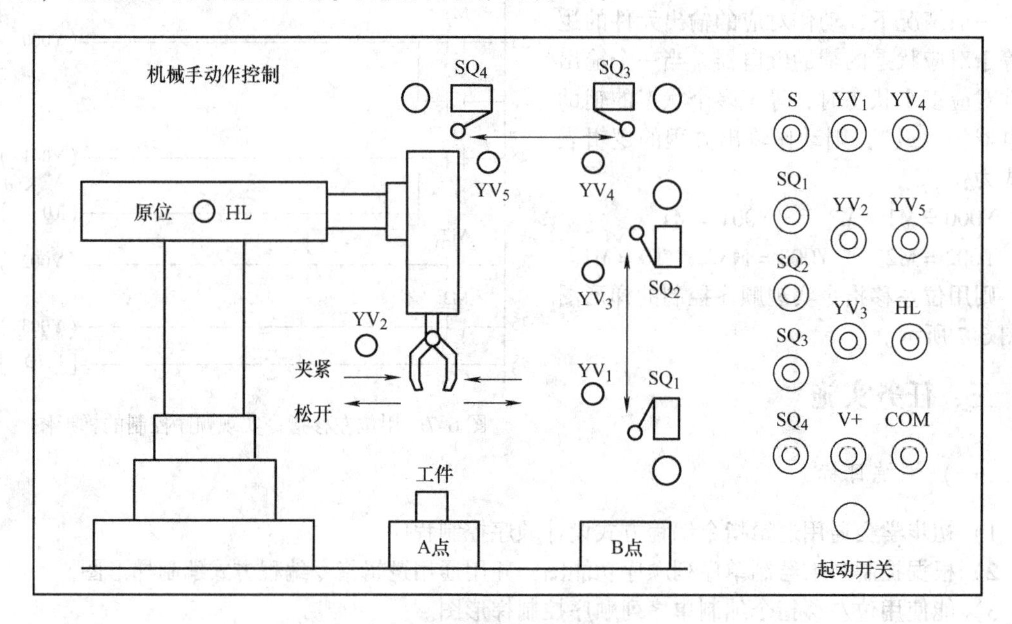

图6-8 机械手动作模拟控制面板

1）机械手在原位时，上限位开关SQ_2、左限位开关SQ_4闭合，机械手手爪松开，原位指示灯HL点亮，按下起动开关S，原位指示灯HL熄灭，机械手下降。

2）机械手下降到位，下限位开关SQ_1动作，夹紧工件，然后机械手上升，上升到位，上限位开关SQ_2动作，机械手右移。

3）机械手右移到位，右限位开关SQ_3动作，机械手下降，下降到位，下限位开关SQ_1动作，手爪松开将工件放至B点。放松动作完成后，机械手上升。

4）机械手上升到位，上限位开关SQ_2动作，机械手左移，左移到位，左限位开关SQ_4动作，机械手装置回到原位，至此一个工作周期结束并停在原位。

图6-8中上、下限位和左、右限位开关用钮子开关来模拟，所以在操作中应为点动。电磁阀和原位指示灯用发光二极管来模拟。本装置的起始状态应为原位（即SQ_2与SQ_4应为ON，起动后马上打到OFF），它的动作过程如图6-9所示，有八个动作，即为：

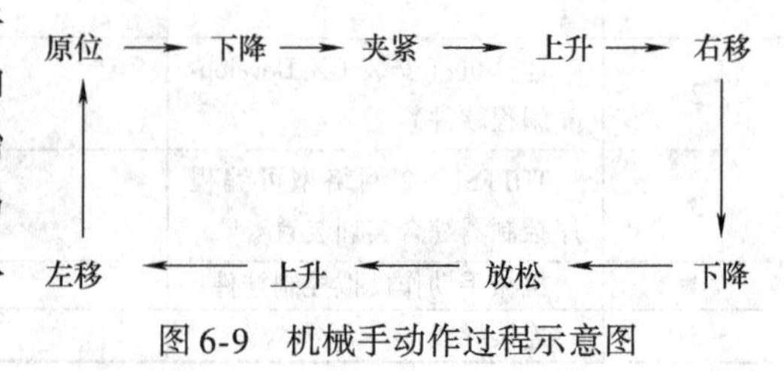

图6-9 机械手动作过程示意图

2. 选择 PLC

根据任务要求，可以确定输入信号 5 点，输出信号 6 点，考虑到本任务不需要脉冲输出及以后拓展的需求，故 PLC 选择 FX_{3U}-32MR 型。

3. I/O 地址分配与接线图

I/O 地址分配见表 6-2。

表 6-2 机械手动作控制 I/O 分配表

输入			输出		
设备名称	符号	X 元件编号	设备名称	符号	Y 元件编号
起动开关	S	X000	下降电磁阀	YV_1	Y000
下限位开关	SQ_1	X001	夹紧/放松电磁阀	YV_2	Y001
上限位开关	SQ_2	X002	上升电磁阀	YV_3	Y002
右限位开关	SQ_3	X003	右移电磁阀	YV_4	Y003
左限位开关	SQ_4	X004	左移电磁阀	YV_5	Y004
			原位指示灯	HL	Y005

I/O 接线图如图 6-10 所示。

4. 编制程序

1）使用通用逻辑指令编程方式编制机械手控制程序。根据控制要求绘制顺序功能图，如图 6-11 所示。

根据绘制的顺序功能图，用通用逻辑指令编程方式将其转换为梯形图，如图 6-12 所示。

2）用左移位指令实现机械手控制程序。

① 根据顺序功能图确定移位指令的位数为 9。

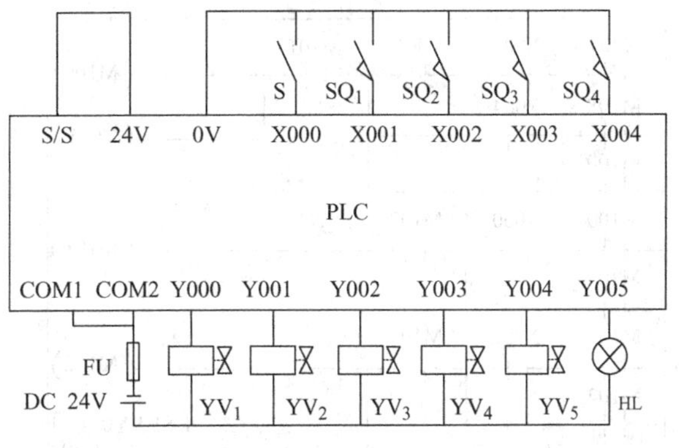

图 6-10 机械手动作控制 I/O 接线图

② 确定移位指令源操作数逻辑表达式 移位指令源操作数的逻辑表达式为：

$$M100 = X002 \cdot X004 \cdot \overline{Y001} \cdot \overline{M101} \cdot \overline{M102} \cdot \overline{M103} \cdot \overline{M104} \cdot \overline{M105} \cdot \overline{M106} \cdot \overline{M107}$$

③ 确定移位条件逻辑表达式。移位条件的逻辑表达式为：

$$SFT = M100 \cdot X000 + M101 \cdot X001 + M102 \cdot T0 + M103 \cdot X002 + M104 \cdot X003 + M105 \cdot X001 + M106 \cdot T1 + M107 \cdot X002$$

④ 确定复位条件。将顺序功能图中的最后一步 M108 “与” 转移条件 X004 作为对除了初始步 M100 以外的所有步的复位信号，以便开始下一周期的循环运行。

⑤ 写出输出状态逻辑表达式。根据顺序功能图写出输出状态的逻辑表达式。

Y000 = M101 + M105 Y001 = M102 + M103 + M104 + M105 Y002 = M103 + M107 Y003 = M104 Y004 = M108 Y005 = M100 T0 = M102 T1 = M106

⑥ 编制梯形图。将上述的逻辑表达式转换成梯形图，如图 6-13 所示。

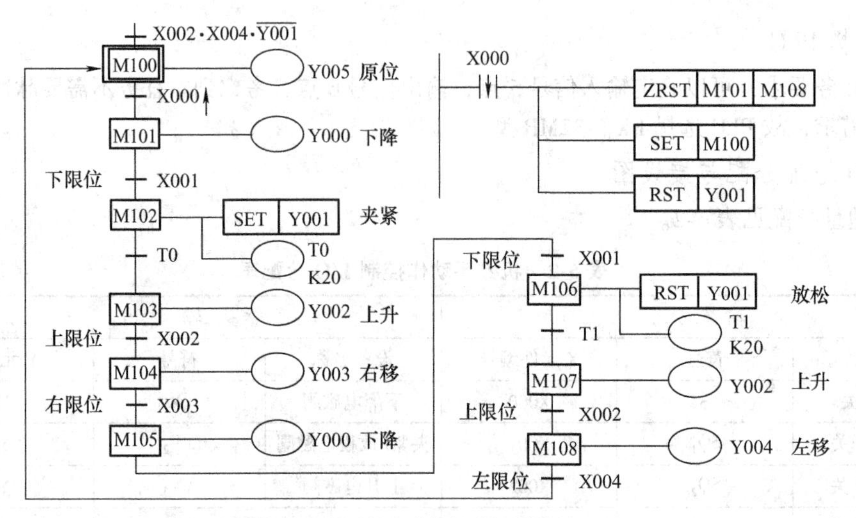

图6-11 机械手动作控制顺序功能图

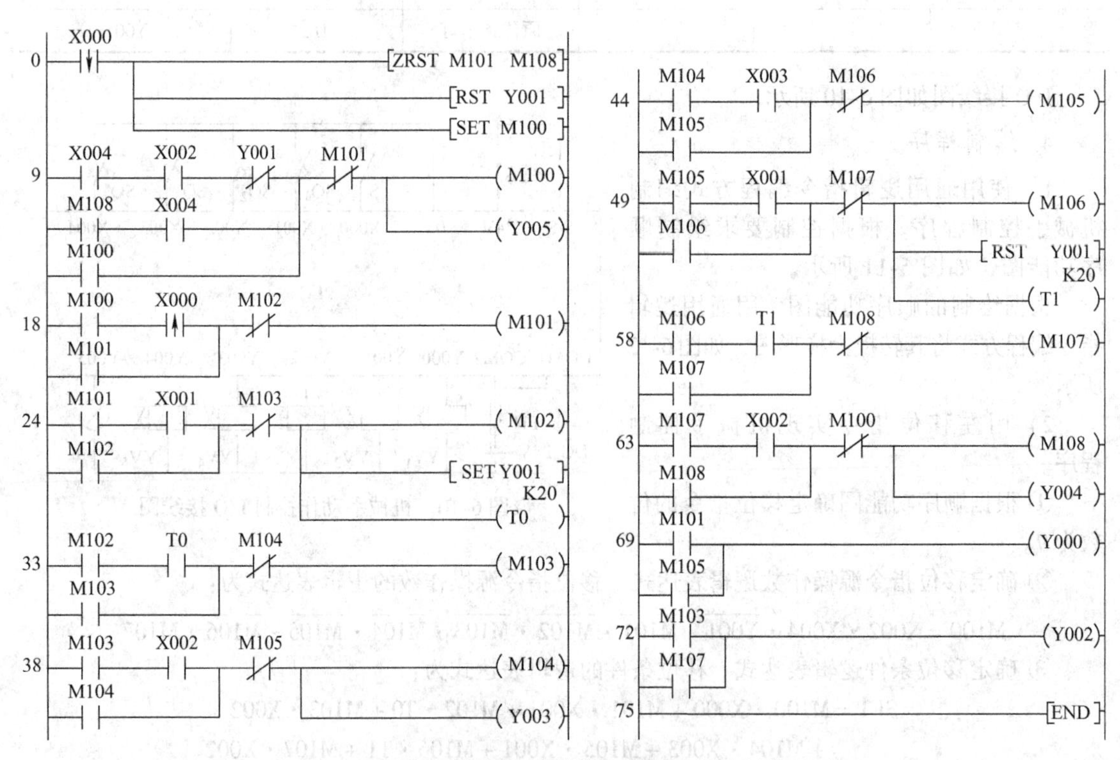

图6-12 通用逻辑指令编制的机械手动作控制梯形图

5. 调试运行

利用编程软件将编写的梯形图程序写入PLC，按照图6-10进行PLC输入、输出端接线，让PLC主机处于运行状态，开始时，将SQ_2、SQ_4闭合，机械手处于原位，指示灯HL亮。合上起动开关S，操作相应的钮子开关，观察机械手是否按控制要求运行。

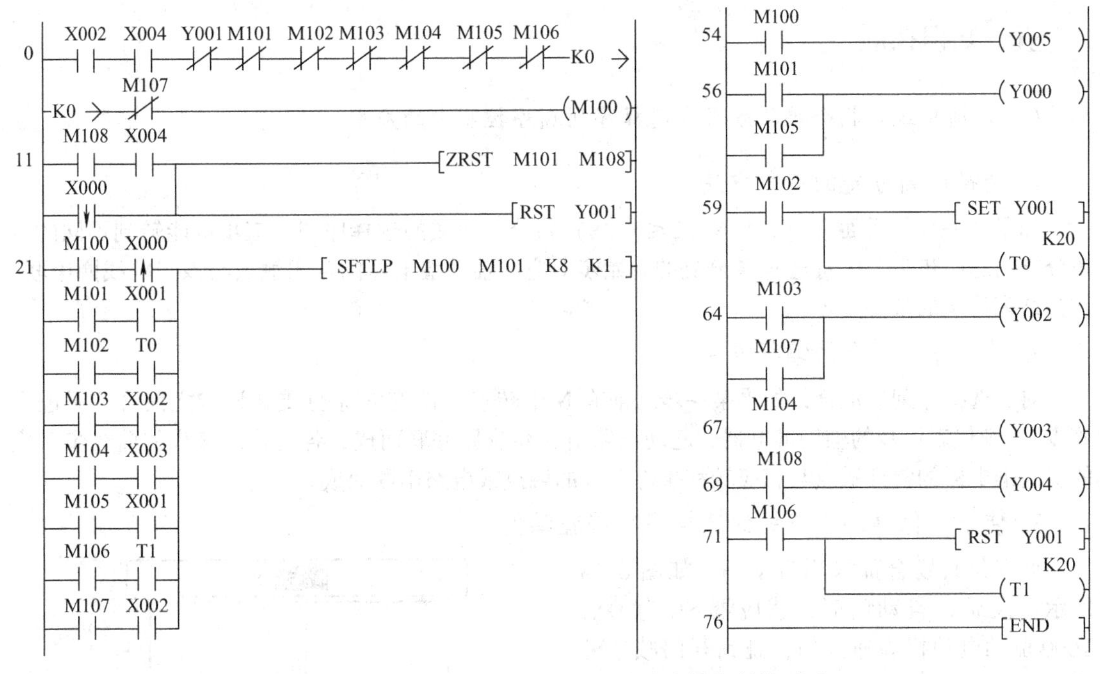

图 6-13　用位左移指令实现的机械手动作控制梯形图

（四）分析与思考

1）本任务机械手在运行过程中，断开 S 时停止是如何实现的？
2）如果该任务中的起停开关改为起动按钮和停止按钮程序应如何编制？

四、任务考核

任务考核见表 6-3。

表 6-3　任务实施考核表

序号	考核内容	考核要求	评分标准	配分	得分
1	PLC 控制系统设计	1）能正确分配 I/O，并绘制 I/O 接线图 2）根据控制要求，正确编制梯形图程序	1）I/O 分配错或少，每个扣 5 分 2）I/O 接线图设计不全或有错，每处扣 5 分 3）梯形图表达不正确或画法不规范，每处扣 5 分	40 分	
2	安装与连线	能根据 I/O 地址分配，正确连接电路	1）连线错一处，扣 5 分 2）损坏元器件，每只扣 5～10 分 3）损坏连接线，每根扣 5～10 分	20 分	
3	调试与运行	能熟练使用编程软件编制程序写入 PLC，并按要求调试运行	1）不会熟练使用编程软件进行梯形图的编辑、修改、转换、写入及监视，每项扣 2 分 2）不能按照控制要求完成相应的功能，每缺一项扣 5 分	20 分	
4	安全操作	确保人身和设备安全	违反安全文明操作规程，扣 10～20 分	20 分	
5	合　计				

五、知识拓展

（一）通用逻辑指令编程方式在选择序列顺序控制中的应用

1. 选择序列分支的编程方法

如果某一步的后面有一个由N（2≤N≤8）条分支组成的选择序列，该步可能转到不同的N条分支的起始步去，应将这N条分支的起始步对应的辅助继电器的常闭触点与该步的线圈串联，作为结束该步的条件。

2. 选择序列汇合的编程方法

对于选择序列的汇合，如果某一步之前有N个转移（即有N条分支在该步之前合并后进入该步），则代表该步的辅助继电器的起动电路由N条支路并联而成，各支路由该步的前级步对应的辅助继电器的常开触点与相应转移条件对应的触点或电路串联而成。

3. 使用起保停编程方式的选择序列编程举例

许多公共场合都采用自动门，如图6-14所示，人靠近自动门时，感应器SL为ON，Y000驱动电动机高速开门，碰到开门减速开关SQ_1时，变为低速开门。碰到开门极限开关SQ_2时电动机停转，开始延时。若在10s内感应器检测到无人，Y002起动电动机高速关门。碰到关门减速开关SQ_3时，改为低速关门，碰到关门极限开关SQ_4时电动机停转。在关门期间若感应器检测到有人，停止关门，延时1s后自动转换为高速开门。

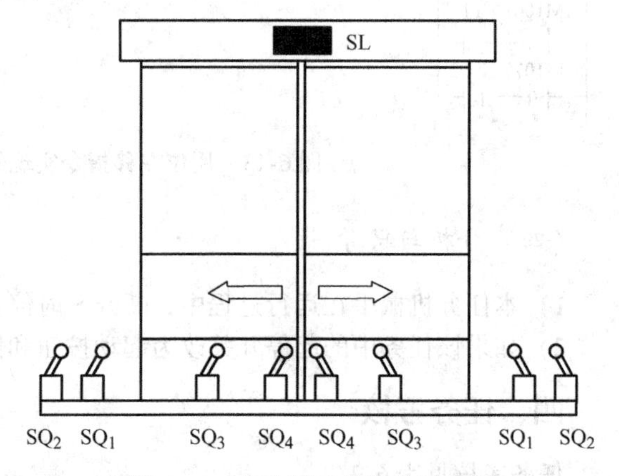

图6-14 自动门系统结构示意图

（1）I/O分配 根据系统的控制要求，该系统的输入与输出分配见表6-4。

表6-4 自动门系统I/O分配表

输入			输出		
设备名称	符号	X元件编号	设备名称	符号	Y元件编号
感应开关	SL	X000	高速开门接触器	KM_1	Y000
开门减速开关	SQ_1	X001	减速开门接触器	KM_2	Y001
开门到位	SQ_2	X002	高速关门接触器	KM_3	Y002
关门减速开关	SQ_3	X004	减速关门接触器	KM_4	Y003
关门到位	SQ_4	X005			

（2）绘制顺序功能图 分析自动门的控制要求，自动门在关门时会有两种选择，关门期间无人要求进出时继续完成关门动作，而如果关门期间又有人要求进出的话，则暂停关门动作，开门让人进出后再关门。绘制顺序功能图，如图6-15a所示。

分析图6-15a可得如下结论。

1）初始步M1之前有一个选择分支的合并，当步M0为活动步并且转移条件X000满足，或M6为活动步且转移条件T1满足时，步M1都变为活动步。

2）步 M4 之后有选择一个分支的处理，它的后续步 M5 或 M6 变为活动步时，它应变为不活动步。

功能图中，初始化脉冲 M8002 对初始步 M0 置位，当检测到有人时，就高速继而减速开门，门全开时延时 10s 后高速关门，此时有两种情况可供选择，一种是无人，就碰减速装置 X004 开始减速关门；另一种是正在高速关门时，X000 检测到有人，系统就延时 1s 后重新高速开门。在减速关门 M5 对应的这一步正在减速关门时，也有上述两种情况存在，所以有两个选择分支。

（3）将顺序功能图转换为梯形图　根据通用逻辑指令编程方式，将顺序功能图转换成梯形图，如图 6-15b 所示。注意分支与汇合处的转换。

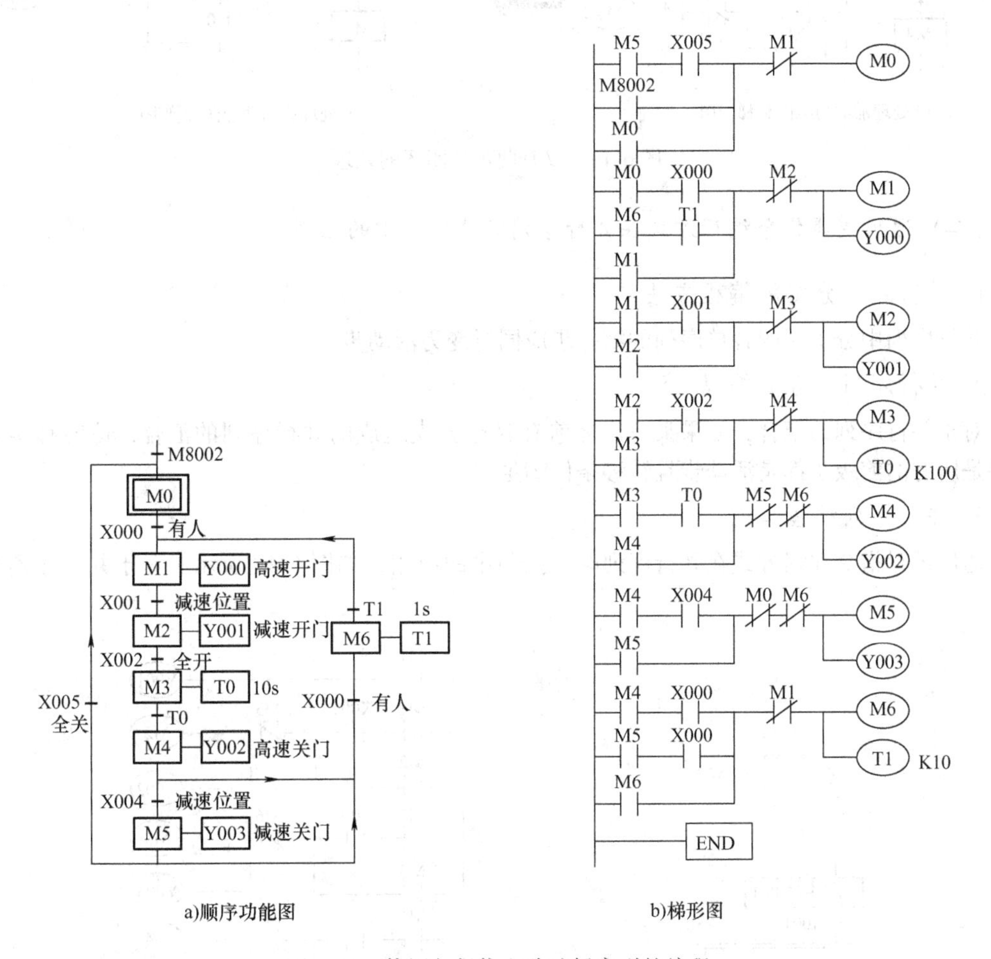

图 6-15　使用起保停电路选择序列的编程

4. 使用起保停编程时仅有两步的闭环处理

如果在顺序功能图中仅有两步组成的小闭环，如图 6-16a 所示，用起保停电路设计的梯形图不能正常工作。例如在 M2 和 X002 均为“1”状态时，M3 的起动电路接通，但是这时与 M3 线圈串联的 M2 的常闭触点却是断开的，所以 M3 的线圈不能“通电”。出现上述问题的根本原因在于步 M2 既是步 M3 的前级步，又是它的后续步。如果在小闭环中增设一步就可以解决这个问题，如图 6-16b 所示，这一步只起延时作用，对系统不会产生影响。

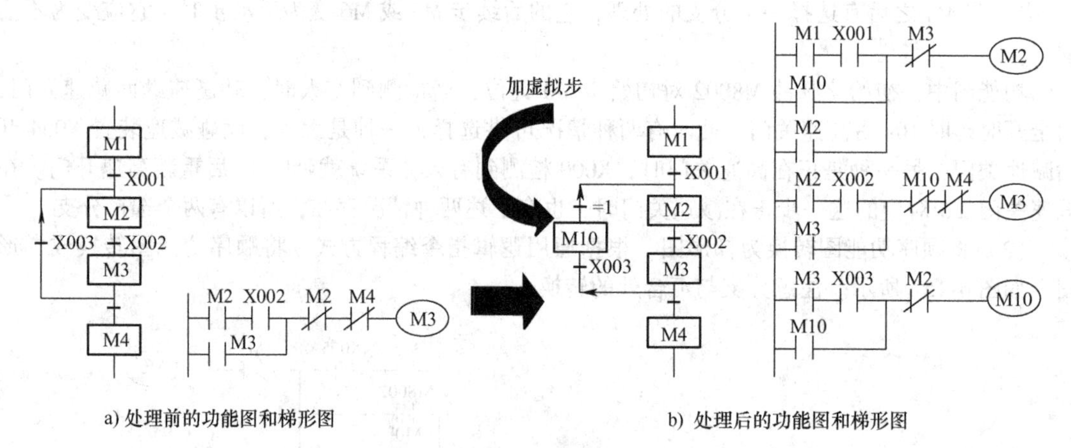

a) 处理前的功能图和梯形图　　b) 处理后的功能图和梯形图

图6-16　仅有两步的闭环的处理

（二）通用逻辑指令编程方式在并行序列顺序控制中的应用

1. 并行序列分支的编程方法

并行序列中分支后的各单序列的第一步应同时变为活动步。

2. 并行序列汇合的编程方法

对于并行序列的汇合，如果某一步之前有N个分支组成的并行序列的汇合，该转移实现的条件是所有的前级步都是活动步且转移条件满足。

3. 并行序列编程举例

通用逻辑指令编程方式在并行序列顺序控制中的应用，如图6-17所示。对于并行序列分支

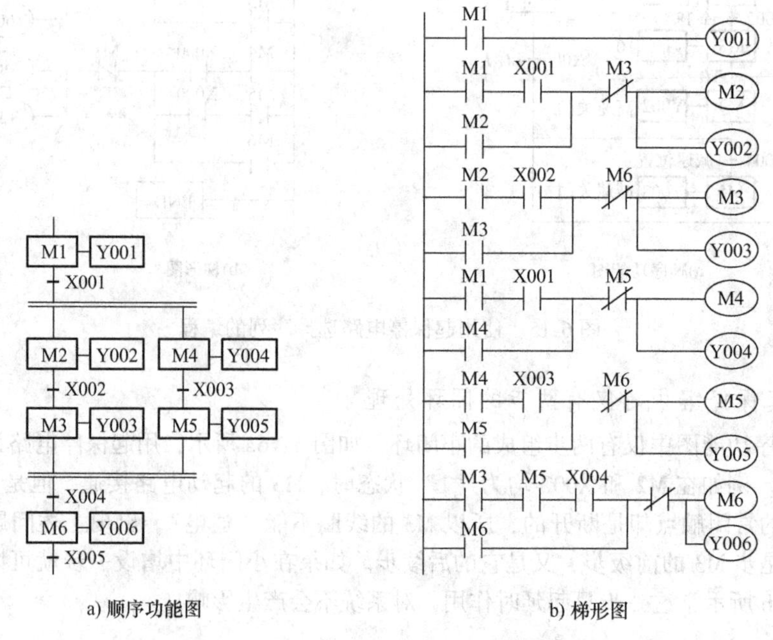

a) 顺序功能图　　b) 梯形图

图6-17　使用起保停电路并行序列的编程

处，M2、M4应同时为活动步，它们的起动条件是相同的，都是前级步M1和转移条件X001的与，但它们变为不活动步的条件是不同的，并行汇合处的编程其起动条件采用的是M3、M5串联和转移条件X004的与，来表示并行序列同时结束。

（三）减少PLC I/O点数的方法

在PLC应用中，经常会遇到两个问题：一是PLC的I/O点数不够，需要扩展，然而PLC的每个I/O点的平均价格在数十元以上，增加扩展单元将提高成本；二是选定的PLC可扩展输入或输出点数有限，无法再增加。因此，在满足控制要求的前提下，合理使用I/O点数，尽量减少所需的I/O点数是很有意义的，不仅可以降低硬件成本，而且还可以解决已使用的PLC进行再扩展时I/O点数不够的问题。

1. 减少输入点数的方法

从表面上看，PLC的输入点数是按系统的输入设备或输入信号的数量来确定的，但实际应用中，经常通过以下方法，可达到减少PLC输入点数的目的。

（1）分时分组输入　一般控制系统都存在多种工作方式，但各种工作方式又不可能同时运行。所以，可将这几种工作方式分别使用的输入信号分成若干组，PLC运行时只会用到其中的一组信号。因此，各组输入可共用PLC的输入点，这样就使所需的PLC输入点数减少。

如图6-18所示，系统有“自动”和“手动”两种工作方式。将这两种工作方式分别使用的输入信号分成两组：“自动”输入信号$S_1 \sim S_8$、“手动”输入信号$Q_1 \sim Q_8$。两组输入信号使用PLC输入点X000～X007（如S_1与Q_1共用PLC输入点X000）。用“工作方式”选择开关SA来切换“自动”和“手动”信号输入电路，并通过X010让PLC识别是“自动”信号，还是“手动”信号，从而执行“自动”程序或“手动”程序。

图6-18中的二极管是为了防止出现寄生电路，产生错误输入信号而设置的。假如图中没有这些二极管，当系统处于“自动”状态时，若S_1闭合，S_2断开，虽然Q_1、Q_2闭合，本应该是X000有输入，而X001没有输入，但由于没有二极管隔离，电流从X000流出，经$Q_2 \rightarrow Q_1 \rightarrow S_1 \rightarrow$ COM形成寄生回路，使输入继电器X001错误地接通。因此，必须串入二极管切断寄生回路，避免错误输入信号的产生。

（2）输入触点的合并　将某些功能相同的开关量输入设备合并输入。如果是常闭触点则串联输入，如果是常开触点则并联输入，这样就只占用PLC的一个输入点。一些保护电路和报警电路就常常使用这种输入方法。

例如，某负载可在三处起动和停止，可以将三个起动信号并联，将三个停止信号串联，分别送给PLC的2个输入点，如图6-19所示。与每个起动信号和停止信号占用1个输入点的方法相比，不仅节省了输入点，还简化了梯形图程序。

（3）将输入信号设置在PLC之外　系统中的某些输入信号，例如手动操作按钮和过载保护动作后需手动复位的电动机热继电器FR的常闭触点提供的信号等，可以设置在PLC外部的硬件电路中，如图6-20所示。如果外部硬件联锁电路过于复杂，则应考虑仍将有关信号送入PLC中，用梯形图实现联锁。

2. 减少输出点数的方法

（1）矩阵输出　图6-21中采用8个输出组成4×4矩阵，可接16个输出设备。要使某个负载接通工作，只要控制它所在的行与列对应的输出继电器接通即可。要使负载KM_1得电，必须控制Y000和Y004输出接通。因此，在程序中要使某一负载工作，均要使其对应的行与列输出继电器都要接通。这样用8个输出点就可控制16个不同控制要求的负载。

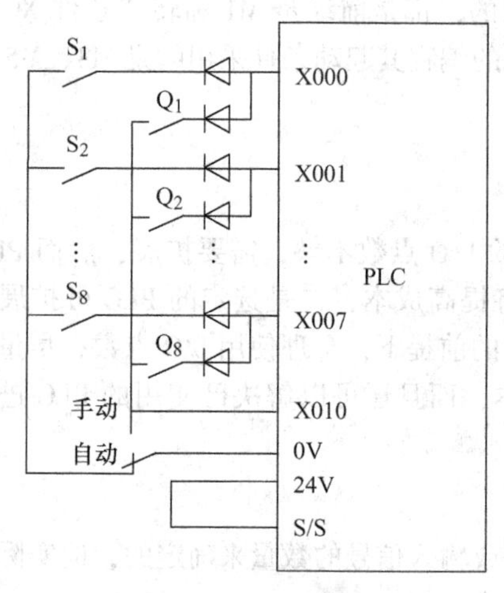

图 6-18 分时分组输入

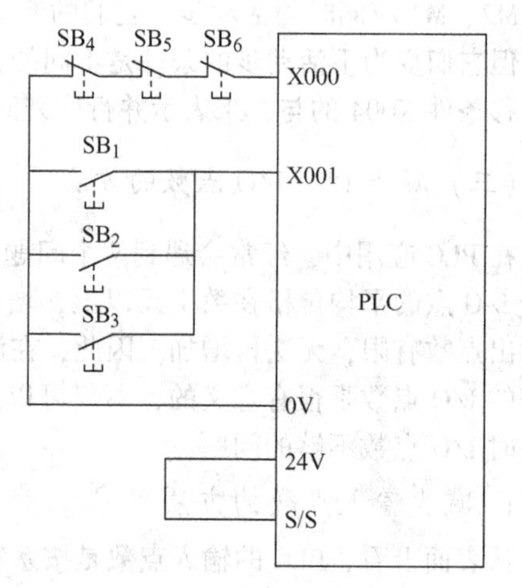

图 6-19 输入触点合并

应特别注意：当只有某一行对应的输出继电器接通，各列对应的输出继电器才可任意接通，或者当只有某一列对应的输出继电器接通，各行对应的输出继电器才可任意接通，否则将会出现错误接通负载。因此，采用矩阵输出时，必须要将同一时间段接通的负载安排在同一行或同一列中，否则无法控制。

（2）分组输出　当两组负载不会同时工作，可通过外部转换开关或通过受 PLC 控制的电器触点进行切换，这样 PLC 的每个输出点可以控制两个不同时工作的负载，如图 6-22 所示。KM_1、KM_3、KM_5与 KM_2、KM_4、KM_6这两组不会同时接通，可用外部转换开关 SA 进行切换。

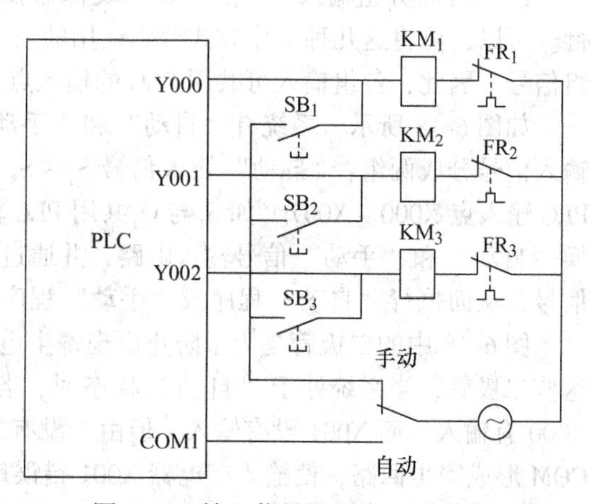

图 6-20 输入信号设置在 PLC 外部

（3）并联输出　当两个通断状态完全相同的负载，可并联后共用 PLC 的一个输出点。但要**注意：**当 PLC 输出点同时驱动多个负载时，应考虑 PLC 点是否有足够的驱动能力。

（4）负载多功能化　负载多功能化是指一个负载实现多种用途。例如，在传统的继电器电路中，1 个指示灯只指示 1 种状态。而在 PLC 系统中，很容易实现用 1 个输出点控制指示灯的常亮和闪亮，这样 1 个指示灯就可指示两种状态，既节省了指示灯，又减少了输出点。

（5）某些输出设备可不接入 PLC　在需要用指示灯显示 PLC 驱动的负载（例如接触器线圈）状态时，可以将指示灯与负载并联，并联时指示灯与负载的额定电压应相同，总电流不应超过允许值。可以选用电流小、工作可靠的 LED（发光二极管）指示灯。

系统中某些相对独立或比较简单的部分，可以不接入 PLC，直接用继电器电路来控制，这样同时减少了所需的 PLC 的输入点和输出点。

以上介绍的一些常用的减少 I/O 点数的方法，仅供读者参考，实际应用中应根据具体情况，灵活使用。**注意：**不要过分去减少 PLC 的 I/O 点数，以免使外部附加电路变得复杂，从而影响系统的可靠性。

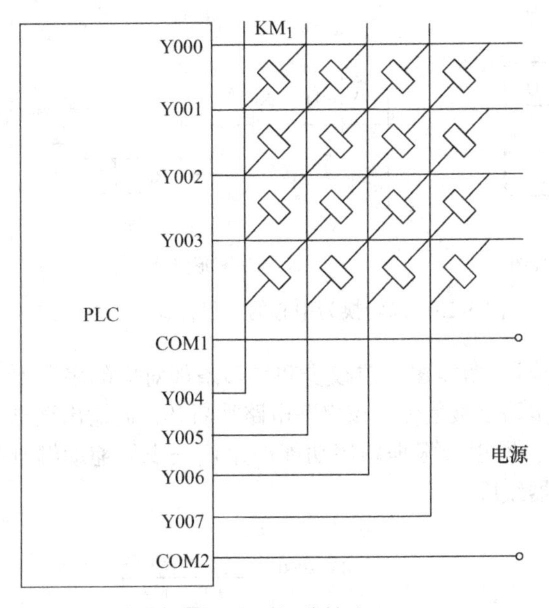

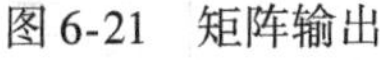
图 6-21 矩阵输出

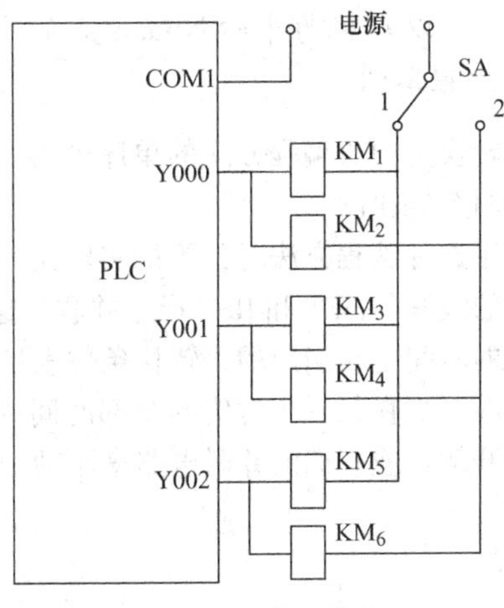

图 6-22 分组输出

六、任务总结

通过前面的学习，我们知道在实际设计一个 PLC 控制系统时，不仅要考虑到 PLC 的程序，还要考虑 PLC 的选择、输入输出的连接等一系列问题，只有在真正做好各方面的工作，保证系统的软硬件都紧密配合、切实可行，才算系统设计完成。

本任务以机械手 PLC 控制系统安装与调试为载体，学习了 PLC 控制系统实现的软硬件设计的方法。

任务二 LED 数码显示 PLC 控制系统的安装与调试

一、任务导入

LED 数码管由 7 段发光二极管组成，根据各段数码管的亮暗可以显示 0 ~ 9 十个数字。广泛用于体育比赛、智力竞赛等场合，用于显示比分、队号等阿拉伯数字，具有显示醒目、直观的优点。

本任务以 LED 数码管显示 PLC 控制系统为例，学习 PLC 控制系统设计的内容、步骤和方法。

二、知识链接

（一）以转换为中心的编程方式

图 6-23 给出了以转换为中心的编程方式的顺序功能图与梯形图的对应关系。图 6-23a 中，要实现 Xi 对应的转移必须同时满足两个条件：前级步为活动步（M(i-1) =1）和转移条件满足（Xi =1），所以用 M（i-1）和 Xi 的常开触点串联组成的梯形图来表示上述条件，如图 6-23b 所示。当两个条件同时满足时，应完成两个操作：将后续步变为活动步（用 SET 指令将 Mi 置位），同时将前级步变为不活动步（用 RST 指令将 M（i-1）复位）。这种编程方式与转移实现的基本

规则之间有严格的对应关系，用它编制复杂功能图的梯形图时，更能显示它的优越性。

（二）以转换为中心编程方式的单序列编程举例

以转换为中心编程方式的单序列编程，如图6-24所示。

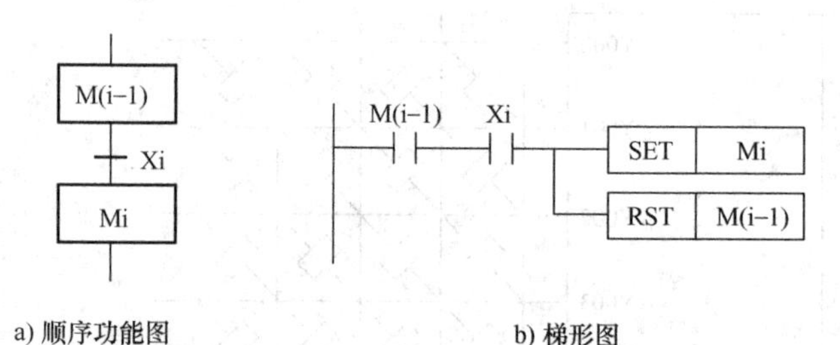

a) 顺序功能图　　b) 梯形图

图6-23　以转换为中心的编程方式

使用这种编程方法时，不能将输出继电器的线圈与SET和RST指令并联。这是因为顺序功能图中前级步和转移条件对应的串联电路接通的时间是相当短的，转移条件满足后前级步马上被复位，该串联电路被断开，而输出继电器的线圈至少在某一步对应的全部时间内被接通，所以应根据顺序功能图用代表步的辅助继电器的常开触点或它们的并联电路来驱动输出继电器线圈。

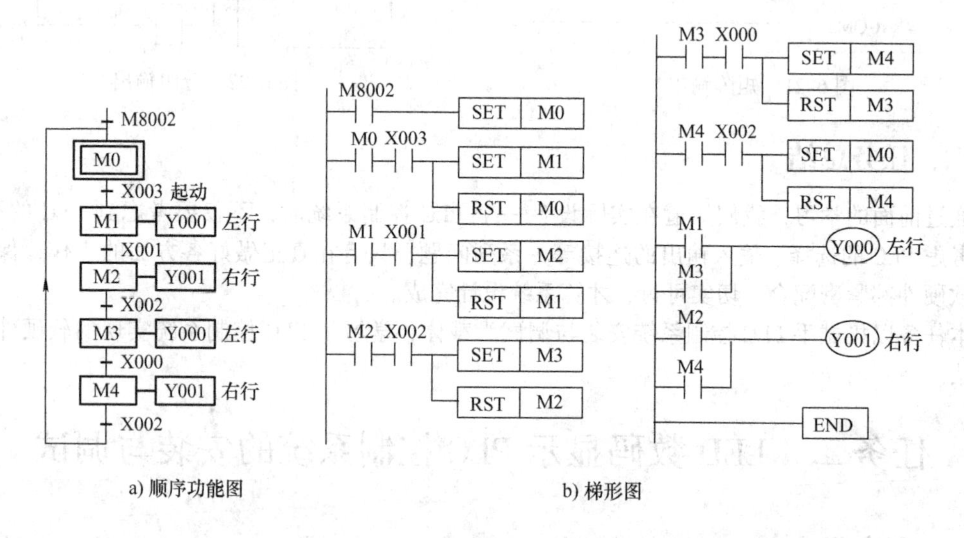

a) 顺序功能图　　b) 梯形图

图6-24　以转换为中心单序列编程举例

三、任务实施

（一）训练目标

1）初步学会以转换为中心编程方式设计顺序控制程序。

2）根据控制要求绘制单序列顺序控功能图，并用以转换为中心编程方式编制梯形图。

3）能使用位左移指令编制单序列顺序控制梯形图。

4）学会FX_{3U}系列PLC的外部接线方法。

5）熟练使用三菱GX Developer编程软件进行程序输入，并写入PLC进行调试运行，查看运行结果。

（二）设备与器材

本任务所需设备与器材，见表6-5。

表 6-5 所需设备与器材

序号	名称	符号	型号规格	数量	备注
1	常用电工工具		十字螺钉旋具、一字螺钉旋具、尖嘴钳、剥线钳等	1套	表中所列设备、器材的型号规格仅供参考
2	计算机（安装 GX Developer 编程软件）			1台	
3	THPFSL-2 网络型可编程序控制器综合实训装置			1台	
4	7段数码显示控制挂件			1个	
5	连接导线			若干	

（三）内容与步骤

1. 任务要求

LED 数码显示控制面板如图 6-25 所示，合上开关 S 后，由 8 组发光二极管模拟的 7 段数码管每隔 1s 显示 0、1、2、3、4、5、6、7、8、9，并依次循环运行，当断开 S，则立即停止。图中 A、B、C、D、E、F、G 用发光二极管模拟输出。

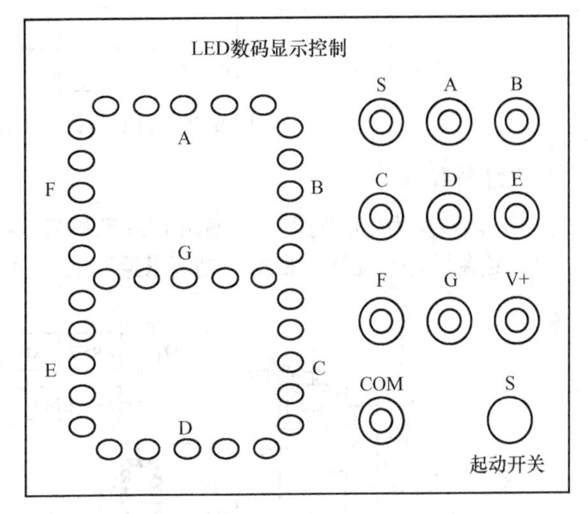

图 6-25 LED 数码显示控制面板

2. 选择 PLC

根据任务要求，可以确定输入信号 1 点，输出信号 7 点，考虑到本任务不需要脉冲输出及以后拓展的需求，故 PLC 选择 FX_{3U}-32MR 型。

3. I/O 地址分配与接线图

I/O 地址分配见表 6-6。

表 6-6 LED 数码显示控制 I/O 分配表

输入			输出		
设备名称	符号	X 元件编号	设备名称	符号	Y 元件编号
开关	S	X000	7段数码管 A 段	A	Y000
			7段数码管 B 段	B	Y001
			7段数码管 C 段	C	Y002
			7段数码管 D 段	D	Y003
			7段数码管 E 段	E	Y004
			7段数码管 F 段	F	Y005
			7段数码管 G 段	G	Y006

I/O 接线图如图 6-26 所示。

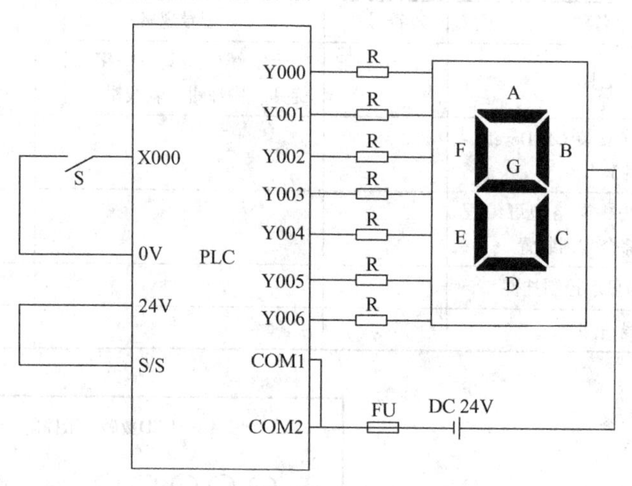

图 6-26 LED 数码显示控制 I/O 接线图

4. 编制程序

（1）以转换为中心编程方式编制 LED 数码显示控制程序

1）绘制顺序功能图。根据控制要求绘制顺序功能图，如图 6-27 所示。

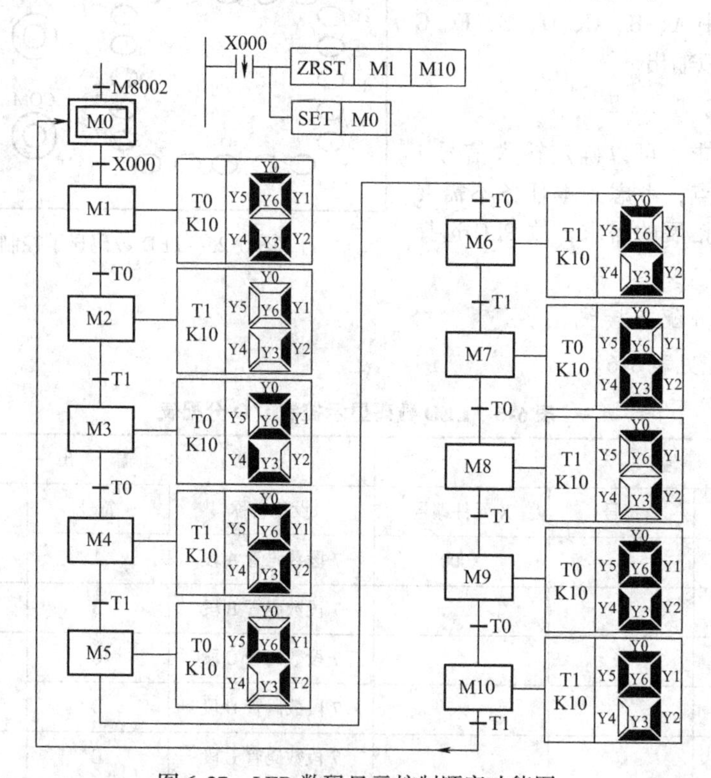

图 6-27 LED 数码显示控制顺序功能图

2）编制梯形图。根据绘制的顺序功能图，用以转换为中心编程方式将其转换为梯形图，如图 6-28 所示。

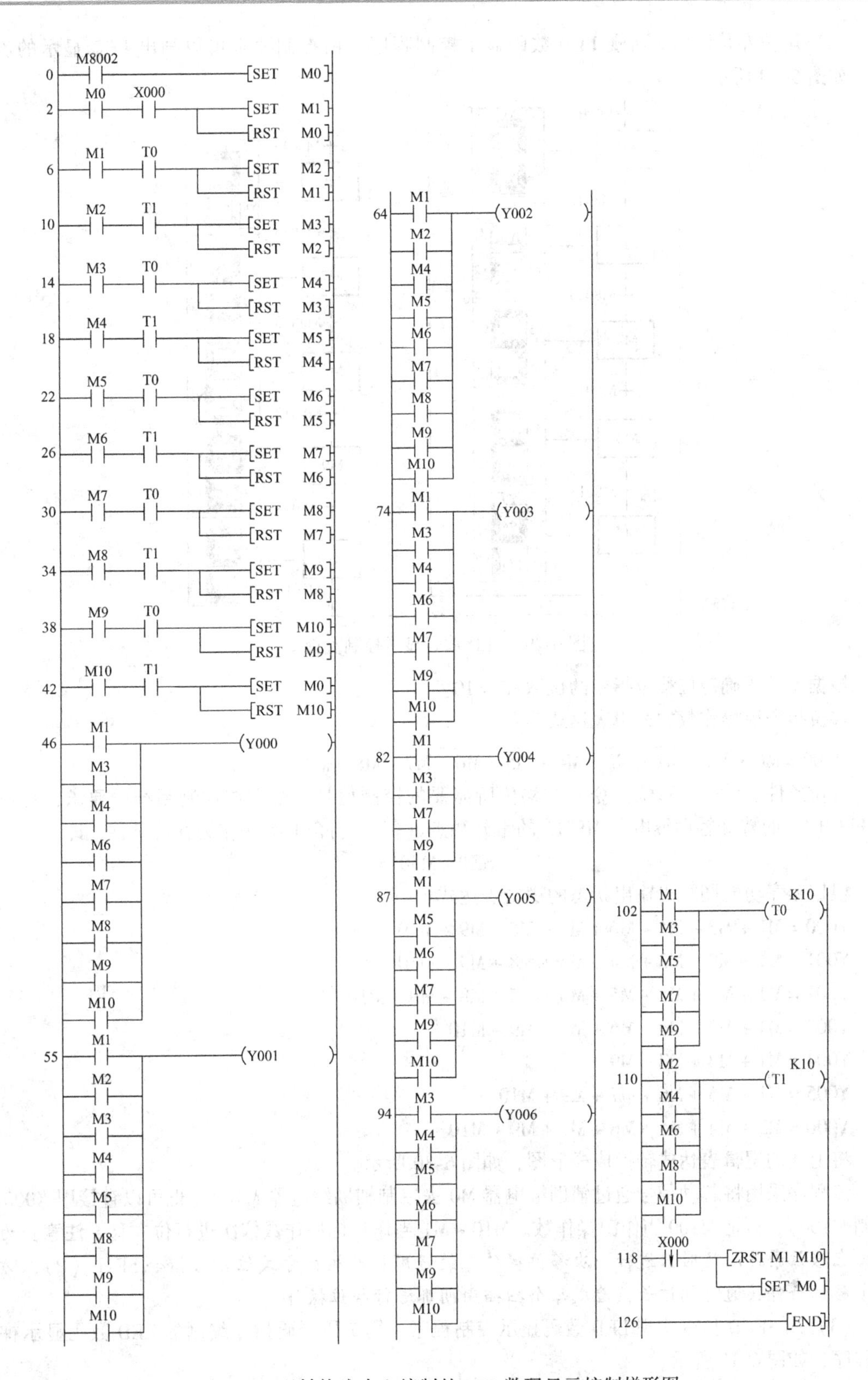

图 6-28 以转换为中心编制的 LED 数码显示控制梯形图

（2）用位左移位指令实现LED数码显示控制程序　由控制要求可以画出LED显示的流程图，如图6-29所示。

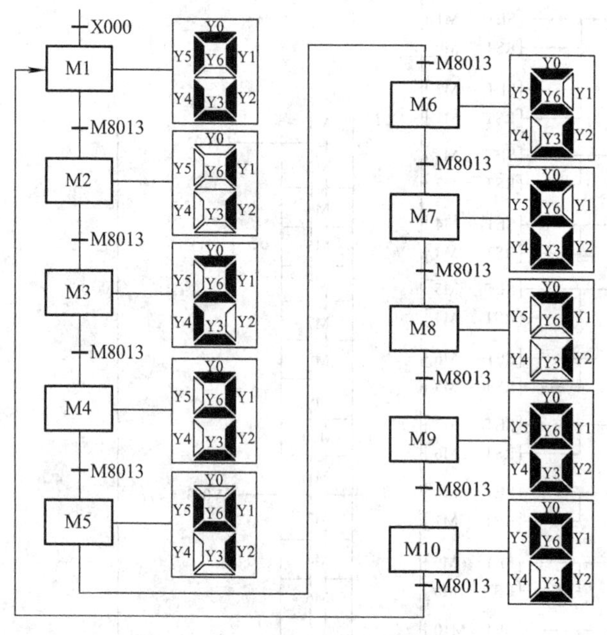

图6-29　LED数码显示控制流程图

根据流程图确定位移位指令的位数n1 = 10。

移位指令源操作数的逻辑表达式为：

$$M100 = M0 \cdot \overline{M1} \cdot \overline{M2} \cdot \overline{M3} \cdot \overline{M4} \cdot \overline{M5} \cdot \overline{M6} \cdot \overline{M7} \cdot \overline{M8} \cdot \overline{M9}$$

移位条件也就是使移位指令向左移位所需要的控制信号，根据该控制系统的要求，可以采用PLC内部的特殊辅助继电器M8013的常开触点（每1s闭合1次）作为移位条件，即：

$$SFT = M8013$$

根据顺序功能图写出输出状态的逻辑表达式：

Y000 = M1 + M3 + M4 + M6 + M7 + M8 + M9 + M10

Y001 = M1 + M2 + M3 + M4 + M5 + M8 + M9 + M10

Y002 = M1 + M2 + M4 + M5 + M6 + M7 + M8 + M9 + M10

Y003 = M1 + M3 + M4 + M6 + M7 + M9 + M10

Y004 = M1 + M3 + M7 + M9

Y005 = M1 + M5 + M6 + M7 + M9 + M10

Y006 = M3 + M4 + M5 + M6 + M7 + M9 + M10

将上述的逻辑表达式转换成梯形图，如图6-30所示。

该程序采用将起动信号通过辅助继电器M0去控制辅助继电器M100（也可以直接用X000去控制M100），再把M100当作源操作数。M10～M1当作目标操作数依次进行位左移。**注意：**为了保证在移位条件满足时只进行一次移位操作，最好用脉冲执行方式位左移指令SFTL（P），防止一个移位条件接通时间过长，造成每个扫描周期都进行移位操作。

（3）用SEGD指令实现LED数码显示控制程序　用7段译码指令编制的LED数码显示梯形图程序，如图6-31所示。

该程序具有自动操作显示0～9十个数字的功能。当起动开关X000闭合后，用定时器T0产

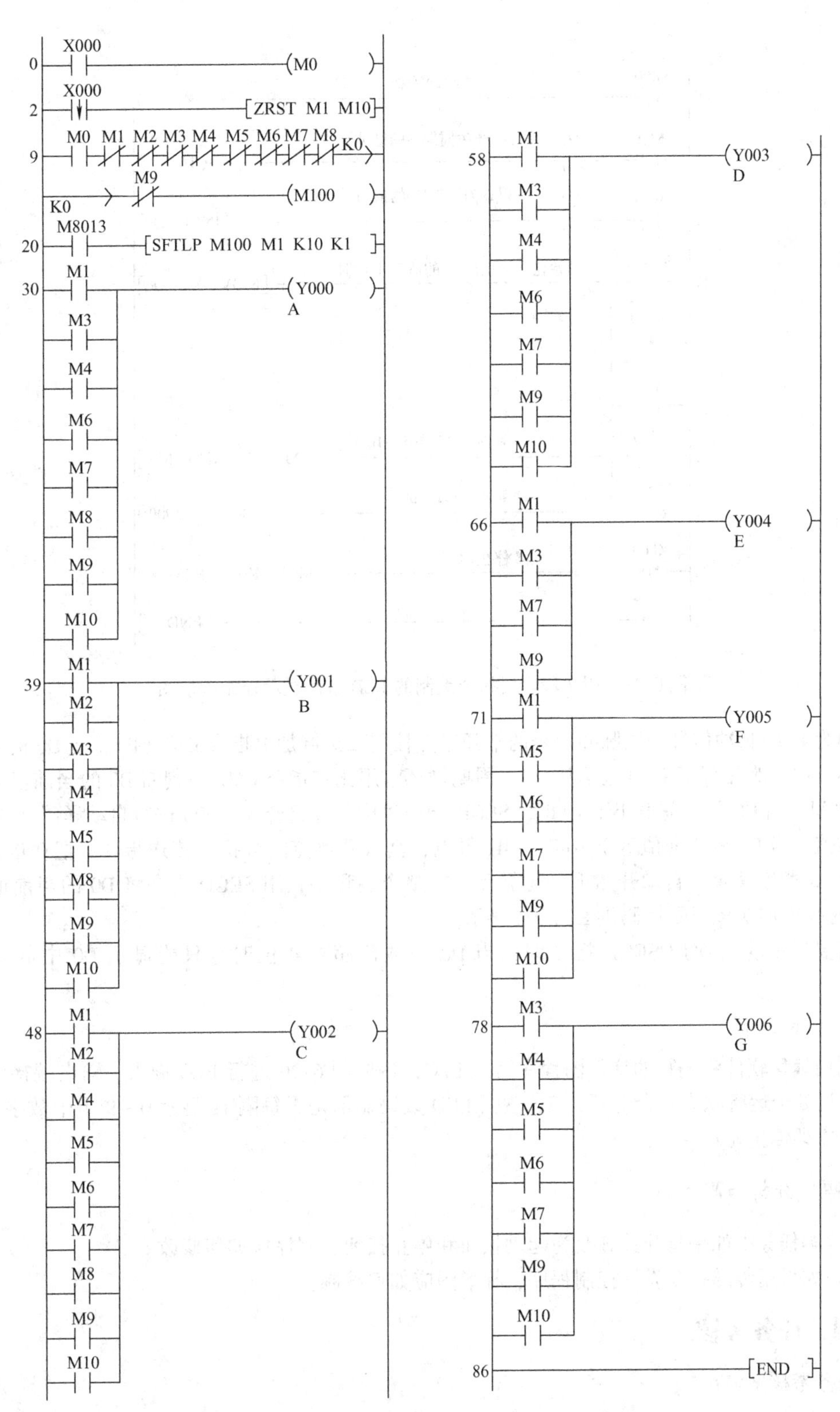

图6-30 用位左移指令编制的LED数码显示控制梯形图

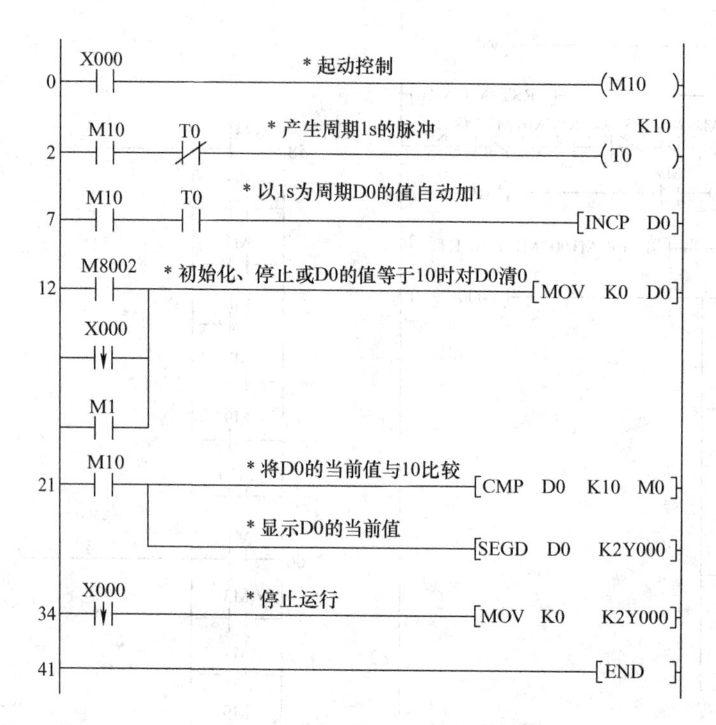

图6-31 用7段译码指令编制的LED数码显示控制梯形图

生周期为1s的脉冲信号，该脉冲信号的常开触点控制二进制加1指令INC（P），使D0的当前值每隔1s加1。为了保证LED显示从0~9周期循环，用比较指令CMP来判断D0的当前值是否在0~9之间，当D0的当前值小于10时，SEGD指令对位元件组合K2Y000进行自动译码并显示D0的当前值；当D0的当前值等于10时，M1得电，其常开触点闭合执行传送指令，把0送入D0，使D0内的数字清零，自动开始下一轮循环。在整个过程中，用SEGD指令将D0的当前值（小于10时）变成7段显示译码供K2Y000显示。

需要注意的是使用SEGD指令时，当D0中数值超过4位时，只能显示D0中低4位的数值。

5. 调试运行

利用编程软件将编写的梯形图程序写入PLC，按照图6-26进行PLC输入、输出端接线，让PLC主机处于运行状态，合上开关S，观察LED数码显示是否每隔1s显示0~9十个数字；S断开时，立即停止显示。

（四）分析与思考

1）本任务中如果将开关S改为起动按钮和停止按钮，程序应如何修改？
2）如果用传送指令设计控制程序，梯形图应如何编制？

四、任务考核

任务考核见表6-7。

表 6-7　任务实施考核表

序号	考核内容	考核要求	评分标准	配分	得分
1	PLC 控制系统设计	1）能正确分配 I/O，并绘制 I/O 接线图 2）根据控制要求，正确编制梯形图程序	1）I/O 分配错或少，每个扣 5 分 2）I/O 接线图设计不全或有错，每处扣 5 分 3）梯形图表达不正确或画法不规范，每处扣 5 分	40 分	
2	安装与连线	能根据 I/O 地址分配，正确连接电路	1）连线错一处，扣 5 分 2）损坏元器件，每只扣 5～10 分 3）损坏连接线，每根扣 5～10 分	20 分	
3	调试与运行	能熟练使用编程软件编制程序写入 PLC，并按要求调试运行	1）不会熟练使用编程软件进行梯形图的编辑、修改、转换、写入及监视，每项扣 2 分 2）不能按照控制要求完成相应的功能，每缺一项扣 5 分	20 分	
4	安全操作	确保人身和设备安全	违反安全文明操作规程，扣 10～20 分	20 分	
5	合　计				

五、知识拓展

（一）以转换为中心编程方式在选择序列顺序控制中的应用

如果某一转移与并行序列的分支、汇合无关，那么它的前级步和后续步都只有一个，需要置位、复位的辅助继电器也只有一个，因此对选择序列的分支与汇合的编程方法实际上与对单序列的编程方法完全相同。以转换为中心编程方式在选择序列顺序控制中的编程应用如图 6-32 所示。

（二）以转换为中心编程方式在并行序列顺序控制中的应用

以转换为中心编程方式在并行序列顺序控制的编程应用，如图 6-33 所示。

使用以转换为中心的编程方式时，不能将输出继电器的线圈与 SET，RST 指令并联，这是因为图 6-28、图 6-32b、图 6-33b 中前级步和转移条件对应的串联电路接通的时间是相当短的，转移条件满足后前级步马上被复位，该串联电路被断开，而输出继电器的线圈至少在某一步对应的全部时间内被接通，所以应根据顺序功能图用代表步的辅助继电器的常开触点或它们的并联电路来驱动输出继电器线圈。

（三）PLC 应用中的若干问题

1. 对 PLC 某些输入信号的处理

1）当 PLC 输入设备采用两线式传感器（如接近开关等）时，它们的漏电流较大，可能会出现错误的输入信号，为了避免这种现象，可在输入端并联旁路电阻 R，如图 6-34 所示。

2）如果 PLC 输入信号由晶体管提供，则要求晶体管的截止电阻应大于 10kΩ，导通电阻应小于 800Ω。

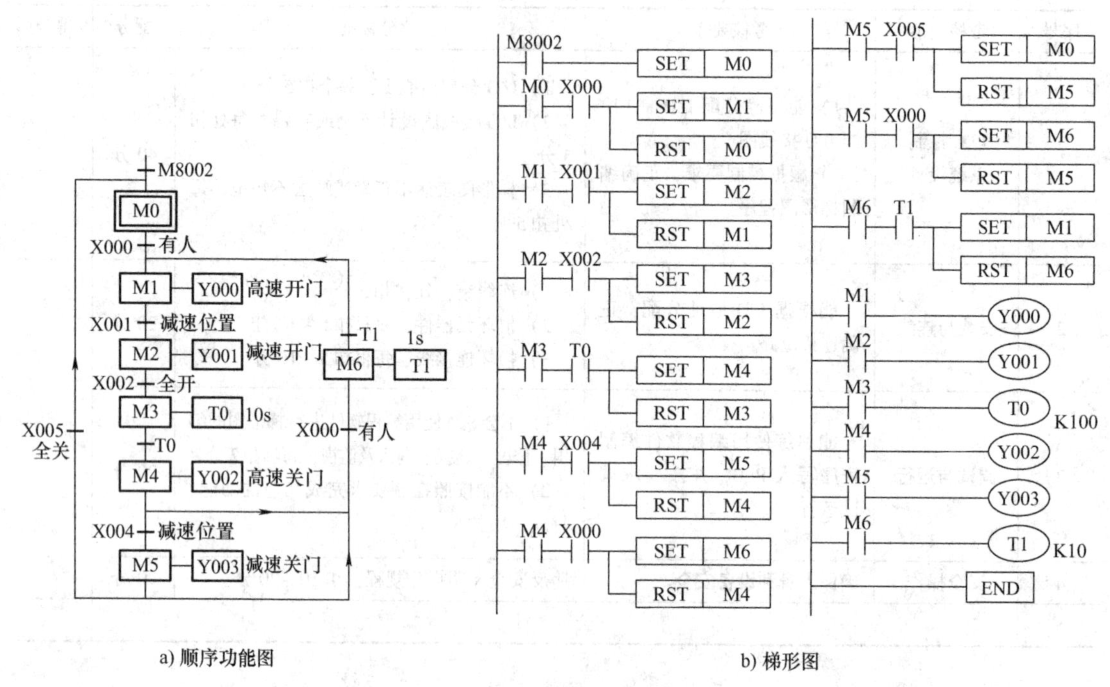

a) 顺序功能图　　　　b) 梯形图

图 6-32　以转换为中心选择序列的编程

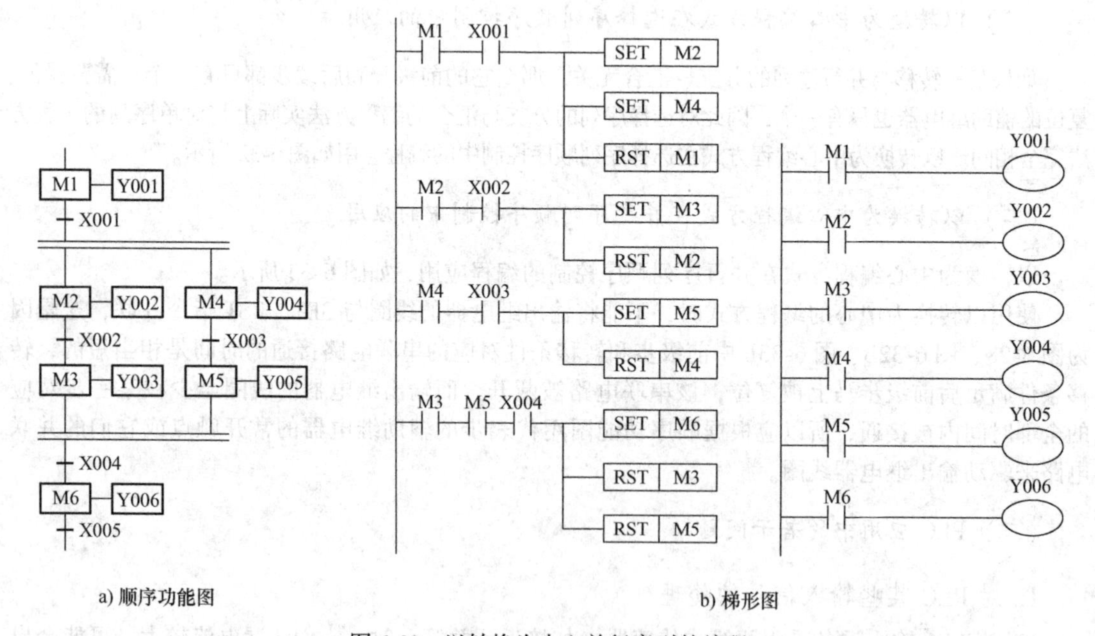

a) 顺序功能图　　　　b) 梯形图

图 6-33　以转换为中心并行序列的编程

2. PLC 的安全处理

(1) 短路保护　当 PLC 输出控制的负载短路时，为了避免 PLC 内部的输出元件损坏，应该在 PLC 输出的负载回路中加装熔断器，进行短路保护。

（2）感性输入/输出的处理 PLC 的输入端和输出端常接有感性元器件。如果是直流电感性负载，应在电感性负载两端并联续流二极管；若是交流电感性负载，应在其两端并联阻容吸收回路，从而抑制电路断开时产生的电弧对 PLC 内部 I/O 元器件的影响，如图 6-35 所示。图中的电阻值可取 50～120Ω；电容值可取 0.1～0.47μF，电容的额定电压应大于电源的峰值电压；续流二极管可选用额定电流为 1A、额定电压大于电源电压的 2～3 倍。

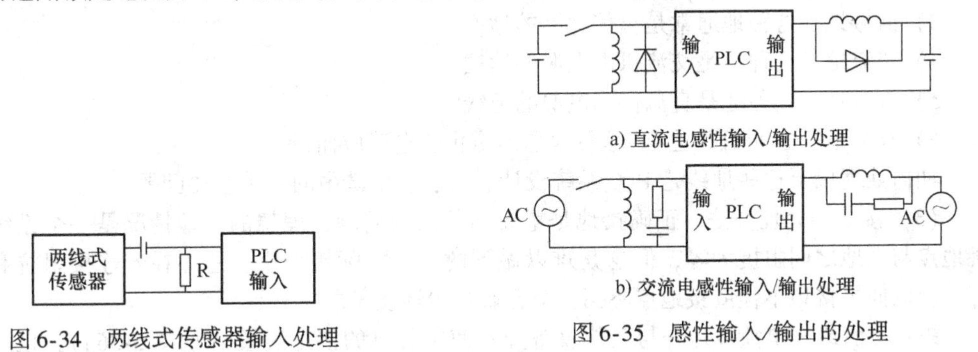

图 6-34 两线式传感器输入处理

图 6-35 感性输入/输出的处理

（3）供电系统的保护 PLC 一般都使用单相交流电（220V、50Hz），电网的冲击、频率的波动将直接影响到实时控制系统的精度和可靠性。电网的瞬间变化可产生一定的干扰，并传播到 PLC 系统中，电网的冲击甚至会给整个系统带来毁灭性的破坏。为了提高系统的可靠性和抗干扰性能，在 PLC 供电系统中一般采用隔离变压器、交流稳压器、UPS 电源和晶体管开关电源等措施。

1）隔离变压器的一次侧和二次侧之间采用隔离屏蔽层，用漆包线或铜等非导磁材料绕成。一次侧和二次侧间的静电屏蔽层与一次侧和二次侧间的零电位线相接，再用电容耦合接地。PLC 供电系统采用隔离变压器后，可以隔离掉供电电源中的各种干扰信号，从而提高系统的抗干扰性能。

2）为了抑制电网电压的起伏，PLC 系统中设置有交流稳压器。在选择交流稳压器时，其容量要留有余量，余量一般可按实际最大需求容量的 30% 计算。这样，一方面可充分保证交流稳压器的稳压特性，另一方面有助于其可靠工作。在实际应用中，有些 PLC 对电源电压的波动具有较强的适应性，此时为了减少开支，也可不采用交流稳压器。

3）在一些实时控制中，系统的突然断电会造成较严重的后果，此时就要在供电系统中加入 UPS 电源供电，PLC 的应用软件可进行一定的断电处理。当突然断电后，可自动切换到 UPS 电源供电，并按工艺要求进行一定的处理，使生产设备处于安全状态。在选择 UPS 电源时，也要注意所需的功率容量。

4）晶体管开关电源用调节脉冲宽度的办法调整直流电压。这种开关电源在电网或其他外加电源电压变化很大时，输出电压并没有多大变化，从而提高了系统抗干扰的能力。

3. PLC 的接地要求

如果接地方式不好，就会形成环路，造成噪声耦合。接地设计有两个基本目的：消除各电路电流流经公共地线阻抗所产生的噪声电压和避免磁场与电位差的影响，使其不形成地环路。在实际控制系统中，接地是抑制干扰的主要方法。在设计过程中，如能把接地和屏蔽正确地结合起来使用，可以解决大部分干扰问题。

（1）接地的要求 为保证接地质量，接地应达到如下要求：

1）接地电阻应在要求的范围内。对于 PLC 组成的控制系统，接地电阻一般应小于 4Ω。

2）要保证足够的机械强度。

3）要采取防腐蚀措施，进行防腐处理。

4）在整个工厂中，PLC组成的控制系统要单独设计接地。

（2）地线的种类　在PLC组成的控制系统中，大致有以下几种地线：

1）数字地。这种地也叫逻辑地，是各种开关量（数字量）信号的零电位。

2）模拟地。这种地是各种模拟量信号的零电位。

3）信号地。这种地通常是指传感器的地。

4）交流地。这种地是交流供电电源的地线。

5）直流地。这种地是直流供电电源的地线。

6）屏蔽地（也叫机壳地）。这种地是为防止静电感应而设。

如何处理以上这些地线是PLC系统设计、安装、调试中的一个重要问题。

（3）接地的处理方法　正确接地是重要而复杂的问题，理想的接地情况是一个系统的所有接地点与大地之间阻抗为零，但这是难以做到的。在实际接地中，总存在着连接阻抗和分散电容，所以如果接地不佳或接地点不当，都会影响接地质量。

PLC一般最好单独接地，与其他设备分别使用各自的接地装置（见图6-36a），也可以采用公共接地（见图6-36b），但禁止使用串联接地方式（见图6-36c）。另外，PLC的接地线应尽量短，使接地点尽量靠近PLC。同时，接地线的截面应大于$2mm^2$。

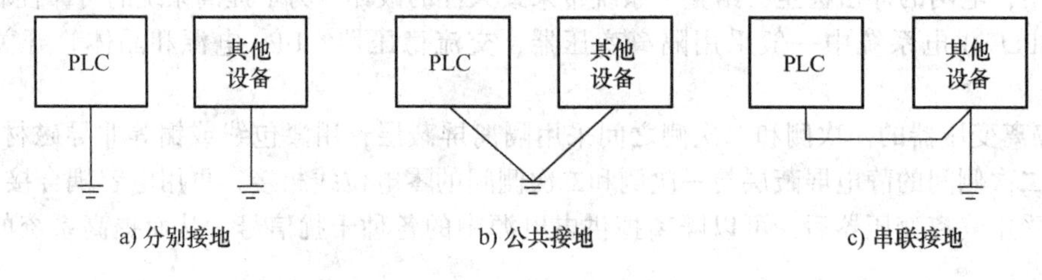

图6-36　PLC接地

（四）PLC的维护与故障诊断

对PLC控制系统进行维护保养的目的是尽可能减少设备的故障率，提高设备的运行率，这种不是在发生故障才进行的保养又叫预防性维护保养。预防性维护保养分日常维护保养和定期维护保养。

1. 日常维护保养

日常维护保养指经常性（每天、每星期）进行的保养，一般在正常运行中进行，其检修项目和内容见表6-8。

表6-8　PLC日常维护检修项目和内容

序　号	检修项目	检修内容
1	基本单元安装状态	安装螺钉是否松动或导轨挂钩是否脱轨
2	扩展选件安装状态	安装螺钉是否松动或导轨挂钩是否脱轨
3	连接状态	端子连接螺钉是否松动
		压接端子之间的距离是否适当
		电缆连接器是否松动

（续）

序　号	检修项目	检修内容
4	“POWER” LED 灯	是否亮灯（灭灯异常）
	“RUN” LED 灯	是否亮灯（灭灯异常）
	“ERROR” LED 灯	是否灭灯（亮灯异常）
	“BATT” LED 灯	是否灭灯（亮灯异常）
5	环境	是否有水滴、潮湿

2. 定期检查保养

定期检查保养是指每半年或一年进行一次全面的检修，一般在 PLC 停止运行时进行，其检修项目和内容见表 6-9。表中所列是一些常规项目的检查，仅针对 PLC 控制系统而言，不涉及全部电气控制系统的检查，读者应根据实际情况制订更符合实际的定期检查维护项目。

表 6-9　定期保养检修项目和内容

序号	检修项目		检修内容
1	周围环境	周围温度	用温度计、湿度计测量腐蚀性气体
		周围湿度	
		大气	
2	电源检查	AC10 ~ 120V	测量各端子间电压
		AC200 ~ 240V	
		DC24V	
3	安装状态	是否松动	动一动基本单元和扩展选件
		异物	目测
4	连接状态	端子螺钉检查	用螺钉旋具检查
		压接端子安装	目测
		电缆连接器	用工具检查
5	电池		利用软件检测是否需要更换
6	备用品		安装到机器上确认动作
7	用户程序		对保管程序与应用程序进行校对检查
8	模拟量模块		检查零点/增益法是否与设计值相同
9	冷却设备		是否正常运转

3. 电池的维护

在 FX_{3U} 系列 PLC 的基本单元内装有附件锂电池，其作用是在 PLC 断开电源后，利用电池的电压保持内置 RAM 的参数，用户程序、软元件注释和文件寄存器内容，保持断电保持型辅助继电器、状态（包含信号报警器用）、积算型定时器的当前值、计数器的当前值和数据寄存器内容，保持扩展寄存器内容和采样跟踪结果，同时对 PLC 内部时钟的运行提供动力。

电池的电压为 3V，可以通过监控 D8005 来确认电池的电压，当电压过低时，PLC 基本单元面板上的“BATT”LED等会亮红灯，从灯亮开始后1个月左右可以保持内存，但不一定会在刚亮红灯时发现。所以，一旦发现亮红灯就必须及时更换电池。电池的寿命约5年左右，根据不同的环境温度其寿命长短会不一样。温度越高，寿命越短；如在50℃环境下工作，寿命仅为2～3年，此外，电池也会自然放电，所以，务必在4～5年内更换电池。

电池更换时，选件型号为FX_{3U}-32BL，它与基本单元本身所带的电池在外观上有一些差别，主要是制造日期标注方式不同，分别如图6-37、图6-38所示。

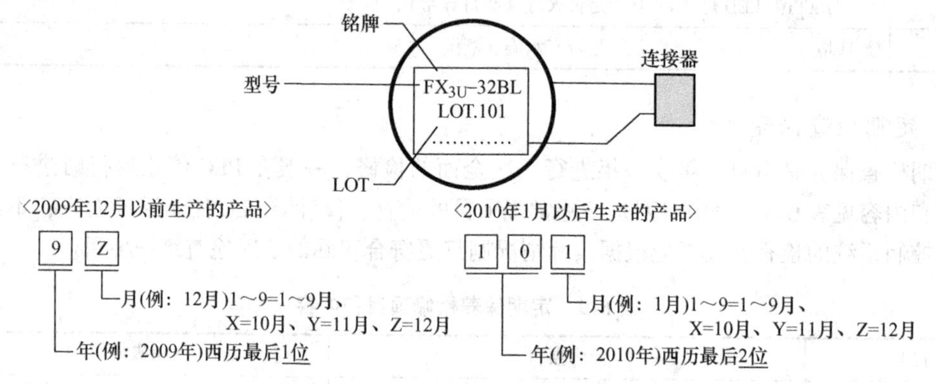

图6-37 选件电池制造年月的标注方法

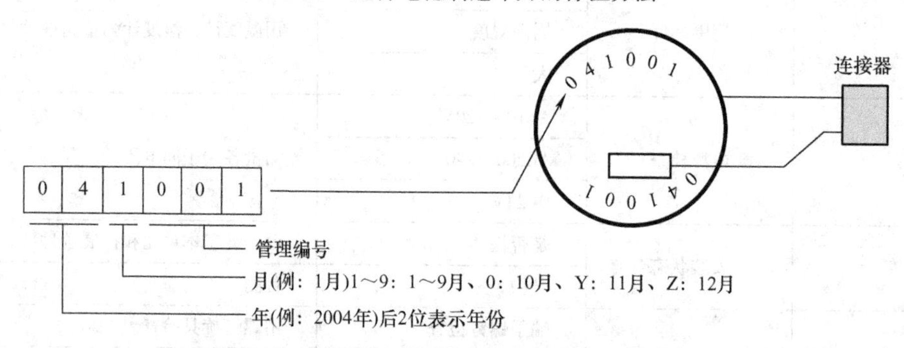

图6-38 基本单元内置电池制造年月标注方法

电池更换步骤：

1）断开电源。

2）取下电池盖板，如图6-39所示，用手指顶住图中A处，将盖板B侧掀起少许后，取下电池盖板。

3）取下旧电池。将旧电池从电池支架（图6-40中C）上拔下，并取出电池连接头（图6-40中D处）。

4）装上新电池。先将电池连接头插入D处，再将电池放入电池支架中。注意，更换过程（从取出旧电池连接头到插入新电池连接头）务必在20s内完成，超过20s，存储区中的数据可能会丢失。

5）装上电池盖板。

RAM中用户程序由锂电池实现断电保持，它的使用寿命为2～5年。当它的电压降低规定值以下，PLC上的BATTERY（电池）LED亮，提醒操作人员更换锂电池。更换时RAM中内容是PLC中电容充电保持的，应在使用说明书中规定的时间内更换好电池，否则PLC将丢失停电时的记忆功能。

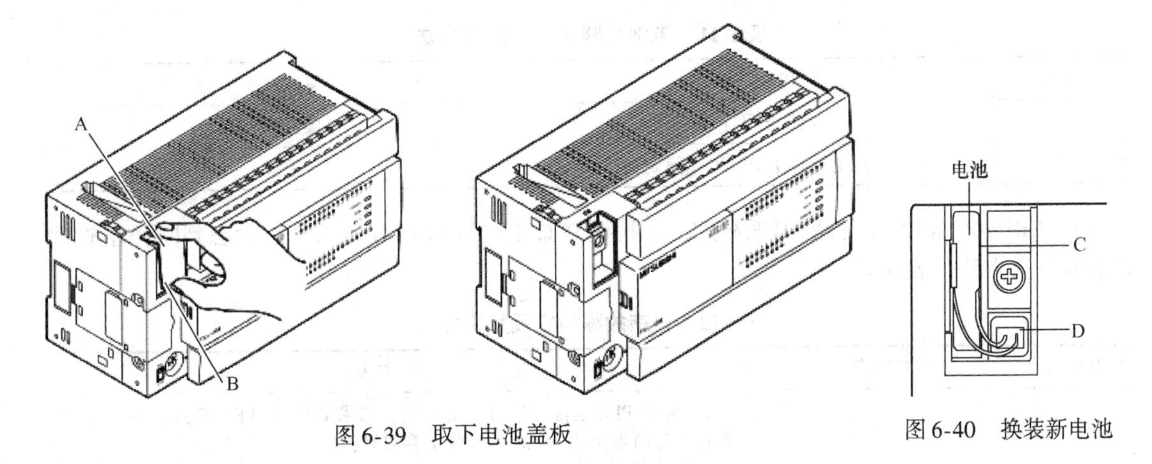

图6-39　取下电池盖板　　图6-40　换装新电池

4. PLC 的故障诊断

（1）故障确认　PLC 控制系统的故障有外部设备故障（指与 PLC 相连接的各种输入输出设备）、程序故障和 PLC 的硬件故障等。对于外部输入设备故障可以通过观察 PLC 及其扩展单元/模块上的输入指示灯显示是否正常来进行故障判断。重点是检查外部设备的好坏，外部设备的调整是否符合要求，输入端口是否正确及连接线是否存在不良连接等。对于外部连接的输出设备则要先判断是外部设备故障还是 PLC 程序故障，这时，可卸除外部设备，分别进行测试分析。对外部设备的故障。通常采用排查法进行故障查找，即对产生故障的电路上的所有设备逐一进行排查（通过检查和换件确认），直到找出故障为止。当 PLC 连接有特殊功能模块/单元时，通过观察特殊功能模块上的指示灯判断故障所在。

（2）通过 LED 判断故障　FX_{3U}系列 PLC 在其盖板上有 4 个显示其运行状态的 LED 显示灯，当 PLC 发生故障时，可通过此 LED 显示的状态来确认故障的内容。

1）POWER　LED（灯亮/闪烁/灯灭）。根据 PLC 电源指示 LED 显示灯的状态判断电源故障内容及解决方法见表 6-10。

表 6-10　电源故障内容及解决方法

LED 状态	PLC 状态	解决方法
灯亮	电源端子中正确供给了规定的电压	电源正常
闪烁	考虑可能是以下的状态之一： 1）电源端子上没有供给规定的电压、电流 2）外部接线不正确 3）PLC 内部有异常	1）请确认电源电压 2）请拆下电源电缆以外的连接电缆后，再次上电，确认状态是否有变化。状态仍未改变的情况下，请联系三菱电机自动化（中国）有限公司
灯灭	考虑可能是以下的状态之一： 1）电源断开 2）外部接线不正确 3）电源端子上没有供给规定的电压 4）电源电缆断开	1）如果电源没有断开，则确认电源和电源线路的情况。当供电情况正常时，联系三菱电机自动化（中国）有限公司 2）请拆下电源电缆以外的连接电缆后，再次上电，确认状态是否有变化。仍未改变的情况下，联系三菱电机自动化（中国）有限公司

2）BATT　LED（灯亮/灯灭）。根据 PLC 电池指示 LED 显示灯的状态判断电池故障内容及解决方法见表 6-11。

表 6-11 电池故障内容及解决方法

LED 状态	PLC 状态	解决方法
灯亮	电池电压下降	尽快更换电池
灯灭	电池电压高于 D8006 中设定值	正常

3）ERROR LED（灯亮/闪烁/灯灭）。根据 PLC 出错指示 LED 显示灯的状态判断程序故障内容及解决方法见表 6-12。

表 6-12 程序故障内容及解决方法

LED 状态	PLC 状态	解决方法
灯亮	可能是看门狗定时器出错，或是 PLC 的硬件损坏	1）停止 PLC 运行，然后再次上电，如果 ERROR LED 灯灭，则认为是看门狗定时器出错。此时，实施下列对策： ●修改程序 扫描时间的最大值（D8012）不能超出看门狗定时器的设定值（D8000），进行此设置 ●使用了输入中断或脉冲捕捉的输入是否在 1 个运算周期内反常地频繁多次 ON/OFF ●高速计数器中输入的脉冲（占空比 50%）的频率是否超出了规格范围 ●增加 WDT 指令。在程序中加入多个 WDT 指令，在 1 个运算周期中对看门狗定时器进行多次复位 ●更改看门狗定时器的设定值。在程序中，将看门狗定时器的设定值（D8000）修改成大于扫描时间的最大值（D8012）的值 2）拆下可编程序控制器，放在桌子上另外供电 如 ERROR LED 灯灭，则认为是受到噪声干扰的影响，所以此时考虑下列的对策： ●确认接地的接线，修改接线路径以及设置的场所 ●在电源线中加上噪声滤波器 3）即使实施了 1）～2）的措施，ERROR LED 灯仍然不灭的情况下，联系三菱电机自动化（中国）有限公司
闪烁	PLC 中可能出现了以下的错误之一 1）参数错误 2）语法错误 3）回路错误	请用编程工具执行 PC 诊断和程序检查。关于解决方法，参考错误代码判断及显示内容。可能发生了 I/O 构成错误、串行通信错误、运算错误
灯灭	没有发生会使 PLC 停止运行的错误	正常

5. 通过编程软件 GX Developer 诊断故障

利用编程软件的 PLC 诊断功能，可以对 PLC PROG. E 指示灯亮的错误内容进行诊断。操作是单击编程软件菜单栏“诊断”，在其下拉菜单中，单击“PLC 诊断”，出现图 6-41 所示对话框。单击“目前的错误”按钮，出现 PLC 发生的错误。错误代码及错误原因均会出现在显示栏上，通过“CPU 错误”按钮可查询错误代码及原因。

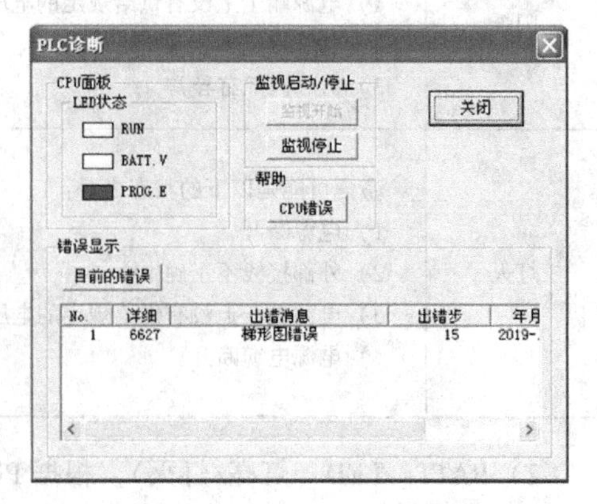

图 6-41 “PLC 诊断”对话框

六、任务总结

本任务以 LED 数码显示 PLC 控制系统的安装与

调试为载体，介绍了以转换为中心编程方式的顺序控制设计法、位移位指令及 SEGD 指令三种方法在 PLC 控制系统设计的具体应用。

顺序控制设计法相对于经验设计法而言，设计时有章可循，规律性很强，容易学习、理解和掌握，这种方法也是我们初学者常用的 PLC 程序设计方法。

梳理与总结

本项目通过机械手 PLC 控制系统的安装与调试、LED 数码显示的 PLC 控制系统安装与调试两个任务的学习与实践，达成 PLC 控制系统的实现。

1）介绍了 PLC 控制系统的设计原则、步骤、内容和方法，PLC 的选择，节省 I/O 点数的方法，PLC 应用中的若干问题。

2）顺序控制设计法规律性较强，是 PLC 初学者容易掌握的方法之一，一定要掌握其设计思路和步骤。顺序控制设计法有通用逻辑指令编程方式和以转换为中心的编程方式两种，这两种编程方式的顺序控制功能图表示步的编程元件用辅助继电器 M 表示，当转移实现时，当前步成为活动步，前级步变为不活动步，分别通过当前步对应的 M 元件常闭触点串联在前级步对应的辅助继电器线圈支路和复位指令实现，除此之外，功能图转换为梯形图时不允许双线圈输出。这些都是与 STL 指令编程方式的不同的地方。

3）具有顺序控制特点的系统除了采用顺序控制设计法以外，还可以使用位移位指令进行编程，其主要步骤为：① 根据顺序功能图确定位移位指令的位数；② 确定位移位指令源操作数的逻辑表达式；③ 确定移位条件的逻辑表达式；④ 确定复位条件；⑤ 写出输出状态逻辑表达式；⑥ 编制梯形图。

复习与提高

1. 梯形图中逻辑行是根据什么划分的？

2. 梯形图中在什么情况下允许双线圈输出？

3. PLC 控制系统设计包括哪些内容？

4. 选择 PLC 应考虑哪些问题？

5. 如何估算 PLC 的容量？

6. 为了 PLC 正常工作，通常采用哪些保护措施？

7. PLC 开关量输入、输出有哪几种接线方式？

8. 在以转换为中心的编程方式中每一步的输出元件线圈是否可以与对应步的辅助继电器的线圈相并联，为什么？

9. 某系统有手动和自动两种工作方式。现场的输入设备有：6 个限位开关（SQ_1 ~ SQ_6）和 2 个按钮（SB_1、SB_2），仅供自动时使用；6 个按钮（SB_3 ~ SB_8），仅供手动时使用；3 个限位开关（SQ_7 ~ SQ_9），为自动、手动共用。试问，是否可以使用一台输入只有 12 点的 PLC？若可以，试画出 PLC 的输入接线图。

10. 设计一个智力竞赛抢答控制装置，当出题人说出问题且按下开始按钮 SB_1 后，在 10s 之内，4 位参赛选手中只有最早按下抢答按钮的选手抢答有效，抢答桌上的灯亮 3s，赛场上的音响装置响2s，且使按钮SB_1复位（断开保持回路），使定时器复位。10s后抢答无效，按钮SB_1及定时器复位。

11. 三种液体混合装置如图6-42所示，液面传感器SP_1 ~ SP_3被液体淹没时为ON，电磁阀YV_1 ~ YV_4的线圈通电时打开，线圈断电时关闭。初始状态时容器是空的，各阀门均关闭，各传感器均为OFF。按下起动按钮后，打开阀门YV_1，液体A流入容器，液面传感器SP_3变为ON时，关闭阀门YV_1，打开阀门YV_2，液体B流入容器。液面升至液面传感器SP_2时，关闭阀门YV_2，打开阀门YV_3，液体C流入容器。当液面升至液面传感器SP_1时，关闭阀门YV_3，电动机M运行开始搅拌液体，先正向搅拌15s，反向搅拌15s，然后再正向搅拌15s，反向搅拌15s，60s后停止搅拌，打开阀门YV_4，放出混合液体，当液面降至液面传感器SP_3之后再过5s，容器放空，关闭阀门YV_4，打开阀门YV_1，进入下一周期。按下停止按钮，在当前工作周期结束之后才停止（停在初始状态）。试画出PLC的I/O接线图和控制系统的顺序功能图，并设计梯形图程序。

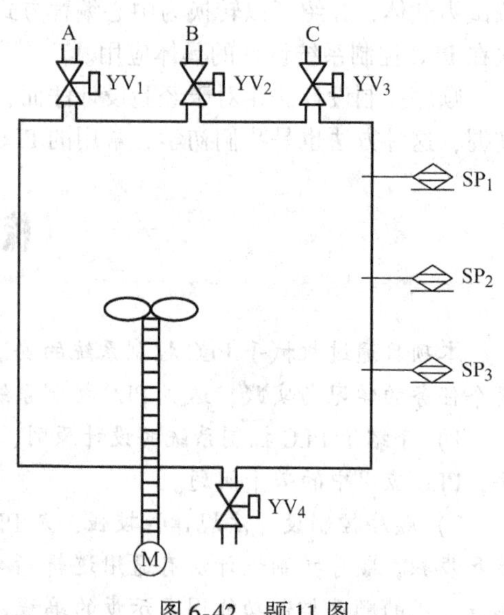

图6-42 题11图

12. 设计一个彩灯自动循环控制电路。假定用输出继电器Y000 ~ Y007分别控制第一盏灯至第八盏灯，按下起动按钮后，按第一盏灯至第八盏灯的顺序点亮，后一盏灯点亮后前一盏灯熄灭，反复循环下去，只有按下停止按钮彩灯才熄灭。试设计其PLC输入/输出接线图和梯形图，并写出相应的指令程序。

13. 电动电葫芦起升机构的动负荷试验，控制要求如下：

（1）可手动上升、下降。

（2）自动运行时，上升9s→停6s→下降9s→停6s，反复运行1h，然后发出声光报警信号，并停止运行。

试设计其PLC输入/输出接线图和梯形图，并写出相应的指令程序。

14. 有一台四级传送带运输机，分别由M_1、M_2、M_3、M_4四台电动机拖动，其动作顺序如下：

（1）起动时要求按M_1→M_2→M_3→M_4顺序起动。

（2）停车时要求按M_4→M_3→M_2→M_1顺序停车。

上述动作要求按5s的时间间隔进行。

试设计其PLC输入/输出接线图和梯形图，并写出相应的指令程序。

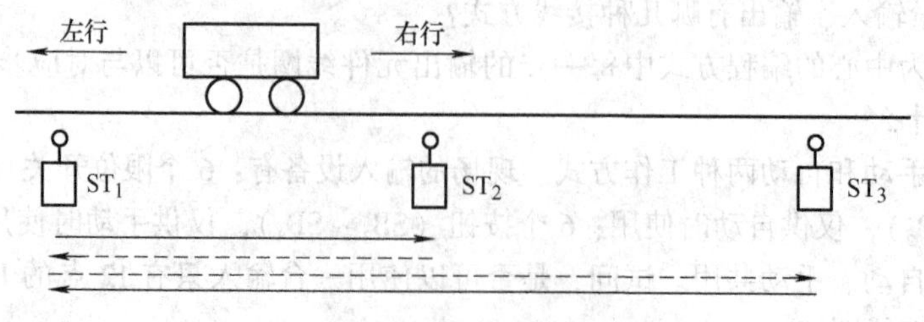

图6-43 题15图

15. 试设计一个如图6-43所示的小车自动循环送料控制系统，具体要求如下：

（1）初始状态：小车在起始位置时，压下 ST_1。

（2）起动：按下起动按钮 SB_1，小车在起始位置装料，20s 后向右运行，至 ST_2处停止，开始下料，10s 后下料结束，小车返回起始位置，再用 20s 的时间装料，然后向右运行至 ST_3处下料，10s 后再返回起始位置……完成自动循环送料，直至有复位信号输入。

16. 冲床机械手运动的示意图如图 6-44 所示，初始状态时机械手在最左边，X004 为 ON，冲头在最上面，X003 为 ON；机械手松开，Y000 为 OFF。按下起动按钮 X000，Y000 变为 ON，工件被夹紧并保持，2s 后 Y001 被置位，机械手右行，直至碰到 X001，以后将顺序完成以下动作：冲头下行，冲头上行，机械手左行，机械手松开，延时 1s 后，系统返回初始状态。

试设计 PLC 控制系统输入/输出接线图、顺序功能图及梯形图。

17. 图 6-45 为某剪板机工作示意图。初始状态时，压钳和剪刀在上限位置，X000 和 X001 为 ON 状态。按下起动按钮 X010，工作过程如下：首先板料右行（Y000 为 ON 状态）至限位开关 X003 为 ON 状态，然后压钳下行（Y001 为 ON 状态并保持）。压紧板料后，压力继电器 X004 为 ON 状态，压钳保持压紧，剪刀开始下行（Y002 为 ON 状态）。剪断料板后，X002 变为 ON 状态，压钳和剪刀同时上行（Y003 和 Y004 为 ON 状态，Y001 和 Y002 为 OFF 状态），它们分别碰到限位开关 X000 和 X001 后，停止上行，均停止后，又开始下一周期的工作，剪完 5 块料板后停止工作并停在初始状态。

试设计 PLC 控制系统输入/输出接线图、顺序功能图及梯形图。

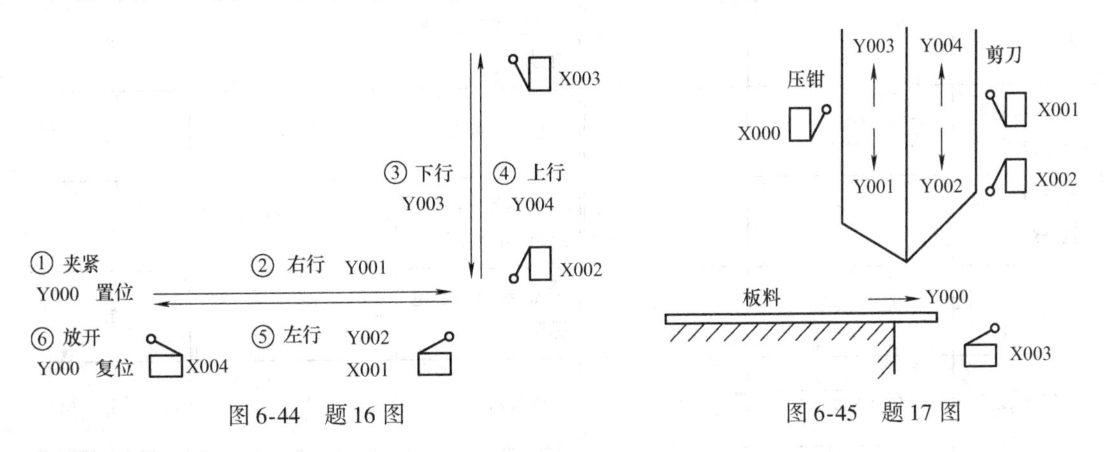

图 6-44　题 16 图　　图 6-45　题 17 图

附　录

附录 A　常用电气简图图形符号及文字符号一览表

名称	GB/T 4728－2005、2008 图形符号	GB/T 7159－1987 文字符号	名称	GB/T 4728－2005、2008 图形符号	GB/T 7159－1987 文字符号
直流电			可变（可调）电阻器		R
交流电	~		滑动触头电位器		RP
正、负极	+　－		电容器一般符号		C
三角形联结的三相绕组			极性电容器	+	C
星形联结的三相绕组			电感器、线圈、绕组、扼流圈		L
导线			带铁心的电感器		L
三相导线			电抗器		L
导线连接点	●		单相自耦变压器		T
端子	○		有铁心的双绕组变压器		T
端子板	1 2 3 4 5 6	XT	三相自耦变压器星形联结		T
接地		PE	电流互感器		TA
插座		XS	直流串励电动机	M	M

（续）

名称	GB/T 4728－2005、2008 图形符号	GB/T 7159－1987 文字符号	名称	GB/T 4728－2005、2008 图形符号	GB/T 7159－1987 文字符号
插头		XP	接触器常开主触头	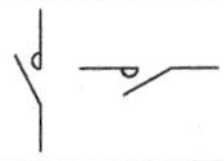	KM
滑动（滚动）连接器	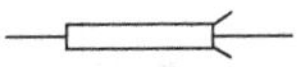	E	直流并励电动机	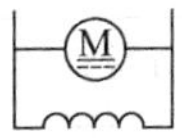	M
电阻器一般符号		R	直流他励电动机	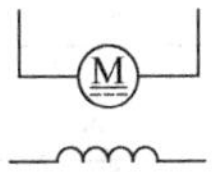	M
三相绕线转子感应电动机	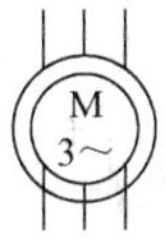	M3～	三相笼型感应电动机		M3～
三相永励同步发电机	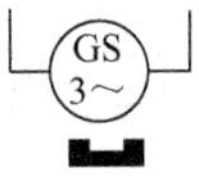	G	热继电器常开触头	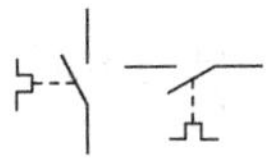	FR
普通刀开关	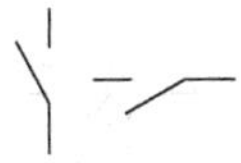	Q	热继电器常闭触头	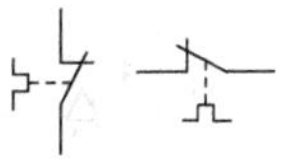	FR
普通三相刀开关	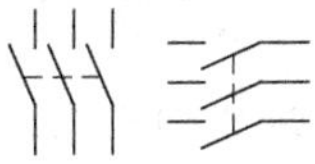	Q	延时闭合的常开触头	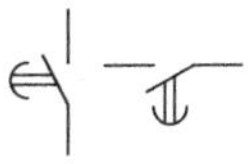	KT
三相断路器	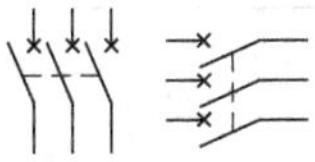	QF	延时断开的常开触头	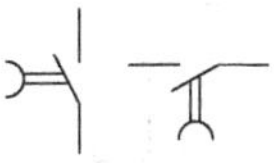	KT
熔断器	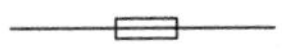	FU	延时闭合的常闭触头	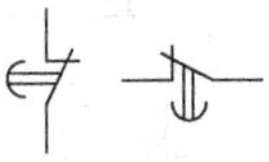	KT
具有常开触头但无自动复位的旋转开关	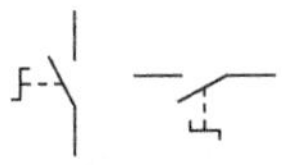	S	延时断开的常闭触头	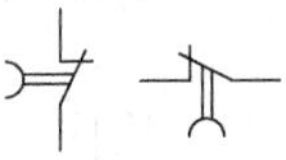	KT
按钮开关常开触头	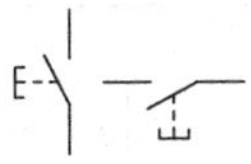	SB	接近开关常开触头	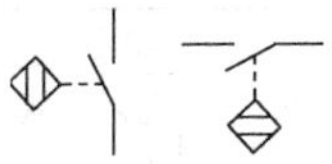	SP
按钮开关常闭触头	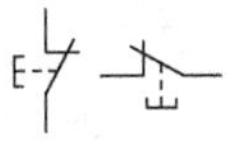	SB	接近开关常闭触头		SP
位置开关常开触头	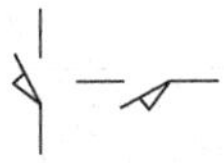	SQ	速度继电器常开触头	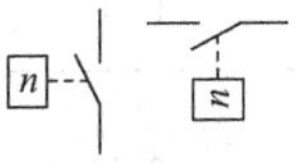	KS
位置开关常闭触头	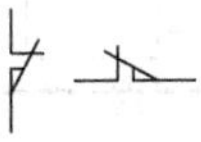	SQ	速度继电器常闭触头	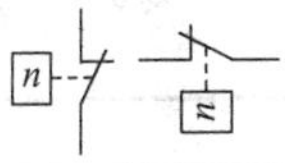	KS

（续）

名称	GB/T 4728－2005、2008 图形符号	GB/T 7159－1987 文字符号	名称	GB/T 4728－2005、2008 图形符号	GB/T 7159－1987 文字符号
接触器常闭主触头	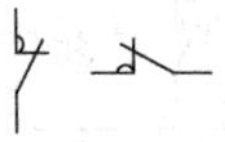	KM	操作器件一般符号、接触器线圈	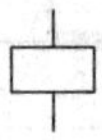	KM
接触器常开辅助触头	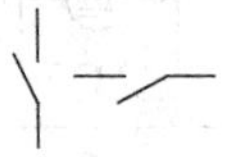	KM	缓慢释放继电器线圈	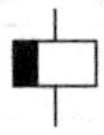	KT
接触器常闭辅助触头	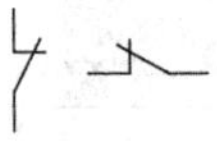	KM	缓慢吸合继电器线圈	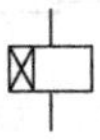	KT
继电器常开触头	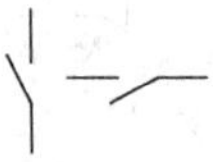	KA	热继电器的驱动器件	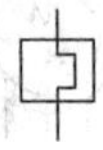	FR
继电器常闭触头	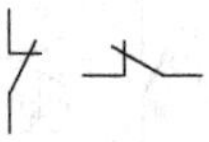	KA	电磁离合器	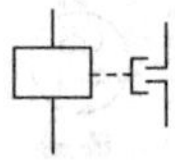	YC
电磁阀	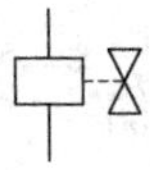	YV	指示灯、信号灯一般符号	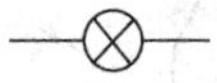	HL
电磁制动器	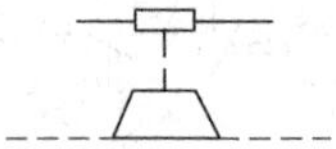	YB	普通二极管	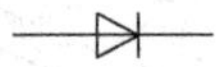	VD
电磁铁	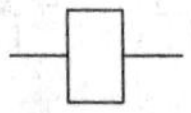	YA	普通稳压管	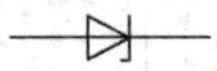	VS
电喇叭	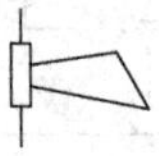	HA	普通晶闸管	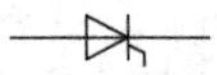	VTH
电铃		HA	PNP 晶体管	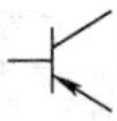	VT
蜂鸣器		HA	NPN 晶体管		VT
电警笛、报警器		HA	单晶晶体管	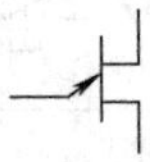	VU
照明灯一般符号	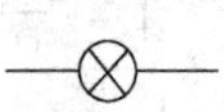	EL	运算放大器	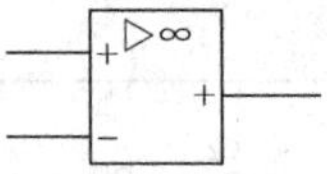 ▷∞ + + −	N

附录 B　FX 系列 PLC 基本指令汇总表

类别	名称	助记符	功能	目标元件	FX_{2N}/FX_{2NC}	FX_{3U}/FX_{3UC}
触点类指令	取	LD	常开触点逻辑运算开始	X，Y，M，S，D□.b，T，C	√	√
	取反	LDI	常闭触点逻辑运算开始		√	√
	取上升沿检测	LDP	上升沿检测运算开始		√	√
	取下降沿检测	LDF	下降沿检测运算开始		√	√
	与	AND	常开触点串联连接		√	√
	与非	ANI	常闭触点串联连接		√	√
	与上升沿检测	ANDP	上升沿检测串联连接		√	√
	与下降沿检测	ANDF	下降沿检测串联连接		√	√
	或	OR	常开触点并联连接		√	√
	或非	ORI	常闭触点并联连接		√	√
	或上升沿检测	ORP	上升沿检测并联连接		√	√
	或下降沿检测	ORF	下降沿检测并联连接		√	√
驱动类指令	输出	OUT	驱动线圈，输出逻辑运算结果	Y，M，S，D□.b，T，C	√	√
	置位	SET	驱动目标元件，使其线圈通电并保持	Y，M，S，D□.b	√	√
	复位	RST	解除目标元件动作保持，当前值与寄存器清零	Y，M，S，D□.b，T，C，D，R，V，Z	√	√
	上升沿脉冲输出	PLS	在输入信号上升沿，产生1个扫描周期的脉冲输出	Y，M（特殊的辅助继电器除外）	√	√
	下降沿脉冲输出	PLF	在输入信号下降沿，产生1个扫描周期的脉冲输出	Y，M（特殊的辅助继电器除外	√	√
结合类指令	块与	ANB	并联回路块的串联连接	—	√	√
	块或	ORB	串联回路块的并联连接	—	√	√
	进栈	MPS	将运算结果送入栈存储器的第一单元，栈存储器中原有的数据依次下移一个单元	—	√	√
	读栈	MRD	读出栈存储器第一单元的数据且保存，栈内的数据不移动	—	√	√
	出栈	MPP	读出栈存储器第一单元的数据，同时该数据消失，栈内的数据依次上移一个单元	—	√	√

（续）

类别	名称	助记符	功能	目标元件	FX_{2N}/FX_{2NC}	FX_{3U}/FX_{3UC}
结合类指令	运算结果取反	INV	将该指令之前的逻辑运算结果取反	—	√	√
	运算结果上升沿操作	MEP	在该指令之前的逻辑运算结果上升沿接通一个扫描周期	—	×	√
	运算结果下降沿操作	MEF	在该指令之前的逻辑运算结果下降沿接通一个扫描周期	—	×	√
主控触点指令	主控	MC	公共串联触点的连接	Y，M（特殊的M元件除外）	√	√
	主控复位	MCR	公共串联触点的复位	—	√	√
其他	空操作	NOP	不执行操作	—	√	√
结束指令	结束	END	程序结束，返回开始	—	√	√

注：表中D□.b、R只适用于FX_{3U}、FX_{3UC}系列PLC。

附录C FX系列PLC功能指令汇总表

分类	指令编号 FNC NO.	指令助记符	32位长度	脉冲型	功能说明	不同子系列的PLC	
						FX_{2N}/FX_{2NC}	FX_{3U}/FX_{3UC}
程序流程	00	CJ	×	√	条件跳转	√	√
	01	CALL	×	√	子程序调用	√	√
	02	SRET	×	×	子程序返回	√	√
	03	IRET	×	×	中断返回	√	√
	04	EI	×	×	允许中断	√	√
	05	DI	×	×	禁止中断	√	√
	06	FEND	×	×	主程序结束	√	√
	07	WDT	×	√	监控定时器	√	√
	08	FOR	×	×	循环范围的开始	√	√
	09	NEXT	×	×	循环范围的结束	√	√

（续）

分类	指令编号 FNC NO.	指令助记符	32位长度	脉冲型	功能说明	不同子系列的PLC	
						FX_{2N}/FX_{2NC}	FX_{3U}/FX_{3UC}
传送与比较	10	CMP	√	√	比较	√	√
	11	ZCP	√	√	区间比较	√	√
	12	MOV	√	√	传送	√	√
	13	SMOV	×	√	移位传送	√	√
	14	CML	√	√	反向传送	√	√
	15	BMOV	×	√	成批传送	√	√
	16	FMOV	√	√	多点传送	√	√
	17	XCH	√	√	交换	√	√
	18	BCD	√	√	BCD 转换	√	√
	19	BIN	√	√	BIN 转换	√	√
四则与逻辑运算	20	ADD	√	√	BIN 加法	√	√
	21	SUB	√	√	BIN 减法	√	√
	22	MUL	√	√	BIN 乘法	√	√
	23	DIV	√	√	BIN 除法	√	√
	24	INC	√	√	BIN 加 1	√	√
	25	DEC	√	√	BIN 减 1	√	√
	26	WAND	√	√	逻辑字与	√	√
	27	WOR	√	√	逻辑字或	√	√
	28	WXOR	√	√	逻辑字异或	√	√
	29	NEG	√	√	求补码	√	√
循环与移位	30	ROR	√	√	循环右移	√	√
	31	ROL	√	√	循环左移	√	√
	32	RCR	√	√	带进位循环右移	√	√
	33	RCL	√	√	带进位循环左移	√	√
	34	SFTR	×	√	位右移	√	√
	35	SFTL	×	√	位左移	√	√
	36	WSFR	×	√	字右移	√	√
	37	WSFL	×	√	字左移	√	√
	38	SFWR	×	√	移位写入（先入先出/先入后出控制用）	√	√
	39	SFRD	×	√	移位读出（先入先出控制用）	√	√

（续）

分类	指令编号 FNC NO.	指令助记符	32位长度	脉冲型	功能说明	不同子系列的PLC	
						FX_{2N}/FX_{2NC}	FX_{3U}/FX_{3UC}
数据处理1	40	ZRST	×	√	成批复位	√	√
	41	DECO	×	√	译码	√	√
	42	ENCO	×	√	编码	√	√
	43	SUM	√	√	ON位数	√	√
	44	BON	√	√	ON位的判定	√	√
	45	MEAN	√	√	平均值	√	√
	46	ANS	×	×	信号报警器置位	√	√
	47	ANR	×	√	信号报警器复位	√	√
	48	SQR	√	√	BIN开平方	√	√
	49	FLT	√	√	BIN整数→二进制浮点数转换	√	√
高速处理1	50	REF	×	√	输入输出刷新	√	√
	51	REFF	×	√	输入刷新（带滤波器设定）	√	√
	52	MTR	×	×	矩阵输入	√	√
	53	HSCS	√	×	比较置位（高速计数器用）	√	√
	54	HSCR	√	×	比较复位（高速计数器用）	√	√
	55	HSZ	√	×	区间比较（高速计数器用）	√	√
	56	SPD	√	×	脉冲密度	√	√
	57	PLSY	√	×	脉冲输出	√	√
	58	PWM	×	×	脉宽调制输出	√	√
	59	PLSR	√	×	带加减速的脉冲输出	√	√
方便指令	60	IST	×	×	初始化状态	√	√
	61	SER	√	√	数据搜索	√	√
	62	ABSD	√	×	凸轮控制绝对方式	√	√
	63	INCD	×	×	凸轮控制相对方式	√	√
	64	TTMR	×	×	示教定时器	√	√
	65	STMR	×	×	特殊定时器	√	√
	66	ALT	×	√	交替输出	√	√
	67	RAMP	×	×	斜坡信号	√	√
	68	ROTC	×	×	旋转工作台控制	√	√
	69	SORT	×	×	数据排序	√	√

（续）

分类	指令编号 FNC NO.	指令助记符	32位长度	脉冲型	功能说明	不同子系列的PLC	
						FX_{2N}/FX_{2NC}	FX_{3U}/FX_{3UC}
外部设备I/O	70	TKY	√	×	数字键输入	√	√
	71	HKY	√	×	十六进制数字键输入	√	√
	72	DSW	×	×	数字开关	√	√
	73	SEGD	×	√	7段码译码	√	√
	74	SEGL	×	×	7段码时分显示	√	√
	75	ARWS	×	×	箭头开关	√	√
	76	ASC	×	×	ASCⅡ数据输入	√	√
	77	PR	×	×	ASCⅡ码打印	√	√
	78	FROM	√	√	BFM读出	√	√
	79	TO	√	√	BFM写入	√	√
外部设备（选件设备）	80	RS	×	×	串行数据传送	√	√
	81	PRUN	√	√	八进制位传送	√	√
	82	ASCI	×	√	HEX→ASCⅡ的转换	√	√
	83	HEX	×	√	ASCⅡ→HEX的转换	√	√
	84	CCD	×	√	校验码	√	√
	85	VRRD	×	√	模拟电位器数据读出	√	×
	86	VRSC	×	√	模拟电位器开关设定	√	×
	87	RS2	×	×	串行数据传送2	×	√
	88	PID	×	×	PID运算	√	√
数据传送1	102	ZPUSH	×	√	变址寄存器的成批保存	×	√
	103	ZPOP	×	√	变址寄存器的恢复	×	√
浮点数运算	110	ECMP	√	√	二进制浮点数比较	√	√
	111	EZCP	√	√	二进制浮点数区间比较	√	√
	112	EMOV	√	√	二进制浮点数数据传送	×	√
	116	ESTR	√	√	二进制浮点数→字符串的转换	×	√
	117	EVAL	√	√	字符串→二进制浮点数的转换	×	√
	118	EBCD	√	√	二进制浮点数→十进制浮点数的转换	√	√
	119	EBIN	√	√	十进制浮点数→二进制浮点数的转换	√	√
	120	EADD	√	√	二进制浮点数加法运算	√	√
	121	ESUB	√	√	二进制浮点数减法运算	√	√
	122	EMUL	√	√	二进制浮点数乘法运算	√	√

（续）

分类	指令编号 FNC NO.	指令助记符	32位长度	脉冲型	功能说明	不同子系列的PLC	
						FX_{2N}/FX_{2NC}	FX_{3U}/FX_{3UC}
浮点数运算	123	EDIV	√	√	二进制浮点数除法运算	√	√
	124	EXP	√	√	二进制浮点数指数运算	×	√
	125	LOGE	√	√	二进制浮点数自然对数运算	×	√
	126	LOG10	√	√	二进制浮点数常用对数运算	×	√
	127	ESQR	√	√	二进制浮点数开平方运算	√	√
	128	ENEG	√	√	二进制浮点数符号翻转	×	√
	129	INT	√	√	二进制浮点数→BIN整数的转换	√	√
	130	SIN	√	√	二进制浮点数SIN运算	√	√
	131	COS	√	√	二进制浮点数COS运算	√	√
	132	TAN	√	√	二进制浮点数TAN运算	√	√
	133	ASIN	√	√	二进制浮点数SIN^{-1}运算	×	√
	134	ACOS	√	√	二进制浮点数COS^{-1}运算	×	√
	135	ATAN	√	√	二进制浮点数TAN^{-1}运算	×	√
	136	RAD	√	√	二进制浮点数角度→弧度的转换	×	√
	137	DEG	√	√	二进制浮点数弧度→角度的转换	×	√
数据处理2	140	WSUM	√	√	算出数据合计值	×	√
	141	WTOB	×	√	字节单位的数据分离	×	√
	142	BTOW	×	√	字节单位的数据结合	×	√
	143	UNI	×	√	16位数据的4位结合	×	√
	144	DIS	×	√	16位数据的4位分离	×	√
	147	SWAP	√	√	高低字节互换	√	√
	149	SORT2	√	×	数据排序2	×	√
定位控制	150	DSZR	×	×	带DOG搜索的原点回归	×	√
	151	DVIT	√	×	中断定位	×	√
	152	TBL	√	×	表格设定定位	×	√
	155	ABS	√	×	读出ABS当前值	×	√
	156	ZRN	√	×	原点回归	×	√
	157	PLSV	√	×	可变速脉冲输出	×	√
	158	DRVI	√	×	相对定位	×	√
	159	DRVA	√	×	绝对定位	×	√

（续）

分类	指令编号 FNC NO.	指令助记符	32位长度	脉冲型	功能说明	不同子系列的PLC	
						FX_{2N}/FX_{2NC}	FX_{3U}/FX_{3UC}
时钟运算	160	TCMP	×	√	时钟数据比较	√	√
	161	TZCP	×	√	时钟数据区间比较	√	√
	162	TADD	×	√	时钟数据加法运算	√	√
	163	TSUB	×	√	时钟数据减法运算	√	√
	164	HTOS	√	√	时、分、秒数据的秒转换	×	√
	165	STOH	√	√	秒数据的［时、分、秒］转换	×	√
	166	TRD	×	√	时钟数据的读出	√	√
	167	TWR	×	√	时钟数据的写入	√	√
	169	HOUR	√	×	计时表	×	√
外部设备	170	GRY	√	√	格雷码的转换	√	√
	171	GBIN	√	√	格雷码的逆转换	√	√
	176	RD3A	×	√	模拟量模块的读出	×	√
	177	WR3A	×	√	模拟量模块的写入	×	√
扩展功能	180	EXTR	√	√	扩展 ROM 功能	√	×
其他指令	182	COMRD	×	√	读出软元件的注释数据	×	√
	184	RND	×	√	产生随机数	×	√
	186	DUTY	×	×	产生定时脉冲	×	√
	188	CRC	×	√	CRC 运算	×	√
	189	HCMOV	√	×	高速计数器传送	×	√
数据块处理	192	BK +	√	√	数据块加法运算	×	√
	193	BK −	√	√	数据块减法运算	×	√
	194	BKCMP =	√	√	数据块相等比较	×	√
	195	BKCMP >	√	√	数据块大于比较	×	√
	196	BKCMP <	√	√	数据块小于比较	×	√
	197	BKCMP < >	√	√	数据块不等比较	×	√
	198	BKCMP < =	√	√	数据块小于等于比较	×	√
	199	BKCMP > =	√	√	数据块大于等于比较	×	√
字符串控制	200	STR	√	√	BIN→字符串的转换	×	√
	201	VAL	√	√	字符串→BIN 的转换	×	√
	202	$ +	×	√	字符串的结合	×	√
	203	LEN	×	√	检测出字符串的长度	×	√
	204	RIGHT	×	√	从字符串的右侧开始取出	×	√
	205	LEFT	×	√	从字符串的左侧开始取出	×	√
	206	MIDR	×	√	从字符串中任意取出	×	√
	207	MIDW	×	√	字符串中的任意替换	×	√
	208	INSTR	×	√	字符串的检索	×	√
	209	$ MOV	×	√	字符串的传送	×	√

（续）

分类	指令编号 FNC NO.	指令助记符	32位长度	脉冲型	功能说明	不同子系列的PLC	
						FX_{2N}/FX_{2NC}	FX_{3U}/FX_{3UC}
数据处理3	210	FDEL	×	√	数据表的数据删除	×	√
	211	FINS	×	√	数据表的数据插入	×	√
	212	POP	×	√	读取后入的数据（先入后出控制用）	×	√
	213	SFR	×	√	16位数据n位右移（带进位）	×	√
	214	SFL	×	√	16位数据n位左移（带进位）	×	√
触点比较指令	224	LD =	√	×	[S1.] = [S2.] 时起始触点接通	√	√
	225	LD >	√	×	[S1.] > [S2.] 时起始触点接通	√	√
	226	LD <	√	×	[S1.] < [S2.] 时起始触点接通	√	√
	228	LD < >	√	×	[S1.] ≠ [S2.] 时起始触点接通	√	√
	229	LD < =	√	×	[S1.] ≤ [S2.] 时起始触点接通	√	√
	230	LD > =	√	×	[S1.] ≥ [S2.] 时起始触点接通	√	√
	232	AND =	√	×	[S1.] = [S2.] 时串联触点接通	√	√
	233	AND >	√	×	[S1.] > [S2.] 时串联触点接通	√	√
	234	AND <	√	×	[S1.] < [S2.] 时串联触点接通	√	√
	236	AND < >	√	×	[S1.] ≠ [S2.] 时串联触点接通	√	√
	237	AND < =	√	×	[S1.] ≤ [S2.] 时串联触点接通	√	√
	238	AND > =	√	×	[S1.] ≥ [S2.] 时串联触点接通	√	√
	240	OR =	√	×	[S1.] = [S2.] 时并联触点接通	√	√
	241	OR >	√	×	[S1.] > [S2.] 时并联触点接通	√	√
	242	OR <	√	×	[S1.] < [S2.] 时并联触点接通	√	√
	244	OR < >	√	×	[S1.] ≠ [S2.] 时并联触点接通	√	√
	245	OR < =	√	×	[S1.] ≤ [S2.] 时并联触点接通	√	√
	246	OR > =	√	×	[S1.] ≥ [S2.] 时并联触点接通	√	√

（续）

分类	指令编号 FNC NO.	指令助记符	32位长度	脉冲型	功能说明	不同子系列的PLC	
						FX_{2N}/FX_{2NC}	FX_{3U}/FX_{3UC}
数据表处理	256	LIMIT	√	√	上下限限位控制	×	√
	257	BAND	√	√	死区控制	×	√
	258	ZONE	√	√	区域控制	×	√
	259	SCL	√	√	定坐标（不同点坐标数据）	×	√
	260	DABIN	√	√	十进制ASCⅡ→BIN的转换	×	√
	261	BINDA	√	√	BIN→十进制ASCⅡ的转换	×	√
	269	SCL2	√	√	定坐标2（X/Y坐标数据）	×	√
外部设备通信（变频器通信）	270	IVCK	×	×	变频器的运行监控	×	√
	271	IVDR	×	×	变频器的运行控制	×	√
	272	IVRD	×	×	变频器的参数读取	×	√
	273	IVWR	×	×	变频器的参数写入	×	√
	274	IVBWR	×	×	变频器的参数成批写入	×	√
数据传送2	278	RBFM	×	×	BFM分割读出	×	√
	279	WBFM	×	×	BFM分割写入	×	√
高速处理2	280	HSCT	√	×	高速计数器表比较	×	√
扩展文件寄存器控制	290	LOADR	×	×	读出扩展文件寄存器	×	√
	291	SAVER	×	×	成批写入扩展文件寄存器	×	√
	292	INITR	×	×	扩展寄存器的初始化	×	√
	293	LOGR	×	×	登录到扩展寄存器	×	√
	294	RWER	×	×	扩展文件寄存器的删除·写入	×	√
	295	INITER	×	×	扩展文件寄存器的初始化	×	√

注：表中“√”表示有相应的功能指令或可以使用该功能指令，“×”表示无相应的功能指令或不可以使用该功能指令。

参考文献

[1] 王烈准. 电气控制与 PLC 应用技术 [M]. 北京：机械工业出版社，2010.
[2] 郭艳萍，张海红. 电气控制与 PLC 应用 [M]. 3 版. 北京：人民邮电出版社，2013.
[3] 王烈准. 可编程序控制器技术及应用 [M]. 北京：机械工业出版社，2016.
[4] 熊幸明. 电气控制与 PLC [M]. 2 版. 北京：清华大学出版社，2017.
[5] 许翏. 电机与电气控制技术 [M]. 3 版. 北京：机械工业出版社，2015.
[6] 张运波，郑文. 工厂电气控制技术 [M]. 4 版. 北京：高等教育出版社，2014.
[7] 吴丽. 电气控制与 PLC 应用技术 [M]. 2 版. 北京：机械工业出版社，2014.
[8] 罗文，周欢喜. 电气控制与 PLC 应用技术 [M]. 北京：电子工业出版社，2015.
[9] 汤自春. PLC 技术应用（三菱机型）[M]. 3 版. 北京：高等教育出版社，2015.
[10] 徐建俊，居海清. 电机与电气控制项目教程 [M]. 2 版. 北京：机械工业出版社，2015.
[11] 李金城. 三菱 FX_{3U} PLC 应用基础与编程入门 [M]. 北京：电子工业出版社，2016.